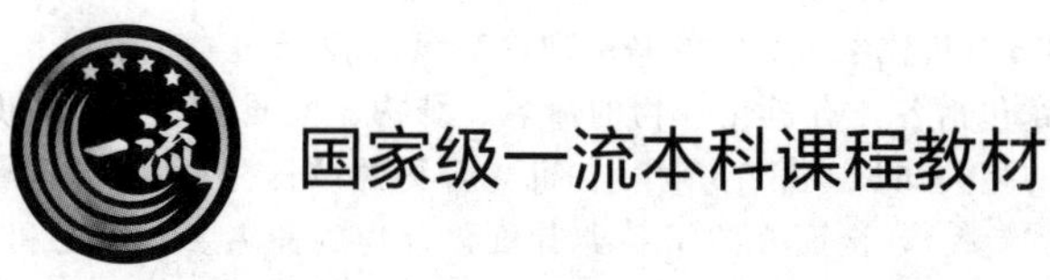

国家级一流本科课程教材

有机化学

段文贵　主编

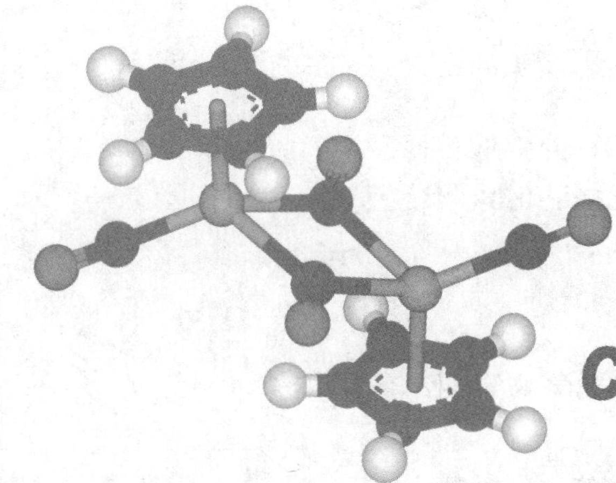

ORGANIC CHEMISTRY

化学工业出版社

·北京·

内容简介

《有机化学》（第三版）是国家级一流本科课程教材。本书贴合高等学校工科和农科类学生学习有机化学课程的需要，研究和吸纳了国内外经典教材的优点，并凝聚了编者多年来的教学经验和取得的教改成果。

全书共分18章，第1章介绍了学习有机化学所必需的基础理论知识。第2～6章以及第8～17章按官能团分类化合物并由浅向深推进介绍，每章包括各类有机化合物的命名、结构、性质和制备等知识模块，并附有丰富的习题。第7章介绍了立体化学的相关知识。第18章对有机化合物的结构分析（波谱分析）做了简介。本书根据《有机化合物命名原则》（2017版），全面介绍了各类有机化合物的命名。对重要和较难的知识点，添加了例题解析。此外，还为读者提供了包含思政元素的拓展阅读。本书具有实用、简明和新颖的特点。

本书可作为高等学校化工与制药、材料、环境、轻工、生物、农学、林学、动物科学和临床医学等学科专业的基础课教材，也可供相关专业师生和相关技术人员阅读、参考。

图书在版编目（CIP）数据

有机化学 / 段文贵主编. —3版. —北京 ：化学工业出版社，2023.8（2025.5重印）

国家级一流本科课程教材

ISBN 978-7-122-43595-8

Ⅰ. ①有… Ⅱ. ①段… Ⅲ. ①有机化学-高等学校-教材 Ⅳ. ①O62

中国国家版本馆CIP数据核字（2023）第099153号

责任编辑：杜进祥　向　东　　文字编辑：黄福芝

责任校对：王　静　　装帧设计：韩　飞

出版发行：化学工业出版社（北京市东城区青年湖南街13号　邮政编码100011）

印　　装：三河市航远印刷有限公司

787mm×1092mm　1/16　印张23½　字数685千字　2025年5月北京第3版第2次印刷

购书咨询：010-64518888　　售后服务：010-64518899

网　　址：http：//www.cip.com.cn

凡购买本书，如有缺损质量问题，本社销售中心负责调换。

定　　价：49.00元

编 写 人 员

主　　编　段文贵

副 主 编　林桂汕　何熙璞　岑　波　蒋林斌

编写人员　（按汉语拼音顺序排列）

岑　波　段文贵　何熙璞　江　俊

蒋林斌　梁桃源　林桂汕　刘陆智

罗　轩　徐传辉　郁　林　张　敏

张　专　周　红　朱园勤

前　言

《有机化学》（第二版）于 2016 年出版，多年来在广西大学作为化工与制药、轻工、生物、农学、林学、材料、环境、动物科学、临床医学等专业的教材使用，也在其他高校作为教材或教学参考书使用，总体反应良好。然而，目前国内出版的有机化学教材已普遍采用中国化学会新修订的《有机化合物命名原则》（2017 版），本书在有机化合物命名方面需要更新。再者，课程思政是新形势下教育教学活动的要求，本书需要拓展和丰富此方面的内容。此外，为了帮助学生抓住重点、融会贯通，加强对各章知识点的理解和掌握，提高学习效率，本书需要新增每章知识点的例题解析。为此，编者和化学工业出版社均认为有必要进行修订和出版第三版。

第三版保持了第二版的编排体系和主要特色。主要的修订工作如下：(1) 根据中国化学会新修订的《有机化合物命名原则》（2017 版），对各类有机化合物的命名作了更新；(2) 新增了课程思政内容作为扩展阅读材料；(3) 新增了知识点的例题解析，并对个别习题的错漏之处作了纠正。

本书为广西大学有机化学国家级一流本科课程教材。广西大学有机化学课程组在职全体教师参与了本书第二版的修订工作。编写分工为：段文贵（第 1 章），林桂汕（第 2 章，第 8 章），何熙璞（第 3 章，第 4 章），梁桃源（第 5 章），郁林（第 6 章），蒋林斌（第 7 章，第 9 章），朱园勤（第 10 章），江俊（第 11 章），岑波（第 12 章），周红（第 13 章），徐传辉（第 14 章），刘陆智（第 15 章），张敏（第 16 章），张专（第 17 章），罗轩（第 18 章）。全书由二级教授、博士生导师段文贵负责组织和统稿。

感谢黄冠、王坚毅、韦万兴、陈海燕、张淑琼、周敏、郭勇安、袁霞等老师对该教材编写的贡献和支持！

由于编者水平有限，书中疏漏和不妥之处在所难免，恳望专家和读者批评指正。

编者

2023 年 5 月

前言

第二版前言

《有机化学》自2010年出版以来，在广西大学作为化工与制药、轻工、生物、农学、林学、材料、环境、动物科学、临床医学等专业的教材已使用四年，总体反应良好。在此期间，任课教师、学生和读者发现书中有少量错漏，并提出许多很好的意见和建议，如有些知识点的阐述不够完整或不够清晰，例题的代表性不够强，有些章没有习题或习题的综合性和先进性不够突出，等等。为此，编者和化学工业出版社均认为本书有必要进行修改和再版。

本次修订保持了第一版的编排体系和主要特色。主要的修改工作如下：(1) 对知识点和例题进行了增补，使之更加丰富，更具代表性；(2) 对习题进行了增补，使之更具新颖性、综合性和实用性；(3) 对少量错漏之处进行了纠正。

广西大学有机化学课程组全体教师参与了本书的修订工作。编写分工为：段文贵（第1章，第15章），林桂汕（第8章，第10章），何熙璞（第4章，第6章），岑波（第11章，第12章），蒋林斌（第7章，第9章），陈海燕（第16章，第17章），张淑琼（第6章），黄冠（第3章），周敏（第13章），韦万兴（第18章），王坚毅（第15章），周红（第14章），郭勇安（第5章），袁霞（第2章），刘陆智（第15章），罗轩（第18章），朱园勤（第17章），张敏（第16章），徐传辉（第14章）。全书由博士生导师段文贵教授负责组织和统稿。

由于编者水平有限，书中不妥之处在所难免，恳望专家和读者批评指正。

编者

2015年3月

第一版前言

有机化学（organic chemistry）是化学的一个重要组成部分，它是研究有机化合物的来源、组成、结构、制备、性质、功能、应用以及相关理论和方法学的科学。有机化合物与人类的日常生活密切相关。因而有机化学是许多学科的重要基础，有机化学课程是化学、化工、环境、轻工、生物、农学、林学、制药、动物科学、临床医学等学科专业的一门重要基础课程。在长期的有机化学教学实践中，我们感到完全有必要编写一本工科和农科类学生通用的有机化学教材，以更新知识、与时俱进，为教学交流、融会贯通，进一步提高有机化学课程的教学质量和水平。广西大学有机化学课程组教师在长期的教学过程中积累了丰富的教学经验，也在课程建设和教学改革方面取得了一定的成果。本书针对工科和农科类学生学习有机化学课程的需要，研究和吸纳国内外经典教材的优点，并结合编者多年来积累的教学经验和取得的教改成果编写而成，是集体智慧的结晶，也是广西高校省级有机化学精品课程建设成果的一部分。

本书具有实用、简明和新颖等特色，如在第1章绪论中介绍了有机化学中的电子效应（包括诱导效应和共轭效应），为相关化合物结构、机理和性质的学习打下基础；介绍了三聚氰胺、苏丹红等著名化合物和事件；注重用反应机理串联和归纳有机反应；提供了丰富的练习题，其中有些习题是近年高校的考研试题。在内容体系构架上按官能团分类化合物并由浅向深推进，包括各类有机化合物的命名、结构、性质和制备等知识模块，还附加了有机化合物的结构分析（波谱分析）内容，供自学之用。

本书适用于化工与制药、材料、环境、轻工、生物、农学、林学、动物科学和临床医学等专业，约需50～70理论教学学时。

本书由广西大学有机化学课程组教师集体编写完成。编写分工为：段文贵（第1章，第15章），蒋林斌（第7章，第9章），林桂汕（第8章，第10章），岑波（第11章，第12章），陈海燕（第16章，第17章），张淑琼（第6章），黄冠（第3章），周敏（第13章），韦万兴（第18章），王坚毅（第15章），何熙璞（第4章），周红（第14章），郭勇安（第5章），袁霞（第2章）。全书由博士生导师段文贵教授负责组织和统稿。

由于编者水平有限，书中疏漏和不妥之处在所难免，恳望专家和读者批评指正。

编者

2010年1月

目　录

第1章 绪论

1.1 有机化合物和有机化学

有机化学（organic chemistry）是化学的一个重要组成部分，它是研究有机化合物的来源、组成、结构、制备、性质、功能、应用以及相关理论和方法学的科学。有机化合物（organic compound）的主要特征是都含碳元素，即都是碳的化合物，因而有机化学就是研究碳化合物的化学。

人们对有机化合物的认识逐渐由浅入深，由表及里，把它变成一门重要的科学。事实上，人们在生产和生活中早已使用着各种有机化合物，最初从动植物中提取和加工得到各种有用的物质，如糖、酒、醋、染料、香料和药物等。18世纪末已得到了许多纯的化合物，如酒石酸、柠檬酸、尿酸和乳酸等。这些化合物与从矿物中得到的化合物相比，在性质上有很大差异，如对热比较不稳定，加热后进行分解等。19世纪初，人们曾认为这些来自动植物的化合物是在生物体“生命力”的作用下生成的，即所谓的“生命力学说”。为了区别这两类不同来源的化合物，把他们分别称为有机化合物和无机化合物。从此有了有机化合物和有机化学这两个术语。1806年，当时的化学权威瑞典化学家J. Berzelius首先使用了“有机化学”这个名字。显然，“有机”之原意是指“有生机之物”或“有生命之物”。1828年，德国化学家魏勒（F. Wöhler）在加热蒸发无机化合物氰酸铵的水溶液时得到有机化合物尿素：

$$\underset{\text{氰酸铵}}{NH_4OCN} \xrightarrow{\triangle} \underset{\text{尿素}}{NH_2CONH_2}$$

此后，化学家们以简单的无机化合物为原料，成功合成了更多的有机化合物，从此打破了只能从有机体得到有机化合物的禁锢，宣告了“生命力学说”的破产，促进了有机化学的发展。

随着测定物质组成方法的建立和发展，发现所有有机化合物都含有碳，都是碳的化合物。尽管“有机化学”和“有机化合物”这两个名词仍在使用，但其含义已发生了改变。有机化合物就是碳化合物，但少数碳的氧化物（如二氧化碳、碳酸盐等）和氰化物（如氢氰酸、硫氰酸等）仍归属无机化合物范畴。有机化学就是碳化合物的化学。此外，由于绝大多数有机化合物都含有氢，因而从结构上看，所有的有机化合物都可以看作碳氢化合物及其衍生物，即有机化学就是碳氢化合物及其衍生物的化学。

有机化合物和有机化学与人类的日常生活密切相关。人类赖以生存的三大物质基础——脂肪、蛋白质和碳水化合物都是有机化合物，而这些化合物在体内通过有机反应转化为人体所需要的营养；煤、石油和天然气——人类赖以生存的能源是有机化合物；绝大多数西药是通过各种途径合成的有机化合物；我国有丰富的中草药资源，长期以来用以治疗各种疾病，有机化学工作者通过有效的技术手段，研究其有效成分，以达到更有效的利用或合成的目的；农业上使用的肥料、植物生长调节剂、除草剂、杀虫剂、昆虫信息激素等，大多数是合成的有机化合物。现今，每年世界上合成的近百万个新化合物中有70%以上是有机化合物，其中许多已被应用于材料、能源、医疗、农业、工业、国防、食品、环境、生命科学与生物技术等领域。20世纪有机化学的迅猛发展，产生了许多新的交叉学科，如有机合成化学、天然有机化学、物理有机化学、金属有机化学、生物有机化学、药物化学等。

1.2 有机化合物的特点

绝大多数有机化合物只是由碳、氢、氧、氮、卤素、硫和磷等少数元素组成，而且一个有机化合物分子中只含有其中少数元素。但是，有机化合物的数量却极其庞大，目前已知的有机化合物已达几千万种，远远超过周期表中其他一百多种元素形成的无机化合物的总和，且每年又有数以千计的新的有机化合物出现。有机化合物不仅数量庞大，而且在结构和性能方面与一般无机化合物不同，所以完全有必要将有机化学单独作为一门学科来研究。

1.2.1 有机化合物结构上的特点

有机化合物数量如此之庞大，首先是因为碳原子相互结合的能力很强。碳原子可以相互结合成具有不同碳原子数目的链或环。一个有机分子中的碳原子数目少则一、两个，多则可以成千上万。此外，即使是碳原子数目相同的分子，由于碳原子间的连接方式可以多种多样，因而又可以组成许多结构不同的化合物。分子式相同结构相异因而其性质也各异的化合物，称为同分异构体（isomer），这种现象叫作同分异构现象（isomerism）。例如，分子式 C_2H_6O 可以代表乙醇和二甲醚两种结构不同因而性质也不同的有机化合物，它们互为同分异构体。

```
   H  H              H     H
   |  |              |     |
H—C—C—O—H        H—C—O—C—H
   |  |              |     |
   H  H              H     H
   乙醇               二甲醚
```

同分异构现象在有机化合物中普遍存在。显然，一个有机分子中的碳原子数和原子种类越多，原子间排列方式也越多，其同分异构体数量也会越多。因此，同分异构现象的存在是有机化合物数目如此庞大的主要原因。同分异构现象包括构造异构（constitutional isomerism）和立体异构（stereoisomerism），概括如下：

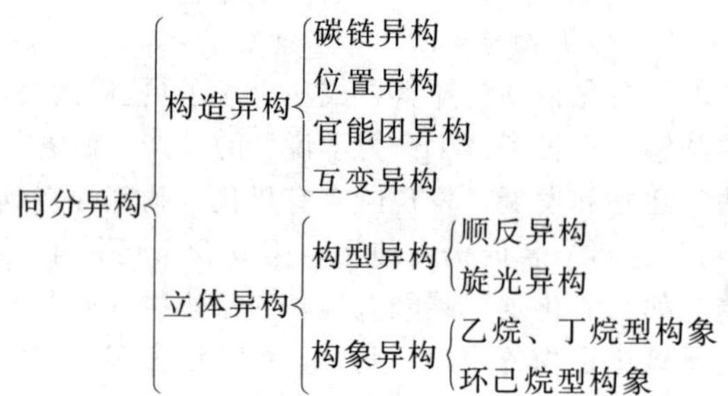

1.2.2 有机化合物性质上的特点

与无机化合物相比较，有机化合物一般有以下特点：

（1）易燃　大多数有机化合物可以燃烧，有些含有机化合物的物质像沼气、汽油、蜡烛等易于燃烧。

（2）对热不稳定　一般有机化合物热稳定性较差，易受热分解，许多有机化合物在加热到200～300℃时就逐渐分解。

（3）熔点、沸点低，易挥发　许多有机化合物在常温下为气体或液体。常温下为固体的有机化合物，其熔点也很少超过 300℃。因为有机化合物多以共价键结合，它的结构单元往往是分子，其分子间的作用力较弱。

（4）难溶于水　一般有机化合物的极性较弱或没有极性，而水是强极性物质，根据“相似相溶”原理，一般有机物难溶或不溶于水，而易溶于某些有机溶剂（如苯、丙酮、石油醚等）。

（5）反应速率慢　有机化合物的反应，多数不是离子型反应，而是分子间的反应，靠分子间的有效碰撞，经历旧共价键断裂和新共价键形成的过程来完成，所以有机反应一般比较缓慢。为加速反应，往往需要加热、加催化剂或光照等手段来增加分子动能、降低活化能或改变反应历程。

（6）反应生成产物复杂　有机分子大多由多个原子通过共价键构成，结构复杂，常常可以在几个部位同时发生化学反应，得到多种产物。所以，有机反应一般比较复杂，除了主反应外，常伴有副反应。因此，有机反应产物常为比较复杂的混合物，需要分离纯化。

1.3　有机化合物中的共价键

碳是组成有机化合物的基本元素之一，它处于元素周期表第ⅣA的首位。碳的原子核最外层有四个电子（核外电子排布为 $1s^2 2s^2 2p^2$），在与其他元素成键时，它既不易失去电子，也不易得到电子，所以有机物分子中的化学键主要是共价键，以共价键结合是有机物分子基本的、共同的结构特点。

原子成键时，各出一个电子配对而形成共用电子对，这样生成的化学键叫作共价键（covalent bond）。例如，碳原子和氢原子形成 4 个共价键，生成甲烷。

$$\cdot\dot{\underset{\cdot}{C}}\cdot + 4H\cdot \longrightarrow \begin{matrix} & H & \\ H & :\ddot{\underset{\cdot\cdot}{C}}: & H \\ & H & \end{matrix} \qquad \begin{matrix} & H & \\ & | & \\ H- & C & -H \\ & | & \\ & H & \end{matrix}$$

由一对共用电子来表示一个共价键的结构式，叫作路易斯（Lewis）结构式。用一根短线代表一个共价键的结构式叫作凯库勒（Kekulé）结构式。

为了解释共价键是如何形成的（即共价键的本质），化学家提出了两种理论：价键理论（valence bond theory）和分子轨道理论（molecular orbital theory）。两种理论各有优缺点，因此，人们趋向于用两种理论解决不同的具体问题。

1.3.1　价键理论

20 世纪 30 年代，著名化学家 L. Pauling 和物理学家 J. C. Slater 将量子力学的原理与化学的直观经验相结合，创立了价键理论。

价键理论认为，共价键的形成是成键原子的原子轨道（即电子云）相互重叠或交盖的结果。或者说共价键的形成是两个原子的未成对而又自旋相反的电子耦合配对的结果。因此，价键理论又称为电子配对理论（electron pair theory）。两个原子轨道中自旋相反的两个电子在轨道区域内运动，为两个原子所共有，此时两个原子核相互吸引，体系能量降低。由于配对后的电子对只能存在于两个原子轨道的重叠区，故成键电子具有定域性。

共价键有两个特点：一是饱和性，配对后的电子不能再同时与其他单电子配对，也就是说一个单电子只能参与一个化学键的形成；二是方向性，两个原子轨道在相互重叠时总是选择能够形成最大程度重叠区域的方向进行重叠，只有这样才能形成最稳定的共价键。见图 1-1。

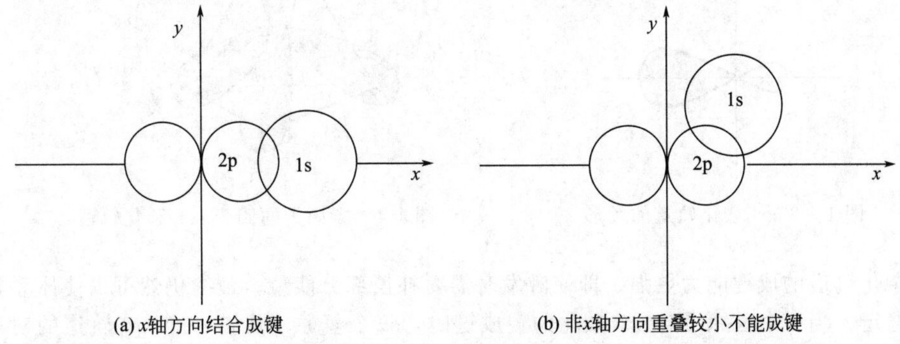

(a) x轴方向结合成键　　(b) 非x轴方向重叠较小不能成键

图 1-1　共价键的方向性

价键理论能很好地解释共价键的本质、成键规则、成键能力等，但不能解释空间构型问题。例如，碳原子的价电子层只有两个未成对的单电子（$2p_x^{1}$、$2p_y^{1}$），那么甲烷分子应为 CH_2，而实际上甲烷分子为 CH_4，且为四面体构型（tetrahedron configuration）。为了解释分子空间构型的问题，1931 年 L. Pauling 在价键理论的基础上提出了原子轨道杂化理论，简称杂化理论。

杂化理论认为，在原子的电子层中，几个不同类型能量相近的原子轨道在需要的时候可以通过相互混合和重组，形成数目相等且各自完全相同的原子轨道。不同原子轨道相互混合和重组的过程称为轨道杂化（hybridization），新形成的原子轨道称为杂化轨道（hybrid orbital）。

可用杂化理论解释最简单的碳氢化合物甲烷（CH_4）的形成及其空间构型。碳原子在基态的电子构型为 $1s^2 2s^2 2p_x^1 2p_y^1$，其外层有 4 个电子，其中两个电子位于 2s 轨道且已成对，另两个电子则分别处于不同的 p 轨道（$2p_x$ 和 $2p_y$），如图 1-2 所示。碳原子的 2s 轨道和 2p 轨道能量相近，可以发生轨道杂化。杂化之前，原子首先吸收能量，导致 2s 轨道上的一个电子被激发并跃迁至没有电子排布的 $2p_z$ 空轨道，得到电子构型为 $1s^2 2s^1 2p_x^1 2p_y^1 2p_z^1$ 的激发态。然后，激发态的一个 2s 轨道与 3 个 2p 轨道（$2p_x$，$2p_y$，$2p_z$）进行轨道的“混合与杂化”，形成 4 个具有相同能量的简并杂化轨道，用 sp^3 表示，见图 1-2。

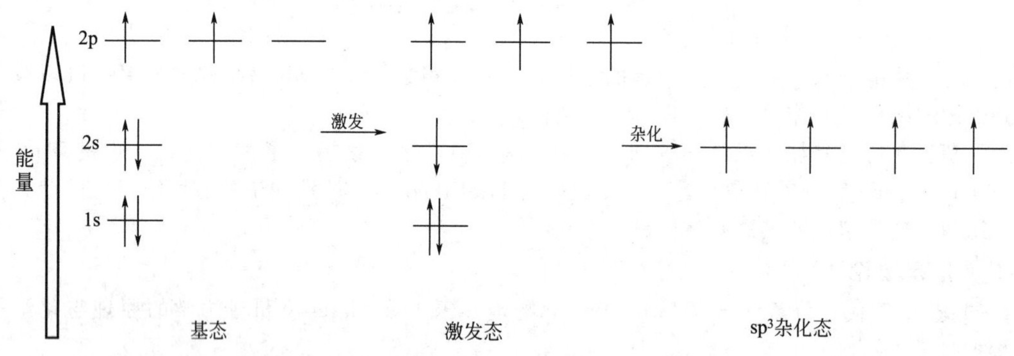

图 1-2　碳原子 2s 电子的激发和 sp^3 杂化

杂化后形成的每一个 sp^3 杂化轨道的形状为一瓣大、一瓣小，如图 1-3 所示。要使这四个简并的杂化轨道在三维空间中彼此距离最远，从而排斥力最小，只有采用正四面体的形状，碳在正四面体的中心，四个杂化轨道伸向四面体的四个顶点，轨道与轨道之间的夹角为 109°28′（图 1-4）。

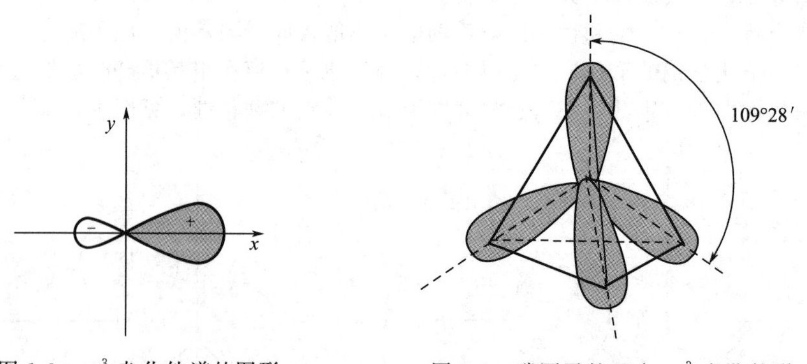

图 1-3　sp^3 杂化轨道的图形　　图 1-4　碳原子的四个 sp^3 杂化轨道

这种杂化轨道的成键能力更强，即使激发时需要补偿部分能量，最终仍然可以使体系释放出能量而趋于稳定。当 4 个氢原子与 sp^3 杂化的碳成键时，每个氢原子沿着一个 sp^3 轨道的对称轴，用 1s 轨道与碳原子的 sp^3 轨道较大的一瓣进行头对头的轨道重叠，形成四个 sp^3-s 型 C—H 共价键。这样，甲烷分子的 4 个氢原子就分别处在以碳原子为中心的正四面体的 4 个顶角，任何两个 C—H

键之间的夹角都是109°28′，即甲烷分子为正四面体空间构型。此外，从能量上看，碳与氢形成含有四个C—H共价键的CH_4比形成只含两个C—H共价键的CH_2要有利得多。

除了sp^3杂化外，还有sp^2杂化和sp杂化。sp^2杂化是由一个s轨道和两个p轨道参加的杂化，三个sp^2杂化轨道在三维空间的空间形状为平面三角形，轨道与轨道之间的夹角为120°，未参加杂化的p轨道垂直于sp^2杂化轨道平面。sp杂化是由一个s轨道和一个p轨道参加的杂化，两个sp杂化轨道的空间形状为直线形，未参加杂化的两个p轨道彼此垂直且都垂直于sp杂化轨道对称轴。

1.3.2 分子轨道理论

20世纪20～30年代，R. S. Mulliken等创立了分子轨道理论，并用于阐明分子中共价键的本质和电子结构，解决了许多价键理论所不能解决的问题。

按照分子轨道理论，当原子组成分子时，形成共价键的电子运动于整个分子区域。分子轨道（molecular orbital）是描述整个分子中电子运动的状态函数，用ψ表示。分子轨道由原子轨道（atomic orbital，用ϕ表示）线性组合而成，多少个原子轨道线性组合出多少个分子轨道。如果两原子轨道波函数的符号相同（即波的位相相同），相互叠加，得到的分子轨道能量比原子轨道能量低，称为成键轨道（bonding orbital），用ψ表示；如果两原子轨道符号相反（即波的位相相反），犹如波峰和波谷相遇相互减弱一样，中间出现节点，节点上电子出现的概率为零，得到的分子轨道比原子轨道能量高，称为反键轨道（antibonding orbital），用ψ^*表示。例如，两个氢原子的1s轨道线性组合成两个分子轨道，如图1-5所示。

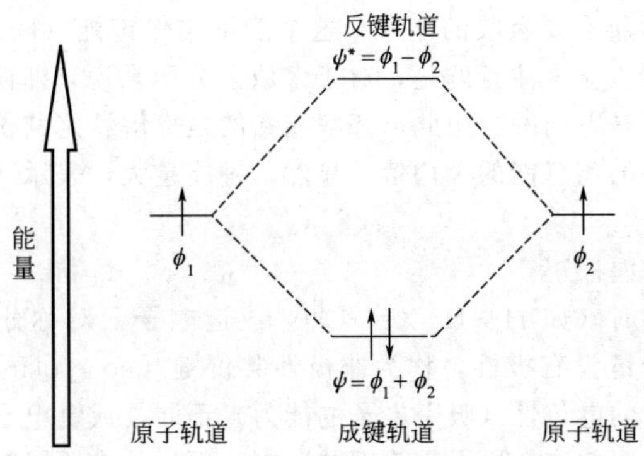

图1-5 两个氢原子轨道组成两个氢分子轨道

分子轨道理论认为，电子在分子轨道中的填充也遵循能量最低原理、Pauli不相容原理和Hund规则。当两个氢原子形成氢分子时，两个电子均进入成键轨道，体系能量降低，即形成了共价键。

与价键理论不同，分子轨道理论认为成键电子不是“定域”在成键轨道中，而是在整个分子内运动，即是“离域（delocalized）”的。这也是价键理论与分子轨道理论最根本的区别。分子轨道理论在描述共轭结构时具有比价键理论更明显的优势。

1.3.3 共价键的性质

共价键的性质可用键长、键角、键能和键的极性等物理量来表征，这些物理量也叫作共价键的参数。

（1）键长

共价键的形成使两个原子有了稳定的结合，形成共价键的两个原子的原子核之间保持一定的距离，这个距离称为键长（bond length）或键距。不同的共价键具有不同的键长，见表1-1。应该注意的是，即使是同一类型的共价键，在不同分子中其键长也可能稍有不同，因为共价键会受到整个分子结构的影响。此外，键长越短，表示键越强、越牢固。

表 1-1　一些共价键的键长

共价键	键长/nm	共价键	键长/nm
C—H	0.110	H—N	0.134
C—C	0.154	C—N	0.147
C═C	0.134	C═N	0.128
C≡C	0.120	C≡N	0.116
C═C(苯)	0.140	C—F	0.141
H—O	0.096	C—Cl	0.177
C—O	0.143	C—Br	0.191
C═O	0.122	C—I	0.212

（2）键角

共价键有方向性，故任何一个二价以上的原子，与其他原子所形成的两个共价键之间都有一个夹角，这个夹角就叫作键角（bond angle）。例如，甲烷分子 H—C—H 键之间的夹角为 109°28′。键长和键角决定着分子的立体形状。

（3）键能

共价键形成时，有能量释出而使体系的能量降低；反之，共价键断裂则必须从外界吸收能量。气态原子 A 和气态原子 B 结合成 A—B 分子（气态）所放出的能量，也就是气态分子 A—B 离解成 A 和 B 两个原子（气态）时所需要吸收的能量，这个能量叫作键能（bond energy）。一个共价键离解所需的能量也叫作离解能。应该注意的是，对于多原子分子来说，即使是一个分子中同一类型的共价键，这些键的离解能也是不同的。因此，离解能指的是离解特定共价键的键能，而键能则泛指多原子分子中几个同类型键的离解能的平均值。显然，键能越大，表示两个原子结合越牢固，键越稳定。

（4）键的极性与分子的偶极矩

相同的原子形成共价键时（如 H—H、Cl—Cl），成键电子云对称分布于两原子之间，正、负电荷中心重叠，这样的共价键没有极性，称为非极性共价键（non-polar covalent bond）。不同的原子形成共价键时，由于元素的电负性（吸引电子的能力）不同，成键电子云不是对称分布于两原子之间，而是偏向某原子，从而使这个原子带有部分负电，而另一个原子带部分正电，正、负电荷中心不重叠，这种由于电子云的不完全对称而呈现极性的共价键称为极性共价键（polar covalent bond）。可用 δ^+ 和 δ^- 来表示构成极性共价键的原子的带电情况。例如：

$$\overset{\delta^+}{H}\longrightarrow\overset{\delta^-}{Cl}\qquad H_3\overset{\delta^+}{C}\longrightarrow\overset{\delta^-}{F}$$

一个元素吸引电子的能力，叫作这个元素的电负性（electronegativity）。表 1-2 给出了一些常见元素的电负性的 Pauling 值。电负性数值大的原子具有较强吸引电子的能力。极性共价键就是构成共价键的两个原子具有不同电负性的结果，两者的电负性的差值越大，共价键的极性也越大。

表 1-2　一些常见元素的电负性

元素	H	C	N	O	F	Si	P	S	Cl	Br	I
电负性(Pauling 值)	2.1	2.5	3.0	3.5	4.0	1.8	2.1	2.5	3.0	2.8	2.5

极性共价键中的正、负电荷中心不相重叠，构成一个偶极。正电中心或负电中心的电荷 q 与两个电荷中心之间的距离 d 的乘积叫作偶极矩（dipole moment），用 μ 表示，单位为 D（Debye）：

$$\mu = qd$$

偶极矩 μ 是一个向量，有方向性，用 $+\!\!\longrightarrow$ 表示其方向，箭头指向负电中心。偶极矩的大小表示一个键或一个分子的极性。在双原子分子中，键的极性就是分子的极性，键的偶极矩就是分子的偶极矩；而在多原子分子中，分子的偶极矩是分子中各个键的偶极矩的向量和，例如：

$$\mathrm{H \rightarrow Cl}\quad \mu=1.03\mathrm{D}\qquad \mathrm{CH_3Cl}\quad \mu=1.87\mathrm{D}\qquad \mathrm{CCl_4}\quad \mu=0$$

键的极性取决于构成这个键的元素的电负性，而分子的极性与分子中各个键的偶极矩有关。

1.3.4 共价键的断裂

有机化合物发生化学反应时必然涉及旧的共价键的断裂和新的共价键的生成。共价键的断裂可以有两种方式。

(1) 均裂

共价键断裂时，成键的一对电子平均分给成键的两个原子或基团，产生的带有未成对电子的原子或基团，称为自由基或游离基（free radical）。这种断裂方式称为共价键的均裂（homolytic cleavage）。例如：

$$\mathrm{A:B \xrightarrow{均裂} A\cdot + B\cdot}$$

$$\mathrm{H_3C:H \longrightarrow \underset{甲基自由基}{H_3C\cdot} + \underset{氢原子或氢自由基}{H\cdot}}$$

自由基是有机反应的活性中间体（active intermediate）之一。把反应过程中涉及共价键均裂产生自由基的反应称为自由基反应（free radical reaction）。

(2) 异裂

共价键断裂时，成键电子对完全转移到其中的一个原子或基团上，产生了正离子和负离子，这种断裂方式称为共价键的异裂（heterolytic cleavage）。如果成键原子是碳，带正电的离子称为碳正离子（carbocation），而带负电的离子称为碳负离子（carboanion）。例如：

$$\mathrm{A:B \xrightarrow{异裂} A^+ + B^-\ 或\ A^- + B^+}$$

$$\mathrm{(CH_3)_3C:Cl \longrightarrow \underset{叔丁基碳正离子}{(CH_3)_3C^+} + Cl^-}$$

碳正离子和碳负离子也是有机反应的活性中间体。把反应过程中涉及共价键异裂产生离子的反应称为离子型反应（ionic reaction）。

除了上述的自由基反应和离子型反应外，还有一种反应既无共价键的均裂，也无共价键的异裂，即不生成任何活性中间体，其旧键的断裂和新键的生成同步完成，且经过环状过渡态，称为协同反应（concerted reaction）或周环反应（pericyclic reaction）。

1.4 有机化学中的酸碱概念

1.4.1 布朗斯特酸碱概念

在有机化学中，酸碱一般是指布朗斯特（J. N. Brønsted）所定义的酸碱，即凡是能给出质子的分子或离子叫作酸，凡能与质子结合的分子或离子叫作碱（见表 1-3），该理论又称为酸碱质子理论。

根据布朗斯特酸碱定义，酸给出质子后余下的部分就是碱，反过来，碱接受了质子就成为酸，这种对应关系称为共轭关系（conjugation relationship）。

$$酸 \rightleftharpoons 碱 + \mathrm{H^+}$$

式中，右边碱是左边酸的共轭碱（conjugated base），左边酸又是右边碱的共轭酸（conjugated

acid)，彼此联系起来就称为酸碱对。显然，酸中有碱，碱中有酸，彼此相互依存，并可相互转化。酸越强，其共轭碱就越弱；酸越弱，其共轭碱就越强。例如，HCl 为酸，给出质子后余下的 Cl^- 为酸 HCl 的共轭碱；反之，碱 Cl^- 与质子结合后成为其共轭酸 HCl。HCl 在水中完全可以给出质子（给予 H_2O），所以 HCl 作为一个酸，它是个强酸；H_2O 作为一个碱，在此是个强碱，其碱性比 Cl^- 强得多，所以 Cl^- 是个弱碱。

表 1-3　一些布朗斯特酸碱

酸		碱		酸		碱
HCl	+	H_2O	$\rightleftharpoons$	H_3O^+	+	Cl^-
H_2SO_4	+	H_2O	$\rightleftharpoons$	H_3O^+	+	HSO_4^-
HSO_4^-	+	H_2O	$\rightleftharpoons$	H_3O^+	+	SO_4^{2-}
CH_3COOH	+	H_2O	$\rightleftharpoons$	H_3O^+	+	CH_3COO^-
HCl	+	NH_3	$\rightleftharpoons$	NH_4^+	+	Cl^-
H_3O^+	+	OH^-	$\rightleftharpoons$	H_2O	+	H_2O

1.4.2　路易斯酸碱概念

有机化学中也常用路易斯（G. N. Lewis）所提出的酸碱概念，即凡是能给出电子对的分子或离子都叫作碱，凡是能接受电子对的分子或离子都叫作酸。按此定义，路易斯碱就是布朗斯特碱。例如 NH_3，可接受质子，所以是布朗斯特碱；而它在和 H^+ 结合时，是其氮原子提供一对电子与 H^+ 成键，所以它又是路易斯碱。路易斯酸和布朗斯特酸则有些不同。例如，按照布朗斯特定义，HCl 和 H_2SO_4 都是酸，但按路易斯定义，它们本身不是酸，它们所给出的质子才是酸。反之，有些化合物按布朗斯特定义不是酸，而按路易斯定义却是酸。例如，在有机化学中常见的试剂 BF_3 和 $AlCl_3$，由于 B 和 Al 具有未填充的空价层轨道，都是路易斯酸，见表 1-4。

布朗斯特酸碱理论（质子论）是狭义的酸碱理论，路易斯酸碱理论（电子论）是广义的酸碱理论，二者各有优缺点。但在一般的有机化学资料中，一般泛称的酸碱都是布朗斯特酸碱。当需要涉及路易斯酸碱概念时，都会专门指出它们是路易斯酸碱。

表 1-4　几个常见的路易斯酸和路易斯碱

路易斯酸		路易斯碱			路易斯酸		路易斯碱		
H^+	+	$:Cl^-$	$\longrightarrow$	HCl	BF_3 (F:B̤̈ with F above and below)	+	$:NH_3$	$\longrightarrow$	$F_3B—NH_3$
H^+	+	$:OH_2$	$\longrightarrow$	H_3O^+	$AlCl_3$ (Cl:Al with Cl above and below)	+	$:Cl^-$	$\longrightarrow$	$Cl_3Al—Cl^-$（即 $AlCl_4^-$）

1.5　有机化合物的分类

有机化合物数目庞大，并且有机化合物的结构与其性质之间有着密切的关系。对有机化合物进行科学的分类对于学习和研究有机化学是十分必要的。通常有机化合物可以按碳原子的连接方式（碳架，carbon skeleton）和官能团（functional group）的不同加以分类。

1.5.1　按碳架分类

按碳架的不同，有机化合物可以分为三大类。

（1）开链化合物（chain compound）

分子中的碳原子连接成链状。例如：

$CH_3CH_2CH_2CHCH_3$（CH_3 支链）　　$CH_2{=}CHCH_3$　　$CH_3{-}CH_2{-}CH_2{-}CH(OH){-}CH(CH_2{-}CH_3){-}CH_2OH$

2-甲基戊烷　　丙烯　　2-乙基己-1,3-二醇

脂肪中存在这类化合物，故开链化合物又称为脂肪族化合物（aliphatic compound）。

（2）碳环化合物（carbocyclic compound）

分子中的碳原子连接成环状。根据分子结构特点，又可分成两类。

① 脂环族化合物（alicyclic compound） 这类化合物可以看作由开链化合物连接闭合成环而得，其性质与脂肪族化合物相似。例如：

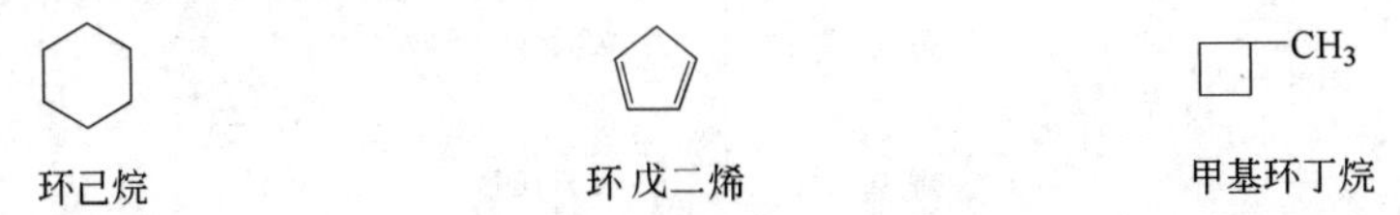

环己烷　　环戊二烯　　甲基环丁烷

② 芳香族化合物（aromatic compound） 这类化合物具有由碳原子连接而成的特殊环状结构，它们具有一些特定的性质。

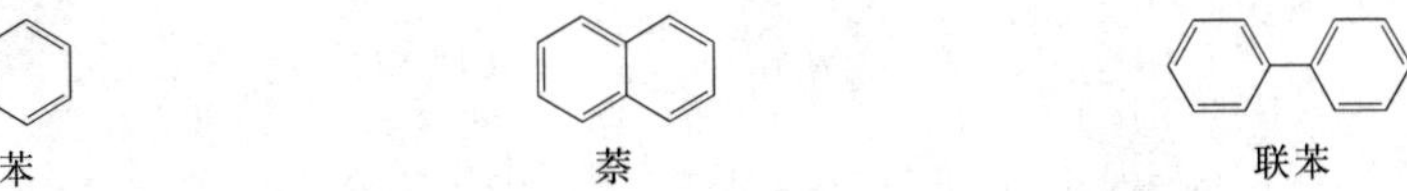

苯　　萘　　联苯

（3）杂环化合物（heterocyclic compound）

这类化合物也具有环状结构，但这种环是由碳原子和其他原子（如 O、S、N 等，称为杂原子）共同组成的。

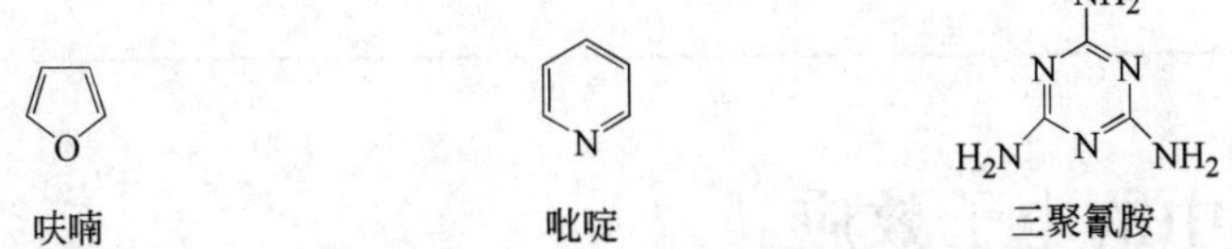

呋喃　　吡啶　　三聚氰胺

1.5.2 按官能团分类

把有机化合物分子中能够决定化合物主要性质、反映化合物主要特征的原子或基团叫作官能团（functional group）。例如，1-氯丁烷（$CH_3CH_2CH_2CH_2Cl$）的官能团是氯原子（Cl），乙醇（CH_3CH_2OH）的官能团是羟基（—OH）。由于含有相同官能团的化合物性质相似，因而按官能团分类有机化合物有助于系统地掌握各类化合物的性质。表 1-5 列出了一些常见的官能团。

表 1-5 一些常见的官能团

化合物类型	官能团结构及名称		实例	
烯烃	$>C{=}C<$	碳碳双键	$H_2C{=}CH_2$	乙烯
炔烃	$-C{\equiv}C-$	碳碳三键	$HC{\equiv}CH$	乙炔
卤代烃	—X	卤素	CH_3CH_2Cl	氯乙烷
醇	—OH	羟基	CH_3CH_2OH	乙醇
醚	C—O—C	醚基	$(CH_3CH_2)_2O$	乙醚
醛	$-C(=O)-H$	醛基	CH_3CHO	乙醛
酮	$-C(=O)-$	羰基	CH_3COCH_3	丙酮
羧酸	$-C(=O)-OH$	羧基	CH_3COOH	乙酸

续表

化合物类型	官能团结构及名称		实例	
酰卤	$-\overset{O}{\overset{\|\|}{C}}-X$	酰卤基	CH_3COCl	乙酰氯
酸酐	$-\overset{O}{\overset{\|\|}{C}}-O-\overset{O}{\overset{\|\|}{C}}-$	酸酐基	$(CH_3CO)_2O$	乙酸酐
酯	$-\overset{O}{\overset{\|\|}{C}}-OR$	酯基	$CH_3COOCH_2CH_3$	乙酸乙酯
酰胺	$-\overset{O}{\overset{\|\|}{C}}-NH_2$	酰氨基	CH_3CONH_2	乙酰胺
腈	$-C\equiv N$	氰基	CH_3CN	乙腈
硝基化合物	$-NO_2$	硝基	$C_6H_5NO_2$	硝基苯
胺	$-NH_2$	氨基	CH_3NH_2	甲胺
偶氮化合物	$-N=N-$	偶氮基	$H_5C_6-N=N-C_6H_5$	偶氮苯
硫醇	$-SH$	巯基	CH_3SH	甲硫醇
磺酸	$-SO_3H$	磺酸基	p-$CH_3C_6H_5SO_3H$	对甲苯磺酸

1.6 有机化学中的电子效应

1.6.1 诱导效应

在多原子分子中，由于相互结合着的原子的电负性不同，一个键产生的极性将影响到分子中的其他部分，使分子的电子云密度分布发生一定程度的改变，具体表现为分子中电子的转移，而这种转移是以静电诱导方式沿着分子链传递下去。一般常把这种电子转移的效应叫作诱导效应（induction effect），用 I 表示。诱导效应包括静态诱导效应和动态诱导效应。在静态分子中表现出的诱导效应叫作静态诱导效应。在反应过程中，反应物分子中的某一个键受外加试剂电场的影响，则键电子云分布发生瞬时改变，这种改变只是一种暂时的性质，只有在发生化学反应时才表现出来，这种诱导效应称为动态诱导效应。我们主要学习静态诱导效应。

诱导效应一般以氢原子作为比较标准，如 X 电负性大于氢，则电子云移向 X，称 X 为吸电子基或亲电子取代基。由 X 引起的诱导效应称为吸电子诱导效应，常用 $-I$ 来表示。如 Y 电负性较氢原子小，则电子云移向氢原子，这样 Y 就具有斥电子性质，称 Y 为斥电子基或供电子取代基，由它引起的诱导效应一般叫作给电子诱导效应，常用 $+I$ 表示。

$$\overset{\delta^-}{X}\longleftarrow\overset{\delta^+}{C}R_3 \qquad H-CR_3 \qquad \overset{\delta^+}{Y}\longrightarrow\overset{\delta^-}{C}R_3$$

$-I$ 效应	标准	$+I$ 效应
吸电子诱导效应	$I=0$	给电子诱导效应

α-氯代乙酸的酸性会随着氯原子数目的增多而增强，这是静态诱导效应的典型例子：

羧酸	CH_3COOH	$ClCH_2COOH$	$Cl_2CHCOOH$	Cl_3CCOOH
pK_a	4.75	2.86	1.26	0.64

可见，乙酸的 α-H 被 Cl 取代后，提高了乙酸的酸性强度，氯原子取代得越多，则取代乙酸的酸性

强度越大，即氯原子取代越多，吸电子诱导效应（$-I$）越强，酸性越强。

取代基的诱导效应沿 σ 碳链由近而远依次传递，随着碳链增长，迅速下降，一般到第四个碳原子时作用已经极微。这是诱导效应的特点。例如：

羧酸	$CH_3CH_2CHClCOOH$	$CH_3CHClCH_2COOH$	$ClCH_2CH_2CH_2COOH$	$CH_3CH_2CH_2COOH$
pK_a	2.82	4.41	4.70	4.82

可见，诱导效应随 σ 碳链增长而迅速减弱，其中 γ-氯代丁酸与丁酸的酸性基本上无变化。

1.6.2 共轭效应

当 π 键的邻位原子存在 p 轨道或 π 键时，π 键电子云可与邻位原子的 p 轨道电子云或邻位 π 键电子云发生相互重叠，形成一个不同于孤立 π 键的新的结构体系，称为共轭体系（conjugated system)。共轭体系中的 π 键电子效应称为共轭效应（conjugation system)，用 C 表示。即共轭效应是存在于共轭体系中的一种极性现象，这种效应也引起分子电子云密度的不均匀分布。

共轭体系有 π-π 共轭和 p-π 共轭两种类型，其 π 电子转移可分别表示为：

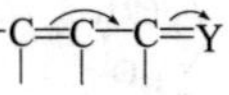

—C=C—C=Y（Ⅰ）π-π 共轭 $-C$　　—C=C—X（Ⅱ）p-π 共轭 $+C$

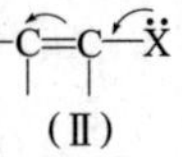

在（Ⅰ）中 Y 为吸电子共轭效应基团，一般称为$-C$ 效应基团；在（Ⅱ）中 X 为给电子共轭效应基团，一般称为$+C$ 效应基团。

【例 1-1】 共轭效应在物理性质上的反映

分子	偶极矩	分子	偶极矩
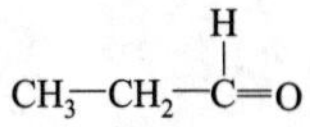 $CH_3-CH_2-CH=O$	2.49	CH_3-CH_2-Cl	2.05
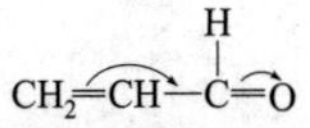 $CH_2=CH-CH=O$	2.88	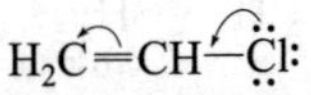 $H_2C=CH-Cl$:	1.66

可见，在丙烯醛分子中，C=C 与 C=O 共轭，致使高度活动性的 π 电子沿着共轭链向氧原子转移，因而分子的偶极矩比相应饱和醛的高，即 π-π 共轭使偶极矩增加。在氯乙烯分子中，卤素的未共用电子对与烯键 π 电子共轭，电子密度向着离开卤素的方向转移，因而氯乙烯分子的偶极矩比氯乙烷的小，即 p-π 共轭使偶极矩减小。

【例 1-2】 共轭效应在化学行为上的反映

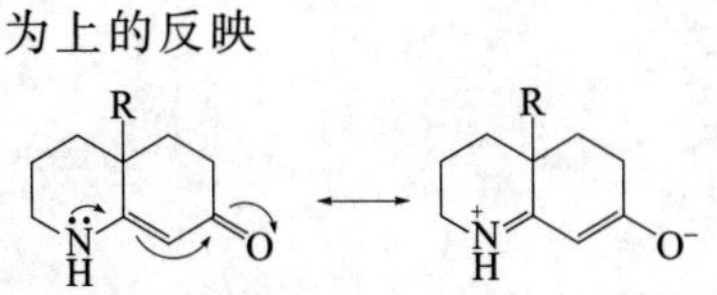

对于上述双环环胺酮的结构，如果不考虑共轭效应，可能会认为该化合物具有胺和酮的特性。实际上，该化合物既没有胺的碱性，也不发生羰基的一般反应，而表现为一个酰胺。显然，该化合物的酰胺性质是由共轭效应所决定的。这里 N 原子的未共用电子对和 C=C 键及 C=O 键的 π 电子共轭(p-π 共轭)，形成一个类酰胺体系，失去了原官能团的活性。

需要指出的是，与沿 σ 碳链传递的诱导效应不同，共轭效应是沿 π 键传递的，它不因 π 键增长而降低。

【扩展阅读】　莱纳斯·卡尔·鲍林简介

莱纳斯·卡尔·鲍林（Linus Carl Pauling，1901—1994）是美国著名化学家，现代化学奠基人之一，量子化学和结构生物学的先驱者之一。1901 年 2 月 28 日鲍林出生在美国俄勒冈州波特兰市的一个普通家庭，自幼家境贫寒。1922 年在俄勒冈农学院化学工程专业获学士学位。1925 年获加州理工学院化学专业哲学博士学位。自20世纪30年代开始，鲍林将量子理论应用于化学键的研究，1939年出版了在化学史上具有划时代意义的《化学键的本质》一书，引申出了广泛使用的杂化轨道概念（可成功解释甲烷的正四面体结构），完善了价键理论。他还把“电负性”和“共振论”思想引入化学键性质的研究。1951年他提出 α-螺旋和 β-折叠是蛋白质二级结构的基本构建单元。由于鲍林在化学键本质以及复杂化合物物质结构阐释方面的杰出贡献，他赢得了1954年诺贝尔化学奖。鲍林坚决反对把科技成果用于战争，特别反对核战争。1957年5月，他起草了《科学家反对核试验宣言》，并写了《不要再有战争》一书。由于鲍林对和平事业的贡献，他在1962年荣获诺贝尔和平奖。

习　题

1. 阿莫西林（amoxicillin）是青霉素家族中的一种抗生素，请标出阿莫西林中所有的官能团。

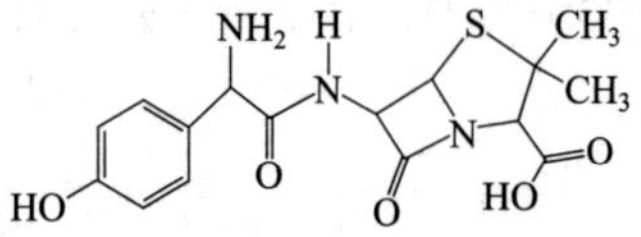

2. 下面化合物中的碳原子有哪几种杂化形式？请标明。

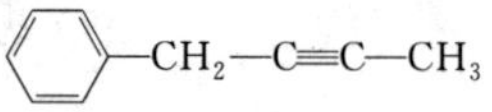

$-CH_2-C\equiv C-CH_3$

3. 写出下列化合物或基团的路易斯结构式：

$H_2C=CH_2$　　CCl_4　　$H_2C=O$　　CH_3OH　　$HC\equiv C^-$

4. 根据电负性大小，将下列各组共价键或者化合物按极性强弱排列成序。

（1）C—O，C—N，C—F，C—Br；

（2）H—N，H—F，H—C，H—O；

（3）NH_3，HI，$CHCl_3$，CH_3-CH_3。

第 2 章　烷烃

由碳、氢两种元素组成的化合物称为碳氢化合物，简称烃。按分子中碳架结构的不同，烃分为脂肪烃（或称石蜡烃）、脂环烃和芳香烃，其中脂肪烃又分为烷烃、烯烃和炔烃。其他有机化合均可看作是烃的衍生物。

2.1　烷烃的通式、同系列和同分异构

2.1.1　烷烃的通式和同系列

在烷烃分子中，所有的碳原子都以单键的形式与其他 4 个碳原子或氢原子结合，任意两个烷烃在组成上都相差一个或若干个 CH_2（甲叉基），即烷烃的通式为 C_nH_{2n+2}。凡具有同一个通式、结构和性质相似的一系列化合物称为同系列，同系列中的每一个化合物均称为同系物。同系列中，相邻两个分子在组成上的差值 CH_2 称为系差。由于结构相似，同系物的化学性质相似，物理性质也随碳原子数的增加呈有规律变化。因此，只要对同系列中的典型化合物进行详尽的研究，就可以类推其他同系物的基本性质（共性），当然同系列中最小的分子与较大的分子，因分子量的急剧增加而在性质上也会存在一些差异（特性）。

2.1.2　烷烃的同分异构现象

甲烷中的 4 个氢原子是完全相同的，其中任意一个氢原子被相同的原子或原子团取代，得到的产物只有一种。乙烷中的 6 个氢原子也类似。

$$CH_4 \xrightarrow{\text{H 被 } CH_3 \text{ 取代}} CH_3CH_3 \xrightarrow{\text{H 被 } CH_3 \text{ 取代}} CH_3CH_2CH_3$$

丙烷中的 8 个氢原子在分子中所处的相对位置不完全相同，其中链端的 6 个氢原子的相对位置相同，中间 2 个氢原子的相对位置相同。因此，当丙烷的氢原子被一个相同的原子或原子团取代时，得到两种构造不同的产物。

$$CH_3CH_2CH_3 \xrightarrow{\text{C1 上的一个 H 原子被 } CH_3 \text{ 取代}} CH_3CH_2CH_2CH_3 \quad (\text{Ⅰ})$$

$$CH_3CH_2CH_3 \xrightarrow[\text{C2 上的一个 H 原子被 } CH_3 \text{ 取代}]{} \underset{\displaystyle CH_3}{\overset{}{CH_3\underset{|}{C}HCH_3}} \quad (\text{Ⅱ})$$

将如式（Ⅰ）和式（Ⅱ）中分子式相同而结构不同的化合物称为同分异构体，简称“异构体”。凡是由碳原子连接方式不同而产生的同分异构现象，称为碳链异构（或碳架异构）。碳链异构属于构造异构的一种。

随着烷烃分子中碳原子数的递增，其可能的异构体的数目将急剧增加。部分烷烃可能的异构体数目如表 2-1 所示。

从表 2-1 可以看出，1～3 个碳原子的烷烃是没有构造异构的，从丁烷开始出现异构现象，且随着碳原子数的增加，产生的异构体数也随着增加，这也是有机化合物种类繁多的原因之一。

表 2-1　部分烷烃可能的异构体数目

碳原子数	异构体数	碳原子数	异构体数
1～3	1	10	75
4	2	11	159
5	3	12	355
6	5	15	4347
7	9	20	366319
8	18	30	4111846763
9	35		

烷烃分子中的碳原子，根据其所连接的碳原子数目，可分为四类：只与一个碳原子连接的称为伯碳原子（或第一碳原子），用“1°”表示；与两个碳原子连接的称为仲碳原子（或第二碳原子），用“2°”表示；与三个碳原子连接的称为叔碳原子（或第三碳原子），用“3°”表示；与四个碳原子连接的称为季碳原子（或第四碳原子），用“4°”表示。伯、仲、叔碳原子上所连接的氢原子则分别称为伯、仲、叔氢原子。不同类型的氢原子其反应活性不同。

```
         1°         1°
        CH3        CH3
  1°     |          |
CH3—CH—CH2—C—CH3
        3°    2°   |4° 1°
                  CH3
                  1°
```

2.2　烷烃的命名

有机化合物种类繁多、数目庞大，同分异构体也多，因此，给每一个有机物一个科学而又不与其他物质重复的名称尤为重要。烷烃的命名法是其他有机物命名的基础。常用的烷烃命名法有普通命名法、衍生物命名法和系统命名法。但前两者只适用于较简单的烷烃，对结构复杂的烷烃则不适用。

2.2.1　烷基的名称

烷烃可用 RH 表示，烷烃分子中去掉一个氢原子后剩下的基团称为烷基，用 R—表示。常见的烷基及其中、英文名称和缩写如表 2-2 所示。

表 2-2　一些常见烷基的中英文名称和缩写

结构	中文名称	英文名称	缩写
CH_3—	甲基	methyl	Me
CH_3CH_2—	乙基	ethyl	Et
$CH_3CH_2CH_2$—	正丙基	propyl	*n*-Pr
$CH_3\underset{}{C}H$—（CH 上连 CH_3）	异丙基(丙-2-基)	isopropyl	*i*-Pr
$CH_3CH_2CH_2CH_2$—	正丁基	butyl	*n*-Bu
CH_3CHCH_2—（CH 上连 CH_3）	异丁基(2-甲基丙基)	isobutyl	*i*-Bu
CH_3CH_2CH—（CH 上连 CH_3）	仲丁基(丁-2-基)	*sec*-butyl	*s*-Bu

续表

结构	中文名称	英文名称	缩写
$CH_3-\overset{\displaystyle CH_3}{\underset{\displaystyle CH_3}{\overset{\vert}{\underset{\vert}{C}}}}-$	叔丁基(1,1-二甲基乙基)	*tert*-butyl	*t*-Bu
$CH_3-\overset{\displaystyle CH_3}{\underset{\displaystyle CH_3}{\overset{\vert}{\underset{\vert}{C}}}}-CH_2-$	新戊基(2,2-二甲基丙基)	neopentyl	

2.2.2 普通命名法

普通命名法又称习惯命名法。对碳原子数不超过 10 个的烷烃，用甲、乙、丙、丁、戊、己、庚、辛、壬、癸表示碳原子数目，碳原子数超过 10 个的以中文数字十一、十二、十三等表示，称为“某烷”。

对有特定结构的同分异构体，在“某烷”前加词缀“正”“异”“新”来区别：“正”表示直链烷烃，“异”表示在链端第二个碳原子上有一个甲基支链，“新”表示在链端第二个碳原子上有两个甲基支链。例如：

$$CH_3CH_2CH_2CH_2CH_3 \qquad CH_3CH_2\underset{\displaystyle CH_3}{\underset{\vert}{C}}HCH_3 \qquad CH_3-\overset{\displaystyle CH_3}{\underset{\displaystyle CH_3}{\overset{\vert}{\underset{\vert}{C}}}}-CH_3$$

正戊烷　　异戊烷　　新戊烷

$$CH_3-\overset{\displaystyle CH_3}{\underset{\displaystyle CH_3}{\overset{\vert}{\underset{\vert}{C}}}}-CH_2CH_3 \qquad CH_3(CH_2)_8CH_3 \qquad CH_3(CH_2)_{18}CH_3$$

新己烷　　正癸烷　　正二十烷

2.2.3 衍生物命名法

烷烃的衍生物命名法就是把所有的烷烃看作甲烷的烷基衍生物来命名。命名时把烷烃分子中含氢最少的碳原子当作甲烷的碳原子，与其相连的烃基作为甲烷氢原子的取代基。如乙烷可看作甲烷中的一个氢原子被甲基取代而成，称为甲基甲烷。例如：

$CH_3CH_2CH_3$　二甲基甲烷

$(CH_3)_3CH$　三甲基甲烷

$(CH_3)_4C$　四甲基甲烷

$CH_3CH_2CH_2CH_3$　甲基乙基甲烷

$(CH_3)_2CHCH_2CH_3$　二甲基乙基甲烷

$CH_3CH_2C(CH_3)_2CH(CH_3)_2$　二甲基乙基异丙基甲烷

2.2.4 系统命名法

有机化合物最常用的命名法是由国际纯粹与应用化学联合会（International Union of Pure and Applied Chemistry，IUPAC）制定的系统命名法。根据该原则命名的名称，称为有机化合物的 IUPAC 名称或系统名称。中国化学会参考了 IUPAC 历年来推荐的命名原则，修订并出版了《有机化合物命名原则》（2017 版）。本书依据该原则对有机化合物进行命名。

在系统命名法中，直链烷烃的命名与普通命名法相似，但在名称前不加“正”字。对于支链烷烃其系统命名规则如下。

(1) 选主链

选择含碳原子最多的一条碳链作为主链，主链以外的支链作为取代基。如有多条时，则选择取代基最多的一条碳链为主链。例如：

```
CH3—CH2—CH2—CH2—CH—CH3           CH3—CH2—CH2—CH—CH2—CH3
                 |                               |
           CH3—CH2                        CH3—CH—CH3
```

选择最长 8 个碳的碳链为主链　　　　选择含取代基最多的碳链为主链

(2) 编号

用阿拉伯数字按以下自上而下的原则将主链碳原子进行编号。

① 遵循“取代基位次最低原则”从距离取代基最近的一端开始编号。例如：

```
 7     6     5     4    3
CH3—CH2—CH2—CH2—CH—CH3
                    |
              CH3—CH2
               1    2
```

② 如果主链上存在三个或更多取代基时，遵循“取代基位次组最低原则”，即按数字由小到大进行排列，不同组相比较时，由首位开始，顺序依次比较至分出大小，小者位次组在前，为低（小）位次组。如 2，3，6，8 组前（小）于 3，4，6，8 组和 2，4，5，7 组。加标注的位次在未标注的位次后。如 2 在 2’前。例如：

```
     CH3  CH3              CH3        CH3
      |    |                |          |
CH3—CH—CH—CH2—CH2—C—CH2—CH—CH3
 1    2    3    4     5    |6  7     8    9
                          CH3
```

2，3，6，6，8 组小于 2，4，4，7，8 组（如果从主链右端开始编号）

③ 如果主链上连有两个不同的取代基，且距离主链两端的距离都相同，则按取代基英文名字母顺序排序，排序优先者位次较低。表示复数的前缀如“di”“tri”“tetra”和表示连接方式的前缀如“*sec*-”“*tert*-”等，不参与字母排序，但表示端基骨架结构类型的“iso”“neo”被认为是基团名称的部分，所以参与字母排序。常见取代基按英文名字母顺序排列是：丁基（butyl）、乙基（ethyl）、异丁基（isobutyl）、异丙基（isopropyl）、甲基（methyl）、新戊基（neopentyl）、丙基（propyl）。例如：

```
           CH3
           |
           CH2                     CH3
           |                        |
CH3—CH2—CH—CH2—CH2—CH2—CH—CH2—CH3
 1     2    3    4     5     6    7    8     9
```

乙基（ethyl）的英文名字母排在甲基（methyl）之前

④ 如果取代基较复杂，则从与主链相连的碳原子开始对支链编号。

```
            H3C  1  2  3  4 CH3
 2   4   6   8   10   12
H3C  3   5   7   9   11   CH3
 1                         13
```

(3) 写名称

烷烃系统名称由取代基位次＋取代基名＋主链名组成。取代基位次用阿拉伯数字表示，置于相应的取代基名之前，并与取代基名之间用短线“-”隔开。如果多种取代基，它们之间用短线“-”隔开。相同的取代基进行合并，且必须都标出每个取代基的位次，位次数字之间用逗号“,”隔开，且用“二”“三”“四”等表示数量。如果多种取代基，则按取代基英文名字母排序，依次列出。例如：

```
            CH3
            |
CH3—CH2—CH—CH—CH2—CH3
 6     5    4   3|
               2CH—CH3
                 |
                1CH3
```

3-乙基-2,4-二甲基己烷

```
             CH3
 1     2    3|   4     5     6     7    8     9
CH3—CH2—CH—CH—CH2—CH2—CH—CH2—CH3
                 |                |
             CH2—CH3          CH2—CH3
```

4,7-二乙基-3-甲基壬烷

对于独立编号的取代基，应用小括号括起来。例如：

```
                                   3CH3
                                    |
                                   2CH—CH3
                                    |
                 CH3               1CH—CH3
 1      2      3|    4      5       |      7      8      9      10
CH3—CH2—CH—CH—CH2—CH—CH2—CH2—CH2—CH3
                      |             6
                     CH—CH3
                      |
                     CH3
```

4-异丙基-3-甲基-6-（1,2-二甲基丙基）癸烷

2.3　烷烃的结构和构象

2.3.1　烷烃的结构

甲烷是最简单的烷烃，故以甲烷为例讨论烷烃中碳原子的成键方式。用物理方法测得甲烷分子是一个碳原子与 4 个氢原子形成 4 个 C—H 键，每两个 C—H 键的夹角为 109°28′，即甲烷分子具有正四面体的空间结构（如图 2-1）。而基态时碳原子核外的价电子构型为 $2s^2 2p_x^{\ 1} 2p_y^{\ 1}$，即只有 2 个成单电子，用普通价键理论无法解释甲烷的碳原子会形成 4 个 C—H 键。所以杂化轨道理论认为，在形成甲烷分子时，碳原子不是以基态的原子轨道参与成键，而是先从碳原子的 2s 轨道上激发 1 个电子到空的 $2p_z$ 轨道上，使碳原子的价电子构型成为 $2s^1 2p_x^{\ 1} 2p_y^{\ 1} 2p_z^{\ 1}$ 的激化态，然后激发态的 1 个 2s 轨道和 3 个 2p 轨道进行重新组合即杂化，形成 4 个能量相等、每个轨道都含有 $\frac{1}{4}$s 轨道成分和 $\frac{3}{4}$p 轨道成分的 sp^3 杂化轨道。4 个 sp^3 杂化轨道分别指向正四面体的 4 个顶角，杂化轨道间的夹角为 109°28′，这样的排布可以使价电子之间的排斥作用最小（如图 2-2）。

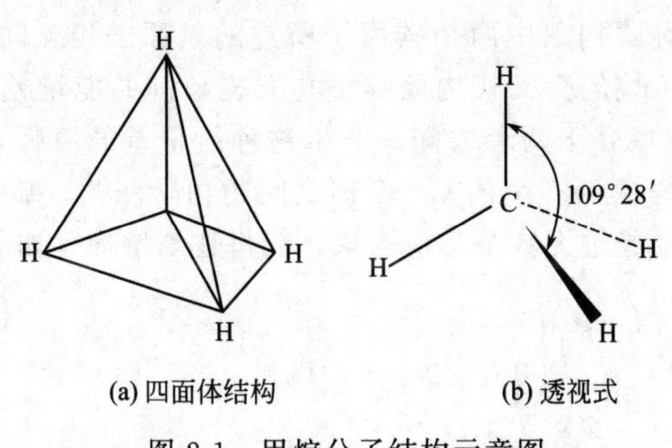

(a) 四面体结构　　(b) 透视式

图 2-1　甲烷分子结构示意图

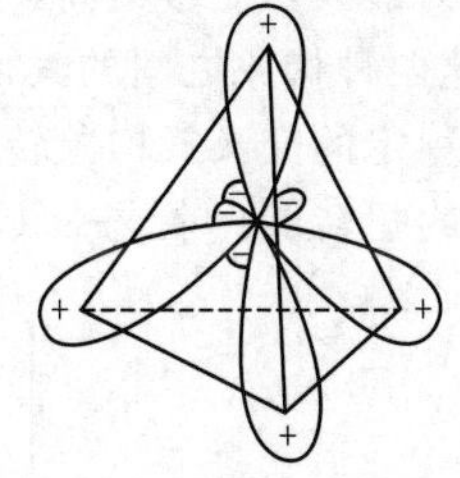

图 2-2　sp^3 杂化轨道示意图

因此，在形成甲烷分子时，碳原子的 4 个 sp^3 杂化轨道沿对称轴的方向分别与 4 个氢原子的 1s 轨道重叠，形成 4 个相同的 C—H 键（σ 键）。每 2 个 C—H 键的夹角为 109°28′，键长为 0.109nm，甲烷分子具有正四面体的空间结构。

其他烷烃分子中的碳原子与甲烷的碳原子类似，也是以 sp^3 的杂化方式成键，碳原子的 4 个 sp^3 杂化轨道分别与相邻碳原子、氢原子形成 C—C、C—H σ 键，同样具有四面体结构特征。如在乙烷分子中，2 个碳原子各以 1 个 sp^3 杂化轨道重叠形成 C—C σ 键，另外 6 个 sp^3 杂化轨道分别与 6 个氢原子的 1s 轨道重叠形成 6 个 C—H σ 键。其中的 C—C 键长为 0.154nm，C—H 键长为 0.109nm，键角约为 109.5°（如图 2-3）。

图 2-3　乙烷分子结构示意图

在烷烃分子中，σ 键的成键电子云是呈轴对称分布的，因此形成 σ 键的两个原子绕对称轴自由旋转时不会破坏 σ 键，即以 σ 键成键的 2 个原子可以绕对称轴自由旋转。因此，含两个以及两个以上碳原子的烷烃，当两个碳原子绕键轴相对旋转时，可以形成不同的空间排布。

2.3.2 烷烃的构象

除甲烷外，其他烷烃的 C—C 键可以绕键轴自由旋转，使分子中的其他原子或原子团在空间的相对位置发生变化，由此产生的分子中原子或原子团在空间一系列的不同排列方式叫构象。

（1）乙烷的构象

乙烷分子中有两个典型构象：重叠式和交叉式。常用透视式（锯架式、伞形式）和纽曼（Newman）投影式表示（如图 2-4）。在纽曼投影式中，圆心表示前面的碳原子，从圆心引出的直线表示前面的 C—H 键（ ）；圆圈表示后面的碳原子，圆圈上的直线表示后面的 C—H 键（ ）。

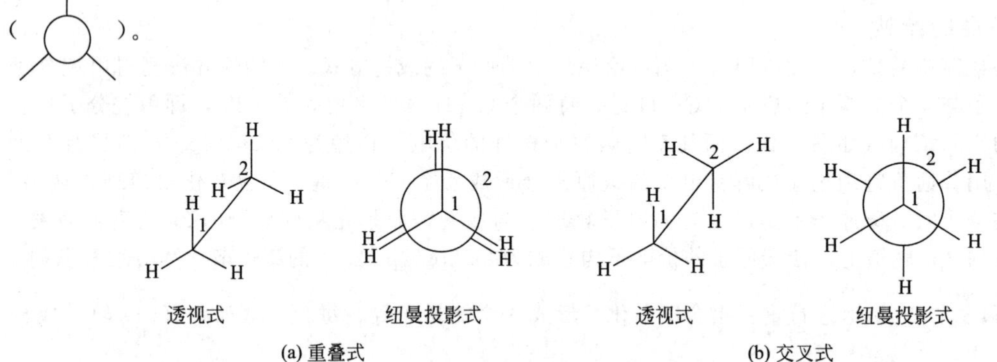

图 2-4 乙烷分子的两种构象示意图

从图 2-4 可见，乙烷的交叉式构象中两个碳原子所连的氢原子相互间距离最远，相互间排斥力最小，能量最低，最稳定，为优势构象；重叠式构象中两个碳原子所连的氢原子相互间距离最近，相互间排斥力最大，能量最高，最不稳定。乙烷的交叉式构象与重叠式构象间的能量差为 12.6kJ/mol。处于这两种构象之间的其他构象，其能量介于两者之间。产生这种能量差的原因，可以认为是乙烷从最稳定的交叉式构象转变成重叠式构象而产生的 C—C 键之间的扭转张力，旋转 C—C 键所需能量称为扭转能。在这一转变过程中，要经过无数个其他构象，能量逐渐增加（如图 2-5）。

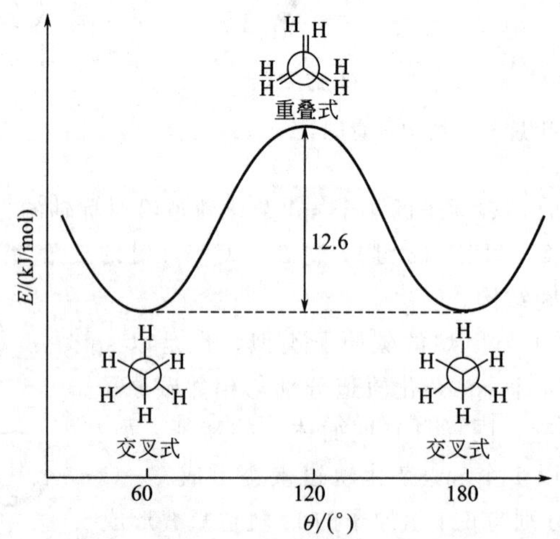

图 2-5 乙烷的构象及能量曲线

单键旋转的能量差一般为12.6～41.8kJ/mol，常温下分子热运动的能量（83.7kJ/mol）足以克服此能垒，使各种构象迅速互变。所以，在常温下乙烷是各种构象的动态平衡混合物，但能量最低的构象出现的概率最大。由于分子在某一构象停留的时间很短，因此在常温下不可能将某种构象分离出来。

（2）丁烷的构象

丁烷可以看作乙烷分子中每个碳原子的一个氢原子被甲基取代的产物。当丁烷分子绕C2—C3键轴旋转时，有对位交叉式、邻位交叉式、部分重叠式和全重叠式四种典型构象。其中，全重叠式中两个较大的甲基距离最近，排斥力最大，能量最高，最不稳定；对位交叉式中两个甲基距离最远，排斥力最小，能量最低，是优势构象。这两种构象能量相差约22.1kJ/mol。丁烷不同构象之间的转变及能量变化如图2-6所示。

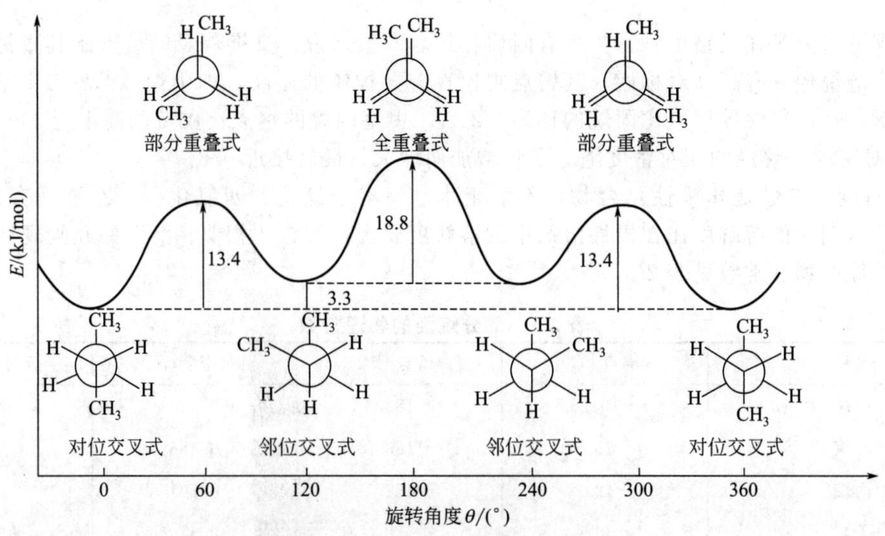

图2-6　丁烷的构象及能量曲线

从图2-6可以看出，丁烷四种典型构象的稳定性顺序为：对位交叉式＞邻位交叉式＞部分重叠式＞全重叠式。常温下，对位交叉式约占68%，邻位交叉式约占32%，另两种构象极少。丁烷的各种构象靠分子热运动进行相互转变，丁烷也是各种构象的平衡混合物。

2.4　烷烃的物理性质

有机化合物的物理性质主要包括状态、沸点、熔点、相对密度、折射率和溶解度等。大多数纯物质的物理性质在一定条件下有固定的数值，因此把这些数值称为物理常数。通过测定物理常数可以鉴定物质或测定其纯度。

① 状态　常温、常压下，含1～4个碳原子的直链烷烃为气体，含5～17个碳原子的直链烷烃是液体，含18个及以上碳原子的直链烷烃是固体。固体烷烃又称石蜡。

② 沸点　物质的沸点与分子间的作用力成正比。烷烃是非极性物质，分子间的作用力主要是色散力，随着分子量增加，色散力增加，沸点逐渐升高。由表2-3可以看出：随着碳原子数的增加，相邻两个烷烃沸点的增加幅度逐渐减小。同分异构体中直链烷烃的沸点最高；含支链越多，沸点越低；支链数目相同者，分子对称性越好，沸点越高。

③ 熔点　直链烷烃的熔点随分子量的增加而升高。由于含偶数碳原子的直链烷烃对称性较好，其熔点比相邻的含奇数碳原子的熔点升高较多，以致构成两条熔点曲线（如图2-7）。

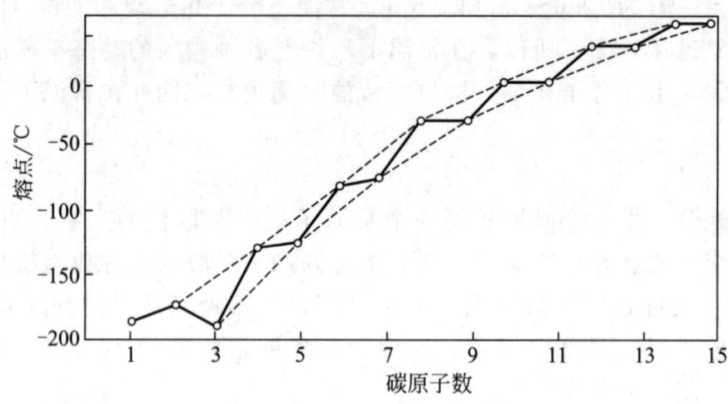

图 2-7　直链烷烃的熔点

由于支链对分子在晶格中紧密排列有阻碍作用，一般来说，支链烷烃的熔点比其直链异构体的低。如果支链烷烃具有高度对称性，其熔点则比直链异构体的还高。如甲烷、2,2-二甲基丙烷的分子接近球形，造成甲烷的熔点比丙烷的还高，2,2-二甲基丙烷的熔点比戊烷的高出近 113℃。

④ 相对密度　烷烃的相对密度随分子量增加而增大，最后接近 0.8。

⑤ 溶解度　烷烃是非极性化合物，不溶于水，易溶于氯仿、四氯化碳、乙醚等有机溶剂中，且在非极性溶剂中的溶解度比在极性溶剂中的溶解度要大，符合“相似相溶”的经验规律。

部分烷烃的物理常数见表 2-3。

表 2-3　部分烷烃的物理常数

名称	沸点/℃	熔点/℃	相对密度(d_4^{20})	折射率(n_D^{20})
甲烷	−161.5	−182.6	0.424	—
乙烷	−88.6	−183.3	0.456	—
丙烷	−42.2	−187.7	0.501	1.2898
丁烷	−0.5	−138.0	0.579	1.3326
戊烷	36.1	−129.8	0.626	1.3575
己烷	68.7	−95.3	0.659	1.3749
庚烷	98.4	−90.6	0.684	1.3876
辛烷	125.7	−56.8	0.703	1.3974
壬烷	150.8	−53.5	0.718	1.4054
癸烷	174.1	−29.7	0.730	1.4119
十一烷	195.9	−5.6	0.740	1.4176
十二烷	216.3	−9.6	0.749	1.4216
十三烷	235.5	−5.5	0.756	1.4233
十四烷	253.6	5.9	0.763	1.4290
十五烷	270.7	10.0	0.769	1.4315
十六烷	287.1	18.2	0.773	1.4345
十七烷	302.6	22.0	0.778	1.4369
十八烷	317.4	28.2	0.777	1.4390
十九烷	329.0	32.1	0.777	1.4409
二十烷	343.0	36.8	0.786	1.4425

续表

名称	沸点/℃	熔点/℃	相对密度(d_4^{20})	折射率(n_D^{20})
三十烷	446.4	66.0	—	—
四十烷	—	81.0	—	—
2-甲基丙烷	−12.0	−159.0	0.557	—
2-甲基丁烷	28.0	−160.0	0.620	—
2,2-二甲基丙烷	9.5	−17.0	0.613	—
2-甲基戊烷	60.0	−153.7	0.654	—
3-甲基戊烷	63.0	−118.0	0.664	—
2,2-二甲基丁烷	50.0	−98.0	0.649	—
2,3-二甲基丁烷	58.0	−129.0	0.662	—

2.5 烷烃的化学性质

2.5.1 氧化反应

烷烃在氧气或空气中燃烧生成二氧化碳和水，并放出大量的热。

$$CH_4 + 2O_2 \longrightarrow CO_2 + 2H_2O \qquad -890\text{kJ/mol}$$

$$C_nH_{2n+2} + \frac{3n+1}{2}O_2 \longrightarrow nCO_2 + (n+1)H_2O \qquad -\Delta H$$

在一定条件下，烷烃部分氧化可以得到一定的含氧化合物。这是工业上制备含氧有机物的一种方法。

例如，甲烷在NO催化下制备甲醛：

$$CH_4 + O_2 \xrightarrow{\text{NO, }600℃} HCHO + H_2O$$

高级烷烃在$KMnO_4$、MnO_2或脂肪酸锰盐等催化下制备高级脂肪酸：

$$RCH_2—CH_2R' + O_2 \xrightarrow[120℃]{MnO_2} RCOOH + R'COOH$$

用烷烃氧化制备含氧有机物，反应选择性不强，导致副产物较多，分离、精制较难。

2.5.2 异构化反应

化合物由一种构造变成其异构体的反应称为异构化反应。

$$\underset{(20\%)}{CH_3CH_2CH_2CH_3} \xleftrightarrow{AlBr_3,\ HBr,\ 27℃} \underset{(80\%)}{CH_3\underset{\displaystyle CH_3}{\underset{|}{C}}HCH_3}$$

炼油工业中就是利用烷烃的异构化反应，使石油馏分中的直链烷烃异构化为支链烷烃，提高汽油的抗爆性和辛烷值，以提高汽油的质量。

2.5.3 裂化反应和裂解反应

原油直接分馏只能得到约20%的汽油（C_6～C_9）。在炼油工业中，常利用裂化反应生产汽油以提高产率和质量。裂化反应指烷烃在高温、加压、隔绝空气或有催化剂等条件下发生的分解反应。按反应条件不同，裂化反应分为热裂化、催化裂化和加氢裂化。

在500～600℃，烷烃可以发生C—C键、C—H键的断裂，生成含碳数较少的烷烃、烯烃和氢的混合物。这个过程称为热裂化反应。烷烃的分子量越大，键的断裂方式越多，产物越复杂。反应中，除断链外，还有直链烷烃异构化为支链烷烃的反应、链状烷烃环化为环烷烃的反应、脂环烃脱氢为芳香烃的反应，以及反应中产生的烯烃、炔烃进一步发生的聚合反应、加氢反应等。

$$CH_3CH_2CH_2CH_3 \xrightarrow{500℃} \begin{cases} CH_3CH_2CH{=}CH_2 + CH_3CH{=}CHCH_3 + H_2 \\ CH_3CH_3 + CH_2{=}CH_2 \\ CH_3CH{=}CH_2 + CH_4 \\ CH_3CH_3 + CH{\equiv}CH + H_2 \end{cases}$$

热裂化反应进行到一定程度，将混合物催化加氢后再分馏，又可得到一部分汽油。剩余的高沸点烃再次进行裂化。通过多次裂化、加氢、分馏，可以从原油中提炼出约80%的汽油，大大提高了汽油的产量，同时还产生一部分可用于合成工业的小分子的烃。但经热裂化得到的汽油中直链烷烃含量高，抗爆性较差，辛烷值较低，质量并不理想。

在催化剂存在下进行的裂化称为催化裂化。催化裂化一般在450～500℃、常压或低压下进行，常用硅酸铝作为催化剂。催化裂化条件较温和，产物中支链烷烃含量较高，且反应中生成的烯烃大部分通过异构化、聚合、脱氢、芳构化等反应形成脂环烃和芳香烃，分馏出的汽油抗爆性较好，辛烷值较高，质量较高，经碱洗后可直接作为车用汽油或航空汽油的调和组分。

为了得到合成工业原料，在高于700℃的温度下将石油馏分（天然气、炼厂气、轻油、轻柴油、重柴油等）进行深度裂化，称为裂解反应。其目的是将大分子的烷烃裂解为小分子的气态烃，以获取更多的如乙烯、丙烯、丁烯、异戊二烯等低级烯烃。

2.5.4 取代反应

在一定条件下，烷烃中的氢原子可以被其他原子或原子团取代，发生取代反应。

2.5.4.1 卤代反应

（1）甲烷的氯代反应

烷烃与氯气在室温和无光照的条件下不发生反应。在强烈的阳光直射下，烷烃与氯气发生剧烈反应，生成氯化氢和炭黑。如甲烷与氯气的反应。

$$CH_4 + Cl_2 \xrightarrow{直射光} 4HCl + C\ (炭黑)$$

此反应进行得非常剧烈，放出大量热，属于爆炸性反应，实际意义不大。但在漫射光、热或催化剂的作用下，甲烷和氯气可以发生较缓和的反应，甲烷的氢原子被氯原子取代，生成一氯甲烷。但反应难以停留在一氯甲烷的步骤，其他氢原子会被氯原子逐步取代，生成四种氯代产物的混合物。

$$CH_4 \xrightarrow{Cl_2，漫射光} \underset{一氯甲烷}{CH_3Cl} \xrightarrow{Cl_2，漫射光} \underset{二氯甲烷}{CH_2Cl_2} \xrightarrow{Cl_2，漫射光} \underset{三氯甲烷（氯仿）}{CHCl_3} \xrightarrow{Cl_2，漫射光} \underset{四氯化碳}{CCl_4}$$

四种氯代甲烷都是常用的溶剂和有机合成的基本原料。在工业生产中常用高温法生产卤代烃。在高温下控制甲烷和氯气的比例，可使某一种氯代产物成为主要产物。例如，在400～500℃下，$n(CH_4):n(Cl_2)=10:1$时，主产物为一氯甲烷；$n(CH_4):n(Cl_2)=0.26:1$时，主产物为四氯化碳。

（2）其他烷烃的氯代反应——伯氢、仲氢、叔氢原子的反应活性

一般来说，其他烷烃的氯代反应条件与甲烷的氯代相似。但甲烷、乙烷等分子中只有一种类型的氢，其一氯代产物只有一种；其他烷烃若有多种类型的氢，其一氯代产物则有多种，如丙烷一氯代产物有1-氯丙烷和2-氯丙烷。除甲烷外，其他烷烃的多氯代产物更复杂。

$$CH_3CH_2CH_3 + Cl_2 \xrightarrow{25℃，h\nu} \underset{(43\%)}{CH_3CH_2CH_2Cl} + \underset{(57\%)}{(CH_3)_2CHCl} \qquad (1)$$

丙烷分子中有6个伯氢原子和2个仲氢原子，但从反应结果来看，仲氢原子被氯原子取代的概率要比伯氢原子大，说明仲氢原子氯代反应的活性大于伯氢原子。

类似地，从取代概率来看，叔氢原子氯代反应的活性也大于伯氢原子。

$$(CH_3)_2CHCH_3 + Cl_2 \xrightarrow{25℃,\ h\nu} \underset{(64\%)}{(CH_3)_2CHCH_2Cl} + \underset{(36\%)}{(CH_3)_3CCl} \quad (2)$$

在反应（1）中：$\dfrac{2°\text{H 的活性}}{1°\text{H 的活性}} = \dfrac{0.57/2}{0.43/6} \approx \dfrac{4}{1}$

在反应（2）中：$\dfrac{3°\text{H 的活性}}{1°\text{H 的活性}} = \dfrac{0.36/1}{0.64/9} \approx \dfrac{5.1}{1}$

即在常温下，叔氢、仲氢原子氯代的活性分别约为伯氢原子的5倍和4倍。大量的实验数据表明，烷烃分子中不同类型的氢原子反应活性为：3°H＞2°H＞1°H＞CH_3—H。

(3) 烷烃与其他卤素的取代反应

在光照、加热或有催化剂的条件下，烷烃也能发生溴代反应。但反应中放出的热量较氯代反应少，反应较缓和，生成相应的溴代物的比例也大不相同。

$$CH_3CH_2CH_2CH_3 + Br_2 \xrightarrow{127℃,\ h\nu} \underset{(3\%)}{CH_3CH_2CH_2CH_2Br} + \underset{(97\%)}{CH_3CH_2CHBrCH_3}$$

$$(CH_3)_2CHCH_3 + Br_2 \xrightarrow{127℃,\ h\nu} \underset{(\text{痕量})}{(CH_3)_2CHCH_2Br} + \underset{(\text{大于 }99\%)}{(CH_3)_3CBr}$$

即在127℃时，不同类型氢原子溴代反应的活性为：3°H∶2°H∶1°H＝1600∶82∶1。

从上述反应可以看出，烷烃中不同类型氢原子的溴代反应活性次序与氯代反应相同，且溴原子更具选择性，取代叔氢或仲氢原子的概率远比氯代反应高，其溴代产物中的某种异构体常常占绝对优势，因而在有机合成中更具价值。

不同的卤素原子在与烷烃的卤代反应中选择性不同，是由卤素原子的活性不同造成的。如氯原子活性较强，可以取代烷烃中各种类型的氢原子；溴原子活性相对较弱，只能取代烷烃中较活泼的叔氢、仲氢原子。一般来说，反应活性大，选择性差；反应活性小，选择性好。

烷烃的氟代反应非常剧烈，放出大量的热，以致反应难以控制，有时甚至引起爆炸，通常需要通入氮气稀释反应物来控制反应速率。因此在实际应用中用途不大。

烷烃的碘代反应是吸热反应，不利于反应的进行；同时生成的碘化氢有较强的还原性，可以把碘代烷还原为原来的烷烃，通常需要在反应中加入氧化剂以氧化碘化氢。

卤素与烷烃取代反应的活性顺序为：F_2＞Cl_2＞Br_2＞I_2。其中，最具实用价值的是溴代反应和氯代反应。

2.5.4.2　硝化反应

烷烃与浓硝酸在高温时发生硝化反应，生成各种硝基烷。工业上一般在350～450℃下进行烷烃与浓硝酸的气相硝化反应。

$$CH_3CH_2CH_3 + HNO_3 \xrightarrow{420℃} \underset{(40\%)}{CH_3\overset{\overset{NO_2}{|}}{C}HCH_3} + \underset{(25\%)}{CH_3CH_2CH_2NO_2} + \underset{(25\%)}{CH_3NO_2} + \underset{(10\%)}{CH_3CH_2NO_2}$$

烷烃分子中不同类型的氢原子的硝化活性与卤代反应相同。所不同的是，硝化反应中有C—C键断裂的产物，同时还有醇、醛、酮、酸等氧化产物生成。

有机硝化产物可作为有机合成的原料，也常用作工业溶剂，如作为纤维素酯、合成树脂的溶剂。

2.5.4.3　氯磺酰化反应

在光照条件下，烃分子中的氢原子可以被氯磺酰基（—SO_2Cl）取代，生成各种类型氢原子被取代的烷基磺酰氯的混合物。常用的氯磺酰化试剂有硫酰氯，氯气和二氧化硫。

$$CH_3CH_2CH_3 + SO_2 + Cl_2 \xrightarrow{50℃,\ h\nu} CH_3CH_2CH_2SO_2Cl + (CH_3)_2CHSO_2Cl$$

工业上用氯磺酰化反应合成高碳数的烷基磺酰氯，它可作为碳酸氢铵生产过程中的吸湿剂。其水解产物——烷基磺酸钠可用于生产洗涤剂。

2.6 烷烃氯代反应机理

2.6.1 甲烷氯代反应机理及能量变化

2.6.1.1 甲烷氯代反应机理

反应机理（或称反应历程）是在大量实验事实基础上，对化学反应过程作出的理论假设。了解反应机理可以掌握反应的本质，选择合适的反应条件。

甲烷的取代反应均属于自由基反应。自由基反应一般包括链的引发、链的增长和链的终止三个阶段。下面是甲烷氯代反应的反应机理。

（1）链的引发

氯分子在光照或加热条件下，吸收能量，均裂成氯原子（氯自由基）。

$$Cl_2 \xrightarrow{\text{光照或加热}} Cl\cdot + Cl\cdot \qquad \Delta H = 242.7\text{kJ/mol}$$

反应开始时，波长较大的光能提供大约 253kJ/mol 的能量，恰能解离氯分子的 Cl—Cl 键，不能解离甲烷分子的 C—H 键（部分物质化学键解离能见表 2-4）。不太高的温度也能解离氯分子。

表 2-4 部分物质化学键解离能（E_d）

化学键	E_d/(kJ/mol)	化学键	E_d/(kJ/mol)
H—H	435.1	$CH_3CH_2CH_2$—H	410.0
H—F	569.0	$CH_3CH_2CH_2$—F	443.0
H—Cl	431.0	$CH_3CH_2CH_2$—Cl	343.1
H—Br	368.2	$CH_3CH_2CH_2$—Br	288.7
H—I	297.1	$CH_3CH_2CH_2$—I	224.0
F—F	159.0	$(CH_3)_2CH$—H	397.5
Cl—Cl	242.7	$(CH_3)_2CH$—F	439.0
Br—Br	192.5	$(CH_3)_2CH$—Cl	338.9
I—I	150.6	$(CH_3)_2CH$—Br	284.5
CH_3—H	435.1	$(CH_3)_2CH$—I	222.0
CH_3—F	452.9	$(CH_3)_3C$—H	380.7
CH_3—Cl	351.4	$(CH_3)_3C$—Cl	330.5
CH_3—Br	292.9	$(CH_3)_3C$—Br	263.6
CH_3—I	234.3	$(CH_3)_3C$—I	207.0
CH_3CH_2—H	410.0	CH_3—CH_3	368.2
CH_3CH_2—F	443.0	CH_3CH_2—CH_3	355.6
CH_3CH—Cl	339.0	$CH_3(CH_2)_2$—CH_3	355.6
CH_3CH—Br	288.7	$(CH_3)_2CH$—CH_3	351.4
CH_3CH_2—I	224.0	$(CH_3)_3$—CH_3	334.7

链的引发是自由基的生成过程。

（2）链的增长

氯自由基非常活泼，与甲烷分子反应夺取其中的一个氢原子，生成甲基自由基和氯化氢。

$$CH_4 + Cl\cdot \longrightarrow \cdot CH_3 + Cl_2 \qquad \Delta H_1 = 4.1\text{kJ/mol}$$

活泼的甲基自由基与氯分子反应夺取氯原子，生成一氯甲烷和氯自由基。

$$\cdot CH_3 + Cl_2 \longrightarrow CH_3Cl + Cl\cdot \qquad \Delta H_2 = -108.7\text{kJ/mol}$$

新生成的氯自由基继续与甲烷作用，生成甲基自由基；甲基自由基又与氯分子作用，生成一氯甲烷和氯自由基，不断重复这样的反应。当反应进行到一定程度，氯自由基与一氯甲烷碰撞的概率加大，可发生下列反应。

$$CH_3Cl + Cl\cdot \longrightarrow \cdot CH_2Cl + HCl$$
$$\cdot CH_2Cl + Cl_2 \longrightarrow CH_2Cl_2 + Cl\cdot$$
$$CH_2Cl_2 + Cl\cdot \longrightarrow \cdot CHCl_2 + HCl$$
$$\cdot CHCl_2 + Cl_2 \longrightarrow CHCl_3 + Cl\cdot$$
$$CHCl_3 + Cl\cdot \longrightarrow \cdot CCl_3 + HCl$$
$$\cdot CCl_3 + Cl_2 \longrightarrow CCl_4 + Cl\cdot$$

……

链的增长是自由基的传递过程。

(3) 链的终止

随着反应逐步进行，自由基之间相互结合，形成分子。

$$Cl\cdot + Cl\cdot \longrightarrow Cl_2$$
$$\cdot CH_3 + Cl\cdot \longrightarrow CH_3Cl$$
$$\cdot CH_2Cl + Cl\cdot \longrightarrow CH_2Cl_2$$
$$\cdot CH_3 + \cdot CH_3 \longrightarrow CH_3CH_3$$

……

反应中甚至有其他氯代烷烃生成，如氯代乙烷。

链的终止是自由基的消失过程。

自由基反应一旦开始，就会连续不断地进行下去，因此又称“连锁反应”。

2.6.1.2 甲烷氯代反应过程中的能量变化

一个化学反应能否进行，反应进行的难易程度，主要取决于其始态与终态之间的反应焓变（ΔH）。一般来说，终态能量越低，反应放出的热量越大，反应越容易进行。

甲烷发生一氯代反应过程中的能量变化如下。

$$CH_4 + Cl\cdot \longrightarrow \cdot CH_3 + Cl_2 \qquad \Delta H_1 = 4.1\text{kJ/mol}$$
$$\cdot CH_3 + Cl_2 \longrightarrow CH_3Cl + Cl\cdot \qquad \Delta H_2 = -108.7\text{kJ/mol}$$
$$CH_4 + Cl\cdot \longrightarrow CH_3Cl + HCl \qquad \Delta H_3 = -104.6\text{kJ/mol}$$

由解离能计算，甲烷生成甲基自由基仅需 4.1kJ/mol 的能量。但实验表明，该反应需要 16.7kJ/mol 的能量才能进行。类似，由甲基自由基生成一氯甲烷也需提供 4.2kJ/mol 的能量。这可以用过渡态理论来说明。根据过渡态理论，只有能量较高的反应物分子（活化分子）之间才能发生有效碰撞，此时生成一个不稳定的过渡态：旧化学键逐渐伸长变弱，新化学键部分生成，系统的能量升至最大值。过渡态与反应物之间的能量差，是该反应发生所需的最低能量，叫活化能（E）。活化能越小的反应，单位时间内发生的有效碰撞越多，反应速率越大；反之，反应速率越小。

$$H_3C{-}H + Cl\cdot \longrightarrow [H_3C\cdots H\cdots Cl] \longrightarrow CH_3\cdot + HCl$$

过渡态Ⅰ($E_1 = 16.7\text{kJ/mol}$)

$$CH_3\cdot + Cl{-}Cl \longrightarrow [CH_3\cdots Cl\cdots Cl] \longrightarrow CH_3Cl + Cl\cdot$$

过渡态Ⅱ($E_2 = 4.2\text{kJ/mol}$)

甲烷生成一氯甲烷的能量变化如图 2-8 所示。

2.6.2 一般烷烃的卤代反应机理

与甲烷的氯代反应类似，一般烷烃的卤代反应可以表示如下。

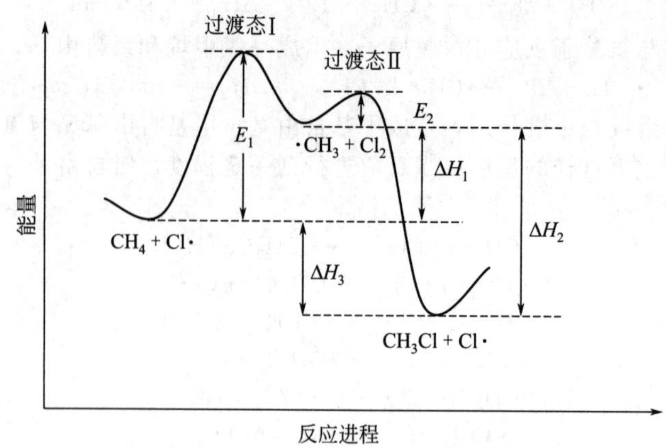

图 2-8　甲烷生成一氯甲烷过程的能量变化

（1）链的引发

$$X_2 \xrightarrow{\text{光照或加热}} 2X\cdot$$

（2）链的增长

$$RH + X\cdot \longrightarrow R\cdot + HX$$
$$R\cdot + X_2 \longrightarrow RX + X\cdot$$
$$\cdots\cdots$$

（3）链的终止

$$2X\cdot \longrightarrow X_2$$
$$R\cdot + X\cdot \longrightarrow RX$$
$$R\cdot + R\cdot \longrightarrow R{-}R$$
$$\cdots\cdots$$

从表 2-4 的数据可以看出，生成 $(CH_3)_3C\cdot$（3°R·）、$(CH_3)_2CH\cdot$（2°R·）、$CH_3CH_2\cdot$（1°R·）、$CH_3\cdot$ 需要的能量依次增加。形成自由基所需能量越低，该自由基越容易生成，稳定性越高。因此，烷基自由基的稳定次序为：3°R·＞2°R·＞1°R·＞$CH_3\cdot$。这个次序与不同类型氢原子被取代的活性次序一致。

2.7　烷烃的天然来源

烷烃主要的天然来源为石油和天然气。天然气的主要成分是甲烷，大多数地方所产的天然气约含 95％的甲烷。从油井直接开采出来的石油称为原油，是一种黏稠的棕黑色液体或半固体状的流体混合物，密度为 0.75～1.0g/cm^3，其组成因产地而异，但主要成分为烷烃，有些地方所产原油含大量的环烷烃，个别地方所产原油含大量的芳香烃。原油可按沸点不同分馏成不同的馏分。几种主要的石油馏分及用途见表 2-5。

表 2-5　主要石油馏分的组成及用途

名称	分馏温度/℃	组成	用途
天然气	＜30	C_1～C_4	燃料，合成原料，制炭黑
石油醚	40～70	C_5～C_6	溶剂
汽油	70～150	C_7～C_9	汽车、内燃机燃料，溶剂
煤油	150～300	C_{10}～C_{16}	喷气式飞机燃料和其他动力燃料

续表

名称	分馏温度/℃	组成	用途
柴油	270～300	C_{15}～C_{18}	柴油机燃料
润滑油	＞300	C_{16}～C_{20}	机械润滑剂
液体石蜡		C_{19}～C_{21}	油泵油，裂解原料
凡士林		C_{20}～C_{24}	润滑剂，配制药膏，防锈剂等
固体石蜡		C_{20}～C_{30}	制蜡烛、蜡制品等
沥青		C_{30}～C_{40}	绝缘材料，建筑防水材料，铺路

【拓展阅读】 可燃冰——未来潜在的替代能源

可燃冰是由气体分子与水分子在低温高压条件下形成的笼形化合物，水分子形成固定笼子而包裹气体分子。气体分子主要为甲烷，此外还有少量多碳烃类、二氧化碳与氮气等，故称为“天然气水合物”，又称“甲烷水合物”。通常情况下，可燃冰仅在低温高压条件下稳定存在，呈白色或乳白色的固态，外形看起来像冰，点火即可燃烧，故称之为“可燃冰”。自然界可燃冰仅存在于环境相对特殊的海底与陆地冻土带。其中，99%的可燃冰都蕴藏在海底，陆地区域仅占可燃冰总量的1%。据预测，我国海域可燃冰资源量约800亿吨油当量。和煤比起来，可燃冰没有粉尘污染；和石油比起来，没有毒气污染；甚至和传统天然气相比，没有其他杂质污染。对于温室气体排放而言，每千立方米可燃冰燃烧较等热值煤炭而言可分别减排二氧化碳、二氧化硫约4.33吨和0.0483吨，且基本不含铅尘、硫化物以及PM2.5等有害物质，所以相对于煤、石油等常规能源来讲，可燃冰属于绿色清洁能源。

【例题解析】

烷烃的IUPAC命名法及其卤代反应是该部分内容的重要知识点也是难点。

例题1. 指出下列有机化合物命名的错误之处，并写出正确的命名。

(1) 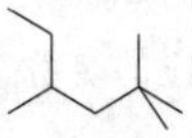 4-乙基-2,2-二甲基戊烷

(2) 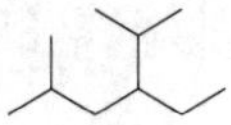 4-异丙基-2-甲基己烷

(3) 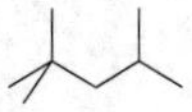 2,2,4-三甲基-戊烷

解析： (1) 应选取最长碳链为主链。正确的命名：2,2,4-三甲基己烷。

(2) 应选取取代基最多的最长碳链为主链。正确的命名：3-乙基-2,5-二甲基己烷。

(3) 取代基与母体名称之间应无半字线。正确的命名：2,2,4-三甲基戊烷。

例题2. 请写出丙烷在室温、光照下发生一氯取代反应的产物，并写出反应机理。

解析： 丙烷分子中含有伯、仲两种氢原子，故有两种一氯取代产物，即产物为1-氯丙烷和2-氯丙烷。

$$CH_3CH_2CH_3 \xrightarrow[h\nu]{Cl_2} \underset{Cl}{\underset{|}{C}}H_2CH_2CH_3 + CH_3\underset{Cl}{\underset{|}{C}}HCH_3$$

丙烷在室温、光照条件下发生自由基取代反应，其反应机理如下：

$$Cl_2 \xrightarrow{h\nu} 2\cdot Cl$$

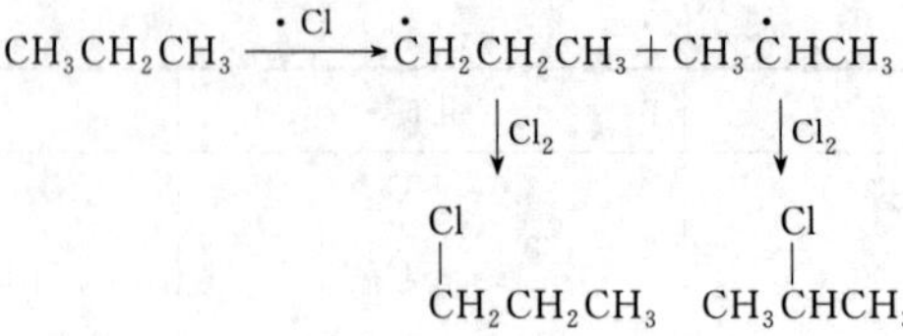

$$CH_3CH_2CH_3 \xrightarrow{\cdot Cl} \dot{C}H_2CH_2CH_3 + CH_3\dot{C}HCH_3$$

$$\downarrow Cl_2 \qquad\qquad \downarrow Cl_2$$

$$ClCH_2CH_2CH_3 \qquad CH_3CHClCH_3$$

习 题

1. 烷烃有何种同分异构现象？试写出庚烷的同分异构体并用系统命名法命名。

2. 用系统命名法命名下列化合物。

(1) 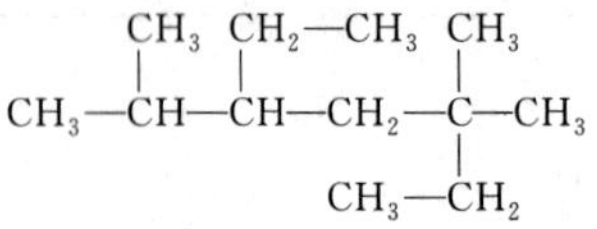 $CH_3—CH(CH_3)—CH(CH_2—CH_3)—CH_2—C(CH_3)(CH_2—CH_3)—CH_3$

(2) $CH_3CH(CH_2CH_3)CH_2CH_2CH(CH(CH_3)_2)CH_2CH_3$

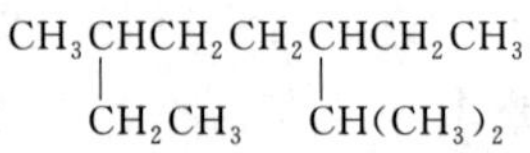

(3) $(CH_3)_3CCH(C_2H_5)_2$

(4)

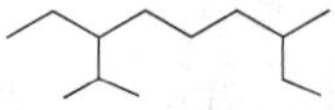

(5) 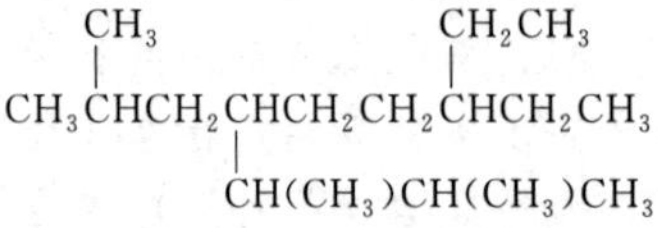 $CH_3CH(CH_3)CH_2CH(CH(CH_3)CH(CH_3)CH_3)CH_2CH_2CH(CH_2CH_3)CH_2CH_3$

(6)

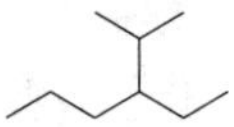

(7) 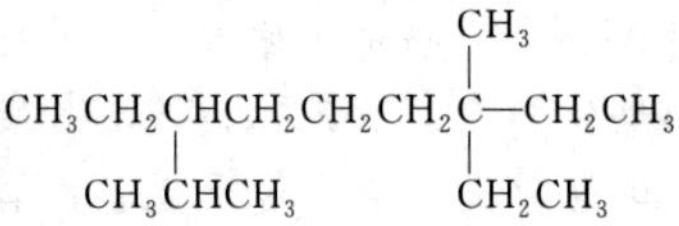 $CH_3CH_2CH(CH_3CHCH_3)CH_2CH_2CH_2C(CH_3)(CH_2CH_3)—CH_2CH_3$

(8) $CH_3(CH_2)_3CH(CH_3)C(C_2H_5)_3$

3. 写出下列化合物的结构简式，并判断其名称是否有误；若有误，写出其正确名称。

(1) 3,4-二甲基戊烷　　(2) 2,3-二乙基-2-甲基丁烷

(3) 4-乙基-2,5-二甲基己烷　　(4) 4-仲丁基庚烷

(5) 2,3-二乙基-4-甲基戊烷　　(6) 2-叔丁基戊烷

4. 写出下列化合物的结构简式，并用系统命名法命名。

(1) 甲基乙基异丙基甲烷　　(2) 乙基异丁基甲烷

(3) 异丁基仲丁基正戊基甲烷　　(4) 二甲基二乙基甲烷

(5) 二甲基正丁基甲烷　　(6) 甲基三丙基甲烷

5. 分别以透视式和纽曼投影式表示下列化合物最稳定和最不稳定的构象，并写出其相应的名称。

(1) 丙烷　　(2) 1,2-二氯乙烷　　(3) $(CH_3)_3C—C(CH_3)_3$

6. 按要求比较下列各组化合物的性质。

(1) 不用查表，将下列烷烃的沸点按由大到小的顺序排列。

A. 2-甲基己烷　　B. 3,3-二甲基戊烷　　C. 庚烷　　D. 2-甲基庚烷

(2) 将下列烷基自由基按稳定性由大到小的顺序排列。

A. $\cdot CH_2CH_2CH_2CH_3$　　B. $\cdot CH_3$　　C. $\cdot CH(CH_3)CH_2CH_3$　　D. $\cdot C(CH_3)_3$

7. 下列各组中的两个化合物是否相同？若不同指出属于哪种异构体。

(1) 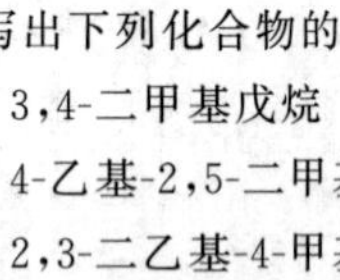 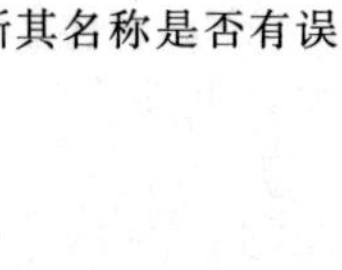 H_3C　C_2H_5　H　H　C_2H_5　CH_3　　　H　H_3C　C_2H_5　C_2H_5　CH_3　H

(2) CH_3　C_2H_5　H　H　C_2H_5　CH_3　　　C_2H_5　H_3C　H　H　C_2H_5　CH_3

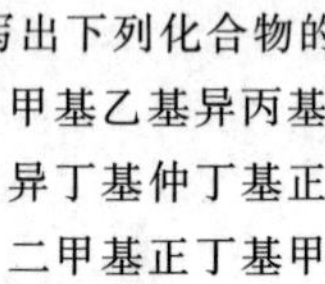

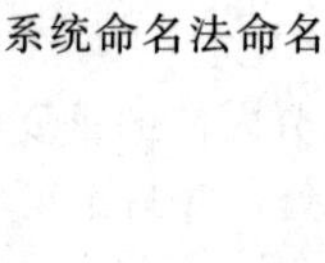

(3)

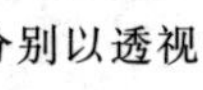

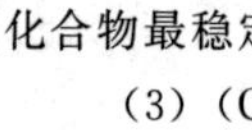

(4) 

8. 某烷烃的分子量为 86，试写出其符合以下条件的异构体的结构式。

(1) 有两种一氯代产物；

(2) 有三种一氯代产物；

(3) 有四种一氯代产物；

(4) 有五种一氯代产物。

9. 某烃的分子量为 100，试写出其含伯、叔、季碳原子，不含仲碳原子的异构体的结构式。

10. 甲烷在不同条件下进行氯代反应时，可观察到以下现象：(1) 先将氯气进行光照，然后立即与甲烷在黑暗中混合，可得到氯代产物。(2) 先将甲烷进行光照，再在黑暗中与氯气混合，不能得到氯代产物。(3) 将氯气进行光照，在黑暗中放置一段时间后再与甲烷混合，不能得到氯代产物。试从烷烃氯代反应的机理解释上述现象。

11. 假设甲烷氯代反应按下列步骤进行：

(1) $Cl_2 \xrightarrow{h\nu} 2Cl\cdot$

(2) $Cl\cdot + CH_4 \longrightarrow CH_3Cl + H\cdot$

(3) $Cl_2 + H\cdot \longrightarrow HCl + Cl\cdot$

试用有关数据说明上述反应机理的可能性。

第3章　烯烃

3.1　烯烃的定义、分类

烯烃的定义：分子中含有碳碳双键的不饱和烃叫烯烃。由于烯烃分子中含有双键，因此要比相同碳原子数的烷烃多一个碳碳键而少两个氢原子，故单烯烃的通式为 C_nH_{2n}（$n \geqslant 2$）。碳碳双键是烯烃的官能团。

烯烃的分类：一种根据分子中的双键数可分为单烯烃（分子中仅有一个双键）、双烯烃（分子中有两个双键）和多烯烃（分子中有三个或三个以上双键）；另一种根据碳链是否闭合可分为开链烯烃和环烯烃。本章重点讨论单烯烃，二烯烃在第 4 章讨论。

3.2　烯烃的结构

烯烃分子与烷烃分子相比在分子构造上最大的不同就是含有碳碳双键结构，因此只分析烯烃的碳碳双键结构就可了解烯烃的性质与特点。烯烃中乙烯分子是最简单而且最具有代表性的分子，故以乙烯分子为例讨论烯烃碳碳双键的结构特点。

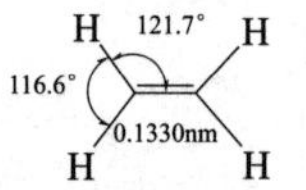

图 3-1　乙烯分子的结构

经物理方法测试发现，乙烯分子的所有碳原子和氢原子分布在同一平面上，如图 3-1 所示。

乙烯分子的形成过程可以用图 3-2 来描述。

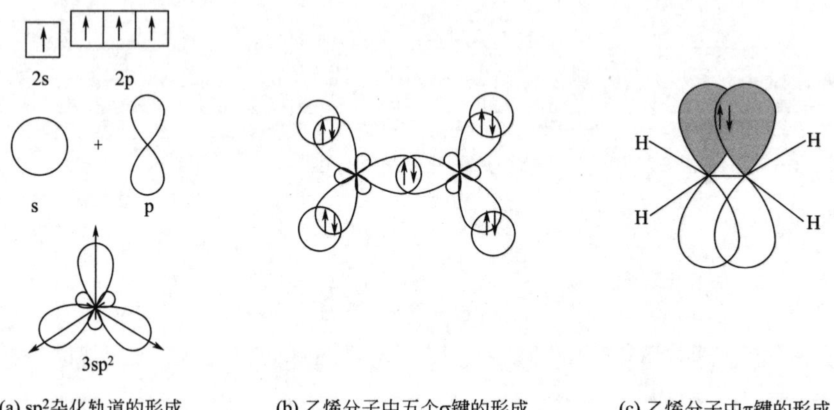

(a) sp^2杂化轨道的形成　(b) 乙烯分子中五个σ键的形成　(c) 乙烯分子中π键的形成

图 3-2　乙烯分子中的 σ 键和 π 键形成过程

乙烯分子中，每个碳原子核最外电子层都有 4 个电子，其中 2s 轨道有 2 个电子，2p 轨道的 2 个电子分别占有 $2p_x$ 和 $2p_y$ 轨道。形成乙烯分子时，从外界获得能量后，2s 轨道上的一个电子激发到 $2p_z$ 轨道上来，形成 4 个电子分占 4 个轨道（1 个 2s 和 3 个 2p 轨道），如图 3-2（a）所示。现代物理方法证明，乙烯分子的所有原子都在同一个平面上，每个碳原子只和三个原子相连。基于这个事实，科学家提出杂化轨道理论：乙烯分子形成时，碳原子要先杂化成等能量的轨道后才成键，即采用 1 个 2s 轨道和 2 个 2p（$2p_x$ 和 $2p_y$）轨道进行杂化形成等能量的 3 个 sp^2 杂化轨道，它们的轨道对称轴的夹角为120°，即平面正三角形结构。这种杂化方式称为sp^2杂化，如图3-2(a)所示。然后sp^2杂化轨道再和氢原子的1s轨道沿着键轴，头碰头重叠形成4个碳氢σ键，两个碳原子间也形成一个σ键，这5个σ键的对称轴都在同一个平面上。而两个碳原子的未杂化p_z轨道则沿着键轴，肩并肩重叠形成π键。值得注意的是：①π键和σ键不同，它没有对称轴，不能自由旋转，如图3-3所示。②σ键电子云处于两核中间，受核的吸引力大，不容易极化；而π键电子云离核相对较远，受核的吸引力比较小，容易被极化，容易发生亲电加成反应，表现烯烃的不饱和性质。③π键电子受核的吸引力比较小，意味着这些电子容易失去，π键容易被氧化，表现出烯烃的还原特性。

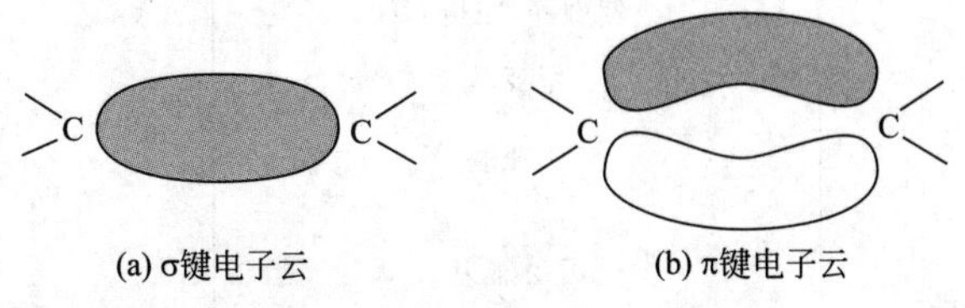

图3-3　乙烯的σ键和π键电子云

形成乙烯时，由于双键碳上生成的C—H σ键和C—C σ键不全等，此外还有碳碳π键存在的影响，因此，同一个碳原子上的这2个键角也并不全等，如：H—C—H夹角和H—C—C夹角分别为121.7°和116.6°。由于碳碳双键比碳碳单键多了一个π键力的作用，因此，C═C双键长比C—C单键长稍短，分别是0.133nm和0.154nm；键能也各不相同，分别是611kJ/mol和347kJ/mol，由此可知C—C π键键能等于264kJ/mol，明显小于C—C σ键键能，表明π键比σ键更容易断裂而发生反应。

3.3　烯烃的异构及命名

3.3.1　烯烃的异构

乙烯和丙烯并无异构体，但从丁烯开始，除碳链异构外，碳碳双键位置的不同也可引起同分异构现象，例如丁烯的三个同分异构体为：

$CH_2{=}CHCH_2CH_3$	$CH_3CH{=}CHCH_3$	$CH_2{=}C(CH_3)CH_3$
丁-1-烯	丁-2-烯	2-甲基丙烯

碳链不同的异构和官能团位置不同的异构都是构造不同所引起的异构现象。构造异构体的异同，都可以用一般构造式清楚地表示出来，例如戊烯的五个构造异构体，其中两个是直链的戊烯，只是双键的位置不同：

$CH_2{=}CHCH_2CH_2CH_3$	$CH_3CH{=}CHCH_2CH_3$
戊-1-烯	戊-2-烯

这是官能团位置不同引起的异构，称为官能团位置异构。此外，还有三个碳链不同的构造异构体，称为骨架异构体：

$CH_2{=}C(CH_3)CH_2CH_3$	$CH_2{=}CHCH(CH_3)CH_3$	$CH_3CH{=}C(CH_3)CH_3$
2-甲基丁-1-烯	3-甲基丁-1-烯	2-甲基丁-2-烯

3.3.2　烯基的名称

烯烃分子中去掉一个氢原子后剩余的基团叫作烯基。当取代基以两个单键连接分子骨架的同一个原子时（即双键），被称作亚基。常见的烯基和亚基的结构及其名称如表3-1所示。

表 3-1　一些常见烯基和亚基的结构以及中英文名称

结构	中文名称	英文名称
$CH_2{=}CH{-}$	乙烯基	ethenyl(vinyl)
$-CH{=}CHCH_3$	丙-1-烯基	prop-1-enyl
$-CH_2CH{=}CH_2$	丙-2-烯基 (烯丙基,俗名)	prop-2-enyl (allyl)
$-C(CH_3){=}CH_2$	丙-1-烯-2-基 或 1-甲基乙烯基 (异丙烯基,俗名)	prop-1-en-2-yl or 1-methylethenyl (isopropenyl)
$=CH_2$	甲亚基	methylidene
$=CHCH_3$	乙亚基	ethylidene
$=C(CH_3){-}CH_3$	丙-2-亚基	isopropylidene

3.3.3　烯烃的系统命名法

烯烃的系统命名法与烷烃有一定的相似性，但是由于分子中有碳碳双键，又比烷烃的命名更复杂。

（1）选主链

① 选择碳原子最多的一条链（注：不一定是碳碳双键数最多的链）作为主链，主链以外的支链作为取代基。如有等长碳链，则选择含有最多数量双键的链作为主链。

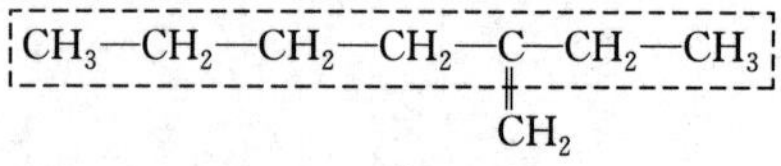

$$CH_3{-}CH_2{-}CH_2{-}CH_2{-}\underset{\underset{CH_2}{\|}}{C}{-}CH_2{-}CH_3$$

选择最长 7 个碳的碳链为主链

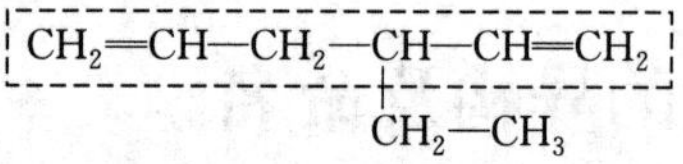

$$CH_2{=}CH{-}CH_2{-}\underset{\underset{CH_2{-}CH_3}{|}}{CH}{-}CH{=}CH_2$$

选择含双键最多的碳链为主链

② 如两条链的碳数和双键数都相同，则选择双键编号的数字位次组最低的链作为主链；如两条链的碳数、双键数以及双键位次组都相同，则选择取代基最多的链作为主链。

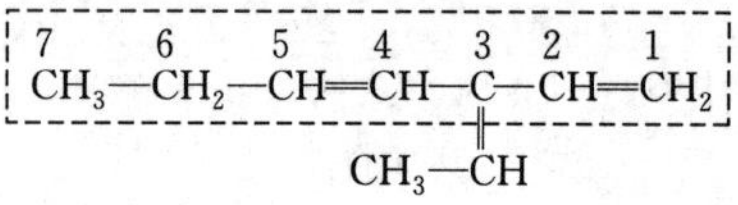

$$\overset{7}{C}H_3{-}\overset{6}{C}H_2{-}\overset{5}{C}H{=}\overset{4}{C}H{-}\underset{\underset{CH_3{-}CH}{\|}}{\overset{3}{C}}{-}\overset{2}{C}H{=}\overset{1}{C}H_2$$

选择双键位次组最低的碳链作为主链（双键位次组 1,4 小于 2,4）

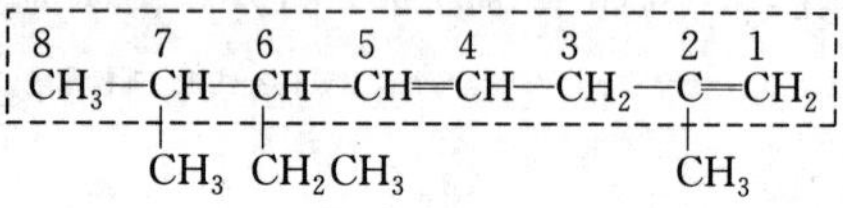

$$\overset{8}{C}H_3{-}\underset{\underset{CH_3}{|}}{\overset{7}{C}H}{-}\underset{\underset{CH_2CH_3}{|}}{\overset{6}{C}H}{-}\overset{5}{C}H{=}\overset{4}{C}H{-}\overset{3}{C}H_2{-}\underset{\underset{CH_3}{|}}{\overset{2}{C}}{=}\overset{1}{C}H_2$$

选择取代基最多的碳链作为主链

（2）编号

① 对于主链中不含双键的烯烃，其编号原则同烷烃。

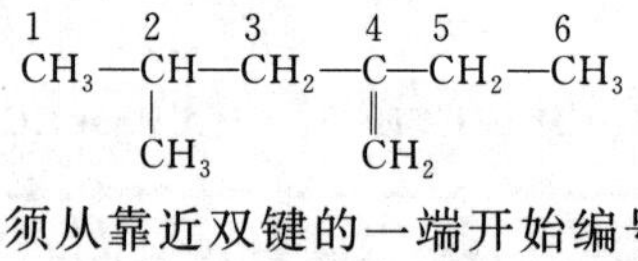

$$\overset{1}{C}H_3{-}\underset{\underset{CH_3}{|}}{\overset{2}{C}H}{-}\overset{3}{C}H_2{-}\underset{\underset{CH_2}{\|}}{\overset{4}{C}}{-}\overset{5}{C}H_2{-}\overset{6}{C}H_3$$

② 主链中含双键的烯烃，则必须从靠近双键的一端开始编号。

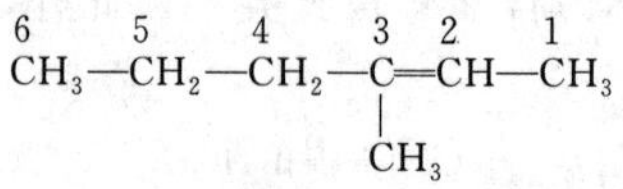

$$\overset{6}{C}H_3{-}\overset{5}{C}H_2{-}\overset{4}{C}H_2{-}\underset{\underset{CH_3}{|}}{\overset{3}{C}}{=}\overset{2}{C}H{-}\overset{1}{C}H_3$$

③ 含多个双键时，若末端碳原子距离双键等距离，则按双键位次组最低的原则进行编号；如仍相同，则使取代基位次组最小。

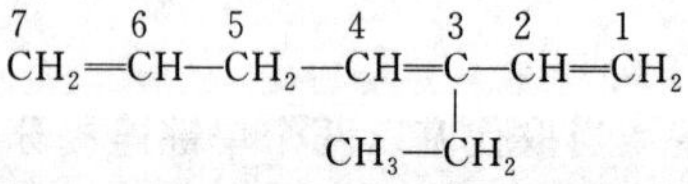

$$\overset{7}{C}H_2{=}\overset{6}{C}H{-}\overset{5}{C}H_2{-}\overset{4}{C}H{=}\underset{\underset{CH_3{-}CH_2}{|}}{\overset{3}{C}}{-}\overset{2}{C}H{=}\overset{1}{C}H_2$$

（双键位次组 1,3,6 小于 1,4,6）

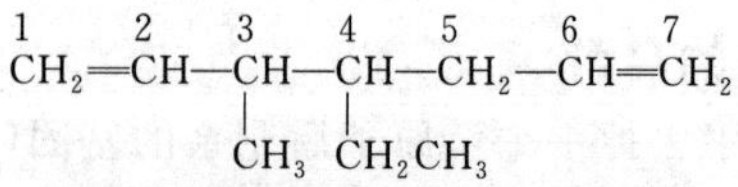

$$\overset{1}{C}H_2{=}\overset{2}{C}H{-}\underset{\underset{CH_3}{|}}{\overset{3}{C}H}{-}\underset{\underset{CH_2CH_3}{|}}{\overset{4}{C}H}{-}\overset{5}{C}H_2{-}\overset{6}{C}H{=}\overset{7}{C}H_2$$

（取代基位次组 3,4 小于 4,5）

(3) 写名称

写名称时，需要在表示主链碳数名称和“烯”之间加上表示双键位置的阿拉伯数字（以双键碳原子中编号较小的数字标明，这个数字尽可能地小），如双键碳在“1”位，而且不会引起误会时，可以不标出。碳原子数在10以上的烯烃，命名时在烯之前还需加个“碳”字，例如十一碳烯，即表示双键在第一碳上的具有十一个碳原子直链的烯烃。其他的与烷烃类似。例如：

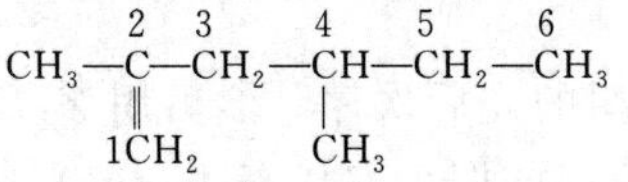

$$\overset{2}{C}H_3-\overset{2}{C}(=\overset{1}{C}H_2)-\overset{3}{C}H_2-\overset{4}{C}H(CH_3)-\overset{5}{C}H_2-\overset{6}{C}H_3$$

2,4-二甲基己-1-烯

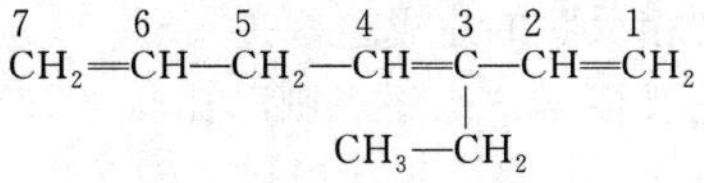

$$\overset{7}{C}H_2=\overset{6}{C}H-\overset{5}{C}H_2-\overset{4}{C}H=\overset{3}{C}(CH_2-CH_3)-\overset{2}{C}H=\overset{1}{C}H_2$$

3-乙基庚-1,3,6-三烯

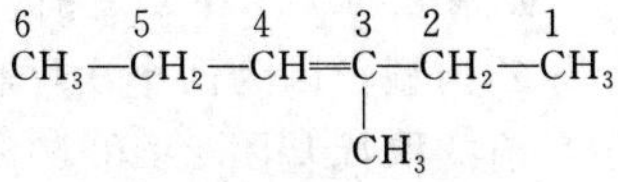

$$\overset{6}{C}H_3-\overset{5}{C}H_2-\overset{4}{C}H=\overset{3}{C}(CH_3)-\overset{2}{C}H_2-\overset{1}{C}H_3$$

3-甲基己-3-烯

$$CH_3-CH_2-CH=C(CH_3)\text{+}CH_2\text{)}_6CH_3$$

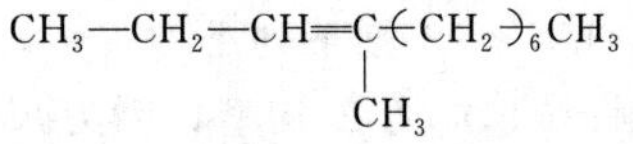

4-甲基十一碳-3-烯

复杂的烯烃也可以用衍生命名法来命名，即以乙烯作为母体，把一般烯烃都看作乙烯的烷基衍生物。例如：3-甲基己-3-烯也可称为1,2-二乙基-1-甲基乙烯。

3.3.4 烯烃的顺反异构及标记

由于双键不能自由旋转且双键碳原子直接相连的四个原子都处于同一平面上，因此当双键上的两个碳原子各连接有不同的原子或基团时，就有可能形成两种不同的异构体。

例如：

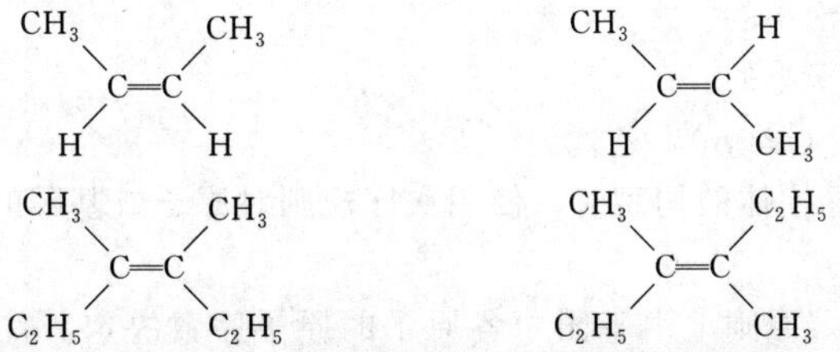

$$\begin{matrix} CH_3 & & CH_3 \\ & C=C & \\ H & & H \end{matrix} \qquad \begin{matrix} CH_3 & & H \\ & C=C & \\ H & & CH_3 \end{matrix}$$

$$\begin{matrix} CH_3 & & CH_3 \\ & C=C & \\ C_2H_5 & & C_2H_5 \end{matrix} \qquad \begin{matrix} CH_3 & & C_2H_5 \\ & C=C & \\ C_2H_5 & & CH_3 \end{matrix}$$

形成的同分异构体叫作顺反异构体。顺反异构体的分子构造是相同的，即分子中各原子的连接次序是相同的，但分子中各原子在空间的排列方式（即构型）是不同的。由不同的空间排列方式引起的异构现象又叫作立体异构现象，顺反异构现象是立体异构现象的一种。

并不是所有的烯烃都有顺反异构，只要有一个双键碳原子所连接的两个基团或原子是相同的，就没有顺反异构。例如丁-1-烯，丁-2-烯和2-甲基丙烯。

反之，当双键的两个碳原子各连接两个不同基团时，就有顺反异构现象。

对于标示出顺反构型的烯烃结构进行命名时，不仅要写出其名称，还需对其构型进行标记，标记的方法有顺反标记法和 Z/E 标记法。

(1) 顺反标记法

顺反标记法的原则是：如果两个双键碳原子所连的相同原子或原子团在双键的同侧，则该构型为顺式，命名时就在该结构名称前加“顺”；反之则为反式，命名时就在该结构名称前加“反”。例如：

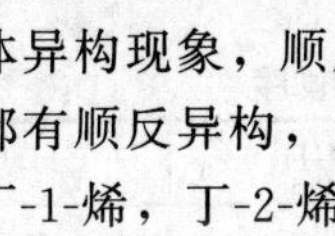

$$\begin{matrix} CH_3 & & CH_3 \\ & C=C & \\ H & & H \end{matrix} \qquad \begin{matrix} CH_3 & & H \\ & C=C & \\ H & & CH_3 \end{matrix}$$

顺-丁-2-烯 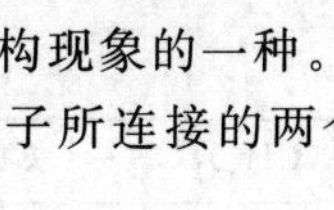　　　　反-丁-2-烯

(2) Z/E 标记法

在双键的碳原子上连接的四个取代基团中，有两个是相同的基团（如上述例子中的—H、—CH_3、—C_2H_5 等），一般采用顺反标记法进行命名不会混淆。但是，如果顺反异构体的双键碳原子上没有相同的基团，这时采用顺反标记法进行命名就会发生困难。例如：

$$\underset{Cl}{\overset{CH_3}{}}\!\!>C=C<\!\!\underset{C_2H_5}{\overset{H}{}} \qquad \underset{Cl}{\overset{CH_3}{}}\!\!>C=C<\!\!\underset{H}{\overset{C_2H_5}{}}$$

为了解决这个问题，IUPAC 命名法规定了用 Z 和 E 两个字母分别标记顺反异构体的方法。这就是 Z/E 标记法。Z 是德语 Zusammen 的第一个字母，是“共同”的意思。E 是德语 Entgegen 的第一个字母，是“相反”的意思。

该命名法首先要根据“次序规则”比较各取代基团的先后次序，然后用 Z/E 标记法对顺反异构体进行标记。设 a，a′，b，b′为烯烃双键碳原子上所连的四个取代基团，分别比较同一碳上的两个取代基团的先后次序（即 a 和 a′比较，b 和 b′比较）。如果 a 的次序在 a′之前，b 的次序在 b′之前（也常表示为 a>a′，b>b′），则下列结构式中，（Ⅰ）为 Z 构型，因为两个次序在前的取代基团（a 和 b）在双键的同侧；（Ⅱ）为 E 构型，因为两个次序在前的取代基团（a 和 b）在双键的异侧。

$$\underset{a'}{\overset{a}{}}\!\!>C=C<\!\!\underset{b'}{\overset{b}{}} \qquad \underset{a'}{\overset{a}{}}\!\!>C=C<\!\!\underset{b}{\overset{b'}{}}$$

（Ⅰ）Z 构型　　　　（Ⅱ）E 构型

次序规则是 20 世纪 50 年代由 Cahn、Ingold 和 Prelog 提出，60 年代后进一步完善，用于确定原子或者基团优先顺序的规则，是通用的构型标识系统方法。按最早提出者姓名的第一个字母被称为 CIP 优先系统。次序规则的基本规则有：

① 原子序数大的优先于小的。

② 原子质量高的优先于小的。

③ 顺（*cis*）优先于反（*trans*），Z 优先于 E。

具体地，在判断顺反异构体的构型时，使用次序规则对原子或基团的优先顺序进行排列，主要遵循以下几个原则：

① 取代基的优先次序，原则上由基团中各原子的原子序数决定。首先由和双键碳原子直接相连原子的原子序数所决定，其次由次连原子，然后再由再连原子的原子序数大小来决定，直到比较出较优的基团。表 3-2 列出了部分取代基的优先顺序。

表 3-2　部分取代基的优先顺序

取代基	$(CH_3)_3C—$	$(CH_3)_2CH—$	$CH_3CH_2—$	$—CH_3$	$—CH_2Cl$	$—CH_2OH$	$—OH$	$—NH_2$
直连原子	C	C	C	C	C	C	O	N
次连原子	C,C,C	C,C,H	C,H,H	H,H,H	Cl,H,H	O,H,H	H	H,H
优先顺序	$—OH>—NH_2>—CH_2Cl>—CH_2OH>(CH_3)_3C—>(CH_3)_2CH—>CH_3CH_2—>CH_3—$							

② 当取代基团为不饱和基团时，应把双键或三键原子看作它以单键和多个原子相连接。例如：乙烯基 $CH_2=CH—$，$CH—$的碳为直接与双键碳相连的原子，该原子又以双键次连 CH_2，表示它与两个碳原子相连，此外还和一个氢原子相连，表示为：(C，C，H)。又如：乙炔基 $CH≡C—$，$C—$为直接与双键碳相连的原子，该碳原子被认为是以三键和另外三个碳原子相连，表示为：(C，C，C)。

$$—CH=CH_2 \longrightarrow —\underset{C}{\underset{|}{CH}}—\underset{C}{\underset{|}{CH_2}} \qquad —C≡CH \longrightarrow —\overset{C}{\overset{|}{\underset{C}{\underset{|}{C}}}}—\overset{C}{\overset{|}{\underset{C}{\underset{|}{CH}}}}$$

$$>C=O \longrightarrow >C<\!\!\begin{smallmatrix}O\\O\end{smallmatrix} \qquad —C≡N \longrightarrow —\overset{N}{\overset{|}{\underset{N}{\underset{|}{C}}}}—N$$

根据以上规则，常见的取代基团可排列成下列先后次序：

$—I>—Br>—Cl>—SO_3H>—F>—OCOR>—OR>—OH>—NO_2>—NR_2>—NHR>—CCl_3>—CHCl_2>—COCl>—CH_2Cl>—COOR>—COOH>—CONH_2>—COR>—CHO>—CR_2OH>—CHROH>—CH_2OH>—CR_3>—C_6H_5>—CHR_2>—CH_2R>—CH_3>—D>—H$

按照 Z/E 标记法，以下顺反异构体的命名如下所示：

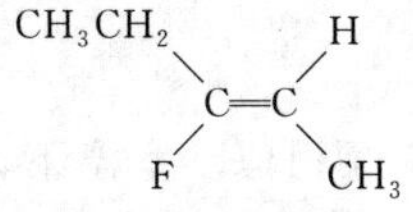

$$\begin{array}{c} CH_3CH_2 \qquad H \\ C{=}C \\ F \qquad CH_3 \end{array}$$

(Z)-3-氟-戊-2-烯

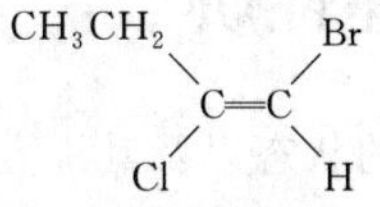

$$\begin{array}{c} CH_3CH_2 \qquad Br \\ C{=}C \\ Cl \qquad H \end{array}$$

(E)-1-溴-2-氯-丁-2-烯

$$\begin{array}{c} H_3C \qquad CH(CH_3)_2 \\ C{=}C \\ CH_3CH_2 \qquad CH_2CH_2CH_3 \end{array}$$

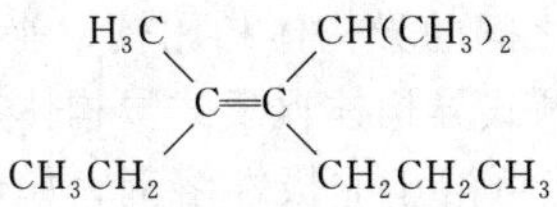

(E)-4-异丙基-3-甲基庚-3-烯

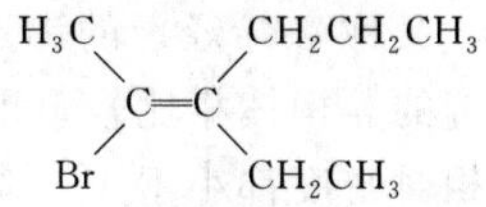

$$\begin{array}{c} H_3C \qquad CH_2CH_2CH_3 \\ C{=}C \\ Br \qquad CH_2CH_3 \end{array}$$

(E)-2-溴-3-乙基己-2-烯

3.4 烯烃的来源和制法

3.4.1 烯烃的工业来源和制法

乙烯、丙烯和丁烯等低级烯烃都是化学工业的重要原料。过去它们主要从石油炼制过程中产生的炼厂气和热裂中分离得到，随着石油化学工业迅速发展，现在低级烯烃主要通过石油的各种馏分裂解和原油直接裂解获得。例如：

$$C_6H_{14} \xrightarrow{700\sim900℃} \underset{(40\%)}{CH_2{=}CH_2} + \underset{(20\%)}{CH_3—CH{=}CH_2} + \underset{(15\%)}{CH_4} + \underset{(25\%)}{其他}$$

原料不同或裂解条件不同（热裂解或催化裂解，以及裂解温度和催化剂的不同等），得到各种烯烃的比例也不同。石油化工是指以石油裂解获得烯烃，然后进一步以烯烃为原料制造各种化工产品的工业。石油化工企业的规模也以烯烃的产量来衡量，例如我国近年建立的多套 30 万吨/年乙烯装置，都具有较大规模。

3.4.2 烯烃的实验室制法

醇的脱水或卤代烃的脱卤化氢是制备烯烃的常用方法，也是实验室制备烯烃的一般方法。

(1) 醇脱水

醇容易在浓硫酸或氧化铝催化下脱水而得烯烃。例如：

$$CH_3CH_2OH \xrightarrow[350\sim360℃]{Al_2O_3} \underset{(98\%)}{CH_2{=}CH_2 + H_2O}$$

$$CH_3CH_2OH \xrightarrow{浓\ H_2SO_4,\ 170℃} CH_2{=}CH_2$$

$$(CH_3)_2\overset{\overset{\large OH}{|}}{C}CH_3 \xrightarrow[85℃]{20\%\ H_2SO_4} \underset{(84\%)}{(CH_3)_2C{=}CH_2}$$

(2) 卤代烷脱卤化氢

卤代烷在氢氧化钾（或氢氧化钠）的乙醇溶液中共热，脱去一分子卤化氢生成烯烃。例如：

$$RCH_2CHXR + KOH \xrightarrow[\triangle]{CH_3CH_2OH} RCH{=}CHR + KX + H_2O$$

用乙醇作溶剂可使卤代烷溶解，以便在均相中进行反应。氢氧化钾比氢氧化钠在乙醇中的溶解度大，更容易反应。醇钠、氨基钠等更强的碱也可用来使卤代烷脱卤化氢。

$$CH_3\underset{\underset{Br}{|}}{C}HCH_3 + C_2H_5ONa \xrightarrow[55℃]{C_2H_5OH} \underset{(79\%)}{CH_2=CHCH_3} + NaBr + C_2H_5OH$$

$$CH_3CH_2\underset{\underset{Br}{|}}{C}HCH_3 + KOH \xrightarrow[80℃]{C_2H_5OH} \underset{(80\%)}{CH_3CH=CHCH_3} + \underset{(20\%)}{CH_3CH_2CH=CH_2}$$

3.5 烯烃的物理性质

烯烃在常温常压下的状态以及其沸点、熔点等都和烷烃相似。室温下，含 2～4 个碳原子的烯烃为气体，含 5～18 个碳原子的烯烃为液体，含 19 个碳原子及以上的为固体。末端烯烃（即双键位置在链端的烯烃，又称 α-烯烃）的沸点和双键在碳链之间的异构体相比较，前者低一些。直链烯烃的沸点和带有支链的异构体相比较，前者略高一些。顺式异构体比反式异构体有较高的沸点和较低的熔点。烯烃的相对密度都小于 1。烯烃难溶于水，但可溶于非极性溶剂，如烷、四氯化碳和乙醚等。

3.6 烯烃的化学性质

碳碳双键的不饱和性使得烯烃具有很大的加成活性。加成反应是烯烃的主要化学性质，通常发生在 π 键上。由于 π 键电子离碳核相对于 σ 键电子远，受碳核吸引力较小，比较容易发生化学反应，这也是烯烃的主要化学性质之一。另外，双键碳原子采用的是 sp^2 杂化态，比烷烃 sp^3 杂化态的碳原子有更大的电负性。因此，由于诱导极化的结果，烯烃的 α-碳原子（和双键碳直接相连的碳原子）上的氢原子（又称 α-氢原子）也容易发生被取代的反应。从能量方面看，碳碳双键的键能是 611kJ/mol，它比一般的碳碳单键的键能 347kJ/mol 要高。因为碳碳双键是由一个 σ 键和一个 π 键所组成的，所以，可以认为 264kJ/mol（611－347＝264kJ/mol）是碳碳双键中的第二键（即 π 键）的键能。它比双键的第一个键（σ 键）要弱，所以 π 键的断裂只需较低的能量。烯烃在进行化学反应时往往随着 π 键的断裂又形成两个新的 σ 键，即 π 键断裂后在双键碳上各加上一个原子或基团，像这样的反应叫加成反应，加成反应是烯烃的一个特征反应。

3.6.1 加成反应

3.6.1.1 催化加氢

在铂、钯或镍等过渡金属催化剂的存在下，烯烃可以与氢加成生成烷烃。

$$RCH=CHR + H_2 \xrightarrow{催化剂} RCH_2CH_2R$$

这种加氢反应是在催化剂表面进行的。催化剂能化学吸附氢气和烯烃，在金属表面可能先形成了金属的氢化物以及金属与烯烃结合的配合物。然后在金属表面上金属氢化物的一个氢原子和双键碳原子相结合，得到的中间体再与另一金属氢化物的氢原子生成烷烃，最后烷烃脱离催化剂表面。乙烯催化加氢反应过程见示意图 3-4。

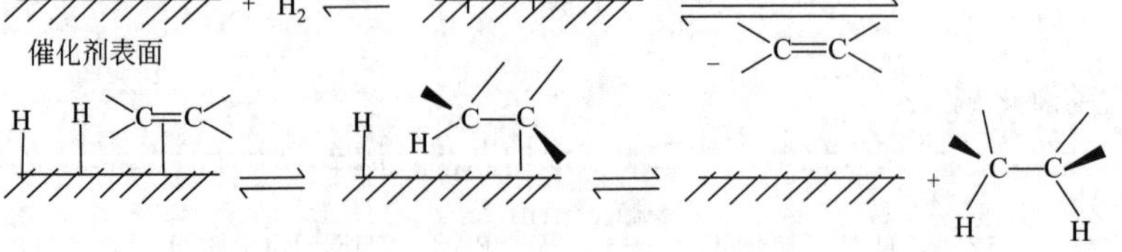

催化剂表面 + H_2 ⇌ ...

图 3-4　乙烯催化加氢反应过程

进行催化加氢时，常将烯烃先溶于适当的溶剂（乙醇、乙酸等）中，然后和催化剂一起在搅拌下通入氢气。在实验室中使用高效的催化剂时，反应基本上可在常温常压下进行。在工业上，使用的催化剂往往活性较低，加氢反应常在高温（200～300℃）和加压下进行。加氢催化剂一般都被制备成高度分散的粉末状以增加其表面积，有的（如钯催化剂）还常常以附着于活性炭等载体的形式使用。而镍催化剂则制成雷内镍的形式。烯烃催化加氢可以得到烷烃，而且由于这个反应是定量进行的，所以，可以根据氢气吸收量来分析试样中烯烃的含量或测定烯烃分子中双键的数目。大部分催化加氢都是顺式加成，即新的碳氢 σ 键都形成于双键的同一侧。这一事实也说明了加氢反应中加氢这一步很可能是在催化剂的表面（即烯烃 π 键和金属表面配位的一侧）进行的。

烯烃的加氢反应是放热反应。这是因为反应过程中新形成两个 C—H σ 键放出的能量大于断裂一个 π 键和一个 H—H σ 键所需的能量。每一摩尔烯烃催化加氢放出的能量叫作氢化热，它的具体数值随烯烃结构的不同而有所变化，例如乙烯的氢化热为 137kJ/mol，而乙烯的四个氢原子都被甲基取代后的 2,3-二甲基丁-2-烯的氢化热只有 111kJ/mol。氢化热的大小反映了烯烃分支结构的稳定性（氢化热越小表示分子越稳定），所以通过氢化热数值的比较可以探讨不同烯烃的稳定性。

3.6.1.2 亲电加反应

烯烃具有双键，在分子平面双键位置的上方和下方都有较多的 π 电子云。碳原子核对 π 电子云的束缚较小，所以 π 电子云容易流动和极化，因而使烯烃具有供电性能（亲核性能），容易受到带正电或带正电荷的亲电性质点（分子或离子）的攻击而发生反应。在反应中，具有亲电性能的试剂叫作亲电试剂。由亲电试剂的作用而引起的加成反应叫作亲电加成反应。

（1）与卤素的加成

烯烃容易与氯或溴发生加成反应，不需要催化剂或光照，即可生成邻二卤化物。碘一般不与烯烃发生反应。氟与烯烃的反应太剧烈，往往得到碳链断裂的各种产物，无实用意义。

$$\mathrm{RCH{=}CHR' + X_2 \longrightarrow RCHXCHXR'}$$

$$\mathrm{X = Br}\ 或\ \mathrm{Cl}$$

烯烃和溴的作用，通常以四氯化碳为溶剂，在室温下即可发生反应。溴的四氯化碳溶液原来是黄色的，它和烯烃加成形成二溴化物后，即转变为无色。这个褪色反应非常迅速，容易观察，它是验证碳碳双键是否存在的一个特征反应。显然，卤素与烯烃反应的活性顺序是：$F_2 > Cl_2 > Br_2 > I_2$。

烯烃与碘难发生反应，但是与氯化碘（ICl）或溴化碘（IBr）能迅速发生加成反应。

烯烃和卤素的加成属于亲电加成反应，但进一步的研究发现，两个卤素原子是分别在双键平面的两边加上去的，即得到的是反式加成产物。烯烃与卤素的加成是卤素分子的正电部分攻击烯烃而开始的，由于 π 键的存在，烯烃具有供电性，当溴分子接近烯烃分子时，烯烃 π 电子的影响，使溴分子发生了极化，即一个溴原子带有部分正电荷，而另一个溴原子则带有部分负电荷。带部分正电荷的溴进一步接近烯烃时，Br—Br 键的极化程度加深，结果溴分子发生了异裂，带正电荷的溴原子就和烯烃的一对 π 电子结合成 C—Br 单键形成一个碳正离子，另一个带负电的溴离子离去。

形成的碳正离子因缺电子与邻近的碳上具有未共用电子对的溴原子结合生成环状的溴鎓离子。环状离子的存在，使溴负离子只能从环上溴原子的另一侧进攻原来双键碳原子，导致生成反式加成产物：

$$\mathrm{>C{=}C<} + \overset{\delta^+}{\mathrm{Br}}\text{—}\overset{\delta^-}{\mathrm{Br}} \xrightarrow{-\mathrm{Br}^-} \mathrm{>C(:\ddot{Br}:)\text{—}\overset{+}{C}<} \xrightarrow{+\mathrm{Br}^-} \text{溴鎓离子}\ (\overset{+}{\mathrm{:\ddot{Br}:}},\ \overset{-}{\mathrm{Br}}) \longrightarrow \mathrm{>C(Br)\text{—}C(Br)<}$$

（2）与卤化氢的加成

烯烃可与卤化氢在双键处发生加成反应，生成相应的卤烷。碘化氢最容易发生加成反应，溴化氢次之，氯化氢最难，因此烯烃与卤化氢加成反应活性顺序为：HI＞HBr＞HCl。氟化氢发生加成反应的同时也使烯烃聚合。

$$CH_2 = CH_2 + HI \longrightarrow CH_3CH_2I$$

极性催化剂能使此类加成反应速率加快。例如：氯化氢气体直接通入烯烃，加成反应进行非常慢。而在无水氯化铝存在下，迅速发生加成反应；以氯乙烷为溶剂时，甚至－80℃下都能迅速反应。有时也可在具有适度极性的溶剂如乙酸中进行，因为极性的卤化氢和非极性的烯烃都可溶于这些溶剂，促进加成反应。

工业上氯乙烷的生产是在氯乙烷溶液中，用无水氯化铝催化乙烯和氯化氢加成。氯化铝起了促进氯化氢离解的作用，因而加速了此反应。

$$AlCl_3 + HCl \longrightarrow AlCl_4^- + H^+$$

$$CH_2 = CH_2 + HCl \xrightarrow{AlCl_3} CH_3CH_2Cl$$

烯烃和卤化氢（以及其他酸性试剂如 H_2SO_4、H_3O^+ 等，见后）的加成反应历程包括两个步骤。第一步是烯烃分子受 HX 的影响，π 电子云偏移而极化，使一个双键碳原子上带有部分负电荷，更易于受极性分子 HX 带正电部分（$H^{\delta^+}—X^{\delta^-}$）或质子 H 的攻击，结果生成了带正电的中间体碳正离子和 HX 的共轭碱 X^-。第二步是碳正离子迅速与 X^- 结合生成卤代烷。

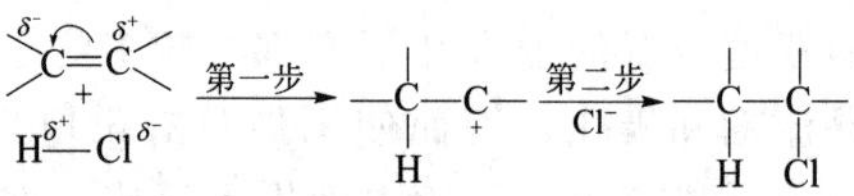

$$\overset{\delta^-}{C}=\overset{\delta^+}{C} + H^{\delta^+}—Cl^{\delta^-} \xrightarrow{第一步} —\underset{H}{\underset{|}{C}}—\overset{+}{C}— \xrightarrow[Cl^-]{第二步} —\underset{H}{\underset{|}{C}}—\underset{Cl}{\underset{|}{C}}—$$

第一步反应是由亲电试剂的攻击而发生的，所以与 HX 的加成反应叫作亲电加成反应。第一步反应速率慢，加成反应的速率取决于第一步反应的快慢；第二步属于离子型反应，是快反应。

卤化氢与不对称烯烃的加成反应，从理论上可以得到两种产物：

$$RCH = CH_2 + HBr \longrightarrow RCHBrCH_3 + RCH_2CH_2Br$$

但实际上，生成的主要产物是卤原子加到含氢较少的双键碳原子上。在很多情况下是唯一产物，例如：

$$CH_3CH_2CH = CH_2 + HBr \xrightarrow{乙酸} \underset{(80\%)}{CH_3CH_2CHBrCH_3}$$

$$(CH_3)_2C = CH_2 + HCl \longrightarrow \underset{(100\%)}{(CH_3)_2CClCH_3}$$

这种经验规律称为 Markovnikov（马尔科夫尼科夫）规律（简称马氏规则），此规律是由苏联化学家 Markovnikov 在 1870 年发现的。

两个双键碳原子上的取代基不相同（即不相对称）的烯烃叫作不对称烯烃。当卤化氢与不对称烯烃加成时，可以得到两种不同产物，但往往其中之一为主要产物。

$$CH_3CH_2CH = CH_2 + HBr \xrightarrow{乙酸} \underset{\text{I}\ (80\%)}{CH_3CH_2CHBrCH_3} + \underset{\text{II}\ (20\%)}{CH_3CH_2CH_2CH_2Br}$$

在上例中主要生成Ⅰ，即加成时以氢原子加到含氢较多的双键碳原子上，而卤原子加在含氢较少或不含氢的双键碳原子上的产物为主。要说明为什么会有这个规律，需要首先讨论反应过程中碳正离子的结构和稳定性问题。在碳正离子的形成过程中，烯烃分子的一个碳原子的价电子状态由原来的 sp^2 杂化转变为 sp^3 杂化；而另一个带正电的碳原子，它的价电子状态仍然是 sp^2 杂化，它仍具有一个 p 轨道，只是缺电子而已，所以也叫作缺电子 p 轨道，带正电的碳原子和它相连的三个原子都排布在一个平面上（图 3-5）。

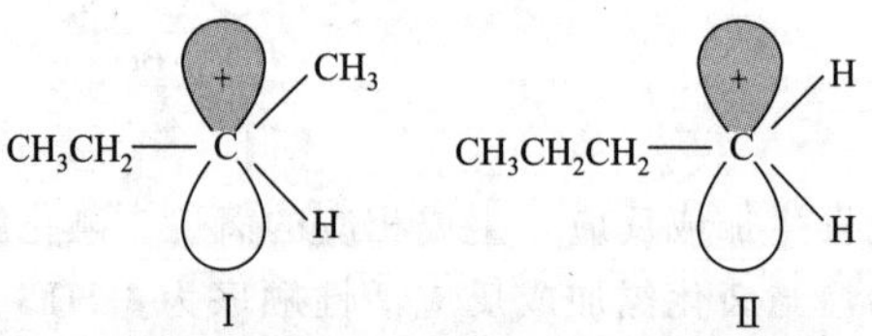

$CH_3CH_2—\overset{+}{C}(CH_3)(H)$　　　$CH_3CH_2CH_2—\overset{+}{C}(H)(H)$

Ⅰ　　　Ⅱ

图 3-5　丁烯与氢离子反应后生成的两种碳正离子形式

不对称烯烃和质子的加成，可以有两种不同方式，即质子和不同的双键碳原子相结合，形成不同的碳正离子，然后碳正离子再和卤素负离子结合，得到两种加成产物，如下反应所描述：

$$CH_3CH_2CH{=}CH_2 + HBr \xrightarrow{-Br^-} \begin{cases} CH_3CH_2\overset{+}{C}HCH_3 \ (\text{I}) \xrightarrow{+Br^-} CH_3CH_2CHBrCH_3 \\ CH_3CH_2CH_2\overset{+}{C}H_2 \ (\text{II}) \xrightarrow{+Br^-} CH_3CH_2CH_2CH_2Br \end{cases}$$

第一步氢离子的加成究竟采取哪种途径取决于生成碳正离子的稳定性。根据物理学的规律，一个带电体系的稳定性取决于所带电荷的分布情况，电荷越分散，体系越稳定。碳正离子的稳定性也同样取决于正电荷的分布情况。通常情况下，以带正电荷的碳原子的邻碳上的氢原子个数作为比较依据，此类碳氢 σ 键越多，能够通过 σ-p 超共轭分散电荷的能力就越强，碳正离子就越稳定。碳正离子的稳定性越大，也越容易生成。据此分析，Ⅰ有 5 个此类碳氢 σ 键，而Ⅱ只有 2 个该类碳氢 σ 键，因此，Ⅰ的碳正离子的正电荷被 σ-p 超共轭分散得越多，所以就更稳定，生成的比例就越大。

当然，碳正离子的稳定性大小问题也可以从过渡态及其能量大小来分析，所得结果都是一致的。

利用上述的碳正离子稳定性大小分析原理，我们可以分析比较不同碳正离子的稳定性及其不对称烯烃的卤化氢加成主要产物。例如比较伯、仲和叔碳正离子的稳定性大小：

$$(CH_3)_2\overset{+}{C}CH_3 > CH_3\overset{+}{C}HCH_3 > CH_3\overset{+}{C}H_2 > \overset{+}{C}H_3$$

在应用 Markovnikov 规律进行卤化氢与不对称烯烃的加成反应产物预测时，要特别注意烯烃 π 键的极性，即双键碳中哪个是正极或负极。不对称试剂卤化氢中的氢总是加到双键的负极碳上。这才是 Markovnikov 加成规律的本质。推广之，该规律可理解为不对称试剂的正电部分总是加到不对称烯烃双键的负极碳上。例如：

$$CF_3CH{=}CH_2 + HBr \longrightarrow CF_3CH_2CH_2Br$$

这是生成更稳定的活性中间体碳正离子的需要。

(3) 与 H_2SO_4 的加成

烯烃与硫酸反应，生成烷基硫酸（也叫作酸性硫酸酯），反应产物能溶于硫酸，因此，随着反应的进行，烯烃逐渐溶解于硫酸中。反应历程与 HX 的加成一样，第一步是乙烯与质子的加成，生成碳正离子，然后碳正离子再和硫酸氢根负离子结合。

$$CH_2{=}CH_2 + H{-}OSO_3H \longrightarrow \underset{\text{乙基硫酸}}{CH_3CH_2OSO_3H}$$

不对称烯烃与硫酸的加成，也符合 Markovnikov 规律。

$$(CH_3)_2C{=}CH_2 + H{-}OSO_3H \longrightarrow \underset{\text{叔丁基硫酸}}{(CH_3)_2\underset{|}{C}CH_3 \atop \quad OSO_3H}$$

由于异丁烯与质子加成所形成的是比较稳定的叔丁基正离子，所以这个反应比较容易进行。63% 的浓硫酸就可以和异丁烯发生作用，而丙烯则需要 80% 的浓硫酸，乙烯则需要 98% 加热浓硫酸才能发生加成反应。

烷基硫酸和水共热水解得到对应的醇。

$$\underset{\text{叔丁基硫酸}}{(CH_3)_2\underset{|}{C}CH_3 \atop \quad OSO_3H} + H_2O \xrightarrow{\triangle} \underset{\text{叔丁醇}}{(CH_3)_2\underset{|}{C}CH_3 \atop \quad OH} + HOSO_3H$$

通过加成和水解两个反应，结果烯烃分子中加了一分子水，所以这又叫作烯烃的间接水合，工业上可利用来制备醇类。

烯烃和硫酸的加成也常用来分离烯烃和烷烃。由石油工业得到的烷烃中常杂有烯烃。如果使它们通过硫酸，烯烃即被硫酸吸收而生成可溶于硫酸的烷基硫酸，而烷烃不溶于硫酸，这就可以把它们分离。

（4）与水的加成

在一般情况下，由于水中质子浓度太低，水不能和烯烃直接加成。但在酸的催化下，例如在硫酸或者磷酸存在时，水即可以与烯烃加成获得醇。

$$CH_3CH_2CH{=}CH_2 + H_3O^+ \xrightarrow[-H^+]{\triangle} CH_3CH_2\underset{\displaystyle OH}{\underset{|}{C}}HCH_3$$

在实际反应过程中，第一步生成的碳正离子也可以和水溶液中其他物质（如硫酸氢根等）起作用，生成不少副产物。所以这个方法缺乏制备醇的工业价值。

因此，工业上，在高温高压下，以载于硅藻土上的磷酸为催化剂，用乙烯与过量的水蒸气作用，可直接加水生成乙醇。

$$CH_2{=}CH_2 + H_2O \xrightarrow[300℃,\ 7MPa]{H_3PO_4/\text{硅藻土}} CH_3CH_2OH$$

（5）与 HO—Br 或 HO—Cl 的加成

若将次卤酸钠的溶液酸化生成的次卤酸如 HO—Br 或 HO—Cl 和烯烃进行加成反应，可生成相应的卤代醇。

$$CH_2{=}CH_2 + HOBr \longrightarrow \underset{\text{溴乙醇}}{BrCH_2CH_2OH}$$

$$CH_3CH{=}CH_2 + Br—OH \longrightarrow \underset{\text{1-溴丙-2-醇}}{CH_3\overset{\displaystyle OH}{\overset{|}{C}}HCH_2Br}$$

这个加成反应的结果是双键上加上了一分子次溴酸或次氯酸，所以有时也叫作和次卤酸的加成。这个反应也是一个亲电加成反应。反应的第一步不是质子加成，而是卤素正离子的加成，因为氧的电负性（3.5）大于氯（3.0）和溴（2.8）。所以当不对称烯烃发生“次卤酸加成”时，按照马尔科夫尼科夫规律，带正电的卤素应加到连有较多氢原子的双键碳上，羟基则加在连有较少氢原子的双键碳上。

其反应历程与加卤素相似，可以用下面的式子来说明。第一步反应是溴正离子和烯烃双键结合为溴鎓离子；第二步反应是水分子或溴负离子的反式加成。

$$\overset{\delta-}{C}{=}\overset{\delta+}{C} + \overset{\delta+}{Br}—Br^{\delta-} \text{ 或 } \overset{\delta+}{Br}—OH^{\delta-} \xrightarrow[\text{或}-OH^-]{-Br^-} —\underset{\underset{\displaystyle :Br:}{|}}{C}—\overset{+}{C}— \longrightarrow \text{溴鎓离子} \begin{cases} \xrightarrow[\text{反式加成}]{H_2\ddot{O}:} —\underset{\displaystyle Br}{C}—\overset{\displaystyle H_2O^+}{C}— \xrightarrow{Br^-} \underset{\text{卤代醇}}{—\underset{\displaystyle Br}{C}—\overset{\displaystyle HO}{C}—} \\ \xrightarrow[\text{反式加成}]{Br^-} \underset{\text{二卤代烷}}{—\underset{\displaystyle Br}{C}—\overset{\displaystyle Br}{C}—} \end{cases}$$

与 HO—X 的加成，不仅是烯烃，也是其他含有双键的有机化合物分子中同时引入卤素和羟基官能团的普遍方法。对于不溶于水的烯烃或其他有机化合物来说，这个加成反应需在某些具有极性的有机溶剂的水溶液中进行，以便于它们的溶解和反应。

烯烃和溴在有机溶剂中可发生溴的加成，和溴在有水存在的有机溶剂中，则发生 HO—Br 的加成，但得到的产物除溴代醇外，还有二溴代物。如果在溴的氯化钠水溶液中，则得到的产物更为混杂，除以上两种产物外，还有一氯代产物生成，可以从上述反应历程的第二步加以理解。

在单独氯化钠水溶液中，乙烯不发生任何加成，所以上述的混杂加成，特别是有一氯代加成产物的生成，证明它们都是亲电加成，第一步都是溴正离子的加成，第二步才是负离子的反式加成。在溴的氯化钠水溶液中，溴离子、氯离子和水分子并存，彼此竞争，它们都有机会加上去，所以得到了各种加成产物。

3.6.1.3 自由基加成——过氧化物效应

在通常情况下，烯烃和 HBr 加成产物遵循马氏规则。然而，在日光或过氧化物存在下，烯烃和 HBr 加成产物取向正好和马尔科夫尼科夫规律相反。例如：

$$CH_3CH{=}CH_2+HBr \begin{cases} \xrightarrow[\text{或无光照}]{\text{无过氧化物}} CH_3CHBrCH_3 \\ \xrightarrow[\text{或有光照}]{\text{有过氧化物}} CH_3CH_2CH_2Br \end{cases}$$

反马尔科夫尼科夫规律的加成，又叫作烯烃与 HBr 加成的过氧化物效应。它不是离子型的亲电加成，而是自由基型的加成反应。因为过氧化物可分解为烷氧自由基 RO· 或者羟基自由基 HO·，这些自由基又可以和 HBr 作用，就引发了溴自由基的生成。

$$\text{过氧化物}+HBr \longrightarrow Br\cdot$$

$$CH_3CH{=}CH_2+Br\cdot \longrightarrow CH_3\dot{C}HCH_2Br$$

$$CH_3\dot{C}HCH_2Br+HBr \longrightarrow CH_3CH_2CH_2Br+Br\cdot$$

溴自由基加到烯烃双键上，π 键发生均裂，一个电子与溴原子结合成单键，另一电子留在另一碳原子上形成新的烷基自由基。该烷基自由基又可以从溴化氢分子夺取氢原子，再生成一个新的溴原子自由基。如此继续循环，直至两个自由基相互结合使链反应终止。

自由基反应也可以通过将过氧化苯甲酰加热至 60～80℃ 产生苯酰氧自由基或者进一步产生苯自由基来加以引发。

$$C_6H_5COOOCOC_6H_5 \xrightarrow{60\sim80℃} 2C_6H_5COO\cdot \longrightarrow 2\,C_6H_5\cdot+2CO_2$$

$$C_6H_5COO\cdot+HBr \longrightarrow C_6H_5COOH+Br\cdot$$

光也能促使溴化氢离解为溴自由基，所以该条件下也是自由基加成反应，它们的第一步都是溴原子的加成。下面示出两种不同的反应途径。

$$CH_3CH{=}CH_2+Br\cdot \begin{cases} \xrightarrow{①} CH_3\dot{C}HCH_2Br \\ \xrightarrow{②} CH_3CHBr\dot{C}H_2 \end{cases}$$

在第 2 章中，我们已经谈论过自由基的稳定性次序，即途径①生成的自由基比途径②生成的自由基较稳定，因为前者有 5 个碳氢键的 σ-p 超共轭的离域作用，而后者仅有 1 个碳氢键的 σ-p 超共轭的离域作用。自由基稳定性的判断和碳正离子稳定性的判断方法是一样的。

值得注意的是过氧化物只对溴化氢有影响，而不影响氯化氢和碘化氢，因为过氧化物在一般条件下不能将氯化氢氧化为氯自由基，对碘化氢来说虽能把它氧化为碘自由基，但碘自由基加成不够活泼，并且可自身结合成碘分子。

3.6.1.4 硼氢化反应

烯烃和乙硼烷（B_2H_6）容易发生加成反应而生成三烷基硼，这个反应叫作硼氢化反应。

$$6\,CH_3CH{=}CH_2+B_2H_6 \longrightarrow 2(CH_3CH_2CH_2)_3B$$

乙硼烷是甲硼烷（BH_3）的二聚体。在溶剂四氢呋喃或其他醚中，乙硼烷能溶解并以甲硼烷与醚结合的配合物形式存在。

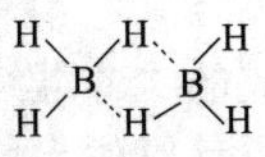

乙硼烷 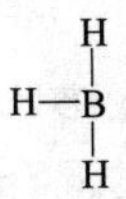　　　　甲硼烷 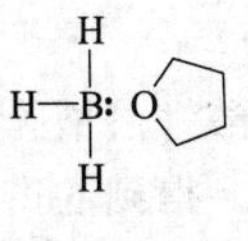　　　　甲硼烷与四氢呋喃配合物

加成反应中，由于甲硼烷是强的路易斯酸（硼原子的外层只有六个价电子），因此它可以作为一个亲电试剂而和烯烃的 π 电子云配位，然后硼原子加到取代基较少因而立体障碍较小的双键碳原

子上，氢则加到含氢较少的双键碳原子上。加成的取向正好与马尔科夫尼科夫规律相反。

生成的一烷基硼可再和烯烃加成为二烷基硼，然后再和烯烃加成为三烷基硼。

$$CH_3CH{=}CH_2 + BH_3 \longrightarrow CH_3CH_2CH_2BH_2$$
$$CH_3CH{=}CH_2 + CH_3CH_2CH_2BH_2 \longrightarrow (CH_3CH_2CH_2)_2BH$$
$$CH_3CH{=}CH_2 + (CH_3CH_2CH_2)_2BH \longrightarrow (CH_3CH_2CH_2)_3B$$

如果烯烃双键上都具有立体障碍比较大的取代基，反应也可能停止在一烷基硼或二烷基硼的阶段。

硼氢化反应后所得的反应混合物可直接和过氧化氢的氢氧化钠溶液作用，反应混合物中的烷基硼即可被氧化和水解为相应的醇。

$$(CH_3CH_2CH_2)_3B \xrightarrow[OH^-]{H_2O_2} (CH_3CH_2CH_2O)_3B \xrightarrow{H_2O} CH_3CH_2CH_2OH$$

烯烃的硼氢化反应和氧化-水解反应的总结果是双键上加上一分子水（—H 和—OH），所以它是制备醇特别是伯醇的一个好方法。

由于乙硼烷有毒，而且能自燃，一般避免直接使用，而是采用把制备乙硼烷的原料硼氢化钠和三氟化硼直接和烯烃作用的方法。

$$3\ NaBH_4 + 4\ BF_3 \longrightarrow 2\ B_2H_6 + 3\ NaBF_4$$

总的来说，硼氢化-氧化反应操作简便，产率也高，所以在有机合成中有很好的应用价值。

3.6.2 氧化反应

空气中的氧和各种氧化剂都能将烯烃氧化，氧化产物取决于所用氧化剂的种类和反应条件。

3.6.2.1 催化空气氧化烯烃

在银或氧化银的催化下，乙烯可被空气中的氧气氧化为它的环氧化物——环氧乙烷。

$$CH_2{=}CH_2 + O_2 \xrightarrow[250℃]{Ag或Ag_2O} \underset{环氧乙烷}{CH_2\overset{O}{—}CH_2}$$

用仿生催化剂催化空气氧化烯烃是目前最为环保的氧化方法之一，这种技术是主要以金属卟啉、酞菁金属配合物和 Salen 金属配合物及其固载催化剂作为模型，模拟人体血液中的细胞色素 P450 酶的催化氧化功能的氧化方法。

用过氧乙酸氧化丙烯可以得到环氧丙烷。

$$CH_3CH{=}CH_2 + CH_3COOOH \longrightarrow \underset{环氧丙烷}{CH_3CH\overset{O}{—}CH_2}$$

而用催化剂，催化空气氧化丙烯则得到丙烯醛。

$$CH_3CH{=}CH_2 \xrightarrow[350\sim400℃]{CuO/Al_2O_3} OHCCH{=}CH_2 + H_2O$$

3.6.2.2 高锰酸钾氧化

稀的高锰酸钾溶液在低温时即可氧化烯烃，在双键位置引入顺式的两个羟基，生成邻二醇。反应必须保持在中性或碱性溶液中进行。这个反应也叫作烯烃的羟基化反应。作为实验室制备方法，也可用四氧化锇（OsO_4）代替高锰酸钾，这样可以得到更高的产率。

$$3\ R—CH{=}CH_2 + 2\ KMnO_4 + 4\ H_2O \xrightarrow{中性或碱性介质} 3\ R—\underset{OH}{\underset{|}{CH}}—\underset{OH}{\underset{|}{CH_2}} + 2\ MnO_2\downarrow + 2\ KOH$$

如果用酸性的高锰酸钾溶液，浓度很高或过量太多，则可以使生成的二醇继续被氧化，在原来双键位置发生键的断裂，得到的产物将是酮和羧酸的混合物。这些反应可以作为烯烃结构推断的重要依据。

$$R—CH{=}CH_2 \xrightarrow[H_2SO_4]{KMnO_4} R—COOH + CO_2$$

$$R—CH═CHR' \xrightarrow[H_2SO_4]{KMnO_4} RCOOH + R'COOH$$

$$RR'C═CHR'' \xrightarrow[H_2SO_4]{KMnO_4} R—CO—R' + R''COOH$$

紫红色的高锰酸钾溶液在反应中迅速褪色。因此这个反应是检验有否双键存在的一个简便方法。

3.6.2.3 臭氧化反应

将含有臭氧（6%～8%）的氧气通入液体烯烃或烯烃溶液（在惰性溶剂如四氯化碳中），臭氧即迅速且定量地和烯烃作用，生成黏糊状的臭氧化物，这个反应称为臭氧化反应。

$$RR'C═CHR'' \xrightarrow{O_3} \text{(臭氧化物：R, R'–C(–O–)(–O–O–)C–R'', H)}$$

某些臭氧化物在加热情况下易发生爆炸，但一般可以不经分离而进行下一步水解反应，臭氧化物和水作用可水解为羰基化合物——醛或酮。

$$CH_2═CH_2 \xrightarrow{O_3} \text{(H,H–臭氧化物–H,H)} \xrightarrow{H_2O} HCHO + H_2O_2$$
$$HCHO \xrightarrow{H_2O_2} HCOOH$$

$$\text{(R,R'–臭氧化物–R'',H)} \xrightarrow{H_2O} RR'C═O + R''CHO + H_2O_2$$
$$R''CHO \xrightarrow{H_2O_2} R''COOH$$

$$RCH═CHR' \xrightarrow{O_3} \text{(R,H–臭氧化物–R',H)} \xrightarrow{H_2O} RCHO + R'CHO + H_2O_2$$
$$RCHO \xrightarrow{H_2O_2} RCOOH \qquad R'CHO \xrightarrow{H_2O_2} R'COOH$$

由于水解时有过氧化氢生成，为了避免生成的醛又继续被氧化，所以常在保持还原条件下进行水解。例如，在锌粉和醋酸存在下水解，或在加氢催化剂（如铂、钯等）存在下通入氢气。这样可以避免过氧化氢的生成，醛也就不会被氧化。由臭氧化物水解所得的醛或酮保持了原来烯烃的部分碳链结构。因此由醛酮结构的测定，就可以推导原来烯烃的结构。例如：

$$CH_2═CH_2 \xrightarrow{O_3} \text{(H,H–臭氧化物–H,H)} \xrightarrow{Zn/CH_3COOH/H_2O} HCHO$$

$$RCH═CHR' \xrightarrow{O_3} \text{(R,H–臭氧化物–R',H)} \xrightarrow{Zn/CH_3COOH/H_2O} RCHO + R'CHO$$

$$RR'C═CHR'' \xrightarrow{O_3} \text{(R,R'–臭氧化物–R'',H)} \xrightarrow{Zn/CH_3COOH/H_2O} RR'C═O + R''CHO$$

即有甲醛生成时原烯烃中具有 CH_2═的结构，有 RCHO 生成时具有 RCH═的结构，有 RR′C═O 生成具有 RR′C═结构。依此类推。

3.6.3 α-氢原子的反应

和双键碳直接相连的碳原子叫作 α-碳原子，α-碳上的氢原子叫作 α-氢原子。α-氢原子的地位特殊，它受双键的影响，具有活泼的性质。和一般烷烃的氢原子不同，α-氢原子更容易发生取代反应和氧化反应。

3.6.3.1 氯代

尽管烯烃双键在化学反应中表现很活泼，但是这种活泼也不是绝对的和无条件的，在一些特定的条件下，烯烃也能发生取代反应。例如，丙烯在气相氯化时，当低于 250℃时反应的主要方向是加成反应，但随着反应温度的上升，取代反应产物逐渐增加，当温度超过 350℃，取代反应几乎占绝对优势。因为此时已经有利于氯自由基的生成。通常工业上采用在 400～500℃的高温下，使丙烯和氯分子进行气相自由基化反应，发生 α-氢原子被氯取代的反应，得到 3-氯丙烯取代产物而不是加成产物。

$$CH_3CH{=}CH_2 + Cl_2 \xrightarrow{400\sim500℃} CH_2ClCH{=}CH_2 + HCl$$

这个反应条件，有利于氯自由基的生成，所以这里进行的是和烷烃氯代同样的自由基型取代反应。由于 α-氢原子更活泼，所以首先被取代。

3.6.3.2 氧化

烯烃的 α-氢原子易被氧化，在烯烃氧化的讨论中已提到丙烯在一定条件下可被空气催化氧化为丙烯醛。但在不同条件下，丙烯还可被氧化为丙烯酸。

$$CH_3CH{=}CH_2 + 3/2O_2 \xrightarrow[400℃]{MoO_3} HOOCCH{=}CH_2 + H_2O$$

丙烯的另一个特殊的氧化反应是在氨存在下的氧化反应，简称氨氧化反应。由此可以得到丙烯腈。

$$CH_3CH{=}CH_2 + NH_3 + 3/2O_2 \xrightarrow[470℃]{\text{磷钼酸铋}} NCCH{=}CH_2 + 3H_2O$$

丙烯醛、丙烯酸和丙烯腈的分子中仍具有双键，它们仍可以作为单体进行聚合。得到不同性质和用途的高聚物。所以它们都是重要的有机合成原料。

3.6.4 聚合反应

烯烃可以在引发剂或催化剂的作用下，双键断裂而相互加成，得到长链的大分子或高分子化合物。由低分子量的有机化合物相互作用而生成高分子化合物的反应叫作聚合反应。聚合反应中，参加反应的低分子量化合物叫作单体，反应中生成的高分子量化合物叫作聚合物。乙烯作为单体聚合而得的聚合物叫作聚乙烯。

$$\underset{\text{乙烯}}{nCH_2{=}CH_2} \xrightarrow[60\sim75℃,\ 0.1\sim1.0MPa]{TiCl_4\text{-}Al(C_2H_5)_3} \underset{\text{聚乙烯}}{\left[CH_2-CH_2\right]_n}$$

在聚合过程中，乙烯通过双键断裂而相互加成，所以这种聚合反应又叫作加成聚合反应。由于是分子间相互加成，所以烯烃在聚合过程中，每断裂一个 π 键即伴随生成两个 σ 键。因此总的来说它是放热反应，一经引发之后，反应即容易进行。在聚合反应中生成的高分子化合物，它们的分子量并不是完全相同的，所以高聚物实际上是许多分子量不同的聚合物的混合物。由相同单体，但在不同反应条件下聚合而得的聚合物，不仅平均分子量的大小不同，它们的不同分子量分子组成分布以及高分子链的结构等也可以有很大的不同，因此它们的性能和用途也不同。为了得到各种不同规格和用途的聚合物，就要研究在不同条件下聚合时各种反应历程以及所得产物的结构。以聚乙烯来说，在上述反应式所示的反应条件下得到的聚乙烯，工业上叫作高压聚乙烯。高压聚乙烯的平均分子量在 2500～50000。这里所用的引发剂是自由基链反应的引发剂，所以这种聚合反应又叫作自由基聚合反应。高压聚乙烯分子并不是单纯的直链化合物，由于自由基链反应的缘故，它的分子中还具有支链。这种分子结构决定了它的密度较低（约 $0.92g/cm^3$）和比较软，所以高压聚乙烯又叫作低密度聚乙烯或软聚乙烯。

工业上乙烯也可通过齐格勒-纳塔催化剂在低压（0.1～1MPa）、60～150℃下聚合。由低压法得到的工业产品叫作低压聚乙烯。由于齐格勒-纳塔催化剂的作用，低压聚乙烯分子基本上是直链分子，平均分子量可在 10000～300000 之间，一般在 35000 左右。低压聚乙烯的密度较高（约为 $0.94g/cm^3$），也较坚硬，所以又叫作高密度聚乙烯或硬聚乙烯。

聚乙烯耐酸，耐碱，抗腐，具有优良的电绝缘性能，它是目前大量生产的优良高分子材料。低压和高压聚乙烯按它们性质的不同，都各有合适的应用。

3.7 重要的烯烃

乙烯、丙烯和丁烯是石油化工中最重要的三种烯烃，它们是有机合成中的重要基本原料，都是高分子合成中的重要单体。它们是合成树脂、合成纤维和合成橡胶中的最主要原料。石油裂解工业提供和保证了乙烯、丙烯和丁烯作为重要工业原料的来源。反过来说，因为有了可靠和充沛的工业来源，它们在工业上的应用就得到了越来越多的研究和开发。这些烯烃在一个国家的产量往往代表着这个国家化学工业的水平和规模。但是发展是不平衡的，乙烯的需要量更多些，因此在石油裂解工业的设计中，丙烯、丁烯以及戊烯等往往作为副产品生产。在实际生产过程中往往要根据各种产品需求量的变化来调整生产的工艺过程。

【拓展阅读】　微塑料 (microplastics, MPs) 简介

微塑料颗粒通常是指直径小于5mm，由塑料产品在环境中分解时形成的物质。据统计， 2019年全球塑料产量达3.68亿吨，其中，我国塑料产量占世界总产量的31%，预计到2050年将达330亿吨。广泛使用塑料的同时也导致大量塑料废弃物被排入地表水体、土壤和海洋等自然环境，常见的塑料种类有聚乙烯（PE）、聚丙烯（PP）、聚氯乙烯（PVC）、聚苯乙烯（PS）、聚对苯二甲酸乙二醇酯（PET）、尼龙（PA）等，其经机械磨损、光照辐射、生物降解等多种作用被破碎转化为尺寸更小的塑料碎片或颗粒，即微塑料。

微塑料这一概念在2004年英国普利茅斯大学的 Richard Thompson 在 *Science* 发表的文章中首次提出。

微塑料分为初生微塑料和次生微塑料两大类。初生微塑料是指经过河流、污水处理厂等而排入水环境中的塑料颗粒工业产品，如化妆品等含有的微塑料颗粒或作为工业原料的塑料颗粒和树脂颗粒。次生微塑料是由大型塑料垃圾经过物理、化学和生物过程造成分裂和体积减小而成的塑料颗粒。微塑料体积小，具有更高的比表面积，吸附环境中已经大量存在的多氯联苯、双酚A等持久性有机污染物后聚集形成一个有机污染球体，在环境中到处游荡。微塑料在海洋环境中的广泛存在威胁到了海洋生物的生存以及旅游业、渔业和商业的发展，得到了各界的广泛关注。

纽约大学研究发现，婴儿大便中微塑料含量是成年人的20倍。目前，微塑料对人体健康的影响尚未可知。 2022年6月意大利马尔凯理工大学科学家团队在 *Polymers* 上发表了他们的最新研究结果，首次在人类母乳中发现了微塑料颗粒的存在，该研究团队还曾在人类胎盘中发现微塑料颗粒的存在。

2007年，中国正式启动海洋垃圾监测工作， 2016年将海洋微塑料纳入监测范围。 2019年监测结果表明，与近年来国际同类调查结果相比，中国近海表层水体微塑料含量处于中低水平。2020年7月，九部委联合印发《关于扎实推进塑料污染治理工作的通知》，明确规定了禁限期限并推广使用非塑制品和可降解购物袋、可降解地膜等；要求加强回收，开展清洁行动。

【例题解析】

烯烃的IUPAC命名、亲电加成反应和自由基加成反应是本章的重要知识点也是难点。

例题 1. 指出下列有机化合物命名的错误之处，并写出正确的命名。

（1）CH_2 CH_3 H_3C　2-乙基戊-1-烯

（2）CH_3 H_3C CH_3　2-甲基庚-5-烯

（3）H_3C CH_3 H CH_3 H_3C　*Z*-3,4-二甲基戊-2-烯

解析：（1）应选取最长的碳链作为主链（可以不包含双键）。正确的命名为3-甲亚基己烷。

（2）编号时应首先保证双键的位次最小。正确的命名为5-甲基庚-2-烯。

（3）顺反异构体命名时，Z/E 标记法需要按照次序规则排列优先顺序后进行比较，不能把顺反标记法和 Z/E 标记法混淆。正确的命名为 E-3,4-二甲基戊-2-烯或顺-3,4-二甲基戊-2-烯。

例题 2. 请写出下列反应的主产物。

（1）$H_2C{=}CH{-}CH_3 + HBr \longrightarrow$ （　　　　）

（2）$H_2C{=}CH{-}CH_3 + HBr \xrightarrow{H_2O_2}$ （　　　　）

（3）$H_2C{=}CH{-}CH_3 + HCl \xrightarrow{H_2O_2}$ （　　　　）

解析：（1）$H_2C{=}CH{-}CH_3 + HBr \longrightarrow CH_3\underset{}{\overset{Br}{\overset{|}{C}}}HCH_3$

不对称烯烃与 HBr 加成时，如没有过氧化物存在，为亲电加成历程，遵循马氏规则。

（2）$H_2C{=}CH{-}CH_3 + HBr \xrightarrow{H_2O_2} H_2\overset{Br}{\overset{|}{C}}CH_2CH_3$

不对称烯烃与 HBr 加成时，有过氧化物存在时，为自由基加成历程，按反马氏规则加成。

（3）$H_2C{=}CH{-}CH_3 + HCl \xrightarrow{H_2O_2} CH_3\overset{Cl}{\overset{|}{C}}HCH_3$

不对称烯烃与除 HBr 外的其他 HX 加成时，即使有过氧化物存在，仍然是亲电加成历程，因此遵循马氏规则进行加成。

习　　题

1. 写出烯烃 C_6H_{12} 的所有同分异构体，命名之，并指出哪些有顺反异构体。

2. 命名下列化合物。

（1）$CH_3CH_2CH_2\overset{CH=CH_2}{\overset{|}{C}}H\underset{CH_2CH_3}{\underset{|}{C}}HCH_2CH_2CH_3$

（2）$(CH_3CH_2CH_2)(CH_3)C{=}C(CH_2CH_3)(CH(CH_3)_2)$

（3）

（4）

（5）

（6）H　H　H

（7）$(CH_3CH_2)(Br)C{=}C(Cl)(CH(CH_3)_2)$

（8）$(CH_3)(\text{环戊基})C{=}C(Cl)(CH_2Br)$

3. 写出下列基团或化合物的结构。

（1）乙烯基　（2）烯丙基　（3）异丙烯基

（4）*cis*-3,4-二甲基戊-2-烯　（5）2,3-二甲基戊-1-烯，　（6）*trans*-4,4-二甲基戊-2-烯

（7）（Z）-4-异丙基-3-甲基庚-3-烯

4. 用反应式表达2-甲基丁-1-烯与下列试剂作用的结果。

（1）Br_2/CCl_4　（2）$KMnO_4$（5%）碱性溶液

（3）HBr（有过氧化物存在）　（4）臭氧化后用锌加乙酸水溶液水解

（5）加硫酸后水解

5. 给出下列经臭氧化还原水解后所得产物的原有机物结构。

（1）丁醛和甲醛　（2）丁醛和丁酮

(3) 乙醛，丙酮和丙二醛　　　　　　(4) 辛-2,6-二酮

并写出上述原有机物若被高锰酸钾酸性溶液氧化的产物和现象。

6. 写出乙烯、丙烯和异丁烯分别在酸催化下反应的活性中间体，比较它们的稳定性大小及其相应中间体所进行的反应速率快慢。

7. 回答下列问题：

(1) 下列烯烃最不稳定的是（　　），最稳定的是（　　）。

A. 3,4-二甲基己-3-烯　　　　　　B. 3-甲基己-3-烯

C. 己-2-烯　　　　　　　　　　　D. 己-1-烯

(2) 下列碳正离子的稳定性顺序是（　　）。

A. $(CH_3)_2\overset{+}{C}CH_2OCH_3$　　　　B. $(CH_3)_2CH\overset{+}{C}HOCH_3$

C. $CF_3CH_2\overset{+}{C}H_2$

(3) 下列化合物与 Br_2/CCl_4 加成反应速率从快至慢的顺序为（　　）。

A. $CH_3CH=CH_2$　　　　　　　　B. $CH_2=CHCH_2COOH$

C. $CH_2=CHCOOH$　　　　　　　　D. $(CH_3)_2C=CHCH_3$

(4) 下面三个化合物与 HBr 加成反应活性大小次序为（　　）。

A. $CF_3CH=CH_2$　　　　　　　　B. $Br-CH=CH_2$

C. $CH_3OCH=CHCH_3$　　　　　　D. $CH_3CH=CHCH_3$

(5) 下列碳正离子的稳定性顺序是（　　）。

A. + —CH_3　　　　　　　　　　B. + —CH_3

C. —$\overset{+}{C}H_2$　　　　　　　　　D. + —CH_3

8. 以丙烯为基本原料，任选无机试剂，合成下列有机物。

(1) 异丙醇　　(2) 丙醇　　(3) 1-溴丙烷　　(4) 2-溴丙烷　　(5) 1,2,3-三氯丙烷

(6) 环氧氯丙烷（$CH_2ClCH-CH_2$，环氧 O 桥接）

9. 推断下列有机物的结构。

(1) 某一有机化合物其分子式为 C_5H_{10}，能吸收 1 分子氢，与高锰酸钾作用只生成一分子 C_4 酸。但经臭氧化还原水解后得到两个不同的醛，给出该有机物的构造式。指出该有机物有无顺反异构体。

(2) 一有机物分子式为 C_7H_{12}（A），能使溴的四氯化碳溶液褪色，生成 B（$C_7H_{12}Br_2$），A 经臭氧化还原水解得一种对称的分子 C（$C_7H_{12}O_2$），而且不能发生银镜反应。试推断 A、B 和 C 化合物的结构。

10. 分子式均为 C_5H_{10} 的 A、B、C、D、E 五种化合物，A、B、C 三个化合物都可加氢生成异戊烷，A 和 B 与浓 H_2SO_4 加成水解后得到同一种叔醇。而 B 和 C 经硼氢化-氧化水解得到不同的伯醇，化合物 D 不与 $KMnO_4$ 反应，也不与 Br_2 加成，D 分子中氢原子完全相同。E 不与 $KMnO_4$ 反应，但可与 Br_2 加成得到 1,3-二溴-3-甲基丁烷。试写出 A、B、C、D、E 的结构式。

第 4 章　炔烃、二烯烃

4.1　炔烃

在前一章介绍了单烯烃，本章将介绍另外两种不饱和烃——炔烃和二烯烃，两者的通式相同，均为 C_nH_{2n-2}，互为同分异构体。下面将分别对它们进行介绍。

4.1.1　炔烃的定义

分子中含有碳碳三键的不饱和烃称炔烃。三键是炔烃的官能团，其通式为 C_nH_{2n-2}（$n\geqslant 2$），与二烯烃互为同分异构体。

4.1.2　炔烃的结构

炔烃与烯烃、烷烃不同的是分子中含有一个碳碳三键，故讨论炔烃的结构重点在其三键结构。乙炔分子是炔烃中最简单的分子，因此通常以乙炔为例讨论炔烃的三键结构。经物理方法测得乙炔分子是直线分子，即两个碳原子和两个氢原子都在一条直线上，C≡C 的键长比 C═C 的键长短。根据以上分子结构特点，杂化轨道理论认为乙炔分子中的 C 原子是以 sp 杂化的方式成键的，即一个 s 轨道和一个 p 轨道进行杂化，形成两个 sp 杂化轨道。两个杂化轨道的对称轴在同一直线上，键角为 180°，所以 sp 杂化也称直线型杂化。

在形成乙炔分子时，C 原子的一个 sp 杂化轨道与另一个 C 原子的一个 sp 杂化轨道相互重叠，形成 C—C σ 键，C 原子的另一个 sp 杂化轨道与 H 原子的 1s 轨道重叠，形成 C—H σ 键。每个 C 原子还有两个没有参与杂化的 p 轨道，它们的对称轴相互垂直，而两个 C 原子之间的 p 轨道是相互平行的，因此在形成 C—C σ 键的同时，两个 C 原子的 p 轨道分别平行重叠，形成两个相互垂直的 π 键，两个 π 键的电子云围绕 C—C σ 键形成一个圆筒形，对称分布在 C—C σ 键的周围。

由以上分析可知，C≡C 由一个 σ 键和两个 π 键组成，含有与烯烃类似的 π 键，故表现出与烯烃相似的化学性质。乙炔分子的 σ 键分布、立体结构和 π 键分别见图 4-1～图 4-3。

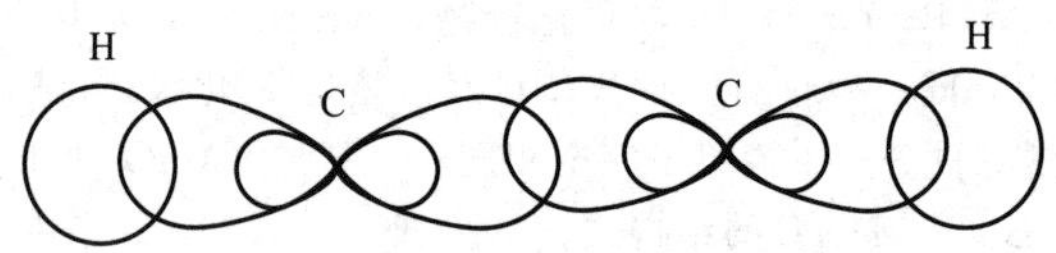

图 4-1　乙炔分子中 σ 键的分布

图 4-2　乙炔的立体结构

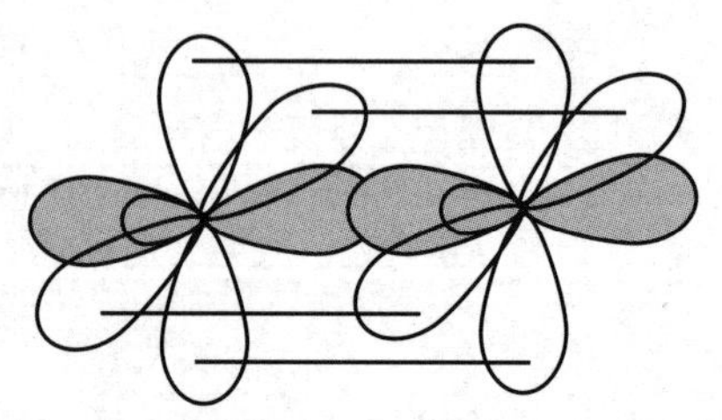

图 4-3　乙炔的 π 键

4.1.3 炔烃的异构和命名

4.1.3.1 异构现象

乙炔、丙炔没有同分异构体，从丁炔开始有异构体出现，异构的方式主要有两种，一种是因碳链不同而产生的异构，叫碳链异构；另一种是碳链相同，三键的位置不同而引起的异构叫位置异构。因与三键相连的两个原子或原子团在同一直线上，故炔烃不存在顺反异构体，所以炔烃的同分异构体数目较同碳原子数的烯烃要少。例如，戊烯有五个异构体，而戊炔只有以下三个。其中Ⅰ与Ⅲ为碳链异构，Ⅰ与Ⅱ为位置异构。

$$CH_3CH_2CH_2C\equiv CH \qquad CH_3CH_2C\equiv CCH_3 \qquad CH_3\underset{\underset{CH_3}{|}}{C}HC\equiv CH$$

Ⅰ　　　　Ⅱ　　　　Ⅲ

4.1.3.2 命名

(1) 炔基

炔烃分子中去掉一个氢原子后剩余的基团叫作炔基。常见的炔基的结构及其名称如表 4-1 所示。

表 4-1　一些常见炔基的结构以及中英文名称

结构	中文名称	英文名称
$CH\equiv C-$	乙炔基	ethynyl
$CH_3-C\equiv C-$	丙-1-炔基	prop-1-ynyl
$CH\equiv C-CH_2-$	丙-2-炔基	prop-2-ynyl

(2) 炔烃的系统命名

炔烃的系统命名法与烯烃相似，命名的原则如下。

① 选主链。选择碳原子数最多的一条链（注：不一定是碳碳三键数最多的链）为主链，如果有等长碳链，则选择包含最多数量三键和双键的碳链作为主链；如果两条碳链双键和三键总数量仍相同，则选择包含双键最多的碳链作为主链。

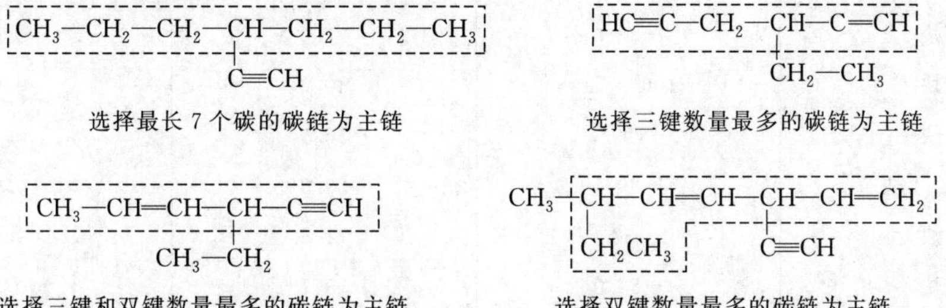

选择最长 7 个碳的碳链为主链　　选择三键数量最多的碳链为主链

选择三键和双键数量最多的碳链为主链　　选择双键数量最多的碳链为主链

② 编号。若主链中只含有三键时，则必须从靠近三键的一端开始编号；如果主链中同时含有双键和三键时，碳原子编号应从距离双键或三键最近的一端开始编号，使所有重键构成的数字位次组最低；当重键位次组也相同时，则给双键以最低编号。

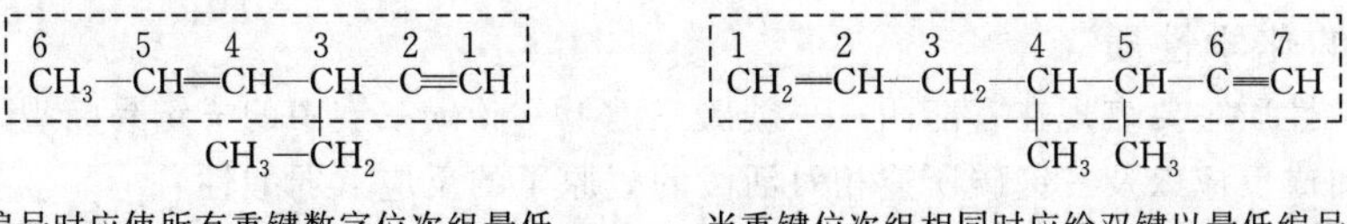

编号时应使所有重键数字位次组最低　　当重键位次组相同时应给双键以最低编号

③ 写名称。炔烃写名称时与烯烃类似，但是当主链中同时有双键和三键时，应命名为“某烯炔”，并要标明双键和三键的位置。例如：

$$\overset{1}{CH_3}-\overset{2}{CH_2}-\overset{3}{C}\equiv\overset{4}{C}-\overset{5}{CH}(\underset{6\ \ 7}{CH_2CH_3})-CH_3$$

5-甲基庚-3-炔

$$\overset{1}{CH_3}-\overset{2}{CH_2}-\overset{3}{CH_2}-\overset{4}{CH}(C\equiv CH)-\overset{5}{CH_2}-\overset{6}{CH_2}-\overset{7}{CH_2}-\overset{8}{CH_3}$$

4-乙炔基辛烷

$$\overset{5}{CH_3}-\overset{4}{CH}=\overset{3}{CH}-\overset{2}{C}\equiv\overset{1}{CH}$$

戊-3-烯-1-炔

$$\overset{1}{CH_2}=\overset{2}{CH}-\overset{3}{CH_2}-\overset{4}{CH}(CH_3)-\overset{5}{CH}(CH_3)-\overset{6}{C}\equiv\overset{7}{CH}$$

4,5-二甲基庚-1-烯-6-炔

衍生物命名法：对于较简单的炔烃，也可以把它们看成乙炔的衍生物，用衍生物命名法命名。例如：

$$HC\equiv C-CH=CHCH_3$$

丙烯基乙炔

$$H_2C=CH-CH_2-C\equiv CH$$

烯丙基乙炔

$$CH_3CH_2CH(CH_3)-C\equiv CH$$

仲丁基乙炔

$$CH_3CH_2C\equiv C-CH(CH_3)CH_3$$

乙基异丙基乙炔

$$HC\equiv C-C(CH_3)_2-CH_3$$

叔丁基乙炔

4.1.4 炔烃的物理性质

炔烃的物理性质与烯烃相似，常温下 C_2～C_4 炔烃是气体，C_5～C_{15} 炔烃是液体，C_{16} 及以上的炔烃是固体。由于炔烃分子较短，且细长，在液态和固态中，分子之间彼此靠得很近，分子间力较强，所以沸点、熔点和相对密度都比相应的烷烃、烯烃要高一些。炔烃是非极性分子，所以难溶于水，易溶于有机溶剂。一些炔烃的物理常数见表 4-2。

表 4-2 一些炔烃的物理常数

名称	熔点/℃	沸点/℃	相对密度(d_4^{20})
乙炔	−81.8(119kPa)	−84.0(升华)	0.6181(−32℃)
丙炔	−101.5	−23.2	0.7062(−50℃)
1-丁炔	−125.7	8.1	0.6784(0℃)
2-丁炔	−32.3	27.0	0.6910
1-戊炔	−106～−105	40.2	0.6901
2-戊炔	−109.0	56.1	0.7107
3-甲基-1-丁炔	−89.7	29.3	0.6660
1-己炔	−132.0	71.3	0.7155
1-庚炔	−81.0	99.7	0.7328
1-辛炔	−79.3	125.2	0.7470
1-壬炔	−50.0	150.8	0.7600
1-癸炔	−44.0	174.0	0.7650

4.1.5 炔烃的化学性质

炔烃的化学性质主要表现在官能团——碳碳三键上，碳碳三键中的 π 键易断裂，故炔烃的主要性质是三键的加成反应以及三键碳所连相对活泼的氢原子的反应（弱酸性）。

4.1.5.1 三键碳上氢原子的反应

由于碳氢键显示较大的极性，炔烃分子中和三键碳原子相连的氢原子具有较大的活性，从而氢原子倾向于以质子形式离去，而呈一定的“酸性”，所以和三键碳原子相连的氢原子可以被某些金属离子取代，生成金属炔化物。例如，炔烃和金属钠在液氨中可以生成炔钠。

$$HC\equiv CH + Na \xrightarrow{\text{液氨}} HC\equiv CNa \xrightarrow[190\sim220℃]{Na} NaC\equiv CNa$$

炔化物和卤代烃反应可合成高级炔烃，这个反应称为炔化物的烃化反应。

$$R—C\equiv CNa + Br—R \longrightarrow R—C\equiv C—R + NaBr$$

此外，端基炔可被某些重金属离子取代，生成不溶性的炔化物。例如：

$$HC\equiv CH + 2Ag(NH_3)_2NO_3 \longrightarrow \underset{\substack{\text{乙炔银} \\ \text{(灰白色)}}}{AgC\equiv CAg\downarrow}$$

$$HC\equiv CH + 2Cu(NH_3)_2Cl \longrightarrow \underset{\substack{\text{乙炔亚铜} \\ \text{(红棕色)}}}{CuC\equiv CCu\downarrow}$$

$$CH_3CH_2C\equiv CH + Ag(NH_3)_2NO_3 \longrightarrow CH_3CH_2C\equiv CAg\downarrow$$

$$CH_3CH_2C\equiv CH + Cu(NH_3)_2Cl \longrightarrow CH_3CH_2C\equiv CCu\downarrow$$

这两种反应很灵敏，现象明显，可用于鉴别乙炔和端基炔（R—C≡C—H）。

注意：银和铜的炔化物在水中很稳定，但干燥时受热或震动易发生爆炸。因此实验完毕后，需用稀硝酸或盐酸处理，使炔化物分解，以免发生危险。

$$AgC\equiv CAg \xrightarrow{\triangle} 2Ag + 2C$$

$$AgC\equiv CAg + 2HNO_3 \longrightarrow HC\equiv CH + 2AgNO_3$$

为什么乙炔分子中的 H 原子（或末端炔烃的氢原子）比乙烯和乙烷的 H 原子都活泼？

因为三键上的 C 原子是以 sp 杂化轨道与 H 原子成键，在 sp 轨道中，s 成分占 1/2，比 sp^2 和 sp^3 杂化轨道中的 s 成分（分别为 1/3 和 1/4）都大。轨道的 s 成分愈大，电子云愈靠近 C 原子核，即碳的电负性越强，因此三键 C 形成的 C—H 共价键的电子云比双键碳或饱和碳所形成的 C—H 键的电子云更加靠近 C 原子核，即三键碳所形成的碳氢键极性最大。所以，乙炔的 C—H 键较易发生异裂，H 原子具有一定的酸性而被金属取代。

4.1.5.2 加成反应

炔烃含有两个 π 键，所以加成可分步进行。在适当条件下，可以加成为烯烃或烯烃衍生物、烷烃或烷烃衍生物。

(1) 催化加氢

炔烃经催化氢化得到烷烃，反应一般很难停留在烯烃阶段。例如：

$$R—C\equiv CH + H_2 \xrightarrow{Pt} R—CH=CH_2 \xrightarrow[Pt]{H_2} R—CH_2—CH_3$$

常用催化剂为 Pt、Pd、Ni。

为使反应停留在烯烃阶段，可采用活性较低的催化剂。

催化氢化反应一般认为通过催化剂表面吸附，氢分子发生键的断裂生成活泼的氢原子，烯烃和炔烃的 π 键也被吸附而松弛，活化的烯烃和炔烃与氢原子进行加成生成相应的烷烃，然后脱离催化剂。

当烯烃和炔烃的混合物进行催化加氢时，由于炔烃在催化剂表面具有较强的吸附能力，而将烯烃排斥在催化剂表面之外，因此炔烃比烯烃容易进行催化加氢。当分子内同时含有三键和双键时，催化氢化首先发生在三键上，而双键仍可以保留。当三键和双键处于共轭时，则两者被还原的速率几乎相等，但当有其他官能团存在时，三键仍优先被还原。例如：

$$HC\equiv C—\underset{\substack{| \\ CH_3}}{C}=CH—CH_2—CH_2OH + H_2 \xrightarrow[\text{喹啉}]{Pd\text{-}CaCO_3} \underset{(80\%)}{H_2C=CH—\underset{\substack{| \\ CH_3}}{C}=CH—CH_2—CH_2OH}$$

由于催化氢化反应是在催化剂表面进行，氢原子将主要从碳碳重键的同侧加到两个不饱和碳原子上，因此是立体选择反应——主要是顺式加成。例如：

$$\text{1,2-二甲基环己烯} \xrightarrow[H_2]{Pt} \text{顺-1,2-二甲基环己烷} + \text{反-1,2-二甲基环己烷}$$

（70%～85%）　（30%～15%）

$$CH_3-C\equiv C-CH_3 \xrightarrow[H_2]{Pd} \underset{(87\%)}{\text{顺-}CH_3CH{=}CHCH_3} + \underset{(8\%)}{\text{反-}CH_3CH{=}CHCH_3} + \underset{(5\%)}{CH_2{=}CHCH_2CH_3}$$

但在液氨溶液中用钠或锂还原炔烃时，则主要得到反式烯烃。例如：

$$CH_3CH_2C\equiv C(CH_2)_3CH_3 \xrightarrow{Na，液氨，-78℃} \underset{(97\%\sim99\%)}{\text{反-}H_3CH_2C{-}CH{=}CH{-}(CH_2)_3CH_3}$$

（2）亲电加成

① 加卤素　炔烃也易与卤素进行加成反应，生成邻二卤化物（亦称连二卤代物）。炔烃与卤素加成时，先生成一分子加成产物，但一般可再继续加成，得到两分子加成产物——四卤代烷。例如：

$$HC\equiv CH \xrightarrow[CCl_4]{Br_2} CHBr{=}CHBr \xrightarrow[CCl_4]{Br_2} CHBr_2{-}CHBr_2$$

碘也可与炔烃加成，但主要得到一分子加成产物。例如：

$$HC\equiv CH + I_2 \longrightarrow \text{反-}CHI{=}CHI$$

卤素的活性顺序是氟＞氯＞溴＞碘，氟的加成过于剧烈而难于控制，碘的加成则比较困难。

炔烃与卤素加成时，通过控制反应条件，可使反应停止在一分子加成产物上。例如：

$$CH_3-C\equiv C-CH_3 \xrightarrow[-20℃]{Br_2，乙醚} \text{反-}H_3C(Br)C{=}C(Br)CH_3$$

$$CH_3-C\equiv C-CH_3 \xrightarrow[25℃]{2Br_2} CH_3CBr_2CBr_2CH_3$$

和烯烃相比较，炔烃与卤素的加成相对困难一些，因此当分子中兼有双键和三键时，首先在双键上发生卤素的加成。例如，在低温、缓缓地加入溴的条件下：

$$H_2C{=}CH{-}CH_2{-}C\equiv CH + Br_2 \xrightarrow{低温} \underset{Br}{CH_2}{-}\underset{Br}{CH}{-}CH_2{-}C\equiv CH$$

这种加成叫作选择性加成。

为什么是双键先加成呢？

主要是键的强度不同。双键的π键强度较差，而三键的π键强度较大（三键中有两个π键，使两原子核距离缩小，键长缩短，p轨道重叠面增大，键更牢固，不易破裂），所以三键较双键牢固。因此当这两种不同的键同时存在时，双键首先发生加成反应。

② 加卤化氢　炔烃与等物质的量卤化氢加成，生成卤代烯烃，进一步加成可生成偕二卤代物

(偕表示两个相同原子或基团连在同一个碳原子上，又名胞二卤代物)。卤化氢的活性顺序是：HI＞HBr＞HCl。例：

$$CH_3-C\equiv CH + HCl \xrightarrow{HgCl_2} CH_3-\underset{\displaystyle Cl}{\underset{|}{C}}=CH_2 \xrightarrow[HgCl_2]{HCl} CH_3-\underset{\displaystyle Cl}{\underset{|}{\overset{\displaystyle Cl}{\overset{|}{C}}}}-CH_3$$

不对称的炔烃与卤化氢加成时，也与烯烃一样遵守马尔科夫尼科夫规则。这与反应所形成的碳正离子过渡态的稳定性有关，过渡态中两种碳正离子的稳定性为：

$$R-\overset{+}{C}=CH_2 > R-C=\overset{+}{C}H$$

一般碳正离子稳定性越大其越容易形成，通过其生成的产物为主产物。例如：

$$CH_3-C\equiv CH + HBr \longrightarrow CH_3-\underset{\displaystyle Br}{\underset{|}{C}}=CH_2 \xrightarrow{HBr} CH_3CBr_2CH_3$$

但在光或过氧化物存在时，炔烃和 HBr 的加成反应与烯烃一样，不是亲电加成，而是自由基加成，故得到的是反马尔科夫尼科夫规则的产物。例如：

$$CH_3-C\equiv CH \xrightarrow[\text{过氧化物}]{HBr} CH_3-CH=\underset{\displaystyle Br}{\underset{|}{C}H}$$

③ 催化加水　炔烃和水的加成不如烯烃容易进行，必须在催化剂硫酸汞和稀硫酸的存在下才发生。首先是三键与一分子水加成，生成具有双键以及在双键碳上连有羟基的烯醇。烯醇式化合物不稳定，羟基上的氢原子能转移到另一个双键碳上。与此同时，组成共价键的电子云也发生转移，使碳碳双键变成单键，而碳氧单键则成为碳氧双键，最后得到乙醛或酮：

$$HC\equiv CH + HOH \xrightarrow[H_2SO_4]{HgSO_4} [CH_2=\underset{\displaystyle OH}{\underset{|}{C}H}] \longrightarrow H_3C-\overset{\displaystyle O}{\overset{\|}{C}}-H$$

$$CH_3C\equiv CH + HOH \xrightarrow[H_2SO_4]{HgSO_4} [CH_3\underset{\displaystyle OH}{\underset{|}{C}}=CH_2] \longrightarrow H_3C-\overset{\displaystyle O}{\overset{\|}{C}}-CH_3$$

(3) 亲核加成

乙炔和末端炔在强碱催化下，进行亲核加成形成乙烯型负离子，然后夺取含活泼氢化合物的氢(如醇)，生成多种取代烯烃。

$$HC\equiv CH \xrightarrow{CH_3O^-} CH_3O-CH=\overset{-}{C}H \xrightarrow{CH_3OH} CH_3O-CH=CH_2$$

$$HC\equiv CH + CH_3COOH \xrightarrow[170\sim210^\circ C]{Zn(OAc)_2} CH_3COOCH=CH_2$$

$$HC\equiv CH + HCN \xrightarrow[70^\circ C]{CuCl_2} H_2C=CH-CN$$

4.1.5.3　氧化反应

炔烃可被高锰酸钾等氧化剂氧化，碳碳三键断裂，生成羧酸或二氧化碳。一般 $R-C\equiv$ 部分氧化成羧酸， $HC\equiv$ 部分氧化成二氧化碳。例如：

$$CH_3-C\equiv CH \xrightarrow{KMnO_4} CH_3COOH + CO_2 \qquad RC\equiv CR' \xrightarrow[100^\circ C]{KMnO_4} RCOOH + R'COOH$$

因此，可根据氧化产物的不同，来判断炔烃的构造和三键的位置，也可根据反应中高锰酸钾颜色消退来鉴别三键。

4.1.5.4　聚合反应

炔烃在不同的催化剂和不同的反应条件下，可发生不同的聚合反应。炔烃和烯烃不同，一般不能聚合成高聚物，只能聚合成二聚体、三聚体等低聚物。例如：

$$2HC\equiv CH \xrightarrow{CuCl\text{-}NH_4Cl} H_2C=CH-C\equiv CH$$

$$3HC\equiv CH \xrightarrow{CuCl\text{-}NH_4Cl} H_2C=CH-C\equiv C-CH=CH_2$$

$$3HC\equiv CH \xrightarrow[\text{或金属羰基化合物}]{\text{高温}} H_2C=CH-C\equiv C-CH=CH_2$$

4.1.6 重要的炔烃——乙炔

纯乙炔是无色无臭的气体，常温时增大压力可使乙炔液化，液化乙炔受到震动会发生爆炸。乙炔微溶于水，在0.1MPa下，可溶于等体积的水中。乙炔在丙酮中溶解度更大（1体积丙酮溶解25体积乙炔），而且乙炔在丙酮中是安全的，因此通常在钢瓶中盛满用丙酮饱和的多孔物质（如硅藻土、石棉、锯木屑等），再将乙炔压入，这样运输、贮存、使用方便。乙炔在空气中燃烧时发出明亮的火焰，在氧中燃烧，生成氧炔焰能达到3000℃以上，可以焊接或切割金属。

乙炔是最基本的化工原料之一，用以合成许多重要化工原料。工业上制备乙炔有两种方法，一种是碳化钙（电石）与水作用：

$$3C+CaO \xrightarrow[2000℃]{\text{电炉}} CaC_2+CO$$

$$CaC_2+2H_2O \longrightarrow C_2H_2+Ca(OH)_2$$

在由未精制的碳化钙生成的乙炔中，由于含有硫化氢、磷化氢等杂质，所以其具有臭味。在工业生产中，上述杂质能毒化催化剂，所以必须除去。一般可使带有杂质的乙炔通过重铬酸钾、次氯酸钠等氧化剂，将硫化氢等氧化而除去。

另一种是由天然气或者石油来制备乙炔：在1500℃下，天然气中的主要成分甲烷能通过一系列的反应生成乙炔，该反应为强烈的吸热反应，因此工业上进行制备时往往通入氧气使甲烷部分氧化，由该反应放出的热量供给合成乙炔反应所需要的大量的热量，因此此法又称甲烷部分氧化法。

$$2CH_4 \xrightarrow{1500℃} HC\equiv CH+3H_2$$

$$4CH_4+O_2 \longrightarrow HC\equiv CH+2CO+7H_2$$

将乙炔分离后得到的一氧化碳和氢气的混合物称为“合成气”，可作为基本有机合成的原料。

4.2 二烯烃

4.2.1 二烯烃的定义、分类、异构及命名

4.2.1.1 二烯烃的定义

分子中含有两个碳碳双键的烯烃称二烯烃，通式与炔烃相同 C_nH_{2n-2}（$n\geqslant 3$）。

二烯烃中两个双键的位置不同，相互之间的影响也不相同，从而导致二烯烃在性质上存在差异，了解了二烯烃的性质与其双键位置的关系，也就基本掌握了多烯烃的结构和性质。因此，本节只讨论二烯烃的结构与性质，不再讨论多烯烃。

4.2.1.2 二烯烃的分类

根据二烯烃分子中两个双键的相对位置不同，通常把二烯烃分为以下三种类型。

① 共轭二烯烃　两个双键之间只相隔一个C—C单键，例如：

$$H_2C=CH-CH=CH_2$$

② 累积二烯烃　两个双键连在同一个碳原子上，例如：

$$CH_3-CH=C=CH-CH_3$$

③ 隔离二烯烃　两个双键之间相隔两个或两个以上的C—C单键，例如：

$$H_2C=CH-CH_2-CH=CH_2$$

以上三种类型的二烯烃中，累积二烯烃由于两个双键连在同一个碳原子上，是一类不稳定的化

合物，容易转化；隔离二烯烃由于两个双键互不影响，因此性质与一般的烯烃相似；共轭二烯烃在自然界中常见，比较重要，且有一些独特的性质，故主要讨论共轭二烯烃。

4.2.1.3　二烯烃的异构及命名

二烯烃的系统命名与单烯烃相似，应选择含有两个双键的最长碳链为主链，从距离双键最近的一端起依次标记碳位，侧链作为取代基，命名为某二烯，并在名称前把两个双键的位置标明。例如：

$CH_3—CH═CH—CH_2—CH═CH_2$

己-1,4-二烯

$CH_2═C═CH—CH_2—CH_3$

戊-1,2-二烯

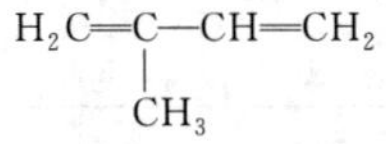

$H_2C═C(CH_3)—CH═CH_2$

2-甲基丁-1,3-二烯

（异戊二烯）

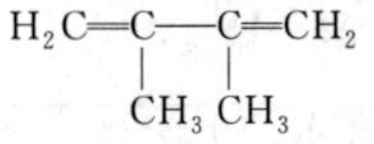

$H_2C═C(CH_3)—C(CH_3)═CH_2$

2,3-二甲基丁-1,3-二烯

对于顺反异构体，则用顺-反或 Z-E 标记法命名。如果分子中含有两个或多个符合产生顺反异构体条件的双键时，其顺反异构体的最高数目为 2^n，n 为双键的数目。例如，辛-2,5-二烯有四种顺反异构体。

如果一个化合物分子中含有多个双键，且都存在顺反异构时，则每个双键都要确定其顺/反或 Z/E 构型。

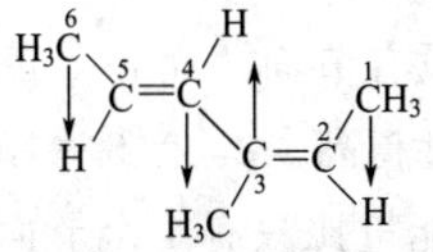

(2Z,4E)-3-甲基己-2,4-二烯

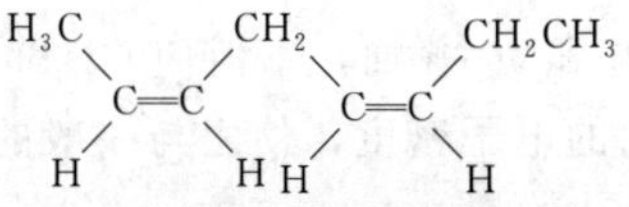

(2Z,5Z)-辛-2,5-二烯

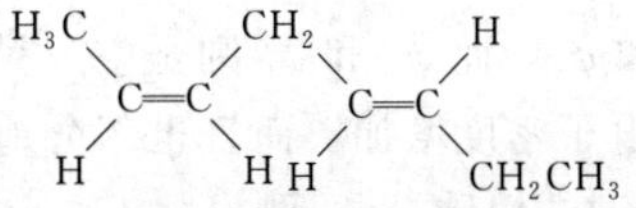

(2Z,5E)-辛-2,5-二烯

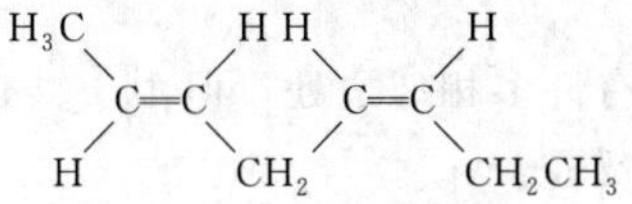

(2E,5Z)-辛-2,5-二烯

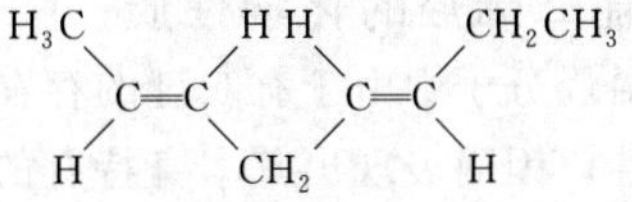

(2E,5E)-辛-2,5-二烯

4.2.2　共轭二烯烃的结构

在共轭二烯烃中，最简单的是丁-1,3-二烯，下面以它为例来说明共轭二烯烃的结构。

根据近代物理方法测定，丁-1,3-二烯中碳碳双键的键长是 0.135nm，碳碳单键的键长是 0.148nm，也就是说，它的双键比乙烯的双键（0.134nm）长，而单键却比乙烷的单键（0.154nm）短。这说明丁-1,3-二烯的单、双键较为特殊，键长趋于平均化。

杂化轨道理论认为，在丁-1,3-二烯中，4 个 sp^2 杂化轨道的碳原子处在同一平面上（图 4-4），每个碳原子上未杂化的 p 轨道相互平行，且都垂直于这个平面。这样，在分子中不仅 C1 和 C2，C3 和 C4 间各有一个 π 键，C2 和 C3 间的 p 轨道从侧面也有一定程度的重叠（图 4-4），使 4 个 p 电子扩展到在四个碳原子的范围内运动，每两个碳原子之间都有 π 键的性质，组成一个大 π 键，这种共轭体系称为 π-π 共轭体系。

在共轭体系中，π 电子不再局限于两个成键原子之间，而要扩展它的运动范围，这种现象称为电子离域。电子离域范围愈大，体系的能量愈低，分子就愈稳定。

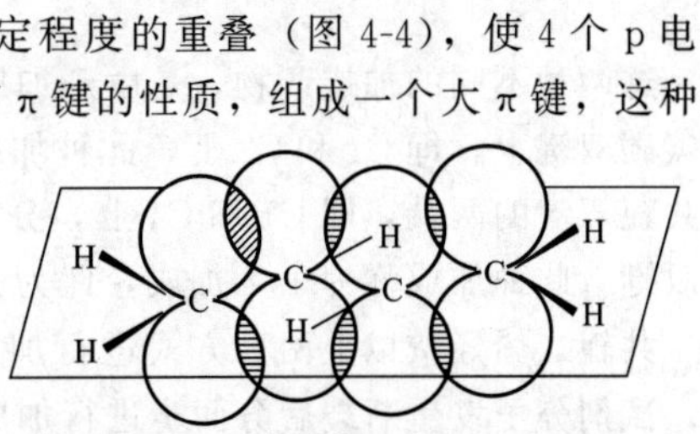

图 4-4　丁-1,3-二烯分子中的 π-π 共轭体系

共轭体系的各原子必须在同一平面上，每一个碳原子都有一个未杂化且垂直于该平面的 p 轨道，这是形成

共轭体系的必要条件。

按照分子轨道理论，4 个 p 电子可以组成 4 个分子轨道，其中两个成键轨道（ψ_1，ψ_2）、两个反键轨道（ψ_3，ψ_4），见图 4-5。

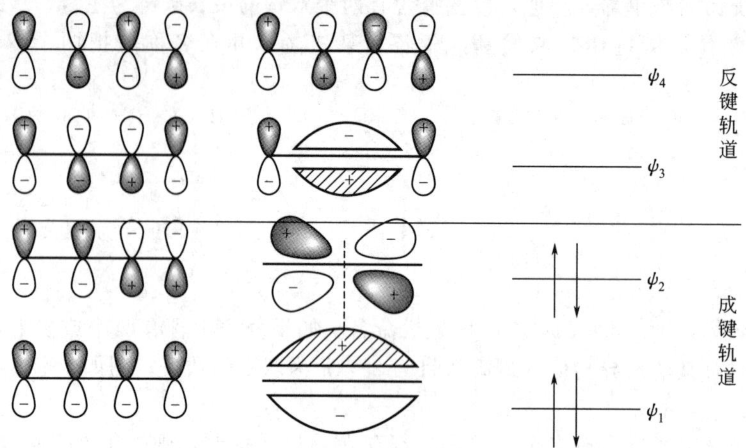

图 4-5　丁-1,3-二烯的原子轨道图和 π 分子轨道图形

从图 4-5 中可以看出，ψ_1 在键轴上没有节面，而 ψ_2、ψ_3、ψ_4 各有 1 个、2 个、3 个节面。节面上电子云密度等于零，节面数目越多能量越高。ψ_4 有 3 个节面，所有碳原子之间都不起成键作用，是能量最高的强反键；ψ_3 有 2 个节面，能量比只有 1 个节面的 ψ_2 高，ψ_3 为弱反键；ψ_2 为弱成键分子轨道；ψ_1 没有节面，所有碳原子之间都起成键作用，是能量最低的成键轨道。在基态时，4 个 p 电子都在 ψ_1 和 ψ_2，而 ψ_3 和 ψ_4 则全空。另一方面，分子轨道 ψ_1 和 ψ_2 叠加，不但使 C1 和 C2，C3 和 C4 之间的电子密度增加，而且也部分地增大了 C2 和 C3 之间的电子密度，使之与一般的 σ 键不同，有部分双键的性质。

4.2.3　共轭二烯烃的化学性质

共轭二烯烃分子中由于有双键的存在，在化学性质上与烯烃有许多相似之处，但由于共轭二烯结构的特殊性，因而表现出其本身特有的化学性质，即 1,4-加成反应。

4.2.3.1　1,2-加成和 1,4-加成

共轭二烯烃与卤素、卤化氢等也能发生亲电加成反应，但由于结构的特殊性，可生成两种不同的加成产物。例如丁-1,3-二烯与溴的加成反应：

$$H_2C=CH-CH=CH_2+Br_2 \longrightarrow \begin{cases} H_2C(Br)-CH=CH-CH_2Br & \text{(1,4-加成产物)} \\ H_2C(Br)-CH(Br)-CH=CH_2 & \text{(1,2-加成产物)} \end{cases}$$

这两种不同的加成产物，是由于加成方式不同而生成的。一种是溴分子的两个溴原子只加到一个碳碳双键上，即 C1 和 C2 上，此种加成称为 1,2-加成；另一种是溴分子的两个溴原子分别加到两个共轭双键的两端，即 C1 和 C4 上，分子中原来的两个双键断裂，并在 C2 和 C3 之间形成一个新的双键，此种加成称为 1,4-加成，此为共轭二烯烃特有的性质。

共轭二烯烃按以上两种方式进行加成，是因为共轭二烯烃与 X_2、HX 的加成反应和单烯烃相似，试剂分子发生断裂后分两步进行加成。以丁-1,3-二烯与 HBr 的加成为例，第一步是 HBr 异裂产生的 H^+ 首先加成上去，形成两种正碳离子。

$$H_2C{=}CH{-}CH{=}CH_2 + H^+ \xrightarrow{\text{进攻C1}} \underset{4}{H_2C}{=}\underset{3}{CH}{-}\underset{2}{\overset{+}{C}H}{-}\underset{1}{CH_3} \quad ①$$

$$H_2C{=}CH{-}CH{=}CH_2 + H^+ \xrightarrow{\text{进攻C2}} \underset{4}{H_2C}{=}\underset{3}{CH}{-}\underset{2}{CH_2}{-}\underset{1}{\overset{+}{C}H_2} \quad ②$$

由于式①中带正电荷的C原子与双键C原子相连，该C原子的空p轨道可以和π轨道共轭，导致π电子的离域，C2上的正电荷得到了分散，整个体系的能量较低而变得稳定，稳定性往往大于式②。因此，反应通常按式①进行。

$$\overbrace{CH_2{\cdots}CH{\cdots}CH}^{+}{-}CH_3$$

电子离域的结果，使得C4也带上了部分正电荷。即：

$$H_2\overset{\delta^+}{C}{=}CH{-}\overset{\delta^+}{C}H{-}CH_3$$

所以，反应的第二步是Br^-进攻C2或C4，从而得到1,2-加成产物和1,4-加成产物。

共轭二烯烃进行加成反应时，往往是1,2-加成和1,4-加成的产物相伴而生，而两种产物的比例，取决于共轭二烯烃的结构和反应条件（溶剂、温度、时间等）。一般低温和非极性溶剂有利于1,2-加成，高温和极性溶剂有利于1,4-加成。

4.2.3.2 双烯合成（Diels-Alder反应）

在光或热的作用下，共轭二烯烃（链状或环状）可以和某些具有碳碳双键或三键的不饱和化合物进行加成反应（类似于1,4-加成反应），形成环状化合物。这个反应称为双烯合成，又称为狄尔斯-阿尔德（Diels-Alder）反应。在双烯合成中，共轭二烯烃称为双烯体。与共轭二烯烃反应的重键化合物称为亲双烯体。

例如：

$$\text{丁二烯} + \text{顺丁烯二酸酐} \xrightarrow{\text{苯, 100℃}} \text{四氢邻苯二甲酸酐}$$

$$\text{丁二烯} + CH_2{=}CH{-}CHO \xrightarrow[\text{甲苯}]{115℃,\ 2\sim4h} \text{环己烯-CHO} \quad (82\%)$$

$$\text{丁二烯} + CH_2{=}CH{-}COOCH_3 \xrightarrow{150℃} \text{环己烯-}COOCH_3$$

当亲双烯体的双键C原子连有吸电子基团（如—CHO、—COOR、—COR、—CN、$—NO_2$等）时，具有较高的反应活性，反应比较容易进行。例如：

$$CH_2{=}CH{-}CH{=}CH_2 + CH_2{=}CH_2 \xrightarrow[\text{高压}]{200℃} \text{环己烯}$$

$$CH_2{=}CH{-}CH{=}CH_2 + CH_2{=}CH{-}COOCH_3 \xrightarrow{150℃} \text{环己烯-}COOCH_3$$

双烯合成反应是可逆反应，在高温时又会分解为共轭二烯和亲双烯组分。

4.2.3.3 聚合反应

共轭二烯烃和烯烃一样，也能聚合生成高聚物。例如，异戊二烯在特殊催化剂作用下，主要按1,4-加成方式，进行顺式加成聚合，生成顺-1,4-聚异戊二烯橡胶。

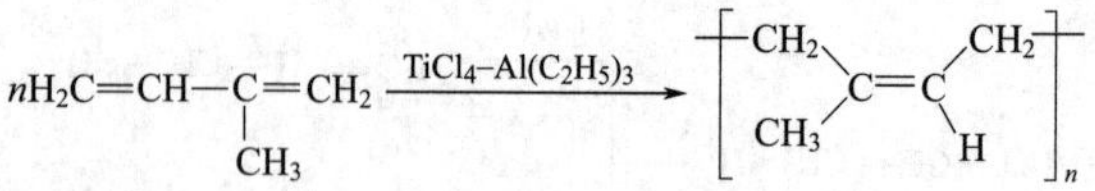

$$nH_2C{=}CH{-}\underset{\underset{CH_3}{|}}{C}{=}CH_2 \xrightarrow{TiCl_4-Al(C_2H_5)_3} \left[\begin{matrix} -CH_2 & & CH_2- \\ & C{=}C & \\ CH_3 & & H \end{matrix} \right]_n$$

4.2.4 天然橡胶和合成橡胶

由橡胶树得到的白色乳胶，经脱水加工，凝结成块状的生橡胶，这就是工业上橡胶制品的原料——天然橡胶。

天然橡胶在隔绝空气的条件下加热，分解成异戊二烯。而异戊二烯在一定条件下可以聚合成与天然橡胶性质相似的聚合物，因此可以认为，天然橡胶就是异戊二烯的聚合物。对天然橡胶结构的进一步研究，认为天然橡胶可以看作是由异戊二烯单体1,4-加成聚合而成的顺-1,4-聚异戊二烯。聚合物分子中，双键上的较小取代基都位于双键的同侧，如下式所示：

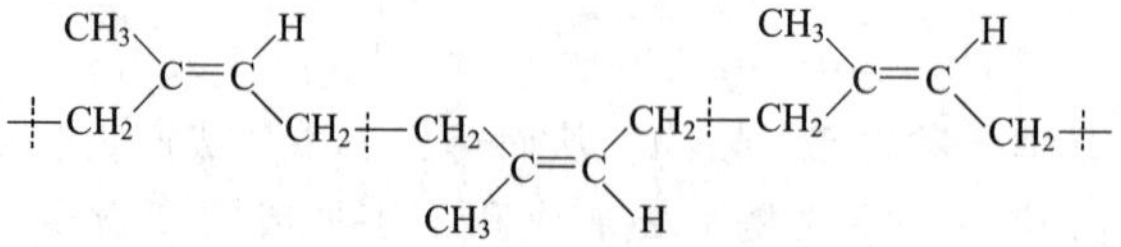

$$\left[\begin{matrix} CH_3 & & H \\ -CH_2 & C{=}C & CH_2- \end{matrix} \right] \left[\begin{matrix} -CH_2 & C{=}C & CH_2- \\ CH_3 & & H \end{matrix} \right] \left[\begin{matrix} CH_3 & & H \\ -CH_2 & C{=}C & CH_2- \end{matrix} \right]$$

合成天然橡胶(顺-1,4-聚异戊二烯)

近年来，利用齐格勒-纳塔催化剂，从异戊二烯单体聚合而得的顺-1,4-聚异戊二烯，它的性能已与天然橡胶近似，有时也称这种工业产品为合成天然橡胶。

纯粹的天然橡胶，软且发黏，必须经过"硫化"处理后才能进一步加工为橡胶制品。所谓"硫化"就是将天然橡胶与硫或某些复杂的有机硫化合物一起加热，发生反应，使天然橡胶的线状高分子链被硫原子所连接（交联）。硫桥可以发生在线状高分子链的双键处，也可以发生在双键旁的α-碳原子上。硫化后的结构如下式所示：

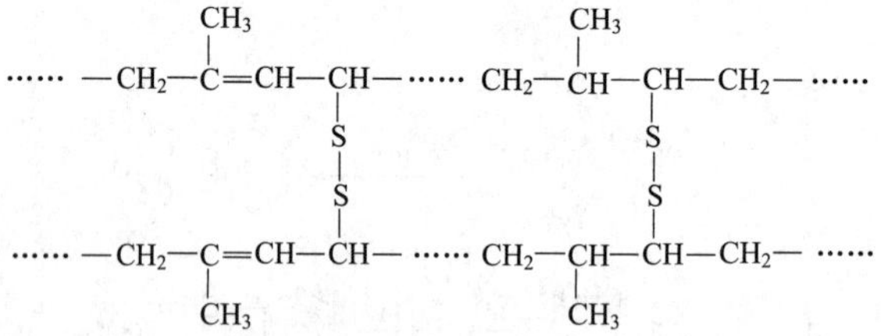

$$\begin{matrix} \cdots\cdots -CH_2-\underset{}{\overset{CH_3}{\overset{|}{C}}}{=}CH-CH-\cdots\cdots & CH_2-\overset{CH_3}{\overset{|}{CH}}-CH-CH_2-\cdots\cdots \\ \qquad\qquad\qquad\qquad | & \qquad\qquad\quad | \\ \qquad\qquad\qquad\qquad S & \qquad\qquad\quad S \\ \qquad\qquad\qquad\qquad | & \qquad\qquad\quad | \\ \qquad\qquad\qquad\qquad S & \qquad\qquad\quad S \\ \qquad\qquad\qquad\qquad | & \qquad\qquad\quad | \\ \cdots\cdots -CH_2-\underset{CH_3}{\underset{|}{C}}{=}CH-CH-\cdots\cdots & CH_2-\underset{CH_3}{\underset{|}{CH}}-CH-CH_2-\cdots\cdots \end{matrix}$$

硫化使线状高分子通过硫桥交联成分子量更大的体型分子，这样就克服了原来天然橡胶黏软的缺点，产物不仅硬度增加，而且仍保持弹性。

天然橡胶无论在数量还是质量上都不能满足现代工业对橡胶制品的大量需求，因此出现了模拟天然橡胶的结构，主要以丁-1,3-二烯、异戊二烯或2-氯-丁-1,3-二烯等为单体的聚合物，都称之为合成橡胶。合成橡胶也可以由二烯烃和其他双键化合物如苯乙烯等共聚而成。合成橡胶不仅在数量上弥补了天然橡胶的不足，而且各种合成橡胶往往有它自己独特优异的性能，例如耐磨、耐油、耐寒或不同的透气性等，更能适应工业上对各种橡胶制品的不同要求。但有些因成本较高，影响产量，而未能普遍应用。

丁二烯和异戊二烯是合成橡胶工业上最重要的两种原料。丁-1,3-二烯主要由石油裂解得到的C_4馏分（丁烯、丁烷等）进一步脱氢而得。

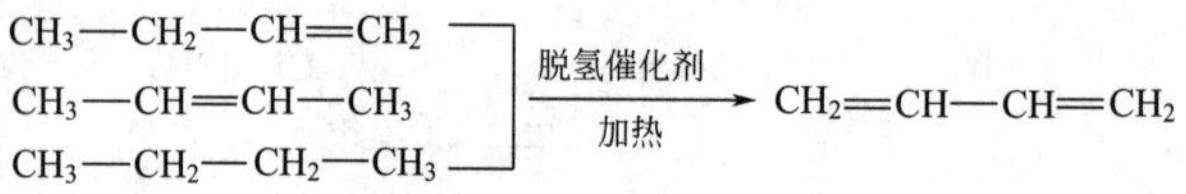

$$\left.\begin{matrix} CH_3-CH_2-CH{=}CH_2 \\ CH_3-CH{=}CH-CH_3 \\ CH_3-CH_2-CH_2-CH_3 \end{matrix}\right] \xrightarrow[\text{加热}]{\text{脱氢催化剂}} CH_2{=}CH-CH{=}CH_2$$

石油化工的发展保证了丁二烯大量而又低廉的供应，因而丁二烯是工业上比较理想的合成橡胶原料。以丁二烯为单体通过聚合或共聚而得的合成材料，除丁钠橡胶、顺丁橡胶、丁苯橡胶之外，还有丁腈橡胶、ABS树脂等。

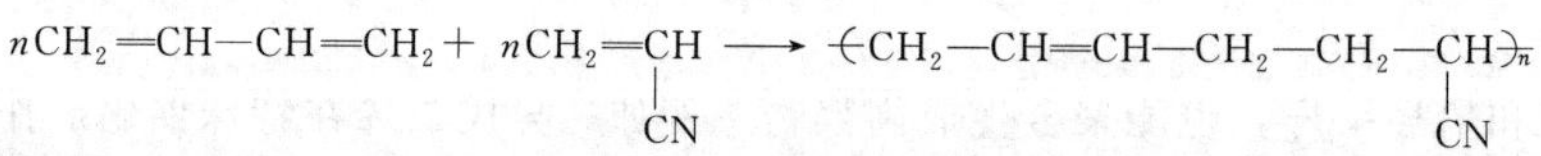

$$nCH_2{=}CH-CH{=}CH_2 + nCH_2{=}\underset{CN}{\underset{|}{CH}} \longrightarrow {-}\!\!\left(CH_2-CH{=}CH-CH_2-CH_2-\underset{CN}{\underset{|}{CH}}\right)\!\!{-}_n$$

丁腈橡胶

$$nCH_2{=}\underset{\substack{|\\CN}}{CH} + nCH_2{=}CH{-}CH{=}CH_2 + n\underset{\substack{|\\C_6H_5}}{CH}{=}CH_2 \longrightarrow {+}CH_2{-}\underset{\substack{|\\CN}}{CH}{-}CH_2{-}CH{=}CH{-}CH_2{-}\underset{\substack{|\\C_6H_5}}{CH}{-}CH_2{+}_n$$

ABS 树脂

合成橡胶的另一重要原料异戊二烯，也可以由石油裂解产物中相应馏分的异戊烷、异戊烯部分脱氢而得，或由更低级的烯烃（如丙烯）通过一系列反应制得。

【拓展阅读】 狄尔斯-阿尔德（Diels-Alder）反应的发现

狄尔斯-阿尔德反应是有机化学合成反应中非常重要的碳碳双键形成的手段之一，该反应兼有立体选择性、立体专一性和区域选择性诸多优点。

最早关于狄尔斯-阿尔德反应的研究可追溯到 1892 年，齐克（Zinke)发现并提出了狄尔斯-阿尔德反应产物四氯环戊二烯酮二聚体的结构，稍后列别捷夫（Lebedev)指出了乙烯基环己烯是丁二烯二聚体的转化关系，但是他们都没有意识到这些实验事实背后的反应机理。 1906 年德国慕尼黑大学阿尔布莱希特（Albrecht)将环戊二烯与酮类在碱催化下缩合以合成一种染料。由于苯醌在碱性条件下易分解，当他用苯醌替代其他酮时实验失败，后来他发现不加碱得到一种没有颜色的化合物，但是他提出了一个错误的结构解释实验结果。 1920 年冯·欧拉（von Euler)和学生约瑟夫(Joseph)研究异戊二烯与苯醌反应产物的结构，虽然他们正确地提出了狄尔斯-阿尔德产物结构，也提出了反应可能经历的机理，但并没有深入研究下去。

直到 1921 年，德国化学家狄尔斯（Diels）和其研究生研究偶氮二羧酸乙酯与胺发生酯变胺的反应，当他们用 2-萘胺做反应的时候，得到的产物是一种加成物而不是预期的取代物，狄尔斯敏锐地意识到这个反应与十几年前阿尔布莱希特做过的古怪反应的共同之处。之后狄尔斯与阿尔德（Alder）经过一系列的实验验证并一起提出了正确的双烯加成物的结构，并于 1928 年将结果发表，这标志着狄尔斯-阿德尔反应的正式发现，他们也因此获得了 1950 年的诺贝尔化学奖。

【例题解析】

炔烃分子中同时含有双键和三键的 IUPAC 命名法、末端炔烃和二烯烃的鉴别以及末端炔烃在合成中的应用是本章的重要知识点，也是难点。

例题 1. 指出下列有机化合物命名的错误之处，并写出正确的命名。

（1） $CH_3{-}CH{=}\underset{\substack{|\\CH_3}}{C}{-}CH_2{-}C{\equiv}CH$ 3-甲基-己-2-烯-5-炔

（2） $CH_2{=}CH{-}CH_2{-}\underset{\substack{|\\CH_3}}{CH}{-}C{\equiv}CH$ 3-甲基-己-5-烯-1-炔

解析：（1）编号时应使所有重键的位次组最低。正确的命名：4-甲基-己-4-烯-1-炔。

（2）编号时如果所有重键位次组相同，应给双键以最低编号。正确的命名：4-甲基-己-1-烯-5-炔。

例题 2. 用化学方法鉴别下列化合物：丁-1-炔，丁-2-炔，丁-1,3-二烯。

解析：

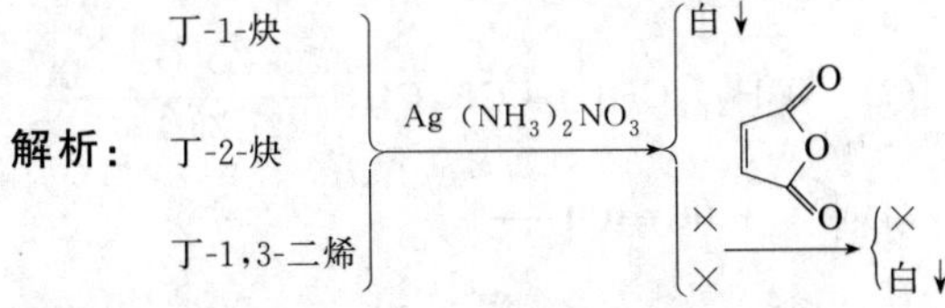

例题 3. 合成题。

（1）$CH_2{=}CH{-}CH_3 \longrightarrow CH{\equiv}C{-}CH_3$

(2) $CH\equiv CH \longrightarrow CH\equiv C-CH_3$

(3) $CH\equiv CH \longrightarrow CH_3\overset{O}{\overset{\|}{C}}CH_2CH_3$

解析： (1) $CH_2=CH-CH_3 \xrightarrow[CCl_4]{Br_2} CH_3\overset{Br}{\overset{|}{C}}H\overset{Br}{\overset{|}{C}}H_2 \xrightarrow[\triangle]{KOH/EtOH} CH\equiv C-CH_3$

(2) $CH\equiv CH \xrightarrow{NaNH_2} CH\equiv CNa \xrightarrow{CH_3I} CH\equiv C-CH_3$

(3) $CH\equiv CH \xrightarrow{NaNH_2} CH\equiv CNa \xrightarrow{CH_3CH_2Br} CH\equiv CCH_2CH_3 \xrightarrow[H_2SO_4]{HgSO_4,\ H_2O} CH_3CH_2\overset{O}{\overset{\|}{C}}CH_3$

习 题

1. 用系统命名法或衍生物命名法命名下列各化合物。

(1) $(CH_3)_3C-C\equiv C-CH_2CH_3$

(2) $HC\equiv CCH_2Br$

(3) $H_2C=CH-C\equiv CH$

(4) （键线式结构）

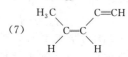

(5) $H_3C-\underset{Cl}{\overset{H_3C}{\overset{|}{\underset{|}{C}}}}-C\equiv CCH_2CH_3$

(6) $H_3C-C\equiv C-\overset{HC=CH_2}{\overset{|}{C}}=CHCH_2CH_3$

(7) H_3C、H 与 $C\equiv CH$、H 分别连于 C=C 两端（H_3C 与 $C\equiv CH$ 同侧）

(8) H_3C、H 与 H 连于第一个 C=C；第二个 C=C 上连 Cl 与 $CH(CH_3)_2$、H

(9) H_3C、H 与 CH_3 连于第一个 C=C；第二个 C=C 上连 H 与 CH_2CH_3、$CH(CH_3)_2$

(10) $CH_3C\equiv C-\underset{CH_3}{\underset{|}{C}}HCH_2CH_2Br$

2. 下列化合物有无顺反异构现象？若有，写出其顺反异构体并用 Z/E 标记法命名。

(1) 2-甲基丁-1,3-二烯

(2) 戊-1,3-二烯

(3) 辛-3,5-二烯

(4) 己-1,3,5-三烯

(5) 戊-2,3-二烯

3. 写出下列化合物的构造式。

(1) 4-甲基戊-1-炔

(2) 3-甲基戊-3-烯-1-炔

(3) 二异丙基乙炔

(4) 己-1,5-二炔

(5) 异戊二烯

(6) 乙基叔丁基乙炔

(7) (E)-4-氯-3-甲基己-3-烯

(8) 4-甲基戊-3-烯-1-炔

4. 写出丁-1-炔与下列试剂作用的反应式。

(1) 热 $KMnO_4$ 溶液

(2) H_2/Pt

(3) 过量 Br_2/CCl_4，低温

(4) $AgNO_3$ 氨溶液

(5) Cu_2Cl_2 氨溶液

(6) H_2SO_4，H_2O，Hg^{2+}

5. 完成下列反应式。

(1) $CH_3CH_2C\equiv CH + HCN \xrightarrow{CuCl}$

(2) $(CH_3)_2CHC\equiv CCH_2CH_3 \xrightarrow[(2)\ Zn/H_2O]{(1)\ O_3}$

(3) $CH_3CH_2CH_2C\equiv CH + HBr \xrightarrow{过氧化物}$

(4) （丁-1,3-二烯）$+ HC\equiv CH \longrightarrow$

(5) （丁-1,3-二烯）$+$ H(CO₂CH₃)C=C(H)(CO₂CH₃) $\longrightarrow$

(6) （环己-1,3-二烯）$+$ （丁-3-烯-2-酮）$\longrightarrow$

6. 指出下列化合物可由哪些原料通过双烯合成而得。

(1) 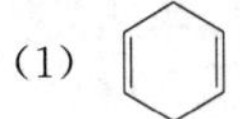　　(2) 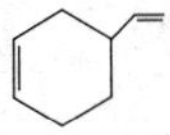　　(3) 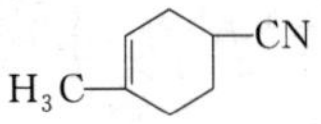 H_3C—　—CN

7. 以四个碳原子及以下烃为原料合成下列化合物。

(1) 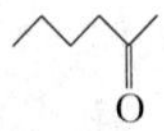 O　　(2) 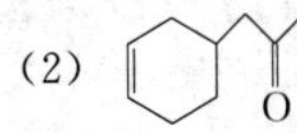　　(3) 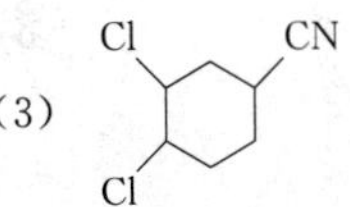

8. 用化学方法鉴别下列各组化合物。

(1) 乙烷，乙烯和乙炔　　(2) $CH_3CH_2CH_2C \equiv CH$ 和 $CH_3CH_2C \equiv CCH_3$

(3) 己烷，己-1-烯，己-1-炔，己-2,4-二烯

(4) 庚烷，庚-1-炔，庚-1,3-二烯，庚-1,5-二烯

9. 试用适当的化学方法将下列混合物中的少量杂质除去。

(1) 除去粗乙烷气体中少量的乙炔；

(2) 除去粗乙烯气体中少量的乙炔。

10. 选用适当原料，通过 Diels-Alder 反应合成下列化合物。

(1) 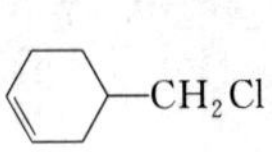 —CH_2Cl　　(2) 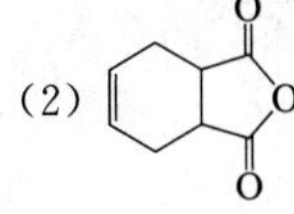　　(3) 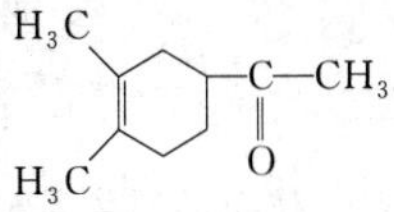 H_3C, H_3C, —C(=O)—CH_3

(4) 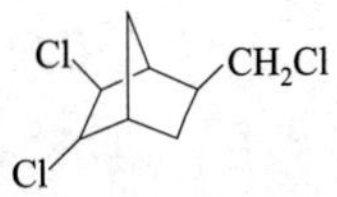 Cl, Cl, CH_2Cl　　(5) 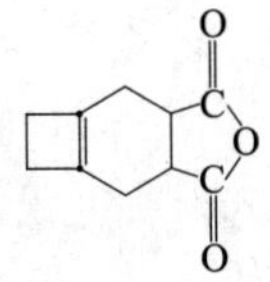　　(6) 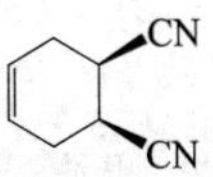 CN, CN

11. 下列两组化合物分别与丁-1,3-二烯［(1) 组］或顺丁烯二酸酐［(2) 组］进行 Diels-Alder 反应，试将其按反应活性由大到小排列顺序。

(1) (A) 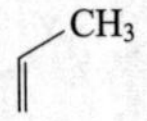 CH_3　　(B) 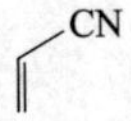 CN　　(C) 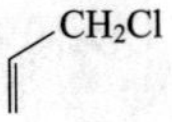 CH_2Cl

(2) (A) $H_2C=C(CH_3)-CH=CH_2$　　(B) $H_2C=C(C(CH_3)_3)-C(C(CH_3)_3)=CH_2$　　(C) $H_2C=C(CH_3)-C(CH_3)=CH_2$

12. 某化合物 A 分子式为 $C_{10}H_{18}$，经催化加氢得到化合物 B，B 的分子式为 $C_{10}H_{22}$，化合物 A 和酸性高锰酸钾溶液作用，得到下列三种化合物：$H_3C-\overset{\overset{O}{\|}}{C}-CH_3$，$H_3C-\overset{\overset{O}{\|}}{C}-CH_2CH_2COOH$ 和 CH_3COOH。试写出化合物 A 和 B 的构造式。

13. 烃类化合物 A 和 B，分子式相同，且都能使 Br_2/CCl_4 溶液褪色，A 与 $Ag(NH_3)_2NO_3$ 作用生成沉淀，氧化 A 得到 CO_2、H_2O 和 $(CH_3)_2CHCH_2COOH$。B 与 $Ag(NH_3)_2NO_3$ 不反应，氧化 B 得到 CO_2、H_2O、CH_3CH_2COOH 和 HOOC—COOH。试写出 A 和 B 的构造式及各步反应式。

第 5 章　脂环烃

5.1　脂环烃的定义和命名

具有环状结构的碳氢化合物总称为环烃，分为脂环烃和芳香烃。本章介绍性质与开链脂肪烃相似的环烃，即脂环烃。具有脂环结构的化合物（如香精、维生素、激素等）在自然界里广泛存在并且具有非常重要的作用。

各种脂环烃的分类如下：

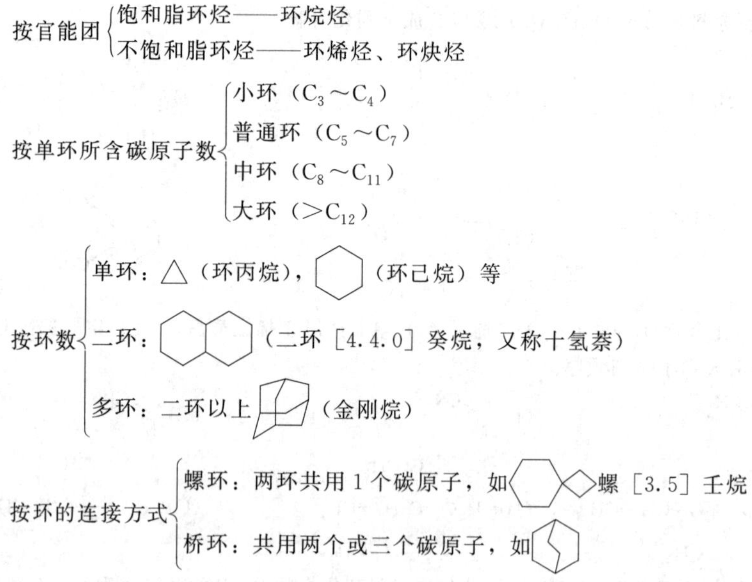

为了方便书写，脂环烃中的碳环一般用简单的几何图形表示，环上的侧链可用结构简式，也可用折线式表示。例如：

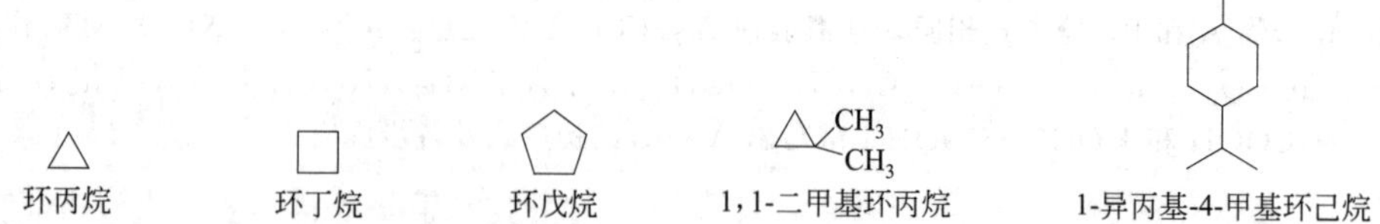

环丙烷　环丁烷　环戊烷　1,1-二甲基环丙烷　1-异丙基-4-甲基环己烷

① 单环脂环烃的命名。环烷烃的命名与烷烃相似，根据成环碳原子数称为“某烷”，并在某烷前面冠以“环”字，叫环某烷。需要注意的是，环上带有侧链，且链所含碳原子数大于环所含碳原子数时，以链为母体，环作为取代基；而当环的碳原子数大于或等于链所含碳原子数时，则以环为母体。编号时遵循“取代基位次组最低原则”，同时根据 IUPAC 的命名法，按取代基英文名字母顺序排序，排序优先者位次较低。例如：

1,2-二甲基环戊烷　　1-乙基-3-甲基环己烷　　1-溴-4-乙基-2-甲基环戊烷

脂环烃环上有不饱和键时，可以分别叫作环烯烃和环炔烃。编号一般从不饱和碳原子开始，并通过不饱和键编号。带有侧链的环烯烃命名时，碳原子的编号顺序是首先保证双键的位序最小，然后再依次考虑取代基位次（组）最低原则和取代基英文名字母顺序排序原则。例如：

3-甲基环己-1-烯　　5-甲基环戊-1,3-二烯　　1,6-二甲基环己-1-烯

取代单环环烷烃的顺反异构和命名。环烷烃中，由于碳环的限制，碳碳单键不能自由旋转。因此，取代环烷烃除了存在取代基的位置异构外，还存在像烯烃一样的顺反异构（*cis*-，*trans*-）。

取代单环环烷烃顺反异构的命名规则是：如果两个取代基在环的同侧，名称最前面标明“顺”（*cis*），在异侧则记为“反”（*tran*）。如果环上有多个取代基时，选择定位次序最低者为对照基团，其位次前加“r”（reference）表示，其他取代基位次前则用“顺”或“反”表示其与对照基团同侧或异侧。例如：

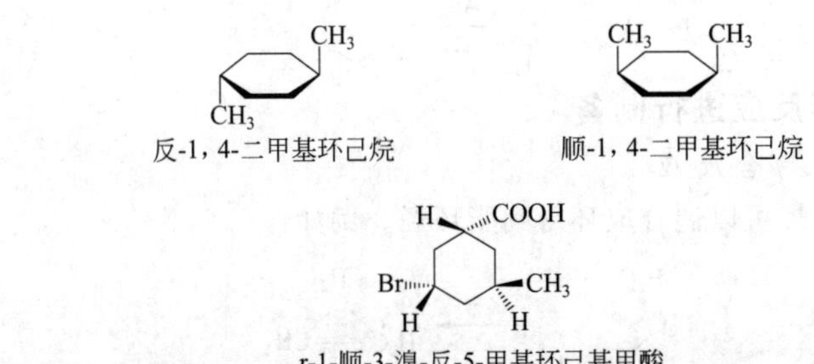

反-1，4-二甲基环己烷　　顺-1，4-二甲基环己烷

r-1-顺-3-溴-反-5-甲基环己基甲酸

② 螺环烃的命名。在多环烃中，两个环以共用一个碳原子的方式相互连接，称为螺环烃，其共用的碳原子叫作螺原子。螺环烃的命名原则是：根据螺环中碳原子总数称为螺［*a*.*b*］某烃（$a \leqslant b$）。其中，*a* 是小环上除螺原子以外的碳原子数，*b* 是大环上除螺原子以外的碳原子数。小环数字在方括号中排在前面，大环数字排在后面，数字之间以圆点隔开，并均用阿拉伯数字标明。如果环上有不饱和键和取代基，则须给环编号，编号时先找到螺原子，从与螺原子相连的碳开始，沿小环编到大环，同时应该使不饱和键及取代基的位序尽量小。例如：

1-3-二甲基螺[3.5]壬-5-烯　　5-甲基螺[2.4]庚烷

③ 桥环烃的命名。在多环烃中，两个环共用两个或两个以上碳原子时，称为桥环烃。二环（双环）化合物在结构上都有两个共用的碳原子（简称“桥头碳”）和三条连在“桥头碳”上的“碳桥”（连接两桥头原子的碳链称为桥或臂）。命名时以双环（或二环）为词头，再根据桥环中碳原子总数称为双环［*a*.*b*.*c*］某烃（$a \geqslant b \geqslant c$）。方括号中的 *a*、*b*、*c* 分别是各桥碳原子数（桥头碳原子除外），按由多到少的顺序标明，并用圆点隔开各数字。桥环烃需要编号时，从一个桥头碳原子开始（这一点与螺环烃不同），沿最长的桥路编到另一个桥头碳原子，再沿次长桥编回桥头碳原子，最后编短桥并使不饱和键及取代基的位次较小。如：

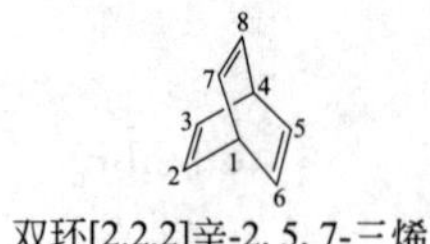

双环[2.2.2]辛-2, 5, 7-三烯

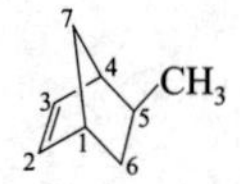

5-甲基双环[2.2.1]庚-2-烯

5.2 脂环烃的制备方法

脂环烃的制备一般通过如下两个途径：①通过改变环的大小或改变环状化合物的官能团制备新的环状化合物；②由链状化合物转化制备环状化合物。

5.2.1 由脂环烃的转化进行制备

通过脂环烃催化加氢可以生成不饱和度减少的脂环烃，或者通过发生催化脱氢生成不饱和度增大的脂环烃（或芳香烃）。例如：

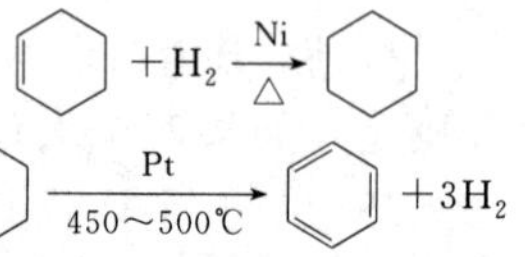

$+H_2 \xrightarrow[\triangle]{Ni}$

$\xrightarrow[450\sim500℃]{Pt}$ $+3H_2$

脂环烃在加热和催化剂作用下，还可以异构化为扩环或缩环的脂环烃。例如：

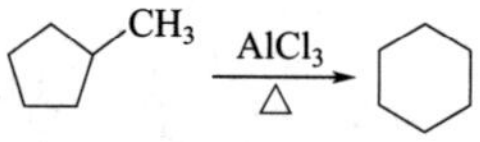

$CH_3 \xrightarrow[\triangle]{AlCl_3}$

5.2.2 由开链烃的成环反应进行制备

5.2.2.1 武兹（Wurtz）环合反应

在金属作用下，二卤代烃可以偶合成环得到脂环烃。例如：

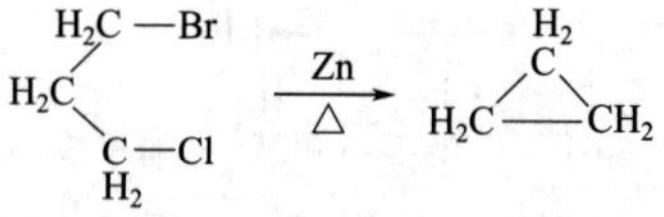

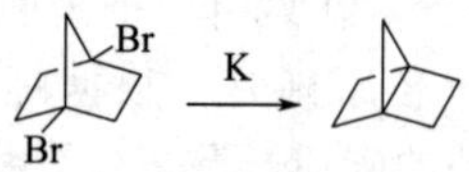

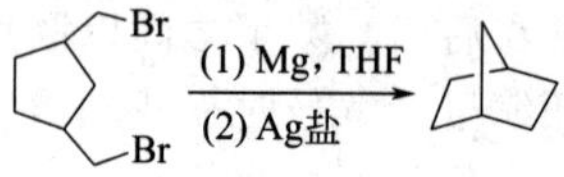

$H_2C—Br$，H_2C，$H_2C—Cl$ $\xrightarrow[\triangle]{Zn}$ $H_2C—CH_2$（CH_2）

Br, Br $\xrightarrow{K}$

Br, Br $\xrightarrow[(2)\ Ag盐]{(1)\ Mg,\ THF}$

5.2.2.2 分子内酯缩合反应

在碱的作用下，二羧酸酯化合物进行分子内酯缩合成环状化合物，可以形成稳定的五元环、六元环化合物，反应条件温和，产率较高。例如：

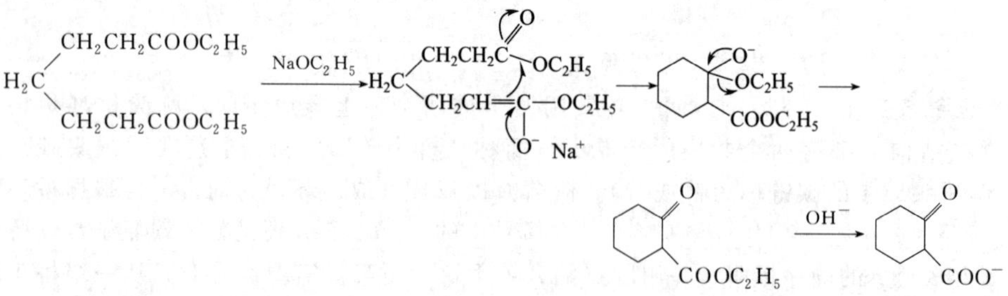

$H_2C(CH_2CH_2COOC_2H_5)_2 \xrightarrow{NaOC_2H_5} H_2C(CH_2CH_2C(=O)OC_2H_5)(CH_2CH{=}C(O^-)OC_2H_5)\ Na^+ \longrightarrow$ （O^-，OC_2H_5，$COOC_2H_5$）$\longrightarrow$

（O，$COOC_2H_5$）$\xrightarrow{OH^-}$（O，COO^-）$\xrightarrow[\triangle]{H^+}$（O）

5.2.2.3 狄尔斯-阿尔德（Diels-Alder）反应

在加热条件下，双烯体与亲双烯体发生［4+2］环加成反应，生成环己烯类化合物。此类反应原料易得，条件温和，产率高，是合成六元环的重要方法之一。

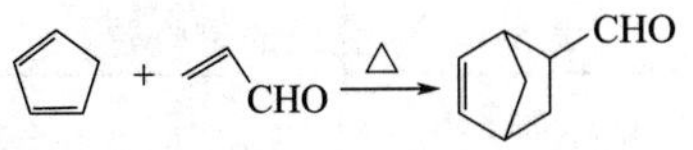

5.2.2.4 卡宾插入法（Simmons-Smith 反应）

在 Zn-Cu 的催化作用下，CH_2I_2 与烯烃反应得到环丙烷衍生物，这是一种将烯烃转化为环丙烷衍生物的有效方法。例如：

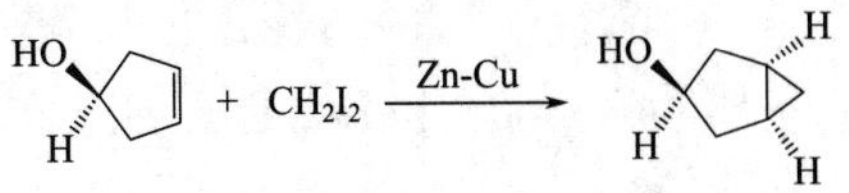

5.3 环烷烃的结构

在有机化学发展初期，科学家们发现碳链成环时总是形成五元环和六元环，即使制备出少数三、四元环的化合物，其化学性能也与五元环和六元环的很不相同。为了解释这些现象，

1885 年，拜尔（A. von Baeyer）提出了张力学说，其主要内容为：

① 所有的碳原子都应有正四面体结构。

② 碳原子成环后，所有成环的碳原子都处在同一平面上。

③ 当碳原子的键角偏离 109°28′时，便会产生一种恢复正常键角的力量，这种力就称为角张力（又称为拜尔张力）。键角偏离正常键角越多，张力就越大，相反如果成环后的键角为正常的 109°28′，则这种环不但容易形成，而且很稳定。

按照拜尔的张力学说，几个常见环烷烃的偏转角度可以由下式求得：

$$偏转角度=\frac{109.28°-环内角角度}{2}$$

元环数 N=3	4	5	6	7
环内角角度 60°	90°	108°	120°	129°
偏转角度=24°44′	9°44′	44′	−5°16′	−9°33′

显然，根据张力学说，从上述的偏转角度来看，五元环应最稳定，当小于五元环或大于五元环时，由于张力大，能量高，环将越来越不稳定，因此三、四环的化合物相比较不稳定，化学性能与五、六元环的化合物相比也就不同了，同时还可以预测六元以上的化合物由于偏转角度越来越大也将更不稳定。但后来许多学者经过研究发现五元、六元和更大的环状化合物都是稳定的，这就说明张力学说存在缺陷。为了修正张力学说的缺陷，1890 年，H. Sachse 对拜尔张力学说提出异议。1918 年，E. Mohr 提出非平面、无张力环学说，指出环己烷的六个碳原子可以不在同一平面上，并且保持正常的 109°28′键角，没有张力，所以是稳定的。

1930 年，人们开始使用热力学方法研究环张力。从测得的燃烧热数据也足以说明，环的稳定性与环的大小有关，三元环最不稳定，四元环比三元环稍稳定，五元环较稳定，六元环及以上的碳环都较稳定。

燃烧热是指 1mol 化合物完全燃烧生成二氧化碳和水所放出的能量，其大小反映了分子能量的高低。比较燃烧一个 CH_2 放出的热量就可以知道，放出热量越多，与之相应的环内能越大，越不稳定。燃烧热愈大，说明环的稳定性愈差，见表 5-1。

从表 5-1 中可以看出小环能量高，不稳定。随环增大，每个甲叉基（亚甲基）单元的燃烧热降低。由环己烷开始，甲叉基单元的燃烧热趋于恒定。

环烷烃和直链烷烃一样，其碳原子在成键时都是 sp^3 杂化的，但是为了形成碳环，共价键的键角就不一定像开链烷烃那样都近似为 109.5°，因此可能存在角张力，产生张力能。现在的理论认为，张力能是由以下几种因素造成的：

表 5-1　环烷烃的燃烧热

名　称	分子燃烧热/(kJ/mol)	$-CH_2-$的平均燃烧热/(kJ/mol)	名　称	分子燃烧热/(kJ/mol)	$-CH_2-$的平均燃烧热/(kJ/mol)
环丙烷	2091	697	环辛烷	5310	664
环丁烷	2744	686	环壬烷	5981	665
环戊烷	3320	664	环癸烷	6636	664
环己烷	3951	659	环十五烷	9885	660
环庚烷	4637	662	开链烷烃	—	659

① 如果两原子或原子团相互靠近，其距离为 van der Waals（范德瓦耳斯）半径之和，则相互吸引，如果小于 van der Waals 半径之和，则相互排斥，这种排斥力称为 van der Waals 张力或立体张力；

② 轨道没有按轴向重叠，导致键长伸长或缩短，电子云重叠减少，从而造成内能升高；

③ 由偏转角引起的张力（即角张力）能；

④ 由全重叠构象引起的扭曲张力能，即任何连在一起的一对四面体碳原子倾向于全交叉式的构象，任何偏离全交叉式的原子的排列将伴有扭曲张力。

大多数环烷烃都存在张力，尤其是环丙烷、环丁烷这样的小环，其张力特别大，能量很高，特别不稳定。结构决定性能，要了解其中的原因，必须先了解环烷烃的具体结构。

5.3.1　环丙烷的结构

现代结构理论认为：分子中的共价键是由原子轨道相互重叠得到的，重叠程度越大，所形成的共价键就越稳定。烷烃的 C 为 sp^3 杂化，正常的键角应为 109.5°，如下图 5-1 所示。但是在环丙烷中，三个碳原子在同一平面上形成一个正三角形，夹角为 60°，偏离正常的键角 49.5°，如果按正常 sp^3 杂化轨道成键，将具有很大的角张力，成键非常困难。故 C—C 键电子云重叠方向不可能是沿两原子连线方向，必然有一定的偏离，即未达到最大重叠，因而不稳定。

为了能重叠得更好些，环丙烷的每个碳原子进行不等性杂化，与 H 原子成键的碳原子轨道具有较多的 s 成分（33%），较少的 p 成分（67%），C—C 键的原子轨道则具有较多的 p 成分（83%），较少的 s 成分（17%），并且每个碳原子还必须把形成 C—C 键的两个杂化轨道间的角度缩小，因而电子云不在连接 C—C 键的键上成键，而是产生如图 5-2 所示的弯曲键。

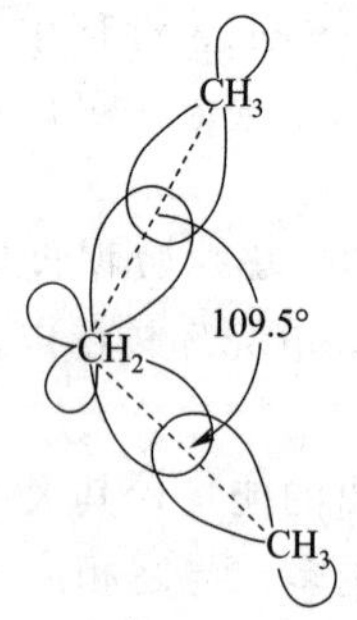

图 5-1　正常的 C—C σ 键

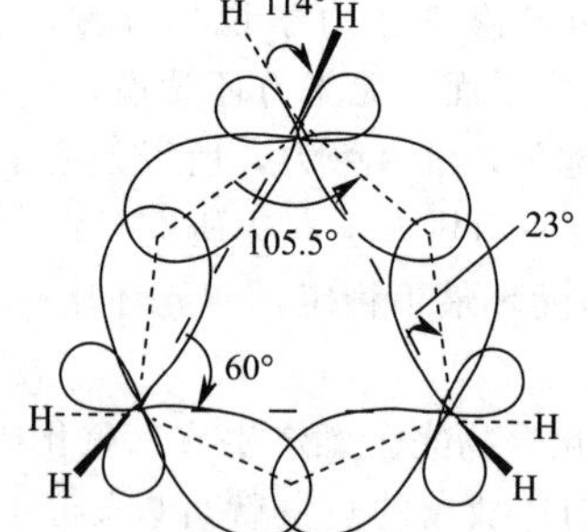

图 5-2　环丙烷中弯曲的 C—C σ 键

这样的弯曲键与正常的 C—C σ 键相比，它的电子云没有沿轨道轴对称，而是分布在一条曲线上，由于轨道重叠的程度较小，电子云分布在连接两个碳原子的直线的外侧，有点类似于烯烃的 π 键，从而提供了被亲电试剂进攻的位置，具有一定的烯烃性质，因此比一般的 C—C σ 键弱。环丙烷的 C—C—C 键角为 105.5°，虽然比 60°大，但还是比 109.5°小，还是具有较大的角张力。

此外，环丙烷由于三个碳原子在同一平面上，必须采取重叠式构象，如图 5-3 所示，这样必然也具有较大的扭曲张力。

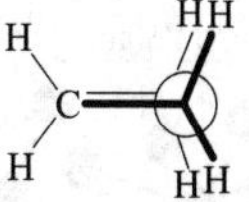

图 5-3　环丙烷的键

由于以上两种张力因素，环丙烷分子中 C—C σ 键的原子轨道相互重叠得相当差，能量较高，所以很不稳定，容易发生开环反应。

5.3.2　环丁烷的结构

环丁烷是四元环，由四个碳原子组成。如果环是平面的结构，则由于正四边形的内角为 90°，所以环丁烷的 C—C 键也只能是弯曲键，但其弯曲程度要小些。虽然环丁烷的偏转角度、角张力小于环丙烷，即 19.5°(109.5°—90°)＜49.5°(109.5°—60°)，但形成平面结构后，环丁烷的弯曲键以及处于重叠式构象的 C—H 键都比环丙烷多，如图 5-4 所示，仍有相当大的张力。

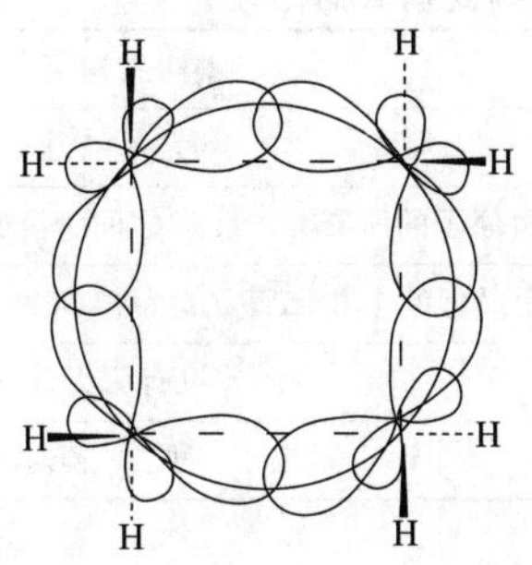

图 5-4　环丁烷的共价键

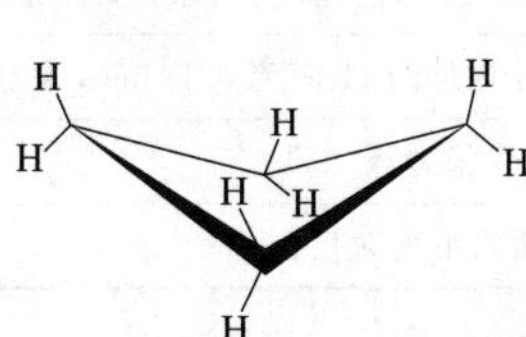

图 5-5　环丁烷的构象

为了减小角张力和扭曲张力，环丁烷采取折叠形式的构象，即通过 C—C 键的扭转，使四个碳原子中的三个在同一平面上，另一个处于这个平面之外，如图 5-5 所示。这样可以减少 C—H 键的重叠，有利于降低环张力。这种非平面构象较平面构象能量有所降低，结晶学和光谱学证明，环丁烷分子中 C—C—C 键角为 111.5°，总张力能为 108kJ/mol。虽然环丁烷比环丙烷要稳定些，但环张力还是比较大，所以环丁烷也是不稳定的化合物。

5.3.3　环戊烷的结构

正五边形内角为 108°。显然，如果环戊烷分子呈平面形状，其 C—C—C 键角与正常 sp^3 杂化的碳原子的轨道夹角 109.5°已经相差无几。这种结构的环戊烷分子中几乎不存在角张力了，但是平面结构的环戊烷分子中所有的 C—H 键处于重叠式的构象，因此仍然具有比较大的扭曲张力。

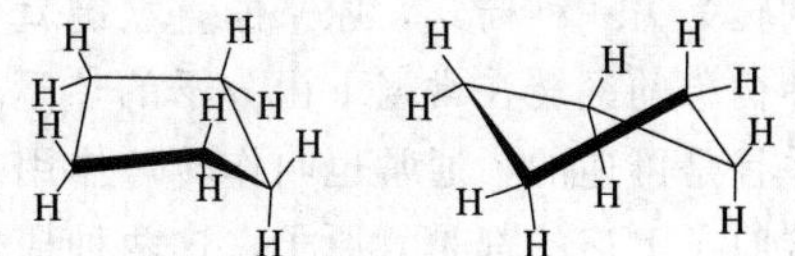

信封式　　能垒2.5 kJ/mol　　半椅式

图 5-6　环戊烷的构象

事实上，为了降低这种扭曲张力，环戊烷分子中的五个碳原子亦不共平面，而是以“信封式”或“半椅式”构象存在，这样就可以使五元环的环张力进一步得到缓解，其结构如图 5-6 所示。

在这样的结构中，环戊烷分子张力不太大，比较稳定，不易开环，性质已经与开链烷烃基本相似。

5.3.4　环己烷的结构

环己烷及其衍生物是自然界中存在最广泛的脂环化合物，这与环己烷具有稳定的结构密切相关。在环己烷分子中，六个碳原子不在同一平面内，C—C 键之间的夹角基本可以保持正常的 sp^3 杂化键角 109.5°，所以没有角张力。环己烷分子通过环的扭曲，可以产生多种构象异构，如半椅式、椅式、扭船式、船式构象等，其中最典型的也较稳定的是两种极限构象：一种像椅子称椅式构象，另一种像船形称船式构象。它们的透视式和纽曼投影式如图 5-7 所示。

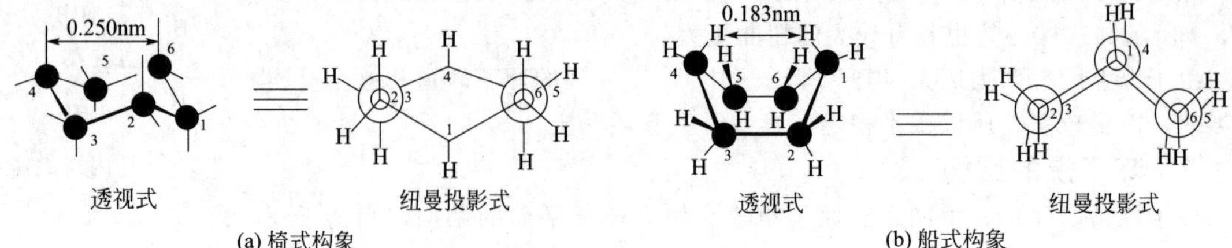

图 5-7 环己烷的椅式构象和船式构象

根据图 5-7 中的结构，可以总结出这两种构象的差异，如表 5-2 所示。

表 5-2 环己烷船式构象和椅式构象的比较

船式构象	椅式构象
无角张力	无角张力
相邻碳原子的所有 C—H 键之间为全重叠构象，存在扭曲张力	相邻碳原子的所有 C—H 键之间为全交叉构象，没有扭曲张力
“船头”与“船尾”上各有一个内伸的 H，距离 0.183nm，斥力较大	相距最近的 1,3-二直立键距离 0.250nm，无范德瓦耳斯力
有张力环	没有张力环
常温下，动态平衡时仅占 1%	常温下，动态平衡时占 99%

从表 5-2 看出，环己烷的椅式构象没有任何张力，具有开链烷烃类似的稳定性。常温下椅型构象和船型构象可以互相转变，但船型环己烷比椅型能量高 30kJ/mol，平衡体系主要以稳定的椅型构象存在。1943 年，O. Hassel 用电子衍射法研究其结构，证实了这一事实。

如图 5-8 所示，椅式环己烷的六个碳原子在空间上分别分布在互相平行的平面上。其中 1、3、5 三个碳原子在同一平面，这三个碳原子分别各有一个 C—H 键向上伸展，2、4、6 三个碳原子则在另一个平面，这三个碳原子也分别各有一个 C—H 键向下伸展。这六个 C—H 键之间与环己烷对称轴都相互平行，称为直立键或 a 键（axial bond）。另外，环己烷的六个碳原子还分别各有一个 C—H 键，这六个 C—H 键也是三个向上，三个向下，与同一碳原子的直立键形成 109.5°，称为平伏键或 e 键（equatorial bond）。

椅式环己烷的直立键和平伏键不是静止不变的，通过 C—C 键的不断扭动，它可以由一种椅式翻转为另一种椅式，原来的直立键就变成了平伏键，而原来的平伏键则变成了直立键（图 5-9）。这种构象的翻转在常温下由分子的热运动而产生，不需要经过 C—C 键的断裂就可以非常快地进行，并且是可逆的，通常也叫作转环作用。当转环作用达到平衡时，两种构象各占一半，不过由于六个碳原子上连的都是氢原子，这两种椅式构象是等同的分子。

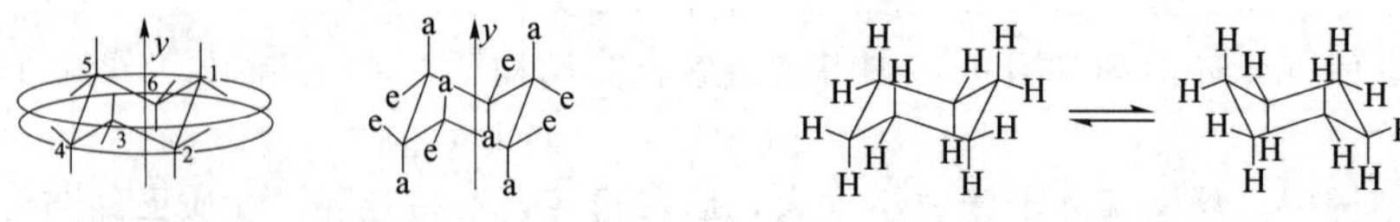

图 5-8 椅式环己烷的直立键和平伏键　　图 5-9 环己烷椅式构象的翻转

但是环己烷衍生物发生椅式构象的转环作用时，翻转前后的两种构象可能就不相同了。如图 5-10 中的单取代环己烷，转环作用达到平衡时两种构象的含量并不一样，取代基越大，含量差异越明显。

这是因为，直立键上的氢被其他取代基取代后，与 3 位、5 位上的直立氢存在相互排斥的范德瓦耳斯张力，取代基越大，这种张力就越大，称为 1,3-二直立键作用，如图 5-11 所示。显然，取代基尤其是体积大的取代基连在平伏键上的构象与连在直立键的构象相比，前者的取代基向环外伸展，不存在这种张力，因此具有较低的能量，是比较稳定的。

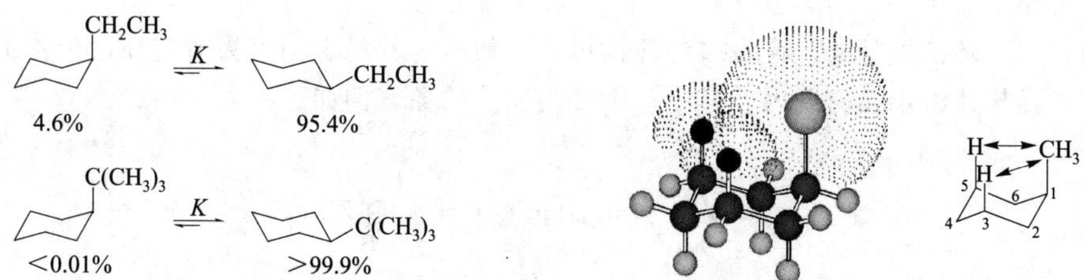

图 5-10　单取代环己烷椅式构象的转环作用　　　　图 5-11　环己烷的 1,3-二直立键作用

有关环己烷衍生物的稳定构象，从结构理论和许多实验事实中可以总结出以下规律：

① 环己烷及其衍生物的椅式构象要比船式构象稳定，常温下主要以椅式构象存在。

② 单取代环己烷最稳定的构象是取代基处于 e 键的椅式构象；对于多取代环己烷，一般取代基处于 e 键最多的构象最稳定。例如，杀虫剂六六六的最稳定构象是 β-异构体，而不是 γ-异构体。

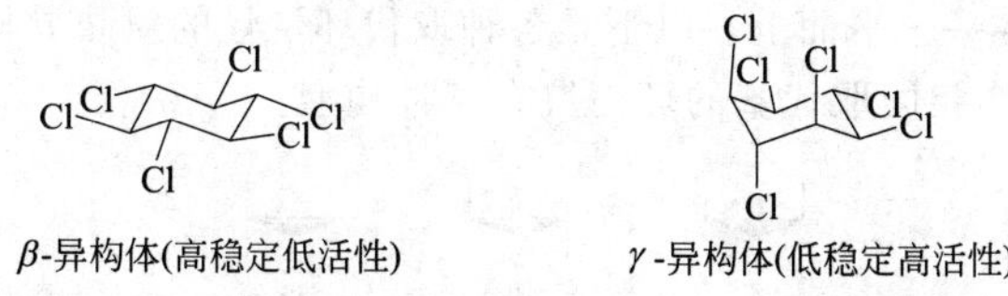

③ 环上有不同的取代基时，一般体积大的取代基处于 e 键的构象最稳定。例如：

$CH(CH_3)_2$ … CH_3 ：不稳定　　较稳定

$C(CH_3)_3$ … Cl … CH_3 ：稳定构象

C_2H_5 … CH_3 ：稳定构象

5.3.5　桥环化合物的构象分析

(1) 十氢萘（双环［4.4.0］癸烷）

一种典型的桥环化合物，含有两个环己烷骨架，有顺式十氢萘和反式十氢萘两种构型，它们的稳定构象为两个六元环均为椅式的构象。

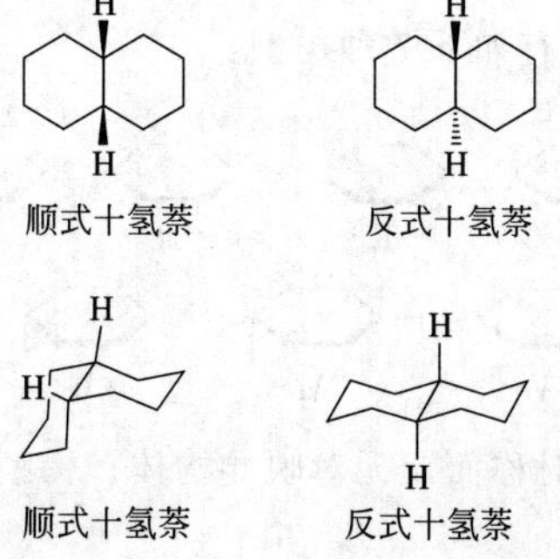

顺式十氢萘中，存在1,3-二直立键，环下方四个a键上的H原子相距较近，相互排斥作用较大，分子能力较强，稳定性比反式十氢萘差。

(2) 全氢菲（菲烷）

分子中有三个环己烷骨架，存在多种异构体，一般认为其稳定构象为所有环己烷都为椅式的构象，但有一种异构体由于几何原因，其中一个环为船式构象。例如：

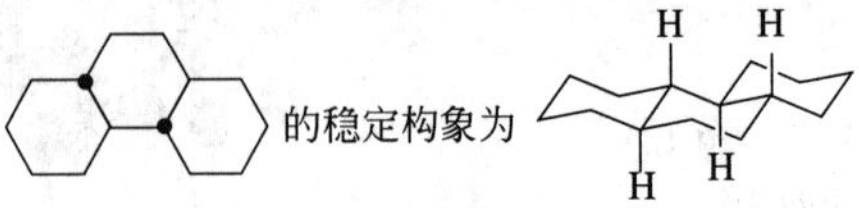

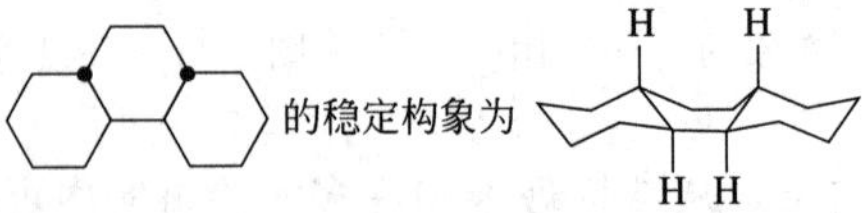

的稳定构象为

的稳定构象为

5.3.6 取代环烷烃的对映异构

很多取代环烷烃分子中由于没有对称面、对称中心和四重交替对称轴等对称因素，具有手性，所以取代环烷烃除了具有顺反异构、构象异构外，还存在对映异构体。在分析环烷烃的对称性时，可以把环上的碳原子看成在一个平面上。以下是各种取代环烷烃的对映异构情况。

① 取代环丙烷　含两个相同取代基的环丙烷有三种构型：

Ⅰ　Ⅱ　Ⅲ

构型Ⅰ、Ⅲ有对称面，无对映异构体，构型Ⅱ无对称面、对称中心和四重交替对称轴，有对映异构体。

② 取代环丁烷　二取代环丁烷有如下5种构型：

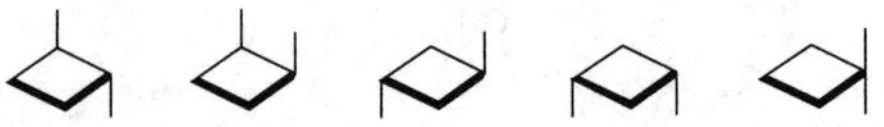

Ⅰ　Ⅱ　Ⅲ　Ⅳ　Ⅴ

构型Ⅱ、Ⅳ、Ⅴ有对称面，构型Ⅲ有对称中心，它们都不是光学活性物质。构型Ⅰ无对称面、对称中心和四重交替对称轴，有对映异构体。

③ 取代环戊烷　二取代环戊烷有如下5种构型：

Ⅰ　Ⅱ　Ⅲ　Ⅳ　Ⅴ

构型Ⅰ、Ⅲ、Ⅴ有对称面，它们没有对映异构体；构型Ⅱ、Ⅳ无对称面、对称中心和四重交替对称轴，有对映异构体。

④ 取代环己烷　二取代环己烷有如下7种构型：

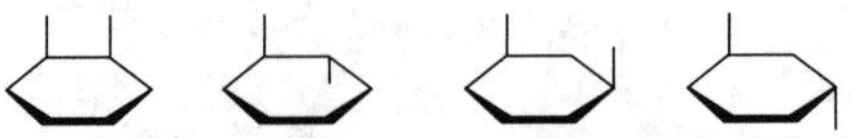

Ⅰ　Ⅱ　Ⅲ　Ⅳ

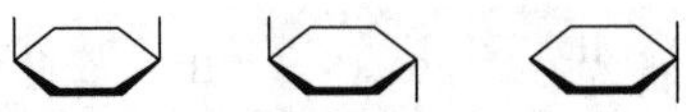

Ⅴ　Ⅵ　Ⅶ

构型Ⅰ、Ⅲ、Ⅴ、Ⅵ、Ⅶ都有对称面，无对映异构体；构型Ⅱ、Ⅳ没有对称面、对称中心和四重交替对称轴，有对映异构体。

5.4 脂环烃的性质

环烷烃的分子结构比链烷烃排列紧密，所以环烷烃的沸点、熔点和相对密度都较含同数碳原子的开链脂肪烃高。表 5-3 列出一些常见环烷烃的物理常数。

表 5-3 一些常见环烷烃的物理常数

化合物	熔点/℃	沸点/℃	相对密度(d_4^{20})
环丙烷	−127.6	−32.9	0.720(−79℃)
环丁烷	−80	12	0.703(0℃)
环戊烷	−93	49.3	0.745
甲基环戊烷	−142.4	72	0.779
环己烷	6.5	80.8	0.779
甲基环己烷	−126.5	100.8	0.769
环庚烷	−12	118	0.810
环辛烷	11.5	148	0.836

脂环烃中的大环、中环、普通环化合物的化学性质与开链脂肪烃相似，例如环烷烃可发生卤化和氧化反应等。小环化合物则由于其结构的特殊性，具有一些较特殊的性质，例如小环环烷烃可开环发生加成反应。

5.4.1 环烷烃的反应

5.4.1.1 取代反应

一般情况下，环烷烃与开链烷烃一样，不与强酸、强碱、一般氧化剂反应，但是在紫外线或热的作用下，也可以发生自由基取代反应，碳原子上的氢原子可以被卤素等取代而生成相应的卤代物。例如：

$$\text{C}_5\text{H}_{10} + Br_2 \xrightarrow{300℃} \text{C}_5\text{H}_9\text{Br} + HBr$$

$$\text{C}_6\text{H}_{11}\text{CH}_3 + Cl_2 \xrightarrow{光} \text{C}_6\text{H}_{10}(\text{Cl})\text{CH}_3 + HCl$$

5.4.1.2 氧化反应

常温下，不论是小环还是大环环烷烃都对一般氧化剂稳定，不被高锰酸钾、臭氧等氧化剂氧化。例如：

$$\text{(CH}_3)_2\text{C}_3\text{H}_3\text{—CH=C(CH}_3)_2 \xrightarrow{KMnO_4} \text{(CH}_3)_2\text{C}_3\text{H}_3\text{—COOH} + \text{CH}_3\text{—CO—CH}_3$$

因此可以使用高锰酸钾溶液来鉴别不饱和烃与环烷烃及其衍生物。

在高温高压、催化剂下，部分环烷烃也可以与空气发生氧化反应，但产率较低。例如：

$$\text{C}_6\text{H}_{12} + O_2 \xrightarrow[\triangle]{环烷酸钴} \text{C}_6\text{H}_{11}\text{OH} + \text{C}_6\text{H}_{10}\text{O}$$

$$\text{C}_6\text{H}_{12} + O_2 \xrightarrow[\triangle]{浓硝酸} \text{HOOC(CH}_2)_4\text{COOH}$$

5.4.1.3　小环的开环反应

环烷烃中的环丙烷、环丁烷，特别是环丙烷，具有与双键类似的化学性质，易与一些试剂作用发生环破裂而结合得到链烃，这些反应被称为开环反应或加成反应。环戊烷以上的环烷烃则比较困难。开环反应是离子型反应，极性条件有利于反应的发生。（反应速率：三元环＞四元环＞普通环）

① 加氢反应　在催化剂作用下，环烷烃可以加一分子氢气生成烷烃。例如：

$$\triangle + H_2 \xrightarrow[80℃]{Ni} CH_3CH_2CH_3$$

$$\square + H_2 \xrightarrow[200℃]{Ni} CH_3CH_2CH_2CH_3$$

$$⬠ + H_2 \xrightarrow[>300℃]{Pd} CH_3CH_2CH_2CH_2CH_3$$

环烷烃加氢反应的活性不同，其活性为：环丙烷＞环丁烷＞环戊烷。

② 加卤素　在常温下可以与卤素发生加成反应。

$$\triangle + Br_2/CCl_4 \longrightarrow \underset{Br}{CH_2}-CH_2-\underset{Br}{CH_2}$$

$$\text{1,1,2-三甲基环丙烷} + Br_2/CCl_4 \longrightarrow (CH_3)_2\underset{Br}{C}-\overset{CH_3}{CH}-\underset{Br}{CH_2}$$

$$\square + Br_2/CCl_4 \xrightarrow{\triangle} \underset{Br}{CH_2}-CH_2-CH_2-\underset{Br}{CH_2}$$

（以上三个反应：溴的CCl_4溶液褪色可用于鉴别环烷烃）

$$⬠、⬡ + Br_2/CCl_4 \xrightarrow{\triangle} \text{不发生加成，而是取代反应}$$

可以看出，环丙烷容易发生反应，但是应该注意：不能用溴的 CCl_4 溶液褪色的方法来鉴别环烷烃与不饱和烃，因为它们都发生反应。

③ 加 H_2SO_4、HX　环丙烷及其衍生物容易反应，环丁烷以上则难于反应。取代环丙烷发生开环时符合 Markovnikov 规则：含氢最多和含氢最少的碳原子之间的单键断裂，进攻试剂的氢原子加到含氢较多的碳上。例如：

$$\text{1,1,2-三甲基环丙烷} + HBr \longrightarrow CH_3-\overset{CH_3}{\underset{Br}{C}}-\overset{CH_3}{CH}-CH_3$$

$$\text{1,1,2-三甲基环丙烷} + H_2SO_4 \longrightarrow CH_3-\overset{CH_3}{\underset{OSO_3H}{C}}-\overset{CH_3}{CH}-CH_3 \xrightarrow[\triangle]{H_2O} CH_3-\overset{CH_3}{\underset{OH}{C}}-\overset{CH_3}{CH}-CH_3$$

$$\triangle\!-CH_3 + HBr \longrightarrow CH_3CHBrCH_2CH_3$$

5.4.2　环烯烃和环二烯烃的反应

5.4.2.1　环烯烃的反应

环烯烃的性质与开链烯烃类似，碳碳双键易发生加成、氧化反应，α-氢原子发生取代反应等。例如：

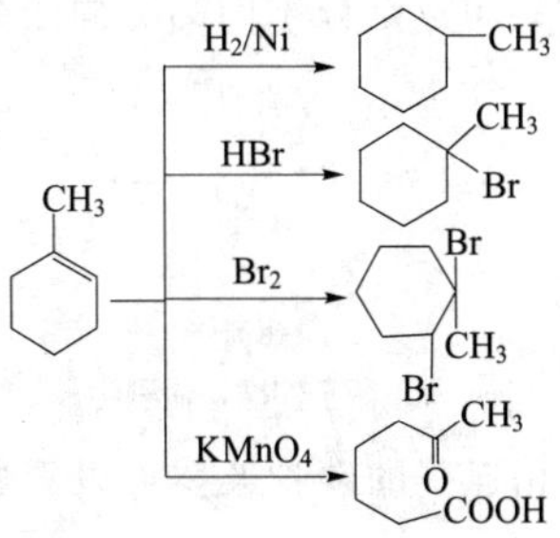

5.4.2.2　环二烯烃的反应

1,3-环戊二烯，也简称环戊二烯，是共轭环二烯烃的重要代表物，具有共轭二烯的一般性质，可以发生如下反应。

① 1,2-加成和1,4-加成反应。

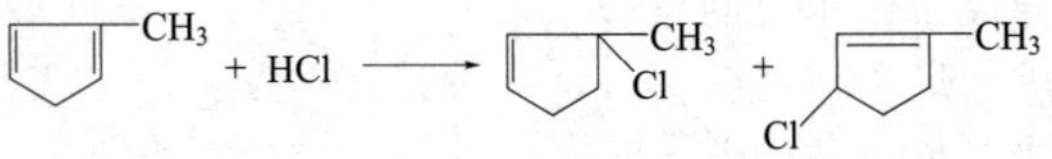

② 双烯合成　环戊二烯可作为双烯体与亲双烯体发生双烯合成，例如：

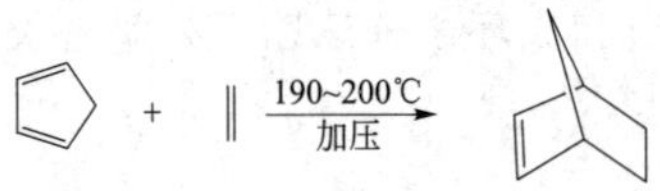

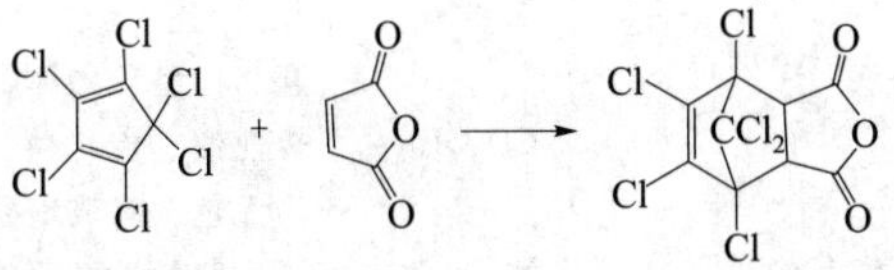

③ 加氢反应　工业上用此法生产环戊烯。

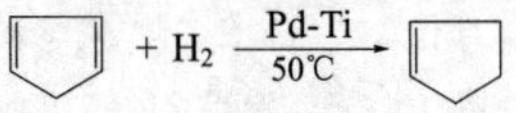

④ α-氢原子的活泼性　环戊二烯分子中的α-氢原子有一定的酸性（$pK_a=16$），能与活泼金属或强碱反应，生成稳定的环戊二烯负离子。

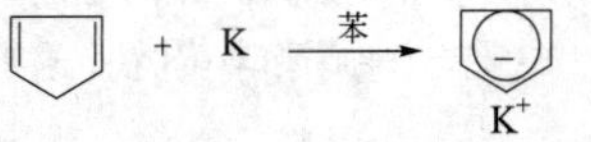

环戊二烯盐（钾或钠）与氯化亚铁反应则生成二环戊二烯基铁，俗称二茂铁。二茂铁可用作紫外线吸收剂、火箭燃料添加剂、挥发油抗震剂、烯烃定向聚合催化剂等。将其用于材料科学，可得到一系列新型材料。

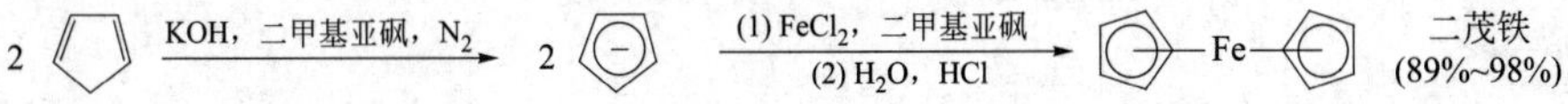

5.5　萜类和甾族化合物

5.5.1　萜类

萜类化合物是分子中含C_{10}以上，且碳原子数为5的倍数的烃类化合物，因分子中含有双键，所以又称为萜烯类化合物。萜类化合物是广泛存在于自然界动物、植物和微生物体内的一大类天然有机化合物，如从植物中提取的香精油——薄荷油、松节油等，植物及动物体中的某些色素——胡萝卜素、虾红素等。萜类化合物广泛用于医药、香料工业。

研究发现，萜类分子在结构上的共同点是分子中的碳原子数都是 5 的整倍数。例如：

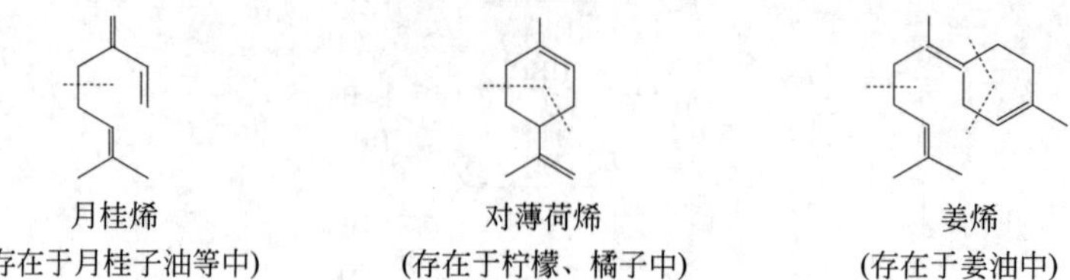

月桂烯（存在于月桂子油等中）　对薄荷烯（存在于柠檬、橘子中）　姜烯（存在于姜油中）

萜类化合物具有“异戊二烯首尾相连”的碳骨架，可以看成由异戊二烯聚合而成。

$$CH_2=\underset{}{\overset{CH_3}{\overset{|}{C}}}-CH=CH_2$$

异戊二烯

头 $C-\overset{C}{\overset{|}{C}}-C-C$ 尾

异戊二烯单位

根据组成分子的异戊二烯单位的数目，萜类化合物可以进行如下分类。

① 单萜：含有两个异戊二烯单位的萜。它包含开链单萜、单环单萜、双环单萜三种。

② 倍半萜：含有三个异戊二烯单位的萜。

③ 双萜：含有四个异戊二烯单位的萜。

④ 三萜：含有六个异戊二烯单位的萜。

⑤ 四萜：含有八个异戊二烯单位的萜。

这些萜类和单萜一样，也有开链和成环之分。以下列举各类萜烯的例子。

开链单萜

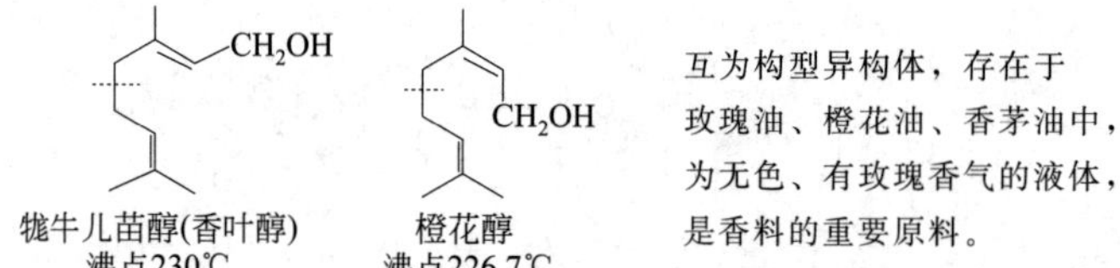

牻牛儿苗醇(香叶醇) 沸点230℃　　橙花醇 沸点226.7℃

互为构型异构体，存在于玫瑰油、橙花油、香茅油中，为无色、有玫瑰香气的液体，是香料的重要原料。

单环单萜

薄荷醇

熔点 43℃，沸点 213.5℃，存在于薄荷油中，天然的薄荷醇是左旋的薄荷醇。低熔点固体，具有芳香凉爽气味，有杀菌、防腐作用，并有局部止痛的效力。用于医药、化妆品及食品工业中，如清凉油、牙膏、糖果、烟酒等。

双环单萜

α-蒎烯

α-蒎烯是松节油的主要成分（80%），沸点 156℃。用作油漆、蜡等的溶剂，是合成冰片、樟脑等的重要化工原料。

倍半萜

金合欢醇

无色黏稠液体，沸点 125℃/66.5Pa，有铃兰味，存在于玫瑰油、茉莉油、金合欢油及橙花油中。是一种珍贵的香料，用于配制高级香精，有保幼激素活性。

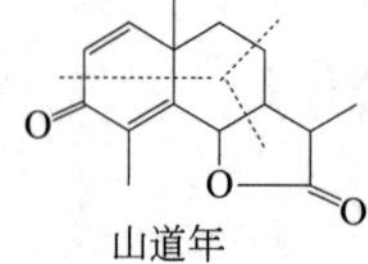

山道年

由山道年花蕾中提取，无色结晶体，熔点 170℃，不溶于水，易溶于有机溶剂。过去是医药上常用的驱蛔虫药，其作用是使蛔虫麻痹而被排出体外，但对人也有相当的毒性。

二萜

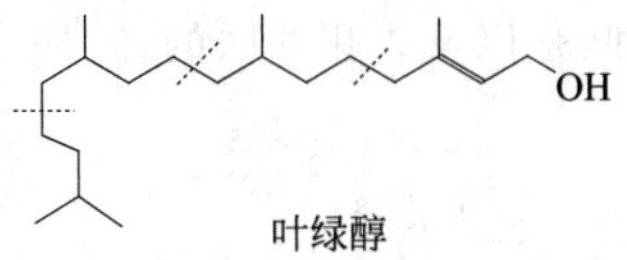

叶绿醇

叶绿醇是叶绿素的一个组成部分，用碱水解叶绿素可得到叶绿醇，叶绿醇是合成维生素 K 及维生素 E 的原料。

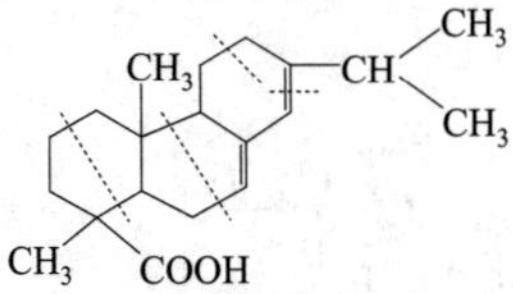

松香酸

松香酸存在于松脂中，是松香的主要成分。松香是造纸、制皂、制涂料等工业的原料。

三萜

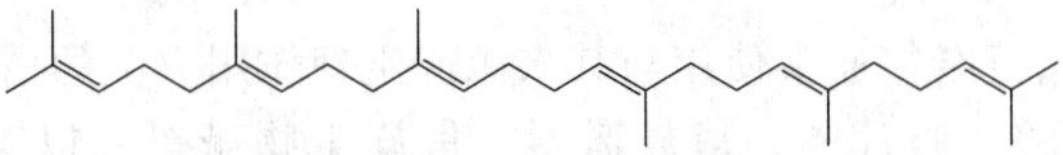

角鲨烯(squalene)

角鲨烯是鲨鱼肝油的主要成分，可能存在于所有组织中。角鲨烯是羊毛甾醇生物合成的前体，而羊毛甾醇又是其他甾体化合物的前体。

四萜

四萜类化合物的分子中都含有一个较长的碳碳双键的共轭体系，所以四萜都是有颜色的物质，多带有由黄至红的颜色，因此也常把四萜称为多烯色素。例如：

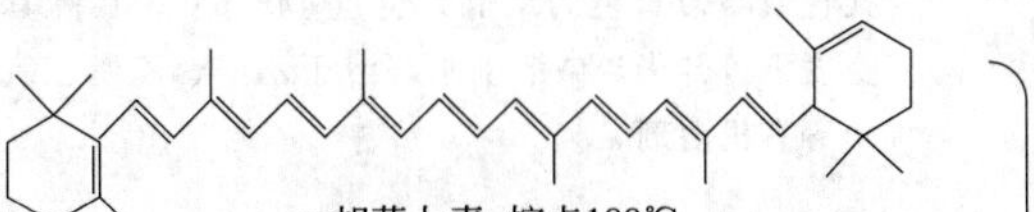

α-胡萝卜素 熔点188℃　15%

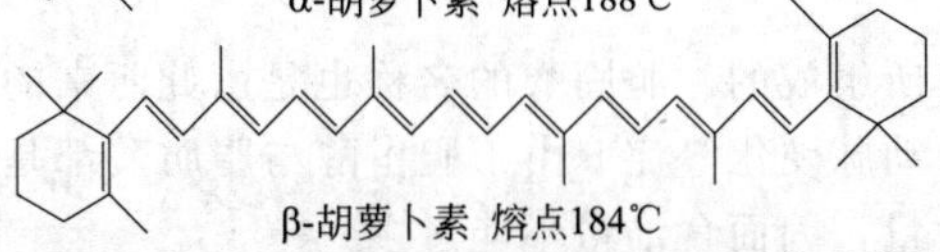

β-胡萝卜素 熔点184℃　85%

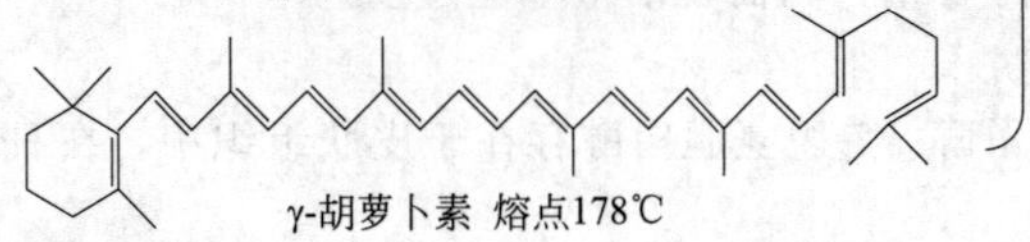

γ-胡萝卜素 熔点178℃　0.1%

广泛存在于植物的叶、茎、果实及动物的乳汁和脂肪中，β-体最重要(生理活性最强)。

5.5.2 甾族化合物

甾族化合物也广泛存在于自然界中（动物、植物和微生物体内），与动植物的生理作用密切相关。

甾族化合物分子中，都含有一个叫甾核的四环碳骨架，环上一般带有三个侧链其通式为：

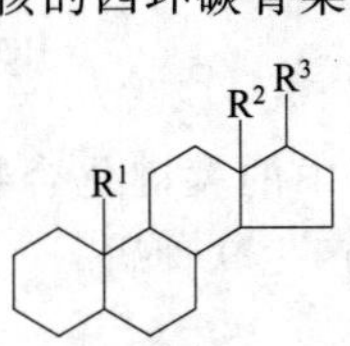

R^1、R^2 一般为甲基，称为角甲基，R^3 为其他含有不同碳原子数的取代基。甾是个象形字，是根据这个结构而来的，“田”表示四个环，“巛”表示三个侧链。许多甾族化合物除了这三个侧链外，甾核上还有双键、羟基和其他取代基。

这四个环一般用 A、B、C、D 编号，碳原子也按固定顺序用阿拉伯数字编号。

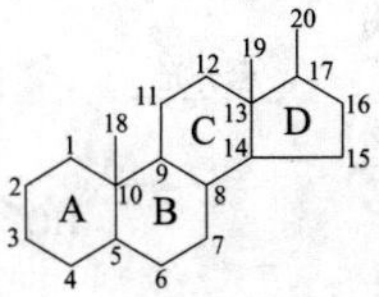

现在知道的天然甾族化合物只有两种构型，一种是A环和B环以反式相并联，另一种是A环和B环以顺式相并联。而B环和C环、C环和D环之间是以反式相并联的。

A、B反式(5α系) 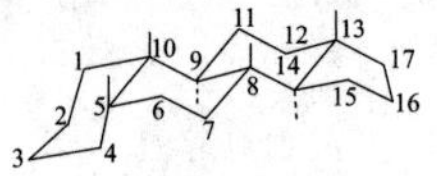　　A、B顺式(5β系)

通常也表达如下：

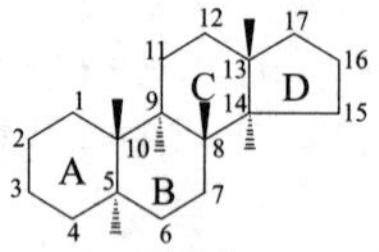

A、B反式 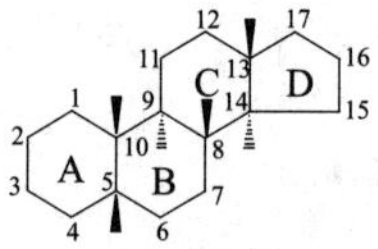　　A、B顺式

甾族化合物的命名相当复杂，通常使用与其来源或生理作用有关的俗名。甾族化合物根据其存在和化学结构可分为：甾醇、胆汁酸、甾族激素、甾族生物碱等。以下列举一些重要的甾族化合物。

5.5.2.1　甾醇

（1）胆甾醇（胆固醇）

胆甾醇是最早发现的一种甾体化合物，存在于人及动物的血液、脂肪、脑髓及神经组织中。

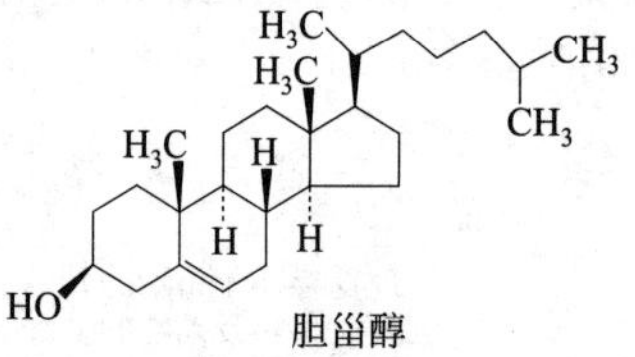

胆甾醇

无色或略带黄色的结晶，熔点148.5℃，在高真空度下可升华，微溶于水，溶于乙醇、乙醚、氯仿等有机溶剂。

人体内发现的胆结石几乎全是由胆甾醇所组成的，胆固醇的名称也是由此而来的。人体中胆固醇含量过高是有害的，它可以引起胆结石、动脉硬化等症。由于胆甾醇与脂肪酸都是醋源物质，食物中的油脂过多时会提高血液中的胆甾醇含量，因而食油量不能过多。

（2）7-脱氢胆甾醇

胆甾醇在酶催化下氧化成7-脱氢胆甾醇。7-脱氢胆甾醇存在于皮肤组织中，在日光照射下发生化学反应，可转变为维生素D_3：

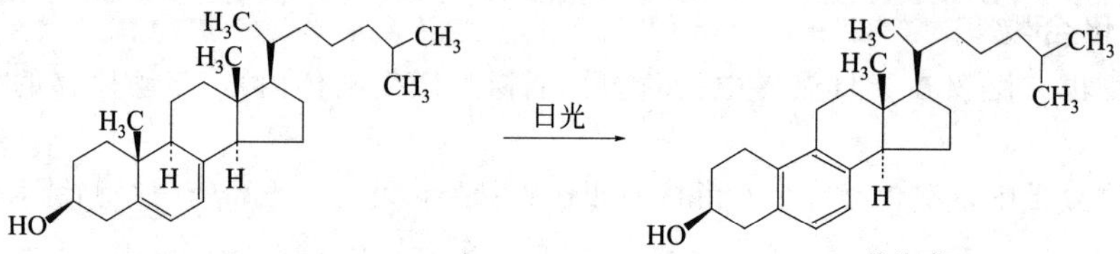

7-脱氢胆甾醇 —日光→ 维生素D_3

维生素D_3是从小肠中吸收Ca^{2+}过程中的关键化合物。体内维生素D_3的浓度太低，会引起Ca^{2+}缺乏，不足以维持骨骼的正常生成而产生软骨病。

（3）麦角甾醇

麦角甾醇是一种植物甾醇，最初是从麦角中得到的，但在酵母中更易得到。麦角甾醇经日光照射后，B环开环而成前钙化醇，前钙化醇加热后形成维生素D_2（即钙化醇）。

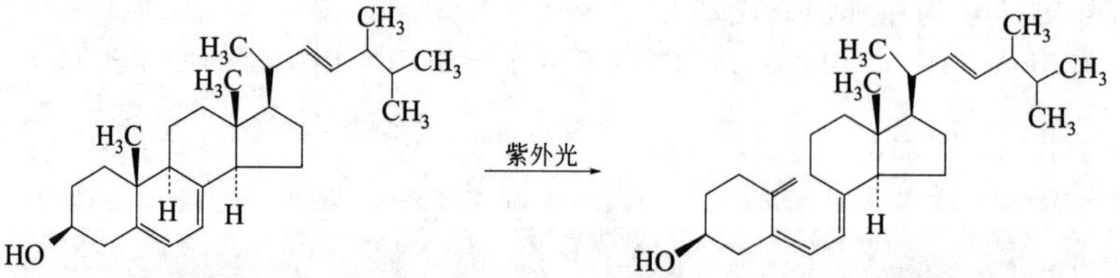

麦角甾醇 —紫外光→ 维生素D_2

维生素 D_2 同维生素 D_3 一样，也能抗软骨病，因此，可以将麦角甾醇用紫外光照射后加入牛奶和其他食品中，以保证儿童能得到足够的维生素 D。

5.5.2.2 胆汁酸

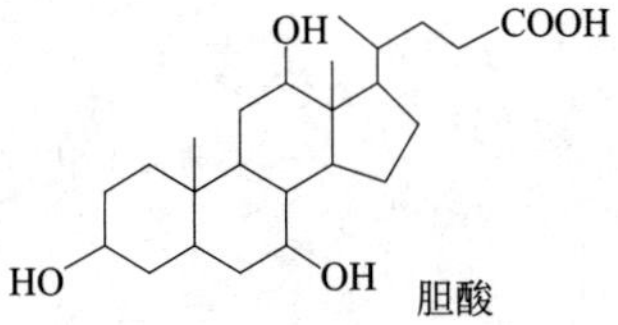

胆酸

胆汁酸存在于动物的胆汁中，从人和牛的胆汁中所分离的胆汁酸主要为胆酸。胆酸是油脂的乳化剂，其生理作用是使脂肪乳化，促进它在肠中的水解和吸收。故胆酸被称为“生物肥皂”。

5.5.2.3 甾族激素

激素是由动物体内各种内分泌腺分泌的一类具有生理活性的化合物，它们直接进入血液或淋巴液中循环至体内不同组织和器官，对各种生理机能和代谢过程起着重要的协调作用。激素可根据化学结构分为两大类：一类为含氮激素，包括胺、氨基酸、多肽和蛋白质；另一类即为甾族化合物。

甾族激素根据来源分为肾上腺皮质激素和性激素两类，它们的结构特点是在 C_{17}（R^3）上没有长的碳链。

(1) 性激素

性激素是高等动物性腺的分泌物，有控制性生理、促进动物发育、维持第二性征（如声音、体形等）的作用。它们的生理作用很强，很少量就能产生极大的影响。

性激素分为雄性激素和雌性激素两大类，两类性激素都有很多种，在生理上各有特定的生理功能。例如：

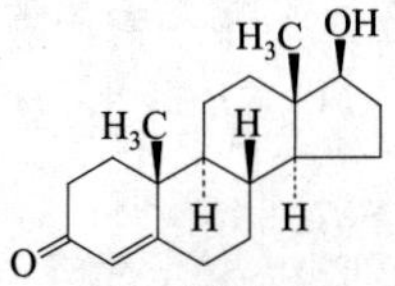

睾酮

睾酮是睾丸分泌的一种雄性激素，有促进肌肉生长，声音变低沉等第二性征的作用，它是由胆甾醇生成的，并且是雌二醇生物合成的前体。

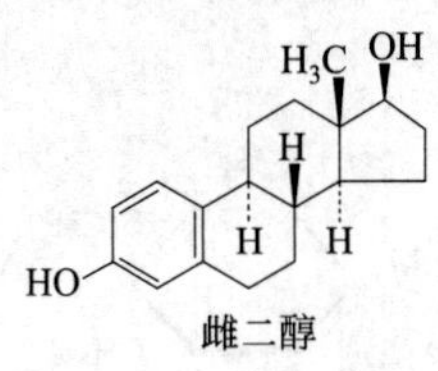
雌二醇

雌二醇为卵巢的分泌物，对雌性的第二性征的发育起主要作用。动物体内分泌的睾酮和雌二醇的量极少，4t 猪卵巢只提取到 0.012g 雌二醇。

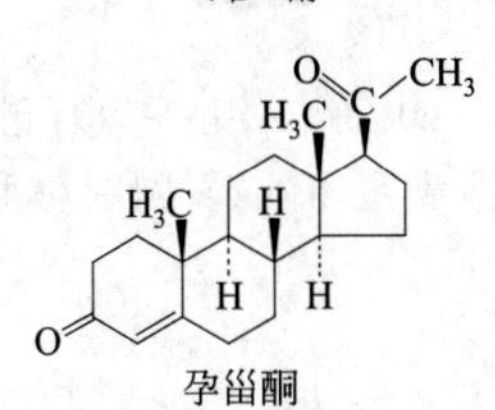
孕甾酮

孕甾酮的生理功能是在月经期的某一阶段及妊娠中抑制排卵。临床上用于治疗习惯性子宫功能性出血、痛经及月经失调等。

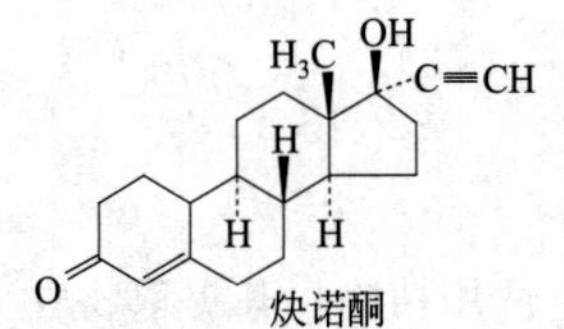
炔诺酮

炔诺酮是一种合成的女用口服避孕药，在计划生育中有重要作用。

(2) 肾上腺皮质激素

肾上腺皮质激素是哺乳动物肾上腺皮质分泌的激素，皮质激素的重要功能是维持体液的电解质平衡和控制碳水化合物的代谢。动物缺乏它会引起机能失常以至死亡。皮质醇、可的松、皮质甾酮等皆此类中重要的激素。

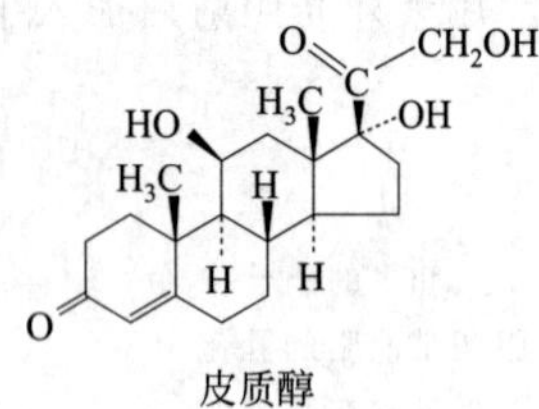

皮质醇

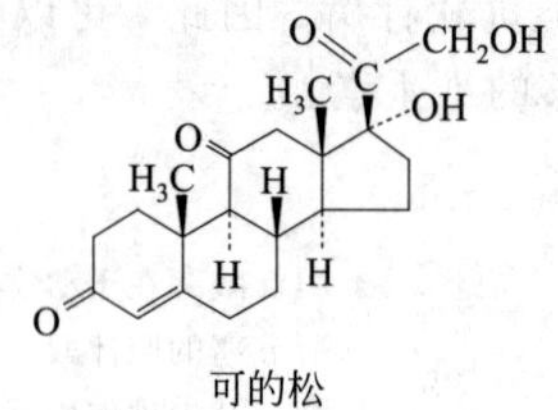

可的松

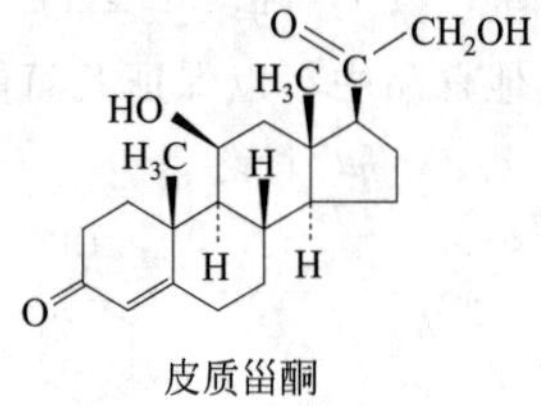

皮质甾酮

【拓展阅读】 奥托·瓦拉赫简介

奥托·瓦拉赫（Otto Wallach, 1847—1931），德国化学家，1910年诺贝尔化学奖得主。瓦拉赫的成才过程极具传奇色彩。他生于一个家教极严的律师家庭，在中学时，遵循父母意愿学习文学的他，在期末时却得到了来自学校老师这样的评语："瓦拉赫很用功，但过分拘泥。这样的人即使有着完美的品德，也绝不可能在文字上发挥出来。"此后，他改学油画。可瓦拉赫依然没有展现出艺术方面的才华，成绩也是全班倒数第一。面对如此"笨拙"的学生，绝大多数老师认为他已成才无望，唯独化学老师认为他做事一丝不苟，具备做好化学实验应有的品格，建议他试学化学，父母接受了化学老师的建议。此后，瓦拉赫先后师从著名化学家韦勒、许布纳学习有机化学，并于1869年获得博士学位。后来又先后担任霍夫曼、维歇尔豪斯的助手。

1889年至1915年，瓦拉赫在哥廷根大学任教期间，对萜类化合物进行了深入研究，并完成了香料的首次人工合成。1909年，写成《萜和樟脑》一书，总结了他一生对萜类化学的研究成果。这位终生未婚且一直在实验室辛勤工作的伟大科学家生平却十分务实，尽管各国学府都敬慕他，并纷纷授予荣誉学位，但他从未亲自接受过奖励。1910年，由于在脂环族化合物的研究中做出了开创性的工作，瓦拉赫被授予诺贝尔化学奖。

【例题解析】

取代环己烷的稳定构象及萜类化合物的结构特点是该部分内容的重要知识点和难点。

例题 1. 写出下列取代环己烷的最稳定构象。

（1）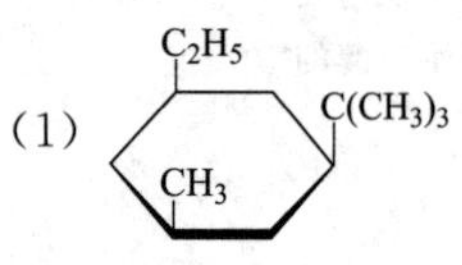

（2）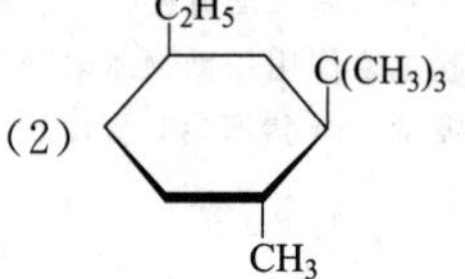

（3）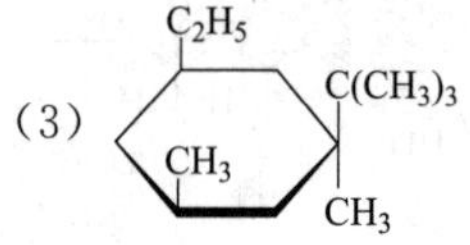

（4）反-1-溴-2-氯环己烷　（5）反-1-溴-3-氯环己烷　（6）顺-1-溴-4-氯环己烷

解析： 环己烷的最稳定构型为椅式结构，且取代基稳定性满足 e＞a，同时体积大的取代基在 e 位的构象较稳定，故：

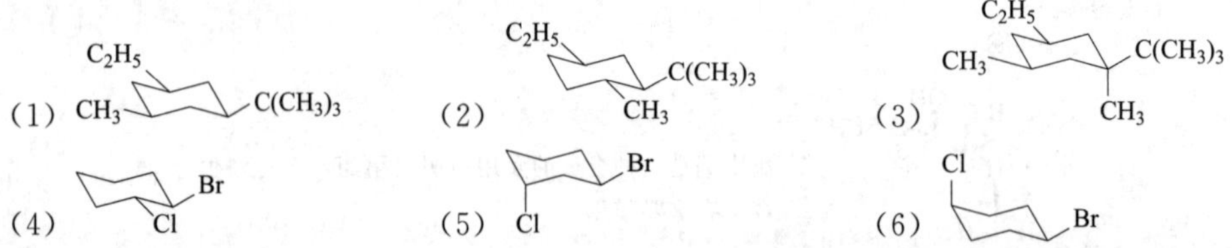

例题 2: 甘草（*Glycyrrhize glabra* L.）是常见的药食两用植物，其提取物甘草酸（glycyrrhizic acid）和甘草次酸（glycyrrhetinic acid）可作为天然的甜味剂，并广泛用于糖果和罐头食品中，后者的化学结构式如下所示，根据萜类化合物的分类规则判断甘草次酸属于（　　）。

A. 单帖　　B. 倍半萜　　C. 二萜　　D. 三萜

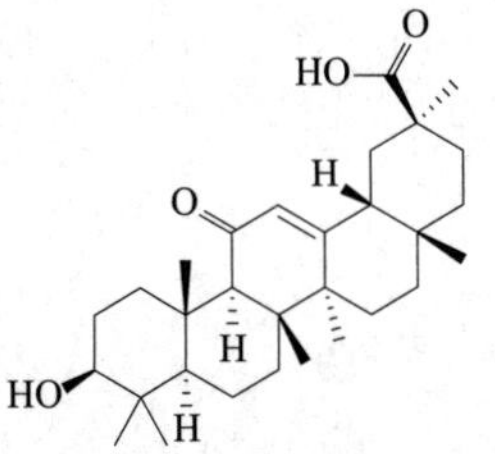

甘草次酸（glycyrrhetinic acid）

解析： 该分子中含有六个异戊二烯单位，故为三萜。

习 题

1. 命名下列各化合物。

（1）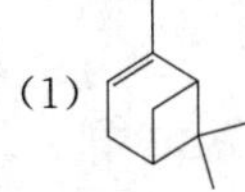　（2） 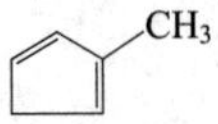　（3）

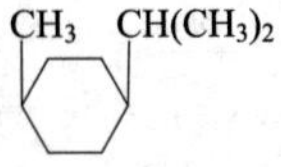

（4） 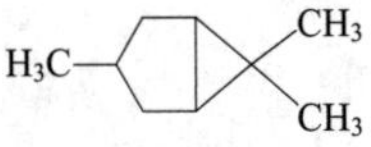　（5） 　（6）

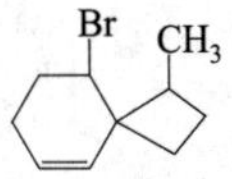

（7）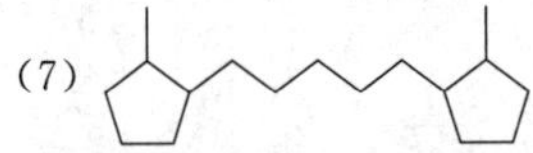　（8） 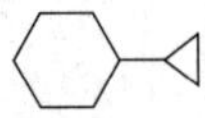　（9）

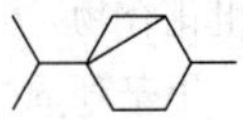

2. 写出下列化合物的结构式。

（1）反-1,3-二氯环丁烷　（2）2,3-二甲基环戊烯　（3）椅式-顺-1,2-二甲基环己烷

（4）1-环己烯基环己烯　（5）十氢萘　（6）1-氯-3,4-二甲基双环［4.4.0］癸-3-烯

（7）1,7-二甲基螺［4.5］癸烷　（8）环戊基乙烯

3. 写出下列化合物的最稳定构象（优势构象）的透视式。

（1）1,1,3-三甲基环己烷　（2）顺-4-异丙基氯代环己烷

（3）反-1,3-环己二醇　（4）十氢萘

4. 完成下列反应式。

（1）$\xrightarrow{HBr}$

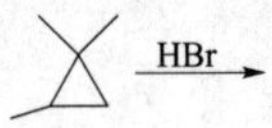

（2）$+ H_2 \xrightarrow[80℃]{Ni}$

（3）H_3C—□—$CH{=}C(CH_3)_2 \xrightarrow[H^+]{KMnO_4}$

（4）$\xrightarrow[冷OH^-]{KMnO_4}$

（5）$=CH_2 + HBr \longrightarrow$

（6）$—CH_3 + HBr \xrightarrow{过氧化物}$

（7）$+ \begin{matrix} C—COOCH_3 \\ \| \! \| \\ C—COOCH_3 \end{matrix} \xrightarrow{\triangle}$

（8）$—CH_3 + Br_2 \xrightarrow{300℃}$

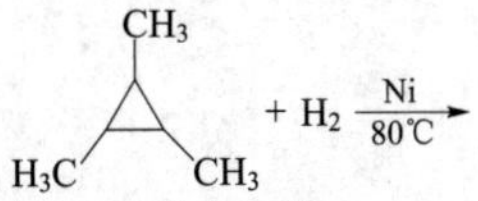

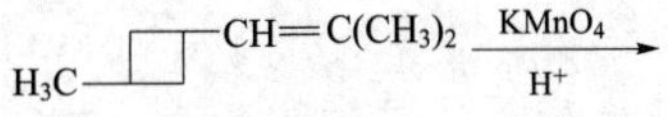

（9）$—Br + NaC{\equiv}CH \xrightarrow{\triangle}$

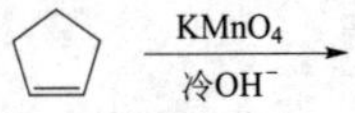

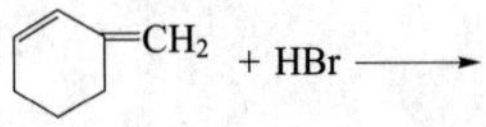

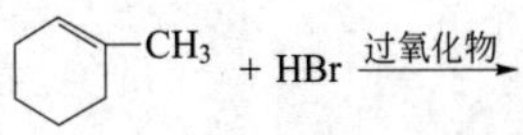

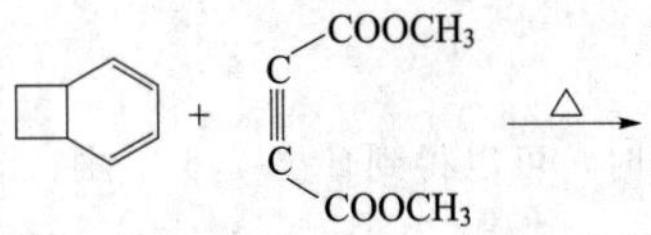

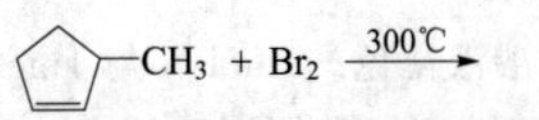

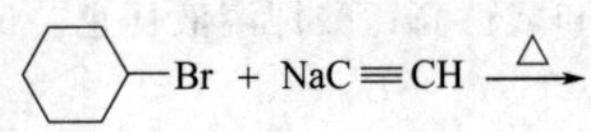

(10) 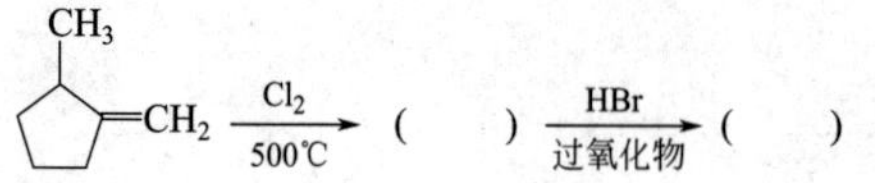 2-甲基-1-亚甲基环戊烷 $\xrightarrow[500℃]{Cl_2}$ ( ) $\xrightarrow[过氧化物]{HBr}$ ( )

(11) 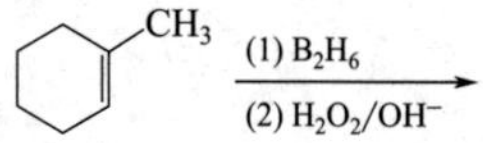 1-甲基环己烯 $\xrightarrow[(2)\ H_2O_2/OH^-]{(1)\ B_2H_6}$

(12) 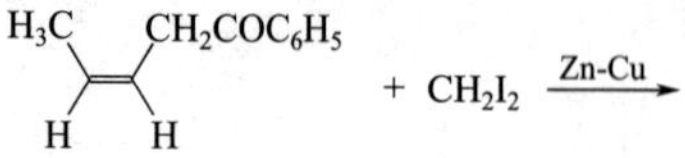 H_3C、$CH_2COC_6H_5$ 顺式烯烃（H、H） + CH_2I_2 $\xrightarrow{Zn\text{-}Cu}$

(13) 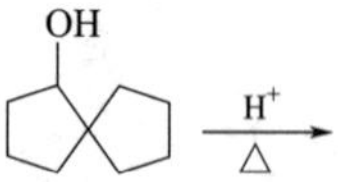 螺[4.4]壬-1-醇（OH） $\xrightarrow[\triangle]{H^+}$

(14) 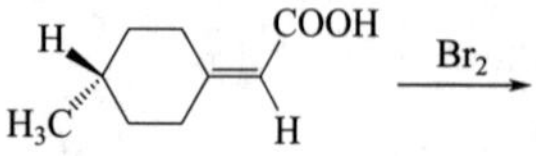 H、H_3C 取代的环己亚基乙酸（COOH、H） $\xrightarrow{Br_2}$

(15) 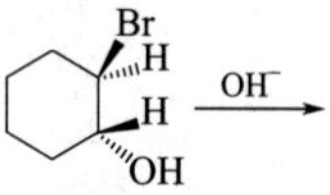 环己烷（Br、H；H、OH） $\xrightarrow{OH^-}$

5. 用化学方法鉴别下列各组化合物。

(1) 丁-1,3-二烯，丁-2-烯，甲基环丙烷，丁-1-炔

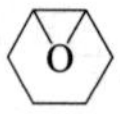

(2) 环己基乙烯，环己基乙炔，乙基环己烷，甲基环丙烷

6. 以环己醇为原料合成下列化合物。

(1)  环己-1,3-二烯　(2) 环氧环己烷（O）　(3) 环己-3-烯-1-醇（—OH）

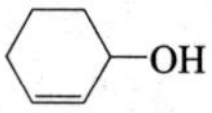

7. 请用少于 3 个碳原子的有机试剂合成下列化合物。

(1) 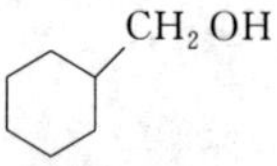 环己基甲醇（CH_2OH）　(2) 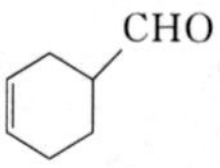 环己-3-烯甲醛（CHO）

8. 试说明下列反应结果。

(1) 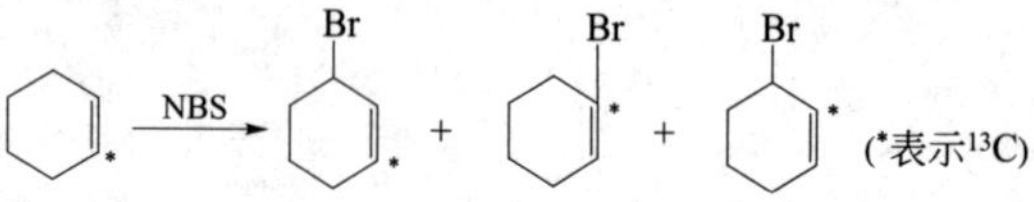 环己烯（*） $\xrightarrow{NBS}$ 3-溴环己烯（Br，*） + 3-溴环己烯（Br，*） + 3-溴环己烯（Br，*）（*表示^{13}C）

(2) 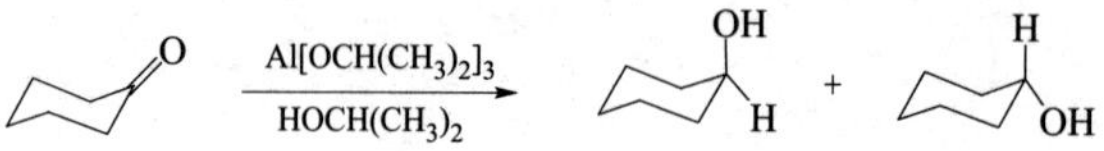 环己酮（O） $\xrightarrow[HOCH(CH_3)_2]{Al[OCH(CH_3)_2]_3}$ 环己醇（OH，H） + 环己醇（H，OH）

主要产物　次要产物

(3) 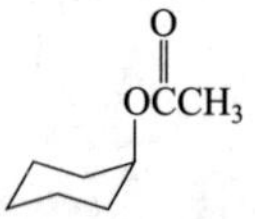 环己基乙酸酯（$OCCH_3$，O） 的水解速率比 环己基乙酸酯（$OCCH_3$，O） 慢

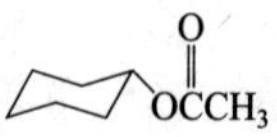

9. 写出下列化合物的立体异构体。

(1) 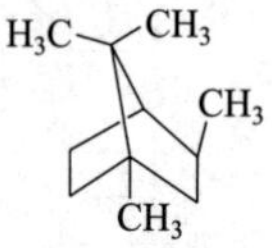 双环化合物（H_3C、CH_3、CH_3、CH_3）　(2) 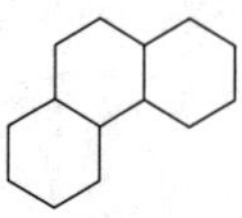 全氢菲

10. 某烃分子式为 $C_{10}H_{16}$，氢化时只吸收 1mol H_2，用臭氧分解时，可以得到环癸-1,6-二酮，请问它包含多少个碳环？写出它的构造式。

11. 化合物 A 分子式为 C_4H_8，它能使溴溶液褪色，但不能使高锰酸钾溶液褪色。1mol A 与 1mol HBr 作用生成 B。A 的同分异构体 C 与 HBr 作用也可以得到 B。C 能使溴溶液和酸性高锰酸钾溶液褪色。试推测化合物 A、B、C 的构造式，并写出各步反应式。

12. 薄荷醇和新薄荷醇互为异构体，都具有环己烷的椅式构象骨架。薄荷醇的羟基—OH 和邻位的—$CH(CH_3)_2$ 是反式构型，而新薄荷醇的羟基—OH 和邻位的—$CH(CH_3)_2$ 是顺式构型。它们分别与对硝基苯甲酰氯作用生成酯时，前者的反应速率是后者的 16.5 倍，请解释原因。

13. 请用短线划出下列萜类化合物的基本结构单元。

(1)

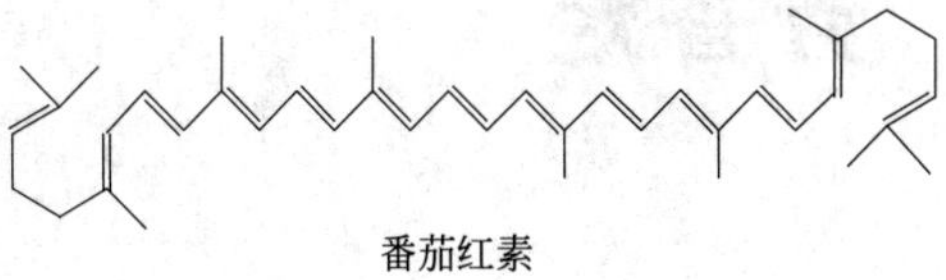

番茄红素

(2)

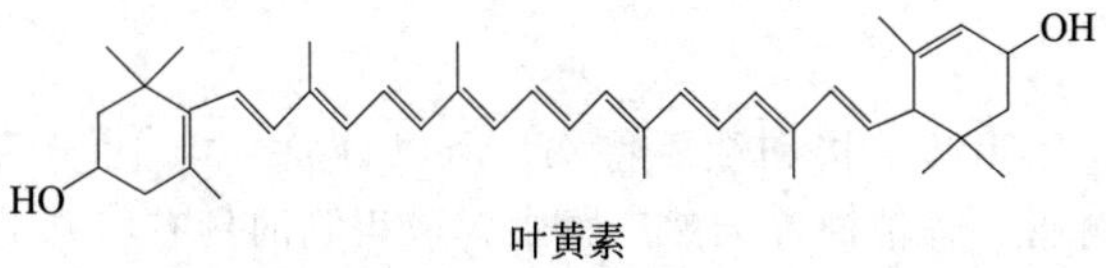

OH

HO

叶黄素

(3)

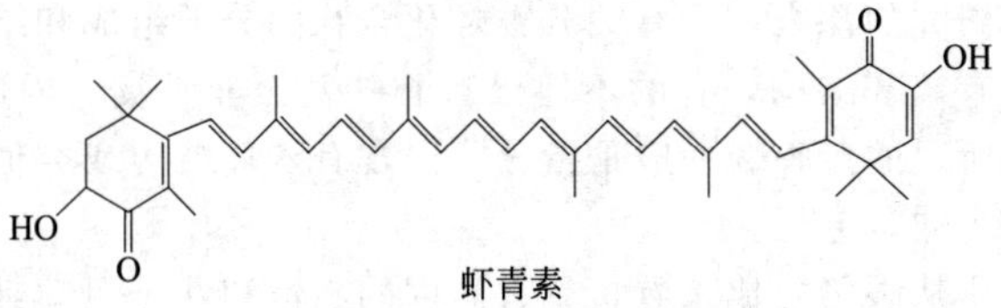

O

OH

HO

O

虾青素

(4)

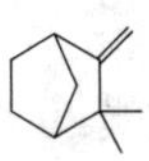

异樟烯

(5) 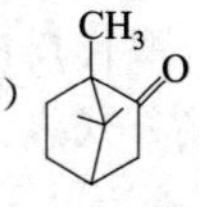 CH_3 O

樟脑（莰酮）

14. 从茴香油中提取的封酮是一种萜类化合物，它可以通过下列合成路线人工制备。请完成下列反应：

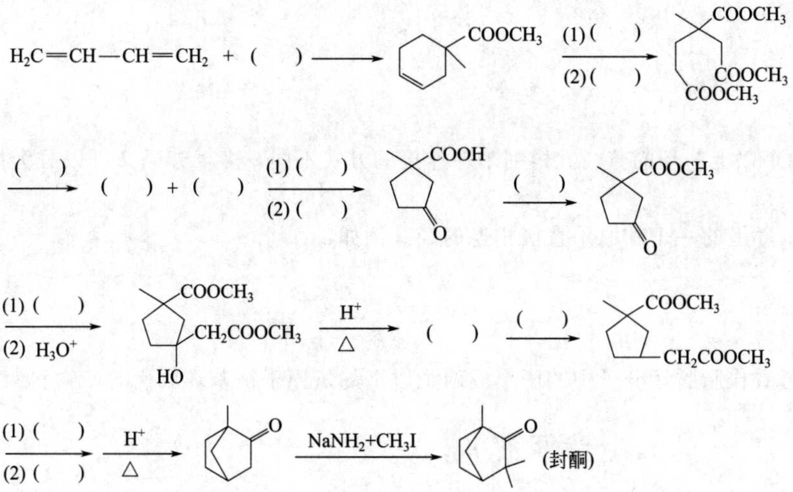

$H_2C=CH-CH=CH_2$ + (　　) ⟶ COOCH$_3$ $\xrightarrow[(2)(\quad)]{(1)(\quad)}$ COOCH$_3$, COOCH$_3$, COOCH$_3$

$\xrightarrow{(\quad)}$ (　　) + (　　) $\xrightarrow[(2)(\quad)]{(1)(\quad)}$ COOH, O $\xrightarrow{(\quad)}$ COOCH$_3$, O

$\xrightarrow[(2)\ H_3O^+]{(1)(\quad)}$ COOCH$_3$, CH_2COOCH_3, HO $\xrightarrow[\triangle]{H^+}$ (　　) $\xrightarrow{(\quad)}$ COOCH$_3$, CH_2COOCH_3

$\xrightarrow[(2)(\quad)]{(1)(\quad)}$ $\xrightarrow[\triangle]{H^+}$ O $\xrightarrow{NaNH_2+CH_3I}$ O (封酮)

第 6 章　芳香烃

6.1　芳香烃的定义及分类

芳香族碳氢化合物简称芳香烃或芳烃。因为其结构和性质特殊，所以自成一族。“芳香”二字来源于有机化学发展初期，是指从天然香树脂、香精油等天然产物中提取得到的具有特殊芳香气味的有机化合物。有机化合物的增加及对其研究的深入，为有关芳香烃化合物的分子组成和结构提供了很多信息，证明这些化合物基本上都含有苯环结构，有的不但没有香味甚至非常臭。因此，“芳香”一词就失去了原来的含义。我们通常所说的芳香烃一般是指分子内含有苯环结构或类似苯环结构的烃类。分子内不含苯环结构的芳烃称为非苯芳烃。

芳烃是芳香族化合物的母体。这类物质从碳氢之比来看，具有高度的不饱和性，但却具有特殊的稳定性，一般不易发生加成反应，不易氧化，而容易进行取代反应。

根据分子中是否含有苯环，以及所含苯环的数目和连接方式，芳烃可分为以下三类。

(1) 单环芳烃

分子中只含有一个苯环的芳烃，它包括苯及其同系物。例如：

$-CH_3$　　$-CH{=}CH_2$　　$-C{\equiv}CH$

苯 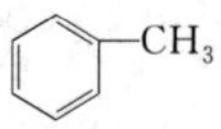　　甲苯 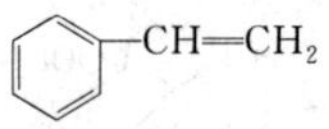　　苯乙烯 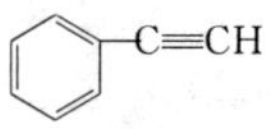　　苯乙炔

(2) 多环芳烃

分子中含有两个或两个以上苯环的芳烃。根据苯环连接的方式不同，多环芳烃又可以分为以下三类。

① 联苯烃　苯环各以环上的一个碳原子直接相连的烃。例如：

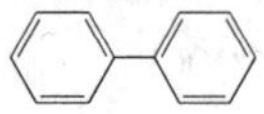

联苯 　　对联三苯

② 多苯代脂肪烃　可看作脂肪烃分子中的两个或两个以上的氢原子被苯环取代的产物。例如：

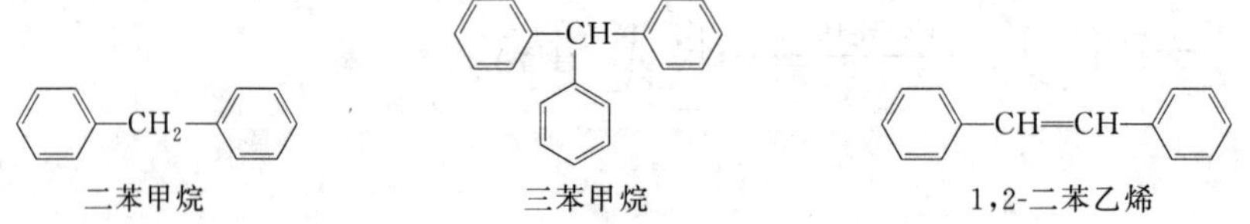

二苯甲烷　　三苯甲烷　　1,2-二苯乙烯

③ 稠环芳烃　由两个或多个苯环彼此间共用两个相邻的碳原子稠合而成。例如：

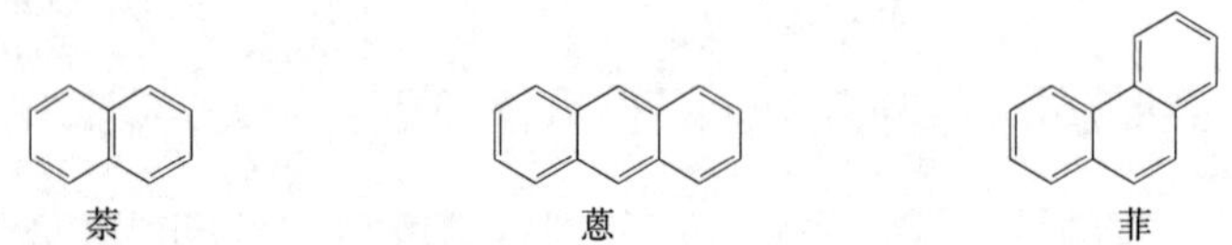

萘　　蒽　　菲

(3) 非苯芳烃

分子中不含苯环的芳烃。例如：

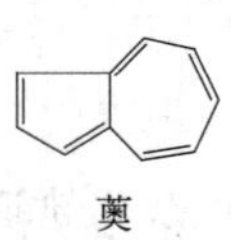

薁

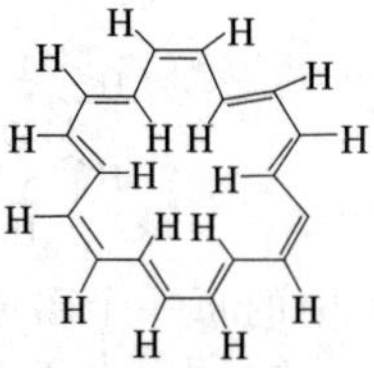

[18]-轮烯

6.2 苯的结构

6.2.1 凯库勒结构式

苯是芳烃中最典型的代表物，而且苯系芳烃分子中都含有苯环。苯的分子式为 C_6H_6，从苯的分子式来看，它是一个高度不饱和的化合物。但从它的一些反应，如苯催化加氢可生成环己烷，从而确定苯环中含有三个双键，但它不与 HCl、HBr 发生加成反应，也不能被高锰酸钾等氧化，说明苯不同于一般的烯烃和环状不饱和化合物，具有很好的稳定性。

1865 年凯库勒（A. Kekulé）从苯的分子式出发，根据苯的一元取代产物只有一种，说明苯分子中的六个氢原子是等同的事实，首先提出了苯的环状对称构造式，然后根据碳原子为四价，把苯写成：

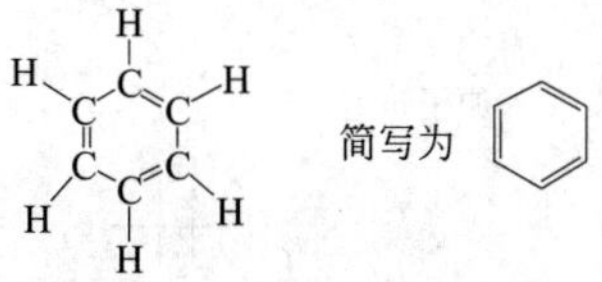

简写为

该式通常被称为苯的凯库勒式，这个式子虽然可以说明苯的分子组成、原子间的连接次序，但它不能解释苯异常稳定的事实。其存在的不足之处如下。

① 按照凯库勒式，苯分子内有三个双键，是一个环己三烯，应具有烯烃的特性，但苯不发生类似烯烃的加成反应。

② 按照凯库勒式，苯的邻位二元取代物应有两种（a）和（b）：

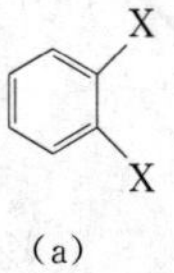

（a） 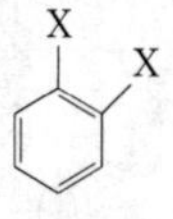　　（b）

而实际上只有一种。为了解决这一难题，凯库勒曾用两个式子来表示苯的结构，并且假定苯分子中的双键不是固定的，而是在不停地迅速来回移动，所以有了下面的两种结构存在，因其处于快速平衡中，不能分离出来。

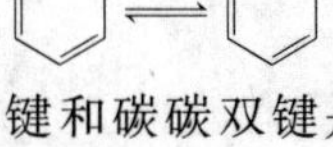

③ 按照凯库勒式，苯分子中的碳碳单键和碳碳双键是交替排列的，而单键和双键的键长是不等的，因此，苯分子应该是一个不规则六边形的结构，但事实上苯分子中的碳碳键的键长是完全相等的，都是 0.140nm，即比一般碳碳单键短，又比一般碳碳双键长，苯分子是一个等边六角环。

由此可见，凯库勒式并不能确切地反映苯分子的真实结构。

6.2.2 苯分子结构的近代观点

近代物理方法证明：苯分子的六个碳原子和六个氢原子都在同一平面上，其中六个碳原子构成平面正六边形，键角都是 120°，C—C 键长均为 0.140nm。每个碳原子连接一个氢原子，所有碳氢键的键长均为 0.108nm。

H 0.140nm
H H 0.108nm
120°
H H
H

杂化轨道理论认为：苯分子中的每一个碳原子都以 sp^2 杂化轨道互相沿着对称轴的方向重叠形成六个 C—C σ键。每个碳原子又各以一个 sp^2 杂化轨道与氢原子的 s 轨道重叠形成六个 C—H σ键。由于是 sp^2 杂化，所以键角都是 120°，所有的碳原子和氢原子都在同一平面上。六个碳原子以 sp^2 杂化后，各剩下一个未参与杂化的 p 轨道，它们都垂直于σ键所在的平面，并彼此相互平行［见图 6-1(a)］。因而相互间从侧面重叠，形成了一个包含六个碳原子在内的闭合的大π键共轭体系［见图 6-1(b)］。由于π电子的相互作用，π电子高度离域达到完全平均化，体系能量下降，苯环稳定。

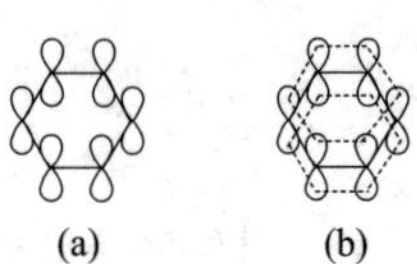

图 6-1 苯分子的 p 轨道

分子轨道理论认为：六个 p 轨道通过线性组合成六个π分子轨道，其中三个成键轨道 ψ_1、ψ_2、ψ_3 和三个反键轨道 ψ_4、ψ_5、ψ_6，这六个π分子轨道如图 6-2 所示。在这六个分子轨道中，有一个能量最低的 ψ_1 轨道，没有节面，有两个能量相同的 ψ_2 和 ψ_3 轨道，各有一个节面，其能量比 ψ_1 高，

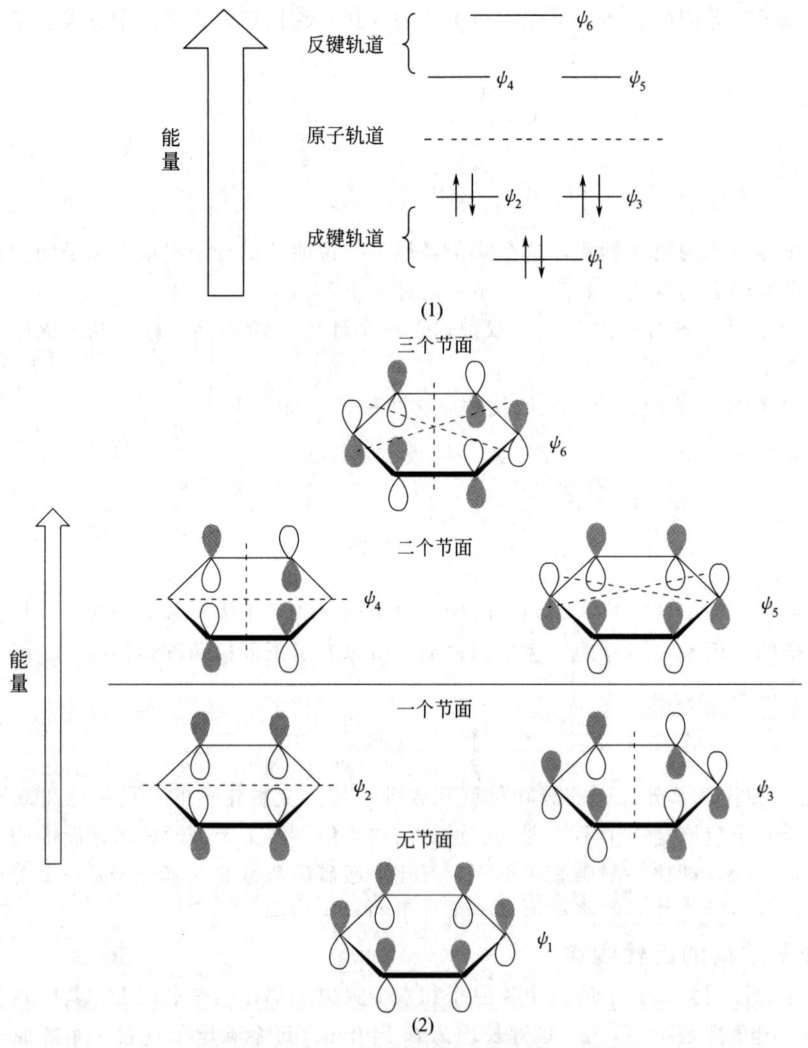

图 6-2 苯的π分子轨道和能级图

这三个是成键轨道。反键轨道 ψ_4 和 ψ_5 各有两个节面，它们的能量也相同，但比成键轨道要高，而 ψ_6 轨道有三个节面，是能量最高的反键轨道。在基态时，苯分子的六个 π 电子分成三对，分别填入三个成键轨道，这时所有能量低的成键轨道（它们的能量都比原来的原子轨道低）都充满了电子。反键轨道 ψ_4、ψ_5、ψ_6 则是空着的。

苯分子中这六个离域 π 电子的总能量与处在定域的 π 轨道中的能量相比，要低得多。因此苯的结构很稳定。由于 π 电子是离域的，苯分子中所有碳碳键都完全相等。它们既不是一般的碳碳单键，也不是一般的碳碳双键，而是每个碳碳键都具有这种闭合的大 π 键的特殊性质。可以用图 6-3、图 6-4 来表示苯的结构。

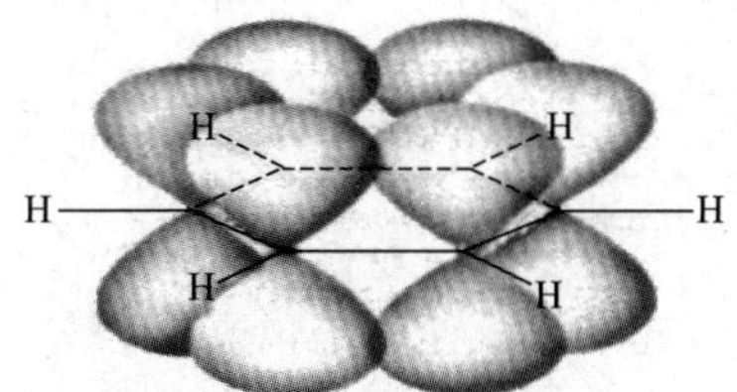

图 6-3 苯的大 π 键

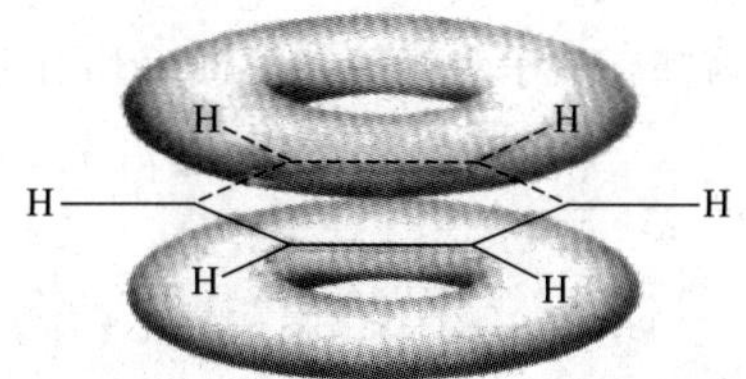

图 6-4 苯分子 π 键电子云分布图

由此可见，凯库勒式并不能满意地表示苯的结构，虽然也有不少人提出过各种苯的结构式的表示方法，但都不能圆满地表达苯的结构。所以目前一般仍采用凯库勒式，但在使用时不能把苯环误认为是由单双键交替组成的。也有用在正六边形中画一个圆圈（⌬）作为苯结构的表示方式，圆圈代表大 π 键的特殊结构。但这种表示方式不同于有机化学上习惯使用的价键结构式，因此也不能完全令人满意。在目前的文献资料中，常用的是⌬和⌬两种。在本书中一般以⌬代表苯的结构。

此外还可以从氢化热来看苯分子的稳定性。氢化热是衡量分子内能大小的尺度，氢化热越大分子内能越高，越不稳定；氢化热越低，分子内能越低，分子也越稳定。

环己烯、1,3-环己二烯和苯加氢后都生成环己烷，因此利用氢化热可以比较它们的相对稳定性。

$$\text{环己烯} + H_2 \longrightarrow \text{环己烷} \qquad \Delta H = -119.5\text{kJ/mol}$$

$$\text{1,3-环己二烯} + 2H_2 \longrightarrow \text{环己烷} \qquad \Delta H = -232.0\text{kJ/mol}$$

$$\text{苯} + 3H_2 \longrightarrow \text{环己烷} \qquad \Delta H = -208.0\text{kJ/mol}$$

从以上的氢化热可以看到，1,3-环己二烯的氢化热（232.0kJ/mol）略小于两倍环己烯的氢化热（2×119.5＝239.0kJ/mol），这是因为在 1,3-环己二烯中形成了一个 π-π 共轭体系。而苯的氢化热（208.0kJ/mol）要比三倍环己烯的氢化热（3×119.5＝358.5kJ/mol）更低，比 1,3-环己二烯的氢化热也低，氢化热小说明其分子内能低。因此可以把苯看成一个闭合的 π-π 共轭体系，比假定的环己三烯要稳定得多。通常把苯环中因 π 电子高度离域所降低的这部分能量称为苯分子的离域能。

6.2.3 苯的共振结构式

共振论是美国化学家鲍林（L. Pauling）于 1931—1933 年提出来的。

共振论认为：分子的真实结构，是由可能写出的两个或多个经典结构式（这些经典的共振结构式又称为极限式）共振得到的一个杂化体。例如，苯可以认为主要由两个凯库勒式共振得到的共振杂化体。

$$\text{(凯库勒式 I)} \longleftrightarrow \text{(凯库勒式 II)}$$

式中的双箭头"⟷"为共振符号。任一种共振结构式都不能代表其真实结构。双箭头符号"⟷"不能和表示平衡的"⇌"符号混淆。

共振论为写共振结构式规定了条件：①氢原子的外层电子不能超出两个，第二周期元素的最外层电子不能超过八个，碳为 4 价；②各极限式的原子核排列完全相同，只能在电子排列上有差别；③在所有的极限式中，未共用电子数必须相等。例如：在 CO_3^{2-} 的三个极限式中，四个原子核的位置没有变动，只有电子的排布有所差别而已。

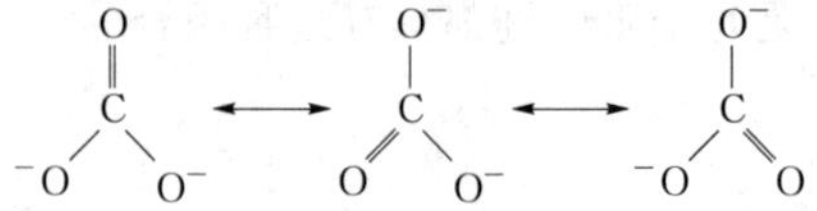

又如烯丙基正离子和烯丙基游离基均有两个极限式：

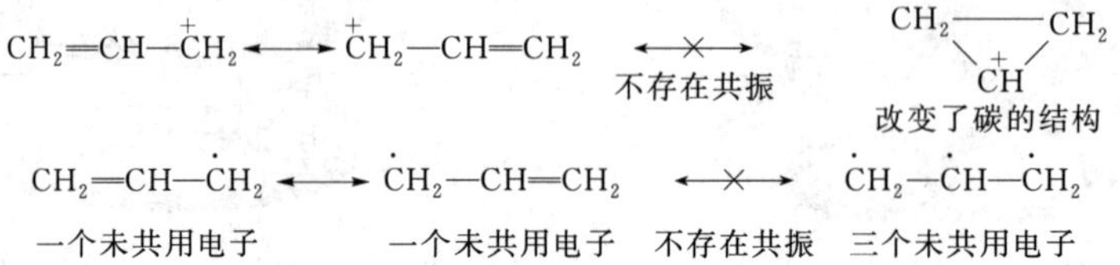

$CH_2{=}CH{-}\overset{+}{C}H_2 \longleftrightarrow \overset{+}{C}H_2{-}CH{=}CH_2$ ⟷×⟷ 不存在共振 （环状 CH_2—CH_2、$\overset{+}{C}H$）改变了碳的结构

$CH_2{=}CH{-}\dot{C}H_2 \longleftrightarrow \dot{C}H_2{-}CH{=}CH_2$ ⟷×⟷ $\dot{C}H_2{-}\dot{C}H{-}\dot{C}H_2$

一个未共用电子　一个未共用电子　不存在共振　三个未共用电子

苯的真实结构也可以写出下列极限式：

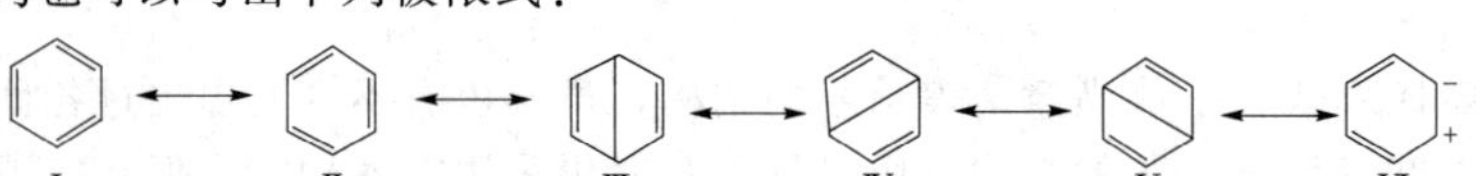

Ⅰ ⟷ Ⅱ ⟷ Ⅲ ⟷ Ⅳ ⟷ Ⅴ ⟷ Ⅵ

每个经典的共振结构式对共振杂化体都有一定的贡献，有的可能相同，有的则不同；能量愈低，愈稳定的对共振杂化体的贡献愈大。常用以下经验规律估计分子的稳定性和极限式的稳定性及贡献：①参加共振的经典结构式越多，分子越稳定；②当极限式越相像，能量就越接近，对共振杂化体的贡献越大，共振杂化体越稳定；③极限式共价键越多越稳定，对共振杂化体的贡献越大；④键角和键长变化较大的极限式，对共振杂化体的贡献小；⑤离子型极限式中，如果电荷的分布与电负性差中所预料的一致，则此极限式比电荷不一致的极限式更稳定。例如：苯的两个极限式Ⅰ式和Ⅱ式，在结构上和能量上都是等价的，且能量最低，所以对共振杂化体的贡献较大。苯的杂化体主要是由Ⅰ式和Ⅱ式共振杂化而成的。Ⅲ式至Ⅴ式有一拉长的对角线，Ⅵ式代表极化的结构，能量都较高，对共振杂化体贡献较小。必须再次指出，按照共振论的观点，苯的真实结构既不是Ⅰ式也不是Ⅱ式，更不是Ⅲ、Ⅳ、Ⅴ、Ⅵ式，而是它们的共振杂化体，只是前二者贡献较大而已。

由于Ⅰ式和Ⅱ式能量相同，苯的能量显著降低而稳定，其氢化热比环己三烯少了 150.5kJ/mol，此能量称为苯的共振能。

共振结果，苯分子中的碳碳键没有单独的单双键存在，可用六角形中加虚线圈表示。

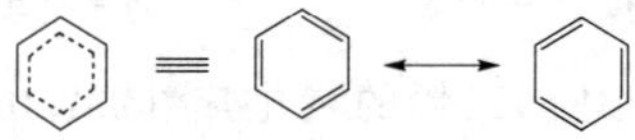

≡ Ⅰ ⟷ Ⅱ

共振论引用极限式杂化的概念，与电子离域、键长、键能等概念不谋而合。它以大量化学事实为依据，因而在很多场合下，得到大致与事实相符合的结论。但是它的极限式是凭主观想象的，有时数目很多，如萘可以写出 42 个极限式，不免沦于烦琐。它认为极限式能量接近时共振能大，在共振杂化体中参与最多，这都缺乏理论依据，如环丁二烯有两个完全等价的极限式，按共振论应有较大的共振能，分子稳定，实际上却很活泼，以至于一般情况下难以制备出来。所以我们对共振论应给以合理评价，谨慎应用。

6.3 单环芳烃的构造异构和命名

苯是最简单的单环芳烃。当苯环上的一个或多个氢原子被烃基取代后，生成苯的同系物，如甲苯、乙苯、正丙苯等。甲苯没有同分异构体，而乙苯、正丙苯则有同分异构体，例如，乙苯有四个异构体。其中苯的二元取代物，因取代基在环上的相对位置不同，可以有三种异构体。即：

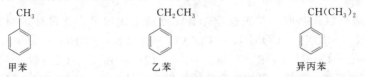

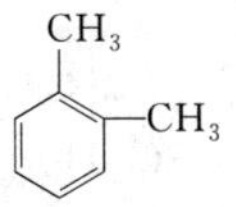

邻二甲苯 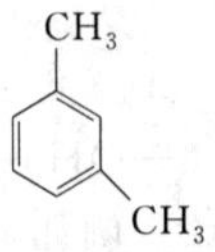　　间二甲苯 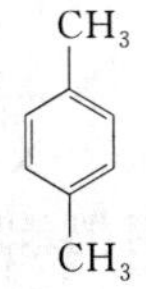　　对二甲苯

(1) 单环芳烃的命名

以苯环为母体，烷基作为取代基，称为“某烷基苯”，“基”字一般省略。例如：

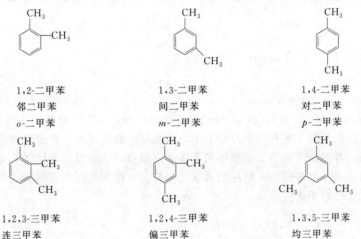

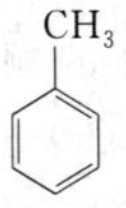

甲苯 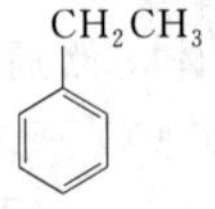　　乙苯 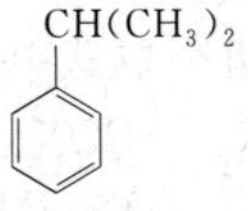　　异丙苯

当苯环上连有两个或多个取代基时，由于取代基的位置不同，可用阿拉伯数字标明其相对位次。若苯环上仅有两个取代基时，也常用“邻”“间”“对”或 *o*-(*ortho*-)、*m*-(*meta*-)、*p*-(*para*-)等希腊字头表示；若苯环上连有三个相同的取代基时，也可用连、偏和均等字头表示。例如：

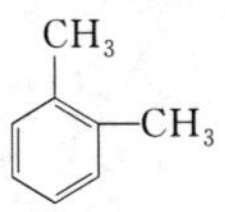

1,2-二甲苯　　1,3-二甲苯　　1,4-二甲苯
邻二甲苯　　间二甲苯　　对二甲苯
o-二甲苯　　*m*-二甲苯　　*p*-二甲苯

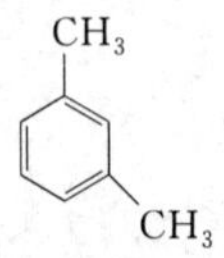

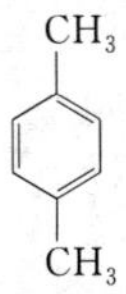

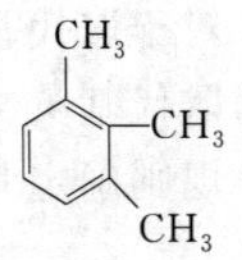

1,2,3-三甲苯　　1,2,4-三甲苯　　1,3,5-三甲苯
连三甲苯　　偏三甲苯　　均三甲苯

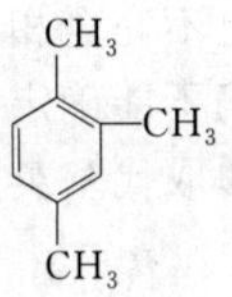

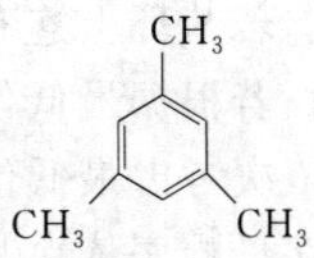

苯环上连有较复杂的取代基或不饱和烃基，命名时通常把苯环当作取代基。例如：

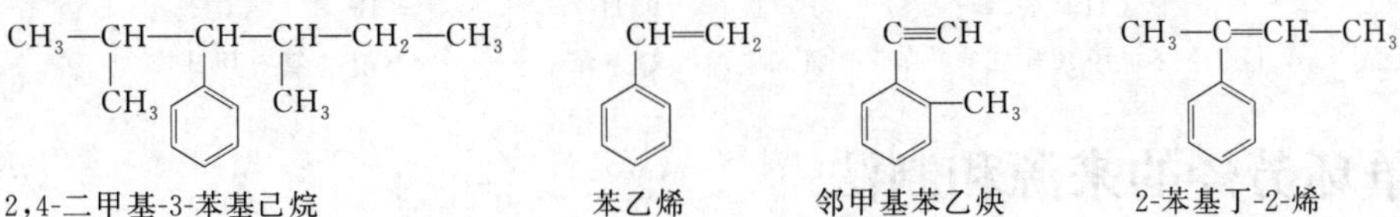

2,4-二甲基-3-苯基己烷　　苯乙烯　　邻甲基苯乙炔　　2-苯基丁-2-烯

苯分子去掉一个氢原子后剩余的基团（C_6H_5—）称为苯基，常用 Ph（是英文苯基 Phenyl 的缩写）表示。芳烃分子的芳环上去掉一个氢原子后剩下的基团称为芳基，常用 Ar-表示。

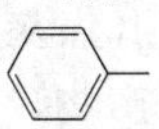

苯基 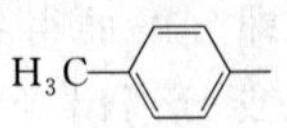　　对甲苯基 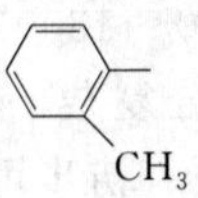　　邻甲苯基 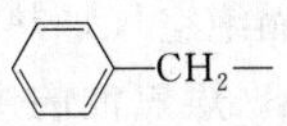　　苯甲基（苄基）

(2) 单环芳烃衍生物的命名

当芳环上连有烷基以外的官能团时，根据官能团的不同，苯环有时作为母体，有时作为取代基，现分三种情况讨论。

① 如果取代基是硝基（—NO_2）、亚硝基（—NO）、卤素（—X）等，命名时仍以苯环作为母体。例如：

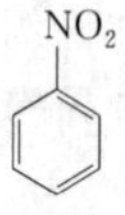

硝基苯 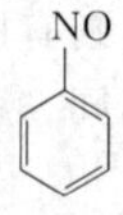　亚硝基苯 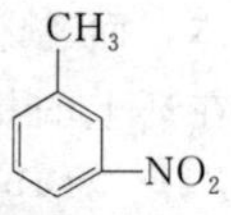　间硝基甲苯 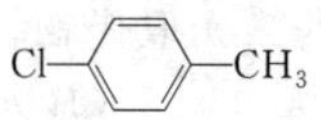　对氯甲苯

② 当取代基为氨基（—NH_2）、羟基（—OH）、磺酸基（—SO_3H）、醛基（—CHO）、羧基（—COOH）等时，命名时把苯环作为取代基。例如：

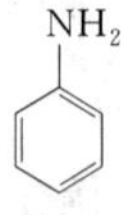

苯胺 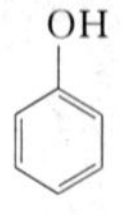　苯酚 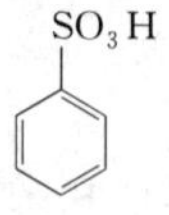　苯磺酸 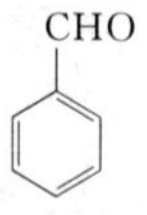　苯甲醛 　苯甲酸

③ 苯环上有两个取代基时，首先选定母体，然后依次编号。选母体的顺序为：—COOH、—SO_3H、—COOR、—COX、—$CONH_2$、—COOCO—、—CN、—CHO、—CO—、—OH、—SH、—NH_2、—C≡C—、—C═C、—OR、—SR、—F、—Cl、—Br、—I、—R、—NO_2、—NO 等，在这个顺序中排在前面的为母体，母体的位置编号应为 1 号位，书写时“1”可省略，排在后面的为取代基。当苯环上含有三个及以上不完全相同取代基时，选好母体后，取代基的编号顺序应满足最低位次组规则，若最低位次组仍不能确定编号顺序时则按取代基英文名首字母顺序依次编号。例如：

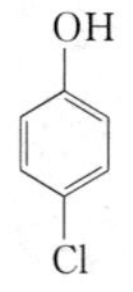

4-氯苯酚 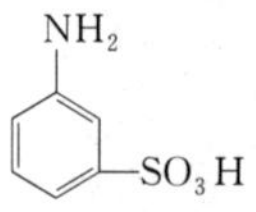　3-氨基苯磺酸 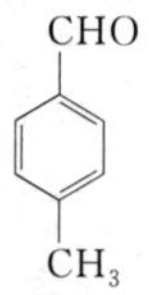　4-甲基苯甲醛 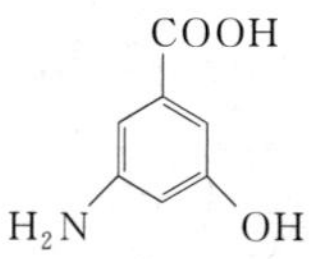　3-氨基-5-羟基苯甲酸

当苯环上仅连有烷基（—R）、卤素（—F、—Cl、—Br、—I）、硝基（—NO_2）等取代基时，一般苯环作为母体。若苯环上连有三个及以上不完全相同的取代基时，对于取代基的编号首先应遵循最低位次组规则。若根据最低位次组规则仍不能确定编号时，则根据取代基英文名的首字母顺序确定 1 号位，然后依次考虑最低位次组规则和取代基英文名首字母顺序规则确定其余编号。书写名称时，按取代基首字母顺序依次写出。

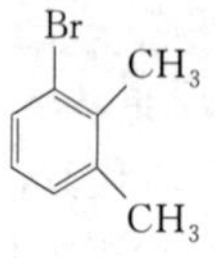

1-溴-2,3-二甲基苯 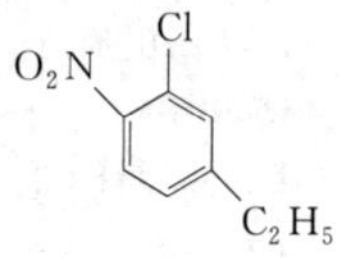　2-氯-4-乙基-1-硝基苯 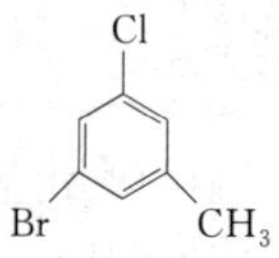　1-溴-3-氯-5-甲基苯

6.4　单环芳烃的来源和制法

6.4.1　煤的干馏

煤在炼焦炉里隔绝空气加热至 1000～1300℃，煤即分解而得到固态（焦炭）、液态（煤焦油）和气态产物（煤气）。煤焦油的组分十分复杂，目前已能分离出好几百种产物，但大部分还未被充分利用。煤焦油的分离主要采用分馏法，初步可以分出表 6-1 所示的各种馏分。

表 6-1　煤焦油分馏产品

馏分	馏分温度范围/℃	馏分成分
轻油	<180	苯、甲苯、二甲苯等
酚油	180～210	苯酚、甲苯酚、二甲酚
萘油	210～230	萘

续表

馏分	馏分温度范围/℃	馏分成分
洗油	230～300	萘、苊、芴
蒽油	300～360	蒽、菲
沥青	>360	沥青、炭

6.4.2 石油的芳构化

随着芳烃需求量的日益增加，从煤焦油中分离出来的芳烃已远远不能满足工业发展的需求，因此以石油为原料制取芳烃就显得尤为重要。为从石油中获得芳烃，工业上常采用铂作催化剂，在480～530℃、约2.5MPa下处理石油的C_6～C_8馏分，将其中所含的烷烃和环烷烃分子重新调整成为芳烃，这种转化叫作石油芳构化。这种重整常用铂作催化剂，故又叫铂重整。

重整芳构化的过程是复杂的，主要包括下列化学反应。

① 环烷烃脱氢生成芳香烃

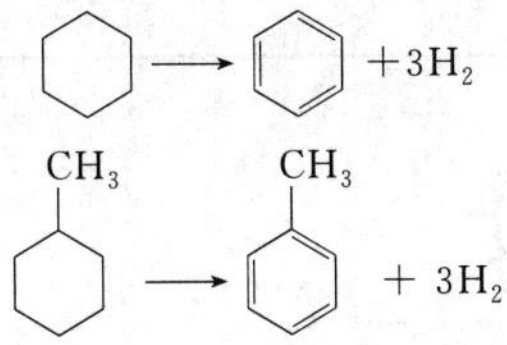

$$\text{环己烷} \longrightarrow \text{苯} + 3H_2$$

$$\text{甲基环己烷}(CH_3) \longrightarrow \text{甲苯}(CH_3) + 3H_2$$

② 环烷烃异构化、脱氢生成芳烃

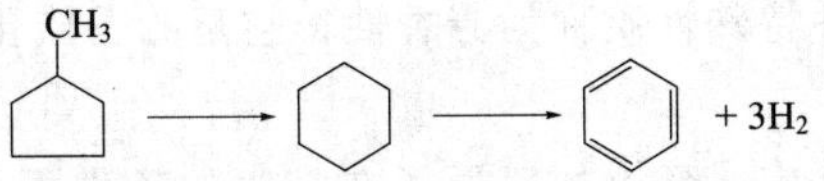

$$\text{甲基环戊烷}(CH_3) \longrightarrow \text{环己烷} \longrightarrow \text{苯} + 3H_2$$

③ 烷烃脱氢环化、再脱氢形成芳烃

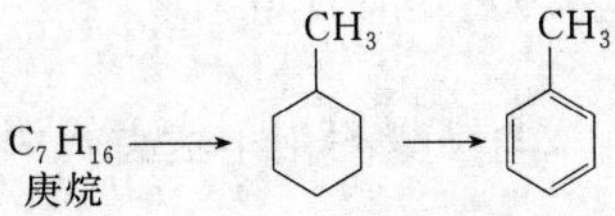

$$\underset{\text{庚烷}}{C_7H_{16}} \longrightarrow \text{甲基环己烷}(CH_3) \longrightarrow \text{甲苯}(CH_3)$$

在重整过程中，不仅发生了芳构化反应，还包括了烷烃的裂解和不饱和烃的加氢等，得到的产物是芳烃和非芳烃的混合物。

6.5 单环芳烃的物理性质

苯系芳烃一般为无色液体，相对密度小于1，但比同碳数的脂肪烃和脂环烃大。和其他烃相似，它们不溶于水，易溶于乙醇、乙醚、丙酮等有机溶剂。例如二甘醇、环丁砜、*N*-甲基吡咯烷-2-酮、*N*,*N*-二甲基甲酰胺等溶剂对芳烃有很好的选择性溶解，因此它们常被用来萃取芳烃。液态芳烃是一种优良的溶剂。单环芳烃具有特殊的气味，易挥发，蒸气有毒，对呼吸道、中枢神经和造血器官产生损害。有的稠环芳烃对人体有致癌作用。由于苯及其同系物中含碳量比较高，燃烧时火焰带有黑烟。

其沸点随分子量的增加而升高。熔点的变化不仅取决于分子量，而且也取决于分子的形状，分子对称性越高，熔点越高，溶解度越小。有关物理常数见表6-2。

表6-2 单环芳烃的物理常数

名称	熔点/℃	沸点/℃	相对密度(d_4^{20})
苯	5.5	80.1	0.879
甲苯	−95	110.6	0.867

名称	熔点/℃	沸点/℃	相对密度(d_4^{20})
邻二甲苯	−25.2	144.4	0.880
间二甲苯	−47.9	139.1	0.864
对二甲苯	13.2	138.4	0.861
乙苯	−95	136.3	0.867
正丙苯	−99.6	159.3	0.862
异丙苯	−96	152.4	0.862
连三甲苯	−25.4	176.1	0.894
偏三甲苯	−43.8	169.4	0.876
均三甲苯	−44.7	164.7	0.864
苯乙烯	−30.6	145.2	0.906
苯乙炔	−44.8	142.4	0.928

6.6 单环芳烃的化学性质

苯环大 π 键的高度离域，使得苯环非常稳定，一般不易进行加成反应，也难发生氧化反应，而容易发生取代反应。苯环的这种特殊性质称为芳香性，它是芳香族化合物的共性。

6.6.1 取代反应

取代反应是芳烃最重要的反应。环上的氢原子在一定的条件下可以被卤原子、硝基、磺酸基、烃基、酰基等原子或基团所取代，生成芳烃的各种衍生物。

(1) 卤化反应

在铁粉或三卤化铁存在下加热，苯与卤素作用生成卤代苯的反应称为卤代反应或卤化反应。例如：

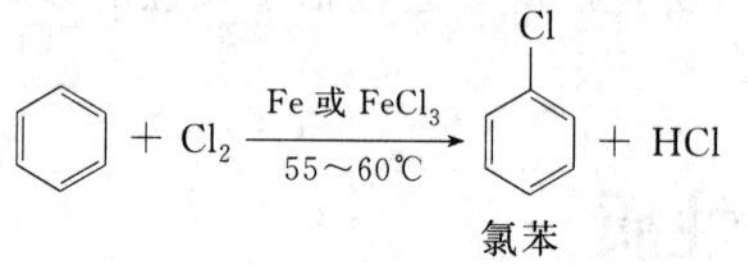

$$C_6H_6 + Cl_2 \xrightarrow[55\sim60℃]{Fe\ 或\ FeCl_3} C_6H_5Cl + HCl$$

氯苯

$$C_6H_6 + Br_2 \xrightarrow[55\sim60℃]{Fe\ 或\ FeBr_3} C_6H_5Br + HBr$$

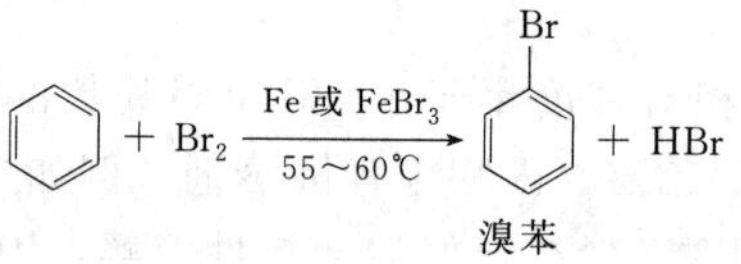

溴苯

在比较强烈的条件下，卤代苯可继续与卤素作用，生成二卤代苯，其中主要是邻位和对位取代物。例如：

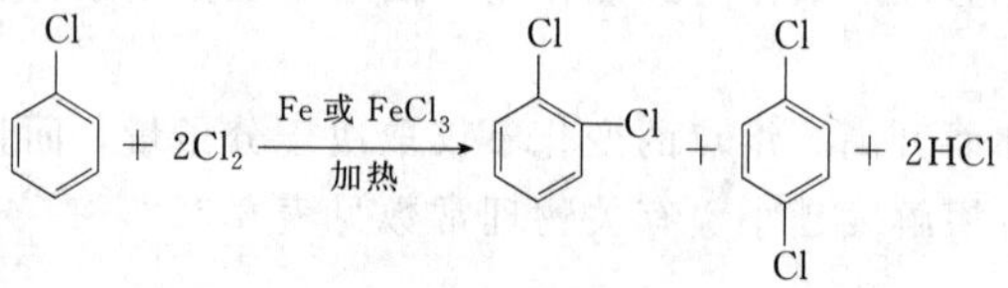

$$C_6H_5Cl + 2Cl_2 \xrightarrow[加热]{Fe\ 或\ FeCl_3} o\text{-}C_6H_4Cl_2 + p\text{-}C_6H_4Cl_2 + 2HCl$$

邻二氯苯　　对二氯苯

烷基苯例如甲苯，在催化剂作用下，比苯更容易发生卤代反应，主要生成邻位和对位卤代甲苯。

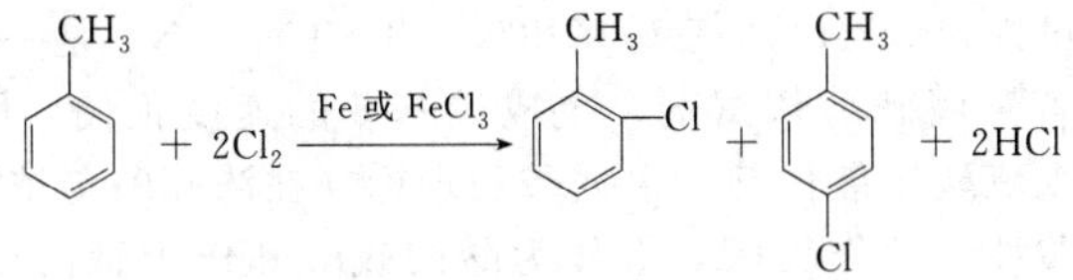

$$C_6H_5CH_3 + 2Cl_2 \xrightarrow{Fe 或 FeCl_3} o\text{-}CH_3C_6H_4Cl + p\text{-}CH_3C_6H_4Cl + 2HCl$$

邻氯甲苯（59%）　对氯甲苯（40%）

苯与不同的卤素进行卤化反应时，卤素的反应活性顺序是：氟＞氯＞溴＞碘。一般不用卤化反应制备氟代苯和碘代苯，因为氟化反应十分猛烈，难以控制；碘代反应不仅较慢，同时生成的碘化氢是还原剂，从而使反应成为可逆反应，且以逆反应为主。因此卤代反应一般指氯代和溴代。

从苯的结构可知，苯环碳原子所在的平面上下方分布着高度离域的 π 电子，容易接受亲电试剂的进攻。因此，苯环上的取代反应属于亲电取代反应。反应历程大致分为三步：

① 形成活性较强的亲电试剂　试剂与催化剂作用形成活性较强的亲电试剂——缺电子的正离子（如 X^+）或强极性分子。催化剂的作用就是促使卤素分子极化而离解。

② 形成活性中间体　较强的亲电试剂被苯环进攻，亲电试剂从苯环获取两个 π 电子后，与苯环上的一个碳原子通过 σ 键形成 σ 配合物。在此过程中，形成 σ 键的碳原子已从 sp^2 杂化态变成 sp^3 杂化态，从而使闭合共轭体系破坏，成为只有四个 π 电子的离域轨道。所以，σ 配合物是一个能量高而不稳定的活性中间体。

③ σ 配合物失去质子，恢复苯环的稳定结构　σ 配合物生成后立即分解，即使 sp^3 杂化碳原子失去质子 H^+，变成 sp^2 杂化态而恢复苯环的稳定结构。

下面以溴代反应为例说明如下：

第一步：$Br_2 + FeBr_3 \rightleftharpoons [FeBr_4]^- + Br^+$

第二步：$C_6H_6 + Br^+ \xrightarrow{慢} [C_6H_6Br]^+$（H、Br 所连碳原子：$sp^3$ 杂化）

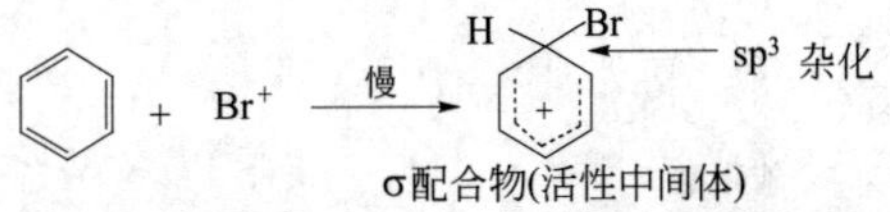

σ配合物(活性中间体)

第三步：$[C_6H_6Br]^+ + [FeBr_4]^- \xrightarrow[\sigma配合物失去H^+]{快} C_6H_5Br + HBr + FeBr_3$

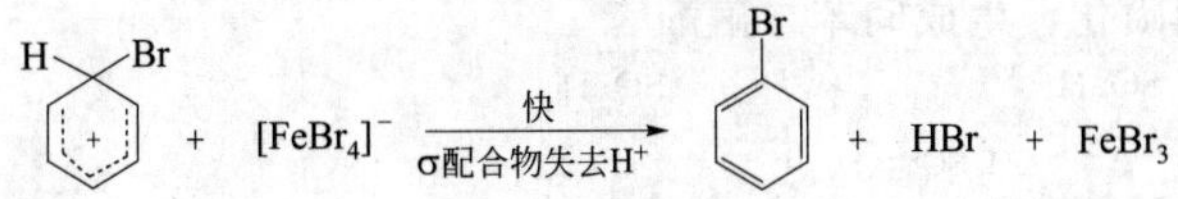

（2）硝化反应

苯与浓硝酸和浓硫酸的混合物（常称为混酸）共热，苯环上的氢原子被硝基取代，生成硝基苯的反应称为硝化反应。例如：

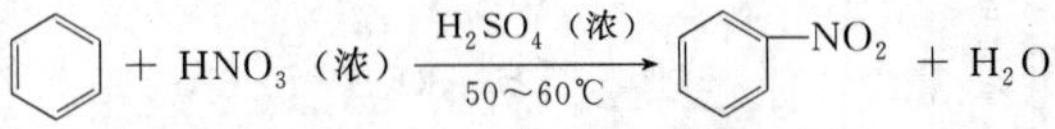

$$C_6H_6 + HNO_3（浓）\xrightarrow[50\sim60℃]{H_2SO_4（浓）} C_6H_5NO_2 + H_2O$$

硝基苯

硝基苯是淡黄色、油状液体，具有苦杏仁味。硝基苯不容易继续硝化，需升高温度或使用发烟硝酸才能引入第二个硝基，且主要生成间二硝基苯。

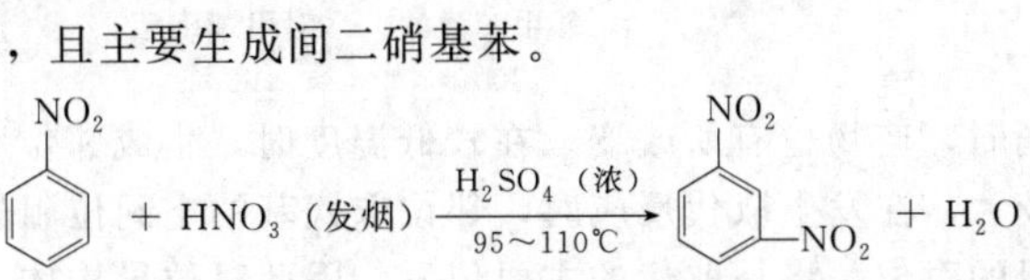

$$C_6H_5NO_2 + HNO_3（发烟）\xrightarrow[95\sim110℃]{H_2SO_4（浓）} m\text{-}C_6H_4(NO_2)_2 + H_2O$$

间二硝基苯（93.3%）

烷基苯在混酸的作用下，也能发生硝化反应，反应比苯容易进行，主要生成邻位和对位产物。

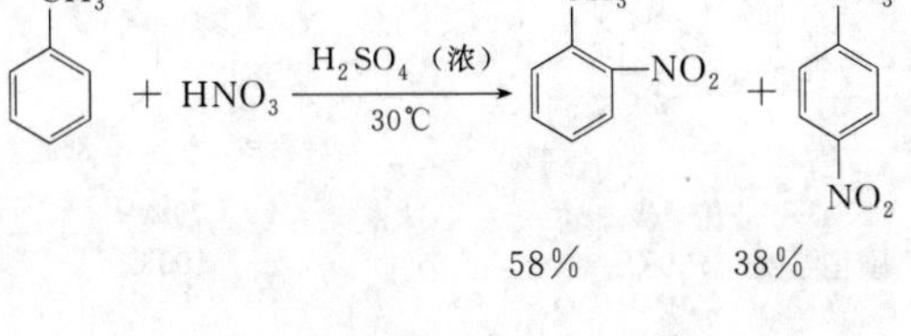

$$C_6H_5CH_3 + HNO_3 \xrightarrow[30℃]{H_2SO_4（浓）} o\text{-}CH_3C_6H_4NO_2 + p\text{-}CH_3C_6H_4NO_2$$

58%　38%

硝基甲苯进一步硝化可以得到2,4,6-三硝基甲苯（TNT），TNT是一种烈性炸药。

在苯的硝化反应中，若只用硝酸作试剂，生成硝基苯的速度很慢。因为硝酰正离子（$^+NO_2$）很少，硝化困难，故常加浓硫酸作催化剂。根据酸碱理论，在浓硫酸与浓硝酸的混合物中，硫酸的酸性强而作为酸，硝酸的酸性弱而作为碱，故作为酸的硫酸和作为碱的硝酸按 $HO^- \cdots {}^+NO_2$ 方式离解，而不是按 $H^+ \cdots {}^-NO_3$ 离解，其反应式如下：

$$
\begin{array}{rrcl}
 & HO{-}NO_2 + H_2SO_4 & \xrightleftharpoons{\text{快}} & H_2\overset{+}{O}{-}NO_2 + HSO_4^- \\
 & H_2\overset{+}{O}{-}NO_2 & \rightleftharpoons & \overset{+}{N}O_2 + H_2O \\
+) & H_2O + H_2SO_4 & \rightleftharpoons & H_3^+O + HSO_4^- \\
\hline
 & HO{-}NO_2 + 2\,H_2SO_4 & \rightleftharpoons & \overset{+}{N}O_2 + H_3^+O + 2\,HSO_4^-
\end{array}
$$

硝酰正离子是一个强的亲电试剂，它可与苯环结合先生成σ配合物，然后这个碳正离子失去一个质子而生成硝基苯。其反应历程与卤代反应历程相似。

$$C_6H_6 + \overset{+}{N}O_2 \xrightarrow{\text{慢}} [C_6H_6NO_2]^+$$

$$[C_6H_6NO_2]^+ \xrightarrow[\text{快}]{HSO_4^-} C_6H_5NO_2 + H_2SO_4$$

由反应历程可知，硫酸的存在有利于$^+NO_2$ 的生成，从而也有利于硝化反应的进行。

（3）磺化反应

苯与浓硫酸或发烟硫酸作用，苯环上的氢原子被磺酸基（$—SO_3H$）取代生成苯磺酸的反应称为磺化反应。例如：

$$C_6H_6 \underset{\text{或浓 } H_2SO_4\text{，}80℃}{\overset{H_2SO_4\ (SO_3)\text{，}25℃}{\rightleftharpoons}} C_6H_5{-}SO_3H + H_2O$$

苯磺酸

苯磺酸在较高温度下可以继续磺化，生成间苯二磺酸。

$$C_6H_5SO_3H \xrightarrow[200\sim246℃]{H_2SO_4\ (SO_3)} m\text{-}C_6H_4(SO_3H)_2$$

间苯二磺酸

烷基苯比苯容易磺化，主要生成邻位和对位烷基苯磺酸。例如：

$$C_6H_5CH_3 \xrightarrow[\text{常温}]{\text{浓 } H_2SO_4} o\text{-}CH_3C_6H_4SO_3H + p\text{-}CH_3C_6H_4SO_3H$$

邻甲苯磺酸 30%　　对甲苯磺酸 62%

磺化反应的温度不同时，产物也有所改变。在较低温度时，生成邻位和对位产物的数量相差不多。但由于磺酸基体积较大，在发生取代反应时，邻位取代基的空间位阻较大。在较高温度反应达到平衡时，没有空间位阻的对位，将是取代的主要位置，因此对位异构体为主要产物。这种空间效应也称为邻位效应。

磺化温度	邻位	间位	对位
0℃	43%	4%	53%
100℃	13%	8%	79%

与卤化和硝化反应不同，苯的磺化反应是一个可逆反应。如果将苯磺酸与稀硫酸共热或在磺化产物中通入过热水蒸气时，可使苯磺酸发生水解反应而又变成苯。

$$C_6H_5-SO_3H + H_2O \xrightarrow[100\sim175^\circ C]{H^+} C_6H_6 + H_2SO_4$$

磺化反应的逆反应称为水解反应，该反应的亲电试剂是质子，因此又称为质子化反应（或称去磺基反应）。

在上述的磺化反应中，目前认为有效的亲电试剂是从下式生成的 SO_3：

$$2H_2SO_4 \rightleftharpoons SO_3 + H_3\overset{+}{O} + HSO_4^-$$

$$C_6H_6 + \overset{\delta+}{S}O_3^{\delta-} \xrightleftharpoons{慢} [C_6H_6(H)(SO_3^-)]^+$$

$$[C_6H_6(H)(SO_3^-)]^+ + HSO_4^- \xrightarrow{快} H_2SO_4 + C_6H_5-SO_3^- \xrightarrow{H_3\overset{+}{O}} C_6H_5-SO_3H + H_2O$$

因为磺化反应是可逆反应，同时磺酸基又可以被硝基、卤素等取代，所以在有机合成上可以利用磺酸基先占据苯环上的一个位置，再进行其他反应，待反应完成后，再除去磺酸基。例如：

$$C_6H_5CH_3 \xrightarrow{H_2SO_4} p\text{-}CH_3C_6H_4SO_3H \xrightarrow[Fe]{Cl_2} \text{2-Cl-4-}SO_3H\text{-}C_6H_3CH_3 \xrightarrow[H_2O,\ \triangle]{H^+} o\text{-}ClC_6H_4CH_3$$

用磺酸基占位的方法，避免了甲苯直接氯化生成对氯甲苯。

(4) 傅列德尔-克拉夫茨（Friedel- Crafts）反应

在苯环上引入烷基和酰基的反应称为 Friedel- Crafts 反应，简称傅-克反应。这两类反应是由傅列德尔（C. Friedel）和克拉夫茨（J. M. Crafts）在 1877 年发现的。前者又叫傅-克烷基化反应，后者叫傅-克酰基化反应。

① 烷基化反应　在无水 $AlCl_3$ 等催化剂的作用下，苯与卤代烷反应生成烷基苯。例如：

$$C_6H_6 + CH_3-CH_2-Cl \xrightarrow[0\sim20^\circ C]{无水\ AlCl_3} C_6H_5-CH_2CH_3 + HCl$$

在这个反应中，三氯化铝作为一个路易斯酸，和卤代烷起酸碱反应，生成了有效的亲电试剂烷基碳正离子。

$$RCl + AlCl_3 \longrightarrow R^+ + AlCl_4^-$$

$$C_6H_6 + R^+ \longrightarrow [C_6H_6(H)(R)]^+ \xrightarrow{AlCl_4^-} C_6H_5R + HCl + AlCl_3$$

无水三氯化铝是烷基化反应最常用的催化剂。此外，$FeCl_3$、$SnCl_4$、$ZnCl_2$、BF_3、HF、H_2SO_4 等路易斯酸也可作催化剂。但其催化能力按以上排列顺序依次减弱。

除卤代烷外，烯烃或醇也可作为烷基化试剂。例如，工业上就是利用乙烯和丙烯作为烷基化试剂，来制备乙苯和异丙苯。

$$C_6H_6 + CH_2=CH_2 \xrightarrow[\triangle]{无水\ AlCl_3} C_6H_5-CH_2CH_3$$

$$C_6H_6 + CH_3CH=CH_2 \xrightarrow{无水\ AlCl_3} C_6H_5-CH(CH_3)_2$$

在烷基化反应中有几点是必须注意的。

其一，当使用的是三个或三个以上碳原子的直链卤代烷作烷基化试剂时，会伴有烷基的异构化而主要生成异构化产物。例如：

$$C_6H_6 + CH_3-CH_2-CH_2-Cl \xrightarrow[\triangle]{无水\ AlCl_3} C_6H_5-CH_2-CH_2-CH_3 + C_6H_5-CH(CH_3)_2$$

30%　　70%

异构化现象的产生，一般解释为 1-氯丙烷和 $AlCl_3$ 作用生成丙基正离子：

$$CH_3CH_2CH_2Cl + AlCl_3 \longrightarrow CH_3CH_2\overset{+}{C}H_2 + AlCl_4^-$$

由于一级碳正离子的稳定性小于二级碳正离子，所以丙基正离子发生重排，生成异丙基正离子：

$$CH_3CH_2\overset{+}{C}H_2 \rightleftharpoons CH_3\overset{+}{C}HCH_3$$

此时与苯发生亲电取代反应生成异丙苯。

其二，由于苯环上引入烷基后，生成的烷基苯比苯更容易进行亲电取代反应，因此烷基化反应常常不易停留在一元取代阶段，通常有多烷基苯生成。

其三，当苯环上已经有了硝基、磺酸基、酰基等强吸电子基团时，则不能发生傅-克烷基化反应。

② 酰基化反应　在路易斯酸催化下，苯与酰卤、酸酐等酰基化试剂反应，苯环上的氢原子被酰基取代，生成芳香酮。例如：

$$C_6H_6 + CH_3-\overset{O}{\overset{\|}{C}}-Cl \xrightarrow[\triangle]{无水AlCl_3} C_6H_5-\overset{O}{\overset{\|}{C}}-CH_3 + HCl$$

乙酰氯　　苯乙酮

$$C_6H_6 + (CH_3CO)_2O \xrightarrow{无水AlCl_3} C_6H_5-\overset{O}{\overset{\|}{C}}-CH_3 + CH_3-COOH$$

乙酸酐　　苯乙酮

傅-克酰基化反应与烷基化反应有许多相似之处：催化剂相同；反应机理相似，也是芳环上的亲电取代反应，进攻的亲电试剂是酰基正离子（如 $CH_3-\overset{+}{C}=O$）；当苯环上连有硝基、磺酸基、酰基等强吸电子基团时，也不能进行酰基化反应。但两者也有不同之处。酰基化反应不能生成多元取代物，也不发生异构化，因此制备含有三个或三个以上碳的直链烷基苯时，可采用先进行酰基化反应，然后将羰基还原的方法。例如：

$$C_6H_6 + CH_3CH_2CH_2\overset{O}{\overset{\|}{C}}-Cl \xrightarrow[\triangle]{无水\ AlCl_3} C_6H_5-\overset{O}{\overset{\|}{C}}CH_2CH_2CH_3 + HCl$$

丁酰氯　　1-苯基丁-1-酮

$$C_6H_5-\overset{O}{\overset{\|}{C}}CH_2CH_2CH_3 \xrightarrow[HCl]{Zn-Hg} C_6H_5-CH_2CH_2CH_2CH_3$$

正丁苯

烷基苯的傅-克反应比苯容易进行，主要产物是邻位和对位的取代物。

6.6.2　加成反应

由于苯环具有特殊的稳定性，难以发生加成反应。只有在特殊的条件下（如光照、高温、高压、催化剂等）才能发生加成反应。

(1) 加氢

因为苯环结构的特殊性，其加氢比较困难，通常需要较高的温度和压力。例如苯在催化剂存在时，在较高温度和加压下才能加氢生成环己烷。

$$C_6H_6 + 3H_2 \xrightarrow[180\sim250℃]{Ni,\ 18MPa} C_6H_{12}$$

这是工业生产环己烷的方法，产品纯度较高。

(2) 加氯

在紫外光照射下，苯与氯作用生成六氯代环己烷：

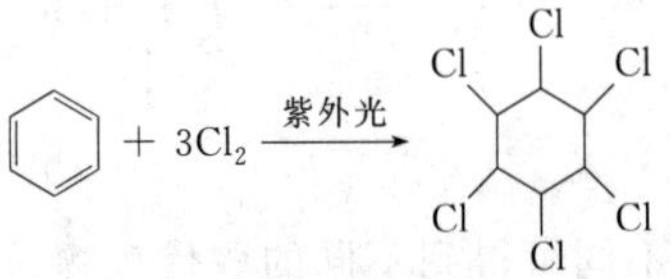

$$C_6H_6 + 3Cl_2 \xrightarrow{\text{紫外光}} C_6H_6Cl_6$$

六氯代环己烷又称为六氯化苯，分子式为 $C_6H_6Cl_6$，俗称六六六。它是 20 世纪 70 年代以前应用最广泛的一种杀虫剂，但由于它化学性质稳定、残留严重而逐渐被淘汰，我国于 1983 年停止生产六六六。

6.6.3 芳烃侧链的氧化及取代反应

受苯环影响，和苯环直接相连的侧链易发生氧化和卤代反应。

(1) 氧化反应

苯环具有特殊的稳定性，不易被氧化。但具有 α-H 的烷基苯则可被 $KMnO_4$、$K_2Cr_2O_7+H_2SO_4$、HNO_3 等氧化，此时是侧链被氧化，且不论侧链长短，氧化后都生成苯甲酸。例如：

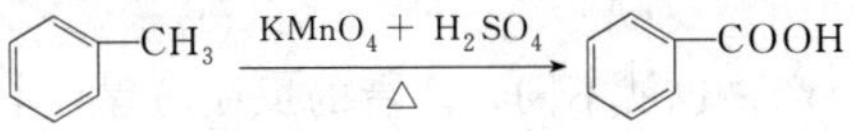

$$C_6H_5-CH_3 \xrightarrow[\triangle]{KMnO_4+H_2SO_4} C_6H_5-COOH$$

苯甲酸

$$C_6H_5-CH(CH_3)-CH_3 \xrightarrow[\triangle]{KMnO_4+H_2SO_4} C_6H_5-COOH$$

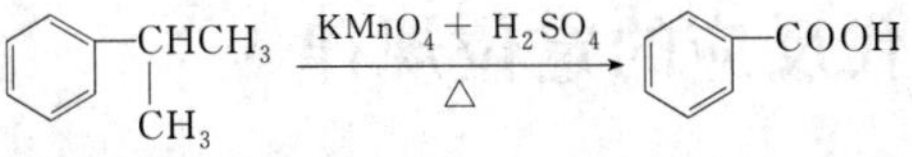

这是因为 α-氢原子受苯环影响比较活泼。

如果苯环上有两个或多个烷基时，可以同时被氧化；若有碳链长度不等的烷基，控制反应条件，则先氧化长链的烷基。例如：

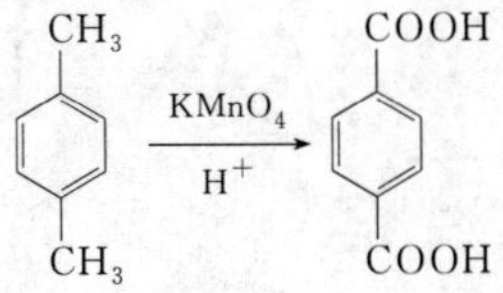

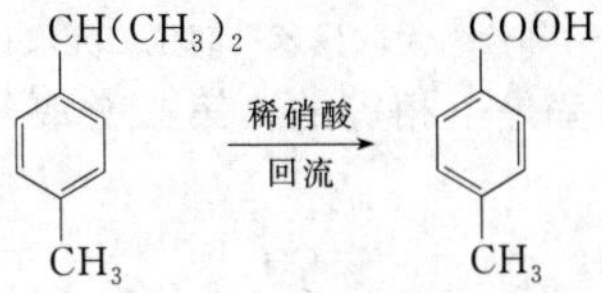

$$CH_3-C_6H_4-CH_3 \xrightarrow[H^+]{KMnO_4} HOOC-C_6H_4-COOH$$

$$(CH_3)_2CH-C_6H_4-CH_3 \xrightarrow[\text{回流}]{\text{稀硝酸}} HOOC-C_6H_4-CH_3$$

在激烈条件下，若两个烷基处于邻位，氧化的最后产物是酸酐。例如：

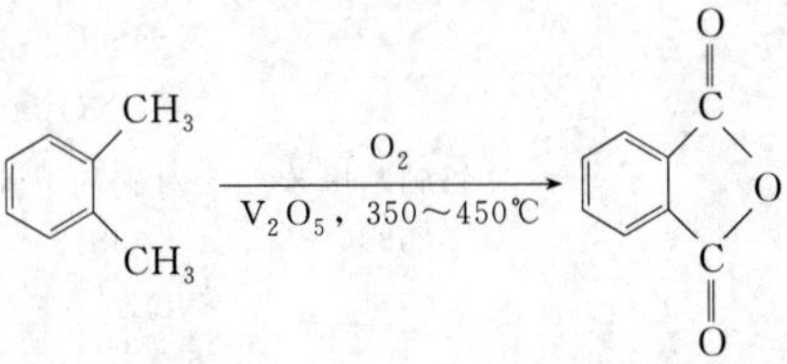

$$o\text{-}C_6H_4(CH_3)_2 \xrightarrow[V_2O_5,\ 350\sim450℃]{O_2} C_6H_4(CO)_2O$$

邻苯二甲酸酐

如果与苯环直接相连的烷基碳原子上没有氢（如叔丁基）时，此侧链难氧化。例如：

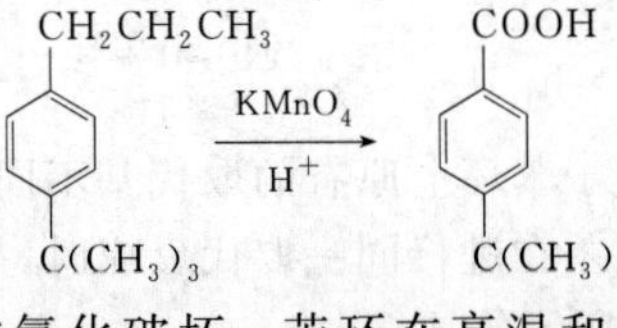

$$CH_3CH_2CH_2-C_6H_4-C(CH_3)_3 \xrightarrow[H^+]{KMnO_4} HOOC-C_6H_4-C(CH_3)_3$$

在特殊的条件下，苯环也可被氧化破坏。苯环在高温和催化剂作用下，氧化生成顺丁烯二酸酐。

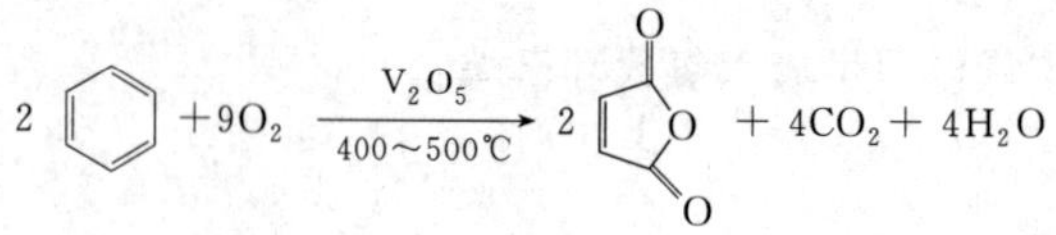

$$2\ C_6H_6 + 9O_2 \xrightarrow[400\sim500℃]{V_2O_5} 2\ C_4H_2O_3 + 4CO_2 + 4H_2O$$

（2）侧链取代反应

烷基苯卤代时，根据反应条件不同可得到不同的取代产物。例如甲苯在光照或高温条件下与卤素作用此时并不发生环上的亲电取代反应，而是发生烷基苯的侧链取代，与甲烷的卤代反应相似也是按自由基历程进行。且一般总是 α-碳上的氢原子被取代。例如：

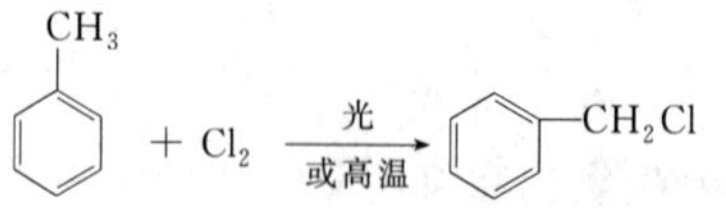

$$C_6H_5CH_3 + Cl_2 \xrightarrow[\text{或高温}]{\text{光}} C_6H_5CH_2Cl \qquad \text{（自由基取代反应）}$$

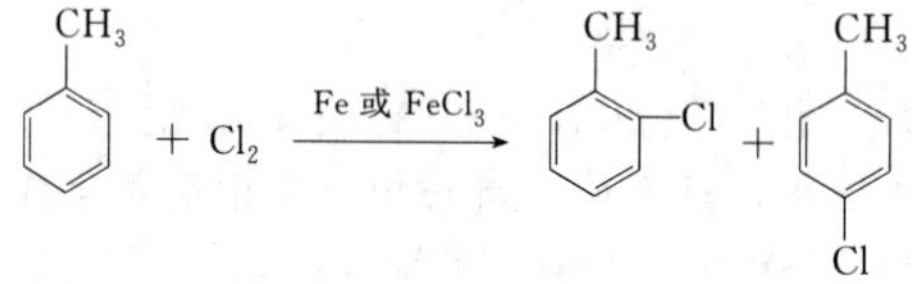

$$C_6H_5CH_3 + Cl_2 \xrightarrow{Fe\text{ 或 }FeCl_3} o\text{-}CH_3C_6H_4Cl + p\text{-}CH_3C_6H_4Cl \qquad \text{（亲电取代反应）}$$

由此可见，反应条件不同，产物也就不同，两者的反应历程也不同。

6.7 苯环上亲电取代反应的定位规律

6.7.1 定位规律

在苯环上引入一个取代基时，产物只有一种。但当苯环上已经有了一个取代基，再进行亲电取代反应时，按照苯结构式中可能进入的位置来看，应有三种异构体，即邻位、对位和间位异构体。

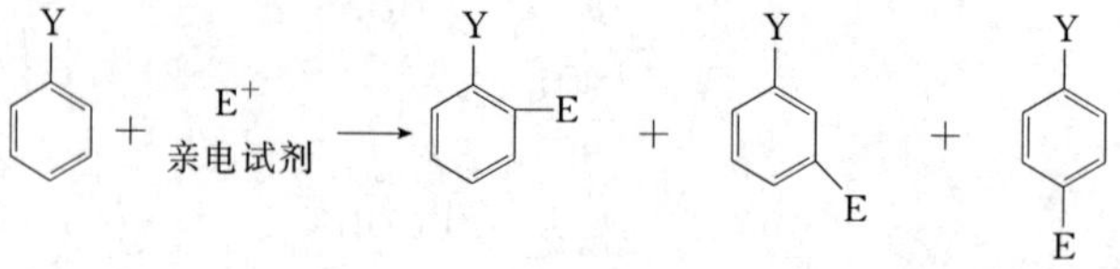

$$C_6H_5Y + \underset{\text{亲电试剂}}{E^+} \longrightarrow o\text{-}YC_6H_4E + m\text{-}YC_6H_4E + p\text{-}YC_6H_4E$$

一元取代苯　　邻位二元取代苯　间位二元取代苯　对位二元取代苯

这三个不同的位置，被取代的概率是不相等的，第二个取代基进入的位置主要取决于苯环上原有的取代基的性质。例如：

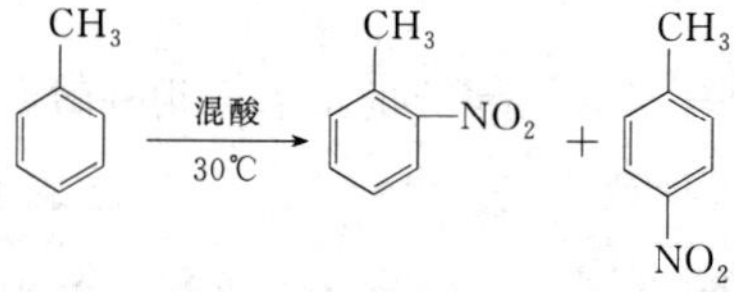

$$C_6H_5CH_3 \xrightarrow[30℃]{\text{混酸}} o\text{-}CH_3C_6H_4NO_2 + p\text{-}CH_3C_6H_4NO_2$$

邻硝基甲苯 58%　　对硝基甲苯 38%

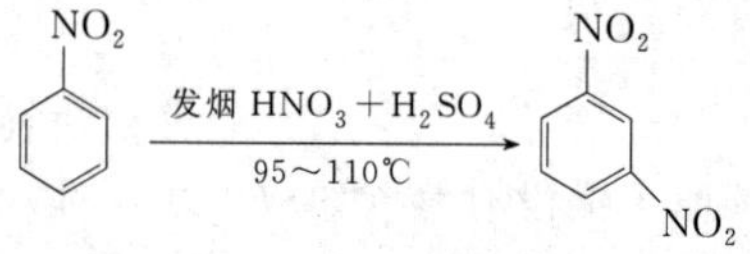

$$C_6H_5NO_2 \xrightarrow[95\sim110℃]{\text{发烟 }HNO_3+H_2SO_4} m\text{-}C_6H_4(NO_2)_2$$

间二硝基苯 93.3%

由此可见，同样是硝化反应，由于苯环上原有的取代基不同，所得的主要产物也不同。

实验结果表明：不同的一元取代苯在进行同一取代反应时，所得产物的比例不同。例如各种一元取代苯进行硝化反应，得到表 6-3 所示的结果。

表 6-3　一元取代苯硝化反应产物的比例　　单位：%

Y	邻位	间位	对位	邻位+对位
—OH	50～55	微量	45～50	100
$—NHCOCH_3$	19	2	79	98
$—CH_3$	58	4	38	96
—F	12	微量	88	100
—Cl	30	微量	70	100
—Br	37	1	62	99
—I	38	2	60	98
—(H)				
$—N^+(CH_3)_3$	0	100	0	0
$—NO_2$	6.4	93.3	0.3	6.7
—CN	约 17	约 81	约 2	约 19
—COOH	19	80	1	20
$—SO_3H$	21	72	7	28
—CHO	19	72	9	28

从大量的实验事实可归纳出一元取代苯亲电取代反应的定位规律为：苯环上新导入的取代基的位置，主要由苯环上原有取代基的性质决定。苯环上原有的取代基称为定位基。定位基对新取代基进入苯环的位置以及对苯环取代反应活性的影响，称为苯环上的取代定位效应或定位规律。

常见的定位基可分为两类。

① 第一类为邻、对位定位基　使新进入的取代基主要进入它的邻位和对位（邻、对位产物的总和大于 60%），属于这类定位基的主要有：

$—O^-$，$—N(CH_3)_2$，$—NH_2$，—OH，$—OCH_3$，$—NHCOCH_3$，$—OCOCH_3$，$—C_6H_5$，—R，—X 等

$\xrightarrow{\hspace{12cm}}$

定位效应大致依次减弱

这类定位基的特点是直接与苯环相连的多为带有孤对电子的原子，孤对电子离域到苯环上，使苯环电子云密度增加，反应活性增大，一般只具有单键（ $CH_2═CH—$ 例外），有的带负电荷。一般是斥电子基（卤原子除外），能使苯环上电子云密度增大，有利于亲电取代反应，即它有活化苯环的作用，所以称为致活基团。

② 第二类为间位定位基　使新进入的取代基主要进入它的间位（间位取代产物大于 40%），属于这一类定位基的主要有：

$—\overset{+}{N}(CH_3)_3$，$—NO_2$，—CN，$—SO_3H$，—CHO，$—COCH_3$，—COOH，$—COOCH_3$，$—CONH_2$ 等

$\xrightarrow{\hspace{12cm}}$

定位效应大致依次减弱

这类定位基的特点是直接和苯环相连的原子为吸电子基或带有正电荷的原子，一般具有重键（$—CCl_3$ 例外）。这类基团通过共轭效应和诱导效应都使苯环上的电子云密度降低，因而降低了苯环上亲电取代反应的活性，不利于亲电取代反应，即它有钝化苯环的作用，所以称为致钝基团。

利用定位规律可以判断苯环取代反应的主要产物。一般情况下，还有少量进入其他位置的产物生成。定位基的空间效应，对异构体的分布也有影响，原有基团的体积越大，空间位阻越大，其邻位异构体越少，对位异构体越多（见表 6-4）。

由此可见，影响反应的因素往往是很复杂的，温度、催化剂、介质等反应条件及原有取代基的空间位阻等，对反应生成各种异构体的比例也有一定的影响。

表 6-4　各种取代苯在取代反应中二元取代产物异构体的比例

反应物	反应类型	反应产率/%		
		邻位	对位	间位
甲苯	硝化(0℃)	43	53	4
甲苯	硝化(100℃)	13	79	8
乙苯	硝化	45	48.5	6.5
异丙苯	硝化	30	62.3	7.7
叔丁苯	硝化	15.8	72.7	11.5
硝基苯	硝化	6.4	0.3	93.3

6.7.2　定位规律的解释

苯环是一个特殊的闭合共轭体系，由于苯环上 π 电子的高度离域，所以环上的电子云密度是完全平均分布的。但当苯环上引入一个取代基后，取代基的电子效应沿着苯环共轭链传递使苯环上的电子云密度的分布变得不均匀，因此，进行亲电取代反应的难易程度以及取代基进入苯环的主要位置，会随原有取代基的不同而不同。下面讨论两类定位基的定位效应。

6.7.2.1　邻、对位定位基的定位效应

一般来说，邻、对位定位基是通过斥电子效应（卤素除外）使苯环上电子云密度增大，但各位置的增大是不均匀的，邻位和对位碳原子上的电子云密度增大得更多一些，所以苯环活化，主要在邻位和对位上发生亲电取代反应。例如：

① 甲基　在甲苯分子中，甲基在苯环上产生斥电子的诱导效应，使苯环上电子云密度增大。同时，甲基 C—H 键的 σ 电子和苯环大 π 键形成了 σ-π 共轭体系。σ-π 共轭体系产生的超共轭效应使 C—H 键 σ 电子云向苯环转移。显然，甲基的诱导效应和 σ-π 超共轭效应均使苯环上电子云密度增加，电子共轭传递的结果，使甲基的邻位和对位上增加得较多。所以，甲苯的亲电取代反应不仅比苯容易，而且主要发生在甲基的邻位和对位。甲基通过给电子作用，可分散正电荷，使碳正离子比较稳定，同样也使过渡态中正在形成的碳正离子获得稳定。

诱导效应　　超共轭效应

② 羟基　羟基是一个较强的邻、对位定位基。羟基对苯环有两方面的影响：第一，羟基氧的电负性较大，产生吸电子的诱导效应，使苯环上电子云密度降低；第二，羟基氧上的孤电子对与苯环大 π 键形成 p-π 共轭体系，共轭效应的结果使苯环上电子云密度增大。已有实验证明，在这两个方向相反的效应中，共轭效应占优势，总的结果是苯环上电子云密度增大，而且邻位和对位上的电子云密度增加更多些，所以苯环活化，主要产生邻、对位取代物。

③ 卤原子　卤原子的情况比较特殊，它是钝化苯环的邻、对位定位基。卤原子是吸电子基，通过诱导效应，使苯环的电子云密度降低，比苯难进行亲电取代反应。虽然卤原子的未共用电子对能与苯环形成 p-π 共轭，但因氯、溴、碘的原子半径大而共轭不好，因此，总的结果是诱导效应大于共轭效应，使亲电取代反应较难进行，所以它又是一个致钝基。不过，卤代苯中的—X 仍是一个邻、对位定位基。

也可以用共振论解释，一取代苯的亲电取代反应的机理与苯相似，活性中间体也是σ配合物（碳正离子中间体）。因此，只要分析σ配合物的能量状态或稳定性，同样可以理解定位规律。以甲苯为例，当亲电试剂 E^+ 向甲苯进攻时，可生成以下三种σ配合物（碳正离子中间体）：

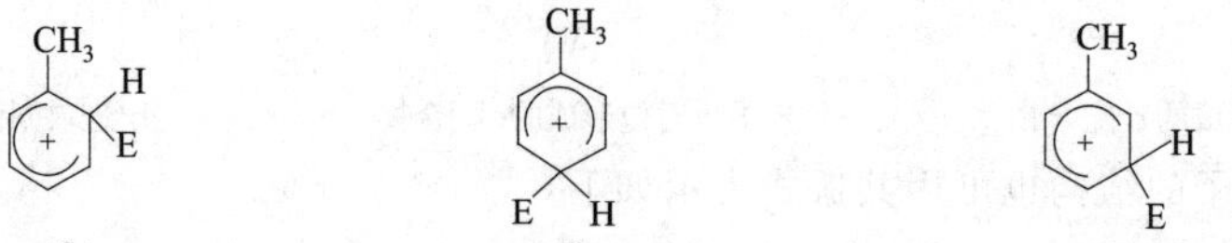

(Ⅰ) E^+进攻邻位形成的σ配合物

(Ⅱ) E^+进攻对位形成的σ配合物

(Ⅲ) E^+进攻间位形成的σ配合物

这三种碳正离子的结构可用共振式表示如下：

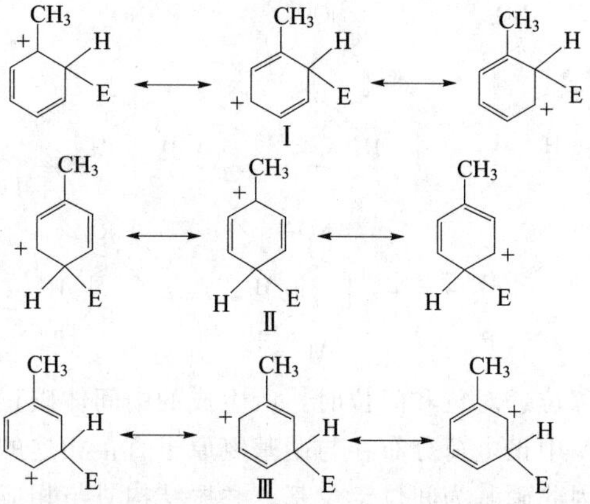

Ⅰ

Ⅱ

Ⅲ

在亲电试剂进攻甲苯的邻位、对位或间位时，所形成的中间体（σ配合物）碳正离子的共振式中，Ⅰ式和Ⅱ式正好是带正电荷的碳原子与甲基直接相连，由于甲基的斥电子作用，正电荷得以有效分散，因此，这两个共振结构的能量较低，比较稳定。而在Ⅲ式中，正电荷都分布在仲碳上，正电荷得不到分散，能量较高，不稳定，间位比邻、对位难发生取代反应，所以甲基是邻、对位定位基。

6.7.2.2 间位定位基的定位效应

间位定位基都是吸电子基团，与苯环直接相连的原子基本上都含有双键。它们对苯环有吸电子诱导效应和吸电子共轭效应，使苯环的π电子云密度降低，从而不利于亲电取代反应的进行。共轭效应的结果，使与定位基相连的碳原子的电子云密度相对较低，疏密交替的结果使定位基间位上的电子云密度相对较高。所以取代反应主要发生在间位。例如：

对于硝基，由于组成硝基的氮和氧的电负性比较大，所以硝基是吸电子基，它对苯环的诱导效应使苯环上的电子云密度降低，由于硝基与苯环共平面，硝基氮氧双键中的π键，又可与苯环的大π键形成π-π共轭体系，共轭效应的结果，也使苯环上的电子云密度降低。

诱导效应　　共轭效应

所以在硝基苯分子中，诱导效应和共轭效应使电子云偏移方向一致，其结果都是使苯环上的电子云密度降低，尤其是硝基的邻位和对位降低更多，而间位相对来说π电子云密度要高一些。因此其是一个钝化苯环的定位基，亲电取代反应比苯更难，而且取代反应主要在间位上进行。

利用共振论也可以解释间位定位基的定位作用。以硝基苯为例，当亲电试剂 E^+ 向硝基苯进攻时，形成下列三种σ配合物：

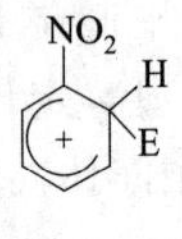

(Ⅳ)

E^+进攻邻位形成的σ配合物

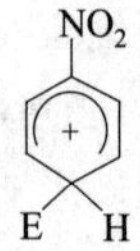

(Ⅴ)

E^+进攻对位形成的σ配合物

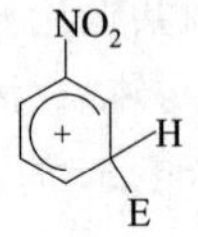

(Ⅵ)

E^+进攻间位形成的σ配合物

这三种碳正离子的结构也可用共振式表示如下：

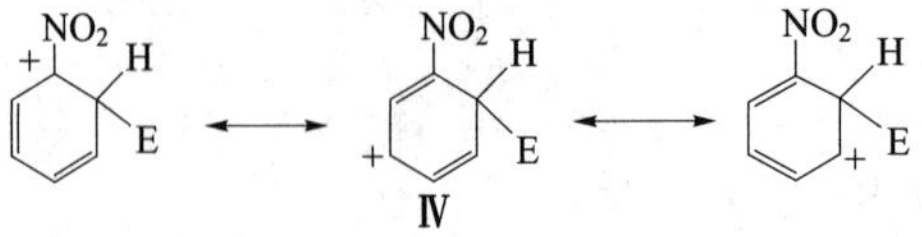

Ⅳ

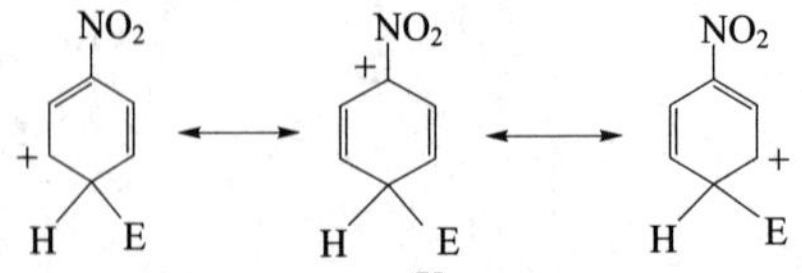

Ⅴ

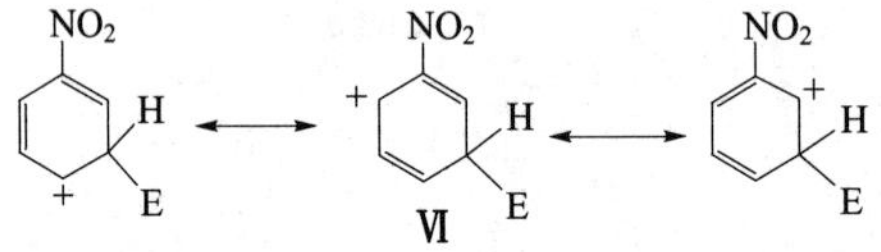

Ⅵ

在亲电试剂进攻硝基的邻位、对位和间位时，所生成的中间体碳正离子的共振式中，Ⅵ式比Ⅳ式和Ⅴ式稳定，因为在Ⅳ和Ⅴ中正电荷分布在与硝基氮原子直接相连的碳原子上，这样正电荷更加集中，能量更高而不稳定，因此硝基为间位定位基。共振结构Ⅵ与相应的苯的共振结构相比，由于硝基的存在，环上的正电荷比较集中，Ⅵ不稳定。所以硝基表现出钝化苯环的作用。

6.7.3 苯的二元取代产物的定位规律

如果苯环上已经有了两个取代基，而要引入第三个取代基时，第三个取代基进入的位置由原来两个取代基的位置和定位效应的大小来决定。一般有以下两种情况。

（1）两个取代基的定位效应一致

第三个取代基进入的位置由上述取代基的定位规则来决定。例如，下列化合物引入第三个取代基时，取代基主要进入箭头所示的位置：

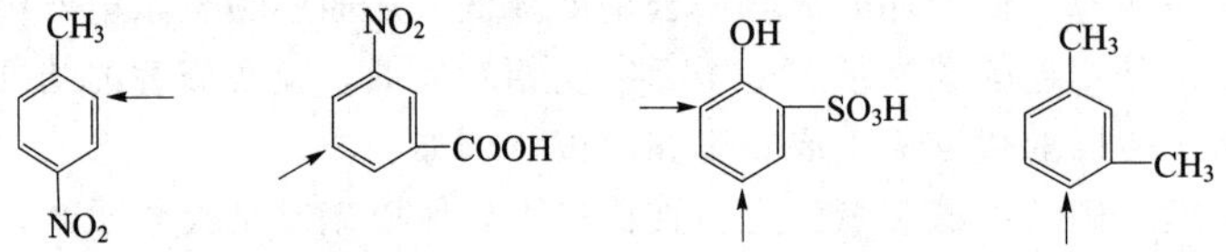

① ② ③ ④

有时也受到其他因素的影响，例如④所示，由于空间效应的影响，两个甲基之间的位置就很难进入取代基，虽然这个位置是两个甲基的邻位。

（2）两个取代基的定位效应不一致

此时又分为两种情况。

① 原有的两个取代基属于同一类时，第三个取代基进入苯环的位置则由定位效应强的取代基决定；如果两个取代基定位作用的强弱相差较小，则得到混合物。例如：

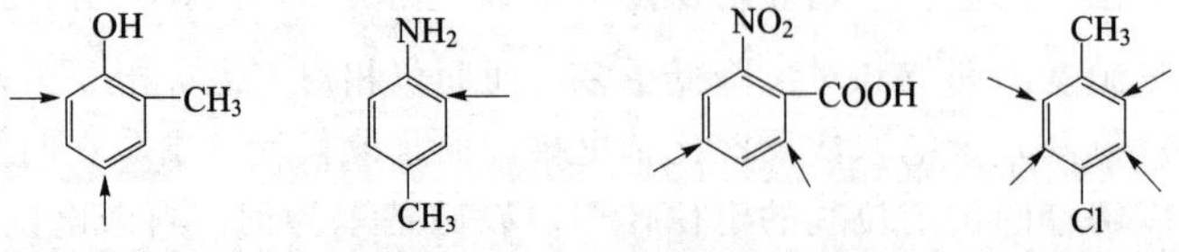

$-OH > -CH_3$　　$-NH_2 > -CH_3$　　$-NO_2 > -COOH$　　混合物

② 原有的两个取代基属于不同类型时，第三个取代基进入苯环的位置一般由邻、对位定位基决定。例如：

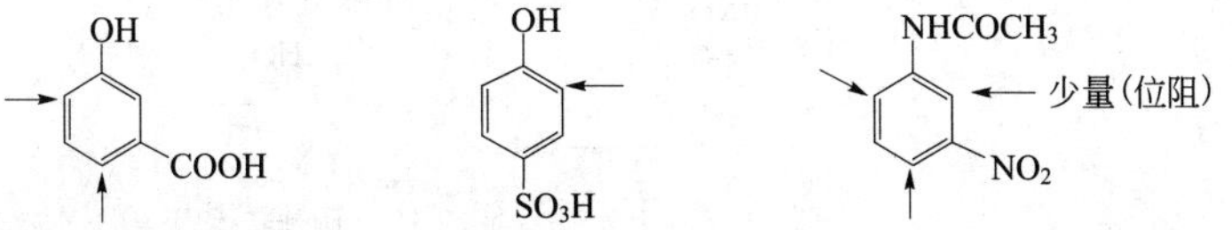

OH / COOH；OH / SO_3H；$NHCOCH_3$ / NO_2 ← 少量(位阻)

6.7.4 定位规律的应用

定位规律不仅可以用来解释某些实验事实，而且可以用来预测反应的主要产物，从而选择适当的合成路线，指导多元取代苯的合成。

【例 6-1】 由对硝基甲苯合成 2,4-二硝基苯甲酸。

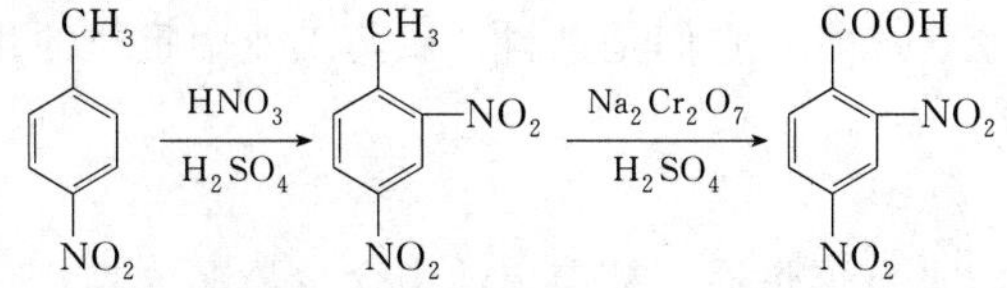

$$\text{对硝基甲苯} \xrightarrow[H_2SO_4]{HNO_3} \text{2,4-二硝基甲苯} \xrightarrow[H_2SO_4]{Na_2Cr_2O_7} \text{2,4-二硝基苯甲酸}$$

【例 6-2】 由苯合成间硝基对氯苯磺酸：

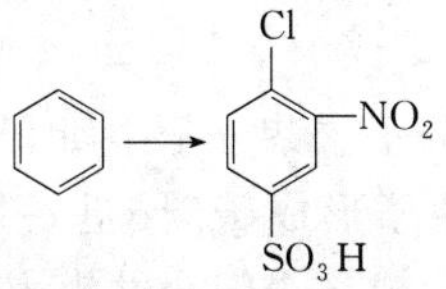

$$\text{苯} \longrightarrow \text{3-硝基-4-氯苯磺酸 (Cl, NO}_2\text{, SO}_3\text{H)}$$

从目标化合物的结构中可以看出，硝基和磺酸基分别处于氯原子的邻位和对位。因此反应的第一步应该是卤化，因为氯是邻、对位定位基。对于硝基和磺酸基究竟先引入哪个呢？氯原子虽然是邻、对位定位基，但它使苯环钝化，因此在进行硝化或磺化反应时，需要较高的反应条件。而氯苯在较高的温度下磺化，主要产物是对氯苯磺酸，这正是我们所需要的。如果先硝化，将得到邻硝基氯苯和对硝基氯苯两种产物，故应采取先磺化后硝化。

合成出对氯苯磺酸后再进行硝化。此时对氯苯磺酸分子中的氯原子和磺基的定位效应是一致的，硝基进入氯原子的邻位（也是磺酸基的间位）。反应式如下所示：

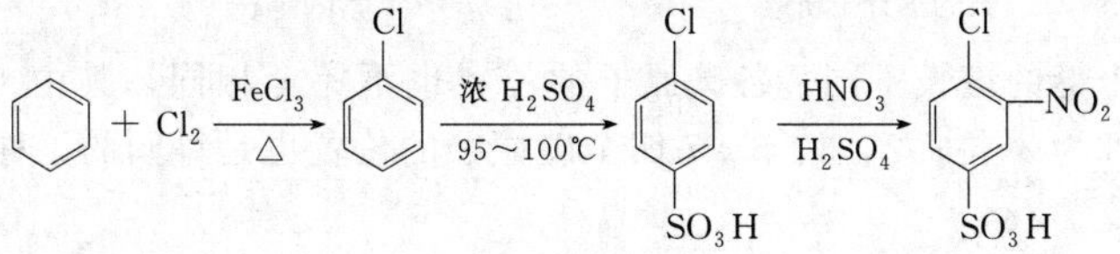

$$\text{苯} + Cl_2 \xrightarrow[\triangle]{FeCl_3} \text{氯苯} \xrightarrow[95\sim100℃]{浓\ H_2SO_4} \text{对氯苯磺酸} \xrightarrow[H_2SO_4]{HNO_3} \text{3-硝基-4-氯苯磺酸}$$

6.8 多环芳烃和稠环芳烃

6.8.1 联苯及其衍生物

联苯为联苯类中最简单的化合物。

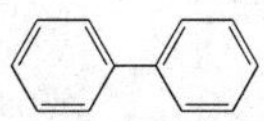

联苯为无色晶体，热稳定性好，熔点 70℃，沸点 254.9℃。工业上由苯蒸气通过红热的铁管经热裂解脱氢得到。

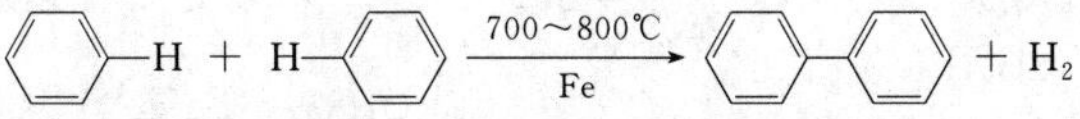

$$C_6H_5\text{—H} + \text{H—}C_6H_5 \xrightarrow[Fe]{700\sim800℃} C_6H_5\text{—}C_6H_5 + H_2$$

联苯的化学性质与苯相似，进行亲电取代反应时，由于苯基是邻、对位定位基，因此主要生成对位产物，同时也有少量的邻位产物生成。例如：联苯硝化时：

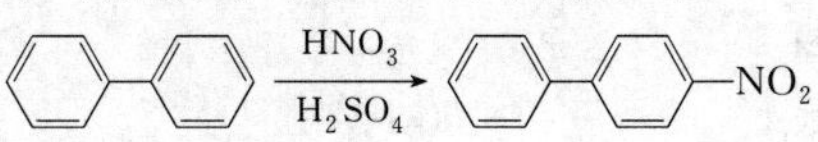

$$C_6H_5\text{—}C_6H_5 \xrightarrow[H_2SO_4]{HNO_3} C_6H_5\text{—}C_6H_4\text{—}NO_2$$

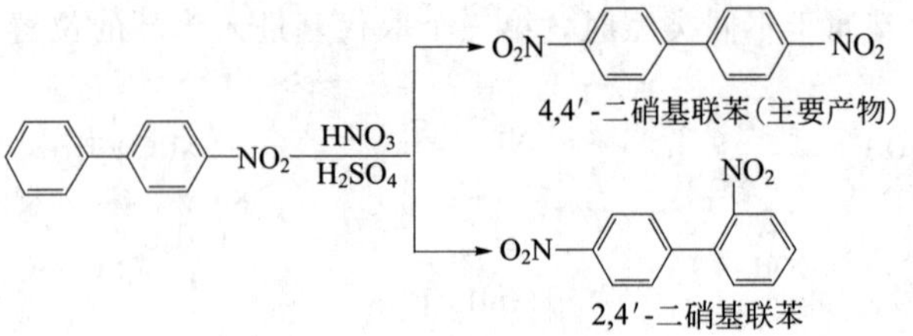

$\xrightarrow[H_2SO_4]{HNO_3}$

4,4′-二硝基联苯（主要产物）

2,4′-二硝基联苯

联苯最重要的衍生物是4,4′-二氨基联苯，也称联苯胺。可由4,4′-二硝基联苯还原得到。联苯胺是无色晶体，熔点127℃。它曾是许多合成染料的中间体，由于该化合物对人体有较大的毒性，且可能有致癌作用，所以现已很少使用。

6.8.2 稠环芳烃

重要的稠环芳烃有萘、蒽、菲等，它们是染料、农药工业中重要的化工原料，也是一些天然产物的基本骨架。

6.8.2.1 萘及其衍生物

萘是最简单的稠环芳烃，来自煤焦油，是煤焦油中含量最多（5%～6%）的一种稠环芳烃。由两个苯环稠和而成，分子式为$C_{10}H_8$。

（1）萘的结构和命名

萘的结构与苯相似，也是一个平面分子。萘分子中所有的碳原子和氢原子都在同一个平面，每个碳原子均以sp^2杂化轨道与相邻的碳原子形成碳碳σ键，每个碳原子还有一个未参与杂化的p轨道，这些对称轴平行的p轨道侧面重叠形成一个闭合共轭大π键，因此和苯一样具有芳香性。但萘和苯的结构不完全相同，萘分子中两个共用碳上的p轨道除了彼此重叠外，还分别与相邻的另外两个碳上的p轨道重叠，因此闭合大π键的电子云在萘环上不是均匀分布的，从而碳碳键键长不完全等同。

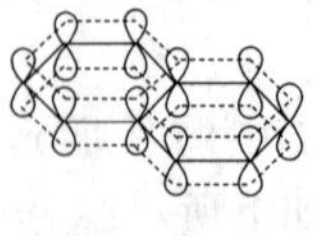

萘的π分子轨道 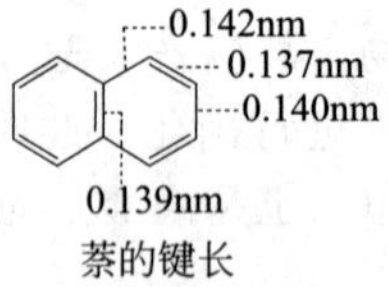　　　　萘的键长

萘分子中不仅各个键的键长不同，各碳原子的位置也不完全相同，其中1、4、5、8四个碳原子的位置是等同的，称为α-位；2、3、6、7四个碳原子的位置也是等同的，称为β-位。

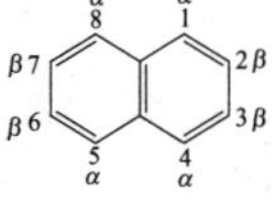

因此萘的一元取代物有两种：α-取代物（1-取代物）和β-取代物（2-取代物）。

萘的一元取代物可用α、β来命名；二元或多元取代物的异构体很多，必须用阿拉伯数字标明取代基的位置。例如：

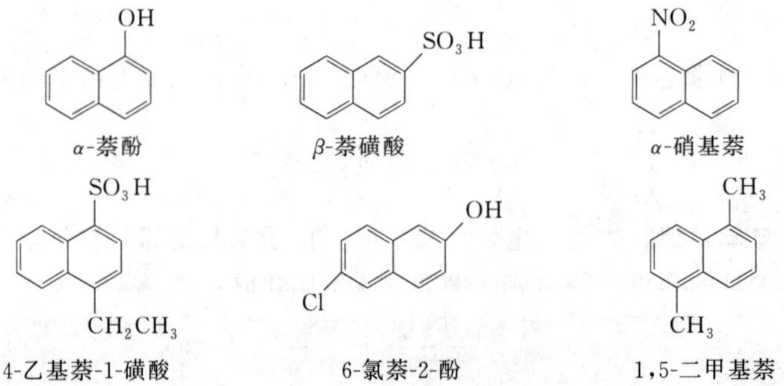

α-萘酚　　β-萘磺酸　　α-硝基萘

4-乙基萘-1-磺酸　　6-氯萘-2-酚　　1,5-二甲基萘

(2) 萘的性质

萘是有光泽的白色片状晶体，不溶于水，易溶于乙醇、乙醚和苯，沸点 218℃，熔点 80.6℃，易升华，有特殊气味。以前用其作驱虫防蛀剂，我们熟悉的“卫生球”或“臭丸”就是由萘制成的。后因发现萘具有致癌作用，故现已禁止制作“卫生球”。但在工业上萘是一种重要的化工原料，用于合成染料和农药等。

萘分子的共振能为 255.4kJ/mol，比两个苯环共振能之和低（$2\times150.7=301.4$kJ/mol），因此萘的稳定性比苯弱一些，化学反应活性比苯高。

① 亲电取代反应　与苯相比，萘容易进行亲电取代反应。但由于萘环上 π 电子的离域并不像苯环那样平均化，而是在 α-碳原子上的电子云密度较高，β-碳原子上较低，因此亲电取代反应首先发生在 α-位。例如：

在 Fe 或 $FeCl_3$ 存在下，将 Cl_2 通入萘的苯溶液中，主要得到 α-氯萘。

$$\text{萘} + Cl_2 \xrightarrow{Fe,\ C_6H_6} \text{α-氯萘} + HCl$$

α-氯萘（95%）

萘的溴化不加催化剂即可进行，产物为 α-溴萘：

$$\text{萘} + Br_2 \xrightarrow[\triangle]{CCl_4} \text{α-溴萘} + HBr$$

α-溴萘（72%～75%）

萘与混酸在常温下就可以反应，产物几乎全为 α-硝基萘：

$$\text{萘} \xrightarrow[\text{约 }25℃]{HNO_3 + H_2SO_4} \text{α-硝基萘} + H_2O$$

α-硝基萘（95%）

萘的磺化反应的产物与反应温度有关。低温时（0～60℃）多为 α-萘磺酸；较高温度时（165℃）则主要是 β-萘磺酸。α-萘磺酸与硫酸共热至 165℃时，也转变成 β-萘磺酸：

$$\text{萘} + H_2SO_4 \xrightarrow{0\sim60℃} \text{α-萘磺酸}\ (SO_3H)$$

$$\text{萘} + H_2SO_4 \xrightarrow{165℃} \text{β-萘磺酸}\ (SO_3H)$$

$$\text{α-萘磺酸} \xrightarrow{165℃} \text{β-萘磺酸}$$

这是因为磺化反应是可逆反应。低温时，取代反应发生在电子云密度较高的 α-位，但因磺酸基的体积较大，它与相邻的 α-位上的氢原子之间距离小于范德华半径之和。由于空间位阻的作用，α-萘磺酸稳定性较差，温度高时这种影响更显著。因此，在较高温度时生成稳定的 β-萘磺酸。

空间位阻较大　　空间位阻较小

α-萘磺酸　　β-萘磺酸

β-萘磺酸比 α-萘磺酸具有较大的热力学稳定性，即在较低温度下逆反应不显著，产物由反应速率控制，故以 α-萘磺酸为主；温度升高，产物则由热力学控制，故以比较稳定的 β-萘磺酸为主。

萘的亲电取代反应一般发生在 α 位，主要得到 α 取代产物。而 β 位上的取代反应，只有 β-萘磺酸比较容易得到，由于磺酸基易被其他基团取代，因此β-萘磺酸是制备某些β-取代萘的中间产物。例如β-萘磺酸碱熔可得到β-萘酚：

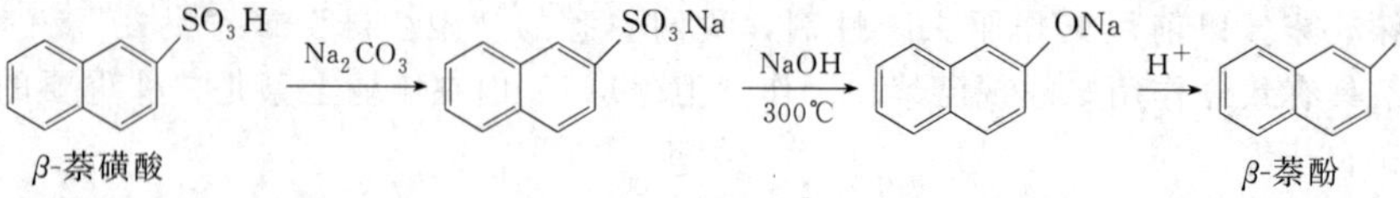

β-萘磺酸 $\xrightarrow{Na_2CO_3}$ β-萘磺酸钠 $\xrightarrow[300℃]{NaOH}$ β-萘酚钠 $\xrightarrow{H^+}$ β-萘酚

萘分子有两个苯环，第二个取代基进入的位置可以是同环，也可以是异环，主要取决于原有取代基的定位作用。原有取代基是第一类定位基时，第二个取代基进入同环原取代基的邻位或对位中的α位。例如：

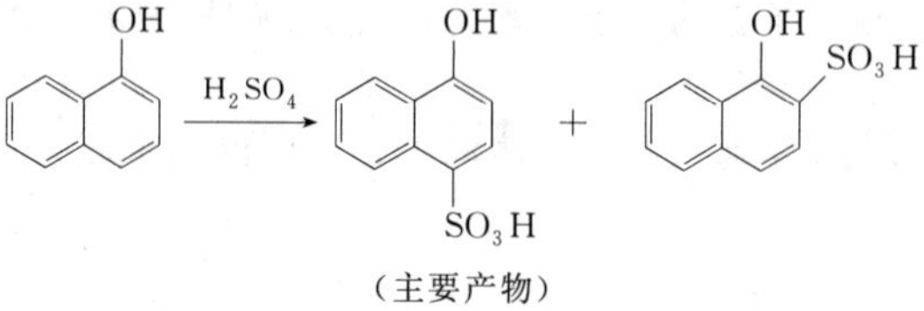

α-萘酚 $\xrightarrow{H_2SO_4}$ 4-羟基-1-萘磺酸（主要产物）+ 1-羟基-2-萘磺酸

2-甲基萘 $\xrightarrow[H_2SO_4]{HNO_3}$ 1-硝基-2-甲基萘

当原有取代基是第二类定位基时，不论其在萘环的α位还是β位，第二个取代基一般进入异环的α位。例如：

1-硝基萘 $\xrightarrow[H_2SO_4]{HNO_3}$ 1,5-二硝基萘（主要产物）+ 1,8-二硝基萘

萘环的二元取代反应比苯环复杂，以上只是一般原则，有些反应并不遵循上述规律。例如：

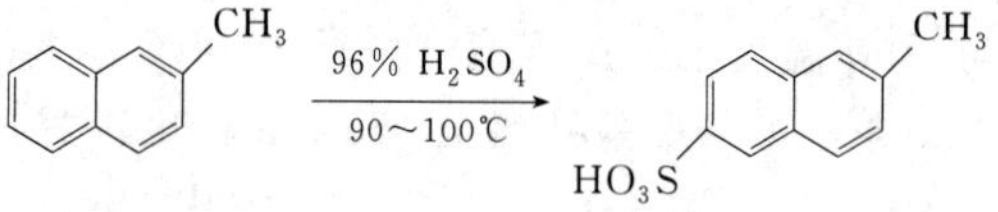

2-甲基萘 $\xrightarrow[90\sim100℃]{96\%\ H_2SO_4}$ 6-甲基-2-萘磺酸（HO_3S）

② 氧化反应　萘比苯容易被氧化，不同条件下，得到不同的氧化产物。例如，在低温下用弱氧化剂氧化得1,4-萘醌。若在强烈条件下氧化，则一个环破裂，生成邻苯二甲酸酐，这是一种工业上生产邻苯二甲酸酐的方法。

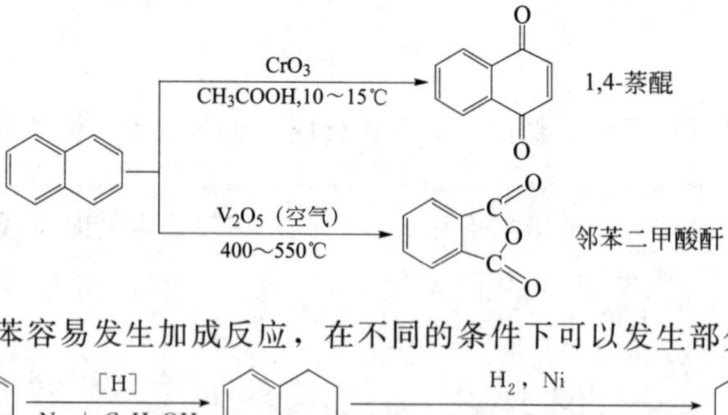

萘 $\xrightarrow[CH_3COOH,10\sim15℃]{CrO_3}$ 1,4-萘醌

萘 $\xrightarrow[400\sim550℃]{V_2O_5（空气）}$ 邻苯二甲酸酐

③ 加成反应　萘比苯容易发生加成反应，在不同的条件下可以发生部分加氢或全部加氢反应：

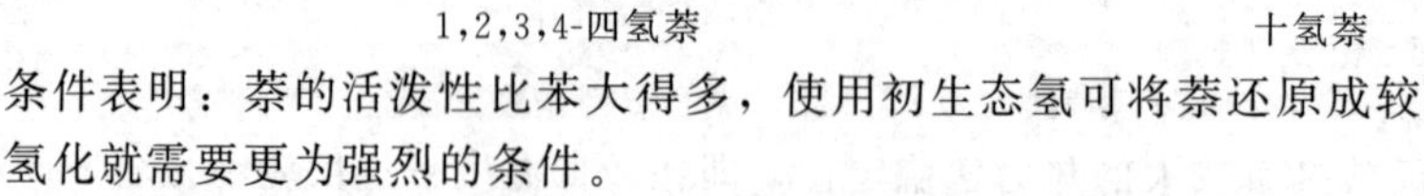

萘 $\xrightarrow[Na+C_2H_5OH]{[H]}$ 1,2,3,4-四氢萘 $\xrightarrow[200℃，1.0\times10^4\sim2.0\times10^4kPa]{H_2，Ni}$ 十氢萘

加氢反应的条件表明：萘的活泼性比苯大得多，使用初生态氢可将萘还原成较稳定的1,2,3,4-四氢萘，若继续氢化就需要更为强烈的条件。

6.8.2.2　蒽及其衍生物

蒽在煤焦油中含量约为0.25%，将蒽油冷却过滤，得到粗蒽。蒽为带有淡蓝色荧光的白色片状晶体，熔点 217℃，沸点 342℃，不溶于水，难溶于乙醇和乙醚，较易溶于热苯。

蒽是由三个苯环稠合而成的，三个苯环在同一个平面上，环上相邻碳原子的 p 轨道侧面重叠，形成了包含 14 个碳原子的 π 分子轨道。与萘相似，蒽的碳碳键键长也不完全等同。蒽的结构和键长可表示如下：

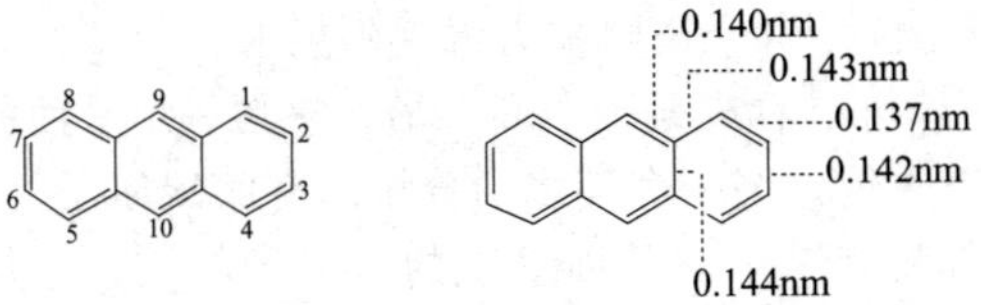
8
9
1
7
2
6
3
5
10
4
0.140nm
0.143nm
0.137nm
0.142nm
0.144nm

在蒽分子中，1、4、5、8 位相同，称为 α 位；2、3、6、7 位相同，称为 β 位；9、10 位相同，称为 γ 位或中位。因此蒽的一元取代物有 α、β 和 γ 三种异构体。

蒽虽然也有芳香性，但是，它的不饱和性比萘更为显著，9、10 位特别活泼，大部分反应都发生在这两个位置上。例如：氧化和加成反应都首先发生在这两个位置上。

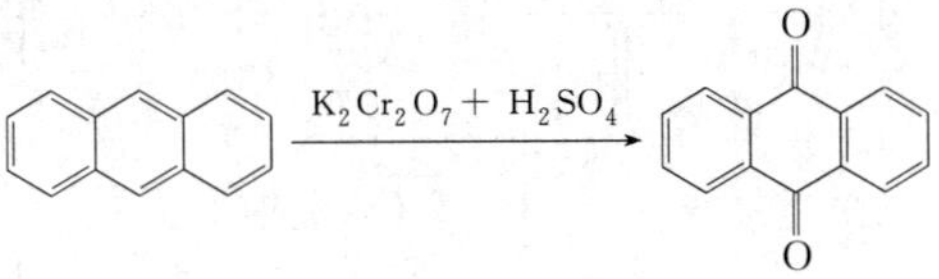
K₂Cr₂O₇ + H₂SO₄
O
O

9,10-蒽醌

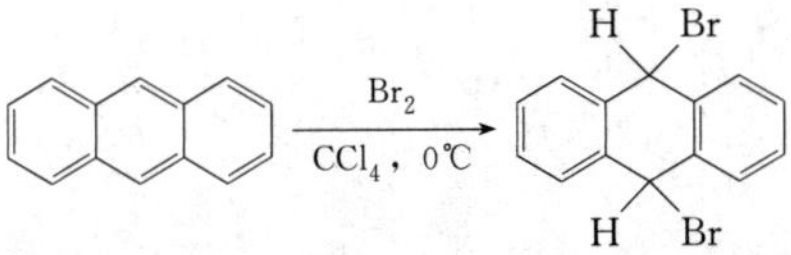
Br₂
CCl₄，0℃
H
Br
H
Br

9,10-二溴蒽

6.8.2.3　菲

菲也存在于煤焦油的蒽油馏分中。菲为无色有荧光的晶体，熔点 101℃，沸点 340℃，不溶于水，稍溶于乙醇，易溶于苯和乙醚等。

菲是蒽的同分异构体。与蒽相似，它也是由三个苯环稠合而成的，但与蒽不同的是，三个苯环不处在一条直线上。

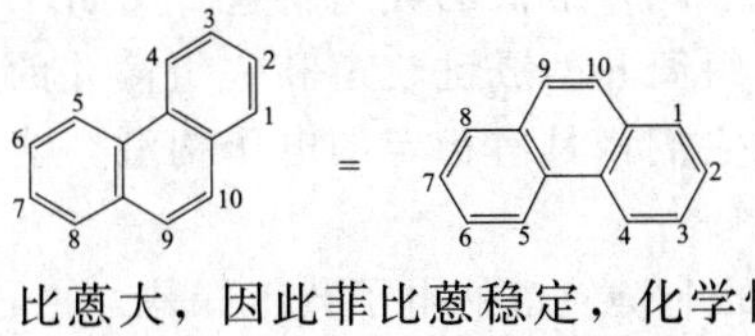
3
4
2
5
1
6
7
8
9
10
=
9
10
8
1
7
2
6
5
4
3

菲的共振能为 381.6kJ/mol，比蒽大，因此菲比蒽稳定，化学性质介于萘与蒽之间。它也可以在 9、10 位发生化学反应，但反应比蒽难些。例如，将菲氧化可得 9,10-菲醌。

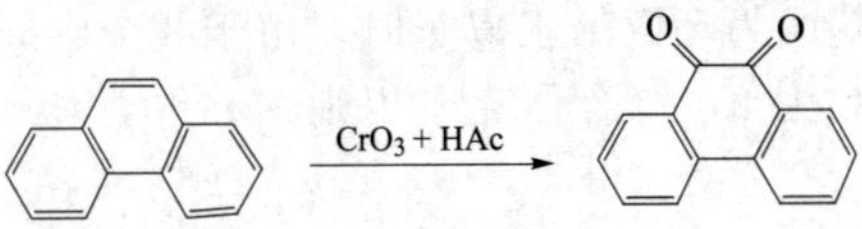
CrO₃ + HAc
O
O

9,10-菲醌

菲醌是一种农药，可防治小麦叶锈病、红薯黑斑病等。

6.9　非苯芳烃

前面所讨论的芳烃都含有苯环结构，由于 π 电子的高度离域而形成环状闭合共轭体系，体系能量较低，具有一定的共振能，分子较稳定。在化学性质上表现为易发生取代反应，不易发生加成和氧化反应，即具有不同程度的芳香性。

随着科学的发展，后来相继合成出了一些单环多烯烃，它们虽然不含苯环结构，但却有类似于苯环的芳香性。这些不含苯环结构而具有芳香性的环状化合物，称为非苯芳烃或非苯芳香族化合物。怎样判断一种环状化合物是否具有芳香性呢？1931 年，休克尔（E. Hückel）应用分子轨道理论，提出了判断体系是否具有芳香性的规则。该规则指出：凡是环状平面型的共轭分子有离域的 π 电子云（类似苯环的闭合离域大 π 键结构特征），而且 π 电子总数为 $4n+2$（n 为正整数：0，1，2，3，…）时，体系必然具有芳香性。这个规则称为休克尔规则。

环多烯的通式为 C_nH_n，苯可以看成是一个环多烯，它是一个平面的闭合共轭体系，π 电子数 6 个，符合休克尔规则，具有芳香性。当一个环多烯分子所有的碳原子（n 个）处在（或接近）一个平面上时，由于每个碳原子都具有一个与平面垂直的 p 原子轨道，它们就可以组成 n 个 π 分子轨道。图 6-5 为 3～8 个碳原子的各种单环多烯的分子轨道能级及基态 π 电子构型。

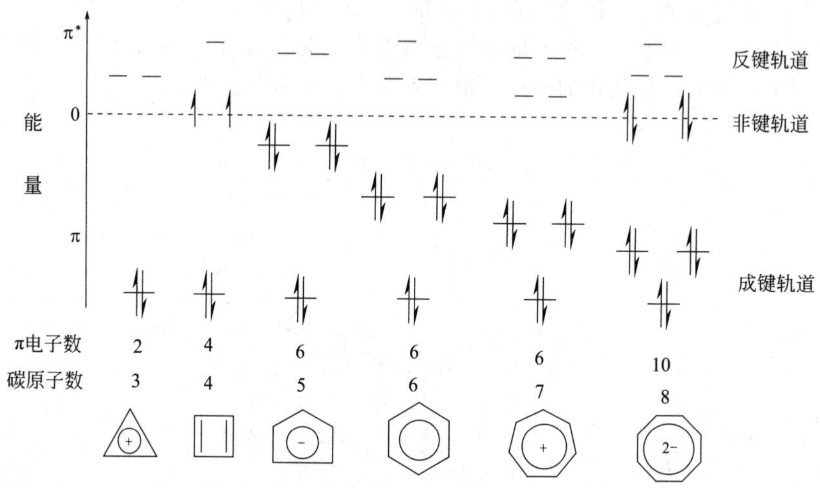

图 6-5　单环多烯的分子轨道能级及基态 π 电子构型

从图 6-5 可以看出，当环上的 π 电子数为 2，6，10，…（即 $4n+2$）时，π 电子正好填满成键轨道（有时也充满非键轨道）。例如，苯含有 6 个 π 电子，基态下，4 个 π 电子占据了一组简并的成键轨道，另外 2 个 π 电子占据了能量最低的成键轨道。又如环辛四烯二负离子，它含有 10 个 π 电子，其中 8 个 π 电子充满了一组简并的成键轨道和一组简并的非键轨道，另外 2 个 π 电子则占据了能量最低的成键轨道。因此它们都具有稳定的电子构型，能量比相应的直链多烯烃低，它们都是相当稳定的。

充满简并的成键轨道和简并的非键轨道的电子数正好是 4 的倍数，而充满能量最低的成键轨道需要 2 个电子，这就是休克尔 $4n+2$ 规则中 π 电子数的根据。

环丙烯没有芳香性，但当其成为环丙烯正离子时，由于 3 个碳原子都是 sp^2 杂化，构成了平面的闭合共轭体系，它的 π 电子数为 2，符合休克尔规则（$n=0$，$4n+2=2$）。因此，环丙烯正离子具有芳香性。

环丁二烯有 4 个 π 电子，不符合休克尔的 $4n+2$ 规则。从图 6-5 可看出，它有一个成键轨道和一组简并的非键轨道。基态下其中 2 个 π 电子占据能量最低的成键轨道，另外两个 π 电子分别占据一个非键轨道，这是个极不稳定的双游离基。实验证明，环丁二烯只能在极低温度下才能存在。像环丁二烯这样 π 电子数为 $4n$ 的离域的平面环状体系，基态下含有半充满的电子构型，这类化合物不但没有芳香性，而且它们的能量比相应的直链多烯烃要高得多，即它们的稳定性很差，通常称之为反芳香性化合物。

环辛四烯分子含有 8 个 π 电子，也不符合休克尔的 $4n+2$ 规则，所以也没有芳香性，但它不像环丁二烯那样表现出极不稳定的反芳香性，能发生一般单烯烃所具有的典型反应。也就是说，环辛四烯既不是反芳香性化合物，也不是芳香性化合物。这是因为环辛四烯是个非平面分子，因而 $4n$

规则不适用于环辛四烯分子。经测定，环辛四烯是含有交替单、双键的“马鞍形”结构，因此不能形成芳香体系特有的闭合共轭大π键，π电子云是定域的，其碳碳单键和碳碳双键的键长分别为0.147nm和0.134nm，具有烯烃的典型性质，是个非芳香性的化合物。

环戊二烯也没有芳香性，但当它失去一个质子成为环戊二烯负离子时，5个碳原子都是 sp^2 杂化，就构成了平面的闭合共轭体系，且含有6个π电子，符合休克尔规则（$n=1$，$4n+2=6$）。因此，环戊二烯负离子具有芳香性。

同样，环庚三烯本身没有芳香性，但失去一个氢原子和一个电子后形成的环庚三烯正离子也具有芳香性。

萘、蒽和菲都是平面型分子，它们的π电子数符合休克尔规则，因而也表现出芳香性。

通常将 $n \geqslant 10$ 的一类单双键交替的单环多烯烃 C_nH_n 称为轮烯，碳原子数为10、14和18的分别称为［10］轮烯、［14］轮烯和［18］轮烯，成环的碳原子数用括号中的数字表明。这类化合物是否具有芳香性，主要取决于以下条件：①共平面性或接近于平面，平面扭转不大于0.1nm；②环内氢原子间没有或很少有空间排斥作用；③π电子数目符合 $4n+2$ 规则。［10］轮烯、［14］轮烯和［18］轮烯的π电子数都符合休克尔 $4n+2$ 规则，似乎它们都应该有芳香性，但是［10］轮烯和［14］轮烯环内两个跨环氢原子相距较近，具有强烈的排斥作用，使环上碳原子不能处于同一平面内，故不能形成闭合大π键。所以没有芳香性。

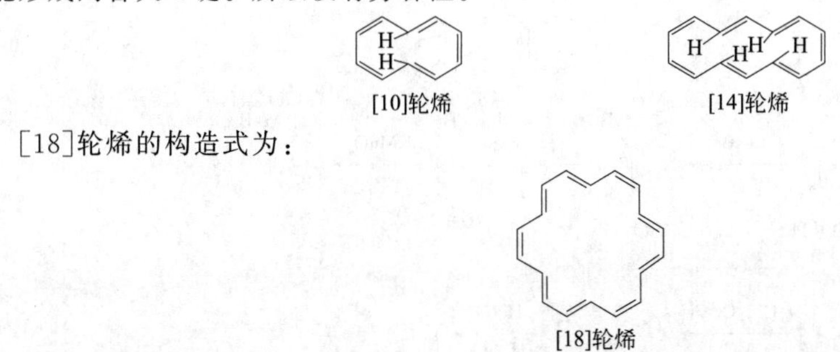

[10]轮烯　　[14]轮烯

［18］轮烯的构造式为：

[18]轮烯

［18］轮烯基本上为平面型共轭分子，环内氢原子的排斥作用很弱，因此具有一定的芳香性。

目前，芳香性的概念已不局限于难加成、难氧化、易取代和环的稳定性，即使用休克尔规则也难以对芳香性下一个准确无误的定义，因为随着结构理论的发展，芳香性的概念还在不断深化和发展。

【扩展阅读】　凯库勒与苯的环状结构

19世纪中期，德国化学家凯库勒提出了“碳四价学说”和“碳链学说”，为有机结构理论奠定了坚实的基础。但是，当时苯分子中6个碳原子的连接方式依然是一个谜。为了解开这个谜底，凯库勒进行了无数次的苯分子结构假设实验研究，竭尽了全力，却百思不得其解。1865年的一天傍晚，当他坐下写一本教科书时，头脑中还在思考这个问题。这时，疲惫的他进入了梦乡。梦中发生了难以置信的奇迹，他看见“长长的碳链像一条条长蛇翩翩起舞。突然，有一条蛇咬住了自己的尾巴，构成了一个圆环形，并不断旋转”。他像触电般地猛然醒过来，由此得到灵感，悟出了苯分子中的碳链是一个闭合环的结构。这个设想在有机化学界是前所未有的，在此之前人们从未想到过有机物分子可以是环状的结构。凯库勒的梦中发现并不是偶然，这跟他渊博的知识、刻苦的钻研、丰富的想象以及对科学问题的执着追求是分不开的。机会总是垂青有准备的人。试想如果这个梦发生在别人身上，能够发现苯的闭环结构吗？

【例题解析】

例题 1. 请写出下列反应的机理。

$$H_3C-C_6H_4-CH_2CH_2C(CH_3)_2CH=CH_2 \xrightarrow{H^+} \text{(1-甲基-1-异丙基-5-甲基茚满)}$$

解析：

$$H_3C-C_6H_4-CH_2CH_2C(CH_3)_2CH=CH_2 \xrightarrow{H^+} H_3C-C_6H_4-CH_2CH_2C(CH_3)_2\overset{+}{C}H-CH_3 \xrightarrow{\text{碳正离子重排}}$$

$$H_3C-C_6H_4-CH_2CH_2\overset{+}{C}(CH_3)CH(CH_3)CH_3 \longrightarrow H_3C-C_6H_4-CH_2CH_2\overset{+}{C}(CH_3)CH(CH_3)_2 \xrightarrow{\text{亲电取代}}$$

$$\text{(σ-络合物, }CH(CH_3)_2, CH_3, H) \xrightarrow{-H^+} \text{(产物: }H_3C, CH(CH_3)_2)$$

例题 2. 请写出由甲苯制取邻溴苯甲酸的合成路线。

$$\text{甲苯 (Me)} \longrightarrow \text{邻溴苯甲酸 (COOH, Br)}$$

解析：

$$\text{甲苯} \xrightarrow{\text{浓 } H_2SO_4} \text{对甲苯磺酸 (Me, } SO_3H) \xrightarrow{Fe/Br_2} \text{(Me, Br, } SO_3H) \xrightarrow[\triangle]{H^+} \text{邻溴甲苯 (Me, Br)} \xrightarrow[H^+,\triangle]{KMnO_4} \text{邻溴苯甲酸 (COOH, Br)}$$

例题 3. 请完成下列反应式。

$$\text{苯} \xrightarrow[AlCl_3]{CH_3COCl} (\quad) \xrightarrow[H_2SO_4]{HNO_3} (\quad)$$

解析：在苯上先发生傅-克酰基化反应，再发生硝化反应，所以产物分别为：$C_6H_5COCH_3$ 和 间硝基苯乙酮（CH_3，NO_2）。

习　题

1. 命名下列化合物。

(1) 苯环上有 COOH、NO_2（邻位）、NO_2（对位）　(2) 苯环上有 $C(CH_3)_3$　(3) $C_6H_5-CH_2-C_6H_5$

(4) 萘环上有 Cl、SO_3H（1,8-位）　(5) 苯环上有 NO_2、Br（间位）　(6) 萘环上有 H_3C、CH_3

2. 写出下列化合物的构造式。

(1) 3-苯基戊烷　　(2) 对甲苯乙烯　　(3) 4-甲基-2-硝基苯磺酸

(4) 4,4′-二硝基联苯　　(5) 对羟基苯甲酸　　(6) 3-氯萘-2-甲酸

3. 完成下列反应方程式。

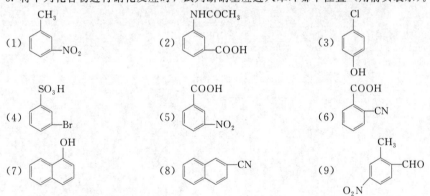

(1) 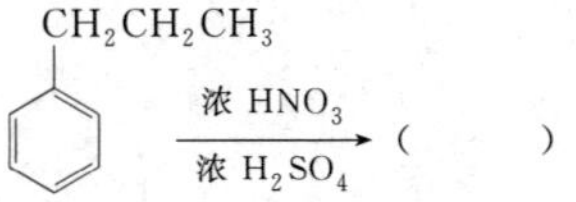 丙苯（$C_6H_5CH_2CH_2CH_3$）$\xrightarrow[\text{浓 } H_2SO_4]{\text{浓 } HNO_3}$ (　　)

(2) 1-乙基-4-叔丁基苯（CH_2CH_3，$C(CH_3)_3$）$\xrightarrow{K_2Cr_2O_7/H^+}$ (　　)

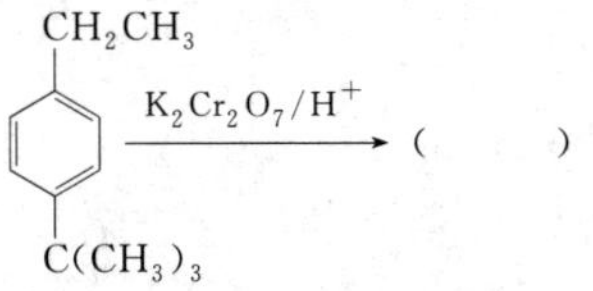

(3) 苯 + $CH_3CH_2CH_2Cl \xrightarrow{AlCl_3}$ (　　) $\xrightarrow[\text{光}]{Cl_2}$ (　　)

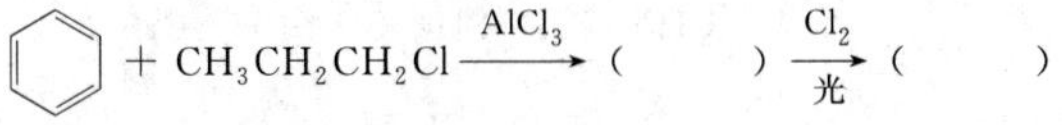

(4) 苯 + $(CH_3CO)_2O \xrightarrow{AlCl_3}$ (　　)

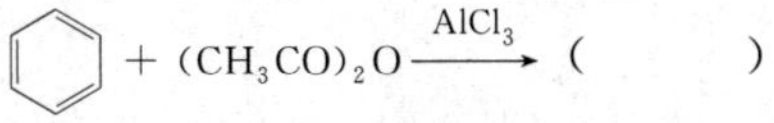

(5) 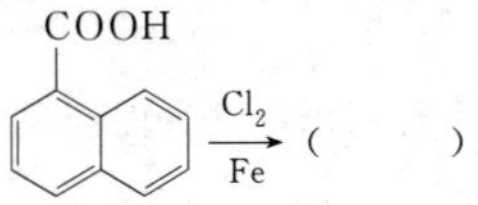 1-萘甲酸（COOH）$\xrightarrow[Fe]{Cl_2}$ (　　)

(6) 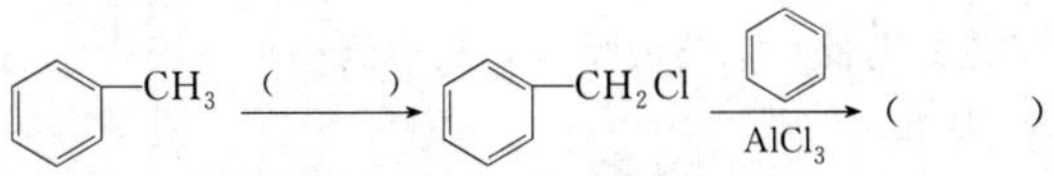 甲苯（$-CH_3$）$\xrightarrow{(\quad)}$ 苄氯（$-CH_2Cl$）$\xrightarrow[AlCl_3]{\text{苯}}$ (　　)

4. 比较下列各组化合物进行硝化反应的难易。

(1) 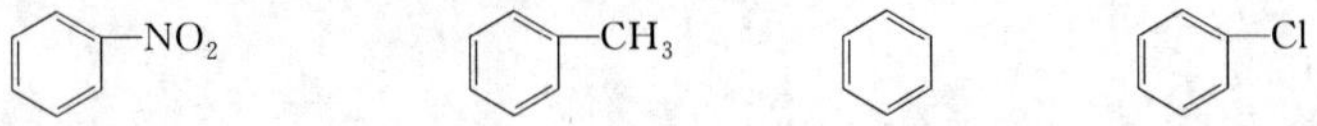 硝基苯（$-NO_2$）　甲苯（$-CH_3$）　苯　氯苯（$-Cl$）

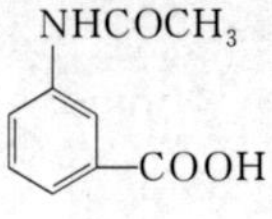

(2) 乙酰苯胺（$-NHCOCH_3$）　苯乙酮（$-COCH_3$）　苯胺（$-NH_2$）　苯

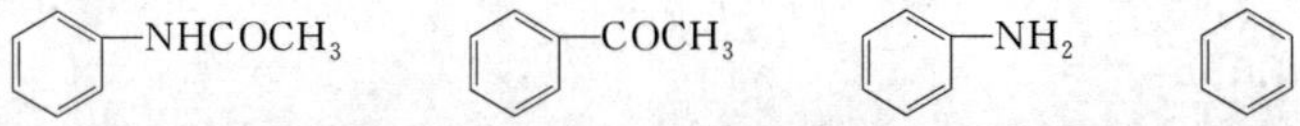

5. 将下列化合物进行硝化反应时，试判断硝基应进入苯环哪个位置（用箭头表示）。

(1) 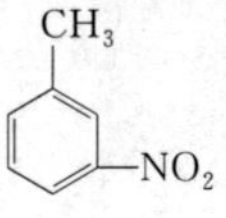 间硝基甲苯（CH_3，NO_2）　(2) 间乙酰氨基苯甲酸（$NHCOCH_3$，$COOH$）　(3) 对氯苯酚（Cl，OH）

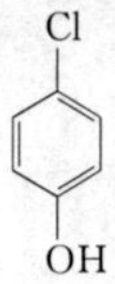

(4) 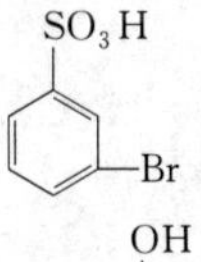 间溴苯磺酸（SO_3H，Br）　(5) 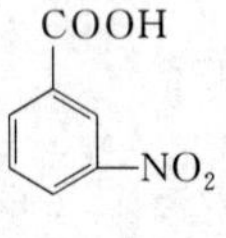 间硝基苯甲酸（$COOH$，NO_2）　(6) 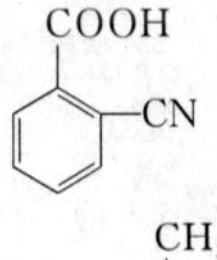 邻氰基苯甲酸（$COOH$，CN）

(7) 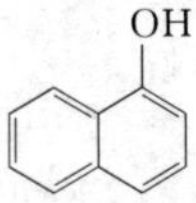 1-萘酚（OH）　(8) 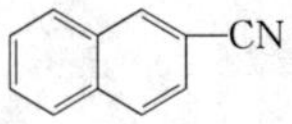 2-萘甲腈（CN）　(9) 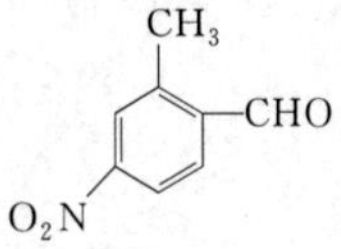 2-甲基-4-硝基苯甲醛（CH_3，CHO，O_2N）

6. 用反应式表示下列化合物合成的中间步骤（可用任何无机试剂）。

(1) 甲苯合成间氯苯甲酸；

(2) 甲苯合成 2-溴-4-硝基苯甲酸；

(3) 由苯和醋酸酐合成间溴苯乙酮；

(4) 由间二甲苯合成 5-硝基间苯二甲酸；

(5) 由萘合成 5-硝基萘-2-磺酸；

(6) 由甲苯合成 1,3- 二溴-2-甲基-5-硝基苯。

7. 甲、乙、丙三种芳烃分子式同为 C_9H_{12}，氧化时甲得一元羧酸，乙得二元酸，丙得三元酸，但经硝化时，甲和乙分别得到两种一硝基化合物，而丙只得一种一硝基化合物，推测甲、乙、丙三者的结构。

8. 根据休克尔规则，判断下列化合物有无芳香性。

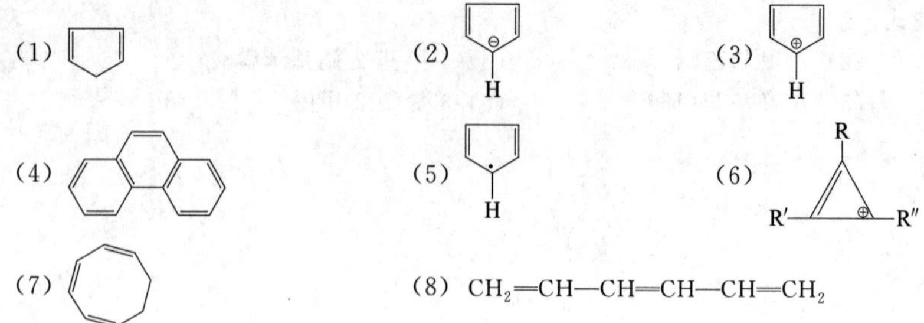

9. 用简单的化学方法区别下列各组化合物。

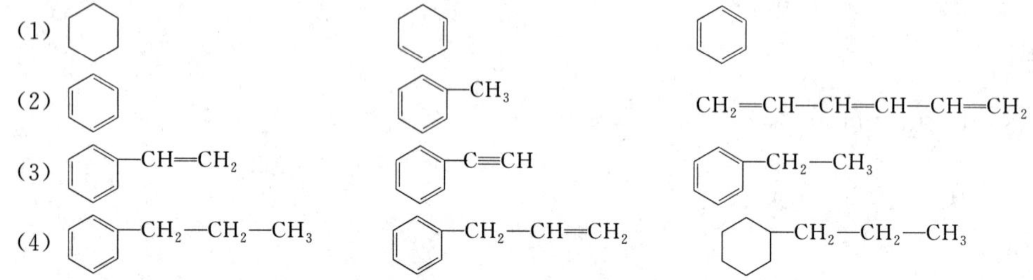

10. 某烃 A 的实验式为 CH，分子量为 208，用热的高锰酸钾酸性溶液氧化得到苯甲酸，而经臭氧氧化还原水解的产物也只有一种苯乙醛。推断 A 的结构式。

11. 某化合物（A）的分子式为 C_8H_{10}，在三溴化铁的催化下与溴反应，只得到一种一溴代产物（B），B 在光照下与氯反应，生成两种一氯代产物。推断 A、B 的结构式。

第 7 章　立体化学

在有机化学中，有机物中主要元素碳的成键特性而使异构现象非常普遍，异构的方式分构造异构（包括：碳链异构、官能团位置异构、官能团异构和互变异构）和立体异构（包括：构象异构、顺反异构和旋光异构）。立体化学主要研究有机化合物分子的三维空间结构（立体结构），以及对化合物的理化性质的影响。前面在烷烃和烯烃中已讨论过立体化学中的构象异构和顺反异构，本章主要讨论立体化学中的旋光异构。

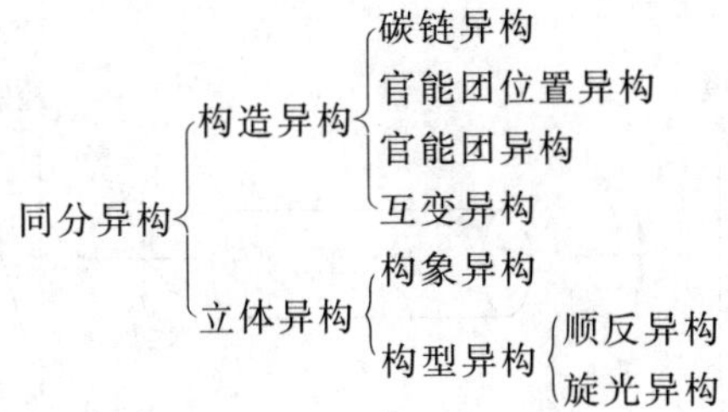

7.1　物质的旋光性和比旋光度

7.1.1　偏振光

物质的旋光性是与光有联系的，要阐述物质的旋光性及测定原理，得从光的性质说起。光具有波动性和粒子性，是一种电磁波，它的振动方向与光的前进方向垂直。普通光的光波可在与传播方向垂直的各个不同平面振动（图 7-1）。图中的双箭头表示光可能的振动方向。如果让普通光通过一尼科尔（Nicol）棱镜时，与棱镜晶轴平行的平面内振动的光可透过，其他平面振动的光被阻挡，这种透过棱镜后只在一个平面方向上振动的光就叫作平面偏振光，简称偏振光或偏光。

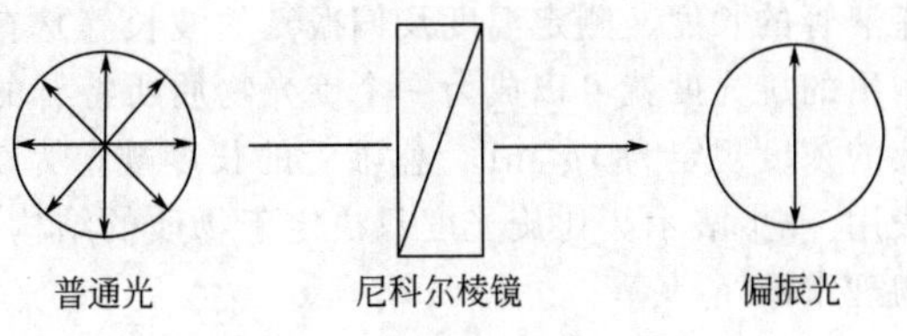

图 7-1　偏振光产生示意图

7.1.2　旋光性

一种物质是否有旋光性，通常使用偏振光来检验。将偏振光通过某种介质时，有的介质对偏振光没有作用，即透过介质（如乙醇、乙醚等）的偏振光仍在原平面方向上振动。而有的介质（如乳酸、苹果酸等）却能使偏振光的振动方向发生旋转。这种能旋转偏振光的振动方向的性质叫作旋光性。具有旋光性的物质叫作旋光性物质或光活性物质。如图 7-2 所示。

7.1.3　旋光度和比旋光度

旋光性物质的旋光度和旋光方向可用旋光仪进行测定。旋光仪由光源、起偏镜、盛液管、检偏镜和刻度盘组成。光源一般使用钠光灯；起偏镜和检偏镜为尼科尔棱镜，起偏镜固定不能转动，主要是将普通光转化为偏振光；盛液管用来装待测物质；检偏镜可随一个刻有 180°的刻度盘旋转，用来检验偏振光的振动平面是否发生了旋转，以及旋转的方向和旋转的角度（如图 7-3 所示）。

能使偏振光的振动方向顺时针旋转的物质，叫作右旋物质，通常用“*d*”（拉丁文 dextro 的缩写，“右”的意思）或“+”表示；反之，叫作左旋物质，用“*l*”（拉丁文 laevo 的缩写，“左”的

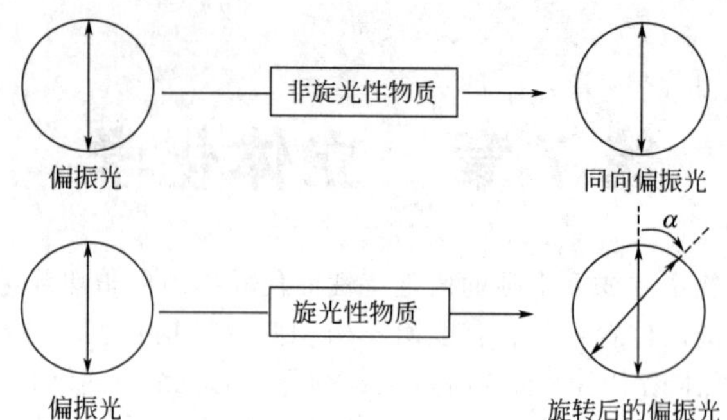

图 7-2　偏振光旋转示意图

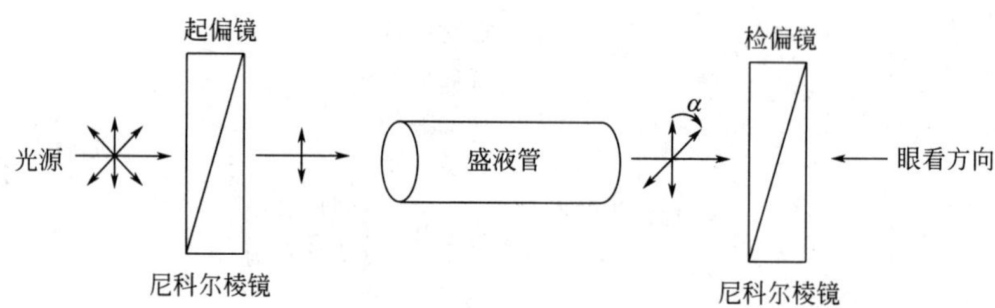

图 7-3　旋光仪示意图

意思）或“－”表示。偏振光振动方向的旋转角度由刻度盘旋转度数读出，该旋转角叫旋光角，用“α”表示。旋光角附上旋转方向叫旋光度，如“$-\alpha$”或“$+\alpha$”。

由旋光仪测得旋光物质的旋光度，不仅与物质的结构有关，而且与测定的条件（如溶液浓度、盛液管的长度、测定温度及偏振光的波长等）有关。如果能把结构以外的影响因素都固定，则此时测出的旋光度就可以成为一个旋光物质所特有的常数。为此提出了比旋光度这个物理量。通常把溶液的浓度规定为 1g/mL，盛液管的长度规定为 1dm 时，此条件下测得的旋光度叫作比旋光度，一般用［α］表示。比旋光度只决定于物质的结构。因此，各种化合物的比旋光度是它们各自特有的物理常数。

比旋光度是在上述规定的条件下所测得的旋光度。但多数情况下，测定某一旋光物质的旋光度时，并不是一定要在上述条件下进行，可用任一浓度的溶液或任一长度的盛液管测定其旋光度。此时比旋光度［α］可用下式计算求得。

$$[\alpha]=\frac{\alpha}{lc}$$

式中，α 为旋光度，(°)；c 为溶液的浓度，g/mL；l 为盛液管管长，dm。

若被测物质是纯液体，则按下式换算。

$$[\alpha]=\frac{\alpha}{l\rho}$$

式中，ρ 为液体的密度，g/cm^3。

因偏振光的波长和测定时的温度会影响比旋光度，故表示比旋光度时，通常还把温度和光源的波长标出来，如 $[\alpha]_\lambda^t$。溶剂也会影响比旋光度，所以也要注明测定时所用的溶剂。例如在 20℃时，以钠光灯为光源测得葡萄糖水溶液的比旋光度是右旋 52.5°，记为：

$$[\alpha]_D^{20}=+52.5°（水）$$

“D”代表钠光波长。因钠光波长 589nm 相当于太阳光谱中的 D 线。

7.2 物质的旋光性与其分子结构的关系

在日常生活中，我们经常会见到物体和它自己的镜像，如人站在镜子前面会在镜子里看到自己的像。这种物体和它的像的关系就像人的左手和右手，它们互为实物和镜像，但是在三维空间中彼此不能重合，不能手掌对手掌，指尖对指尖，关节对关节。再如人的左耳朵与右耳朵、左眼睛与右眼睛、左脚与右脚等也是这样一种特性。这种特性同样存在于微观世界的分子中。

7.2.1 手性、手性原子和手性分子

在有机化合物中饱和碳原子具有四面体结构。当一个饱和碳原子所连接的四个原子或原子团都不相同时，往往存在两种不同的构型（见图 7-4），如乳酸（2-羟基丙酸）、甘油醛（2,3-二羟基丙醛）等，两种不同的构型类似人的左手和右手，互成镜像关系但又不能完全重合。这种实物与其镜像不能完全重合的特征称为手性（chirality）或手征性。具有手性的分子称为手性分子，手性分子都具有旋光性，如乳酸、甘油醛等。不具有手性的分子称为非手性分子，无旋光性，如乙醇、乙醛等。

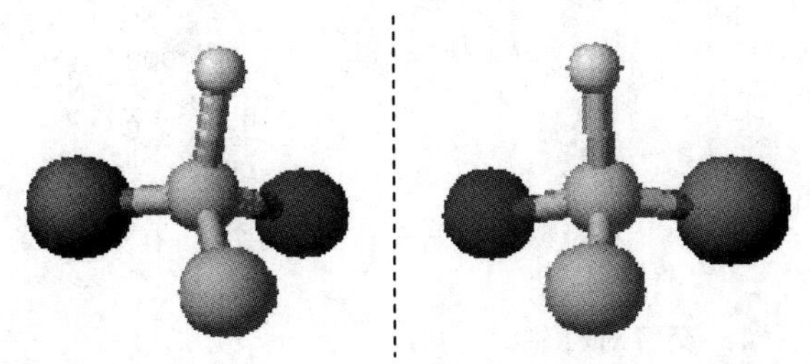

图 7-4 手性分子的两种构型

若有机化合物中存在某个碳原子所连接的四个原子或原子团都不同时，该碳原子称为手性碳原子或不对称碳原子，在结构式中常用“*”标出。如乳酸的 2 位碳原子（分别连接—COOH、—OH、$—CH_3$、—H）、甘油醛的 2 位碳原子（分别连接—CHO、—OH、$—CH_2OH$、—H）和 2-氯丁烷的 2 位碳原子（分别连接—Cl、$—CH_2CH_3$、$—CH_3$、—H）均为手性碳原子，其结构式表示如下。除手性碳原子外，也有其他手性原子存在，如手性硅原子、手性磷原子等。

$$CH_3—\overset{*}{C}H(OH)—COOH$$
乳酸

$$CH_2(OH)—\overset{*}{C}H(OH)—CHO$$
甘油醛

$$CH_3—\overset{*}{C}H(Cl)—CH_2CH_3$$
2-氯丁烷

7.2.2 分子对称性与旋光性的关系

同为有机化合物，乳酸和甘油醛有旋光性，而乙醇和乙醛没有旋光性，从其结构式看前者有手性碳原子存在，后者没有，似乎手性碳原子存在与否是决定物质是否有旋光性的关键。但许多实例告诉我们事实并非如此，虽然许多含有手性碳原子的有机物有手性，但也有许多具有手性的物质其分子中并不含有手性原子。此外有些具有两个或多个手性碳原子的分子，却并不具有手性。因此，分子中有无手性碳原子并不是物质具有手性的必要条件。

不能与镜像完全重合是手性分子的特征。如何判断一个化合物是否具有手性，最直观可靠的方法是做出一对实物与镜像的模型，当二者不能完全重合时，就是手性分子。但并非一定要用模型来考察它与镜像能否叠合得起来。一般一个分子中若既无对称面又无对称中心等对称因素，则该分子就是不对称分子，不对称分子就有手性，称为手性分子。也就是说分子的手性是由分子内缺少对称因素引起的。因此。只要考察分子的对称性就能判断它是否具有手性。分子的手性与对称因素之间的关系如下所述。

（1）对称面

对于大多数有机化合物来说，尤其是链状化合物，一般只需考察分子中是否有对称面，就可以判断其是否有为手性分子。设想分子中有一平面，能把分子切成实体和镜像两部分，则该平面就是分子的对称面（symmetric plane）。有对称面的分子为非手性分子，见图 7-5。例如：

（2）对称中心

如果分子中存在一个中心点，通过该点画任意一直线，在直线上中心点等距离的异向两端，有相同的原子或原子团，则此中心点称为对称中心（symmetric center）。有对称中心的分子也为非手性分子，见图 7-6。例如：

（3）对称轴

设想分子中有一条直线，以这条线为旋转轴旋转一定的角度，得到的分子的形象和原来分子的形象相同，该条直线称为对称轴（图 7-7）。一般用 C_n 来表示，n 表示轴的级，叫 n 重对称轴。以这条直线为轴旋转的角度应为 360°/n（n 为正整数）。例如反-2-丁烯绕对称轴转动 180°（360°/2），分子的形象与未转动前的形象完全重合，称 C_2 对称轴，对称轴不作为判别分子手性的依据。

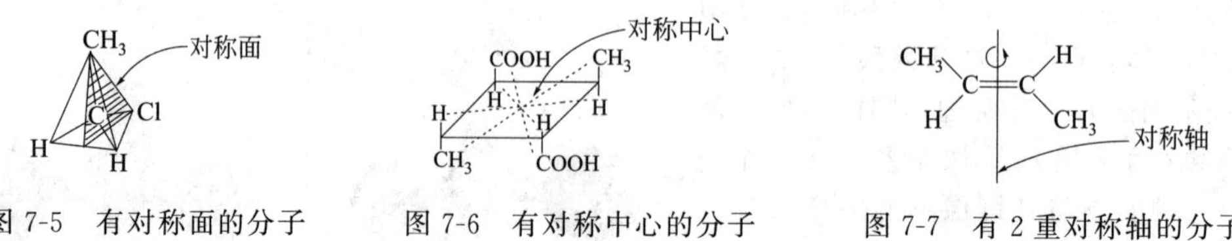

图 7-5　有对称面的分子　　图 7-6　有对称中心的分子　　图 7-7　有 2 重对称轴的分子

（4）交替对称轴

设想分子中有一条直线，当分子以此直线为轴旋转 360°/n 后，再用一个与此直线垂直的平面作为镜面，进行一次反映，若得到的镜像与原来的分子重合，则该直线称为交替对称轴。例如图 7-8 中的Ⅰ旋转 90°后得Ⅱ，Ⅱ以垂直于旋转轴的平面反映后得Ⅲ，Ⅲ≡Ⅰ。有交替对称轴的分子也不是手性分子。

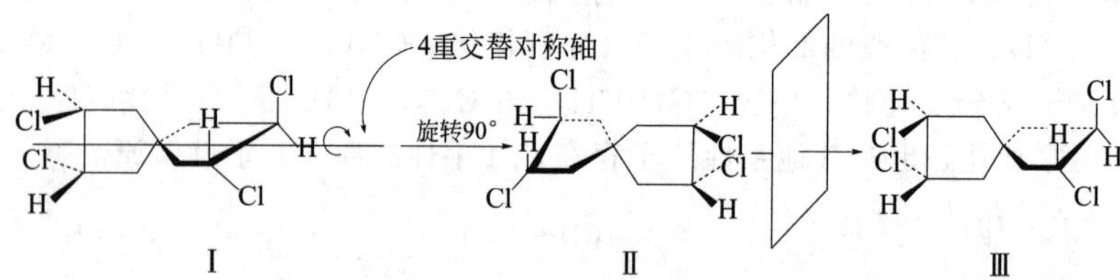

图 7-8　有 4 重交替对称轴的分子

在有机化合物中，绝大多数情况下，没有对称面、对称中心和 4 重交替对称轴的分子具有手性，即为手性分子。也就是说当分子中有对称面、对称中心或 4 重对称轴时，分子为非手性分子。通常情况下没有对称面或对称中心，只有 4 重交替对称轴的非手性分子是很个别的，同时对称轴的有无对分子是否具有手性没有决定作用。因此，只要一个分子既没有对称面，又没有对称中心，一般就可以初步断定它是个手性分子。也就是说分子产生旋光性的真正原因是分子结构的不对称性。

7.3　含有一个手性碳原子的化合物的对映异构

7.3.1　对映体

若某有机分子中含有一个手性碳原子，会有两种构型，两种构型互成实物与镜像关系，但又不能重合，为一手性分子，两种构型有旋光性且不相同，所以它们为一对异构体，又因互为对映，故称之为对映光学或旋光异构体，简称对映体。以乳酸为例，其有两种构型如图 7-9，它们互成实物与镜像关系，又不能完全重合，故有手性而表现出旋光性，其中一个为右旋体（+3.8°），一个为左旋体（−3.8°），右旋体和左旋体的分子组成相同，原子之间的连接方式及在空间的距离相同，官能团也相同，故它们的熔点、沸点、相对

图 7-9　乳酸分子的两种构型

密度、折射率、溶解性和光谱图等物理性质都相同。并且在与非手性试剂作用时，化学性质也相同。

由于右旋乳酸和左旋乳酸的比旋光度数值相同，但旋光方向相反，所以将它们等量混合时，旋光性相互抵消而消失。这种由等量的右旋体和左旋体相混合而形成的混合物叫作外消旋体（raceme），外消旋体常用“±”或“*dl*”表示。外消旋体除无旋光性外，其他物理性质也与单纯的旋光体存在不同。例如，外消旋乳酸的熔点（18℃）就比右旋或左旋乳酸的熔点（53℃）低。外消旋体是由两种分子组成的混合物，使用一般的物理方法，例如分馏、重结晶等方法，是不能把它们分开的。但采用一些特殊的方法能分离它们。将外消旋体分离成旋光体的过程称为外消旋体的拆分。

7.3.2 构型的表示法

对映异构体有两种构型，两种构型可用球棒模型（图 7-4）、透视式（图 7-9）和费歇尔（Fischer）投影式表示，前两种表示方法可以清楚地表示出手性碳原子的构型，但书写不方便。所以较为常用的是费歇尔投影式。费歇尔投影式的书写规则如下：

① 用“+”代表手性碳原子。

② 将主碳链竖立，把命名时编号最小的碳原子放在上端。

③ 与手性碳原子相连的横线表示伸向纸面前方的化学键。

④ 与手性碳原子相连的竖线表示伸向纸背面的化学键。

以乳酸为例，按以上规则可写出其两种构型的费歇尔投影式如下：

COOH
H—+—OH ═ H◄C►OH
CH$_3$ CH$_3$

COOH
HO—+—H ═ HO◄C►H
CH$_3$ CH$_3$

从以上投影式与透视式的对应关系可看出，费歇尔投影式中各原子或原子团是分前后的，横线上的原子或原子团伸向纸面的前方，竖线上的原子或原子团伸向纸面的后方。不能把投影式看成平面结构，应与立体结构相联系。因此，在书写投影式时应注意以下几点：

① 投影式不能离开纸面而翻转过来，这样翻转会改变手性碳原子所连的原子或原子团的前后关系，若离开纸面翻转，则得到其对映体；

② 投影式在纸面上旋转 90°或 270°，构型反转（得到其对映体）；

③ 在纸面上旋转 180°，构型不变；

④ 投影式固定，与手性碳原子相连的任意一个原子或原子团不动，其他三个原子或原子团按顺时针或逆时针方向轮换位置，构型不变，若仅两个互换位置则构型反转；

⑤ 投影式中与手性碳原子相连的任意两个原子或原子团进行互换，互换奇数次则构型翻转，互换偶数次则构型不变。

7.3.3 构型的确定及标记

对映异构体是两种互为镜像的构型，可用两个费歇尔投影式来表示，若对其进行命名时要书写其构型，则用相对构型（D/L）或绝对构型（*R*/*S*）来表示。

7.3.3.1 D/L 标示法

对映体中的两种构型，一个为右旋体，另一个为左旋体。但无法从模型或投影式中看出，哪一个是右旋体，哪一个是左旋体。只有通过旋光仪才可测出哪一个是右旋的，哪一个是左旋的，但是根据旋光方向不能判断构型。因此，对于对映体的构型，在还没有直接测定的方法之前，只能是任意指定的。即指定两种构型中的某一种为右旋体，那么另一种就为左旋体。因而这种构型的确定具有相对的意义。如果对每种化合物的构型都这样任意地指定，必然会导致混乱。故选定一种化合物的构型作为确定其他化合物构型的标准非常必要。

在有机化学初期，就知道有左旋、右旋两种甘油醛，但这两种甘油醛分别与其哪一种构型相对应是不清楚的，就人为指定Ⅰ代表右旋甘油醛的构型，并指定右旋甘油醛为D构型（D是拉丁文Dexcro的第一个字母），Ⅱ代表左旋甘油醛的构型，为L构型（L是拉丁文Leavo的第一个字母）。

CHO H—┼—OH CH_2OH Ⅰ D-(+)-甘油醛	CHO HO—┼—H CH_2OH Ⅱ L-(−)-甘油醛

其他手性分子的构型就以甘油醛这种人为指定的构型为标准，通过化学反应的关联来确定的。即将未知构型的化合物，经过某些化学反应转化成甘油醛，或者由甘油醛转化成未知构型的化合物。在这些通过化学反应进行转化的过程中，要求与手性碳原子直接相连的键不发生断裂，以保证手性碳原子的构型在反应前后不发生改变。例如，乳酸构型的确定，可将甘油醛经化学反应转化为乳酸，转化过程如下：

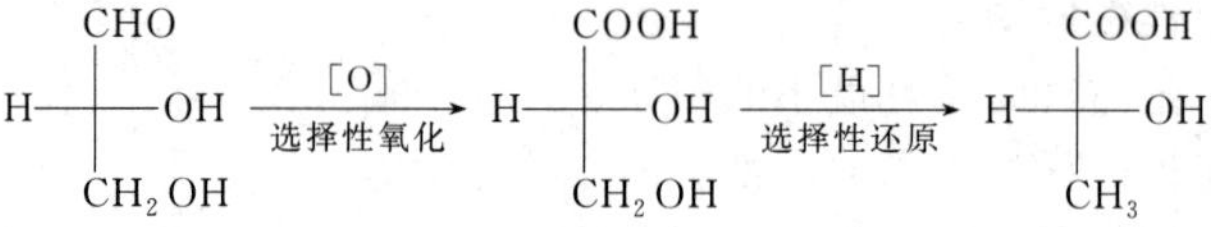

CHO / H—┼—OH / CH_2OH (Ⅰ, D-(+)-甘油醛) $\xrightarrow[\text{选择性氧化}]{[O]}$ COOH / H—┼—OH / CH_2OH (Ⅱ, D-(−)-甘油酸) $\xrightarrow[\text{选择性还原}]{[H]}$ COOH / H—┼—OH / CH_3 (Ⅲ, D-(−)-乳酸)

上述从Ⅰ→Ⅱ→Ⅲ的反应转化过程中，与手性碳原子直接相连的键都没有断裂，故构型不变，即由D构型的甘油醛转化的产物也是D构型的。依次可推出由L构型甘油醛转化的乳酸就是L构型的。这个例子还可看出，旋光性物质的旋光方向与构型之间没有必然联系。D构型化合物可以是左旋的，也可以是右旋的。因此，不能从手性分子的构型判断出其旋光方向，旋光方向只能通过旋光仪来测定。

由于这样确定的构型是相对标准物质而言，并不是实际测得的，所以称为相对构型。而与手性碳原子相连的四个原子或原子团在空间的真实排列情况，称为绝对构型。直到1951年，J. M. Bijroet用X射线测定了右旋酒石酸铷钠的绝对构型，其后许多手性化合物的绝对构型被测得，巧合的是初期人为规定的甘油醛的构型与测得的绝对构型完全相符。D/L标记已应用很久，有其较方便的一面，也存在不完善的地方，如分子中含有多个手性碳原子时，用这种标记法就很不方便，有时甚至会产生名称上的混乱。故除在糖类和氨基酸类等化合物中仍使用外，多数使用*R*/*S*标记手性原子。

7.3.3.2 *R*/*S* 标示法

R/*S*标示法标记原则如下：

① 将与手性碳原子相连的四个不同的原子或基团按次序规则排出先后次序。如假设与手性碳原子相连的四个原子或原子团为a、b、c、d，大小顺序为a>b>c>d 。

② 将最小的原子或原子团d放在距离眼睛最远的位置，将其他三个原子或原子团按次序规则从大到小的方向进行观察，即从a→b→c的轮转方向，若是顺时针方向，则标记为*R*（拉丁文Rectus的缩写，右的意思）构型，若是逆时针方向则为*S*（拉丁文Sinister的缩写，“左”的意思）构型。

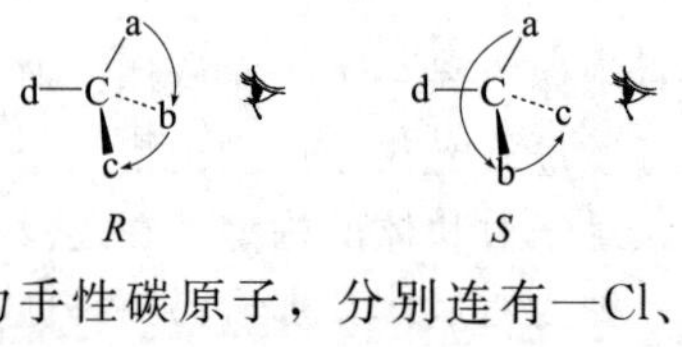

R　　*S*

例如2-氯丁烷的2位碳原子为手性碳原子，分别连有—Cl、—CH_2CH_3、—CH_3、—H，按次序规则排出其大小为—Cl>—CH_2CH_3>—CH_3>—H，式Ⅰ为顺时针方向轮转，为*R*构型，式Ⅱ为逆时针方向轮转，为*S*构型。乳酸的手性碳原子连有—OH、—COOH、—CH_3、—H，其大小顺序为—OH>—COOH>—CH_3>—H，按 OH→COOH→CH_3 的轮转方向判断出其为 *R* 或 *S* 构型。

H—C(CH₂CH₃)(CH₃)(Cl) （Ⅰ） *R*-构型　　H—C(CH₃)(CH₂CH₃)(Cl) （Ⅱ） *S*-构型

H—C(COOH)(OH)(CH_3) *S*　　H—C(COOH)(CH_3)(OH) *R*

上面介绍的是根据立体模型或透视式来确定 *R* 或 *S* 构型的方法，若给出的为费歇尔投影式，要确定投影式的构型则采用如下规则。

① 如果手性碳原子所连接的最小原子或原子团（*d*）在费歇尔投影式中的竖线上，则在平面内从 a→b→c 的轮转为顺时针方向的为 *R* 构型，逆时针方向为 *S* 构型。

② 如果手性碳原子所连接的最小原子或原子团（*d*）在费歇尔投影式中的横线上，则在平面内从 a→b→c 的轮转为顺时针向的为 *S* 构型，逆时针方向为 *R* 构型。

R　a(上) c(左) b(右) d(下) ＝ a(上) d(左) c(右) b(下)

S　a(上) b(左) c(右) d(下) ＝ a(上) c(左) d(右) b(下)

原子或原子团的大小顺序为：

a>b>c>d

以乳酸为例，先将手性碳原子所连接的四个原子或原子团进行排序，它们的先后次序是：—OH>—COOH>—CH_3>—H，则乳酸的两种投影式构型可按下式进行识别和标记。

H(上) HO(左) COOH(右) CH_3(下)　*R*-构型　　CH_3(上) HO(左) COOH(右) H(下)　*S*-构型

COOH(上) H(左) OH(右) CH_3(下)　*R*-构型　　COOH(上) HO(左) H(右) CH_3(下)　*S*-构型

(−)-乳酸　　(+)-乳酸

从上面的投影式看出，右旋乳酸是 *S* 型，左旋乳酸是 *R* 型。所以这两种乳酸的名称分别为(*R*)-(－)-乳酸和(*S*)-(＋)-乳酸。若分子中含有多个手性碳原子时，也可以用上面的方法把投影式中各手性碳原子的构型用 *R*/*S* 标记法一一标出，命名时，将手性碳原子的位次连同其构型写在括号里。例如：

¹CHO / H—②—OH / H—③—OH / ⁴CH_3

C_2：OH>CHO>CH(OH)CH_3>H　为 *R*-构型

C_3：OH>CH(OH)CHO>CH_3>H　为 *R*-构型

命名为：(2*R*,3*R*)-2,3-二羟基丁醛

¹COOH / H—②—OH / H—③—Cl / ⁴CH_2OH

C_2：OH>CH(Cl)CH_2OH>COOH>H　为 *S*-构型

C_3：Cl>CH(OH)COOH>CH_2OH>H　为 *R*-构型

命名为：(2*S*,3*R*)-2,4-二羟基-3-氯丁醛

需要注意的是在用相对构型 D/L 对手性原子进行标记时，如果在一个化学反应中手性原子的四个键没有断裂，即产物的构型与反应物的相同，则它们的 D 或 L 标记是相同的。绝对构型 *R*/*S* 是根据手性原子所连基团的排列顺序进行标记的，若反应前后手性原子的构型保持不变，但产物和

反应物构型的 R 或 S 标记却不一定相同。反之，如果反应后手性原子的构型转化了，产物与反应物构型的 R 或 S 标记也不一定不相同。例如：

$$CH_3CH_2-\underset{H}{\overset{OH}{C}}-CH_2Br \xrightarrow{[H]} CH_3CH_2-\underset{H}{\overset{OH}{C}}-CH_3$$

R-构型　　　　*S*-构型

$$-OH>-CH_2Br>-CH_2CH_3>-H \qquad -OH>-CH_2CH_3>-CH_3>-H$$

上述还原反应过程中手性碳原子的键未发生断裂，故反应后构型保持不变，但是还原后 CH_2Br 变成了 CH_3，反应物和产物中基团大小排列顺序发生改变，所以构型的 R/S 标记发生改变，反应物为 R 标记，产物为 S 标记。

7.4 含有两个手性碳原子化合物的旋光异构

7.4.1 含有两个不相同手性碳原子化合物的旋光异构

含有一个手性碳原子的化合物有一对对映体。如果分子中含有多个手性碳原子，则旋光异构体的数目显然会增多。下面以 3-氯-2-羟基丁二酸为例讨论含有两个手性碳原子化合物的旋光异构情况。

$$HOOC-\underset{OH}{\overset{*}{C}H}-\underset{Cl}{\overset{*}{C}H}-COOH$$

	Ⅰ	Ⅱ	Ⅲ	Ⅳ
上	COOH	COOH	COOH	COOH
C2	HO—C—H	H—C—OH	HO—C—H	H—C—OH
C3	Cl—C—H	H—C—Cl	H—C—Cl	Cl—C—H
下	COOH	COOH	COOH	COOH
构型	(2*R*,3*R*)	(2*S*,3*S*)	(2*R*,3*S*)	(2*S*,3*R*)

3-氯-2-羟基丁二酸只能写出上述四种异构体，其中Ⅰ与Ⅱ是对映体，Ⅲ与Ⅳ是对映体，Ⅰ与Ⅱ或Ⅲ与Ⅳ的等量混合可以组成两种外消旋体。Ⅰ与Ⅲ或Ⅳ，以及Ⅱ与Ⅲ或Ⅳ也是旋光异构体。但它们不是镜像关系，不是对映的，故称为非对映体。对映体除旋光方向相反外，其他物理性质都相同。非对映体的旋光方向则可能相同，也可能不相同，但旋光度是不相同的，其他物理性质也不相同（见表 7-1）。因此非对映体的混合物，可以用一般的物理方法将它们分离开来。

表 7-1　3-氯-2-羟基丁二酸四种异构体的物理性质

构型	熔点/℃		比旋光度
Ⅰ　(2*R*,3*R*)-(－)	173	外消旋体 146	－31.3°(乙酸乙酯)
Ⅱ　(2*S*,3*S*)-(＋)	173		＋ 31.3°(乙酸乙酯)
Ⅲ　(2*R*,3*S*)-(－)	167	外消旋体 153	－9.4°(水)
Ⅳ　(2*S*,3*R*)-(＋)	167		＋ 9.4°(水)

含有一个手性碳原子的化合物有两种旋光异构体，含有两个手性碳原子的则有四种旋光异构体，依次类推，含有三个手性碳原子的就有八种旋光异构体，含有 n 个手性碳原子的最多可以有 2^n 种旋光异构体。即含手性碳原子愈多，旋光异构体的数目愈多。

7.4.2 含有两个相同手性碳原子化合物的旋光异构

酒石酸分子中存在 2 位和 3 位两个手性碳原子，且两个手性碳原子所连的四个原子或原子团彼此相同，即均与—COOH、—OH、—CH(OH)COOH、—H 相连接，将这样的两个手性碳原子叫作相同手性碳原子。酒石酸分子的结构式和可能的四种构型如下：

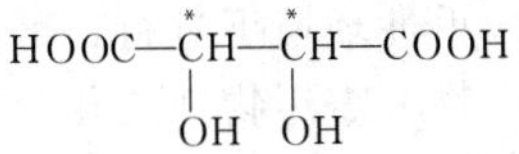

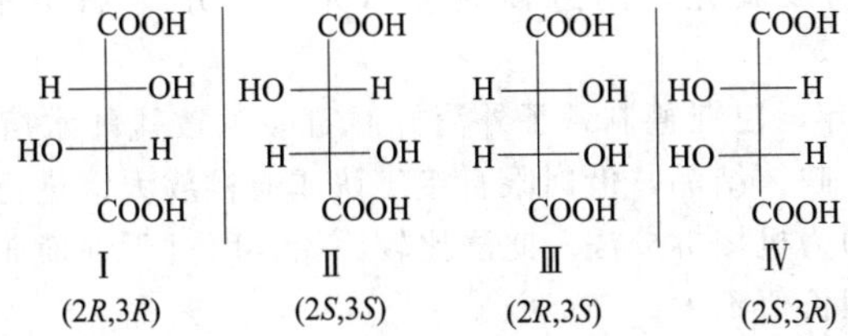

$$\mathrm{HOOC-\overset{*}{C}H(OH)-\overset{*}{C}H(OH)-COOH}$$

I	II	III	IV
COOH H—|—OH HO—|—H COOH	COOH HO—|—H H—|—OH COOH	COOH H—|—OH H—|—OH COOH	COOH HO—|—H HO—|—H COOH
(2*R*,3*R*)	(2*S*,3*S*)	(2*R*,3*S*)	(2*S*,3*R*)

上述构型中Ⅰ和Ⅱ是对映体，Ⅲ和Ⅳ也好像是对映体，但实际上Ⅲ和Ⅳ是同一种化合物，因为将Ⅲ在纸平面旋转180°后与Ⅳ重合。即Ⅲ和Ⅳ互成实物与镜像关系，但又是完全重合的。其原因是在它们的构象中可以找到一个对称面或对称中心，所以没有手性，不是手性分子，也就没有旋光性。

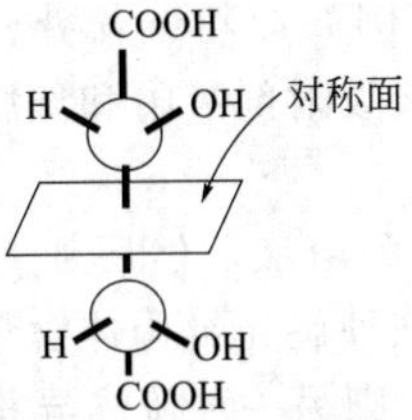

COOH H OH 对称面 H OH COOH

Ⅲ的重叠式构象中存在对称面

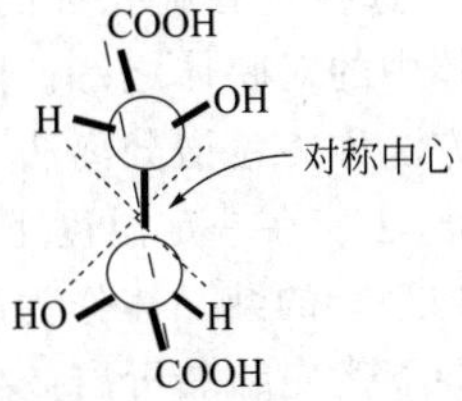

COOH H OH 对称中心 HO H COOH

Ⅲ的交叉式构象中存在对称中心

这种有手性碳原子存在，却无手性，因而无旋光性的化合物，叫作内消旋体。由于酒石酸的旋光异构中存在一个内消旋体，故其旋光异构体数就少于 2^n 个，只有左旋体、右旋体和内消旋体三种异构体。

从以上实例分析可知，只含有一个手性碳原子的分子必有手性，是手性分子，有旋光性，但含有2个或2个以上手性碳原子时则分子不一定有手性。也就是说，分子中含有手性碳原子不是分子具有手性的充分条件，即不能说凡是含有手性碳原子的分子都是手性分子。

内消旋酒石酸（Ⅲ）和右旋酒石酸（Ⅰ）或左旋酒石酸（Ⅱ）不是对映的旋光异构体，即非对映体，所以Ⅲ与Ⅰ或Ⅱ不仅旋光性不同（前者无旋光性，后者有旋光性），而且它们的物理性质也不相同（见表7-2）。

表7-2　酒石酸的物理性质

酒石酸	熔点/℃	比旋光度	溶解度/(g/100mL水)	pK_{a1}	pK_{a2}
右旋体(Ⅰ)	170	+12°	139	2.93	4.23
左旋体(Ⅱ)	170	−12°	139	2.93	4.27
内消旋体(Ⅲ)	146	0°	20.6	2.96	4.24
外消旋体	206	0°	125	3.11	4.80

内消旋体和外消旋体都无旋光性，但它们存在本质的不同。前者由单一组分的非手性分子组成，而后者由两种互为对映体的手性分子的等量混合组成。所以外消旋体可以用特殊方法拆分成两个组分，而内消旋体是不可分的。

7.5　外消旋体的拆分

外消旋体是由一对对映体等量混合而组成的。而对映体中，左旋体和右旋体除旋光方向相反外，生理作用也有很大差别。如左旋氯霉素有抗菌作用，而右旋氯霉素无疗效；右旋麻黄素不仅没有药效，而且还要干扰左旋麻黄素的作用。因此，制备纯的旋光异构体具有十分重要的意义。但通常进行的化学合成反应往往是在非手性环境下进行，因此当在一个非手性化合物中引入第一个手性中心时，得到的一般为外消旋产物，需用物理或化学方法将外消旋体拆分成两种纯净的旋光体。这种将外消旋体分离成旋光体的过程通常称为“拆分”。拆分的方法很多，一般有以下五种。

① 机械分离法　1848 年，巴斯德制备了外消旋酒石酸钠铵盐的水溶液，在低温下慢慢蒸发水分，得到具有形态差异的对映体结晶，借肉眼直接辨认或通过放大镜进行辨认，而把两种结晶体分拣开来。这样的分离方法即为机械拆分法。此法比较原始，因过于烦琐而应用不广，只在实验室中少量制备时偶尔采用，实用价值不大。

② 微生物或酶分离法　1858 年，巴斯德通过实验发现，在外消旋酒石酸铵中加入青霉素进行发酵实验，实验结果表明外消旋酒石酸铵中的右旋体慢慢被消耗掉，最后只剩下左旋体。像这种通过微生物或酶分解对映体之一而制得另一纯净旋光体的方法称为微生物或酶分离法。此分离法的缺点是在分离过程中，外消旋体至少有一半被消耗掉了。

③ 色谱分离法　选择具有旋光性的物质作为吸附剂，例如淀粉、蔗糖、乳糖等，它们会有选择性地吸附外消旋体中的对映体之一。因此可利用对映体被吸附剂吸附和洗脱速率的不同而达到拆分的目的。该拆分方法称为色谱分离法。

④ 诱导结晶分离法　在一定温度下制备外消旋体的饱和溶液，然后加入对映体中一种旋光异构体（R 构型或 S 构型）的纯晶体作为晶种，于是溶液中该种旋光异构体含量增大，形成过饱和溶液，而在晶种的诱导下优先结晶析出。将这种结晶滤出后，则另一种旋光异构体在滤液中的含量相对较多。再加入适量外消旋体制成过饱和溶液，于是另一种旋光体优先结晶析出。循环进行上述操作，即可得到两种纯的旋光异构体。此种拆分方法称为诱导结晶分离法。此法优点是操作简便，成本低，但其适用范围有限。

⑤ 化学分离法　该分离方法应用最广。其基本原理是在外消旋体中加入另一旋光物质（拆分剂），使其与对映体结合，将对映体转变成非对映体，然后用一般方法分离。拆分剂的选择原则一般是外消旋体为酸时选用旋光性碱（如奎宁、马钱子碱等生物碱），反之则选用旋光性酸（如酒石酸、樟脑-β-磺酸等）。可从以下实例中体会该拆分原理和方法。

$$\underset{\text{外消旋体}}{(\pm)\text{-RCOOH}} + \underset{\text{拆分剂}}{(-)\text{-R}'\text{NH}_2} \xrightarrow{\text{成盐}} \underset{\text{一对非对映体混合物}}{\begin{matrix}(+)\text{-RCOO}^-\,(-)\text{-R}'\text{N}^+\text{H}_3\\(-)\text{-RCOO}^-\,(-)\text{-R}'\text{N}^+\text{H}_3\end{matrix}}$$

$$\xrightarrow{\text{分级重结晶}} \begin{cases}(+)\text{-RCOO}^-\,(-)\text{-R}'\text{N}^+\text{H}_3 \xrightarrow{\text{HCl}} (+)\text{-RCOOH} + (-)\text{-R}'\text{NH}_2\cdot\text{HCl}\\(-)\text{-RCOO}^-\,(-)\text{-R}'\text{N}^+\text{H}_3 \xrightarrow{\text{HCl}} (-)\text{-RCOOH} + (-)\text{-R}'\text{NH}_2\cdot\text{HCl}\end{cases}$$

拆分既非酸又非碱的外消旋体时，可以设法在分子中引入酸性基团，然后按拆分酸的方法拆分之。也可选用适当的旋光性物质与外消旋体作用形成非对映体的混合物，然后分离。例如拆分醇时，可使醇先与丁二酸酐或邻苯二甲酸酐作用生成酸性酯，再将其与旋光性碱作用生成非对映体后分离。

$$\text{C}_6\text{H}_4(\text{CO})_2\text{O} + \text{ROH} \longrightarrow \text{C}_6\text{H}_4(\text{COOR})(\text{COOH})$$

7.6 手性合成

通过化学反应将非手性分子转化成手性分子。例如，由丁烷溴代制备出2-溴丁烷，产物中含有一个2位手性碳原子，由丙醛与HCN加成生成含有一个手性碳原子的2-羟基丁腈。

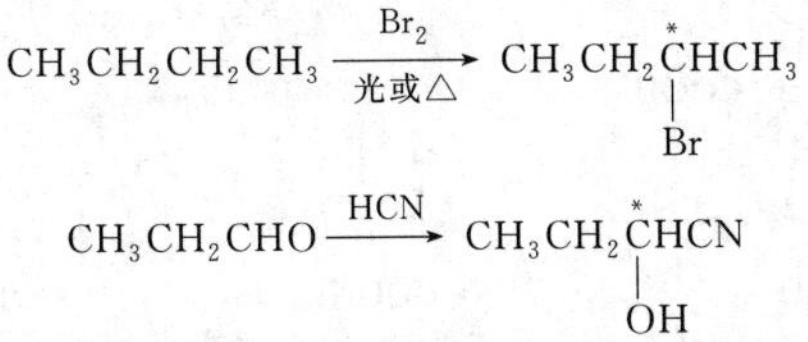

$$CH_3CH_2CH_2CH_3 \xrightarrow[\text{光或}\triangle]{Br_2} CH_3CH_2\overset{*}{C}H(Br)CH_3$$

$$CH_3CH_2CHO \xrightarrow{HCN} CH_3CH_2\overset{*}{C}H(OH)CN$$

2-溴丁烷和2-羟基丁腈都是手性分子，但是反应后得到的产物并不具有旋光性。这是因为反应过程中生成手性产物两种构型（*R*-构型和*S*-构型）的概率相等，所以它们的生成量相等，构成外消旋体，故没有旋光性。总之，在非手性环境下由非手性分子合成手性分子时，得到的产物一般是外消旋体。即必须通过拆分才可得到具有旋光性的物质。但若在手性环境下由非手性分子合成手性分子时，则新生成手性碳原子的两种构型的生成机会就不一定相等，故最后得到的产物就可能有旋光性。但要注意的是由此得到的旋光性物质，仍然是对映体的混合物，只不过对映体中*R*-构型或*S*-构型的含量稍多一些。这种把分子中的一个对称的结构单元转化为一个不对称的结构单元，并产生不等量的对映体混合产物而具有旋光性的合成方法，叫作手性合成或不对称合成。例如，将β-氯代苯丙酮在手性催化剂作用下用硼烷还原，得到具有旋光性的还原产物。

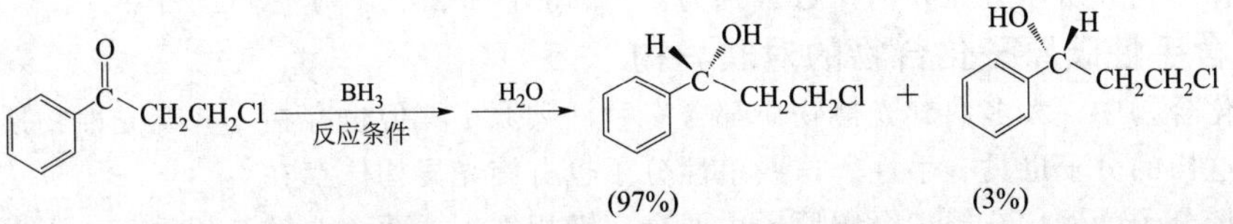

$$C_6H_5COCH_2CH_2Cl \xrightarrow[\text{反应条件}]{BH_3} \xrightarrow{H_2O} C_6H_5CH(OH)CH_2CH_2Cl\ (97\%) + C_6H_5CH(OH)CH_2CH_2Cl\ (3\%)$$

不对称合成的方法有很多，除利用各种手性化学试剂外，也可利用某些微生物或酶的高度选择性来进行不对称合成。在这些手性合成中，虽然起始原料是非手性分子，但合成过程中有手性分子参加反应，所以这样的手性合成称为部分手性合成。若在整个反应过程中没有手性分子参加，如只是在某物理因素的影响下进行手性合成，则叫作绝对手性合成。

7.7 其他立体异构现象

7.7.1 环状化合物的立体异构

环状化合物的立体异构比较复杂，往往顺反异构与对映异构同时存在。以2-羟甲基环丙烷-1-羧酸为例，其立体异构的方式如下。

Ⅰ	Ⅱ	Ⅲ	Ⅳ
HOH_2C、COOH 同侧；H、H 同侧	HOOC、CH_2OH 同侧；H、H 同侧	HOH_2C、H 在上；H、COOH 在下	H、CH_2OH 在上；HOOC、H 在下
顺式		反式	

Ⅰ和Ⅱ是顺式异构体，它们是一对对映体。Ⅲ和Ⅳ是反式异构体，它们又是一对对映体。顺式和反式是非对映体。

以下分别是环丙烷-1,2-二甲酸、环丁烷-1,2-二甲酸、环丁烷-1,3-二甲酸的立体异构体。

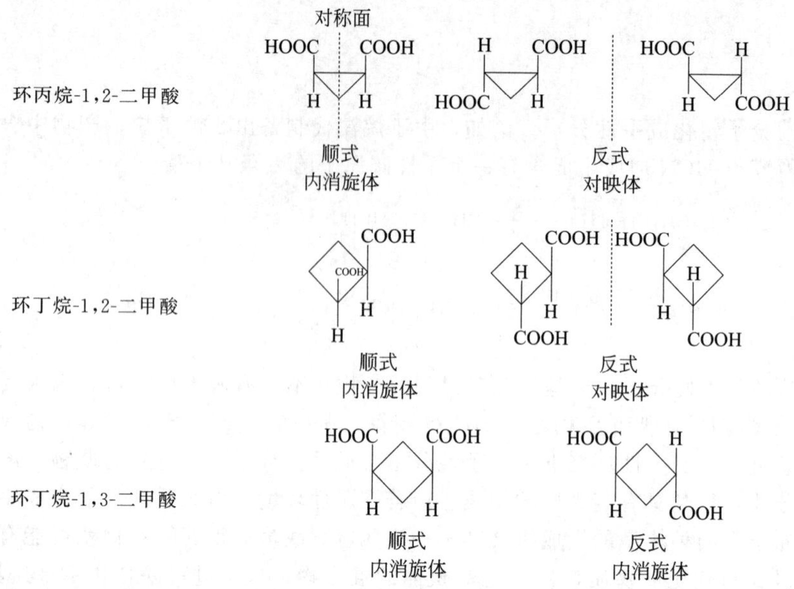

从以上的立体异构可看出，环状化合物的旋光异构与开链化合物类似。含有 n 个不相同手性碳原子的环状分子有 2^n 个旋光异构体，若有相同手性碳原子存在，则其旋光异构体数小于 2^n 个。例如，环丙烷-1,2-二甲酸、环丁烷-1,2-二甲酸、环丁烷-1,3-二甲酸均有两个相同手性碳原子，因其存在内消旋体结构，所以旋光异构体数分别为 3 个、3 个和 2 个，均小于 2^2 个。

7.7.2 不含手性碳原子化合物的对映异构

在有机化合物中，大多数旋光性物质都含有手性碳原子。但也存在一些旋光性物质并不含有手性碳原子，这样的分子也具有手性。这些手性分子也有旋光异构体存在。

以丙二烯分子为例，它的三个碳原子由两个双键相连，这两个双键互相垂直。因此第一个碳原子和与它相连的两个氢原子所在的平面，与第三个碳原子和与它相连的两个氢原子所在的平面，正好相互垂直。

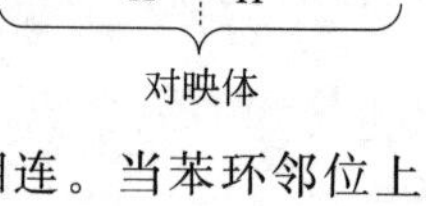

因此，当第一个碳原子所连的 a 和 b 及第三个碳原子所连的 c 和 d 四个原子或原子团为 a≠b，c≠d 时，整个分子就是一个手性分子，因而有对映体存在。例如：

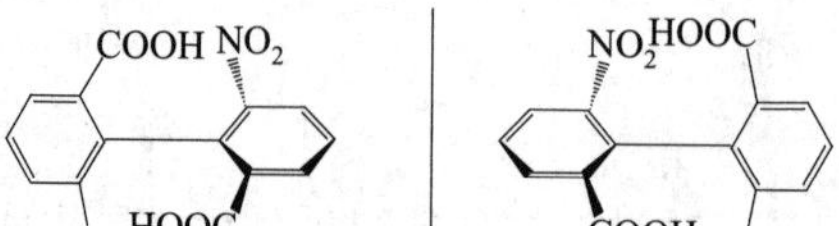

对映体

联苯分子中两个苯环通过一个单键相连。当苯环邻位上连有体积较大的取代基时，两个苯环之间单键的自由旋转受到阻碍，致使两个苯环不能处在同一个平面上。例如：

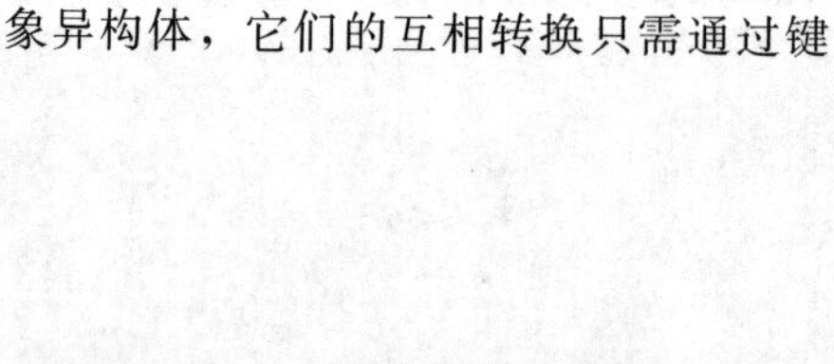

对映体

这一对对映体实际上是构象异构体，它们的互相转换只需通过键的旋转，并不需要对换取代基的空间位置。

反式大环烯烃也是不含手性碳原子的手性分子。例如，反环辛烯就有一对对映体。

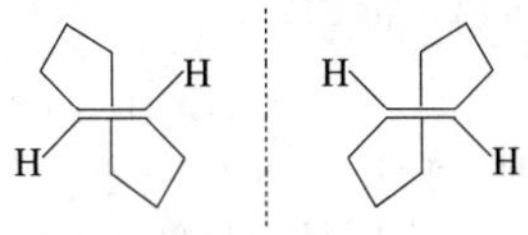

H H H H

对映体

7.7.3 含有其他手性原子化合物的对映异构

除碳原子以外，还有一些原子（如 Si、N、S、P、As 等）也可与四个原子成键形成四面体结构的分子，当这些原子所连的四个原子或原子团互不相同时，该原子也是手性分子。含有这些手性原子的分子也可能是手性分子。例如下面两个分子中的 N 和 Si 就是手性原子，它们都是手性分子，都有旋光异构体存在。

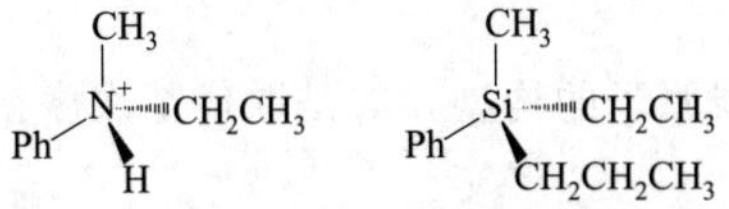

CH_3 N^+ CH_2CH_3 Ph H　　CH_3 Si CH_2CH_3 Ph $CH_2CH_2CH_3$

通过以上分析可知，具有手性原子的物质不一定具有旋光性，有旋光性的物质不一定具有手性原子。物质产生旋光性的真正原因是分子结构的不对称性，只不过大多数含手性原子的分子，其结构是不对称的，所以含手性原子的分子大多数有旋光性。

【扩展阅读】　　路易斯·巴斯德

1848 年法国科学家 Louis Pasteur（路易斯·巴斯德）的一次实验发现，无旋光活性的酒石酸钠铵晶体是两种晶形的混合物，两种晶体互为实物和镜像关系，形状相似但不能重叠，就像左手与右手。两种晶体的理化性质几乎相同，均有旋光活性且比旋光度大小相等，但旋光方向相反。这一发现为其后的立体化学打下了基础，具有里程碑的意义。也告诉我们科学的进步有偶然因素，也有迹可循，需要我们对科学保持好奇心，善于发现，乐于探究事物的内部规律。

巴斯德不仅是一名化学家，还是近代微生物学的奠基人，他研制出第一针鸡霍乱疫苗和狂犬疫苗，发明的巴氏杀菌法至今应用于食品行业。其获得了波恩大学授予的名誉学位证书，但当时德国强占了法国的国土，其将证书退还，并表示："科学虽没有国界，但科学家却有自己的祖国。"其爱国精神难能可贵，令人敬仰，也告诫和引发同学们在学习和工作中要永葆爱国情怀，努力为国家作贡献。

"反应停"事件

1957 年，西德格兰泰（Chemie Grünenthal）药厂开发出沙利度胺（反应停）药物，其能在妇女妊娠期控制精神紧张，防止孕妇恶心，并且有安眠作用，是治疗孕妇妊娠初期反应的特效药，同时也导致了成千上万畸形婴儿（海豹胎）的出现。经研究发现，沙利度胺有两种构型，是一对旋光异构体，沙利度胺 *R*-型具有镇静作用， *S*-型具有强烈致畸作用。随着对沙利度胺的进一步研究，发现其还具有一定的抗癌、抗炎作用及对红斑狼疮具有一定的治疗作用。"反应停"事件说明，同一个药在不同的科学认知下会有截然不同的作用，药物管理机构和毒理学专家对现有药物的安全性应高度重视，强调树立严谨治学精神的重要性。

【例题解析】

有机物质的旋光性（手性）与构型的判断，以及动态立体化学是该章内容的重要知识点和难点。

例题 1. 指出下列有机化合物的名称是否正确？对不正确的请给出其正确名称。

(1) (5E)-6-氯己-5-烯-3-醇

(2) 3-甲基-3-溴戊-1-烯

(3) d-(+)-乳酸

(4) (2R,3S,4R)-2-溴-4-氯-3-羟基己醛

(5) (2R,3S)-酒石酸

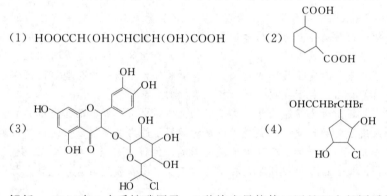

解析：（1）不正确。只标了双键的构型，漏标手性碳原子的构型。正确名称为（3S,5E）-6-氯己-5-烯-3-醇。

（2）不正确。一是漏标手性碳原子的构型，二是取代基次序错误，应为溴在前甲基在后。正确名称为（S）-3-溴-3-甲基戊-1-烯。

（3）不正确。表示构型的符号应该用大写。正确名称为 D-(+)-乳酸。

（4）不正确。构型表示错误。C_2：$—Br>—CHO>—CH(OH)CHClCH_2CH_3>—H$ 为 S 构型；C_3：$—OH>—CHBrCHO>—CHClCH_2CH_3>—H$ 为 R 构型；C_4：$—Cl>—CH(OH)CHBrCHO>—CH_2CH_3>—H$ 为 S 构型。正确名称为（2S,3R,4S）-2-溴-4-氯-3-羟基己醛。

（5）正确。

例题 2. 下列化合物中各有多少个手性原子？各有多少种旋光异构？

（1）$HOOCCH(OH)CHClCH(OH)COOH$ （2）

（3） （4）

解析：（1）有 2 个手性碳原子，3 种旋光异构体（因是两个相同手性碳原子）。

（2）有 2 个手性碳原子，3 种旋光异构体（因是两个相同手性碳原子）。

（3）有 8 个手性碳原子，$2^8=256$ 种旋光异构体（因均为不相同手性碳原子）。

（4）有 5 个手性碳原子，$2^5=32$ 种旋光异构体（因均为不相同手性碳原子）。

习　题

1. 下列化合物中各有多少个手性碳原子？各有多少种旋光异构体？

（1）$CH_3CH(OH)CH(OH)CH_2CH_3$ （2）$CH_3CH(OH)CN$

（3）$HOOCCH(OH)CH(OH)CH(OH)COOH$ （4）3-溴丙酸

（5）庚-3,4-二烯 （6）1-乙基-2-甲基环戊烷

2. 命名下列化合物。

（1） （2） （3） （4）

(5) CH_3, Ph, C, CH_2CH_3, $CH_2CH_2CH_3$　　(6) CH_3, H, CH_2CH_3, CH_3, $CH_2CH_2CH_3$, C_6H_5　　(7) CH_3, H, CH_2CH_3, CH_3CH_2, $CH_2CH_2CH_3$, C_6H_5

3. 下列化合物哪些是手性分子？（标出手性碳原子）

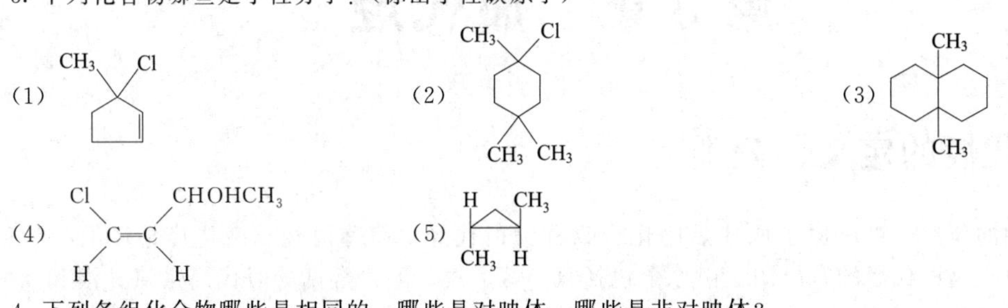

4. 下列各组化合物哪些是相同的，哪些是对映体，哪些是非对映体？

(1) CH_3, H—Br, H—CH_3, H　和　CH_3, Br—H, H—CH_3, H　　(2) Br, CH_3, OH, Br, H, H　和　OH, H, Br, H, CH_3, Br

(3) CH_3, CH_3　和　CH_3, CH_3　　(4) Br, H, Br, H, C_2H_5, CH_3　和　C_2H_5, Br, CH_3, H, H, Br

5. 画出下列化合物的费歇尔投影式，并指出其中哪些是内消旋体。

(1) (*S*)-2-溴丁烷　　(2) (2*R*,3*R*,4*S*)-2,3-二溴-4-氯己烷

(3) (2*E*,5*S*)-5-溴- 2-氯-己-2-烯　　(4) (2*S*,3*R*)-丁-1,2,3,4-四醇

(5) L-乳酸　　(6) (2*S*,3*R*)-酒石酸

6. 写出 3-甲基戊烷进行氯化反应时所有可能生成的一氯代产物，并指出哪些是手性分子，哪些不是手性分子。且用费歇尔投影式画出其中手性分子的构型，以及指出哪些是对映体，哪些是非对映体。

7. 化合物 A 的分子式为 $C_5H_{10}O$，其具有旋光性。A 催化加氢后，生成化合物 B（$C_5H_{12}O$）没有旋光性。试写 A 和 B 可能的结构式。

8. 开链化合物 A 和 B 的分子式都是 C_7H_{14}。它们都具有旋光性，且旋光方向相同。分别催化加氢后都得到 C，C 也具有旋光性。试推测 A、B、C 的结构。

9. 家蝇的性诱剂是一个分子式为 $C_{23}H_{46}$ 的烃类化合物，加氢后生成 $C_{23}H_{48}$；用热的浓高锰酸钾氧化时，生成 $CH_3(CH_2)_{12}COOH$ 和 $CH_3(CH_2)_7COOH$。它和溴的加成产物是一对对映体的二溴化合物。试写出这个性诱剂可能具有的结构。

10. 有某种菌，给它一定量人工合成的丙氨酸作为食物，它可以在这种环境中生长，但发现当丙氨酸用去一半以后，生长就停止了。而如果给它的丙氨酸不是人工合成的，而是由天然物中提取的，则直到丙氨酸消耗尽，菌的生长才停止。为什么？

第 8 章　卤代烃

8.1　卤代烃的定义、分类

烃分子中的氢原子被卤原子取代后的化合物称为卤代烃，简称卤烃。卤代烃是烃的一种衍生物，其中卤原子是卤代烃的官能团。卤原子包括氟、氯、溴、碘，常见的卤代烃是氯、溴和碘的化合物。自然界中不存在天然卤代烃，卤代烃一般是通过合成而获得。

根据卤原子所连接的烃基的种类，可把卤代烃分为卤代烷烃、卤代烯（炔）烃、卤代芳香烃；根据卤代烃中所含卤原子的数目可以把卤代烃分为一元取代卤代烃、二元取代卤代烃及多元取代卤代烃。一元取代卤代烃还可以根据卤原子所连接的碳原子的类型分为伯卤代烃、仲卤代烃和叔卤代烃。根据卤原子所连接的烃基种类不同，一元卤代烃分类如图 8-1 所示。

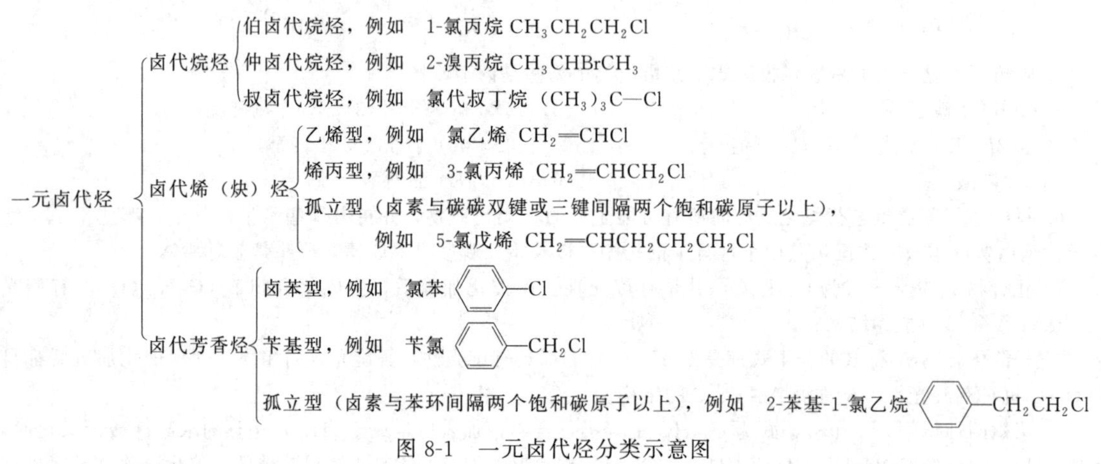

图 8-1　一元卤代烃分类示意图

8.2　卤代烷

8.2.1　卤代烷的命名

（1）习惯命名法

结构较为简单的卤代烷可以采用习惯命名法。把卤代烷看作烷基和卤素结合而成的化合物，命名时称为某烷基卤。例如：

$H_3C—Cl$	$H_3C—CH(CH_3)—Br$	$CH_3CH(CH_3)CH_2Cl$	$H_3C—C(CH_3)_2—Cl$
甲基氯	异丙基溴	异丁基氯	叔丁基氯

（2）系统命名法

习惯命名法只能适用于结构相对比较简单的化合物，复杂的化合物就很难采用习惯命名法，所以一般采用系统命名法。卤代烃的系统命名法是把卤原子当作取代基，烃作为母体。命名原则与烃的命名规则相同。例如：

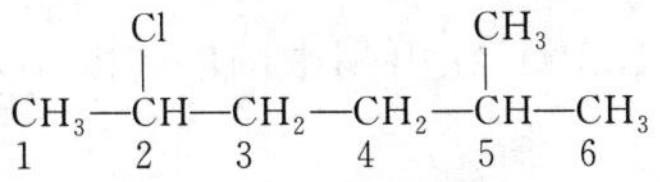

$$\underset{1}{CH_3}-\underset{2}{\overset{Cl}{CH}}-\underset{3}{CH_2}-\underset{4}{CH_2}-\underset{5}{\overset{CH_3}{CH}}-\underset{6}{CH_3}$$

2-氯-5-甲基己烷

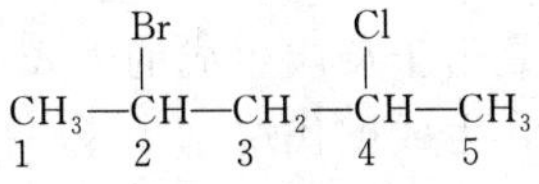

$$\underset{1}{CH_3}-\underset{2}{\overset{Br}{CH}}-\underset{3}{CH_2}-\underset{4}{\overset{Cl}{CH}}-\underset{5}{CH_3}$$

2-溴-4-氯戊烷

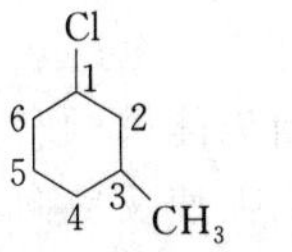

1-氯-3-甲基环己烷

8.2.2 卤代烷的制法

① 烷烃卤代　在光照或高温作用下，烷烃可直接与卤素发生卤代反应，生成卤代烃。由于烷烃分子中每个碳原子上的氢原子都可被卤素取代，所以常常得到一元或多元卤代物的混合物。在实验室中通常可利用该方法制备烯丙型卤代物和苄基型（苯甲基型）卤代物。

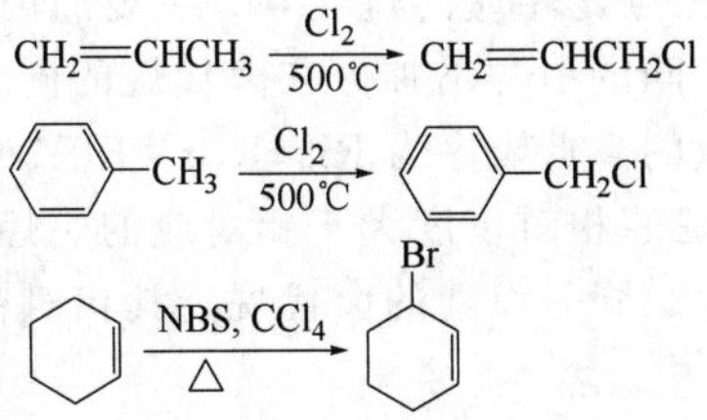

$$CH_2{=}CHCH_3 \xrightarrow[500℃]{Cl_2} CH_2{=}CHCH_2Cl$$

$$C_6H_5-CH_3 \xrightarrow[500℃]{Cl_2} C_6H_5-CH_2Cl$$

$$\text{环己烯} \xrightarrow[\triangle]{NBS,\ CCl_4} \text{3-溴环己烯}$$

（NBS为 *N*-溴代丁二酰亚胺，结构式 $\text{(CH}_2\text{CO)}_2\text{N—Br}$）

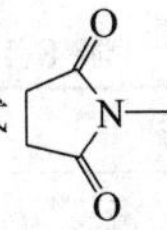

② 不饱和烃与卤化氢或卤素加成　烯烃或炔烃与卤化氢或卤素发生加成反应生成卤代烃。

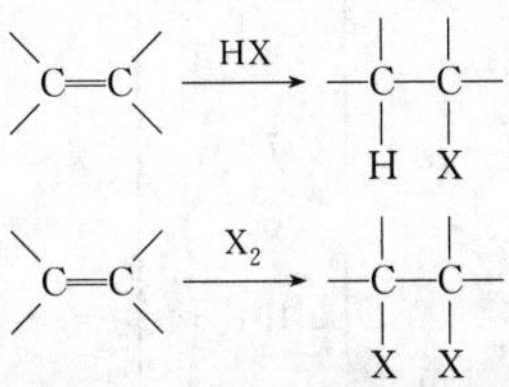

$$>C{=}C< \xrightarrow{HX} -\underset{H}{\overset{|}{C}}-\underset{X}{\overset{|}{C}}-$$

$$>C{=}C< \xrightarrow{X_2} -\underset{X}{\overset{|}{C}}-\underset{X}{\overset{|}{C}}-$$

③ 从醇制备　醇分子中的羟基可被卤原子所取代而生成相应的卤代烃，这是制备卤代烃最为常用的一种方法。常用的卤化试剂有氢卤酸、卤化磷和亚硫酰氯（氯化亚砜）等。醇与卤化氢的反应通式如下。

$$ROH+HX \rightleftharpoons RX+H_2O$$

该方法为可逆反应，在制备不同的卤代烃时通常采用不同的措施使反应向右转移以提高卤代烃的产率。例如：氯代烷可将醇和浓盐酸在氯化锌（Lucas试剂）存在下制得；溴代烷可将醇与溴化钠和浓硫酸共热制得；碘代烷则可将醇与恒沸氢碘酸一起回流加热制得。

醇与三卤化磷反应生成卤代烃也是制备卤代烃的重要方法，反应通式如下。

$$3ROH+PX_3 \longrightarrow 3RX+P(OH)_3$$

在醇与卤化磷的反应中，常常用红磷与溴或碘直接与醇作用，该法不易发生重排，是制备卤代烷的常用方法之一。伯醇制氯代烷，一般用五氯化磷，反应通式如下。

$$ROH+PCl_5 \longrightarrow RCl+POCl_3+HCl$$

醇与亚硫酰氯（$SOCl_2$）反应生成氯代烃是制备氯代烃的重要方法之一，该反应产率较高，且生成的副产物 SO_2 和 HCl 均为气体，易于分离，反应通式如下。

$$ROH+SOCl_2 \xrightarrow{\triangle} RCl+SO_2\uparrow+HCl\uparrow$$

④ 卤素置换反应　碘代烷的制备比较难，伯碘代烷可以通过卤素置换反应获得。将溴代烷或氯代烷的丙酮溶液与碘化钠或碘化钾共热，碘原子置换溴代烷或氯代烷分子中的溴原子或氯原子从而获得碘代烷。反应如下。

$$RCl + NaI \xrightarrow[\triangle]{CH_3COCH_3} RI + NaCl \downarrow$$

该反应之所以能够顺利进行，是由于反应生成的 NaCl（或 NaBr）在丙酮中的溶解度小，可以沉淀出来，从而促使反应向右转移，生成碘代烷。

8.2.3　卤代烷的物理性质

① 卤代烷的性状及溶解情况　纯净的卤代烷是无色的，但碘代烷容易分解产生游离的碘，故久置会呈现出红棕色，保存时应使用棕色瓶。在室温下，除氯甲烷、氯乙烷、溴甲烷是气体外，其他常见的一元卤代烷为液体，C_{15} 以上是固体。卤代烷不溶于水，能溶于醇、醚、烃类等有机溶剂，某些卤代烷常用作有机溶剂。

② 卤代烷的沸点　卤代烷的沸点比相应的烷烃高，主要原因是结构中含有电负性较大的卤原子，碳卤键有一定极性，使得分子间的引力增加。在卤代烷的同分异构体中，异构体的支链越多，沸点越低。相同烃基的卤代烷沸点的高低顺序为 RI＞RBr＞RCl＞RF。

③ 卤代烷的相对密度　卤代烷的相对密度大于相对应的烷烃。同一烃基的卤代烷，氯烷的相对密度最小，碘烷的相对密度最大。同一卤素的卤代烷，其相对密度随烃基的分子量增加而减少。一些卤代烷的物理常数列于表 8-1 中。

表 8-1　一些卤代烷的物理常数

烷基名称	氯化物		溴化物		碘化物	
	沸点/℃	相对密度(d_4^{20})	沸点/℃	相对密度(d_4^{20})	沸点/℃	相对密度(d_4^{20})
甲基	−24.2	0.916	3.5	1.676	42.4	2.279
乙基	12.3	0.898	38.4	1.460	72.3	1.936
正丙基	46.6	0.891	71.0	1.354	102.5	1.749
异丙基	35.7	0.862	59.4	1.314	89.5	1.703
正丁基	78.5	0.866	101.6	1.276	130.5	1.615
仲丁基	68.3	0.873	91.2	1.259	120	1.592
异丁基	68.9	0.875	91.5	1.264	120.4	1.605
叔丁基	52	0.842	73.3	1.221	100	1.545

8.2.4　卤代烷的结构和化学性质

8.2.4.1　卤代烷的结构

卤代烷分子的结构特点是含有官能团卤原子，卤代烷的多数化学性质是由卤原子引起的。卤原子（X）的电负性（F 4.0，Cl 3.0，Br 2.9，I 2.6）比碳原子（C 2.5）大，在卤原子（X）吸电子的诱导效应作用下，所形成的 $C^{\delta^+} \rightarrow X^{\delta^-}$ 键是极性共价键，与 X 相连的 C 带部分正电荷，卤原子带部分负电荷。不同卤素的 C—X 键极性大小不同，X 电负性越大，C—X 键的极性越强，C—X 极性大小顺序为 C—Cl＞C—Br＞C—I。

C—X 除了由碳原子和卤原子的吸电子能力（电负性）差异而引起共价键产生极性外，还存在着可极化度。在通常的化学反应中，反应体系中往往存在电场（极性溶剂等引起的），电场对共价键的电子云分布产生影响，从而使共价键产生瞬间的极性。形成共价键的电子云在电场作用下变形的难易程度称为可极化度。电子云越容易变形，可极化度越大。不同的 C—X 的可极化度不同，C—X 可极化度大小顺序为 C—I＞C—Br＞C—Cl。可极化度只有在分子进行反应时才表现出来。实验证明，不同卤素的卤代烷的化学活性差异主要由 C—X 键的可极化度决定，即其化学活性的顺序为：RI＞RBr＞RCl。

C—X 的键能比较小（C—Cl 338.9kJ/mol，C—Br 284.5kJ/mol，C—I 217.6kJ/mol）且为极性

共价键，故 C—X 键易断裂而发生各种化学反应，如取代反应、消除反应、形成金属化合物反应等，如图 8-2 所示。

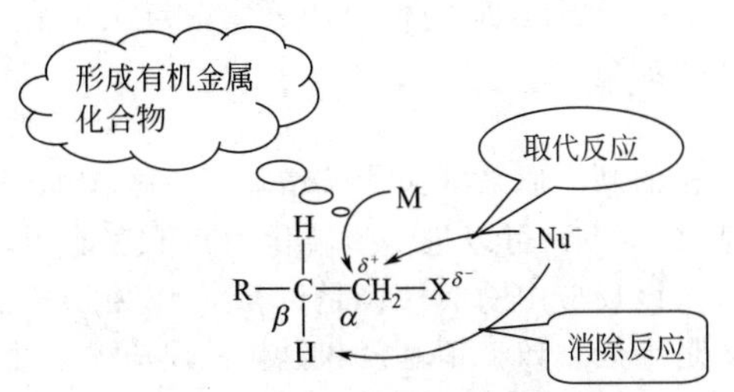

图 8-2　卤代烷烃化学性质示意图
（Nu^- 为亲核试剂，M 为金属）

8.2.4.2　卤代烷的化学性质

（1）亲核取代反应（S_N）

卤代烷分子中的 $C^{\delta+} \rightarrow X^{\delta-}$ 键是极性共价键，碳原子上带有部分正电荷，卤原子上带有部分负电荷。卤原子易被负离子 HO^-、NC^-、RO^-、NO_3^- 或具有未共用电子对的分子 NH_3、H_2O、RNH_2、R_2NH 等取代。这些离子或分子具有亲核性质，能供给一对电子，与缺电子 C 形成共价键。这些具有亲核性质的试剂称为亲核试剂，常用 Nu：或 Nu^- 符号表示。由亲核试剂进攻而引起的取代反应称为亲核取代反应（nucleophilic substitution reaction），简称 S_N 反应（S 表示取代，N 表示亲核）。反应可以用下列通式表示。

$$R^{\delta+}—X^{\delta-} + Nu^- \longrightarrow R—Nu + X^-$$

式中，R—X 为反应底物；Nu^- 为亲核试剂；X^- 为离去基团。

① 水解反应　卤代烷与水作用发生水解反应，生成醇和氢卤酸。由于离去基团 X^- 的亲核性及碱性比水强，所以该反应为可逆反应。

$$RX + H_2O \rightleftharpoons ROH + HX$$

此反应进行得很慢，但如果加入 NaOH（或 KOH）并加热，则反应速率加快且反应进行完全，反应为不可逆反应，主要原因是加入的 OH^- 是比水更强的亲核试剂，且中和了反应生成的 HX，从而加速反应并提高产率。

$$RX + NaOH \longrightarrow ROH + NaX$$

卤代烷在碱性下水解是强碱取代弱碱，所以反应能够顺利进行。离去基团 X^- 的碱性越弱越易被 HO^- 取代。相同烷基不同卤素的卤代烷水解反应活性顺序为：RI＞RBr＞RCl＞RF。

一般卤代烷可由相应的醇制备，这使得该反应好像没有应用价值，但实际上要在复杂的分子中引入一个羟基通常比引入一个卤原子困难，因此在合成上可以先引入卤原子，然后通过水解从而间接引入羟基。例如，将石油分馏得到 C_5 馏分，氯化后生成 $C_5H_{11}Cl$（一氯戊烷异构体混合物），然后水解得到戊醇的混合物（杂油醇），杂油醇用作溶剂。

$$C_5H_{11}Cl + NaOH \xrightarrow{H_2O} C_5H_{11}OH + NaCl$$

② 醇解反应　卤代烷和醇反应生成醚，称为卤代烷的醇解反应。醇解反应和卤代烷水解反应相似，也是可逆反应，比较难进行。如果采用醇钠代替醇作亲核试剂，醇为溶剂，则反应可以顺利进行，反应通式如下。

$$RX + NaOR' \longrightarrow ROR' + NaX$$

这种方法常用于合成不对称醚，称为威廉森（Williamson）法。例如溴乙烷和叔丁基醇钠反应生成乙基叔丁基醚，反应式如下。

$$CH_3CH_2Br + NaO—C(CH_3)_2—CH_3 \longrightarrow CH_3CH_2O—C(CH_3)_2—CH_3 + NaBr$$

该反应一般不能使用叔卤代烷，因为叔卤代烷在醇钠（强碱）下主要发生消除反应得到烯。

当分子内同时含有卤原子和羟基时，在碱作用下可发生分子内的亲核取代反应生成环醚。例如 2,3-二氯丙醇用碱处理可获得 3-氯-1,2-环氧丙烷，反应式如下。

$$\underset{OH}{CH_2}—\underset{Cl}{CH}—CH_2Cl \xrightarrow{Ca(OH)_2} H_2C\overset{O}{—}CH—CH_2Cl$$

③ 氰解反应　伯或仲卤代烷与氰化钠（或氰化钾）在醇溶液中加热反应生成腈（RCN）。反应通式如下。

$$RX + NaCN \longrightarrow RCN + NaX$$

生成的腈比原来的卤代烷增加了一个碳原子，这是有机合成中增长碳链的重要方法之一。腈中的氰基（—CN）可以进一步转化为其他官能团，如羧基（—COOH）等。

该反应中的 NaCN 是以 CN^- 作为亲核试剂。叔卤代烷与氰化钠（或氰化钾）反应时，主要产物是烯烃。如叔丁基氯和氰化钠反应主要生成 2-甲基丙-1-烯。

$$H_3C-\overset{\displaystyle CH_3}{\underset{\displaystyle CH_3}{\overset{|}{\underset{|}{C}}}}-Cl \xrightarrow{NaCN} H_3C-\overset{\displaystyle CH_2}{\underset{\displaystyle CH_3}{\overset{\|}{\underset{|}{C}}}} + HCl$$

氰化物是剧毒物质，使用时应注意安全，并严格遵守国家相关法律规定。

④ 氨解反应　氨的亲核能力比水或醇强，可以和卤代烷作用生成伯胺，伯胺进一步和卤代烷反应生成仲胺，仲胺再和卤代烷作用生成叔胺，叔胺与卤代烷反应得到季铵盐，反应式如下。

$$RX \xrightarrow{NH_3} RNH_2 \xrightarrow{RX} R_2NH \xrightarrow{RX} R_3N \xrightarrow{RX} R_4N^+$$

为了获得伯胺，可以采用卤代烷与过量的氨作用获得。

$$RX + NH_3 \longrightarrow [RNH_2 \cdot HX] \xrightarrow{NH_3} RNH_2 + NH_4X$$

⑤ 与硝酸银醇溶液作用　硝酸根负离子（NO_3^-）的亲核能力较弱，如果用 $NaNO_3$ 作为亲核试剂与卤代烷作用，反应较难进行，但以 $AgNO_3$ 为亲核试剂与卤代烷反应，反应中能够生成卤化银沉淀，促使反应向右转移，从而使反应能够顺利进行，且由于有沉淀产生，该反应可以用来鉴别卤代烷。反应式如下。

$$RX + AgNO_3 \xrightarrow{C_2H_5OH} RONO_2 + AgX\downarrow$$

在室温下，叔卤代烷、烯丙型卤代烷、苄基型卤代烷与 $AgNO_3$ 的醇溶液作用立即生成 AgX 沉淀，仲卤代烷较慢，伯卤代烷与 $AgNO_3$ 的醇溶液作用需要在加热的条件下才有 AgX 沉淀生成。可以根据 AgX 沉淀生成速率的快慢来鉴别不同结构的卤代烷。

（2）消除反应（E）

卤代烷分子中脱去一个小分子，同时形成不饱和键的反应称为消除反应（elimination reaction），简称 E。脱去的小分子如 H_2O、NH_3、HX 等。

① 脱卤化氢　由于卤代烷中 C—X 键有极性，X 的 $-I$ 效应致使 β-H 有一定的“酸性”，在碱的作用下卤代烷可消去卤原子和 β-H，生成烯或炔烃。

$$R-\underset{\displaystyle H}{\overset{\beta}{\underset{|}{CH}}}-\underset{\displaystyle X}{\overset{\alpha}{\underset{|}{CH_2}}} + NaOH \xrightarrow{醇} R-CH{=}CH_2 + NaX + H_2O$$

$$R-\overset{\displaystyle H}{\underset{\displaystyle H}{\overset{|}{\underset{|}{C}}}}-\overset{\displaystyle X}{\underset{\displaystyle X}{\overset{|}{\underset{|}{CH}}}} + KOH \xrightarrow{醇} R-C{\equiv}CH + 2KX + 2H_2O$$

不同级别的卤代烷消除 HX 的反应活性不同，它们反应活性次序为：3°RX＞2°RX＞1°RX。不同卤原子的 RX 消除 HX 活性次序为：RI＞RBr＞RCl＞RF。

仲和叔卤代烷在脱卤化氢时，有可能得到不同的消除产物。例如：

$$R-\underset{\displaystyle H}{\underset{|}{CH}}-\underset{\displaystyle X}{\underset{|}{CH}}-\underset{\displaystyle H}{\underset{|}{CH_2}} \xrightarrow[醇]{KOH} \underset{(主要)}{R-CH{=}CH-CH_3} + \underset{(次要)}{R-CH_2-CH{=}CH_2}$$

$$R-\underset{\displaystyle H}{\underset{|}{CH}}-\overset{\displaystyle CH_3}{\underset{\displaystyle X}{\overset{|}{\underset{|}{C}}}}-\underset{\displaystyle H}{\underset{|}{CH_2}} \xrightarrow[醇]{KOH} \underset{(主要)}{R-CH{=}\overset{\displaystyle CH_3}{\overset{|}{C}}-CH_3} + \underset{(次要)}{R-CH_2-\overset{\displaystyle CH_3}{\overset{|}{C}}{=}CH_2}$$

实验证明，一定条件下，卤代烷脱卤化氢时，氢原子是从含氢较少的碳原子上脱去。这个经验规律称为札依采夫（Saytzeff）规则［更详细的消除取向，请参阅 8.2.5.3（3）消除的取向］。

② 脱卤素　邻二卤化物除了能够脱卤化氢生成炔烃或稳定的共轭二烯烃外，在锌粉的作用下，邻位二卤化物能够脱去卤素生成烯烃。

$$\underset{\substack{|\\ X}}{R-CH}-\underset{\substack{|\\ X}}{CH}-CH_3 + Zn \xrightarrow[\triangle]{\text{醇}} R-CH=CH-CH_3 + ZnX_2$$

邻二碘化物在加热下可脱去碘分子生成烯，这也是烯烃难和碘发生加成反应的原因之一。

$$\underset{\substack{|\\ I}}{R-CH}-\underset{\substack{|\\ I}}{CH}-CH_3 \xrightarrow[\triangle]{\text{醇}} R-CH=CH-CH_3 + I_2$$

（3）与金属作用

卤代烷能够和某些金属（如 Na、Mg 等）直接化合生成金属原子（M）与碳原子直接连接的化合物，称为有机金属化合物。有机金属化合物的结构特点是金属原子和碳原子直接相连，分子中存在着碳金属键（C—M），C—M 键中，碳原子带有负电荷，所以有机金属化合物具有很强的碱性和亲核能力，这在有机合成中有重要的意义。

①与金属钠作用　卤代烷与金属钠作用可生成烷基钠，烷基钠进一步与卤代烷反应，生成比卤代烷碳原子数多一倍的烷烃，此反应称为孚兹（Wurtz）反应。

$$RX + 2Na \xrightarrow{\triangle} RNa + NaX$$

$$RNa + RX \xrightarrow{\triangle} R-R + NaX$$

此反应适用于相同的伯卤代烷（一般为溴代烷或碘代烷），产率较高。

卤代芳香烃和卤代烷烃与金属钠作用，可以在芳环上引入烷基，该反应称为孚兹（Wurtz）-菲蒂希（Fittig）反应。例如：

$$C_6H_5Br + CH_3(CH_2)_3Br + 2Na \xrightarrow[20℃]{\text{醚}} C_6H_5CH_2(CH_2)_2CH_3 + 2NaBr$$

孚兹-菲蒂希反应不发生重排，而傅-克烷基化反应有重排产生。

② 与镁作用　法国有机化学家 V. Grignard 在 1901 年首次发现金属镁可与卤代烃反应生成有机镁化合物。有机镁化合物对有机化学的发展起着极其重要的作用，为了纪念 Grignard 在有机化学领域中这一卓越成就，人们把有机镁化合物称为 Grignard 试剂（格利雅试剂，简称格氏试剂）。

格氏试剂是由一卤代烷与金属镁在绝对乙醚（无水、无醇存在）中作用生成的有机镁化合物，格氏试剂能够溶于乙醚，不需分离即可直接用于下一步的合成反应中。

$$RX + Mg \xrightarrow{\text{绝对乙醚}} RMgX$$

卤代烃与镁的反应活性是：RI＞RBr＞RCl≫RF；RX＞ArX。格氏试剂在醚中有很好的溶解度，醚作为路易斯碱与格氏试剂中的路易斯酸中心镁原子形成配合物使有机镁稳定性增强。

$$R_2\ddot{O}: \longrightarrow \underset{\substack{|\\ X}}{\overset{\substack{R\\ |}}{Mg}} \longleftarrow :\ddot{O}R_2$$

四氢呋喃（THF）、苯和其他醚类也可作为溶剂代替乙醚。用四氢呋喃代替乙醚，可使许多不活泼的乙烯型卤代烃制成格氏试剂。

$$C_6H_5Br + Mg \xrightarrow{THF} C_6H_5MgBr$$

格氏试剂非常活泼，能与含活泼氢的化合物反应。例如：

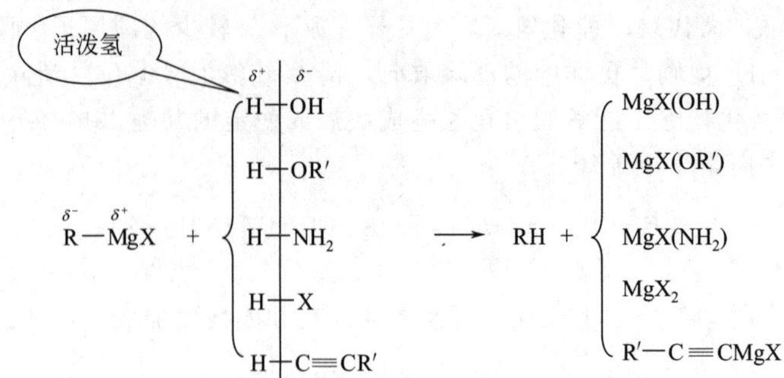

格氏试剂与活泼氢化合物的反应是定量进行的。此外，格氏试剂在空气中能慢慢吸收氧气生成烷氧基卤化镁，烷氧基卤化镁遇水分解成相应的醇，所以格氏试剂应该隔绝空气保存。

$$RMgX+\frac{1}{2}O_2 \longrightarrow ROMgX \xrightarrow{H_2O} ROH$$

格氏试剂也能与 CO_2 发生加成反应，其产物水解生成多一个碳原子的羧酸。

$$RMgX+CO_2 \longrightarrow R-\overset{\overset{\displaystyle O}{\|}}{C}-OMgX \xrightarrow{H_2O} RCOOH+MgX(OH)$$

此外，格氏试剂还能和醛、酮等反应，生成醇类。

8.2.5 卤代烷的亲核取代和消除反应机理及影响因素

8.2.5.1 亲核取代反应机理

亲核取代反应通式：

$$R^{\delta^+}-X^{\delta^-}+Nu^- \longrightarrow R-Nu+X^-$$

式中 RX 是如何转变为产物 RNu 的呢？根据亲核试剂 Nu^- 进攻和离去基团 X^- 离去的先后顺序看，反应有两种可能的途径：一是亲核试剂 Nu^- 进攻底物 RX 分子中的碳原子，X^- 离去和 Nu^- 同带正电的碳原子结合同时进行，最终形成 RNu，这种反应过程称为双分子亲核取代历程，用 S_N2 表示；二是 RX 分子中的离去基团 X^- 先离去，形成 R^+，然后 R^+ 与亲核试剂 Nu^- 结合形成 RNu，这种过程称为单分子亲核取代历程，用 S_N1 表示。

卤代烷的亲核取代反应确实存在上述两种反应历程，某个具体的反应到底是通过哪个历程进行，这与卤代烷的结构、亲核试剂的性质、溶剂性质等因素有关。

(1) 双分子亲核取代反应（S_N2）

溴甲烷在碱性下水解生成甲醇，反应如下：

$$CH_3Br+OH^- \longrightarrow CH_3OH+Br^-$$

实验测定发现，该反应的速率取决于反应物 CH_3Br 和反应物 OH^- 的浓度，反应速率方程为：

$$v=k[CH_3Br][OH^-]$$

即反应速率与每个反应物浓度的一次方成正比。在液相的反应中，在反应温度、压力、溶剂性质等条件保持不变的情况下，每个卤代烷的 k 值不同。从方程中可知，反应速率与溴甲烷和碱的浓度有关，是双分子反应，这种由两个反应物决定反应速率大小的亲核取代反应称为双分子亲核取代反应，表示为 S_N2。CH_3Br 和 OH^- 以 S_N2 反应历程过程如图 8-3。

在该反应历程中，首先是亲核试剂 OH^- 从溴原子的背后进攻与溴原子连接带正电荷的碳原子，在接近碳原子的过程中，逐渐形成 C—O 键，同时 C—Br 逐渐伸长变弱，溴原子带着原来成键的电子对逐渐离开碳原子。这种碳氧键逐渐形成而未形成，碳溴键逐渐断裂而未完全断裂的状态称为“过渡态”。在过渡态中，中心碳原子可以看成 sp^2 杂化状态，三个氢原子与碳原子处在同一平面内，带负电荷的 $\overset{\delta^-}{O}H$ 和带负电荷的 $\overset{\delta^-}{Br}$ 处于平面的两侧并与碳原子在同一直线上。在该历程中，体系的能量随着反应的进程逐渐升高，在过渡态时能量到达一个最大值。随着 C—Br 的完全断裂和

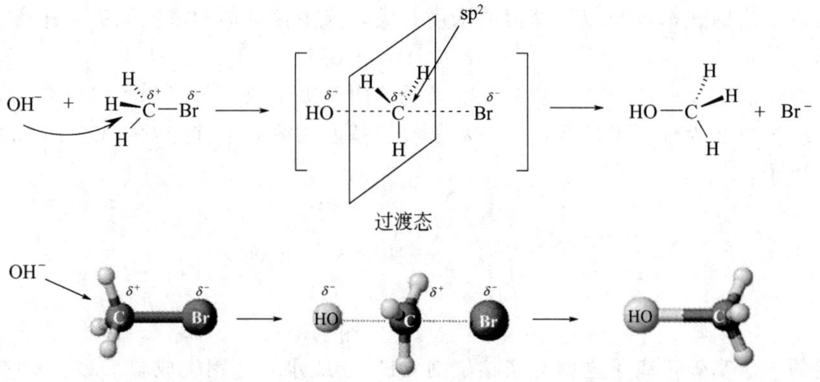

图 8-3 S_N2 反应历程

C—O 键的形成，碳原子又恢复 sp^3 杂化状态。C—Br 键断裂使体系能量降低，提供 C—O 键形成的能量，由于 C—O 键能大于 C—Br 键能，所以产物的能量低于反应物的能量，整个反应过程是放热的。反应能量变化如图 8-4 所示。

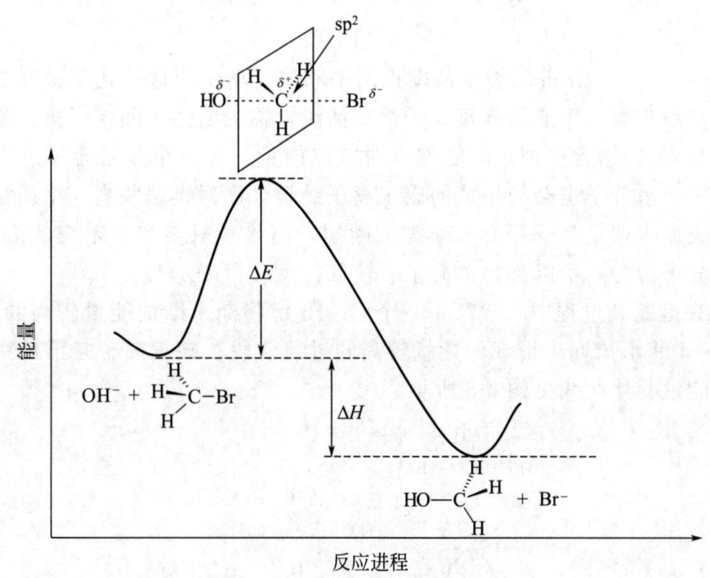

图 8-4 S_N2 反应能量变化曲线

由于亲核试剂是从溴原子的背面进攻，所以反应物溴甲烷分子中连接碳原子的三个氢原子在反应过程中完全转向偏向溴原子的一边，就像雨伞被大风吹得向外翻转一样，生成物甲醇中的—OH 连接碳原子的位置不是在原来溴原子的位置上，而是位于溴原子的背面位置。这种空间位置上的变化称为瓦尔登转化（Walden inversion）或瓦尔登反转。如果卤原子是连接在手性碳原子上，发生双分子亲核取代（S_N2）后，产物的构型与原来反应物的构型相反。

综上所述，S_N2 反应中新化学键的形成和旧化学键的断裂同步进行，共价键的变化发生在两分子中，反应一步完成，反应速率与反应物的浓度和试剂的浓度有关，所得的产物发生瓦尔登反转。

（2）单分子亲核取代反应（S_N1）

叔丁基溴在碱性溶液中水解生成叔丁醇反应如下：

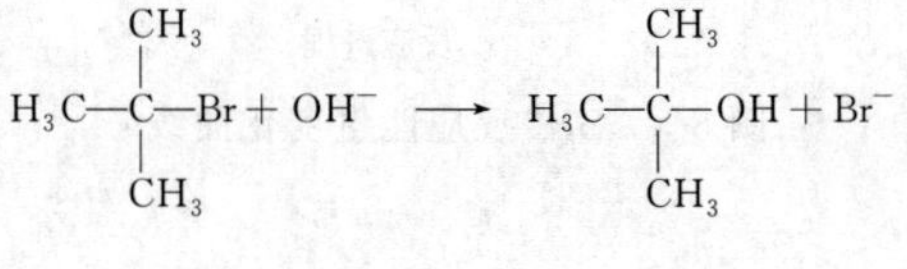

$$H_3C-\underset{CH_3}{\overset{CH_3}{\underset{|}{\overset{|}{C}}}}-Br + OH^- \longrightarrow H_3C-\underset{CH_3}{\overset{CH_3}{\underset{|}{\overset{|}{C}}}}-OH + Br^-$$

实验证明该反应的速率仅与叔丁基溴的浓度有关，与亲核试剂的浓度无关，速率方程如下：

$$v=k[(CH_3)_3CBr]$$

从速率方程来看，决定反应速率的一步与试剂无关，而取决于叔丁基溴分子本身C—Br的断裂难易和浓度，故反应可以认为分两步进行：第一步是叔丁基溴在溶剂中首先发生C—Br断裂成叔丁基碳正离子和溴负离子。

$$(CH_3)_3C\text{—}Br \xrightleftharpoons{\text{慢}} \underset{\text{中间体}}{(CH_3)_3C^+} + Br^-$$

第二步是生成的叔丁基碳正离子立即与亲核试剂 OH^-（或水）作用生成叔丁醇。

$$(CH_3)_3C^+ + OH^- \xrightarrow{\text{快}} (CH_3)_3C\text{—}OH \quad \text{或}$$

$$(CH_3)_3C^+ + H_2O \xrightarrow{\text{快}} (CH_3)_3C\text{—}\overset{+}{O}H_2 \xrightarrow{\text{快}} (CH_3)_3C\text{—}OH + H^+$$

这两步反应中，第一步，C—Br键断裂生成碳正离子和溴负离子，这是化学键断裂的反应，速率最慢，是整个反应的控制步骤。生成的碳正离子性质活泼，称为活性中间体。第二步，生成的活性中间体碳正离子迅速与 OH^- 结合生成C—O键同时放出能量，是一个非常容易进行的放热过程。水大量存在反应体系中，水分子也会与生成的碳正离子结合，而后迅速脱去一个质子生成醇。整个反应过程中，最慢的决速步骤是第一步C—Br键的断裂，而该步只与叔丁基溴的浓度有关，与 OH^- 的浓度无关，是单分子行为，所以称为单分子亲核取代反应，表示为 S_N1。

在第一步C—Br键断裂过程中，经历了一个C—Br键将断未断的能量较高的过渡阶段；同样，C—O键也经历了一个将形成而未形成的能量较高的过渡阶段；碳正离子是活性中间体，其能量也较高。整个过程的能量变化曲线见图8-5所示。

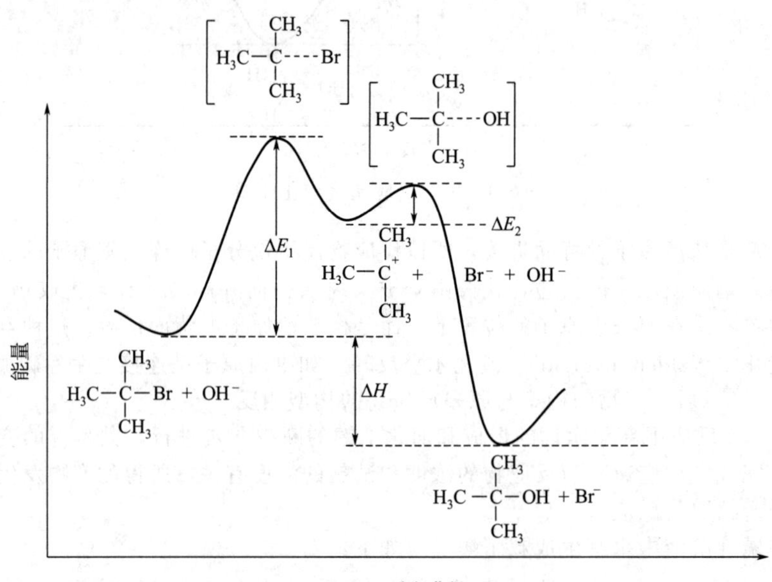

图8-5　S_N1 反应能量变化曲线

在卤代烷的 S_N1 反应中，生成的活性中间体碳正离子是一个 sp^2 杂化三角形的平面结构，所以亲核试剂进攻碳正离子时，可从平面的两边进攻，且其进攻的机会均等，如图 8-6 所示。

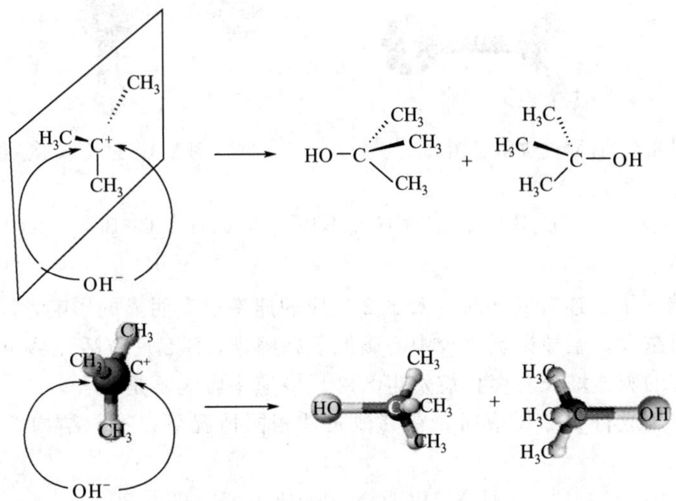

图 8-6　S_N1 反应历程

如果卤原子所连接的是一个手性原子，则卤代烷发生 S_N1 水解反应则会产生两种构型的产物，且这两种产物是等量的，即生成外消旋体混合物。

$$(H_7C_3)(H_3C)(H_5C_2)C-Br \xrightarrow[-Br^-]{慢} (H_7C_3)(CH_3)(C_2H_5)\overset{+}{C} \xrightarrow[快]{OH^-} \underset{(S型)}{HO-C(C_3H_7)(CH_3)(C_2H_5)} + \underset{(R型)}{(H_7C_3)(H_3C)(H_5C_2)C-OH}$$

由于 S_N1 反应过程中有活性中间体碳正离子产生，碳正离子可能发生重排，故单分子亲核取代反应产物可能是碳正离子重排后相对应的产物。

$$H_3C-C(CH_3)_2-CH(Br)CH_3 \xrightarrow[S_N1]{H_2O} H_3C-C(CH_3)_2-\overset{+}{C}HCH_3 \xrightarrow{重排} H_3C-\overset{+}{C}(CH_3)-CH(CH_3)CH_3 \xrightarrow[-H^+]{H_2O} H_3C-C(OH)(CH_3)-CH(CH_3)CH_3$$

综合上述，S_N1 反应的特点是：反应分两步进行，反应速率只与反应物浓度有关，与试剂浓度无关，反应过程中有活性中间体碳正离子生成，构型保持和构型转化的概率相同，碳正离子可能发生重排。

8.2.5.2　影响亲核取代反应的因素

(1) 烷基结构的影响

① 烷基结构对 S_N2 反应的影响　在卤代烷的 S_N2 反应过程中，亲核试剂是从碳卤键背后进攻中心碳原子，如图 8-7 所示，且过渡态中中心碳原子与连接在其上的支链处于同一平面内，如图 8-8 所示，其张力很大，使形成过渡态需要很高的活化能。

不难想象，连接在中心碳原子上的支链以及过渡态的活化能对卤代烷发生 S_N2 反应活性影响较大。连接在中心碳原子上的支链越多，空间位阻越大，亲核试剂对中心碳原子的进攻越困难，且形成过渡态所需的活化能越高，S_N2 反应活性越弱；反之，空间位阻越小，形成过渡态的活化能低，S_N2 反应活性越强。例如，I^- 与溴代烷在丙酮溶液中于 25℃ 发生 S_N2 反应时的相对反应速率为：

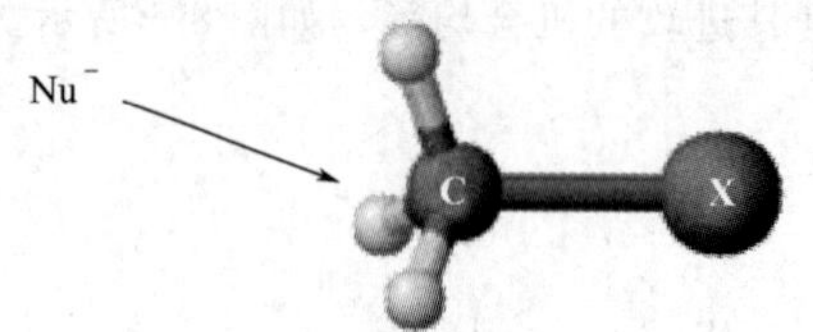

图 8-7　背面进攻示意图

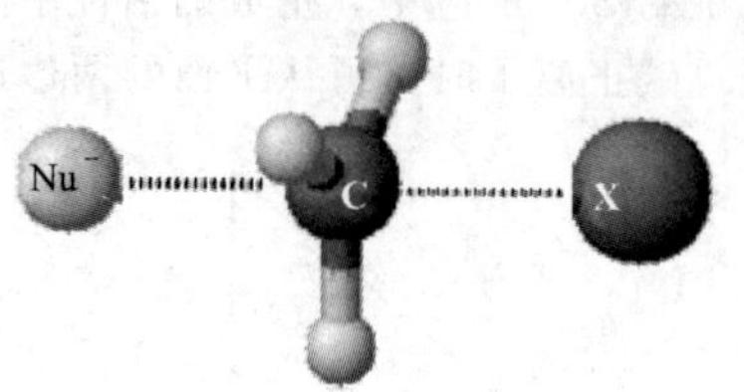

图 8-8　过渡态示意图

反应物	CH_3Br	CH_3CH_2Br	$(CH_3)_2CHBr$	$(CH_3)_3CBr$
相对速率	150	1.0	0.01	0.001

当卤代烷的β-碳原子上连有支链时，对S_N2反应的速率也有明显的影响，同样β-碳原上的支链体积越大，空间位阻越大，亲核试剂进攻中心碳原子越困难，S_N2反应活性越弱。

正构的伯卤代烷的碳链增长对卤代烷发生S_N2反应速率影响不是很大。

综合上述，卤代烷进行S_N2反应时，在其他条件相同情况下，不同结构卤代烷的反应活性次序为：

$$CH_3X > RCH_2X > R_2CHX > R_3CX$$

伯卤代烷一般容易发生S_N2反应，但如果控制适当的反应条件，亦会发生S_N1反应。如伯卤代烷在硝酸银的乙醇溶液中发生作用就属于S_N1反应，这主要是由于在银离子的作用下，碳卤键离解形成碳正离子，卤离子与银离子作用形成卤化银沉淀。

$$RX + Ag^+ \rightleftharpoons R^+ + AgX\downarrow$$

② 烷基结构对S_N1反应的影响　卤代烷发生S_N1反应时，决速步骤主要是形成碳正离子的过程，中心碳原子上连接的烷基越多，越有利于所形成的部分正电荷的分散，使活化能降低，反应速率加快。例如溴代烷在甲酸水溶液中水解发生S_N1反应，生成相对应醇，测得的相对速率为：

反应物	CH_3Br	CH_3CH_2Br	$(CH_3)_2CHBr$	$(CH_3)_3CBr$
相对速率	1.0	1.7	45	10^8

从相对速率可知，上述反应的速率从快到慢的次序为叔丁基溴>异丙基溴>乙基溴>溴甲烷，碳正离子的稳定性次序为叔>仲>伯>甲基，所以S_N1反应活性从强到弱的次序与碳正离子的稳定性次序相同，S_N1反应活性从强到弱的次序为：

$$R_3CX > R_2CHX > RCH_2X > CH_3X$$

不同级别的卤代烷与硝酸银的醇溶液作用有卤化银沉淀生成是按S_N1反应历程进行的，根据AgX沉淀出现的快慢和碳正离子是否容易形成即可判定卤代烷的级别。

综合以上所述，一般来说，叔代烷是以S_N1反应为主，而伯卤代烷、卤代甲烷是以S_N2反应为主，仲卤代烷则可同时按S_N1和S_N2历程进行。其反应次序一般如下：

$$\xrightarrow{S_N1\text{增加}}$$
$$CH_3X \quad RCH_2X \quad R_2CHX \quad R_3CX$$
$$\xleftarrow[S_N2\text{增加}]{}$$

(2) 卤原子的影响

无论是S_N1反应还是S_N2反应，卤原子都是离去基团，都发生C—X拉长键断裂，所以C—X键越容易断裂，S_N1或S_N2反应越容易发生，反之越难。C—X键的离解能越小就越容易断裂，极化度越大，越容易断裂，相同烷基不同卤原子的离解能和极化度大小次序如下：

C—X键的离解能　C—F>C—Cl>C—Br>C—I

C—X键的极化度　C—F<C—Cl<C—Br<C—I

另外，卤离子的变形性与碱性大小也影响卤原子的离去难易，卤离子的变形性越大，卤原子越容易离去；卤离子的共轭酸酸性越强，卤原子越容易离去。卤离子的变形性、共轭酸酸性大小和卤原子的离去能力大小次序为：

X^- 的变形性　$F^- < Cl^- < Br^- < I^-$

卤离子共轭酸酸性　$HF < HCl < HBr < HI$

卤原子的离去能力　$F < Cl < Br < I$

从 C—X 键的断裂难易或卤原子的离去能力来看，不同卤素的卤代烷进行 S_N1 或 S_N2 反应活性次序为：

$$R—I > R—Br > R—Cl > R—F$$

事实上，除了碳卤键的断裂与卤素离去基团有关外，许多极性共价键的异裂都与离去基团的离去难易有关，好的离去基团能使极性共价键更容易断裂而发生反应。一般来说，好的离去基团是弱碱（即其共轭酸为强酸）。例如，盐酸、氢溴酸和氢碘酸都是强酸，它们的共轭碱（Cl^-、Br^- 和 I^-）为弱碱，是好的离去基团，其他的弱碱如磺酸盐负离子、硫酸盐负离子及磷酸盐负离子等都是良好的离去基团。对于氢氧根离子或烷氧离子来说，由于它们都是强碱，所以都是难离去基团，碳氧键难发生断裂，要使其顺利发生反应，首先要使它们质子化，然后以中性分子的形式离去，反应才能顺利进行。

(3) 亲核试剂的影响

在 S_N2 反应中，亲核试剂参与过渡态的形成，所以亲核试剂的亲核能力和浓度直接影响反应速率，亲核试剂亲核能力越强、浓度越高，卤代烷按 S_N2 反应历程的趋势和速率越大。但在 S_N1 反应中，决定反应速率的是 RX 的离解，因此试剂的亲核能力和浓度对 S_N1 反应无明显影响。一些亲核试剂的亲核能力如表 8-2 所述。

表 8-2　一些亲核试剂的亲核能力

亲核试剂	亲核性
I^- HS^- RS^-	很强
Br^- HO^- RO^- CN^-	强
NH_3 Cl^- F^- RCO_2^-	中等
H_2O　ROH	弱
RCO_2H	很弱

试剂的亲核性主要由两个因素决定：碱性和可极化度。这两个因素对试剂的亲核性的影响有时一致，有时不一致。同一亲核原子的试剂，其亲核性和碱性是一致的，例如：

亲核性：$C_2H_5O^- > HO^- > C_6H_5O^- > CH_3COO^- > C_2H_5OH > H_2O > C_6H_5OH > CH_3COOH$

同一周期的原子作为亲核中心时，试剂的亲核性与碱性有相同的强弱次序。例如：

亲核性：$NH_2^- > HO^- > F^-$；$NH_3 > H_2O$

同一族的原子作为亲核中心时，原子半径大（即可极化度大）者呈现出较强的亲核性。这与碱性的强弱次序相反。例如：

亲核性：$I^- > Br^- > Cl^- > F^-$；$HS^- > HO^-$；$H_2S > H_2O$

原子半径越大，可极化性越大，易成键。一般认为碱性相近的亲核试剂，其可极化度大的则亲核能力强。

(4) 溶剂极性的影响

溶剂的极性大小对反应历程的影响也很大。一般来说，介电常数大的极性溶剂有利于卤烷的离解，所以反应有利于按 S_N1 历程进行，这是由于极性溶剂中的溶剂化，使碳正离子的稳定性增加，反应活化能降低的缘故；极性弱、介电常数小的溶剂有利于按 S_N2 反应历程进行，这是由于极性溶剂中溶剂化，使亲核试剂稳定性增加，反应活性降低的缘故。例如叔丁基氯（3°RX）在 25℃下、不同溶剂中进行溶剂解（S_N1 反应）的相对速率如表 8-3 所示。

表 8-3 叔丁基氯在 25℃ 下、不同溶剂中进行溶剂解（S_N1）的相对速率

溶剂	乙酸	甲醇	甲酸	水
介电常数/(F/m)	6.15	32.7	58.5	78.5
相对速率	1	4	5000	150000

8.2.5.3 消除反应机理

卤代烷发生取代反应时，常常伴随着消除反应发生，这是由于取代反应和消除反应历程有相似之处的缘故。和取代反应类似，消除反应也有双分子消除和单分子消除，分别记为 E2 和 E1。在卤代烷中，把和卤原子直接连接的碳称为 α-碳，与 α-碳相邻的碳为 β-碳，例如：

$$R-\underset{H}{\overset{H}{C_\beta}}-\underset{H}{\overset{X}{C_\alpha}}-R'$$

连接在 β-碳上的氢原子称为 β-氢，表示为 β-H。在消除反应中，除非特别说明，一般指的是 β-消除。

（1）双分子消除反应（E2）机理及影响因素

双分子消除反应（E2）和双分子取代反应（S_N2）相似，反应是一步完成的，反应速率方程为：

$$v=k\,[RX]\,[\text{碱}] \qquad (\text{碱为 } OH^- \text{ 或 } RO^-)$$

卤代烷和碱的浓度影响反应速率，所以称为双分子消除反应（E2）。E2 反应可以表示为如下过程：

$$\underset{(OH^-)}{RO^-} + H-\overset{|}{\underset{|}{C_\beta}}-\overset{|}{\underset{|}{C_\alpha}}-X \xrightarrow{\text{慢}} \left[\underset{(OH^-)}{RO^{\delta^-}}\cdots H^{\delta^+}\cdots C_\beta^{\delta^-}\cdots C_\alpha^{\delta^+}\cdots X^{\delta^-}\right] \longrightarrow \underset{(H_2O)}{ROH} + \rangle C=C\langle + X^-$$

碱对卤代烷的 β-H 进攻的同时，C_α-X 键开始发生异裂，处于过渡状态，当过渡态中 C_β—H 键和 C_α—X 键都达到了高度的异裂活化状态时，C_β—C_α 键之间已经有部分双键的性质，这时反应体系处于最高能量状态，随着反应进行，β-H 完全与碱结合，卤负离子彻底离去，最终形成烯烃。

在 E2 反应过程中，由于碱进攻的是 β-H（在 S_N2 反应过程中，碱进攻的是 α-碳），所以不存在 S_N2 机理中的那种空间位阻，α-C 上连接较多的支链对 E2 反应反而是有利的，这是由于多个烷基的存在对部分双键的形成有推动作用，不仅可以降低过渡态的活化能，还会使生成的烯烃稳定。另外，强极性溶剂对 E2 反应不利，是由于强极性不利于过渡态时负电荷的分散，且极性溶剂对强碱的溶剂化降低了碱的强度，使之与 β-H 的结合能力下降。

（2）单分子消除反应（E1）机理

单分子消除反应（E1）和单分子亲核取代反应（S_N1）历程相似，E1 反应历程也是分两步进行的，第一步是卤代烷分子在溶剂中 C_α—X 键异裂离解为碳正离子，第二步是在 β-C 原子上脱去一个质子，同时 C_α—C_β 原子之间形成双键。反应过程表示如下：

第一步：
$$H_3C-\underset{\beta CH_3}{\overset{CH_3}{C_\alpha}}-X \xrightarrow{\text{慢}} H_3C-\underset{CH_3}{\overset{CH_3}{C^+}} + X^-$$

第二步：
$$H_3C-\underset{\beta CH_2-H}{\overset{CH_3}{C^+_\alpha}} + OH^- \xrightarrow{\text{快}} H_3C-\overset{CH_3}{\underset{\alpha}{C}}=\underset{\beta}{CH_2} + H_2O$$

在该过程中，第一步和 S_N1 反应一样生成碳正离子，不同的是第二步，亲核试剂进攻的是 β-H（在 S_N1 反应中，亲核试剂进攻的是 α-C^+），β-H 以质子形式离去，C_α—C_β 原子之间形成双键。第一步反应速率最慢，为决速步骤，该步只与卤代烷有关，与亲核试剂无关，故该过程称为单分子消除反应，表示为 E1。E1 的速率方程为：

$$v=k[\mathrm{RX}]$$

由于 E1 反应历程中有碳正离子的生成，所以也会有重排反应发生。

(3) 消除反应的取向

对于含有多个 β-C 的卤代烷，由于可能含有不同位置的 β-H，当发生消除反应时，β-H 的消除就有不同的选择，这就是卤代烷消除 HX 反应的取向问题。卤代烷消除 β-H 有两种取向：一种是札依采夫（Saytzeff）取向，另一种是霍夫曼（Hofmann）取向。例如，2-溴丁烷在氢氧化钾的醇溶液中共热发生消除反应，生成丁-2-烯和丁-1-烯，生成丁-2-烯是札依采夫取向产物，生成丁-1-烯是霍夫曼取向产物。

$$\mathrm{CH_3CH_2\underset{}{\overset{Br}{\overset{|}{C}}}HCH_3} \xrightarrow[\mathrm{C_2H_5OH,\ 70^\circ C}]{\mathrm{KOH}} \underset{\text{81\%（札依采夫取向产物）}}{\mathrm{CH_3CH{=}CHCH_3}} + \underset{\text{19\%（霍夫曼取向产物）}}{\mathrm{CH_3CH_2CH{=}CH_2}}$$

在 E2 反应历程的过渡态中和在 E1 反应历程的第二步脱去质子的过渡态中，π 键已部分形成，从过渡态和产物烯烃的稳定性来看，生成双键的碳原子上取代烷基较多的消除有利，相应的活化能较低，反应速率较快，这种烯烃在产物中所占的比例较高，这就是札依采夫取向。例如 2-溴丁烷在氢氧化钾的醇溶液中的消除反应，生成的丁-2-烯的双键碳原子上的烃基较多，所以为主要产物（占 81%），即卤代烷在消除 HX 时，H 原子主要从含 H 较少的 C 原子上脱去，称为札依采夫规则。

如果脱去的 β-H 所处位置有明显的空间位阻或碱的体积较大，不利于处在中间位置的 β-H 脱去，则脱去处于一端空间位阻较小的 β-H，这就生成霍夫曼取向为主的端烯烃。例如：

$$\mathrm{H_3C{-}\underset{CH_3}{\overset{CH_3}{C}}CH_2{-}\underset{CH_3}{\overset{Br}{C}}{-}CH_3} \xrightarrow[\mathrm{C_2H_5OH,\ \triangle}]{\mathrm{C_2H_5OK}} \underset{\text{14\%（札依采夫取向产物）}}{\mathrm{H_3C{-}\underset{CH_3}{\overset{CH_3}{C}}CH{=}\underset{CH_3}{C}{-}CH_3}} + \underset{\text{86\%（霍夫曼取向产物）}}{\mathrm{H_3C{-}\underset{CH_3}{\overset{CH_3}{C}}CH_2\underset{CH_3}{C}{=}CH_2}}$$

8.2.5.4 亲核取代和消除反应的竞争

由于卤代烷的亲核取代反应（S_N）和消除反应（E）均由同一试剂的进攻而引起，在发生亲核取代反应时往往伴随着消除反应，反之，在发生消除反应时也会伴随亲核取代反应，这两种反应相互竞争。但在实际应用中，往往只希望发生其中一种反应，尽可能避免或减少另外一种反应，这就需要根据卤代烷的结构特点，选择合适的试剂和溶剂，控制合适的反应温度，使反应以一种为主，提高所要产物的产率。消除产物和取代产物的比例受反应物的结构、试剂的碱性和亲核性、溶剂极性及反应温度的影响。

(1) 卤代烷结构的影响

结构不同的卤代烷，发生亲核取代（S_N）和消除反应（E）的趋势不同。一般来说，没有支链的伯卤代烷与强亲核试剂作用主要发生 S_N2 反应，如果卤代烷 α-C 原子上支链增加，对 α-C 原子进攻的空间位阻加大，则不利于 S_N2 反应而有利于 E2 反应。β-C 原子上有支链的伯卤代烷也容易发生消除反应，因为 β-C 原子上的烃基会阻碍试剂从背面接近 α-C 原子而不利于 S_N2 反应的进行。

叔卤代烷在没有强碱存在时主要发生 S_N1 和 E1 反应，得到取代产物和消除产物的混合物。例如叔丁基溴在 25℃ 乙醇溶剂中发生反应，生成乙基叔丁基醚和 2-甲基丙-1-烯混合物。

$$2\mathrm{H_3C{-}\underset{CH_3}{\overset{CH_3}{C}}{-}Br} + \mathrm{C_2H_5OH} \xrightarrow{25^\circ C} \underset{81\%}{\mathrm{H_3C{-}\underset{CH_3}{\overset{CH_3}{C}}{-}OC_2H_5}} + \underset{19\%}{\mathrm{H_3C{-}\overset{CH_3}{C}{=}CH_2}} + 2\mathrm{HBr}$$

但叔卤代烷与大多数碱性试剂作用时，主要生成消除反应产物，这也是不能由 CN^- 和 RCO_2^- 与叔卤代烷反应制取腈和酯的原因。

β-C 原子上烷基增加时，则对 E1 反应比对 S_N1 反应更有利。例如：叔代卤烷在 25℃时与 80％乙醇作用，得到消除和取代产物的产率分别是：

叔卤代烷	$(CH_3)_3C-Cl$	$CH_3CH_2-C(CH_3)_2-Cl$	$(CH_3)_2CH-C(CH_3)_2-Cl$	$(CH_3)_2CH-C(CH_3)(Cl)-CH(CH_3)_2$
消除产率	16％	34％	62％	78％
取代产率	84％	66％	38％	22％

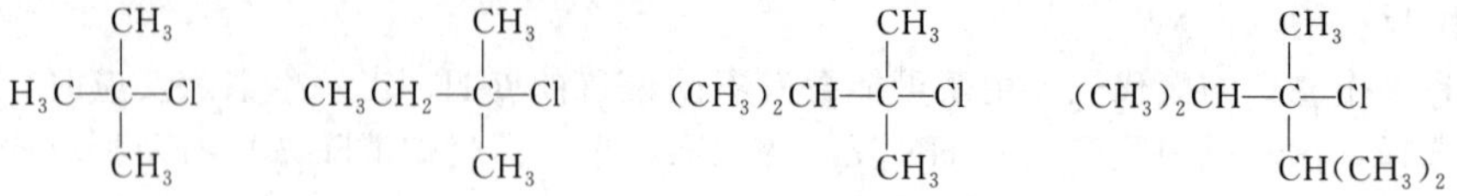

仲卤代烷的情况较复杂，介于两者之间，而 β-C 原子上有支链的仲卤代烷更易生成消除产物。例如：

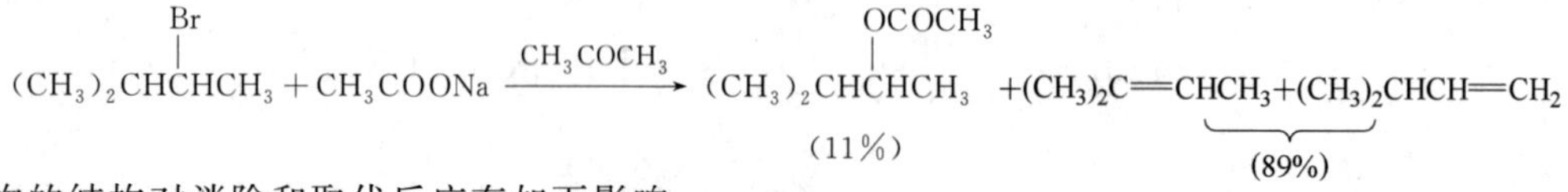

$$(CH_3)_2CHCH(Br)CH_3 + CH_3COONa \xrightarrow{CH_3COCH_3} \underset{(11\%)}{(CH_3)_2CHCH(OCOCH_3)CH_3} + \underbrace{(CH_3)_2C{=}CHCH_3 + (CH_3)_2CHCH{=}CH_2}_{(89\%)}$$

卤代物的结构对消除和取代反应有如下影响：

$$\text{双分子历程}\quad \underset{\text{亲核取代反应速率增加}}{\overset{\text{消除反应速率增加}}{\xrightarrow{\hspace{1cm}} \; CH_3X \quad RCH_2X \quad R_2CHX \quad R_3CX \; \xleftarrow{\hspace{1cm}}}} \quad\text{单分子历程}$$

（2）亲核试剂的影响

试剂的影响主要由试剂的亲核性、碱性、体积大小及浓度等因素引起的。亲核性强的试剂有利于取代反应，亲核性弱的试剂有利于消除反应。碱性强的试剂有利于消除反应，碱性弱的试剂有利于取代反应。以下负离子都是亲核试剂，其碱性大小次序为：

$$NH_2^- > RO^- > HO^- > CH_3COO^- > I^-$$

例如：当伯或仲卤代烷用 NaOH 水解时，往往得到取代和消除两种产物，因为 OH^- 既是亲核试剂又是强碱。而当卤代烷与 KOH 的醇溶液作用时，由于试剂为碱性更强的烷氧负离子 RO^-，故主要产物是烯烃，如果碱性加强或碱的浓度增加，消除产物的量也相应增加。

降低试剂浓度有利于单分子反应（E1 和 S_N1），增加试剂浓度则有利于双分子反应的进行。例如叔卤代烷，如果增加碱的浓度就会增加消除产物，因为强碱容易进攻叔卤烷的 β-H 原子，反应有利于按 E2 进行。

试剂的体积越大，越不易接近 α-C 原子，而容易进攻 β-H 原子，有利于 E2 反应的进行。

（3）溶剂的影响

极性大的溶剂有利于取代，极性小的溶剂有利于消除。这是由于 S_N2 的过渡态的电荷仅分散在三个原子上（图 8-9），电荷比较集中，而 E2 过渡态电荷分布在五个原子上（图 8-10），电荷比较分散。

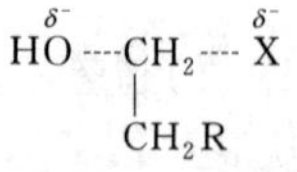

$$\overset{\delta^-}{HO}\cdots\underset{\underset{CH_2R}{|}}{CH_2}\cdots\overset{\delta^-}{X}$$

图 8-9　S_N2 过渡态

（负电荷分布在三个原子上）

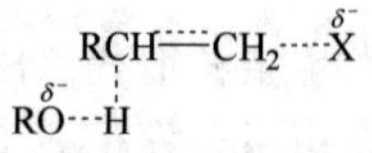

$$\begin{array}{l} RCH\overset{\cdots}{=}CH_2\cdots\overset{\delta^-}{X} \\ \overset{\delta^-}{RO}\cdots\underset{}{H} \end{array}$$

图 8-10　E2 过渡态

（负电荷分布在五个原子上）

极性溶剂有利于电荷集中而不是分散，所以增加溶剂极性对 S_N2 过渡态有利，溶剂化作用能较大幅度地分散电荷，增加过渡态的稳定性。溶剂对单分子历程也有类似的影响，极性的增加有利于 S_N1 反应。所以常用 NaOH 的水溶液水解卤代烷制备醇，而用 NaOH 的乙醇溶液使卤代烷发生消除反应制备烯烃。

（4）反应温度的影响

反应温度高更有利于消除，反应温度低有利于取代。这是由于消除反应中发生了 C—H 和 C—

X 键的断裂，而取代反应只发生 C—X 键断裂，故消除反应的活化能比取代反应高，增加温度可提高消除反应产物的产率。

8.3 卤代烯烃和卤代芳烃

8.3.1 卤代烯烃

烯烃分子中氢原子被卤原子所取代而生成的化合物，称为卤代烯烃。卤代烯烃是双官能团化合物。由于碳骨架不同以及双键和卤原子的位置不同，卤代烯烃都可以产生异构体，所以卤代烯烃的同分异构体数目比相应的卤代烷多。

8.3.1.1 卤代烯烃的分类和命名

① 卤代烯烃的分类　根据卤原子和双键的相对位置不同，一元卤代烯烃可分为三类，即乙烯型、烯丙型和孤立型。卤原子直接连接在碳碳双键上的为乙烯型，通式为 $RCH{=}CH{-}X$；卤原子与双键碳原子相隔一个饱和碳原子的卤代烯烃为烯丙型，通式为 $RCH{=}CHCH_2X$；卤原子与双键相隔两个或多个饱和碳原子的卤代烯烃为孤立型卤代烯烃，通式为 $RCH{=}CH(CH_2)_nX$，其中 $n\geqslant 2$。

卤代烯烃
- 乙烯型，通式为 $RCH{=}CH{-}X$，例 氯乙烯 $CH_2{=}CHCl$
- 烯丙型，通式为 $RCH{=}CHCH_2X$，例 3-氯丙烯 $CH_2{=}CHCH_2Cl$
- 孤立型（卤素与碳碳双键或三键间隔两个饱和碳原子以上），通式为 $RCH{=}CH(CH_2)_nX$，其中 $n\geqslant 2$，例 5-氯戊烯 $CH_2{=}CHCH_2CH_2CH_2Cl$

② 卤代烯烃命名　卤代烯烃通常使用系统命名法命名，即以烯烃为主链，卤原子作为取代基，编号时使不饱和键的位次较低，称作卤代某烯。例如：

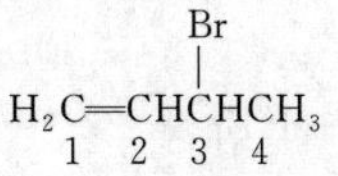

$H_2\overset{1}{C}{=}\overset{2}{C}H\overset{3}{C}H(Br)\overset{4}{C}H_3$　3-溴丁-1-烯

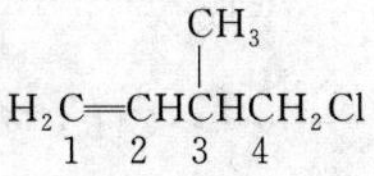

$H_2\overset{1}{C}{=}\overset{2}{C}H\overset{3}{C}H(CH_3)\overset{4}{C}H_2Cl$　4-氯-3-甲基丁-1-烯

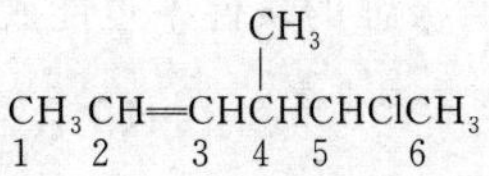

$\overset{1}{C}H_3\overset{2}{C}H{=}\overset{3}{C}H\overset{4}{C}H(CH_3)\overset{5}{C}HCl\overset{6}{C}H_3$　5-氯-4-甲基己-2-烯

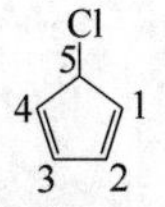

5-氯环戊-1,3-二烯

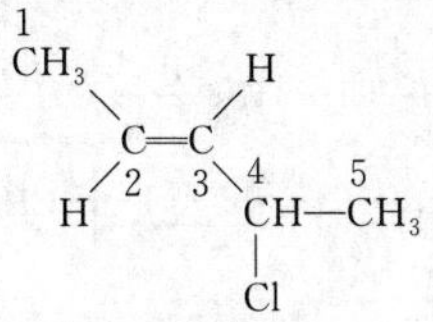

(*E*)-4-氯戊-2-烯

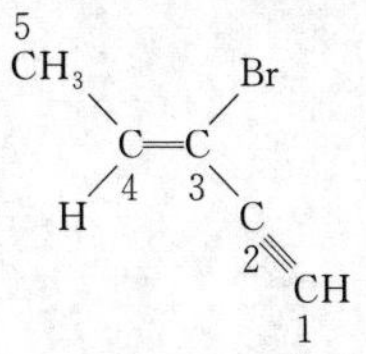

(*Z*)-3-溴戊-3-烯-1-炔

8.3.1.2 双键位置对卤原子活泼性的影响

在卤代烯烃分子中同时含有碳碳双键和卤原子（X）两个官能团，因此其同时具有烯烃和卤代烃的性质。但由于碳碳双键和卤原子的相对位置不同，它们之间的相互影响也不一样，也表现出化学性质的差异。不同结构的卤代烯烃其卤原子的活性次序为：

$$\underset{\text{烯丙型}}{RCH{=}CHCH_2X} > \underset{\text{孤立型}}{RCH{=}CH(CH_2)_nX} > \underset{\text{乙烯型}}{RCH{=}CHX}$$

以 $AgNO_3$ 为亲核试剂与不同结构的卤代烯烃进行 S_N1 反应，反应如下：

$$\left.\begin{array}{l} CH_2{=}CHCl \\ CH_2{=}CHCH_2Cl \\ CH_2{=}CHCH_2CH_2Cl \end{array}\right\} + AgNO_3 \xrightarrow{\text{醇}} \left\{\begin{array}{l} \text{不反应} \\ AgCl\downarrow(\text{快}) + RONO_2 \\ AgCl\downarrow(\text{慢}) + RONO_2 \end{array}\right.$$

结果表明，烯丙型的卤代烯烃在室温下能够很快和硝酸银作用生成卤化银沉淀；孤立型卤代烯烃生成卤化银沉淀的速度较慢，一般要在加热情况下才能顺利进行；乙烯型卤代烯烃即使在加热情况下也不和硝酸银的醇溶液发生反应。

不仅和硝酸银反应有如此情况，不同类型的卤代烯烃与氢氧化钠水溶液作用，其反应速率也存在明显的差异。

$$CH_2=CHCH_2X \xrightarrow[H_2O]{NaOH} CH_2=CHCH_2OH\text{(反应速率快于饱和卤代烃)}$$

$$CH_2=CHCH_2CH_2X \xrightarrow[H_2O]{NaOH} CH_2=CHCH_2CH_2OH\text{(反应速率与饱和卤代烃相当)}$$

$$CH_2=CHX \xrightarrow[H_2O]{NaOH} \text{(难反应)}$$

下面就三种类型的卤代烯烃进行讨论。

(1) 乙烯型卤代烯烃

乙烯型卤代烯烃的卤原子直接连接在碳碳双键的碳原子上，卤原子的 p 轨道内未成键电子对与相邻 π 键的一对电子之间存在 p-π 共轭作用（如图 8-11），使得碳卤键比正常的碳卤键短，键的解离能增大，偶极矩减少，导致碳卤键的化学活性下降，如在加热情况下也不能和硝酸银的醇溶液发生反应，且碳碳双键也不易发生亲电加成反应。

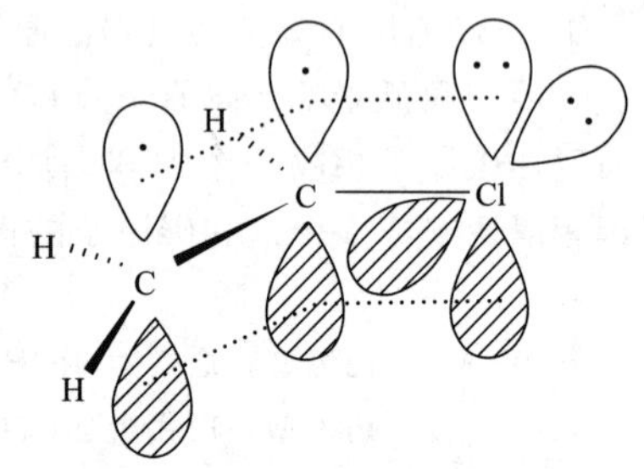

图 8-11 乙烯型卤代烯烃的 p-π 共轭

乙烯型卤代烯烃中卤原子的不活泼性是相对的，在一定条件下，也可发生反应，只不过反应条件相对苛刻一些。如溴乙烯和金属镁在四氢呋喃存在下共热，可获得格氏试剂。

$$CH_2=CH-Br + Mg \xrightarrow[\triangle]{\text{THF}} CH_2=CH-MgBr$$

1-溴丁-1-烯在碱极强的条件下也能脱去卤化氢，生成炔。

$$CH_3CH_2CH=CH-Br \xrightarrow[\text{液 } NH_3]{NaNH_2} CH_3CH_2C\equiv CH + HBr$$

乙烯型分子中的碳碳双键不易发生亲电加成反应也是相对的，如氯乙烯可发生加成和聚合反应。

$$CH_2=CH-Cl + HBr \longrightarrow CH_3-CHBr-Cl$$

$$nCH_2=CH-Cl \xrightarrow{\text{引发剂}} \left[CH_2-CH(Cl) \right]_n$$

(2) 烯丙型卤代烯烃

当卤原子连接在烯烃的 α-C 原子上时，卤原子的活泼性非常高，C—X 键易断。例如，烯丙基氯在碱性中水解速率要比正丙基氯快约 80 倍。

$$CH_2=CHCH_2Cl \xrightarrow[H_2O]{NaOH} CH_2=CHCH_2OH\text{（快）}$$

$$CH_3CH_2CH_2Cl \xrightarrow[H_2O]{NaOH} CH_3CH_2CH_2OH\text{（慢）}$$

烯丙型卤代烯烃的特殊活泼性是由于亲核取代反应的中间体或过渡态稳定。对于双分子 S_N2 反应，由于过渡态时中心碳原子与邻位的 π 键有一定的共轭稳定作用（图 8-12），有利于降低活化能。

对于单分子 S_N1 反应，由于生成的中间体碳正离子存在着 p-π 共轭体系（图 8-13），α-C 上正电荷得以分散，有相当的稳定性，所以它容易形成，使按 S_N1 机理进行并且速率相当快。

由于烯丙型卤代烯烃易发生 S_N1 反应，所以可发生重排反应，得到重排反应的产物。

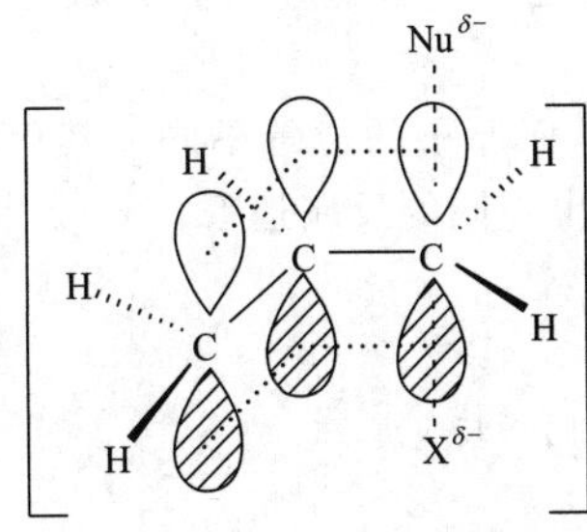

图 8-12 S_N2 反应过渡态

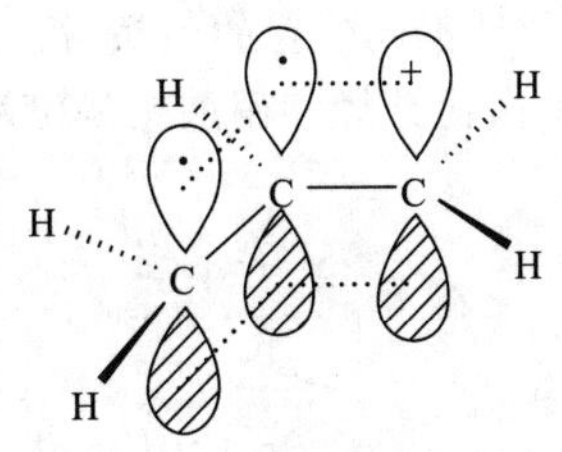

图 8-13 S_N1 烯丙型碳正离子

$$CH_3CH{=}CHCH_2Cl \xrightarrow[NaOH]{H_2O} CH_3CH{=}CHCH_2OH + CH_3\underset{\displaystyle OH}{\underset{|}{C}}HCH{=}CH_2$$

若分子中既含有烯丙型又含有乙烯型卤原子时，两种卤素反应活性有明显差异。

$$CH_3CCl{=}CHCH_2Cl \xrightarrow[Na_2CO_3]{H_2O} CH_3CCl{=}CHCH_2OH \xrightarrow[C_2H_5OH,\ \triangle]{KOH} CH_3C{\equiv}CCH_2OH$$

(3) 孤立型卤代烯烃

孤立型卤代烯分子中的碳碳双键和卤原子相隔较远，相互之间的影响较弱，所以显示出各自官能团的性质，即显示出烯烃和卤代烷的性质。

8.3.2 卤代芳烃

① 卤代芳烃分类和命名　根据卤原子连接在芳烃的位置不同，可把卤代芳烃分为三类：一类是卤原子直接连接在芳环上，称为卤苯型；一类是卤原子连接在苄基碳原子上，称为苄基型；一类是卤原子连接在与芳环间隔两个或两个饱和碳原子以上的碳原子上，称为孤立型。

卤代芳香烃
- 卤苯型，例 氯苯 C_6H_5—Cl
- 苄基型，例 苄氯 C_6H_5—CH_2Cl
- 孤立型（卤素与苯环间隔两个饱和碳原子以上），例 1-氯-2-苯基乙烷 C_6H_5—CH_2CH_2Cl

卤代芳烃根据不同情况进行命名，卤苯型卤代芳烃命名时以芳烃为母体，卤素为取代基；苄基型和孤立型卤代芳烃命名时以烷烃为母体，卤素和芳基作为取代基。例如：

C_6H_5Cl	p-$CH_3C_6H_4Cl$	$C_6H_5CH_2Cl$	m-$ClC_6H_4CH_2Cl$	$CH_3\underset{C_6H_5}{CH}CH_2CH_2Cl$
氯苯	对氯甲苯	苯氯甲烷（氯化苄）	间氯苯氯甲烷	1-氯-3-苯基丁烷

② 苯氯甲烷的制备方法　苯氯甲烷又称氯化苄或苄氯。它是一种催泪性液体，沸点 179℃，不溶于水。工业上通过在日光或较高温度下把氯气通入沸腾的甲苯中进行制备。

$$C_6H_5CH_3 \xrightarrow[h\nu\ 或\ \triangle]{Cl_2} C_6H_5CH_2Cl$$

也可通过苯与甲醛及氯化氢在无水氯化锌存在下，在苯环上进行氯甲基化获得。

$$3C_6H_6 + (HCHO)_3 + 3HCl \xrightarrow[60℃]{ZnCl_2} 3C_6H_5CH_2Cl + 3H_2O$$

苄氯容易水解为苯甲醇，这是工业上制备苯甲醇的方法之一。苄氯在有机合成上常用作苯甲基化试剂。

③ 卤原子在苯环不同位置的活泼性　卤代芳烃中，卤原子的位置不同，其化学活性也存在较大差异。不同类型卤代芳烃和硝酸银醇溶液反应，呈现出不同的反应速率：

$$\left.\begin{array}{l} C_6H_5\text{—}Cl \\ C_6H_5\text{—}CH_2Cl \\ C_6H_5\text{—}CH_2CH_2Cl \end{array}\right\} \xrightarrow[\text{乙醇}]{AgNO_3} \left\{\begin{array}{l} \text{不反应} \\ AgCl\downarrow\ \text{（反应快）} \\ AgCl\downarrow\ \text{（反应慢，需加热）} \end{array}\right.$$

其中，卤苯型卤代芳烃即使加热也不发生反应，这和乙烯型卤代烯烃相似；孤立型卤代芳烃要在加热情况下才有氯化银沉淀，这和孤立型卤代烯烃相似；苄基型卤代芳烃在室温下很快就有卤化银沉淀产生，这和烯丙型卤代烯烃相似。

苄基型卤代芳烃中卤原子具有较大的活泼性，S_N1 和 S_N2 反应都易于进行。如苄基氯中氯原子具有相当高的活性，是因为在进行 S_N1 反应时，苯氯甲烷易于离解成较稳定的苄基碳正离子。这时甲叉基上的碳正离子是 sp^2 杂化的，它的空 p 轨道与苯环上的 π 轨道发生交盖（图 8-14），造成电子离域，使得正电荷得到分散，因而这个离子趋于稳定。

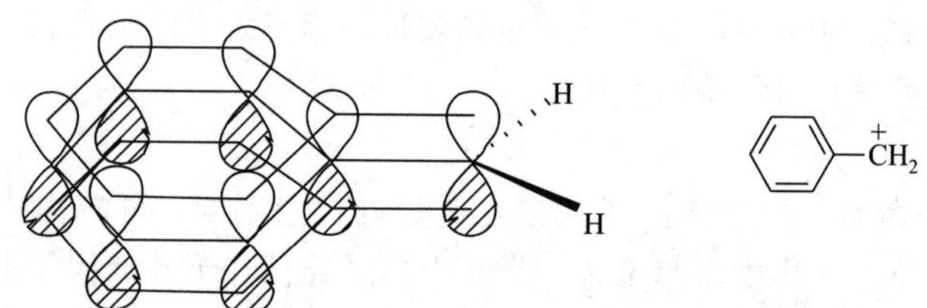

图 8-14　苄基碳正离子 p 轨道的交盖

苄基型卤代芳烃除了容易和硝酸银醇溶液发生反应外，还可发生水解、醇解、氨解等反应，也容易生成格氏试剂。

8.4　多卤代烃

8.4.1　三氯甲烷

三氯甲烷（$CHCl_3$）俗称氯仿，为一种无色透明易挥发液体，稍有甜味，沸点 61.2℃，d_4^{20}1.4842，微溶于水，溶于乙醇、乙醚、苯、石油醚等。不易燃烧，是一种良好的不燃性溶剂，能溶解油脂、蜡、有机玻璃和橡胶等，常用作脂肪酸、树脂、橡胶、磷及碘等的溶剂和精制抗生素。还被广泛用作合成原料。具有麻醉作用。它可以通过甲烷氯化或四氯化碳还原来制备。

在光的作用下，氯仿能被空气中的氧气氧化成氯化氢和有剧毒的光气。

$$2CHCl_3 + O_2 \xrightarrow{\text{日光}} 2\ \underset{\text{光气}}{Cl_2C{=}O} + 2HCl$$

通常加入 1%～2%乙醇，使生成的光气与乙醇作用而生成碳酸二乙酯，以消除其毒性。

$$Cl_2C{=}O + 2C_2H_5OH \longrightarrow \underset{\text{碳酸二乙酯}}{O{=}C(OC_2H_5)_2} + 2HCl$$

因此试剂级氯仿要保存在棕色瓶中，装满至瓶口加以封闭，防止与空气接触。工业级氯仿采用内层镀锌或衬酚醛涂层的铁桶包装，加5%无水乙醇作稳定剂。置于干燥阴凉处，为防止生成光气应避光、隔热贮存。

8.4.2 四氯化碳

四氯化碳（CCl_4）为无色液体，有愉快的气味。沸点76.8℃，d_4^{20}1.5940，微溶于水，与乙醇、乙醚可以以任何比例混合。有毒，麻醉性比氯仿小，但对心、肝、肾的毒性强。四氯化碳不能燃烧，受热易挥发，其蒸气比空气重，不导电，适用于扑灭油类的燃烧和电源附近的火灾，是一种常用的灭火剂。

在高温下，四氯化碳能发生水解而产生少量光气，故灭火时应注意空气流通，防止中毒。

$$CCl_4 + H_2O \xrightarrow{\text{高温}} COCl_2 + 2HCl$$

四氯化碳主要用作溶剂，能溶解脂肪、油漆、树脂、橡胶等，用作有机物的氯化剂、香料的浸出剂、纤维的脱脂剂、灭火剂、分析试剂等，常用作干洗剂，也用于制氯仿和药物等合成原料。

工业上制备四氯化碳是用甲烷和氯气按1∶4混合，在440℃下反应，产率可达96%。也可由氯与二硫化碳在$AlCl_3$、$FeCl_3$或$SbCl_5$存在下作用而得。

$$CS_2 + 3Cl_2 \longrightarrow CCl_4 + S_2Cl_2$$

$$2S_2Cl_2 + CS_2 \longrightarrow CCl_4 + 6S$$

8.4.3 氟代烃

烃分子中的氢原子被氟原子取代后所得的化合物称为氟代烃，如果氟代烃分子中含有多个氟原子则称为多氟代烃，如全氟苯、氟利昂等。某些氟化合物具有独特的性能，如氟利昂性质极为稳定，曾被广泛用作制冷剂和洗涤剂；全氟苯用作代血浆；全氟异丁烯是至今为止发现的最毒化合物之一，含有百万分之一全氟异丁烯的空气，人吸入后会导致致命的浮肿；聚四氟乙烯塑料的化学稳定性超过其他塑料，与浓硫酸、浓碱、元素氟和“王水”等都不发生反应，对有机溶剂有很强的抗溶胀性，机械强度高，绝缘性能好，根据不同的聚合度可在−250～250℃范围内使用，素有“塑料王”之称。

氟是最活泼的元素，所以氟代烃一般不直接由氟和烃反应制备，否则反应极为激烈，放出的热量会使碳碳键断裂，且生成的产物非常复杂。常用卤代烷和无机氟化物进行置换反应获得。常用的无机氟化物有SbF_3、HF、CoF_3。如工业上制备四氟乙烯是将氯仿和氟化氢在五氯化锑存在下作用，制得二氟一氯甲烷，加热二氟一氯甲烷分解得四氟乙烯。

$$CHCl_3 + 2HF \xrightarrow[20\sim30℃]{SbCl_5} HCClF_2 + 2HCl$$

$$2HCClF_2 \xrightarrow{600\sim800℃} F_2C{=}CF_2 + 2HCl$$

【扩展阅读】　　制冷剂氟利昂的变迁——坚持绿色发展

氟利昂属于卤代烃类，卤代烃类制冷剂化学式的通式为$C_mH_nF_xCl_yBr_z$。根据对臭氧层的作用，美国杜邦公司首先提出了卤代烃类物质新的命名方法，并已为全世界接受。CFC，表示全卤化氯（溴）氟化烃类物质；HCFC，表示含氢的氯氟化烃类物质；HFC，表示含氢无氯的氟化烃类物质；HFO，表示含氢的氟化烯烃类物质。

第一代氟利昂（CFCs）于二十世纪二三十年代问世，为全卤化氯（溴）氟化烃类化合物，被用于替代早期冰箱制冷剂，以避免氨、二氧化硫和丙烷等物质泄漏造成的事故。但一段时间后，人们发现氟利昂会在紫外线作用下，分离出氯自由基，每个氯自由基会破坏多达十万个臭氧分子，严重破坏臭氧层。臭氧层被损耗之后，吸收紫外线的能力大大减弱，给生态环境带来极大危害。为了解决这一问题，经过几十年的探索，科学家陆续发明了第二、三、四代制冷剂。氢氯氟烃类物质

（HCFCs）作为第二代制冷剂，由于加入了氢原子，减少氯自由基的产生，在一定程度上减少了对臭氧层的破坏；第三代氢氟烃类物质（HFCs），分子内不含氯原子，消除了对臭氧层的破坏，但会造成温室效应；第四代碳氢氟类物质（HFOs），是目前为止最为环保的制冷剂。从氟利昂的曲折发展可以看出，一项科研成果初次提出时，无法保证完美无缺，需要不断探索完善，减少负面影响，这正是有机化学研究者的责任与使命。

【例题解析】

卤代烃的亲核取代（S_N1 和 S_N2）和消除反应（E1 和 E2）是该部分内容的重要知识点，也是难点。

例题 1. 请解释下列反应结果：

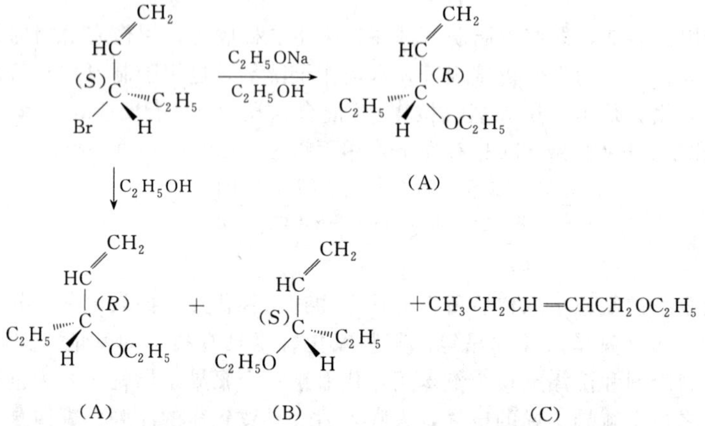

C_2H_5ONa / C_2H_5OH → (A)

C_2H_5OH → (A) + (B) + $CH_3CH_2CH{=}CHCH_2OC_2H_5$ (C)

解析： 反应底物（*S*）-3-溴戊-1-烯既可按 S_N1 历程进行反应，亦可按 S_N2 历程进行反应。当在 C_2H_5ONa 的乙醇溶液中反应时，由于反应体系中有强的亲核试剂 $C_2H_5O^-$，故按 S_N2 历程进行反应，得到一个与底物旋光异构相反的产物（A）：

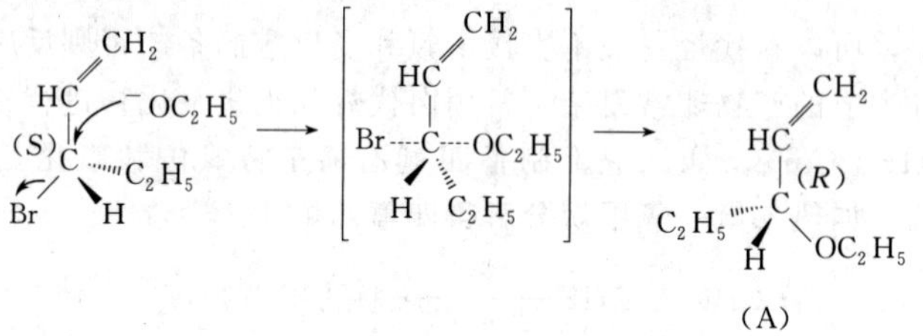

(A)

如仅在弱亲核试剂 C_2H_5OH 中时，则按 S_N1 历程进行反应，溴离子的离去，得到碳正离子并发生重排，所以得到（A）和（B）两种外消旋产物和重排后的产物（C）。

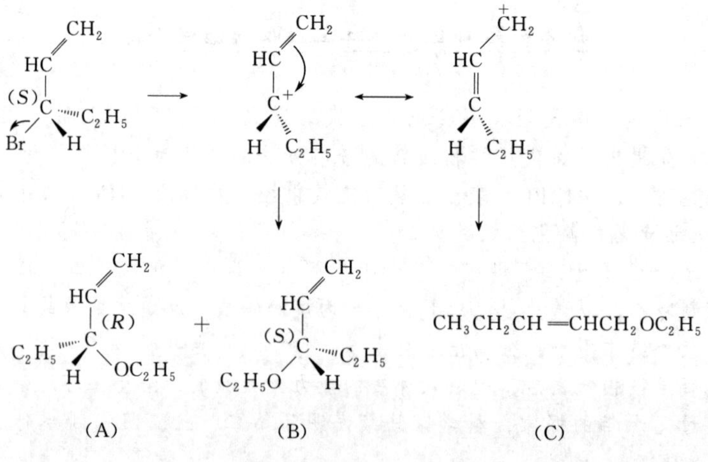

(A) + (B) $CH_3CH_2CH{=}CHCH_2OC_2H_5$ (C)

例题 2. 请解释下列反应结果：

$$C_6H_5-CH_2-\underset{Br}{CH}-\overset{CH_3}{CH}-CH_3 \xrightarrow[\triangle]{C_2H_5OK/C_2H_5OH} C_6H_5-CH{=}CH-\overset{CH_3}{CH}-CH_3 + C_6H_5-CH_2-CH{=}\overset{CH_3}{C}-CH_3$$

（主要产物）

解析： 该反应发生的是E2历程，消除方向由产物和过渡态的稳定性来决定，故消除形成的双键与苯环形成共轭体系的产物较稳定，为主要产物。

习　题

1. 命名下列化合物。

（1）$CH_3CHBrC(CH_3)_3$　（2）1-Cl-2-CH_3环戊烷（结构式）　（3）环己基—CCl_3

（4）Fischer投影式：上 CH_3，左 H，右 C_2H_5，下 Cl　（5）$H_3C(Cl)C{=}C(CH_3)H$　（6）椅式环己烷，H、Cl、Cl、H（结构式）

（7）7,7-二溴双环结构（Br、Br）　（8）苯环上 Br、Cl、CH_3（1,3,5位）　（9）$C_6H_5-\overset{Br}{CH}-CH_3$

2. 写出下列化合物的结构式。

（1）碘仿　（2）苄氯　（3）烯丙基溴

（4）四氟乙烯　（5）(*R*)-4-氯-2-甲基辛烷　（6）(*E*)-2-氯-1-苯基丙烯

（7）2-氯-6,7-二甲基双环［3.2.1］辛烷　（8）(2*E*,4 *Z*)-2-氯-3-甲基己-2,4-二烯

3. 写出 $CH_3CH_2CH_2Cl$ 与下列化合物反应的反应式。

（1）Na　（2）Mg，乙醚　（3）$AgNO_3$（醇）

（4）NaCN　（5）NaI（丙酮）　（6）NH_3

（7）$CH_3C{\equiv}CNa$　（8）NaOH（醇）　（9）NaOH（水）

4. 比较下列碳正离子的稳定性，并由大到小顺序排列。

（1）A. $CH_3CH_2CH_2\overset{+}{C}H_2$　B. $CH_3CH_2\overset{+}{C}HCH_3$　C. $H_3C-\overset{+}{\underset{}{C}}(CH_3)-CH_3$

（2）A. 椅式环己基碳正离子（$\overset{+}{C}$—CH_3）　B. 椅式甲基环己烷（CH_3，环上另一碳带 +）　C. 椅式环己基—$\overset{+}{C}H_2$

（3）A. $C_6H_5CH_2CH_2\overset{+}{C}H_2$　B. $C_6H_5CH_2\overset{+}{C}HCH_3$　C. $C_6H_5\overset{+}{C}HCH_2CH_3$

（4）A. $H_2C{=}CHCH_2CH_2\overset{+}{C}H_2$　B. $H_2C{=}CHCH_2\overset{+}{C}HCH_3$　C. $H_2C{=}CH\overset{+}{C}HCH_2CH_3$

5. 将下列各组化合物按 S_N1 反应速率大小顺序排列。

（1）A. $CH_3CH_2CH_2\underset{}{\overset{Br}{C}}H_2$　B. $CH_3CH_2\overset{Br}{C}HCH_3$　C. $H_3C-\overset{CH_3}{\underset{Br}{C}}-CH_3$

（2）A. $C_6H_5-CH_2CH_2Br$　B. $C_6H_5-CHBrCH_3$　C. 邻溴苯—CH_2CH_3（Br在苯环上）

（3）A. $CH_3-CH{=}CH-CH_2-\overset{Br}{C}H_2$　B. $CH_3-CH{=}CH-\overset{Br}{C}H-CH_3$　C. $CH_3-CH{=}\overset{Br}{C}-CH_2-CH_3$

6. 将下列各组化合物按 S_N2 反应速率大小顺序排列。

(1) A. $CH_3CH_2CH_2CH_2Br$（Br 在末端碳上）　B. $CH_3CH_2CHBrCH_3$　C. $(CH_3)_3CBr$

(2) A. $CH_3CH_2CH_2Br$　B. $(CH_3)_2CHCH_2Br$　C. $(CH_3)_3CCH_2Br$

7. 将下列各组化合物按 E1 反应速率大小顺序排列。

(1) A. $(CH_3)_2CHCH_2CH_2Br$　B. $(CH_3)_2CBrCH_2CH_3$　C. $(CH_3)_2CHCHBrCH_3$

(2) A. $C_6H_5CHBrCH_3$　B. p-$NO_2C_6H_4CHBrCH_3$　C. p-$CH_3OC_6H_4CHBrCH_3$

8. 将下列各组化合物按 E2 反应速率大小顺序排列。

(1) A.（环己烷，Br 与两个 CH_3 取代）　B.（环己烷，Br 与两个 CH_3 取代）　C.（环己烷，Br 与两个 CH_3 取代）

(2) A. $CH_3CH_2CH_2CH_2Br$　B. $CH_3CH_2CHBrCH_3$　C. $(CH_3)_3CBr$

9. 将下列各组基团按亲核性从强至弱顺序排列。

(1) A. RO^-　B. F^-　C. RC^-　D. R_2N^-

(2) A. $C_2H_5O^-$　B. $C_6H_5O^-$　C. CH_3COO^-　D. HO^-

10. 完成下列反应式。

(1) $C_6H_5CH(CH_3)_2 \xrightarrow[光]{Cl_2}$ (　　　) $\xrightarrow[NaOH]{H_2O}$ (　　　)

(2) 环戊烯 $\xrightarrow{NBS}$ (　　　) $\xrightarrow[丙酮]{NaI}$ (　　　)

(3) $(CH_3)_3CBr \xrightarrow[C_2H_5OH]{NaCN}$ (　　　)

(4) $H_2C{=}CH{-}CH_3 \xrightarrow[Na_2O_2]{HBr}$ (　　　) $\xrightarrow{NaCN}$ (　　　)

(5) $C_6H_5CH_2Cl \xrightarrow[干醚]{Mg}$ (　　　) $\xrightarrow[②H_3^+O]{①CO_2}$ (　　　)

(6) $(CH_3)_3CCHBrCH_3 \xrightarrow[C_2H_5OH]{KOH}$ (　　　)

(7) 3-溴环己烯 $\xrightarrow[C_2H_5OH]{NaOH}$ (　　　)

(8) $Cl{-}C_6H_{10}{-}CH_2CH_2CH_2Br \xrightarrow[CH_3OH]{KCN（过量）}$

(9) $(CH_3)_2CHCH{=}CH_2 \xrightarrow[500℃]{Br_2}$ (　　　) $\xrightarrow[\triangle]{H_2O}$ (　　　)

(10) $C_2H_5MgBr + CH_3CH_2C{\equiv}CH \longrightarrow$ (　　　)

11. 用简单的化学方法鉴别下列各组化合物。

(1) A. $CH_3CH_2CH_2CH_2Cl$　B. $CH_3CH_2CHClCH_3$　C. $(CH_3)_3CCl$

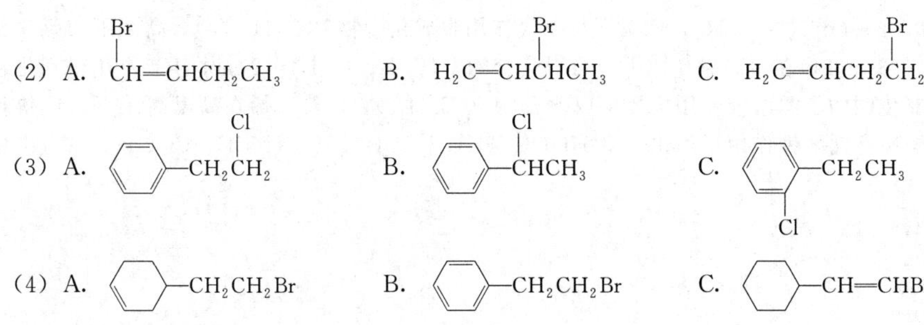

12. 由指定原料合成下列化合物。

(1) $CH_3CHBrCH_3 \longrightarrow CH_3CH_2CH_2Br$

(2) $CH_3CHClCH_3 \longrightarrow CH_2ClCHClCH_2Cl$（$CH_2(Cl)CH(Cl)CH_2(Cl)$）

(3) $CH_3CH{=}CH_2 \longrightarrow H_2C(OH){-}CH(OH){-}CH_2(OH)$

(4) $CH_3CHClCH_3 \longrightarrow CH_3CH_2CH_2Cl$

(5) $CH_2{=}CHCH{=}CH_2 \longrightarrow HOOCCH_2(CH_2)_2CH_2COOH$

(6) 环己基—Cl $\longrightarrow$ 环己烯基—OH

(7) $CH_3CH_2C(CH_3){=}CH_2$，$CH_3OH \longrightarrow CH_3CH_2C(CH_3)(OCH_3){-}CH_3$

(8) $CH_3CH_2C(CH_3){=}CH_2$，$CH_3OH \longrightarrow CH_3CH_2CH(CH_3)CH_2OCH_3$

(9) 苯，$CH_3CH_2Cl \longrightarrow$ Br—C_6H_4—$CH(OH)CH_3$

(10) $CH_3CH_2CH_2Br \longrightarrow CH_3C{\equiv}CCH_2CH_2CH_3$

13. 对以下反应提出合理的机理。

$BrCH_2CH_2CH_2CH_2CH_2Br + NH_3 \xrightarrow{C_2H_5OH}$ 哌啶（六元环，N—H）

14. 1-溴甲基环己烯在乙醇中加热得到三个主要产物，反应如下所示，请推测该反应的机理。

1-(CH_2Br)环己烯 $\xrightarrow[\text{加热}]{\text{乙醇}}$ 3-亚甲基环己烯 + 2-亚甲基-1-(OC_2H_5)环己烷 + 1-($CH_2OC_2H_5$)环己烯

15. 把醇质子化后，其羟基转化为好的离去基团。请推测以下两个反应的机理。

(1) 环己醇 $\xrightarrow[\text{(E1)}]{H_2SO_4\text{，加热}}$ 环己烯　　(2) 环己醇 $\xrightarrow[(S_N2\text{ 或 }S_N1)]{HBr\text{，加热}}$ 溴代环己烷

16. 根据给出的条件推断化合物。

(1) 某烃类化合物 A 分子式为 C_6H_{12}，不能使溴的四氯化碳溶液褪色，与 1mol 溴在光的作用下得化合物 B($C_6H_{11}Br$)，将 B 用氢氧化钾乙醇溶液处理得化合物 C(C_6H_{10})，C 经臭氧氧化后用锌粉处理，最后水解得己二醛。试推导出化合物 A、B、C 的构造式。

(2) 某具有旋光性的开链烃化合物 A 分子式为 C_6H_8，能使溴的四氯化碳溶液褪色，加入硝酸银的氨溶液有沉淀产生，A 经催化加氢后得化合物 B，B 无旋光性。试写出化合物 A、B 的构造式。

(3) 某烃类化合物A的分子式为C_3H_6，低温下与氯气作用生成化合物B($C_3H_6Cl_2$)，高温下与氯气作用生成化合物C(C_3H_5Cl)。2 mol C在金属钠作用下，可得化合物D(C_6H_{10})，D与2 mol HCl作用得到化合物E($C_6H_{12}Cl_2$)，E与氢氧化钠的乙醇溶液作用主要生成化合物F(C_6H_{10})，F与乙烯在高温高压下反应得到化合物G(C_8H_{14})，G与酸性高锰酸钾作用得到化合物$HOOCCH(CH_3)CH_2CH_2CH(CH_3)COOH$。试写出化合物A～G的构造式。

第 9 章 醇 酚 醚

醇、酚、醚都是烃的含氧衍生物，既可看成水分子中的 H 原子被烃基取代的产物，也可看成烃基的 H 原子被—OH 取代的产物。例如：

H—O—H	R—O—H	Ar—O—H	R—O—R
水	醇	酚	醚

以上取代产物往往随取代烃基的不同或氢原子被取代个数的不同表现为不同类的有机化合物，即醇、酚和醚。因它们均为水分子中的氢原子被烃基取代产物，生成的官能团相同或相近，表现的性质也相近，而放在同一章讨论。下面分别对其进行讨论分析。

9.1 醇

9.1.1 醇的定义、分类、异构和命名

(1) 醇的定义

醇和酚的官能团虽然均为羟基，但羟基直接所连的碳原子类型是不同的，表现出来的性质也有差异。一般把羟基直接连在直链碳上或脂环碳上的化合物称为醇。饱和一元醇的通式为 $C_nH_{2n+1}OH$ 或写为 ROH。

(2) 醇的分类

根据羟基所连烃基的不同，可将醇分为脂肪醇、脂环醇和芳香醇（芳烃侧链上的氢原子被羟基取代的化合物）。按照烃基中是否含有重键可将其再分为饱和醇和不饱和醇。例如：

脂肪醇 CH_3CH_2OH（饱和醇） $CH_2{=}CHCH_2OH$（不饱和醇）

脂环醇 环己醇（环己基—OH） 环己烯醇（环己烯基—OH）

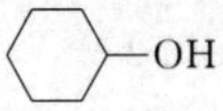

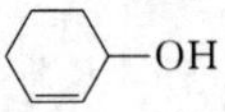

芳香醇 苯基—CH_2OH

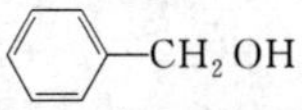

根据醇分子中所含羟基的数目可分为一元醇、二元醇、三元醇等。含两个以上羟基的醇，总称为多元醇。例如：

$CH_3CH_2CH_2OH$ 一元醇

$\underset{OH}{CH_2}—\underset{OH}{CH_2}$ 二元醇

$\underset{OH}{CH_2}—\underset{OH}{CH}—\underset{OH}{CH_2}$ 三元醇（甘油）

在一元醇中又可根据羟基所连碳原子的类型不同，将其分为伯醇（第一醇）、仲醇（第二醇）和叔醇（第三醇）。例如：

R—CH_2—OH 伯醇（1°醇）

R—$\underset{OH}{CH}$—R′ 仲醇（2°醇）

R—$\overset{R'}{\underset{R''}{C}}$—OH 叔醇（3°醇）

(3) 醇的异构和命名

醇的异构方式有碳链异构和官能团的位置异构。例如：

$CH_3CH_2CH_2CH_2OH$ 正丁醇

$CH_3\underset{CH_3}{CH}CH_2OH$ 异丁醇

$CH_3\underset{OH}{CH}CH_2CH_3$ 仲丁醇

这三个同分异构体中正丁醇与异丁醇为碳链异构，正丁醇（丁-1-醇）与仲丁醇（丁-2-醇）为官能团的位置异构。

醇的命名通常可以采用以下三种方法进行。

① 普通命名法　也称习惯命名法。该命名法只适用于简单醇的命名，即根据和羟基相连的烃基名称来命名。在“醇”字前面加上烃基的名称，而“基”字一般可以省去。

② 衍生物命名法　对于结构不太复杂的醇，可以甲醇作为母体，把其他醇看作甲醇的烷基衍生物来命名。

③ 系统命名法　对于结构比较复杂的醇可采用该命名法命名。即选择含有羟基的最长碳链作为主链，把支链看作取代基，从离羟基最近一端的碳原子开始编号，按照主链中碳原子的数目称为“某醇”；支链的位次、名称以及羟基的位次写在母体名称的前面。

例如，丁醇有四种构造异构体，它们的构造式如下：

构造式	普通命名法	衍生物命名法	系统命名法
$CH_3—CH_2—CH_2—CH_2OH$	正丁醇	正丙基甲醇	丁-1-醇
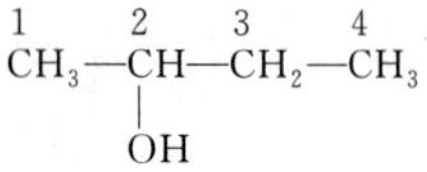 $\overset{1}{C}H_3—\overset{2}{C}H(OH)—\overset{3}{C}H_2—\overset{4}{C}H_3$	仲丁醇	甲基乙基甲醇	丁-2-醇
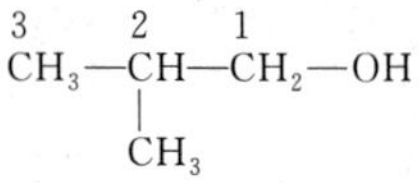 $\overset{3}{C}H_3—\overset{2}{C}H(CH_3)—\overset{1}{C}H_2—OH$	异丁醇	异丙基甲醇	2-甲基丙-1-醇
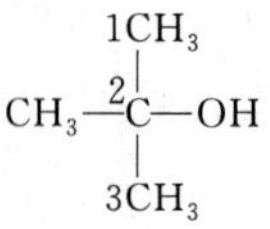 $CH_3—\overset{2}{C}(\overset{1}{C}H_3)(\overset{3}{C}H_3)—OH$	叔丁醇	三甲基甲醇	2-甲基丙-2-醇

对于不饱和醇的命名，则应选择包含羟基及重键的最长碳链作为主链，从离羟基最近的一端开始编号，根据主链碳原子数目称为某烯醇或某炔醇。例如：

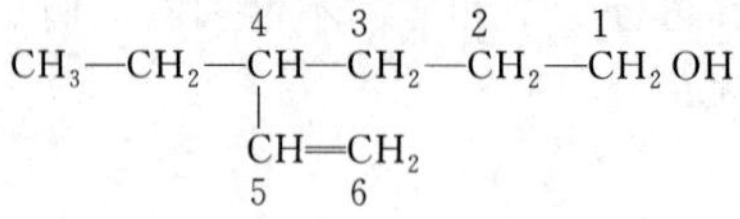

$CH_3—CH_2—\overset{4}{C}H(\overset{5}{C}H═\overset{6}{C}H_2)—\overset{3}{C}H_2—\overset{2}{C}H_2—\overset{1}{C}H_2OH$

4-乙基己-5-烯-1-醇

$H(H_3C)C═C(H)CH_2CH(OH)CH_3$

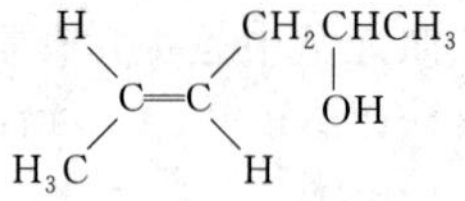

(*E*)-己-4-烯-2-醇

$CH_3C≡CCH_2OH$

丁-2-炔-1-醇

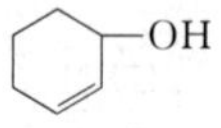

环己-2-烯-1-醇

芳香醇命名时，常把芳基作为取代基。例如：

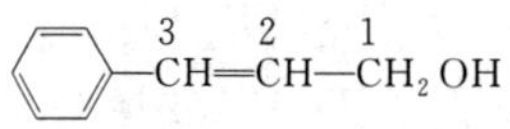

$C_6H_5—\overset{3}{C}H═\overset{2}{C}H—\overset{1}{C}H_2OH$

3-苯基丙-2-烯-1-醇（肉桂醇）

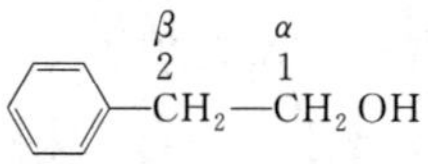

$C_6H_5—\overset{\beta}{\overset{2}{C}}H_2—\overset{\alpha}{\overset{1}{C}}H_2OH$

2-苯基乙-1-醇（β-苯基-α-乙醇）

多元醇命名时，要选择含有尽可能多羟基的碳链作为主链，羟基的数目写在醇字的前面，用二、三、四等数字表示，用2、3、4等阿拉伯数字标明羟基的位次。两个羟基处于相邻两个碳原子上的，叫α-二醇；两个羟基所在的碳原子中间隔一个碳原子的，叫β-二醇；相隔两个碳原子的，叫γ-二醇，余类推。例如：

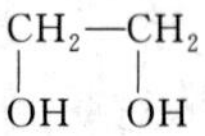

$CH_2(OH)—CH_2(OH)$

乙-1,2-二醇（α-二醇，乙二醇，甘醇）

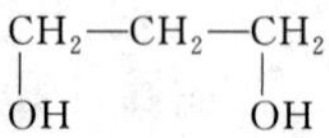

$CH_2(OH)—CH_2—CH_2(OH)$

丙-1,3-二醇（β-二醇）

$CH_2(OH)—CH(OH)—CH_2(OH)$

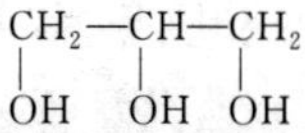

丙-1,2,3-三醇（丙三醇，甘油）

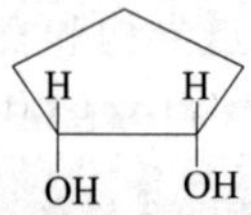

顺-环戊-1,2-二醇

9.1.2 醇的结构

醇也可以看作是烃分子中的氢原子被羟基取代后的产物。

在醇分子中羟基与烃基之间的化学键（C—O 键）以及羟基中的 O—H 键都是极性共价键。在醇分子中，碳原子和氧原子均是以 sp^3 杂化轨道成键的。例如在甲醇分子中，氧原子的两对未共用电子对各占据一个 sp^3 杂化轨道，剩下两个 sp^3 杂化轨道分别与氢原子及碳原子结合，形成氧氢键和碳氧键，O—H 与 C—O 之间的键角近似于 109°（见图 9-1，表 9-1）。

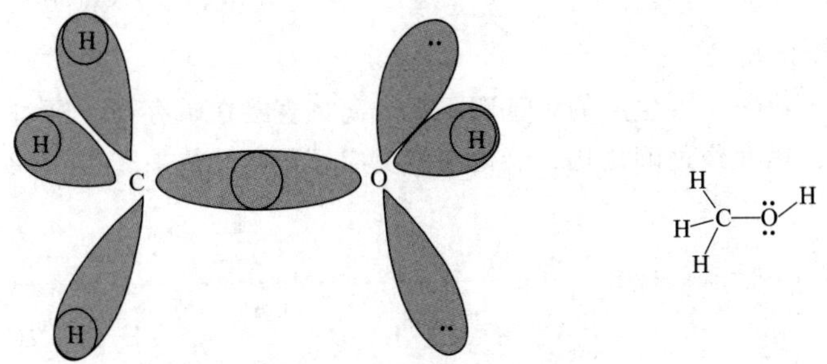

图 9-1 甲醇分子结构示意图

表 9-1 甲醇分子中的键长和键角

键长/nm	键角/(°)
C—H 0.109	∠COH 108.9
C—O 0.143	∠HCH 109
O—H 0.096	∠HCO 110

由于醇分子中原子的电负性为 O＞C＞H，所以氧原子上的电子云密度较高，碳原子上电子云密度较低，醇分子中的 C—O 键和 O—H 键均为极性键。

9.1.3 醇的制法

9.1.3.1 烯烃水合法

较简单的醇，如乙醇、异丙醇、叔丁醇等，一般可用烯烃直接水合来制备。烯烃的水合又分直接水合和间接水合。例如：

$$CH_2{=}CH_2 + HOH \xrightarrow[200\sim300℃,\ 8MPa]{H_3PO_4\text{-硅藻土}} \underset{\text{乙醇}}{CH_3{-}CH_2{-}OH}$$

$$CH_3{-}\overset{\displaystyle CH_3}{\overset{|}{C}}{=}CH_2 \xrightarrow{H_2SO_4} CH_3{-}\overset{\displaystyle CH_3}{\overset{|}{\underset{\underset{\displaystyle OSO_3H}{|}}{C}}}{-}CH_3 \xrightarrow{H_2O} \underset{\text{叔丁醇}}{CH_3{-}\overset{\displaystyle CH_3}{\overset{|}{\underset{\underset{\displaystyle OH}{|}}{C}}}{-}CH_3}$$

不对称烯烃与水在酸催化下的直接水合遵循马尔科夫尼科夫（Markovnikov）规则。除乙烯水合成伯醇外，其他烯烃直接水合可得到仲醇和叔醇。

工业上，也可将烯烃通入稀硫酸（60%～65% H_2SO_4 水溶液），即在催化下水合成醇。例如：

$$(CH_3)_2C{=}CH_2 + H_2O \xrightarrow{H^+,\ 25℃} (CH_3)_3COH$$

这个反应首先是烯烃和质子加成，生成碳正离子，而后与作为亲核试剂的水分子作用，生成一个带正电荷的质子化的醇（鎓盐），再脱去质子就得到醇。反应历程可表示如下：

$$(CH_3)_2C{=}CH_2 + H^+ \rightleftharpoons (CH_3)_3C^+ \xrightarrow{H_2O} (CH_3)_3C{-}\overset{+}{O}H_2 \rightleftharpoons (CH_3)_3COH + H^+$$

由于反应过程中有活泼中间体碳正离子生成，因此有时有重排产物生成。例如 3,3-二甲基丁-1-烯在酸催化下水合，往往由于中间体碳正离子可发生重排而生成叔醇。

$$(CH_3)_3CCH{=}CH_2 \xrightarrow{H^+} CH_3-\overset{\overset{CH_3}{|}}{\underset{\underset{CH_3}{|}}{C}}-\overset{+}{C}H-CH_3 \xrightarrow{\text{重排}} (CH_3)_2\overset{+}{C}-CH(CH_3)-CH_3$$

$$\xrightarrow[\text{② } -H^+]{\text{① } H_2O} (CH_3)_2C(OH)CH(CH_3)_2$$

9.1.3.2 硼氢化-氧化反应

烯烃经硼烷加成而硼氢化，生成的烷基硼不需分离，直接在碱存在下通过 H_2O_2 氧化，其中硼原子部分被羟基取代。因此经过硼氢化、氧化两步反应过程，其结果相当于 H—OH 对碳碳双键的加成。

$$>C{=}C< + H-B< \xrightarrow{\text{硼氢化反应}} -\underset{H}{\underset{|}{C}}-\underset{B<}{\underset{|}{C}}- \xrightarrow[H_2O_2,\ OH^-]{\text{氧化反应}} -\underset{H}{\underset{|}{C}}-\underset{OH}{\underset{|}{C}}-$$

（ $H-B<$ 代表 $H-BH_2$，$H-BHR$，$H-BR_2$ ）

硼氢化-氧化反应步骤简单，副反应少，生成醇的产率很高。烯烃通过硼氢化、氧化反应制得的醇与烯烃直接酸催化与水加成得到的醇相比，羟基连接到双键碳原子的位置正好相反，即前者相当于水和碳碳双键的反马氏规则加成产物，而后者为按马氏规则加成的产物。例如：

$$CH_3-CH{=}CH_2 \xrightarrow{B_2H_6} \xrightarrow[OH^-]{H_2O_2} CH_3-CH_2-CH_2-OH$$

正丙醇

$$CH_3-\overset{\overset{CH_3}{|}}{C}{=}CH_2 \xrightarrow{B_2H_6} \xrightarrow[OH^-]{H_2O_2} CH_3-\overset{\overset{CH_3}{|}}{C}H-CH_2OH$$

异丁醇

1-甲基环戊烯 $\xrightarrow{B_2H_6} \xrightarrow[OH^-]{H_2O_2}$ 2-甲基环戊醇（OH 与 H 同侧，H 与 CH_3） 顺式加成

$$(CH_3)_3C-CH{=}CH_2 \xrightarrow{B_2H_6} \xrightarrow[OH^-]{H_2O_2} (CH_3)_3C-CH_2-CH_2-OH$$ 无重排反应产物

综上所述，硼氢化-氧化反应的特点是，反应不经过碳正离子中间体，没有重排产物生成，而且在立体化学上是顺式加成，具有反马氏规律加成取向。所以在有机合成上应用很广，用它可以从烯烃制得用其他方法所不易得到的醇。

9.1.3.3 醛、酮、羧酸及其酯的还原

醛、酮、羧酸和羧酸酯等利用催化氢化或金属氢化物还原可生成醇。醛、羧酸及其酯还原后生成伯醇，而酮还原后生成仲醇。例如：

$$\underset{\text{丁醛}}{CH_3CH_2CH_2CHO} \xrightarrow[\text{② } H_2O]{\text{① } NaBH_4} \underset{\text{丁醇 (85\%)}}{CH_3CH_2CH_2CH_2OH}$$

$$\underset{\text{丁-2-酮}}{CH_3CH_2COCH_3} \xrightarrow[\text{② } H_2O]{\text{① } NaBH_4} \underset{\text{丁-2-醇 (87\%)}}{CH_3CH_2-\underset{OH}{\underset{|}{C}H}-CH_3}$$

羧酸很难还原，只能用氢化铝锂这样的强还原剂才能将其还原得到伯醇，该反应需在无水溶剂

如无水乙醚中进行。例如：

$$CH_3-\overset{\overset{O}{\|}}{C}-OH + LiAlH_4 \xrightarrow[②水解]{①无水乙醚} \underset{100\%}{CH_3CH_2OH}$$

$$CH_3-\underset{CH_3}{\overset{CH_3}{\underset{|}{\overset{|}{C}}}}-COOH + LiAlH_4 \xrightarrow[②H_2O]{①无水乙醚} \underset{新戊醇(92\%)}{CH_3-\underset{CH_3}{\overset{CH_3}{\underset{|}{\overset{|}{C}}}}-CH_2OH}$$

羧酸酯也可以用氢化铝锂还原成醇，而硼氢化钠不能使羧酸和酯还原。羧酸酯还可以用金属钠在乙醇溶液中还原成醇。

$$R-\overset{\overset{O}{\|}}{C}-OMe \xrightarrow[C_2H_5OH]{Na} RCH_2OH + CH_3OH$$

当用硼氢化钠作还原剂时，可使不饱和醛、酮的羰基还原为醇而不饱和碳碳双键不被还原。例如：

$$\underset{肉桂醛}{C_6H_5-CH{=}CH-CHO} + NaBH_4 \xrightarrow{H_2O/H^+} \underset{肉桂醇}{C_6H_5-CH{=}CH-CH_2OH}$$

9.1.3.4　醛、酮与格利雅试剂（格氏试剂）的加成、水解

醛、酮与格利雅试剂加成，然后水解可得到伯、仲、叔醇。反应必须在醚（例如无水乙醚或四氢呋喃）中进行。

$$R-\underset{H或R'}{\overset{\overset{O}{\|}}{\underset{|}{C}}} + R''MgX \longrightarrow R-\underset{H或R'}{\overset{OMgX}{\underset{|}{\overset{|}{C}}}}-R'' \xrightarrow{H_3O^+} R-\underset{H或R'}{\overset{OH}{\underset{|}{\overset{|}{C}}}}-R''$$

例如，甲醛与格利雅试剂加成可以得到伯醇：

$$R:MgX + \begin{matrix}H\\ \quad\diagdown\\ \quad C{=}\ddot{O}:\\ \quad\diagup\\ H\end{matrix} \xrightarrow{干醚} R-\underset{H}{\overset{H}{\underset{|}{\overset{|}{C}}}}-\ddot{\underset{\cdot\cdot}{O}}:MgX \xrightarrow{H_3O^+} \underset{伯醇}{R-\underset{H}{\overset{H}{\underset{|}{\overset{|}{C}}}}-OH}$$

其他醛与格利雅试剂加成得到仲醇：

$$R:MgX + \begin{matrix}R'\\ \quad\diagdown\\ \quad C{=}O\\ \quad\diagup\\ H\end{matrix} \xrightarrow{干醚} R-\underset{H}{\overset{R'}{\underset{|}{\overset{|}{C}}}}-OMgX \xrightarrow{H_3O^+} \underset{仲醇}{R-\underset{H}{\overset{R'}{\underset{|}{\overset{|}{C}}}}-OH}$$

酮与格利雅试剂加成则得到叔醇：

$$R:MgX + \begin{matrix}R'\\ \quad\diagdown\\ \quad C{=}O\\ \quad\diagup\\ R''\end{matrix} \xrightarrow{干醚} R-\underset{R''}{\overset{R'}{\underset{|}{\overset{|}{C}}}}-OMgX \xrightarrow{H_3O^+} \underset{叔醇}{R-\underset{R''}{\overset{R'}{\underset{|}{\overset{|}{C}}}}-OH}$$

用格利雅试剂合成醇，可以实现由简单的起始原料来制得较复杂的醇，制备格利雅试剂所需的卤代烷以及醛和酮都易通过醇制得。醛、酮在与格利雅试剂反应的过程中又有新的醇生成，因此这个方法实质上是由简单的醇来合成复杂的醇。

至于选用哪一种格利雅试剂和哪一种羰基化合物来制备所需要的醇，则可以从连接醇羟基碳上的三个基团的结构来考虑，即其中一个基团必须来自格利雅试剂，另两个基团（包括氢）必须来自

羰基化合物。然后再考虑原料是否易得。例如：

$$CH_3CH_2CH_2CH_2-\overset{CH_3}{\underset{OH}{C}}-CH_3 \longleftarrow CH_3CH_2CH_2CH_2MgBr + CH_3-\overset{O}{\overset{\|}{C}}-CH_3 \quad (1)$$

2-甲基己-2-醇　　　正丁基溴化镁　　　丙酮

$$CH_3CH_2CH_2CH_2-\overset{CH_3}{\underset{OH}{C}}-CH_3 \longleftarrow CH_3CH_2CH_2CH_2-\overset{O}{\overset{\|}{C}}-CH_3 + CH_3MgBr \quad (2)$$

2-甲基己-2-醇　　　己-2-酮　　　甲基溴化镁

比较式(1) 和式(2) 可以看出，丙酮和正丁基溴化镁更容易得到，因此可用正丁基溴化镁和丙酮加成，再水解制得 2-甲基己-2-醇。

9.1.3.5　卤代烃水解

卤代烃水解可以生成醇，但此法有较大的局限性，因为在反应过程中可以发生消除反应生成烯烃副产物，特别是叔卤代烃。且醇比相应的卤代烃更容易得到，所以由卤代烃合成醇只有在特殊情况下才采用。例如：烯丙基氯和苄氯容易由相应的烃得到，可以由它们制备烯丙醇和苄醇。

$$H_2C{=}CHCH_2Cl + H_2O \xrightarrow{NaOH} H_2C{=}CHCH_2OH$$

烯丙醇

$$C_6H_5CH_2Cl \xrightarrow[\text{或 } Na_2CO_3]{NaOH\text{ 水溶液}} C_6H_5CH_2OH$$

苄氯　　　苄醇

9.1.4　醇的物理性质

低级一元醇的沸点、溶解度、相对密度和极性都比较大。4 个碳及以下的醇为具有酒味的无色透明液体，$C_5 \sim C_{11}$ 的醇为具有不愉快气味的油状液体，C_{12} 及以上的直链醇为无臭无味的蜡状固体，简单多元醇为具有甜味的黏稠液体。一些醇的物理常数见表 9-2。

表 9-2　一些醇的物理常数

名称	构造式	熔点/℃	沸点/℃	相对密度（20℃）	溶解度（g/100g 水）
甲醇	CH_3OH	−97.8	64.5	0.792	∞
乙醇	CH_3CH_2OH	−117.3	78.3	0.789	∞
正丙醇	$CH_3CH_2CH_2OH$	−127	97.2	0.804	∞
异丙醇	$CH_3CH(OH)CH_3$	−88	82.5	0.785	∞
正丁醇	$CH_3CH_2CH_2CH_2OH$	−89.5	117.7	0.809	8.0
异丁醇	$(CH_3)_2CHCH_2OH$	−108	107	0.802	11.1
仲丁醇	$CH_3CH_2CH(OH)CH_3$	−114.7	99.5	0.807	12.5
叔丁醇	$(CH_3)_3COH$	25.5	82.5	0.789	∞
正戊醇	$CH_3(CH_2)_3CH_2OH$	−78.5	137.8	0.824	2.4
正己醇	$CH_3(CH_2)_4CH_2OH$	−51.6	158	0.814	0.6
正庚醇	$CH_3(CH_2)_5CH_2OH$	−34.6	176	0.824	0.2
正辛醇	$CH_3(CH_2)_6CH_2OH$	−16.7	194.5	0.825	0.05
正壬醇	$CH_3(CH_2)_7CH_2OH$	−5	215	0.827	—

续表

名称	构造式	熔点/℃	沸点/℃	相对密度（20℃）	溶解度（g/100g 水）
正癸醇	$CH_3(CH_2)_8CH_2OH$	6	232.9	0.829	—
正十二醇	$CH_3(CH_2)_{10}CH_2OH$	24	259	0.831(在熔点时)	—
环己醇	环己基—OH	25.2	161.1	0.962	3.6
烯丙醇	$CH_2{=}CHCH_2OH$	−129	97.1	0.852	∞
苯甲醇	苯基—CH_2OH	−15.3	205.3	1.045	4
乙二醇	$HOCH_2CH_2OH$	−11.5	197.2	1.113	∞
丙三醇	$HOCH_2CH(OH)CH_2OH$	17.9	290	1.261	∞

由于醇分子中 O—H 键的高度极化，它们能通过氢键的作用相互缔合。

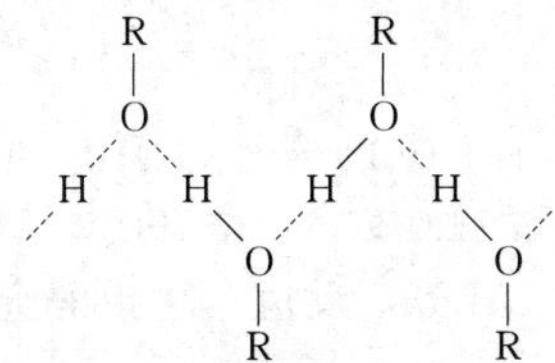

因此，要使液态醇气化，不仅要破坏分子间的范德瓦耳斯力，还必须提供足够的能量使氢键断裂（氢键的键能约为 25.94kJ/mol），因此低级醇的沸点比分子量相近的烷烃要高得多。例如，甲醇（分子量 32）的沸点为 64.5℃，而乙烷（分子量 30）的沸点为−88.2℃。

直链饱和一元醇的沸点随分子量的增加而有规律地增高，每增加一个碳原子，沸点升高 18～20℃。此外，在相同碳原子数的饱和一元醇中，沸点随支链的增多而降低，即直链伯醇的沸点最高，带支链的醇的沸点要低些；支链愈多，沸点愈低。随着醇分子中碳链增长，分子间氢键缔合作用相对减弱，其沸点与相应的烃也就越来越接近。

多元醇由于分子中羟基比例增加，沸点更高，例如丙三醇的沸点为 290℃。

一元醇 ROH 由烃基—R 和—OH 两部分组成，—OH 因有极性以及与水能形成氢键，属亲水基团，而—R 为疏水基团。因此，一元醇的水溶性与两者的比例有关，一般为 C_4 以下的醇能与水互溶，随着碳数的增加，—R 部分的比例增加，故在水中的溶解度逐渐降低。C_{10} 以上的醇基本上不溶于水。通常高级醇的溶解性质与烃类相似，它们不溶于水而溶于有机溶剂。

二元醇和多元醇由于羟基数目增加，醇之间以及醇与水形成氢键的能力增加，故分子中所含羟基越多，沸点越高，在水中溶解度也越大。例如乙二醇的沸点为 197.2℃，甘油的沸点为 290℃，它们都能与水混溶。

9.1.5 醇的化学性质

醇的化学性质主要由羟基官能团决定。由于原子的电负性为 O>C>H，因此醇分子中的 C—O 键和 O—H 键均为极性共价键，极性共价键易于发生异裂反应。所以 C—O 键和 O—H 键都比较活泼，多数反应发生在这两个部位上。

$$R—\overset{|}{\underset{|}{C}}\,\vdots\,—O—\,\vdots\,H$$

在反应中，究竟是 C—O 键断裂还是 O—H 键断裂，则取决于烃基的结构和反应条件。另外，由于羟基的影响，α-C 原子上的 H 也比较活泼，易被氧化。

9.1.5.1 与活泼金属的反应

醇与水相似，均能与活泼金属反应生成盐并放出氢气，但醇的反应比较缓和。

$$HOH + Na \longrightarrow NaOH + \frac{1}{2}H_2\uparrow$$

$$ROH + Na \longrightarrow RONa + \frac{1}{2}H_2\uparrow$$

醇与金属钠反应比较缓和的主要原因是烷基的推电子作用，使得O—H键的极性减小，羟基上的氢不易解离出去。因此，醇中羟基氢的活泼性比水中氢要弱（水的 $pK_a=15.7$，甲醇的 $pK_a=16$）。随着醇分子中烃基的增多，羟基中氢的活性减弱，与金属钠反应的速率也随之减慢。醇的反应活性是：

甲醇＞伯醇＞仲醇＞叔醇

由于醇与钠反应比较缓和，实验室中常用乙醇来处理反应中残留的金属钠，以免发生意外。

根据酸碱质子理论，较弱的酸，失去氢离子后就成较强的碱，所以醇钠是比氢氧化钠更强的碱，在有机反应中常作为碱来使用。

醇钠遇水就分解成原来的醇和氢氧化钠。醇钠的水解是一个可逆反应，平衡偏向于生成醇的一边。

$$\overset{-}{RO}\overset{+}{Na} + H—OH \rightleftharpoons \overset{+}{Na}OH^- + RO—H$$

较强的碱　较强的酸　　较弱的碱　　较弱的酸

醇也可与其他活泼金属（K、Mg、Al等）反应，生成醇金属并放出氢气。例如：

$$CH_3CH_2OH + K \longrightarrow CH_3CH_2OK + \frac{1}{2}H_2\uparrow$$

乙醇钾

$$3CH_3—CH_2—OH \longrightarrow (CH_3CH_2O)_3Al + \frac{3}{2}H_2\uparrow$$

乙醇铝

9.1.5.2 卤代烃的生成

醇与氢卤酸反应生成卤代烃和水，这是制备卤代烃的一种重要方法。

$$R\vdots—OH + HX \rightleftharpoons R—X + H_2O$$

该反应是可逆的。

反应速率与氢卤酸的种类及醇的结构有关。氢卤酸的活性次序为：

HI＞HBr＞HCl

在同一种氢卤酸作用下，醇的活性次序为：

苄醇、烯丙型醇＞叔醇＞仲醇＞伯醇＞CH_3OH

由伯醇制备相应的卤代烷时，一般用卤化钠和浓硫酸为试剂。

$$ROH + NaX \xrightarrow{H_2SO_4} RX + NaHSO_4 + H_2O$$

但制备碘代烷不宜使用此方法，因浓硫酸可使HI被氧化为 I_2。在浓硫酸存在下，仲醇易发生消除反应生成烯烃，因此，此法只适用于伯醇。

醇与浓盐酸的反应必须在无水氯化锌存在下才能进行，而且不同结构的醇其反应速率相差较大，因此，在实验室中常利用此反应来区别伯醇、仲醇和叔醇。由浓盐酸和无水氯化锌所配制的溶液称为卢卡斯（Lucas）试剂。伯醇、仲醇和叔醇在相同条件下与Lucas试剂作用，叔醇反应速率最快，仲醇次之，伯醇最慢。

$$(CH_3)_3C—OH + HCl \xrightarrow[20℃，1min]{ZnCl_2} (CH_3)_3C—Cl + H_2O$$

$$CH_3CH_2\underset{\underset{OH}{|}}{C}HCH_3 + HCl \xrightarrow[20℃,\ 10min]{ZnCl_2} CH_3CH_2\underset{\underset{Cl}{|}}{C}HCH_3 + H_2O$$

$$CH_3CH_2CH_2CH_2OH + HCl \xrightarrow[\substack{20℃,\ 1h\ 不起作用 \\ 加热才发生反应}]{ZnCl_2} CH_3CH_2CH_2CH_2Cl + H_2O$$

由于在反应中所生成的氯代烷不溶于水，因此呈现混浊或分层现象，观察反应中出现混浊或分层的快慢，就可区别低级（C_6 以下）的伯醇、仲醇或叔醇。

一些醇（除大多数伯醇外）与氢卤酸反应时，常有重排产物生成，主要是因为这些醇和氢卤酸反应时是按照 S_N1 历程进行的，由于生成碳正离子，所以常常会发生重排。在酸性条件下，重排反应是碳正离子的一个重要性质。例如：

$$CH_3-\underset{\underset{H}{|}}{\overset{\overset{CH_3}{|}}{C}}-\underset{\underset{OH}{|}}{\overset{\overset{H}{|}}{C}}-CH_3 \xrightarrow{HCl} CH_3-\underset{\underset{Cl}{|}}{\overset{\overset{CH_3}{|}}{C}}-\underset{\underset{H}{|}}{\overset{\overset{H}{|}}{C}}-CH_3$$

反应历程：

$$CH_3-\underset{\underset{H}{|}}{\overset{\overset{CH_3}{|}}{C}}-\underset{\underset{OH}{|}}{\overset{\overset{H}{|}}{C}}-CH_3 + H^+ \rightleftharpoons CH_3-\underset{\underset{H}{|}}{\overset{\overset{CH_3}{|}}{C}}-\underset{\underset{^+OH_2}{|}}{\overset{\overset{H}{|}}{C}}-CH_3 \xrightleftharpoons{-H_2O} CH_3-\underset{\underset{H}{|}}{\overset{\overset{CH_3}{|}}{C}}-\overset{\overset{H}{|}}{\underset{+}{C}}-CH_3$$

$$\xrightleftharpoons{重排} CH_3-\overset{\overset{CH_3}{|}}{\underset{+}{C}}-\underset{\underset{H}{|}}{\overset{\overset{H}{|}}{C}}-CH_3 \xrightarrow{Cl^-} CH_3-\underset{\underset{Cl}{|}}{\overset{\overset{CH_3}{|}}{C}}-\underset{\underset{H}{|}}{\overset{\overset{H}{|}}{C}}-CH_3$$

而大多数伯醇之所以在与氢卤酸的反应中没有重排产物，是由于伯醇与氢卤酸的反应是按照 S_N2 历程来进行的。

$$X^- + R\overset{+}{O}H_2 \longrightarrow [\overset{\delta^-}{X}\cdots R\cdots \overset{\delta^+}{O}H_2] \longrightarrow X-R + H_2O$$

醇也可以和三卤化磷作用，生成相应的卤代烃。

$$3ROH + PX_3 \longrightarrow 3RX + P(OH)_3$$

该方法一般用来制备溴代烃或碘代烃。在实际反应操作中，常常用红磷与溴或碘直接和醇作用。例如：

$$6CH_3CH_2OH + 2P + 3I_2 \longrightarrow 6CH_3CH_2I + 2H_3PO_3$$

氯代烷常用五氯化磷与醇反应制备：

$$ROH + PCl_5 \longrightarrow RCl + POCl_3 + HCl$$

制备氯代烷的另一个方法是用醇与亚硫酰氯反应，该反应同时还生成 HCl、SO_2 气体。

$$ROH + SOCl_2 \longrightarrow RCl + SO_2\uparrow + HCl\uparrow$$

（产品较纯）

采用这一反应来制备氯代烃，其产率较高而且产物容易分离。但是对生成的酸性气体要加以吸收和利用，以避免造成环境污染。

醇与卤化磷、亚硫酰氯反应生成卤代烃，由于避免了强酸性介质，有利于按 S_N2 历程进行反应，重排产物很少，是制备卤代烷的常用方法之一。

9.1.5.3 与无机酸的反应

醇除与氢卤酸反应外，还能与硫酸、硝酸、磷酸等无机酸反应，得到的产物总称为无机酸酯。例如：

$$CH_3O\boxed{H + OH}SO_2OH \xlongequal{} CH_3OSO_2OH + H_2O$$

硫酸氢甲酯（酸性酯）

硫酸氢酯是一种酸性酯，可以和碱作用生成盐。高级醇的硫酸氢酯的钠盐如十二烷基硫酸钠是重要的阴离子表面活性剂，具有去污、乳化和发泡作用。

将硫酸氢甲酯进行减压蒸馏，即得硫酸二甲酯。

$$CH_3OSO_2OH + HOSO_2OCH_3 \rightleftharpoons \underset{\text{硫酸二甲酯（中性酯）}}{CH_3OSO_2OCH_3} + H_2SO_4$$

硫酸二甲酯和硫酸二乙酯都是有机合成中常用的烷基化剂，可向其他化合物分子中引入甲基或乙基。因其有剧毒，使用时应注意安全。

甘油与硝酸反应生成的三硝酸甘油酯，俗称硝化甘油或硝酸甘油，因其具有极强的爆炸力而常被用作液体炸药。临床上它有扩张冠状动脉的作用，能用于舒张血管，治疗心绞痛和胆绞痛。

$$\begin{array}{l} CH_2OH \\ | \\ CHOH \\ | \\ CH_2OH \end{array} + 3HNO_3 \longrightarrow \underset{\text{三硝酸甘油酯}}{\begin{array}{l} CH_2ONO_2 \\ | \\ CHONO_2 \\ | \\ CH_2ONO_2 \end{array}} + 3H_2O$$

醇也能与磷酸作用生成磷酸酯。例如：

$$3C_4H_9OH + (HO)_3P{=}O \rightleftharpoons \underset{\text{磷酸三丁酯}}{(C_4H_9O)_3PO} + 3H_2O$$

磷酸三丁酯常被用作萃取剂或增塑剂。许多磷酸酯也是重要的农药。

9.1.5.4 脱水反应

醇的脱水反应有两种方式，一种是分子内脱水生成烯烃，另一种是分子间脱水生成醚。例如：

$$\underset{H\quad\ \ OH}{CH_2{-}CH_2} \xrightarrow[170℃]{浓H_2SO_4} CH_2{=}CH_2 + H_2O$$

$$CH_3CH_2O\boxed{H + HO}CH_2CH_3 \xrightarrow[140℃]{浓H_2SO_4} \underset{\text{乙醚}}{CH_3CH_2OCH_2CH_3} + H_2O$$

反应温度对脱水反应产物有很大的影响，一般低温有利于取代反应而生成醚，高温有利于消除反应而生成烯烃。醇的结构对产物也有很大的影响，一般叔醇脱水的主产物是烯烃，而不是醚。

醇进行分子内脱水反应的难易程度与醇的结构有关，其反应活性为：叔醇＞仲醇＞伯醇。仲醇和叔醇的消除反应取向和卤代烃消除卤化氢相似，也符合札依采夫规则，即脱去的是羟基和含氢较少的β-碳上的氢原子，主要生成碳碳双键上烃基较多的烯烃。例如：

$$\underset{\text{仲丁醇}}{CH_3CH_2\underset{OH}{\underset{|}{C}}HCH_3} \xrightarrow[87℃]{62\%\ H_2SO_4} \underset{\text{丁-2-烯（80\%）}}{CH_3CH{=}CHCH_3}$$

2-甲基环己醇 $\xrightarrow[\triangle]{H_3PO_4}$ 1-甲基环己烯（84%） + 3-甲基环己烯（16%）

常用的脱水剂除硫酸和磷酸外，还有氧化铝。用氧化铝作为脱水剂时反应温度要求较高(360℃)，但它的优点是脱水剂经再生后可重复使用，且反应过程中很少有重排现象发生。例如，正丁醇在75%H_2SO_4、140℃下脱水时，主要产物不是丁-1-烯，而是丁-2-烯；但在氧化铝或硅酸盐催化下于350～400℃进行脱水反应时，不会发生重排，产物是纯的丁-1-烯。

$$CH_3CH_2CH_2CH_2OH \xrightarrow[140℃]{75\%\ H_2SO_4} \underset{\text{主要产物}}{CH_3CH{=}CHCH_3} \quad \underset{\text{次要产物}}{CH_3CH_2CH{=}CH_2}$$

$$CH_3CH_2CH_2CH_2OH \xrightarrow[350\sim400℃]{Al_2O_3} \underset{(100\%)}{CH_3CH_2CH{=}CH_2}$$

这个现象可以用E1历程来说明。在硫酸中，醇先质子化，形成一个较好的离去基团而产生碳正离子，接着通过1,2-迁移，形成一个更稳定的碳正离子，最后按札依采夫规则脱去一个β-氢原子。即：

$$CH_3CH_2CH_2CH_2OH \xrightarrow{+H^+,-H_2O} CH_3CH_2CH_2\overset{+}{C}H_2 \xrightarrow{-H^+} CH_3CH_2CH{=}CH_2 \text{（次要产物）}$$

$$\downarrow\text{重排}$$

$$CH_3CH_2\overset{+}{C}HCH_3\text{（更稳定）} \xrightarrow{-H^+} CH_3CH{=}CHCH_3\text{（主要产物）}$$

伯醇在浓H_2SO_4作用下发生的分子内脱水反应主要按E2历程进行。但也有按E1历程脱水的情况。例如：

$$CH_3{-}CH_2{-}\underset{}{\overset{CH_3}{\overset{|}{C}H}}{-}CH_2OH \xrightarrow[-H_2O]{+H^+} CH_3{-}CH_2{-}\overset{CH_3}{\overset{|}{C}H}{-}\overset{+}{C}H_2 \xrightarrow{\text{重排}} CH_3{-}CH_2{-}\underset{+}{\overset{CH_3}{\overset{|}{C}}}{-}CH_3\text{（更稳定）}$$

$$\downarrow -H^+ \qquad\qquad \downarrow -H^+$$

$$CH_3{-}CH_2{-}\overset{CH_3}{\overset{|}{C}}{=}CH_2 \qquad CH_3{-}CH{=}\overset{CH_3}{\overset{|}{C}}{-}CH_3$$

这种双键的重排现象，在使用硫酸作脱水剂时是非常普遍的。

醇的分子间脱水是一个典型的亲核取代反应，当醇溶于酸时，首先是羟基氧接受质子生成盐，由于氧原子带有正电荷，使得α-碳原子带有更多的正电荷，容易受到另一分子醇（作为亲核试剂）的进攻。

$$CH_3CH_2\ddot{O} + CH_3CH_2\overset{+}{O}H_2 \xrightarrow{-H_2O} CH_3CH_2{-}\underset{H}{\overset{+}{\underset{|}{O}}}{-}CH_2CH_3$$

$$CH_3CH_2{-}\underset{H}{\overset{+}{\underset{|}{O}}}{-}CH_2CH_3 \xrightarrow{-H^+} CH_3CH_2{-}O{-}CH_2CH_3$$

9.1.5.5 氧化和脱氢

受羟基的影响，醇分子中的α-氢原子比较活泼，容易被氧化或脱氢。常用的氧化剂为高锰酸钾或铬酸等。

伯醇氧化先生成醛，醛继续被氧化生成羧酸，所以在用伯醇氧化制备醛时，应把生成的醛及时蒸出，以避免被进一步氧化。氧化后生成的醛和酸与原来的醇含有相同的碳原子数。

$$\underset{\text{伯醇}}{R{-}\underset{H}{\overset{H}{\overset{|}{\underset{|}{C}}}}{-}OH} \xrightarrow[\text{或 } Na_2Cr_2O_7+H_2SO_4]{KMnO_4+H_2SO_4} \left[R{-}\underset{H}{\overset{OH}{\overset{|}{\underset{|}{C}}}}{-}OH\right] \xrightarrow{-H_2O} RCHO \xrightarrow{[O]} \underset{\text{羧酸}}{R{-}COOH}$$

另外还可以利用高选择性的氧化剂将醇氧化到醛。一种被称为PCC（pyridinium chlorochromate）的氧化剂就适用于由伯醇制备醛，产率较高，而且分子中的重键不受影响。PCC氧化剂也称为沙瑞特（Sarrett）试剂，是CrO_3与吡啶在盐酸溶液中形成的配位盐。PCC溶于CH_2Cl_2，使用方便。例如：

$$C_6H_5{-}CH{=}CHCH_2OH \xrightarrow{PCC} C_6H_5{-}CH{=}CHCHO$$

仲醇氧化生成含同碳数的酮。

$$\underset{\text{仲醇}}{R{-}\underset{R'}{\overset{H}{\overset{|}{\underset{|}{C}}}}{-}OH} \xrightarrow{[O]} \left[R{-}\underset{R'}{\overset{OH}{\overset{|}{\underset{|}{C}}}}{-}OH\right] \xrightarrow{-H_2O} \underset{\text{酮}}{\overset{R}{\underset{R'}{>}}C{=}O}$$

叔醇分子中不含α-氢，在上述条件下不被氧化，但在强烈的氧化条件下，碳架发生断裂，生成小分子的产物酮和酸。例如：

$$R-\underset{R''}{\overset{R'}{\underset{|}{\overset{|}{C}}}}-OH \xrightarrow{KMnO_4} \text{不能氧化}$$

叔醇

$$\xrightarrow[\text{回流}]{HNO_3} \text{碳碳键断裂生成小分子氧化产物，如羧酸等}$$

脂环醇被氧化生成酮，如用硝酸等强氧化剂氧化，则碳环破裂生成含同碳数的二元羧酸。例如：

$$\text{环己醇} \xrightarrow[55\sim60℃]{50\%HNO_3,\ V_2O_5} \text{环己酮} \xrightarrow{[O]} \begin{array}{l} CH_2CH_2COOH \\ | \\ CH_2CH_2COOH \end{array}$$

环己醇　　环己酮　　己二酸

伯醇和仲醇也可以通过脱氢反应得到相应的醛、酮等氧化产物。一般是将它们的蒸气在300～325℃下通过铜或铜铬氧化物催化剂使其脱氢生成醛或酮。

$$R-\underset{H}{\overset{H}{\underset{|}{\overset{|}{C}}}}-OH \xrightarrow{Cu,\ 325℃} RCHO+H_2$$

$$\begin{array}{l} R \\ \quad \diagdown \\ \quad\ CH-OH \\ \quad \diagup \\ R' \end{array} \xrightarrow{Cu,\ 325℃} \begin{array}{l} R \\ \quad \diagdown \\ \quad\ C=O+H_2 \\ \quad \diagup \\ R' \end{array}$$

9.1.6 重要的醇

9.1.6.1 甲醇

甲醇最早是由木材干馏得到的，因此也称木精。它是一种无色易燃的液体，爆炸极限为6.0%～36.5%（体积分数），沸点65℃，能溶于水，毒性很强，误饮10mL使眼睛失明，误饮30mL可致死。

近代工业制备甲醇以合成气（CO_2+2H_2）或天然气（甲烷）为原料，在高温、高压和催化剂存在下合成。

$$CO+2H_2 \xrightarrow[30\sim32MPa,\ 380\sim410℃]{CuO,\ ZnO\text{-}Cr_2O_3} CH_3OH$$

$$CH_4+\frac{1}{2}O_2 \xrightarrow[\text{通过铜管}]{10MPa,\ 200℃} CH_3OH$$

甲醇用途很广，主要用来制备甲醛以及在有机合成工业中用作甲基化剂和溶剂，也可以加入汽油中或单独用作汽车或飞机的燃料。

9.1.6.2 乙醇

乙醇俗称酒精，是人类利用最早的有机物之一。中国在古代就知道用谷类进行发酵酿酒。目前工业上大量生产的乙醇是以石油裂解气中的乙烯作原料，用直接水合法和间接水合法来生产。但发酵方法仍是工业上生产乙醇的方法之一。

普通的酒精是含有95.6%乙醇和4.4%水的共沸混合物，其沸点为78.3℃，用蒸馏方法不能将乙醇中的水分进一步除去。在实验室制备无水乙醇（或称绝对乙醇）是将95.6%乙醇先与生石灰（CaO）共热、蒸馏得到99.5%乙醇，再用镁处理除去微量水分。工业上制备无水乙醇可在95.6%乙醇中加入一定量的苯进行蒸馏，最先蒸馏出的是苯、乙醇和水的三元共沸物，然后蒸出苯和乙醇的二元共沸物，待苯全部蒸出后，最后在78.3℃时蒸出的是无水乙醇。检验乙醇中是否含有水分，通常可加入少量无水硫酸铜，如呈现蓝色就表明有水存在。乙醇能与$CaCl_2$或$MgCl_2$形成$CaCl_2$·

$3C_2H_5OH$ 或 $MgCl_2 \cdot 6C_2H_5OH$ 结晶络合物，因此不能用无水氯化钙对乙醇、甲醇等醇类产品进行干燥。

乙醇为无色易燃液体，有杀菌作用，其中含量为70%～75%乙醇的杀菌能力最强，故常用作防腐、消毒剂。乙醇是重要的工业原料，但也是酒类的原料，为了防止相对价廉的工业乙醇被用来配制饮用酒，常加入少量有毒、有臭味或有色物质（如甲醇、吡啶、染料等），掺有这些物质的酒精，叫作变性酒精。

9.1.6.3　乙二醇

乙二醇俗称甘醇，是多元醇中最简单、工业上最重要的二元醇，是一带有甜味但有毒性的黏稠状液体，沸点197.2℃，因含有两个可缔合的羟基，沸点高于分子量相近的一元醇。能与水、乙醇或丙酮混溶，但不溶于乙醚。

乙二醇的工业制法是由乙烯合成，乙烯在银催化剂作用下经空气氧化生成环氧乙烷，然后水解得乙二醇。也可以使乙烯经过氯乙醇作用再水解得到。

含40%（体积分数）乙二醇的水溶液，凝固点为－25℃，60%的水溶液的凝固点为－49℃，所以可用作冬季汽车散热器的防冻剂和飞机发动机的制冷剂。由于乙二醇的沸点高（198℃），所以它是一个高沸点溶剂。乙二醇也是合成聚酯纤维涤纶、乙二醇二硝酸酯炸药等的原料。

9.1.6.4　丙三醇

丙三醇俗称甘油，是一有甜味的黏稠液体，沸点290℃，能与水混溶，不溶于乙醚、氯仿等有机溶剂，吸湿性强，能吸收空气中水分。

甘油是油脂的组成部分，可由动植物油脂水解得到，是肥皂工业的副产品。工业上以石油裂解气中的丙烯为原料，通过氯丙烯法来制备。

甘油在工业上用途极为广泛，可用来制造三硝酸甘油酯用作炸药或医药，也可用来合成树脂。在化妆品、皮革、烟草、食品以及纺织品工业等领域也有广泛的用途。

由于相邻羟基的相互影响，甘油及其他具有邻二醇结构的化合物具有一定的酸性，能和氢氧化铜生成深蓝色的溶液，这是检验具有邻二醇结构化合物的方法。

$$\begin{array}{l} CH_2OH \\ | \\ CHOH \\ | \\ CH_2OH \end{array} + \begin{array}{l} HO \\ \quad \backslash \\ \quad\; Cu \\ \quad / \\ HO \end{array} \longrightarrow \begin{array}{l} CH_2O \\ | \qquad\;\; \rangle Cu \\ CHO \\ | \\ CH_2OH \end{array} + 2H_2O$$

甘油铜（深蓝色）

9.1.6.5　苯甲醇

苯甲醇俗称苄醇。为无色液体，沸点205.3℃，微溶于水，溶于乙醇、甲醇等有机溶剂。具有轻微令人愉快的香气，存在于茉莉等香精油中。工业上主要由氯化苄水解制备。

苯甲醇分子中的羟基连接在苯环侧链上，具有脂肪族醇羟基的一般性质，但因受苯环的影响而性质变得更活泼，易发生取代反应。苯甲醇具有微弱的麻醉作用，在医药上，例如目前使用的青霉素稀释液中就含有2%的苄醇，可减轻注射时的疼痛。此外，在香料工业中也有广泛的应用。

9.1.7　硫醇

醇分子中的氧原子被硫原子代替后所形成的化合物，也可看成 H_2S 分子中的 H 原子被烃基取代的产物，称为硫醇。硫醇的结构可用 RSH 表示。—SH 类似—OH 结构，故其属于硫醇的官能团，称为巯基。

硫醇的命名与醇相似，只是在母体名称中醇字前面加一个“硫”字。例如：

$$CH_3SH \qquad\qquad C_2H_5SH \qquad\qquad \begin{array}{c} CH_3-CH-CH_3 \\ | \\ SH \end{array}$$

甲硫醇　　乙硫醇　　异丙硫醇

$$CH_3CH_2CH_2CH_2SH \qquad H_2C{=}CHCH_2SH$$

正丁硫醇　　　　烯丙硫醇（丙-2-烯-1-硫醇）

9.1.7.1 硫醇的制法

卤代烷与氢硫化钠或氢硫化钾发生 S_N2 反应生成硫醇。例如：

$$CH_3CH_2X + KSH \xrightarrow{\triangle} CH_3CH_2SH + KX$$

在实验室中，常用卤代烷与硫脲反应生成 *S*-烷基异硫脲盐，再经水解生成硫醇和尿素，反应产率高。这是实验室制备硫醇的常用方法。即：

$$RX + H_2N\overset{\overset{\displaystyle S}{\|}}{C}NH_2 \longrightarrow R{-}S{-}\overset{\overset{\displaystyle \overset{+}{N}H_2X^-}{\|}}{C}{-}NH_2 \xrightarrow[OH^-]{H_2O} RSH + H_2NCONH_2$$

9.1.7.2 硫醇的性质

硫与氧同属周期表ⅥA族元素，但周期数不同，所以它们的电负性不同。因此，硫醇的性质与醇既有类似也有差别。例如，ROH既易形成分子间氢键，出现缔合现象，也易与水形成氢键，而RSH既不能形成分子间氢键，也不能与水分子形成氢键，因此硫醇在水中的溶解度、沸点都比相应的醇要小得多。例如硫醇分子量大于同碳原子数的醇类，但沸点反而低于相应的醇（乙硫醇沸点37℃，乙醇沸点78.3℃）。又如，低级醇有酒味而低级硫醇有恶臭味，在空气中乙硫醇的浓度达到 10^{-11} g/L时即可被人嗅出。因此，硫醇是一种臭味剂，即可以把它加入有毒气体如煤气中，以便检查管道是否漏气。随着碳原子数的增加，硫醇的臭味也逐渐减弱，含有9个碳原子以上的硫醇具有令人愉快的气味。

在化学性质上，硫醇与醇也有所区别。

① 弱酸性　硫醇可看成 H_2S 分子中的H原子被烃基取代的产物，H_2S 的酸性远大于 H_2O，故硫醇的酸性比相应醇的酸性强。例如，C_2H_5SH 的 $pK_a=10.5$，而 C_2H_5OH 的 $pK_a=17$。所以硫醇可溶于稀氢氧化钠溶液中，生成较稳定的硫醇钠。当向硫醇钠的水溶液中通入二氧化碳，则可游离出硫醇。说明硫醇的酸性小于碳酸的酸性。

$$RSH + NaOH \rightleftharpoons RSNa + H_2O$$

$$RSNa \xrightarrow[H_2O]{CO_2} RSH + NaHCO_3$$

在石油炼制的过程中，有一个碱洗工序，其目的就是用氢氧化钠水溶液对石油炼制的粗产品进行洗涤，以除去所含的硫醇和一些硫化氢等。

硫醇还可以与重金属的氧化物作用生成不溶于水的硫醇盐。例如：

$$2CH_3CH_2SH + HgO \longrightarrow \underset{\text{(白色)}}{(C_2H_5S)_2Hg\downarrow} + H_2O$$

$$2RSH + (CH_3COO)_2Pb \longrightarrow \underset{\text{(黄色)}}{(RS)_2Pb\downarrow} + 2CH_3COOH$$

该反应不仅可用来鉴定硫醇，而且可用作重金属Pb、Hg、Sb等中毒的解毒剂。例如2,3-二巯基丙-1-醇可和汞生成一个稳定的不溶性盐而将重金属离子由尿液中排出，因此，它在人体内可起解毒作用。

$$\underset{\text{2,3-二巯基丙-1-醇}}{\underset{|\atop OH}{CH_2}{-}\underset{|\atop SH}{CH}{-}\underset{|\atop SH}{CH_2}} \xrightarrow{Hg^{2+}} \begin{array}{l} CH_2OH \\ | \\ CH{-}S \\ |\qquad\ \ \ \ \diagdown \\ |\qquad\qquad Hg\downarrow \\ |\qquad\ \ \ \ \diagup \\ CH_2{-}S \end{array}$$

② 氧化反应　硫醇比醇容易被氧化，弱氧化剂（如 H_2O_2、NaIO、I_2 或 O_2）能将硫醇氧化为二硫化物。

$$2RS—H+H_2O_2 \longrightarrow RS—SR+2H_2O$$

这个反应可以定量地进行，因此可用来测定巯基化合物的含量。在石油工业中，利用这个反应所生成的二硫化物无酸性可以避免硫醇的酸性腐蚀，并可除掉硫醇的恶臭味。

硫醇与强氧化剂（如 HNO_3、$KMnO_4$ 等）作用，可被氧化生成磺酸。

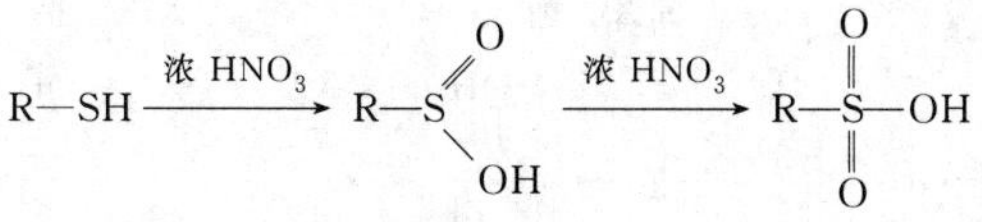

$$R—SH \xrightarrow{\text{浓 } HNO_3} R—S(=O)—OH \xrightarrow{\text{浓 } HNO_3} R—SO_2—OH$$

烷基亚磺酸　　烷基磺酸

③ 酯化反应　与醇相似，硫醇也可和羧酸发生酯化反应。

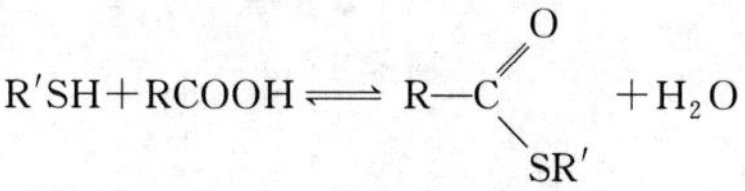

$$R'SH+RCOOH \rightleftharpoons R—C(=O)—SR' + H_2O$$

硫羟酸酯

④ 分解反应　硫醇可发生氢解和热解反应，在工业上可用该反应脱硫。

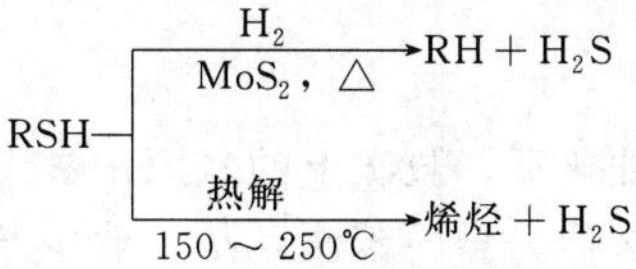

$$RSH \xrightarrow[MoS_2,\ \triangle]{H_2} RH+H_2S$$

$$RSH \xrightarrow[150 \sim 250℃]{\text{热解}} \text{烯烃}+H_2S$$

9.2 酚

9.2.1 酚的定义、构造、分类和命名

（1）定义

羟基直接与具有芳香性的环中碳原子相连的化合物称为酚。它的构造和性质与羟基连在芳环侧链上的芳香醇不同。羟基也是酚的官能团。因此，酚与醇有某些共性。

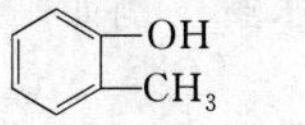

邻甲基苯酚（酚类） 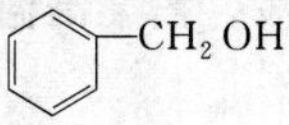　　苯甲醇（芳香醇，醇类）

（2）分类

按芳环上所连接的羟基数目的多少，可分为一元酚、二元酚和多元酚。苯酚是酚类中最简单、最重要的一种物质。

（3）命名

酚的命名是以芳环为取代基，其后面加上“酚”字，如苯（基）酚，1-萘（基）酚。对取代酚通常习惯以苯酚为母体。但当羟基不是优先官能团时，这时不能以苯酚作母体，而是将—OH 作为取代基（羟基）看待，选择优先的官能团为母体，分属于其他类型的化合物。例如，$HO—C_6H_4—SO_3H$ 称为对羟基苯磺酸，而不能叫作对磺酸基苯酚。酚的分类和命名实例如下。

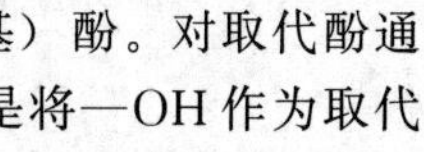

一元酚：

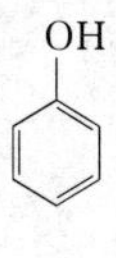

苯酚 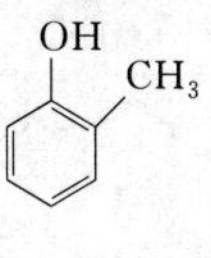　　邻甲基苯酚 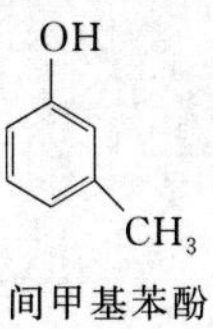　　间甲基苯酚 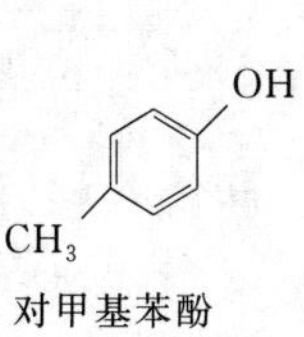　　对甲基苯酚

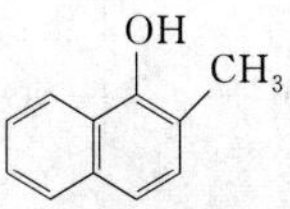

2-甲基-1-萘酚 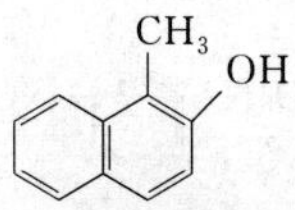　　1-甲基-2-萘酚 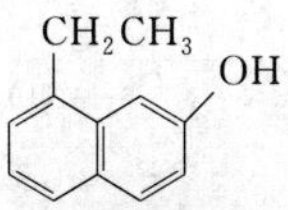　　8-乙基-2-萘酚

二元酚：

邻苯二酚　　间苯二酚　　对苯二酚

三元酚：

1,2,3-苯三酚（连苯三酚）　　1,3,5-苯三酚（均苯三酚）　　1,2,4-苯三酚（偏苯三酚）

9.2.2 酚的制法

从煤焦油分馏所得的酚油（180～210℃）、萘油（210～230℃）馏分中含有苯酚和甲苯酚28%～40%，可先经碱、酸处理，再减压蒸馏而分离。但产量有限，已远远不能满足工业的需要，现在使用合成方法大量生产。

9.2.2.1 从异丙苯制备

异丙苯在过氧化物或紫外线的催化下，叔碳上的氢原子被空气氧化为过氧化氢异丙苯，再用稀硫酸使之分解生成苯酚和丙酮。此法称为异丙苯法，是工业生产苯酚的主要方法。

$$C_6H_5CH(CH_3)_2 \xrightarrow[\text{过氧化物}]{O_2\text{（空气）}, 110\sim120℃} C_6H_5C(CH_3)_2\text{—O—O—H} \xrightarrow[75\sim85℃]{\text{稀 } H_2SO_4} C_6H_5OH + CH_3COCH_3$$

氧化反应一般在碱性条件下（pH 8.5～10.5）和1%硬脂酸钠或蓖麻酸钠存在下进行。此方法的优点是原料廉价易得，可连续化生产，且其副产物丙酮也是重要的化工原料（生产1t苯酚可获得0.6t丙酮）。

9.2.2.2 从芳卤衍生物制备

连在芳环上的卤素很不活泼，需要高温和高压才能水解。例如，由氯苯制苯酚：

$$C_6H_5Cl + 2NaOH \xrightarrow[Cu]{350\sim370℃,\ 20MPa} C_6H_5ONa + NaCl + H_2O$$

$$C_6H_5ONa + HCl \longrightarrow C_6H_5OH + NaCl$$

只有当卤原子的邻位或对位有强的吸电子基时，水解反应才比较容易进行。例如：

$$\text{4-}O_2NC_6H_4Cl \xrightarrow[130℃]{Na_2CO_3} \text{4-}O_2NC_6H_4ONa \xrightarrow{+H^+} \text{4-}O_2NC_6H_4OH$$

$$\text{2,4-}(O_2N)_2C_6H_3Cl \xrightarrow[100℃\text{回流}]{Na_2CO_3} \text{2,4-}(O_2N)_2C_6H_3ONa \xrightarrow{+H^+} \text{2,4-}(O_2N)_2C_6H_3OH$$

$$\text{2,4,6-}(O_2N)_3C_6H_2Cl \xrightarrow[35℃]{Na_2CO_3} \text{2,4,6-}(O_2N)_3C_6H_2ONa \xrightarrow{+H^+} \text{2,4,6-}(O_2N)_3C_6H_2OH$$

其原因是在氯原子的邻位或对位有吸电子基—NO_2，会使中间体（迈森海默络合物）的负电荷分散，中间体稳定性增加，则有利于水解反应的发生。如果在邻位或对位有两个或三个硝基，中间体的负电荷更分散，稳定性进一步提高，所以更容易水解。

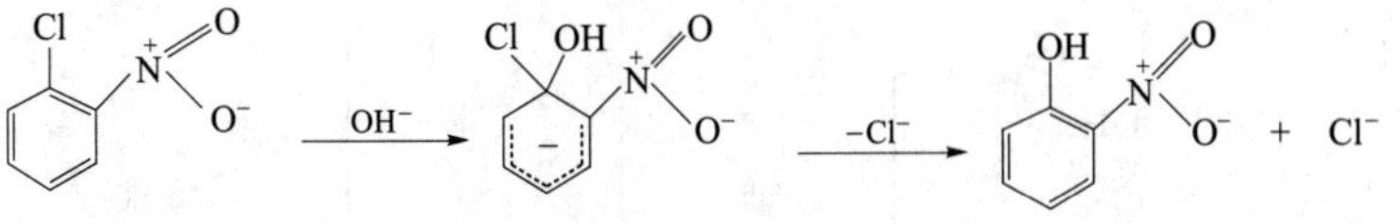

$$\text{邻硝基氯苯} \xrightarrow{OH^-} \text{迈森海默络合物} \xrightarrow{-Cl^-} \text{邻硝基苯酚} + Cl^-$$

迈森海默络合物

9.2.2.3 从芳磺酸制备

将芳香磺酸钠与氢氧化钠共熔可以得到相应的酚钠，再经酸化，即得到相应的酚。

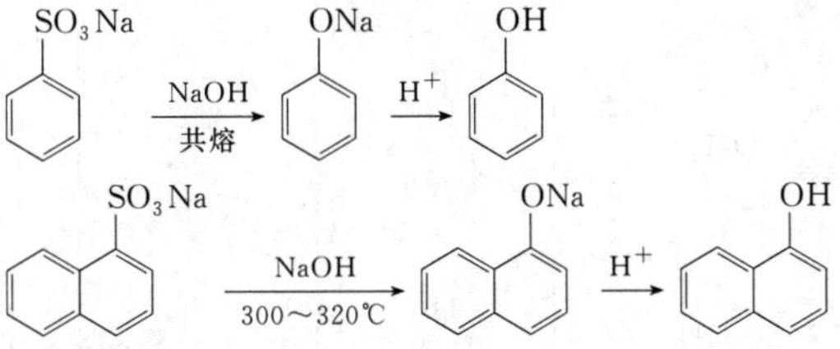

$$C_6H_5SO_3Na \xrightarrow[\text{共熔}]{NaOH} C_6H_5ONa \xrightarrow{H^+} C_6H_5OH$$

$$\text{α-萘磺酸钠} \xrightarrow[300\sim320℃]{NaOH} \text{α-萘酚钠} \xrightarrow{H^+} \text{α-萘酚}$$

α-萘磺酸钠　　α-萘酚

碱熔法是最早用来合成苯酚的一种方法，其具有设备简单、产率高和纯度好等优点。也具有生产工序多，需消耗大量酸碱等原料，生产成本较高等缺点。

9.2.3 酚的物理性质

大多数酚为无色固体，但由于酚类很容易被空气中的氧气所氧化，所以常带有黄色或红色。由于与醇一样含有—OH结构，故酚与醇相似，存在分子之间或与水分子之间的氢键。因此，酚的沸点和熔点都比分子量相近的烃高（例如，苯酚熔点41℃，沸点182℃，而甲苯熔点－95℃，沸点110.6℃）。虽然羟基是亲水基，但因其在分子中所占比例较小，故酚仅微溶于水，能溶于酒精、乙醚等有机溶剂。少数烷基酚为高沸点液体（如间甲苯酚）。

一些常见酚的物理常数如表9-3所示。

表9-3 一些常见酚的物理常数

名称	构造式	熔点/℃	沸点/℃	溶解度/(g/100g水)	pK_a
苯酚	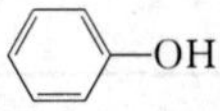 C_6H_5—OH	41	182	9.3	9.98
邻甲苯酚	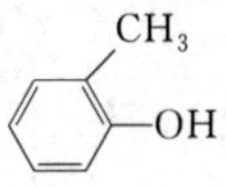 邻-$CH_3C_6H_4$—OH	31	191	2.5	10.28
间甲苯酚	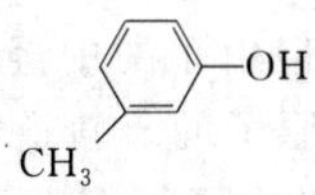 间-$CH_3C_6H_4$—OH	12	202	2.6	10.08
对甲苯酚	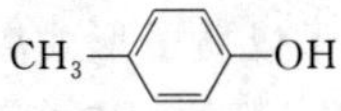 CH_3—C_6H_4—OH	35	202	2.3	10.14
邻氯苯酚	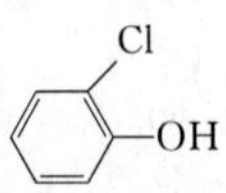 邻-ClC_6H_4—OH	8	176	2.8	8.48
间氯苯酚	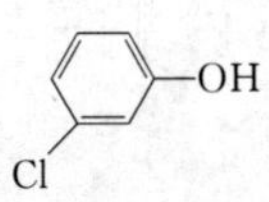 间-ClC_6H_4—OH	33	214	2.6	9.02

续表

名称	构造式	熔点/℃	沸点/℃	溶解度/(g/100g 水)	pK_a
对氯苯酚	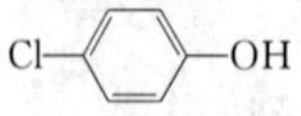 Cl OH	43	220	2.7	9.38
α-萘酚	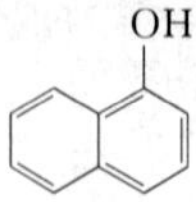 OH	96	288	难	9.31
β-萘酚	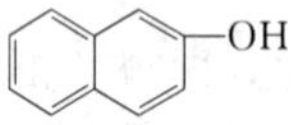 OH	122	285	0.1	9.55
邻苯二酚	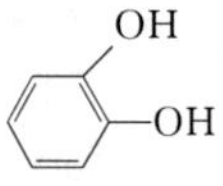 OH OH	105	246	45.1	9.48
间苯二酚	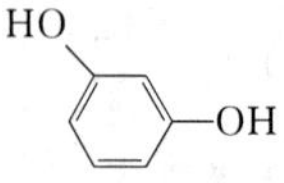 HO OH	110	276	147.3	9.44
对苯二酚	 HO OH	170	285	6	9.96
苯-1,2,3-三酚	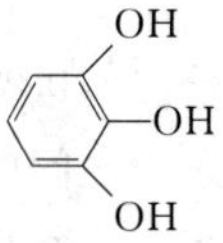 OH OH OH	133	309	62	7.0
苯-1,2,4-三酚	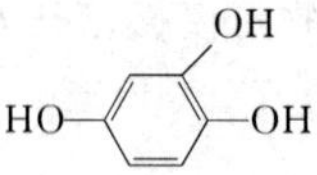 OH HO OH	141		易	
苯-1,3,5-三酚	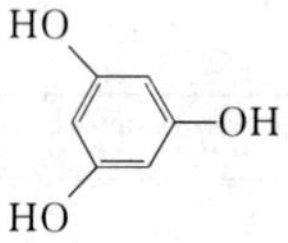 HO OH HO	218	升华并分解	1	

9.2.4 酚的化学性质

9.2.4.1 酚羟基的反应

(1) 酸性

酚含有与醇一样的官能团羟基，故显示与醇类似的弱酸性。但由于酚中羟基直接与苯环相连，其氧原子上的一对未共用电子对所在的 p 轨道，与苯环的六个碳原子的 p 轨道相互平行而形成 p-π 共轭体系，使得氧原子上的孤对电子向苯环转移，导致氧原子上的电子云密度下降，氧原子对氧氢键共用电子的吸引能力增强，即氧氢键的极性增加，有利于氢原子以质子形式离去，同时形成的酚氧负离子的负电荷可以更好地离域而分散到整个共轭体系中，与一般的烃氧负离子相比更加稳定。因此酚更容易离解出质子而表现出相对更强的酸性。可表示如下：

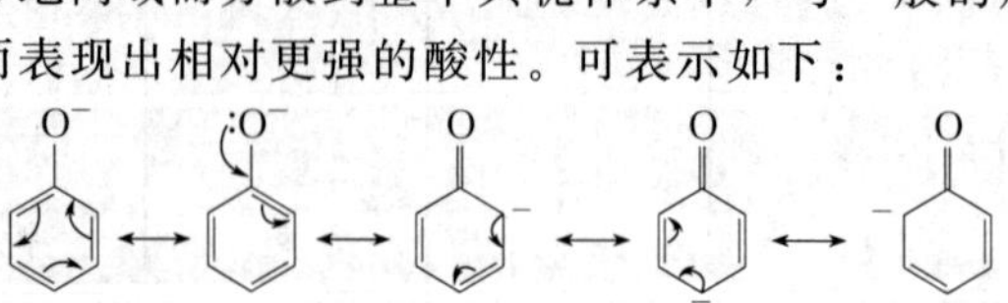

由于上述原因，酚的酸性比醇强。

$$CH_3OH \rightleftharpoons CH_3O^- + H^+ \quad pK_a=16$$

$$\text{环己醇} \rightleftharpoons \text{环己醇负离子} + H^+ \quad pK_a \approx 18$$

$$\text{苯酚} \rightleftharpoons \text{苯氧负离子} + H^+ \quad pK_a=9.98$$

$$C_6H_5OH + NaOH \xrightleftharpoons{H_2O} C_6H_5O^-Na^+ + H_2O$$

$$CH_3CH_2OH + NaOH \rightleftharpoons CH_3CH_2ONa + H_2O$$

但苯酚的酸性比碳酸（$pK_a=6.38$）弱，所以不能与碳酸氢钠作用生成盐。通入二氧化碳于酚钠水溶液，酚即游离出来。

$$C_6H_5ONa + CO_2 + H_2O \longrightarrow C_6H_5OH + NaHCO_3$$

酚的这种能溶解于碱，而又可用酸将它从碱溶液中游离出来的性质，工业上常被用来回收和处理含酚的污水。

苯环上连有不同取代基时，会对酚的酸性产生影响。当苯环上含有供电子基团时，可使取代苯氧负离子不稳定；当苯环上含有吸电子基团时，可使取代苯氧负离子更稳定。例如，对硝基苯酚中由于—NO_2是一个吸电子基团，诱导效应和共轭效应都使羟基氧上的负电荷更好地离域而移向苯环，可以生成更稳定的对硝基苯氧负离子，所以对硝基苯酚的酸性比苯酚的酸性强。苯酚的邻、对位上硝基愈多，酸性愈强。

	苯酚	邻硝基苯酚	间硝基苯酚	对硝基苯酚
pK_a	9.98	7.32	8.40	7.15

	2,4-二硝基苯酚	2,4,6-三硝基苯酚
pK_a	4.00	0.71

(2) 成醚反应

酚类似于醇也可生成醚。但由于p-π共轭作用的结果，酚的C—O键具有部分双键的性质，因此C—O键不易断裂，一般不能通过酚分子间脱水来制备。通常是由酚金属盐与烷基化剂（如碘甲烷或硫酸二甲酯）在弱碱性溶液中作用而得。

$$C_6H_5ONa + (CH_3)_2SO_4 \longrightarrow C_6H_5OCH_3 + CH_3OSO_3Na$$

苯甲醚（茴香醚）

二苯醚及衍生物可用酚钠与芳卤衍生物作用制备。例如：

$$C_6H_5ONa + Br-C_6H_5 \xrightarrow[210℃]{Cu} C_6H_5-O-C_6H_5 + NaBr$$

$$\text{2,4-二氯苯酚钠} + \text{对硝基氯苯} \xrightarrow{\triangle} \text{2,4-二氯苯基对硝基苯基醚}$$

除草醚

酚醚化学性质比较稳定，不易被氧化，而且酚醚与氢碘酸作用，又能分解得到原来的酚。

$$\text{C}_6\text{H}_5\text{OCH}_3 + \text{HI} \longrightarrow \text{C}_6\text{H}_5\text{OH} + \text{CH}_3\text{I}$$

因此在有机合成上，常利用转变成醚的方法来“保护酚羟基”，以免羟基在反应中被破坏，待反应完成后再将醚分解，恢复原来的羟基。

(3) 酯的生成

醇易与羧酸生成酯，但酚与羧酸直接酯化比较困难，一般与酸酐或酰氯作用才能生成酯。

$$\text{C}_6\text{H}_5\text{OH} + (\text{CH}_3\text{CO})_2\text{O} \longrightarrow \text{C}_6\text{H}_5\text{OOCCH}_3 + \text{CH}_3\text{COOH}$$

9.2.4.2 芳环上的亲电取代反应

羟基是强的邻对位定位基，可使苯环活化。故酚类化合物很容易在邻、对位发生亲电取代反应。

(1) 卤化反应

苯的卤化反应必须在路易斯酸的催化下加热才能进行，而苯酚在室温下可与溴水作用，生成2,4,6-三溴苯酚的白色沉淀。邻、对位上有磺酸基团存在时，也可同时被取代。

$$\text{C}_6\text{H}_5\text{OH} \xrightarrow{Br_2/H_2O} \text{2,4,6-Br}_3\text{C}_6\text{H}_2\text{OH}\downarrow\ (\text{白色}) \xrightarrow{\text{过量 } Br_2/H_2O} \text{2,4,4,6-四溴环己-2,5-二烯酮}\downarrow\ (\text{黄色})$$

$$\text{邻-HOC}_6\text{H}_4\text{SO}_3\text{H} \xrightarrow{Br_2/H_2O} \text{2,4,6-三溴苯酚}$$

$$\text{对-HOC}_6\text{H}_4\text{SO}_3\text{H} \xrightarrow{Br_2/H_2O} \text{2,4,6-三溴苯酚}$$

此反应很灵敏，由于三溴苯酚在水中的溶解度极小，即使是含有10μg/g苯酚的水溶液，也能生成并析出三溴苯酚。因此该反应常用于苯酚的定性检验和定量测定。在低温下，于非极性溶剂（如CS_2、CCl_4）中，控制溴不过量，则可生成一元取代物对溴苯酚。

$$\text{C}_6\text{H}_5\text{OH} + Br_2 \xrightarrow[5℃]{CS_2} \text{对-BrC}_6\text{H}_4\text{OH}$$

(80%～84%)

若不用溶剂，仅控制温度和氯的用量，则可生成对氯苯酚、邻氯苯酚和2,4-二氯苯酚。若使用催化剂还可制得五氯苯酚，其为一杀菌剂，也是一种灭钉螺（预防血吸虫病）的药物。

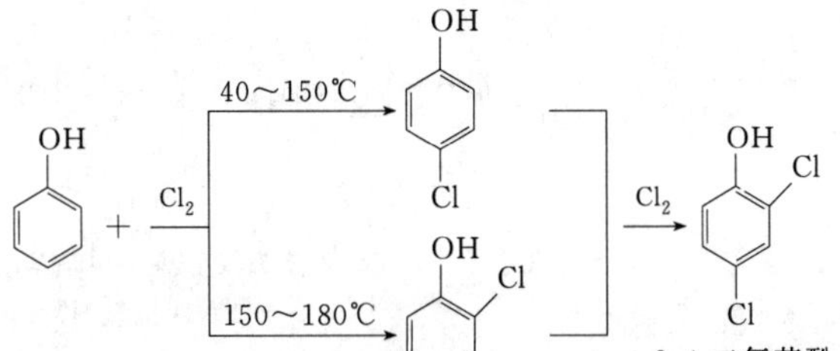

2,4-二氯苯酚

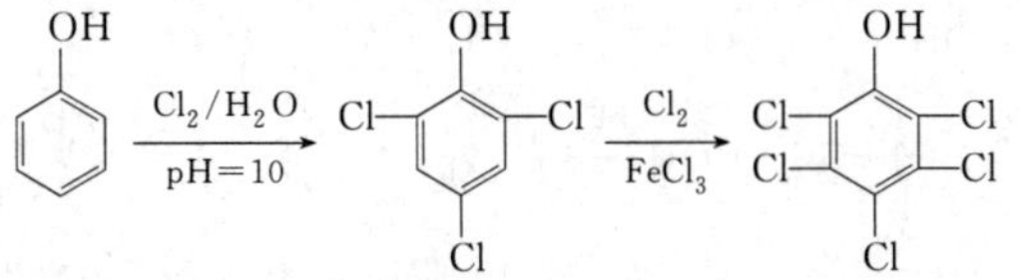

(2) 硝化反应

酚与稀硝酸在室温下反应生成邻硝基苯酚和对硝基苯酚的混合物。如用浓硝酸进行硝化，则生成 2,4-二硝基苯酚和 2,4,6-三硝基苯酚（苦味酸）。

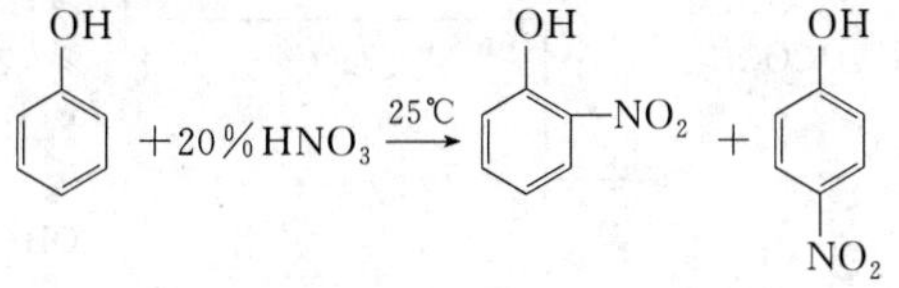

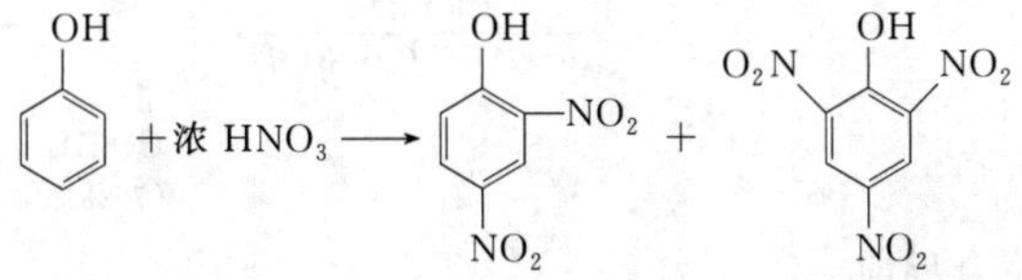

苦味酸

但因酚易被浓硝酸氧化，产量很低，故一般不用上述方法制备，常用间接法制备。邻硝基苯酚能形成分子内氢键，故沸点相对较低，挥发度高，在水中的溶解度也较小；而对硝基苯酚因形成分子间氢键，沸点相对较高而不易挥发，因此可用水蒸气蒸馏法将邻硝基苯酚与对硝基苯酚分离开来。

(3) 磺化反应

苯酚与浓硫酸在较低的温度（15～25℃）下很容易发生磺化反应。磺化反应为可逆反应，邻位和对位异构体的比例与温度有关，温度升高有利于生成稳定的对位异构体。进一步磺化可得 4-羟基-1,3-苯二磺酸。

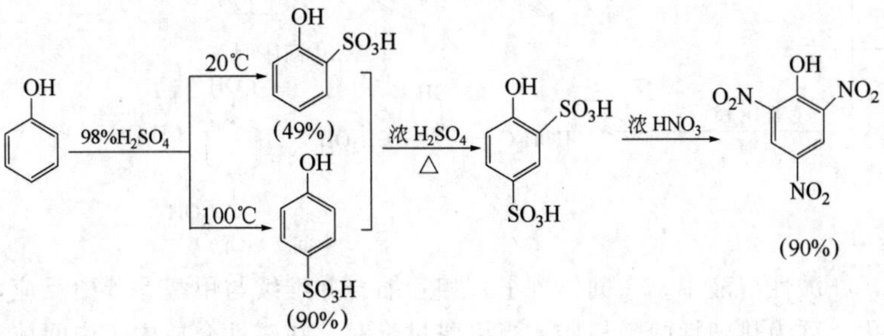

(4) 烷基化和酰基化反应

由于酚羟基的影响，酚也很容易进行傅-克反应，产物一般以对位异构体为主，当对位已有取代基时，则主要生成邻位取代物。但此处一般不用 $AlCl_3$ 作催化剂，因为酚羟基与三氯化铝形成配合物（$ArOAlCl_2$）使它失去催化能力而影响产率。一般用浓硫酸作催化剂，用醇或烯烃作烷基化试剂。例如：

$$p\text{-}CH_3C_6H_4OH + 2(CH_3)_2C{=}CH_2 \xrightarrow{\text{浓 } H_2SO_4} 2,6\text{-}[(CH_3)_3C]_2\text{-}4\text{-}CH_3C_6H_2OH$$

2,6-二叔丁基-4-甲基苯酚

（二六四抗氧剂）

酚的酰基化反应也比较容易进行。例如：

$$C_6H_5OH + CH_3COOH \xrightarrow{BF_3} p\text{-}HOC_6H_4COCH_3\ (95\%) + o\text{-}HOC_6H_4COCH_3\ (\text{微量})$$

$$C_6H_5OH \xrightarrow{CH_3COCl} C_6H_5OCOCH_3$$

$$C_6H_5OCOCH_3 \xrightarrow[\text{165℃，无溶剂}]{AlCl_3} o\text{-}HOC_6H_4COCH_3\ (75\%) + p\text{-}HOC_6H_4COCH_3\ (\text{少量})$$

$$C_6H_5OCOCH_3 \xrightarrow[\text{20～25℃于 } C_6H_5NO_2 \text{ 中}]{AlCl_3} p\text{-}HOC_6H_4COCH_3\ (75\%) + o\text{-}HOC_6H_4COCH_3\ (\text{少量})$$

（5）与羰基化合物的缩合反应

酚的邻、对位上的氢原子特别活泼，可与羰基化合物（醛或酮）发生缩合反应。例如，苯酚和甲醛在酸或碱的催化作用下，首先生成邻或对羟甲基苯酚，按酚和醛的用量比例不同，可得到不同结构的树脂状高分子化合物——酚醛树脂。

$$C_6H_5OH + HCHO \xrightarrow{H^+\text{或}OH^-} o\text{-}HOC_6H_4CH_2OH + p\text{-}HOC_6H_4CH_2OH$$

$$\xrightarrow[H^+]{\text{过量 } C_6H_5OH} o\text{-}HOC_6H_4CH_2C_6H_4OH\text{-}o + HO\text{-}C_6H_4\text{-}CH_2\text{-}C_6H_4\text{-}OH \text{ 等}$$

中间体（Ⅰ）

$$\xrightarrow[OH^-]{\text{过量 } HCHO} 2,6\text{-}(HOCH_2)_2C_6H_3OH + 2,4\text{-}(HOCH_2)_2C_6H_3OH \text{ 等}$$

中间体（Ⅱ）

苯酚过量时，在酸性溶液中，中间体（Ⅰ）相互缩合并继续与甲醛、苯酚反应，就可得到线型产物，它受热熔化，称为热塑性酚醛树脂。当甲醛过量时，在碱性介质中，中间体（Ⅱ）相互缩合并继续与甲醛、苯酚反应可得到体型的热固性酚醛树脂。

$$o\text{-}HOC_6H_4CH_2C_6H_4OH\text{-}o \xrightarrow[C_6H_5OH]{HCHO} \cdots\text{-}C_6H_3(OH)\text{-}CH_2\text{-}C_6H_2(OH)\text{-}CH_2\text{-}C_6H_3(OH)\text{-}CH_2\text{-}\cdots$$

线型酚醛树脂（热塑性酚醛树脂）

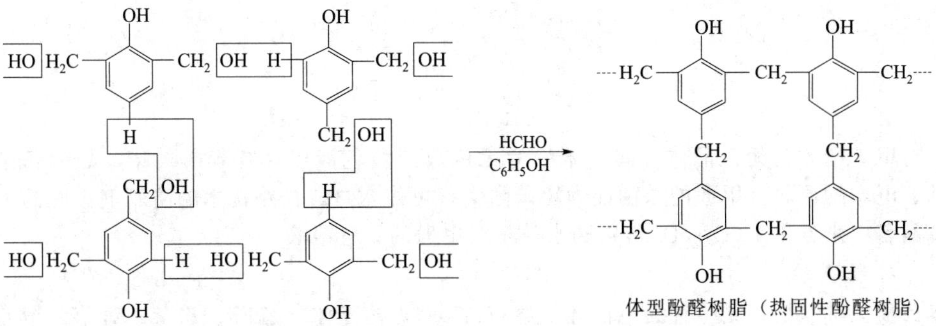

体型酚醛树脂（热固性酚醛树脂）

9.2.4.3　与 $FeCl_3$ 的显色反应

酚中羟基与苯环连接，可以认为分子中具有烯醇式结构（C═C—OH）。当向具有烯醇式结构的化合物（无色）中加入 $FeCl_3$ 溶液时会产生较明显的颜色变化，故此类反应称为呈色反应。而一般醇没有这种呈色反应，因此可用 $FeCl_3$ 溶液鉴别酚羟基的存在。不同的酚由于结构不同，呈现不同的颜色。见表 9-4。

表 9-4　不同酚与 $FeCl_3$ 反应产生的颜色

化合物	产生的颜色	化合物	产生的颜色
苯酚	蓝紫色	苯-1,4-二酚	暗绿色结晶
邻甲苯酚	蓝色	苯-1,2,3-三酚	浅棕红色
间甲苯酚	蓝色	苯-1,3,5-三酚	紫色
对甲苯酚	蓝色	萘-1-酚	紫色
苯-1,2-二酚	深绿色	萘-2-酚	绿色
苯-1,3-二酚	紫	水杨酸	紫红色

酚与三氯化铁的显色反应，一般认为生成酚铁配合物。

$$6ArOH + FeCl_3 \rightleftharpoons [Fe(OAr)_6]^{3-} + 6H^+ + 3Cl^-$$

9.2.5　重要的酚

9.2.5.1　苯酚

苯酚简称酚，俗名石炭酸，纯净的苯酚为具有特殊气味的无色透明针状晶体，暴露在空气中和在光照射下易被氧化，颜色逐渐由浅变深，如由粉红色变至深褐色，故要避光保存。苯酚微溶于冷水，高于 65℃的温度下可与水混溶，易溶于乙醇、乙醚等有机溶剂。酚有毒，能灼烧皮肤。可作为防腐剂和消毒剂。在工业上，苯酚是有机合成的重要材料，大量用于制造酚醛树脂以及其他高分子材料、药物、染料、炸药等。

9.2.5.2　甲苯酚

甲苯酚简称甲酚。它有邻、间、对位三种异构体，都存在于煤焦油中，由于它们的沸点相近(见表 9-3)，不易分离。工业上应用的通常是三种异构体未分离的粗甲酚。甲酚也可由甲苯磺酸钠碱熔制备或由氯甲苯与氢氧化钠加压加热（300～320℃）制备。

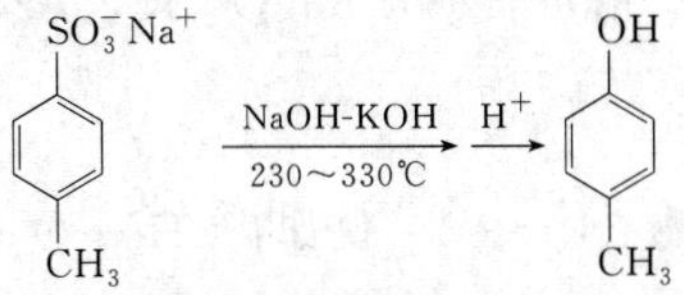

$$\text{间甲苯磺酸钠}\xrightarrow[300℃]{NaOH}\xrightarrow{H^+}\text{间甲苯酚}$$

邻、对甲苯酚均为无色晶体，间甲苯酚为无色或淡黄色液体，有苯酚气味，是制备染料、炸药、农药、电木的原料。甲酚的杀菌能力比苯酚大，可作木材、铁路枕木的防腐剂。医药上用作消毒剂，商品名"来苏尔"（Lysol）消毒药水就是粗甲酚的肥皂溶液。

9.2.5.3 对苯二酚

对苯二酚又称氢醌，是一种无色固体，熔点170℃，溶于水、乙醇、乙醚。对苯二酚有毒，可渗入皮肤内引起中毒，它的蒸气可导致眼病。

将苯胺氧化成对苯醌后，再经缓和还原剂还原得到对苯二酚。

$$\text{苯胺}\xrightarrow[10℃]{Na_2Cr_2O_7,\ H_2SO_4}\text{对苯醌}\xrightarrow[H_2O]{SO_2}\text{对苯二酚}$$

对苯二酚极易被氧化成醌。它是一种强还原剂，广泛用作显影剂、阻聚剂、橡胶防老剂等。

$$\text{对苯二酚} + 2AgBr + 2OH^- \longrightarrow \text{对苯醌} + 2Ag + 2Br^- + 2H_2O$$

9.2.5.4 萘酚

萘酚有 α-萘酚和 β-萘酚两种异构体，其中以 β-萘酚较为重要。它们都是由相应的萘磺酸钠经碱熔而得。

$$\alpha\text{-萘磺酸钠}(SO_3Na)\xrightarrow{2NaOH,\ 300\sim320℃}\text{萘酚钠}(ONa)\xrightarrow{HCl}\alpha\text{-萘酚}(OH)$$

$$\beta\text{-萘磺酸钠}(-SO_3Na)\xrightarrow[②\ HCl]{①\ NaOH,\ 300℃}\beta\text{-萘酚}(-OH)$$

α-萘酚为无色针状晶体，β-萘酚为无色或稍带黄色的片状晶体，能升华，能溶于醇、醚等有机溶剂。α-萘酚的毒性比 β-萘酚大3倍。萘酚的化学性质与苯酚相似，都呈弱酸性而溶于氢氧化钠溶液，与 $FeCl_3$ 发生颜色反应（α-萘酚反应后产生紫色絮状沉淀，β-萘酚反应后呈绿色）。萘酚比苯易发生亲电取代反应，比苯酚更易生成酚醚和酚酯。萘酚可用作抗氧剂、橡胶防老剂，也可用来合成香料、农药、染料等。

9.3 醚

9.3.1 醚的定义、分类、异构和命名

醚是由两个烃基通过氧原子连接在一起的化合物，可以看作醇分子中羟基的氢原子或水分子中的两个氢原子被烃基取代后的产物。醚可表示为 R—O—R′、Ar—O—R 或 Ar—O—Ar。醚分子中的—O—叫作醚键。

醚的分类方式如下。

① 按烃基是否相同可分为

- 单醚（R=R′） 例如：$CH_3—O—CH_3$
- 混醚（R≠R′） 例如：$CH_3—O—CH_2CH_3$

② 按烃基结构不同可分为：

脂肪醚：　饱和醚　例如 $CH_3CH_2—O—CH_2CH_2CH_3$　　不饱和醚　例如 $CH_2═CH—O—CH_2CH_3$

芳醚：　$CH_3—O—C_6H_5$　　$C_6H_5—O—C_6H_5$

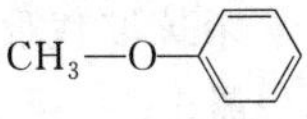

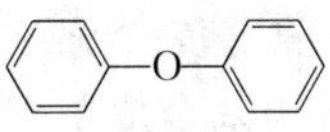

③ 氧原子处于碳环结构中时称为环醚，如 $H_2C—CH_2$（环氧乙烷，O 桥连）和 1,4-二氧六环。

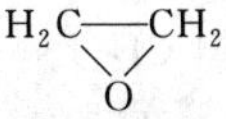

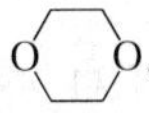

醚的构造异构现象主要由烃基的异构和官能团位置的不同而引起，同时醚还可与醇之间产生官能团异构。例如，分子式为 $C_4H_{10}O$ 的醚的异构方式如下：

$$CH_3OCH(CH_3)_2 \xleftrightarrow{\text{碳链异构}} CH_3OCH_2CH_2CH_3 \xleftrightarrow{\text{位置异构}} CH_3CH_2OCH_2CH_3$$

$$\xleftrightarrow{\text{官能团异构}} CH_3CH_2CH_2CH_2OH$$

结构比较简单的醚，一般用习惯命名法命名，即在“醚”字之前冠以两个烃基的名称。单醚在烃基名称之前加“二”字（“二”可以省略）。混醚则按烃基的英文字母次序先后列出面。芳醚则将芳烃基放在烷基之前来命名。例如：

CH_3OCH_3	$CH_3CH_2OCH_2CH_3$	$CH_3OCH_2CH_3$	$CH_3CH_2OCH(CH_3)_2$
甲醚	乙醚	乙基甲基醚	乙基异丙基醚

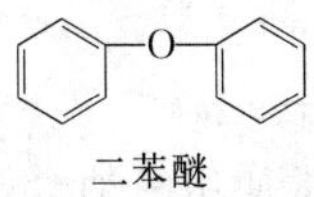

$C_6H_5—O—C_6H_5$	$C_6H_5—O—CH_3$	$C_6H_5—O—CH_2CH_3$
二苯醚	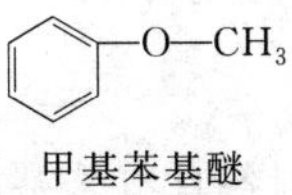 甲基苯基醚 （苯甲醚）	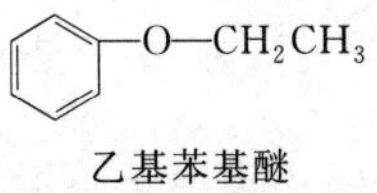 乙基苯基醚 （苯乙醚）

构造比较复杂的醚，可用系统命名法命名：取碳链最长的烃基作为母体，以烷氧基作为取代基。环状醚多用俗名，一般称为环氧某烷，或按杂环化合物命名。例如：

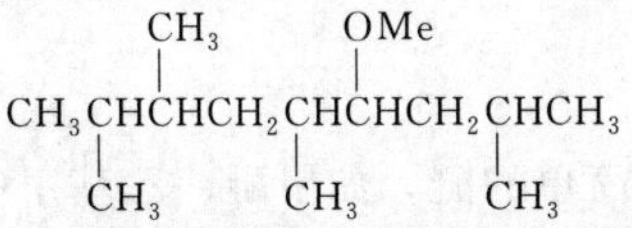

$CH_3CH(CH_3)CH(CH_3)CH_2CH(CH_3)CH(OMe)CH_2CH(CH_3)CH_3$

6-甲氧基-2,3,5,8-四甲基壬烷

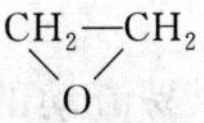

$CH_2—CH_2$（O 桥连）

氧杂环丙烷（环氧乙烷）

$O(CH_2CH_2)_2O$

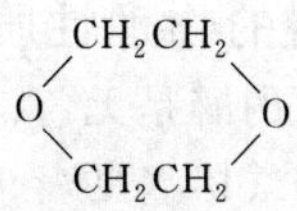

1,4-二氧杂环己烷（二氧六环）

烷氧基的命名，可在相应的烃基名称之后加上字尾“氧”字来称呼。例如：

$CH_3O—$	甲氧基	$CH_3CH_2CH(CH_3)O—$	仲丁氧基
$CH_3CH_2O—$	乙氧基	$(CH_3)_3CO—$	叔丁氧基
$CH_3CH_2CH_2O—$	丙氧基	$C_6H_5CH_2O—$	苄氧基
$CH_2═CHCH_2O—$	烯丙氧基	$—OCH_2O—$	甲二氧基
$(CH_3)_2CHO—$	异丙氧基	$—OCH_2CH_2O—$	乙二氧基
$(CH_3)_2CHCH_2O—$	异丁氧基		

9.3.2　醚的制法

9.3.2.1　醇脱水制备

醇和硫酸共热，在控制温度条件下（不超过 150℃），发生分子间脱水反应而生成醚。除硫酸外，也可以用芳香族磺酸、氯化锌、氯化铝、氟化硼等作催化剂。

$$2\,ROH \xrightarrow[\triangle]{\text{浓 }H_2SO_4} R—O—R + H_2O$$

工业上也可将醇的蒸气通过加热的氧化铝催化剂来制取醚。例如：

$$2\,CH_3CH_2OH \xrightarrow[300℃]{Al_2O_3} CH_3CH_2OCH_2CH_3 + H_2O$$

这是制备低级单醚的方法，一般不适合于合成混合醚，原因是得到的混合物，不易分离。

9.3.2.2 威廉森（Williamson）合成法

醇钠的烷氧基负离子是个强亲核试剂，与卤烷发生双分子亲核取代反应生成醚，称为威廉森合成法。这个合成法可用来合成单醚或混醚，但主要用来合成混醚。

$$C_2H_5\ddot{O}^- Na^+ + CH_3I \longrightarrow CH_3OC_2H_5 + NaI$$

由于烷氧基负离子同时也是一个强碱，在进行亲核取代生成醚的同时常伴随消除反应生成烯烃。因此制备具有叔烃基的混醚时，应采用叔醇钠与伯卤烷作用，以提高产物的产率，避免副产物烯烃的生成。例如：

$$CH_3CH_2CH_2Cl + (CH_3)_3C—\bar{O}Na^+ \longrightarrow (CH_3)_3C—O—CH_2CH_2CH_3 + NaCl$$

正丙基叔丁基醚（85%）

$$(CH_3)_3C—X + NaOCH_3 \longrightarrow (CH_3)_3C—OCH_3 + CH_3—C(CH_3)=CH_2$$

副产物产率较高

$$(CH_3)_3C—ONa + ICH_3 \longrightarrow (CH_3)_3C—OCH_3 + CH_3—C(CH_3)=CH_2$$

副产物产率较低

由于芳卤代烃中卤原子不活泼，因此在制备具有苯基的混醚时通常使用酚钠。例如，茴香醚只能用酚钠与伯卤代烷（CH_3I）作用而得到。

$$C_6H_5—\ddot{O}\overset{+}{N}a + CH_3—Cl \xrightarrow{S_N2} C_6H_5—OCH_3 + NaCl$$

茴香醚

9.3.3 醚的物理性质

大多数的醚是无色、有特殊气味、易流动的液体，只有简单的醚，如甲醚、乙基甲基醚和甲基乙烯基醚是气体（见表 9-5）。由于在醚分子中没有羟基，故分子间不会形成氢键而缔合，所以醚类的沸点比同碳原子数的醇类的沸点低得多。例如，$C_2H_5OC_2H_5$ 的沸点为 34.6℃，而 C_4H_9OH 的沸点为 117.7℃。醚不是线型分子，它有一个小的偶极矩，所以醚是一个弱极性分子，而且醚分子与水分子形成氢键，因此它在水中的溶解度与分子量相同的醇相近。如乙醚与正丁醇在水中的溶解度相同，都是约 8g/100g 水。醚一般只微溶于水，而易溶于有机溶剂。同时醚能溶解很多有机物质，是一个很好的有机溶剂。

表 9-5 一些常见醚的物理常数

名称	结构式	熔点/℃	沸点/℃	相对密度(d_4^{20})
甲醚	CH_3OCH_3	−140	−24.9	0.661
乙基甲基醚	$CH_3OCH_2CH_3$		7.9	0.691
乙醚	$CH_3CH_2OCH_2CH_3$	−116	34.6	0.74
丙醚	$CH_3CH_2CH_2OCH_2CH_2CH_3$	−122	90.5	0.736
异丙醚	$(CH_3)_2CHOCH(CH_3)_2$		68	0.735
甲基丙基醚	$CH_3OCH_2CH_2CH_3$		39	0.733
乙烯基乙基醚	$CH_3CH_2OCH=CH_2$		36	0.763
乙二醇二甲醚	$CH_3OCH_2CH_2OCH_3$		83	0.863
环氧乙烷	(三元环，含 O)	−111.3	10.7	0.8696(d_0^4)

续表

名称	结构式	熔点/℃	沸点/℃	相对密度(d_4^{20})
1,4-二氧杂环己烷	O O	11	101	1.036
苯基甲基醚	—O—CH_3	−37	154	0.994
二苯醚	—O—	27	258	1.0728

9.3.4 醚的化学性质

醚的氧原子与两个烷基相连，分子的极性很小（例如，乙醚的偶极距为1.18D），因此，它的化学性质比较不活泼，对碱、氧化剂、还原剂和金属钠都很稳定。但由于氧原子有孤对电子存在，易接受带空轨道的质子，能发生下列反应。

（1）锌盐的生成和醚键的断裂

醚的氧原子上有未共用电子对，是一个路易斯碱，在常温时能溶于强酸（如H_2SO_4、HCl等），形成锌盐 。由于醚的碱性很弱，生成的锌盐是一种不稳定的强酸弱碱盐，遇水很快分解为原来的醚，利用这性质，可将醚从烷烃或卤烃等混合物中分离出来。

$$R—\ddot{\underset{\cdot\cdot}{O}}—R^{+}\ HX \longrightarrow \left[R—\underset{\cdot\cdot}{\overset{H}{O}}—R\right]^{+} X^{-} \xrightarrow{H_2O} R—O—R + H_3O^{+} + X^{-}$$

锌盐

醚形成锌盐后，带正电荷氧原子的吸电子作用，使R—O键变弱，因此在强烈的条件下发生R—O键断裂。如醚和氢碘酸共热，则发生醚键断裂生成一分子碘烷和一分子醇。在反应中，氢碘酸不仅作为很强的质子酸先与醚生成锌盐，而且碘负离子是很强的亲核试剂，容易进攻锌盐中与带正电荷的氧原子直接相连的碳原子，而使原来的醚键断裂。如在高温并有过量氢碘酸存在下，过量的氢碘酸又可与反应中所生成的醇作用，生成另一分子碘烷。

$$CH_3CH_2—O—CH_2CH_3 + HI \longrightarrow CH_3CH_2I + C_2H_5OH \xrightarrow{HI} C_2H_5I + H_2O$$

对于混醚，醚键往往从含碳原子较少的烷基断裂下来与碘结合。例如：

$$CH_3—O—CH_2CH_3 + HI \longrightarrow CH_3I + C_2H_5OH$$

（2）过氧化物的生成

醚对氧化剂较稳定，但和空气长期接触，会缓慢地被氧化，生成醚的过氧化物。通常因α-碳氢键较活泼，故被氧化的主要是α-碳氢键。例如：

$$\underset{\displaystyle CH_3}{CH_3—\underset{|}{CH}}—O—\underset{\displaystyle CH_3}{\underset{|}{CH}}—CH_3 + O_2 \longrightarrow CH_3—\overset{\displaystyle OOH}{\overset{|}{\underset{\displaystyle CH_3}{\underset{|}{C^{\alpha}}}}}—O—\underset{\displaystyle CH_3}{\underset{|}{CH}}—CH_3$$

$$CH_3CH_2OCH_2CH_3 + O_2 \longrightarrow CH_3\underset{\displaystyle OOH}{\underset{|}{CH}}—O—CH_2CH_3$$

过氧化物和氢过氧化物没有挥发性，受热后容易发生爆炸。因此，蒸馏乙醚时，应先检验有无过氧化物存在，若有过氧化物存在必须除去后才能蒸馏，同时蒸馏时不能完全蒸完，以免出现意外。常用检验过氧化物的方法是KI-淀粉纸，若存在过氧化物则试纸显蓝色。除去乙醚中过氧化物的方法是向其中加入$NaSO_3$或$FeSO_4$等还原剂，以破坏过氧化物。

9.3.5 重要的醚

9.3.5.1 乙醚

乙醚为无色液体，沸点34.6℃，在常温下易挥发，其蒸气密度大于空气。乙醚易燃，在空气中的爆炸极限为1.85%～36.5%（体积分数），故使用乙醚时不能使用任何明火，要求在通风处取用乙醚，使用中逸出的乙醚应引入水沟排出户外。乙醚稍溶于水，100g水中可溶解8g乙醚，乙醚能与乙醇等有机溶剂混溶，它能溶解许多有机物质，如树脂、油脂、硝化纤维等，是一常用的良好有机溶剂和萃取剂。由于它具有麻醉作用，在医药上可作麻醉剂。

普通实验用的乙醚常含有微量的水和乙醇，在有机合成中所需用的无水乙醚，须将普通乙醚用氯化钙处理后，再用金属钠丝处理以除去所含微量的水和醇。

9.3.5.2 环醚

在有机化合物分子结构中有氧原子参与成环的醚，称为环醚。环醚中最常见的是三元、五元和六元环醚。其中五元环和六元环的环醚，性质比较稳定。三元环的环醚，由于环易开裂，容易与各种不同试剂发生反应而生成各种不同的产物，是环醚中结构最简单，但在合成上有广泛应用的重要合成原料。

(1) 环氧乙烷

环氧乙烷是最简单和最重要的环醚。它是具有乙醚气味的无色有毒气体，沸点10.7℃，易于液化，可与水混溶，也可溶于乙醇、乙醚等有机溶剂，爆炸极限3.6%～78%（体积分数），使用时应注意安全。

由于三元环的张力较大，故环氧乙烷的化学性质很活泼，在酸或碱催化下容易与许多试剂作用而使氧环开裂，发生一系列反应。所以环氧乙烷在有机合成上是重要的原料。在酸催化下，它容易和水、醇、氢卤酸等反应而得各种开环产物。反应首先是环氧乙烷与 H^+ 作用生成质子化的环氧乙烷，然后作为亲核试剂的水分子、醇分子或卤离子等向它进攻，则环开裂，生成相应的产物。在碱催化下，环氧乙烷的开环反应是按 S_N2 历程进行的亲核取代反应，在亲核试剂 HO^-、RO^-、NH_3、RMgX 等作用下，生成相应的开环产物。

$$\underset{\diagdown O \diagup}{CH_2{-}CH_2} + H^+ \longrightarrow \underset{\diagdown \overset{+}{O}H \diagup}{CH_2{-}CH_2} \begin{cases} \xrightarrow{+H_2O} CH_2(OH){-}CH_2(\overset{+}{O}H_2) \xrightarrow{-H^+} CH_2(OH){-}CH_2(OH) + H^+ \\ \xrightarrow{+CH_3OH} CH_2(OH){-}CH_2(\overset{+}{O}(H)CH_3) \xrightarrow{-H^+} CH_2(OH){-}CH_2(OCH_3) + H^+ \\ \xrightarrow{+HCl} CH_2(OH){-}CH_2Cl \end{cases}$$

$$\underset{\diagdown O \diagup}{CH_2{-}CH_2} \xrightarrow{NH_3} CH_2(O^-){-}CH_2(\overset{+}{N}H_3) \longrightarrow \underset{\text{乙醇胺}}{CH_2(OH){-}CH_2(NH_2)} \xrightarrow{\underset{\diagdown O \diagup}{CH_2{-}CH_2}} \underset{\text{二乙醇胺}}{HN(CH_2CH_2OH)_2} \xrightarrow{\underset{\diagdown O \diagup}{CH_2{-}CH_2}} \underset{\text{三乙醇胺}}{N(CH_2CH_2OH)_3}$$

$$\underset{\diagdown O \diagup}{CH_2{-}CH_2} \xrightarrow{RMgX} CH_2(OMgX){-}CH_2R \xrightarrow{H_2O} \underset{\text{伯醇}}{CH_2(OH){-}CH_2R} + Mg(OH)X$$

除上述反应外，环氧乙烷还可与酚（ArOH）、羧酸（RCOOH）、胺（RNH_2）、酰胺（$RCONH_2$）等发生反应，生成相应的产物。

(2) 1,4-二氧六环

1,4-二氧六环又称二噁烷或1,4-二氧杂环己烷，可由乙二醇脱水或环氧乙烷二聚制备。

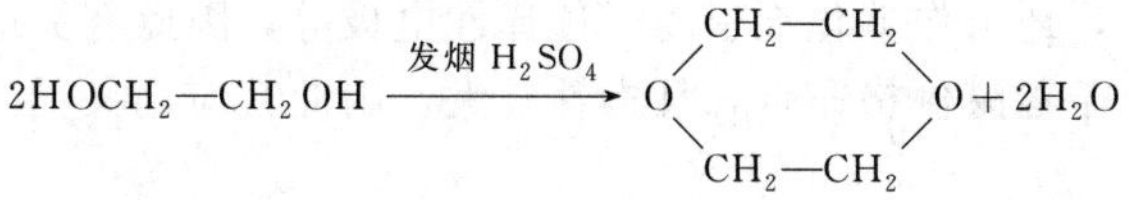

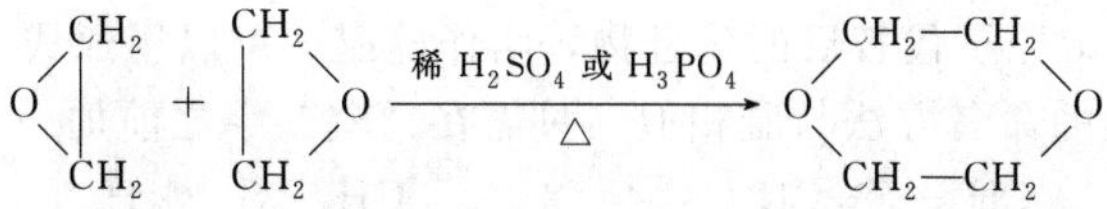

$$2HOCH_2—CH_2OH \xrightarrow{发烟\ H_2SO_4} O\begin{matrix}CH_2—CH_2\\ \\ CH_2—CH_2\end{matrix}O + 2H_2O$$

$$\text{环氧乙烷} + \text{环氧乙烷} \xrightarrow[\triangle]{稀\ H_2SO_4\ 或\ H_3PO_4} O\begin{matrix}CH_2—CH_2\\ \\ CH_2—CH_2\end{matrix}O$$

1,4-二氧六环为无色液体，能与水和多种有机溶剂混溶，由于它是六元环，故较稳定，是一种优良的有机溶剂。

9.3.5.3 冠醚

冠醚是一类合成的新的多氧大环醚，它们的结构特征是分子中含有多个—OCH_2CH_2—重复单元。因它们的结构像王冠而称为冠醚。冠醚的命名可用“*m*-冠-*n* 表示，其中 *m* 表示冠醚环的总原子数目，*n* 则表示环上的氧原子数目。当环上连有烃基时，则把烃基名称和数目作为词头。例如：

二苜并-18-冠-6　　冠醚　　18-冠-6

冠醚的合成方法简单而其性能特异，引起了人们广泛的注意。例如，18-冠-6 和二苯并-18-冠-6 的制备方法如下：

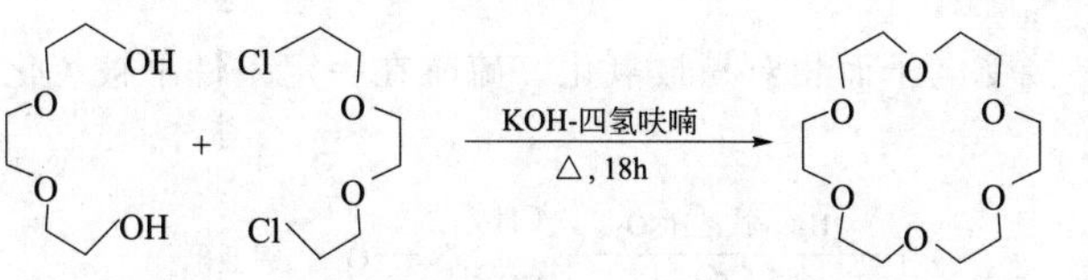

$$\xrightarrow[\triangle,\ 18h]{KOH-四氢呋喃}$$

18-冠-6

$$+ \begin{matrix}ClCH_2CH_2—O—CH_2CH_2Cl\\ ClCH_2CH_2—O—CH_2CH_2Cl\end{matrix} + \xrightarrow[\triangle]{NaOH,丁醇}$$

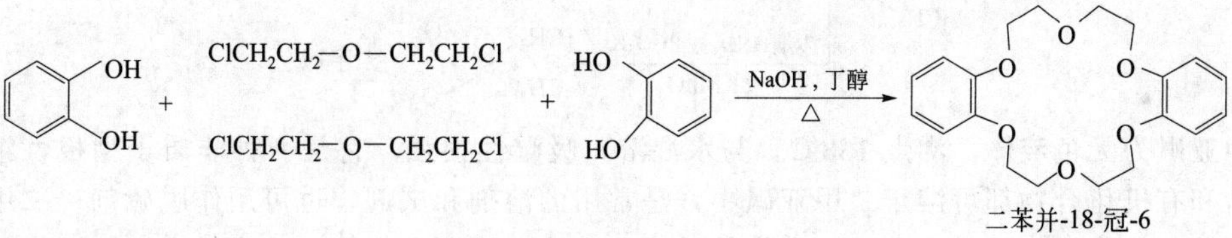

二苯并-18-冠-6

冠醚突出的特点是其大环结构中有空穴，且由于氧原子上含有孤电子对，因此，可根据冠醚的空穴大小以及金属离子半径大小选择性地形成配合离子，即只有和空穴大小相当的金属离子才能进入空穴与之配位。例如，18-冠-6（空穴为 0.26～0.32nm）可以与 $KMnO_4$（钾离子半径为 0.133nm）形成配合物。

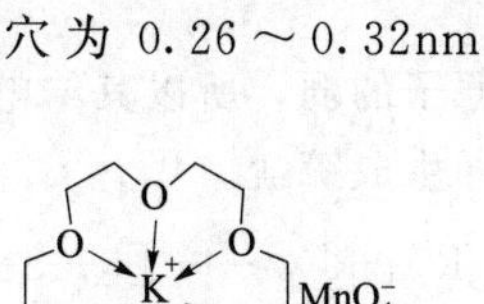

K^+　MnO_4^-

（蓝色溶液）

利用冠醚的这个性质既可以分离金属离子，也可以使某些反应加速进行。例如，用高锰酸钾氧化环己烯时，因高锰酸钾不溶于环己烯，反应不易发生，若加入 18-冠-6 反应即可迅速进行。因为冠醚与高锰酸钾形成的配合物可溶于环己烯中，即高锰酸钾由水相进入有机相，有利于环己烯与高锰酸钾相互接触，促使反应容易进行。

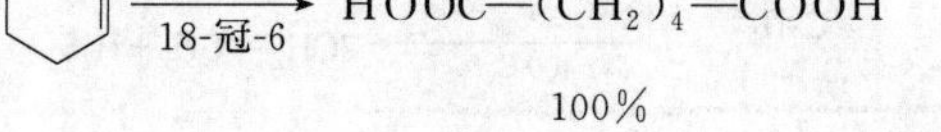

$$\text{环己烯} \xrightarrow[18-冠-6]{KMnO_4} HOOC—(CH_2)_4—COOH$$

100%

冠醚除用作配位剂外，还可作催化剂、离子选择性电极等，因此有关这方面的理论、生产及应用等成为研究热点，但由于冠醚价格昂贵，且毒性较大，因此其应用又受到一定限制。

9.3.5.4 硫醚

醚分子中的氧原子被硫原子代替后的化合物，叫作硫醚。可以用通式 R—S—R′、R—S—Ar 或 Ar—S—Ar′来表示。硫醚的命名方法与醚相似，只需在“醚”字之前加一“硫”字即可。

$CH_3—S—CH_3$ （二）甲硫醚　　$CH_3—S—C_2H_5$ 乙基甲基硫醚

硫醚的制法与醚相似。单硫醚可由硫化钾与卤代烷或烷基硫酸酯制备。

$$2CH_3I+K_2S \xrightarrow{\triangle} (CH_3)_2S+2KI$$

$$2(CH_3)_2SO_4+K_2S \xrightarrow{\triangle} (CH_3)_2S+2CH_3OSO_2OK$$

也可用硫醇金属与卤代烷作用制得硫醚。例如：

$$RX+NaSR' \xrightarrow{\triangle} R—S—R'+NaX$$

低级硫醚为无色液体，有臭味但不如硫醇那么强烈，沸点比同碳的醚高，如甲醚的沸点为 −24.9℃，甲硫醚的沸点为 37.6℃。由于硫醚不能与水形成氢键，故其在水中的溶解度远低于醚，几乎不溶于水。

硫醚的化学性质既与醚有相似点，即比较稳定，但由于硫原子易形成高价化合物，故又有不同于醚的性质，如下列反应。

（1）氧化反应

由于硫原子的空轨道易接受电子而相对易被氧化。硫醚在一定条件下被氧化剂氧化可得到亚砜和砜。例如：

$$(CH_3)_2S \xrightarrow[\text{或}CrO_3]{H_2O_2\text{或浓}HNO_3} (CH_3)_2S\rightarrow O \quad \text{二甲亚砜}$$

$$(CH_3)_2S \xrightarrow[\text{或}KMnO_4]{\text{发烟}HNO_3\text{或}RCO_3H} (CH_3)_2S(\rightarrow O)_2 \quad \text{二甲砜}$$

二甲亚砜为无色液体，沸点 188℃，与水混溶，吸湿性很强，它是一种非质子型极性溶剂，许多无机盐和有机化合物都可溶于二甲亚砜中，是常用的溶剂和试剂，也可用作脱硫剂。二甲亚砜有一定的毒性，并能迅速透过皮肤对人的神经系统和血液造成危害，使用时应注意安全操作。

环丁砜是吸收 CO_2、H_2S、RSH 等有害气体的有效吸收剂。苯丙砜是一种治疗麻风病的药物。

（2）亲核取代反应

由于硫醚中硫原子的电负性比氧原子的弱，所以其给电子的能力比醚中的氧原子强，即硫醚有较强亲核性，如硫醚可与卤代烷作用即生成锍盐。

$$R—\ddot{S}—R'+R''X \longrightarrow [R—\underset{R''}{\underset{|}{S}}—R']^+ X^-$$

锍盐较稳定，易溶于水，能导电。在水中离解生成 $[R—\overset{R''}{\overset{|}{S}}—R']^+$ 和 X^-。

（3）分解反应

硫醚可发生氢解反应和热解反应。工业上借此反应用于脱硫。

$$(C_2H_5)_2S \xrightarrow[340\sim400℃]{2H_2,\text{钼酸钴}} 2C_2H_6+H_2S$$

$$(C_2H_5)_2S \xrightarrow{400℃} 2CH_2=CH_2+H_2S$$

【扩展阅读】 **酒在中国的历史**

酒是古老的人造饮料，经考古发现，早在原始社会时期，人类就知道用谷物、瓜果发酵酿酒。中国是世界上最早酿酒的国家之一，甲骨文中就已经出现了“酒”字和与酒有关的“醴”“尊”“酉”等字。中国最晚在夏代已能人工造酒，《战国策》中记载“帝女令仪狄造酒，进之于禹。”殷商时期，中国已摆脱原始酿酒的方法，开始进入制曲酿酒阶段。周代酿酒已发展成独立且具有相当规模的手工业作坊。中国古人不仅发明酒，还探究发现酒的药用价值。如《汉书·食货志》中说：“酒，百药之长。”《本草纲目》认为：“酒少饮则和血行气，痛饮则伤神耗血，损胃之精，生痰动火。”说明酒的功效的双面性，即饮酒要适度，养成正确的饮酒观。

【例题解析】

醇、酚、醚的命名以及理化性质是该章内容的重要知识点和难点。

例题 1. 下列有关有机化合物的命名或描述正确的为__________，错误的为__________。（填题目序号）

（1）$CH_2{=}CH\overset{\overset{CH_3}{|}}{C}HCH_2CH(OH)CH_3$ 的名称为 3-甲基己-1-烯-5-醇。

（2）$CH_2{=}\overset{\overset{CH_2CH_3}{|}}{\underset{\underset{CH_3}{|}}{C}}CHCH_2CH_2OH$ 的名称 4-乙基-3-甲基戊-4-烯-1-醇。

（3）OH 的名称为 3-羟基环己-1-烯。

（4）OH CH3 的名称为 4-甲基萘-2-酚。

（5）酸性大小顺序为：$CH_3CH_2OH > CH_3CH_2CH_2OH > CH_3\overset{\overset{OH}{|}}{C}HCH_3 > CH_3\overset{\overset{OH}{|}}{\underset{\underset{CH_3}{|}}{C}}CH_3$。

（6）因苯酚与乙醇含相同的官能团（—OH），故与乙醇一样可与金属钠反应，而不与氢氧化钠反应。

解析：（1）错误。编号错误，正确名称为：4-甲基己-5-烯-2-醇。

（2）错误。主链选择错误，正确名称为：3-甲基-4-甲亚基己-1-醇。

（3）错误。母体选择错误，正确名称为：环己-2-烯-1-醇。

（4）正确。

（5）正确。

（6）错误。由于酚中氧上的孤对电子与苯环形成 p-π 共轭效应，酸性增强，大于水的酸性，而醇中氧上的孤对电子无共轭效应，酸性小于水。故酚可与氢氧化钠反应，而醇不反应。

例题 2. 用简便的化学方法鉴别下列各组化合物。

（1）$CH_3CH_2CH_2OH$　　$CH_3\overset{\overset{OH}{|}}{C}HCH_3$　　$CH_3\overset{\overset{OH}{|}}{\underset{\underset{CH_3}{|}}{C}}CH_3$

（2）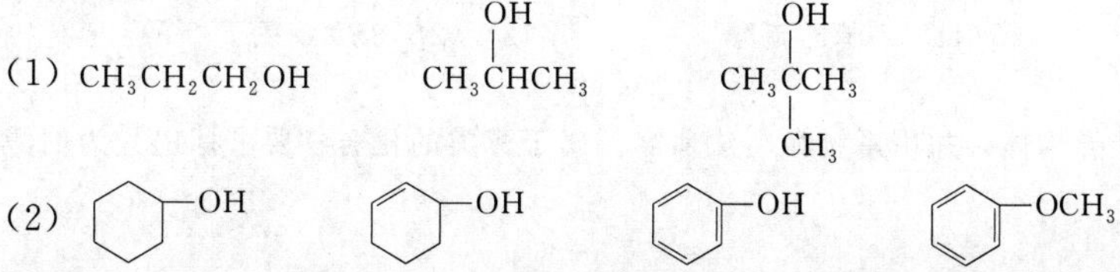

解析：（1）利用小于六个碳的醇溶于盐酸溶液而生成的卤代烃不溶于盐酸溶液，以及伯醇、仲醇、叔醇卤代反应活性的差别原理，进行鉴别。

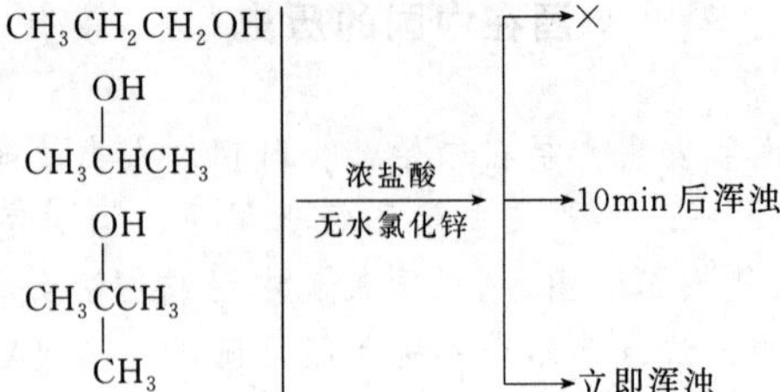

（2）前面三个有—OH，后面一个没有羟基，第三个有酚的特征反应，第二个有碳碳双键，故可以利用其性质上的区别进行鉴别。

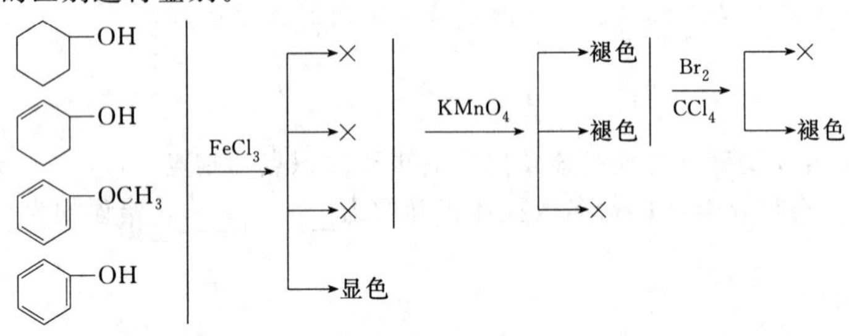

习　　题

1. 写出下列化合物的名称，并给醇类化合物进行分类（按伯、仲、叔）。

（1）$CH_3CH{=}C(CH_3)CH_2CH(OH)CH_3$

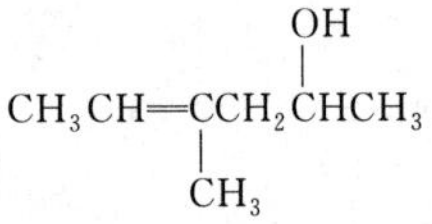

（2）$C_6H_5CH(CH_3)CH_2CH_2CH(CH_3)—OH$

（3）$CH_3CH(Cl)CH{=}CHCH_2CH(OH)CH_3$

（4）$O_2N—C_6H_4—OCH_2CH_3$（对位）

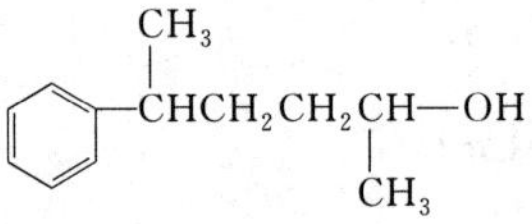

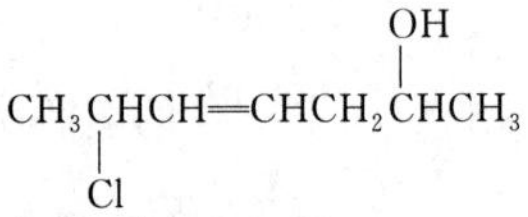

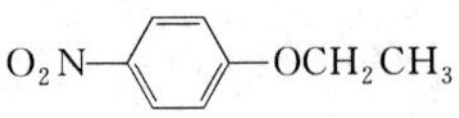

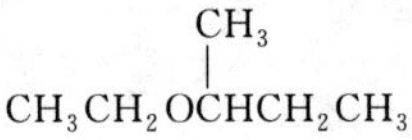

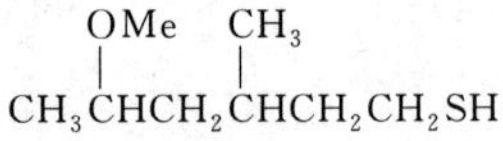

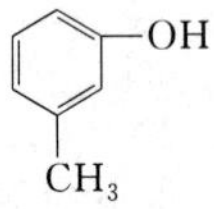

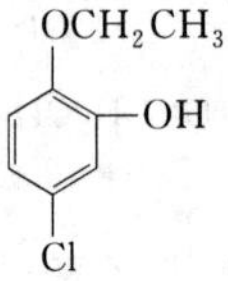

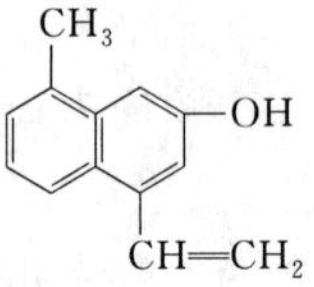

（5）$CH_3CH_2OCH(CH_3)CH_2CH_3$

（6）$CH_3CH(OMe)CH_2CH(CH_3)CH_2CH_2SH$

（7）苯环上 OH 与间位 CH_3

（8）苯环上 OCH_2CH_3、邻位 OH、对位 Cl

（9）萘环上 CH_3、OH、$CH{=}CH_2$

（10）萘环上 Br、CH_2OH、NO_2

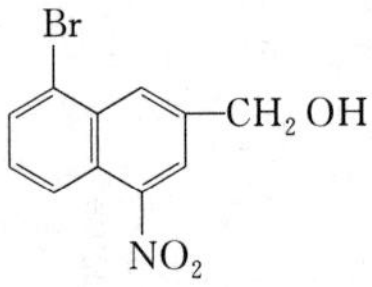

（11）$CH_3SCH_2CH_3$

（12）$CH_3—C_6H_4—SCH_2CH_3$（对位）

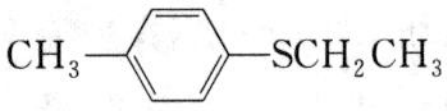

（13）$CH_3—CH—CH_2$（CH 与 CH_2 间以 O 成环）

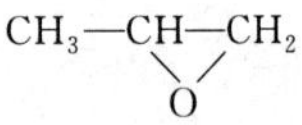

2. 写出下列化合物的结构式。

（1）2,4-二氯-4′-硝基二苯醚　（2）苦味酸　（3）对硝基苯甲醇

（4）3-乙氧基-2-甲基苯酚　（5）苯并-12-冠-4　（6）（*E*）-2-甲基丁-2-烯-1-醇

（7）乙二醇二乙醚　（8）烯丙醇　（9）2-萘甲醇

（10）甘油　（11）2-苯乙硫醇　（12）（2*S*,3*S*)-3-氯丁-2-醇

（13）乙基丙基硫醚

3. 试写出 C_4H_8O 的所有构造异构体，并用系统命名法命名。属于醇类的化合物要求标出其为伯醇、仲醇或叔醇。

4. 按要求对化合物进行排序。

（1）不用查表，将下列化合物的沸点按照从高到低的次序排列。

① 己-1-醇　　戊-1-醇　　2-甲基戊-1-醇　　2,3-二甲基丁-1-醇　　庚-1-醇

② 乙醇　　乙烷　　甲醚　　乙硫醇　　甲硫醚

③ 苯酚　　邻硝基苯酚　　对硝基苯酚　　乙基苯基醚　　甲基苯基醚

(2) 下列化合物与金属钠反应，反应活性从大到小的排列次序为：

乙醇　　丙-2-醇　　丙-1-醇　　2-甲基丙-2-醇

(3) 下列化合物与 Lucas 试剂反应，反应活性从大到小的排列次序为：

丙-2-烯-1-醇　　2-甲基丙-2-醇　　丁-2-醇　　丁-1-醇

(4) 下列化合物按酸性从大到小的排列次序为：

① 2-硝基苯酚　　苯酚　　2,4,6-三硝基苯酚　　2,4-二硝基苯酚

② 环己醇　　苯酚　　2-甲基苯酚　　环己硫醇

(5) 下列化合物按其水溶性，从大到小的排列次序为：

① 甘油　　丙二醇　　丙醇　　乙基甲基醚

② 丁醇　　丁硫醇　　乙醚　　苯酚

5. 在下列化合物中，哪些能形成分子内氢键？哪些能形成分子间氢键？

(1) 对硝基苯酚　　(2) 邻硝基苯酚　　(3) 邻甲苯酚　　(4) 邻氟苯酚

6. 用简便的化学方法区别下列各组化合物。

(1) $CH_2=CHCH_2OH$　　$CH_3CH_2CH_2CH_2OH$　　$CH_3CH(OH)CH_2CH_3$　　$(CH_3)_3COH$

(2) 环己醇　　苯酚　　环己-2-烯-1-醇　　2-氯丁烷

(3) 丁醇　　乙醚　　丁硫醇　　邻甲苯酚

7. 完成下列反应式：

(1) $(CH_3)_2C(OH)—CH_2CH_3 \xrightarrow[170℃]{H_2SO_4}$

(2) 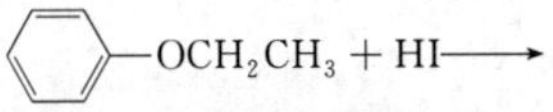 $C_6H_5—OCH_2CH_3 + HI \longrightarrow$

(3) $HO—C_6H_4—CH_2OH \xrightarrow{NaOH}$ （对位）

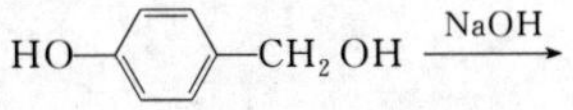

(4) $CH_3CH_2CH_2OH \xrightarrow[140℃]{H_2SO_4}$

(5) $CH_3CH=C(CH_3)CH_2CH(OH)CH_3 \xrightarrow[H^+]{KMnO_4}$

(6) 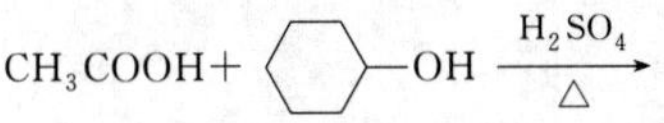 $CH_3COOH +$ 环己基$—OH \xrightarrow[\triangle]{H_2SO_4}$

(7) 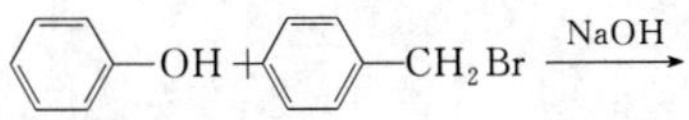 $C_6H_5—OH + C_6H_5—CH_2Br \xrightarrow{NaOH}$

(8) 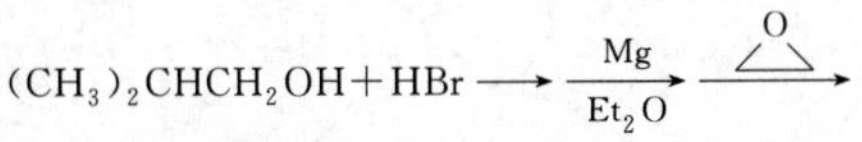 $(CH_3)_2CHCH_2OH + HBr \longrightarrow \xrightarrow[Et_2O]{Mg} \xrightarrow{环氧乙烷}$

8. 分离下列各组化合物。

(1) 苯和苯酚　　(2) 环己醇和苯酚　　(3) 甲基苯基醚和对甲苯酚

9. 完成下列转化（无机试剂任选）：

(1) $CH_3CH_2CH_2OH \longrightarrow CH_2(OH)CH_2CH_2OH$

(2) 环己醇 $\longrightarrow$ $\begin{matrix} CH_2CH_2CHO \\ | \\ CH_2CH_2CHO \end{matrix}$

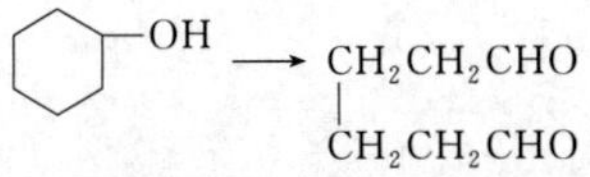

(3) $CH_3CH_2CH_2CH_2OH \longrightarrow CH_3CHO$

(4) 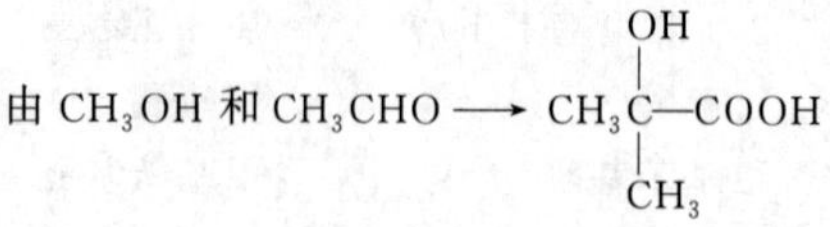 由 CH_3OH 和 $CH_3CHO \longrightarrow CH_3C(OH)(CH_3)—COOH$

(5) $(CH_3)_2C═CH_2 \longrightarrow (CH_3)_3COCH_2CH(CH_3)_2$

(6) 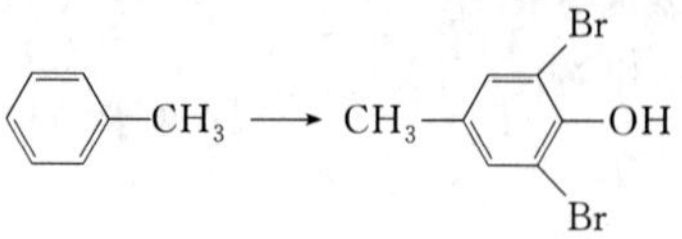 $C_6H_5—CH_3 \longrightarrow$ CH_3—(3,5-二溴-4-羟基苯基)，即 $CH_3—C_6H_2(Br)_2—OH$

(7) 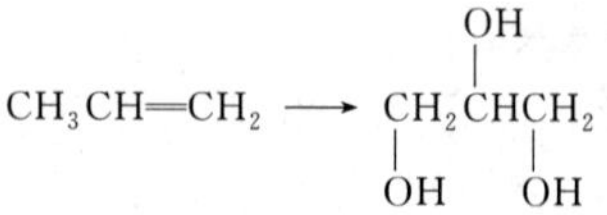 $CH_3CH═CH_2 \longrightarrow CH_2(OH)CH(OH)CH_2(OH)$

10. 某芳香族化合物 A 的分子式为 C_7H_8O，不与钠发生反应，但能与浓氢碘酸作用生成两个化合物 B 和 C，B 能与三氯化铁发生显色反应，并能溶于氢氧化钠溶液；C 能与硝酸银醇溶液作用，生成碘化银沉淀。试推导出 A、B、C 可能的构造式。若 A 的分子式为 $C_8H_{10}O$，其他同上，试推出此时 A、B、C 可能的构造式。

11. 化合物 A、B、C 的分子式均为 $C_5H_{12}O$，它们都可与金属钠作用产生氢气，且脱水后加氢均得到异戊烷。将 A、B、C 分别与卢卡斯试剂作用，其中 A 在室温下不发生反应，B 则在 10 分钟后出现混浊，C 立即出现混浊。试推导出 A、B、C 可能的构造式。

12. 某化合物 A 的分子式为 $C_6H_{12}O$，可与金属钠反应放出氢气，但不溶于氢氧化钠溶液，与浓硫酸溶液加热可得到化合物 B (C_6H_{10})，B 与高锰酸钾酸性溶液作用得到一直链化合物 C，C 可与碳酸氢钠作用放出一气体物质，该气体可使石灰水变混浊。试推导出 A、B、C 可能的构造式。

13. 化合物 A、B、C 的分子式均为 C_7H_8O，A 可与三氯化铁发生显色反应，B、C 则不与三氯化铁发生显色反应。A、B 既可与金属钠反应放出氢气，又可被高锰酸钾氧化，而 C 与金属钠、高锰酸钾均不发生反应。试推导出 A、B、C 可能的构造式及名称。

第 10 章　醛 酮 醌

醛、酮和醌的分子结构中都含有官能团羰基（$-\overset{O}{\overset{\|}{C}}-$），它们都属于羰基化合物。如果羰基碳原子至少与一个氢原子相连，可表示为$-\overset{O}{\overset{\|}{C}}-H$或—CHO，称为醛基。醛基总是位于碳链一端。如果羰基碳原子同时连接两个烃基，则称为酮，可表示为$R-\overset{O}{\overset{\|}{C}}-R'$或 RCOR′，两个烃基可相同也可不同，酮羰基总是位于分子链中端。醌可以看作酚类的氧化产物，分子中也含有羰基，是一类特殊的环状不饱和二酮。

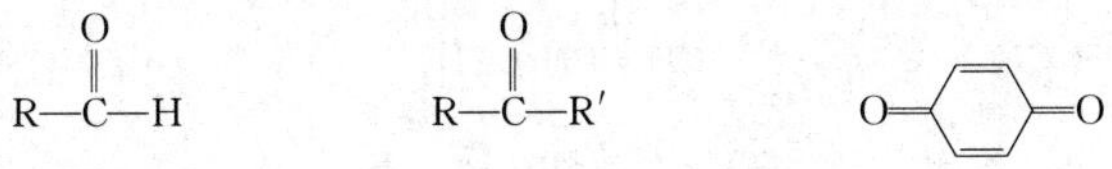

$R-\overset{O}{\overset{\|}{C}}-H$　　$R-\overset{O}{\overset{\|}{C}}-R'$　　O=⟨C₆H₄⟩=O

醛　　酮　　醌

醛、酮在有机化学中占有极为重要的地位。由于结构多种多样，所以醛、酮的用途也极为广泛：许多是重要的化工原料，用作合成的起始原料；有些用作香料、药物或溶剂；有些是生物代谢过程中的中间产物。醌都是有颜色的化合物，许多天然色素分子结构中具有醌的结构。

10.1　醛、酮

10.1.1　醛、酮的分类和命名

根据与羰基相连的烃基的不同，可将醛、酮分为脂肪族醛、酮，芳香族醛、酮，或饱和醛、酮，不饱和醛、酮。根据醛、酮分子中所含羰基的个数，可分为一元醛、酮，二元醛、酮等。根据酮羰基所连的两个烃基是否相同，分为单酮和混酮。

醛、酮的命名法有普通命名法和系统命名法。醛、酮的普通命名法是依据羰基所连的两个烃基来命名。例如：

$CH_3CH_2CH_2CHO$　正丁醛

$CH_3\underset{}{\overset{CH_3}{\overset{|}{C}}}HCH_2CHO$　异戊醛

$CH_3\overset{O}{\overset{\|}{C}}CH_2CH_3$　甲（基）乙（基）酮

$CH_3\overset{O}{\overset{\|}{C}}CH{=}CH_2$　甲基乙烯基酮

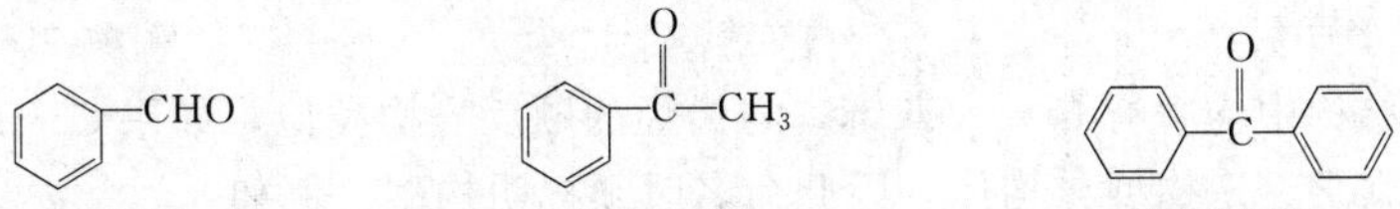

C_6H_5-CHO　苯甲醛

$C_6H_5-\overset{O}{\overset{\|}{C}}-CH_3$　苯乙酮

$C_6H_5-\overset{O}{\overset{\|}{C}}-C_6H_5$　二苯甲酮

系统命名法是选择含羰基的最长碳链为主链，从靠近羰基的一端开始编号。醛基因总是在分子的链端，所以不必标明其位置序号。酮羰基处于分子链中端，位置不同会得到不同的异构体，故命名时需标明羰基的位次。例如：

$CH_3CH_2\overset{CH_3}{\overset{|}{C}}HCHO$　2-甲基丁醛

$CH_3\overset{O}{\overset{\|}{C}}CH_2-\overset{CH_3}{\overset{|}{C}}HCH_3$　4-甲基戊-2-酮

$CH_3CH_2\overset{O}{\overset{\|}{C}}-\overset{CH_3}{\overset{|}{C}}HCH_3$　2-甲基戊-3-酮

脂环酮的羰基在碳环内，命名时根据构成环的碳原子数目，称为环某酮，编号从羰基开始。如果羰基在碳环外，命名时将环作为取代基。例如：

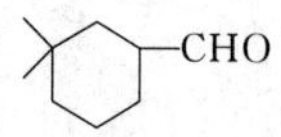

3,3-二甲基环己基甲醛 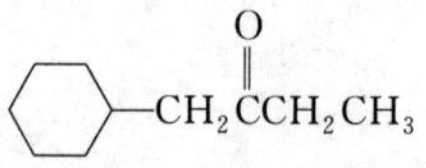　　1-环己基丁-2-酮 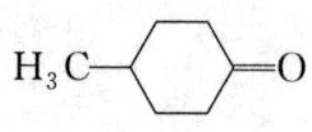　　4-甲基环己酮

如果醛、酮分子中含有碳碳双键或三键，命名时以醛或酮为母体，编号时从靠近羰基一端开始，同时须标明双键或三键的位置和数目，并将表示主链碳原子数目的数字应放在“烯”或“炔”的前面。芳香族醛、酮命名时，常将芳环作为取代基。例如：

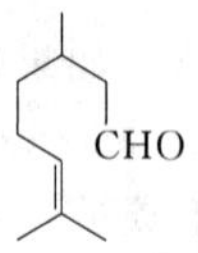

$CH_2{=}CH{-}\overset{O}{\overset{\|}{C}}CH_2CH_3$

3,7-二甲基辛-6-烯醛 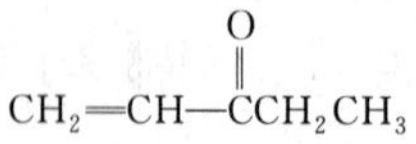　　戊-1-烯-3-酮 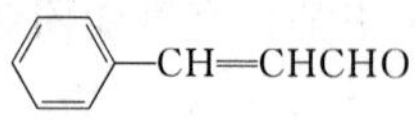　　3-苯基丙烯醛 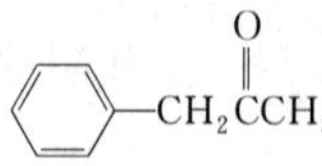　　1-苯基丙-2-酮

对于分子结构中含有多个羰基的醛、酮，如果不是同时含有醛基和酮羰基的，命名时把羰基的位置和数量标明即可。例如：

$OHCCH_2CH_2CH_2CHO$　　$CH_3\overset{O}{\overset{\|}{C}}CH_2\overset{O}{\overset{\|}{C}}CH_3$

戊二醛　　戊-2,4-二酮 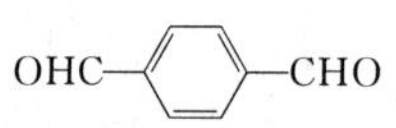　　对苯二甲醛

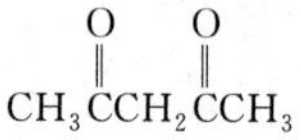

分子中同时含有醛基和酮羰基时，以醛为母体。例如：

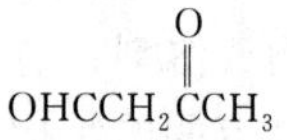

$OHCCH_2\overset{O}{\overset{\|}{C}}CH_3$

3-丁酮醛 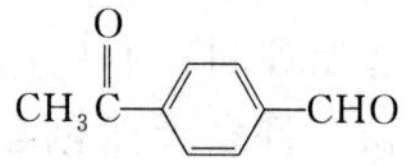　　对乙酰基苯甲醛 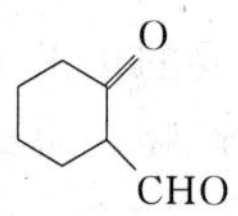　　2-环己酮基甲醛

肟、腙和缩氨脲是醛或酮分别与羟胺、肼和氨基脲发生加成-消除反应后的产物，它们的结构通式如下：

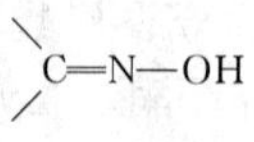

$>C{=}N{-}OH$　　$>C{=}N{-}NH_2$　　$>C{=}N{-}NH{-}\overset{O}{\overset{\|}{C}}{-}NH_2$

肟 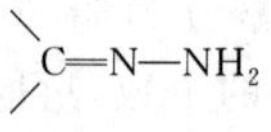　　腙 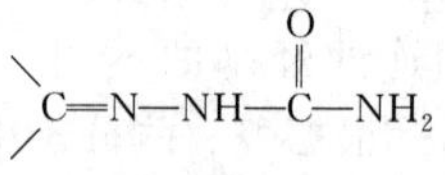　　缩氨脲

肟、腙和缩氨脲的命名原则为醛、酮名称后面加上“肟”“腙”或“缩氨脲”，称为某醛（酮）肟、某醛（酮）腙、某醛（酮）缩氨脲。例如：

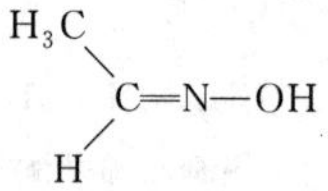

乙醛肟 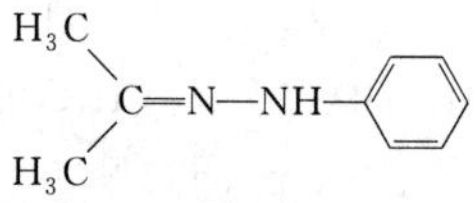　　丙酮苯腙 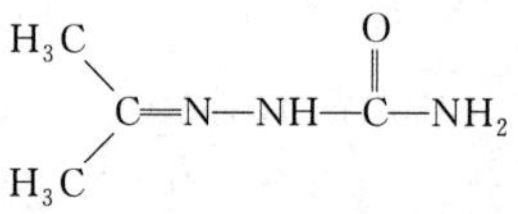　　丙酮缩氨脲

肟、腙和缩氨脲的结构中均含有C═N双键，与烯烃的顺反异构类似，如果C═N双键上所连接的取代基不同，也存在Z、E构型异构体，因此命名时须标明构型。例如：

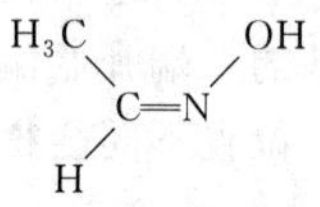

(Z)-乙醛肟 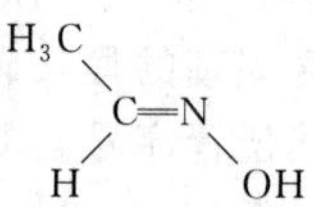　　(E)-乙醛肟

10.1.2　醛、酮的制备

10.1.2.1　醇的氧化和脱氢

氧化伯醇和仲醇可制备醛和酮。叔醇由于分子中没有α-H，在碱性条件下不被氧化，在酸性条件下脱水生成烯烃，继而被氧化发生碳链断裂。使用不同的氧化剂氧化醇会得到不同的氧化结果。

常用的氧化剂有高锰酸钾+硫酸、重铬酸钠或重铬酸钾+硫酸、三氧化铬与吡啶的配合物［$CrO_3(C_5H_5N)_2$ 又称 PCC 氧化剂，或称沙瑞特（Sarrett）试剂］、丙酮-异丙醇铝（或叔丁醇铝）等。

在酸性条件下，伯醇被高锰酸钾或重铬酸钠先氧化成醛，生成的醛会被进一步氧化成羧酸。如果能够将生成的醛及时移出，则可以以较好的收率得到醛。该方法主要适用于制备比较容易移出反应体系的醛，如沸点较低的乙醛（沸点 20.2℃）：

$$CH_3CH_2OH \xrightarrow[H_2SO_4]{K_2Cr_2O_7} CH_3CHO\text{（反应过程中蒸出）}$$

为了避免生成的醛被进一步氧化，可采用 PCC 氧化伯醇制备醛。

$$CH_3(CH_2)_6CH_2OH \xrightarrow[CH_2Cl_2, 25℃]{CrO_3(C_5H_5N)_2} CH_3(CH_2)_6CHO$$

仲醇被氧化剂氧化生成酮，酮一般较为稳定，不易被继续氧化，故常利用该方法制备酮。例如：

$$\text{环己醇(OH)} \xrightarrow[H_2SO_4]{Na_2Cr_2O_7} \text{环己酮(O)}$$

如果伯醇或仲醇中含有碳碳双键，则双键可能会与氧化剂作用而被破坏。为了保留碳碳双键，可采用特殊的氧化剂如丙酮-异丙醇铝氧化不饱和醇。

$$CH_3\overset{\overset{CH_3}{|}}{C}{=}CH(CH_2)_2CH_2OH \underset{CH_3COCH_3}{\overset{\text{异丙醇铝}}{\rightleftharpoons}} CH_3\overset{\overset{CH_3}{|}}{C}H{=}CH(CH_2)_2CHO$$

$$CH_3\overset{\overset{OH}{|}}{C}HCH{=}CHCH{=}\overset{\overset{CH_3}{|}}{C}CH{=}CH_2 \underset{\text{苯，回流，}80\%}{\overset{\text{异丙醇铝，}CH_3COCH_3}{\rightleftharpoons}} CH_3\overset{\overset{O}{\|}}{C}HCH{=}CHCH{=}\overset{\overset{CH_3}{|}}{C}CH{=}CH_2$$

这种选择性氧化醇羟基的方法称为欧芬脑尔（Oppenauer）氧化法。生成的醛在碱性条件下容易发生羟醛缩合反应，所以该氧化法更适合制备酮。

除了采用醇的氧化制备醛、酮外，还可以通过使用适当的催化剂，将醇脱去一分子氢来获得醛或酮。如将伯醇或仲醇的蒸气通过加热到 250～300℃的铜或银、镍等催化剂，伯醇会脱氢生成醛，仲醇则生成酮。

$$CH_3CH_2OH \underset{270\sim300℃}{\overset{Cu}{\rightleftharpoons}} CH_3CHO + H_2\uparrow$$

$$CH_3\overset{\overset{OH}{|}}{C}HCH_3 \underset{300℃}{\overset{Cu}{\rightleftharpoons}} CH_3\overset{\overset{O}{\|}}{C}HCH_3 + H_2\uparrow$$

10.1.2.2　炔烃水合

炔烃在汞离子存在下，与水发生亲电加成反应生成烯醇，烯醇进一步异构化生成醛或酮。其通式表示为：

$$R{-}C{\equiv}C{-}R' + H_2O \xrightarrow[H_2SO_4]{Hg^{2+}} \left[R{-}\overset{\overset{OH}{|}}{C}{=}C{-}R'\right] \rightleftharpoons R{-}\overset{\overset{O}{\|}}{C}{-}CH_2R'$$

乙炔水合生成乙醛：

$$HC{\equiv}CH + H_2O \xrightarrow[H_2SO_4]{Hg^{2+}} H{-}\overset{\overset{O}{\|}}{C}{-}CH_3$$

工业上主要利用该法生产乙醛。

其他炔烃水合生成酮，其中末端炔水合可得到甲基酮：

$$R{-}C{\equiv}C{-}R' + H_2O \xrightarrow[H_2SO_4]{Hg^{2+}} R{-}\overset{\overset{O}{\|}}{C}{-}CH_2{-}R'$$

$$R-C\equiv CH + H_2O \xrightarrow[H_2SO_4]{Hg^{2+}} R-\overset{O}{\overset{\|}{C}}-CH_3$$

10.1.2.3 同碳二卤化物水解

同碳二卤化物在碱性或酸性条件下水解生成醛或酮。该方法主要适用于制备芳香醛、酮，例如利用苯二氯甲烷在酸性中水解获得苯甲醛。由于生成的醛对碱敏感，故一般采用酸性水解，而制备芳香酮则可在碱性条件下进行。例如：

$$C_6H_5CHCl_2 \xrightarrow[H^+]{H_2O} C_6H_5CHO$$

$$m\text{-}BrC_6H_4CH_2CH_3 \xrightarrow[光]{2\,Cl_2} m\text{-}BrC_6H_4CCl_2CH_3 \xrightarrow[OH^-]{H_2O} m\text{-}BrC_6H_4COCH_3$$

10.1.2.4 Friedel-Crafts 酰基化反应

在催化剂如无水 $AlCl_3$ 作用下，芳烃与酰氯、酸酐等反应，芳烃上的氢原子被酰基取代，生成芳香酮。例如：

$$C_6H_6 + CH_3COCl \xrightarrow[②\ H_2O]{①\ AlCl_3,\ \triangle} C_6H_5COCH_3 + HCl$$

$$C_6H_5CH_2CH_2CH_2COCl \xrightarrow[②\ H_2O]{①\ AlCl_3,\ \triangle} \text{α-四氢萘酮} + HCl$$

$$C_6H_6 + H_3C-\overset{O}{\overset{\|}{C}}-O-\overset{O}{\overset{\|}{C}}-CH_3 \xrightarrow{AlCl_3} C_6H_5COCH_3 + CH_3COOH$$

Friedel-Crafts 酰基化反应不发生重排，也不会生成多元取代物。不过由于所生成的酮或副产物与催化剂络合，会消耗催化剂，因此，催化剂的用量是酰化试剂的二倍以上。此外，由于使用 $AlCl_3$ 催化反应后，反应体系中会存在大量水合 $AlCl_3$，给产物的纯化带来不便，采用新型催化剂如金属离子交换蒙脱土等来催化酰基化反应，不仅可以提高反应的选择性，还可以降低对环境的污染。

芳烃与 CO 和 HCl 在 $AlCl_3$-Cu_2Cl_2 存在下发生反应，可以在芳环上引入一个甲酰基（—CHO），该反应称为伽特曼-科赫（Gattermann-Koch）反应。例如：

$$C_6H_6 + CO + HCl \xrightarrow{AlCl_3,\ Cu_2Cl_2} C_6H_5CHO$$

$$C_6H_5CH_3 + CO + HCl \xrightarrow{AlCl_3,\ Cu_2Cl_2} p\text{-}CH_3C_6H_4CHO$$

（46%～51%）

该反应的本质是亲电取代反应，CO 与 HCl 首先生成 $[HC^+=O]\ AlCl_4^-$。加入 Cu_2Cl_2 的目的是使反应可在常压下进行，否则需要加压才能完成。

10.1.2.5 芳烃侧链的氧化

芳环侧链上的 α-H 由于受芳环的影响，具有一定的反应活性，容易被氧化，选择适当的氧化反应条件可以使反应停留在生成芳醛阶段。例如以二氧化锰-硫酸作为氧化剂，并在搅拌下滴加，可顺利将甲苯氧化成苯甲醛。

$$C_6H_5CH_3 \xrightarrow[65\%\ H_2SO_4]{MnO_2} C_6H_5CHO$$

用氧化铬-乙酸酐作为氧化剂氧化甲苯，产物经分离后水解也可得到苯甲醛。

$$C_6H_5CH_3 \xrightarrow[(CH_3CO)_2O]{CrO_3} C_6H_5CH(OCOCH_3)_2 \xrightarrow{H_2O} C_6H_5CHO$$

芳烃侧链的氧化也可以用于制备芳酮。例如：

$$p\text{-}O_2NC_6H_4CH_2CH_3 \xrightarrow[\text{催化剂}]{O_2} p\text{-}O_2NC_6H_4COCH_3$$

10.1.2.6 羧酸衍生物的还原

羧酸衍生物如酰氯、酯及酰胺等都可以通过间接的还原方法制备醛酮。如采用罗森孟德(Rosenmund)还原法，可把酰氯还原成醛。例如：

$$CH_3CH_2CH_2\overset{O}{\overset{\|}{C}}—Cl + H_2 \xrightarrow[\text{喹啉-硫}]{Pd\text{-}BaSO_4} CH_3CH_2CH_2\overset{O}{\overset{\|}{C}}—H + HCl$$

用三（叔丁氧基）氢化锂铝［$LiAl(t\text{-}BuO)_3H$］可以把很多羧酸衍生物还原成醛，例如还原酰氯：

$$\text{3-}CH_3O\text{-4-}CH_3C_6H_3COCl \xrightarrow[\text{②}H_2O,\ H^+]{\text{①}LiAl(t\text{-}BuO)_3H,\ \text{乙醚},\ -78℃} \text{3-}CH_3O\text{-4-}CH_3C_6H_3CHO$$

10.1.2.7 羰基合成

在高压和催化剂如八羰基二钴［$Co(CO)_4$］$_2$ 的作用下，烯烃与氢气和CO反应，可在双键碳原子上引入一个醛基，这类反应称为羰基合成。

$$RCH{=}CH_2 \xrightarrow[10\sim20MPa]{CO,\ H_2,\ 110\sim200℃} RCH_2CH_2CHO + CH_3\underset{R}{\underset{|}{C}}HCHO$$

羰基合成一般采用端烯烃，产物主要为直链醛。

10.1.3 醛、酮的物理性质

常温下除甲醛是气体外，C_{12} 以下的醛、酮是液体，更高碳数的醛、酮是固体。低碳数的醛带有刺鼻的气味；$C_6\sim C_{14}$ 的醛在低浓度时有花果香味，可用于香精的配制；$C_7\sim C_{13}$ 的酮类具有令人愉快的香味，可用于高级香精的配制；$C_{14}\sim C_{19}$ 的脂环酮具有花果香味，也可用作香料。

脂肪族醛、酮的相对密度小于1，芳香族醛、酮的相对密度大于1。

由于羰基是强极性基团，所以醛、酮的沸点比分子量相近的醚和烃类高；但由于醛或酮的分子之间不能形成氢键，故沸点比分子量相近的醇低。分子量相近的醇、醛、酮、醚、烃的沸点次序是：醇＞醛、酮＞醚＞烃。但沸点的差异会随着碳原子数目的增加而逐渐变小。

低碳数的醛或酮与水分子之间可以形成氢键，使得低级醛、酮能溶于水，但溶解度会随着分子量的增加而减小，C_5 以上的醛、酮微溶或不溶于水。一般的醛、酮可溶于大多数的有机溶剂。常见醛、酮的物理常数见表10-1。

表10-1 常见醛、酮的物理常数

名称	相对密度(25℃)	沸点/℃	溶解情况或溶解度(100g H_2O中)/g
甲醛	0.815	−19.5	55
乙醛	0.781	20.8	溶
丙醛	0.807	48.8	20

续表

名称	相对密度(25℃)	沸点/℃	溶解情况或溶解度(100g H_2O中)/g
正丁醛	0.817	75	4
正戊醛	0.8095	102～103	微溶
苯甲醛	1.06	179	0.33
丙酮	0.792	56.5	溶
丁酮	0.805	79.6	35.5
戊-2-酮	0.812	102	几乎不溶
戊-3-酮	0.814	102	4.7
环己酮	0.942	156	微溶
苯乙酮	1.026	202	微溶

10.1.4　醛、酮的结构

羰基是醛、酮的官能团，它决定了醛、酮的化学性质。羰基由碳原子与氧原子以双键结合，其结构与碳碳双键类似。羰基中的碳原子是 sp^2 杂化类型，有三个 sp^2 杂化轨道以近似 120°键角分布在同一平面上，一个 p 轨道垂直于该平面。三个 sp^2 杂化轨道形成三个 σ 键，其中一个 σ 键与氧原子连接，p 轨道与氧原子的一个 p 轨道相互侧面重叠形成 π 键，所以羰基中的碳氧双键由 1 个 σ 键和一个 π 键组成，如图 10-1 所示。

在碳氧双键中，氧原子的电负性比碳原子大，碳氧之间的成键电子云，特别是流动性较大的 π 电子云更偏向于氧原子，从而使氧原子附近的电子云密度增高，碳原子附近的电子云密度降低，因此，氧原子带有部分负电荷，碳原子则带有部分正电荷（图 10-2），这使得羰基具有极性，有一定的偶极矩。

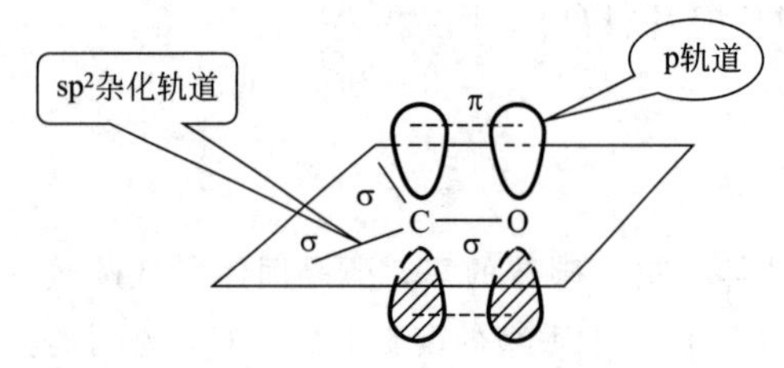

图 10-1　羰基的结构

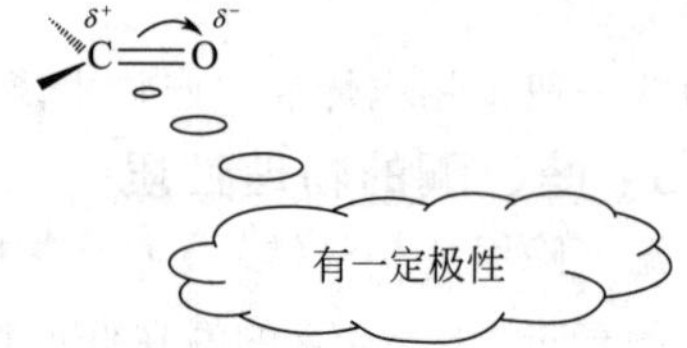

图 10-2　电子偏向示意图

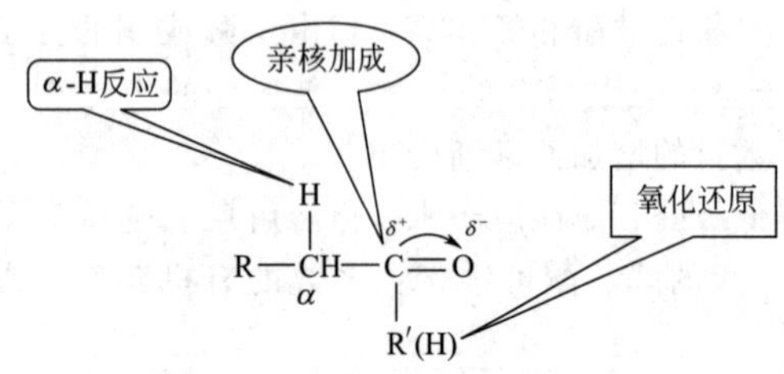

图 10-3　醛、酮化学性质示意图

10.1.5　醛、酮的化学性质

醛酮的羰基是一个极性不饱和基团，可以发生加成反应。由于羰基的碳原子带有部分正电荷，比较容易受带负电荷或带有未共用电子对的亲核试剂进攻，发生亲核加成反应。受羰基影响，α-碳原子上的氢原子（α-H）和醛基（—CHO）上的氢原子都表现出一定的反应活性。醛、酮发生化学反应的主要部位如图 10-3 所示。

10.1.5.1　亲核加成反应

醛、酮分子中的碳氧双键与烯烃中的碳碳双键相似，也是由一个 σ 键和一个 π 键组成，所以醛、酮也可以像烯烃一样能够发生加成反应。但由于碳氧双键是极性键，碳原子带部分正电荷，氧原子带部分负电荷，所以碳氧双键的加成又与碳碳双键的加成有较大的区别。

假设羰基受到亲电试剂进攻，亲电试剂由于是缺电子性的，所以只能进攻带部分负电荷的氧原子，从而形成碳正离子Ⅰ（见图 10-4）；如果羰基受到亲核试剂进攻，由于亲核试剂带负电荷或带有未共用电子对，所以进攻羰基带正电性的碳原子，从而形成氧负离子Ⅱ（见图 10-5）。

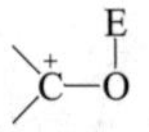

$$\overset{+}{C}-O-E \quad (\mathrm{I}) \qquad\qquad (Nu)C-O^- \quad (\mathrm{II})$$

图 10-4　碳正离子　　　　图 10-5　氧负离子

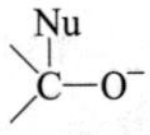

由于氧原子有较大的容纳负电荷的能力，所以Ⅱ式比Ⅰ式稳定，因此，碳氧双键容易被亲核试剂进攻发生亲核加成反应，常见的亲核试剂（Nu^-）有 HCN、$NaHSO_3$、ROH、RMgX 等，反应通式为：

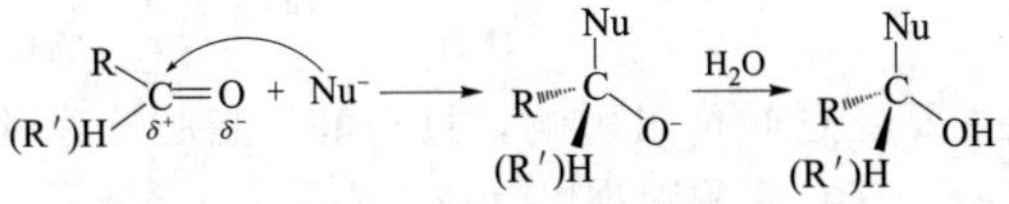

$$\underset{(R')H}{\overset{R}{>}}\overset{\delta^+}{C}=\overset{\delta^-}{O} + Nu^- \longrightarrow R(R')H\,C(Nu)-O^- \xrightarrow{H_2O} R(R')H\,C(Nu)-OH$$

亲核加成是否容易进行取决于羰基碳原子亲电性的强弱、亲核试剂亲核性的强弱以及空间位阻等因素。对于羰基来说，羰基碳正电性愈大，愈有利于亲核加成；羰基碳上连接的基团体积愈大，愈不利于亲核加成。羰基的反应活性大致次序为：醛＞酮；脂肪族醛、酮＞芳香族醛、酮。常见结构的醛酮反应活性次序可表示为：

HCHO＞CH_3CHO＞ArCHO＞CH_3COCH_3＞小于 C_8 环酮＞CH_3COR＞RCOR＞ArCOAr

对于芳香醛，芳环上的吸电子基团可增强羰基的反应活性，而给电子基团则会降低反应活性。因此，就羰基的反应活性来说，对硝基苯甲醛＞苯甲醛＞对甲基苯甲醛。

影响羰基反应活性的因素不能只从电子效应或空间效应单方面考虑，而应该综合考量，有时电子效应是主要因素，有时空间位阻是主要因素。例如芳香族酮苯乙酮（$C_6H_5COCH_3$）的羰基活性就比脂肪族酮 2,2,4,4-四甲基戊-3-酮［$(CH_3)_3C-CO-C(CH_3)_3$］的活性强，这是由后者的羰基分别连接有空间位阻较大的叔丁基所致。

（1）与氢氰酸的加成反应

醛、脂肪族甲基酮和少于 8 个碳的环酮可与 HCN 加成，生成 α-羟基腈（也称 α-氰醇）：

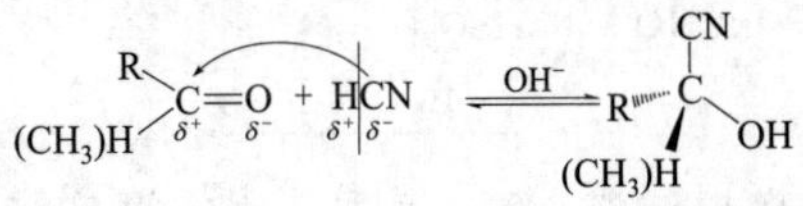

$$\underset{(CH_3)H}{\overset{R}{>}}\overset{\delta^+}{C}=\overset{\delta^-}{O} + \overset{\delta^+}{H}|\overset{\delta^-}{CN} \underset{}{\overset{OH^-}{\rightleftharpoons}} R(CH_3)H\,C(CN)-OH$$

α-羟基腈

实验发现，若在该类反应中加入少量碱能使反应迅速完成；若加入酸，则反应进行相当缓慢。如何解释该现象？

在酸性环境中，由于 HCN 是一种弱酸，它在水中的解离常数很小，［CN^-］浓度低，使得其亲核能力低，但体系中的 H^+ 可以进攻羰基中带负电性的氧原子，使得羰基中的碳原子的正电性增强，因此加入酸可增强羰基的活性。

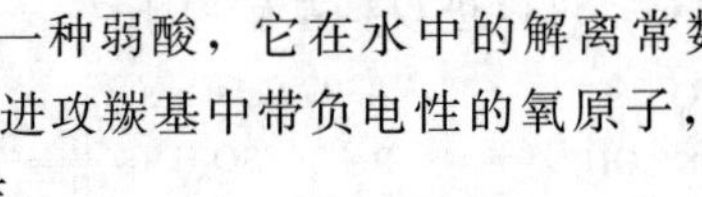

$$>C=O \xrightarrow{H^+} >C=\overset{+}{O}H \longleftrightarrow >\overset{+}{C}-OH$$

而碱性环中可促进 HCN 的电离，使［CN^-］浓度升高，因此加入碱可增加亲核试剂的浓度。

$$HCN \underset{H^+}{\overset{OH^-}{\rightleftharpoons}} CN^- + H_2O$$

实验结果表明，加入碱有利于反应顺利进行，加入酸不利于反应进行。同时，影响该反应的主要因素是亲核试剂的浓度。这也说明 HCN 与醛、酮的加成是分步进行的，首先由 CN^-（亲核试剂）进攻羰基上带正电性的碳原子，然后 H^+ 加到带负电性的氧上，也就是说 HCN 与醛酮的加成是亲核加成。即：

$$\underset{(CH_3)H}{\overset{R}{\diagdown}}\overset{\delta^+}{C}=\overset{\delta^-}{O} + CN^- \xrightarrow{\text{慢}} R\text{—}\underset{(CH_3)H}{\overset{CN}{C}}\text{—}O^- \underset{-H_2O}{\overset{H_2O}{\rightleftharpoons}} R\text{—}\underset{(CH_3)H}{\overset{CN}{C}}\text{—}OH$$

HCN 与醛或酮反应生成 α-羟基腈，α-羟基腈的碳原子数比原来的醛或酮的碳原子数多 1，这是有机合成中增长碳链的方法之一。此外，α-羟基腈的氰基可进一步水解生成 α-羟基羧酸。例如：

$$CH_3CHO + HCN \overset{OH^-}{\rightleftharpoons} H_3C\text{—}\overset{OH}{\overset{|}{C}H}\text{—}CN \underset{H^+}{\xrightarrow{H_2O}} H_3C\text{—}\overset{OH}{\overset{|}{C}H}\text{—}COOH$$

α-羟基丙酸（乳酸）

$$CH_3COCH_3 + HCN \overset{OH^-}{\rightleftharpoons} H_3C\text{—}\underset{CH_3}{\overset{OH}{C}}\text{—}CN \underset{H^+}{\xrightarrow{H_2O}} H_3C\text{—}\underset{CH_3}{\overset{OH}{C}}\text{—}COOH$$

醛、酮的加成反应活性主要受空间位阻影响，只有醛、脂肪族甲基酮和小于 8 个碳的环酮与 HCN 反应时，平衡常数 $K>1$，其它醛酮则难以反应。

（2）与亚硫酸氢钠（$NaHSO_3$）的加成反应

醛、脂肪族甲基酮和 8 个碳以下的环酮能与过量饱和 $NaHSO_3$ 溶液反应，生成白色 α-羟基磺酸钠：

$$\underset{(CH_3)H}{\overset{R}{\diagdown}}\overset{\delta^+}{C}=\overset{\delta^-}{O} + NaH\ddot{S}O_3 \rightleftharpoons \left[R\text{—}\underset{(CH_3)H}{\overset{SO_3H}{C}}\text{—}ONa\right] \rightleftharpoons R\text{—}\underset{(CH_3)H}{\overset{SO_3Na}{C}}\text{—}OH$$

α-羟基磺酸钠

该反应是可逆的，加入过量的 $NaHSO_3$，可促使反应向右转移。α-羟基磺酸钠易溶于水，但不溶于饱和 $NaHSO_3$ 溶液，所以该反应会有白色沉淀产生。此外，生成的 α-羟基磺酸钠在碱性或酸性溶液中水解回原来的醛或酮。

$$R\text{—}\overset{OH}{\overset{|}{C}H}\text{—}SO_3Na \rightleftharpoons RCHO + NaHSO_3 \begin{cases} \xrightarrow{\frac{1}{2}Na_2CO_3} Na_2SO_3 + \frac{1}{2}CO_2 + \frac{1}{2}H_2O \\ \xrightarrow{HCl} NaCl + SO_2 + H_2O \end{cases}$$

因此，可以利用该反应鉴别或分离提纯醛、酮。例如：苯乙醛和苯乙酮分别加入饱和 $NaHSO_3$ 溶液中，前者反应会有白色沉淀产生，而后者没有，这样可以鉴别或分离它们。

醛、酮与 $NaHSO_3$ 的反应也是亲核加成反应，亲核试剂是亚硫酸氢钠，主要由于 $NaHSO_3$ 分子中的硫原子能够提供未共用电子对，可以进攻羰基碳原子。

$$R\overset{O}{\overset{\|}{C}}H(CH_3) + :\underset{O^-Na^+}{\overset{O}{\overset{\|}{S}}}\text{—}OH \rightleftharpoons R\text{—}\underset{H(CH_3)}{\overset{O^-Na^+}{C}}\text{—}SO_3H \underset{-H^+}{\overset{+H^+}{\rightleftharpoons}} R\text{—}\underset{H(CH_3)}{\overset{OH}{C}}\text{—}SO_3^-Na^+$$

（3）与醇的加成反应

醛在无水氯化氢的催化下，能与醇发生亲核加成反应，首先生成不稳定的半缩醛，半缩醛可再与醇进一步缩合，生成缩醛。

$$R\text{—}\overset{O}{\overset{\|}{C}}\text{—}H + R'OH \xrightarrow{\text{干 HCl}} R\text{—}\underset{H}{\overset{OH}{C}}\text{—}OR' \underset{\text{干 HCl}}{\xrightarrow{R'OH}} R\text{—}\underset{H}{\overset{OR'}{C}}\text{—}OR'$$

半缩醛（不稳定）　　缩醛（稳定）

在酸的催化下，醛与醇反应生成半缩醛的反应是亲核加成反应。反应过程中，质子进攻羰基中的氧原子，使氧带上正电荷，带正电荷的氧原子电负性增加，从而使羰基中碳原子的正电性更强，这就使羰基更容易被亲核试剂醇进攻，发生亲核加成反应。醛和醇反应生成半缩醛的机理可表示为：

$$\underset{H}{\overset{R}{}}\!\!\overset{\delta^+}{C}=\overset{\delta^-}{O} \underset{快}{\overset{H^+}{\rightleftharpoons}} \underset{H}{\overset{R}{}}\!\!C=\overset{+}{O}H \underset{慢}{\overset{R'\ddot{O}H}{\rightleftharpoons}} R-\underset{H}{\overset{OH}{C}}-\underset{H}{\overset{+}{O}}R' \overset{-H^+}{\rightleftharpoons} R-\underset{H}{\overset{OH}{C}}-OR'$$

半缩醛

生成的半缩醛不稳定，很难分离出来。在酸性条件下，半缩醛与醇进一步缩合生成缩醛是按 S_N1 反应历程进行的。

$$R-\underset{H}{\overset{OH}{C}}-OR' \underset{快}{\overset{H^+}{\rightleftharpoons}} R-\underset{H}{\overset{\overset{+}{O}H_2}{C}}-OR' \underset{+H_2O}{\overset{-H_2O}{\rightleftharpoons}} R-\underset{H}{\overset{+}{C}}-OR' \overset{R'\ddot{O}H}{\rightleftharpoons} R-\underset{H}{\overset{H^+OR'}{C}}-OR'$$

$$\overset{-H^+}{\rightleftharpoons} R-\underset{H}{\overset{OR'}{C}}-OR'$$

缩醛

醛还可与二元醇生成环状缩醛，而酮只能与二元醇生成环状缩酮，因为五元、六元环有特殊稳定性：

$$\underset{H}{\overset{R}{}}\!\!C=O + \begin{matrix}HO-CH_2\\ |\\ HO-CH_2\end{matrix} \xrightarrow{干\ HCl} \underset{H}{\overset{R}{}}\!\!C\begin{matrix}O-CH_2\\ |\\ O-CH_2\end{matrix}$$

$$环己酮 + \begin{matrix}HO-CH_2\\ |\\ HO-CH_2\end{matrix} \xrightarrow{干\ HCl} 环己酮乙二醇缩酮$$

缩醛具有双醚结构，对碱、氧化剂和还原剂稳定，但遇稀酸水溶液会迅速水解为原来的醛和醇：

$$R-\underset{H}{\overset{OR'}{C}}-OR' \xrightarrow[H^+]{H_2O} R-\overset{O}{\overset{\|}{C}}-H + 2R'OH$$

这也是制备缩醛时必须用干燥的 HCl 气体，且反应体系中不能含水的原因。有机合成中常利用缩醛反应的特点来保护醛基。例如：

$$CH_3CH=CHCHO \xrightarrow[干\ HCl]{HOCH_2CH_2OH} CH_3CH=CHCH\begin{matrix}O-CH_2\\ |\\ O-CH_2\end{matrix} \xrightarrow[Ni]{H_2} CH_3CH_2CH_2CH\begin{matrix}O-CH_2\\ |\\ O-CH_2\end{matrix} \xrightarrow[H^+]{H_2O} CH_3CH_2CH_2CHO$$

此外，利用聚乙烯醇和甲醛之间的缩醛化反应，可以合成“维尼纶”。

$$\left[CH_2\underset{OH}{\underset{|}{C}H}-CH_2\underset{OH}{\underset{|}{C}H}\right]_n + nHCHO \xrightarrow[60\sim70℃]{H_2SO_4} \left[CH_2\underset{|}{C}H-CH_2\underset{|}{C}H\right]_n(-O-CH_2-O-) + nH_2O$$

聚乙烯醇　　　　“维尼纶”

(4) 与格利雅试剂的加成反应

醛、酮与格利雅试剂（格氏试剂）发生亲核加成反应，加成产物进一步水解生成醇。反应通式是：

$$\rangle C{=}O\ (\delta^+,\delta^-) + R{-}MgX\ (\delta^-,\delta^+) \xrightarrow{\text{干醚}} R{-}\overset{|}{\underset{|}{C}}{-}OMgX \xrightarrow[H^+]{H_2O} R{-}\overset{|}{\underset{|}{C}}{-}OH$$

烷氧基卤化镁

格利雅试剂中的碳镁键高度极化，使得碳原子带部分负电荷，镁原子带部分正电荷。带部分负电荷的碳原子具有很强的亲核性，所以能够进攻羰基的碳原子，发生亲核加成反应。醛、酮和格利雅试剂反应是制备醇的常用反应。用甲醛和格利雅试剂加成、水解后可获得一级醇，其他醛与格利雅试剂反应生成二级醇，酮与格利雅试剂反应生成叔醇。

$$HCHO + RMgX \xrightarrow{\text{干醚}} \xrightarrow[H^+]{H_2O} RCH_2OH$$

$$\text{环己基-Cl} \xrightarrow[\text{干醚}]{Mg} \text{环己基-MgCl} \xrightarrow{HCHO} \text{环己基-}CH_2OMgCl \xrightarrow[H^+]{H_2O} \text{环己基-}CH_2OH$$

$$CH_3CHO + RMgX \xrightarrow{\text{干醚}} \xrightarrow[H^+]{H_2O} RCH(OH)CH_3$$

$$CH_3COCH_3 + RMgX \xrightarrow{\text{干醚}} \xrightarrow[H^+]{H_2O} RC(CH_3)_2OH$$

理论上，制备同一种醇可通过选用不同的格氏试剂与不同的羰基化合物作用来实现，但实际则需要根据目标化合物的结构来选择合适的原料。例如：利用该反应制备 3-甲基-丁-2-醇，可选用乙醛和格氏试剂异丙基溴化镁反应，或 2-甲基丙醛和格氏试剂甲基碘化镁反应。显然，在上述两种合成路线中，乙醛和 2-溴丙烷（制备格利雅试剂的卤代烃）易获得，所以优先选用。

$$\left.\begin{array}{l} CH_3CHO + H_3C{-}CH(CH_3){-}MgBr\ \ (\text{优先选用}) \\ H_3C{-}CH(CH_3){-}CHO + CH_3MgI \end{array}\right\} \xrightarrow{\text{干醚}} \xrightarrow[H^+]{H_2O} CH_3CH(OH)CH(CH_3)CH_3$$

（5）与氨的衍生物的加成-消除反应

醛酮能与氨的衍生物如羟胺、肼、2,4-二硝基苯肼、氨基脲等发生反应，分别生成肟、腙、缩氨脲等。醛酮与氨反应的产物不稳定，而与氨的衍生物反应的产物稳定。反应实质是加成-消除过程，先由氨或氨的衍生物分子中带有未共用电子对的氮原子进攻羰基碳原子，发生亲核加成反应，加成产物不稳定，随即失去一分子水，整个过程可以表示为：

$$\rangle C{=}O\ (\delta^+,\delta^-) + H_2\ddot{N}{-}Y \rightleftharpoons \left[\rangle C(O^-){-}N^+H_2{-}Y\right] \rightleftharpoons \rangle C(OH){-}NH{-}Y \xrightarrow{-H_2O} \rangle C{=}N{-}Y$$

也可简单表示为：

$$\rangle C{=}O + H_2N{-}Y \xrightarrow{-H_2O} \rangle C{=}N{-}Y$$

氨的衍生物及与醛、酮发生加成-消除反应后生成的产物见表 10-2。

表 10-2 醛、酮与氨的衍生物反应产物对应表

氨的衍生物	产物
$H_2N{-}OH$ 羟胺	$\rangle C{=}N{-}OH$ 某醛(酮)肟
$H_2N{-}NH_2$ 肼	$\rangle C{=}N{-}NH_2$ 某醛(酮)腙

续表

氨的衍生物	产物
$H_2N-NH-C_6H_5$　苯肼	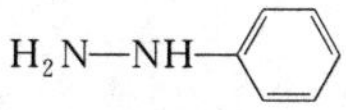 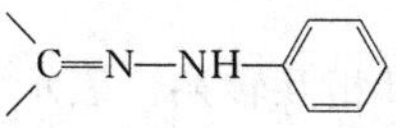 $>C=N-NH-C_6H_5$　某醛(酮)苯腙
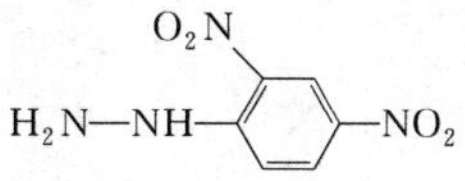 $H_2N-NH-C_6H_3(NO_2)_2$（2-O_2N，4-NO_2）　2,4-二硝基苯肼	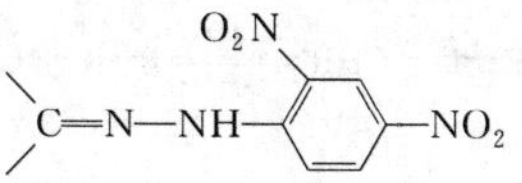 $>C=N-NH-C_6H_3(NO_2)_2$（2-O_2N，4-NO_2）　某醛(酮)-2,4-二硝基苯腙
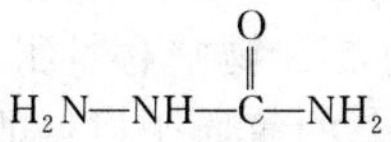 $H_2N-NH-\overset{O}{\overset{\Vert}{C}}-NH_2$　氨基脲	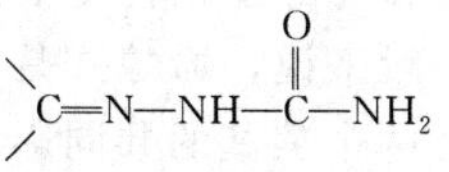 $>C=N-NH-\overset{O}{\overset{\Vert}{C}}-NH_2$　某醛(酮)缩氨脲

例如：

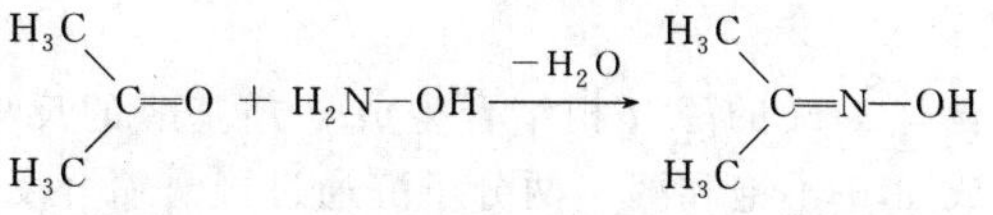

$$(H_3C)_2C{=}O + H_2N-OH \xrightarrow{-H_2O} (H_3C)_2C{=}N-OH$$

丙酮　　羟胺　　丙酮肟

$$H_3C(H)C{=}O + H_2N-NH-C_6H_3(NO_2)_2 \xrightarrow{-H_2O} H_3C(H)C{=}N-NH-C_6H_3(NO_2)_2$$

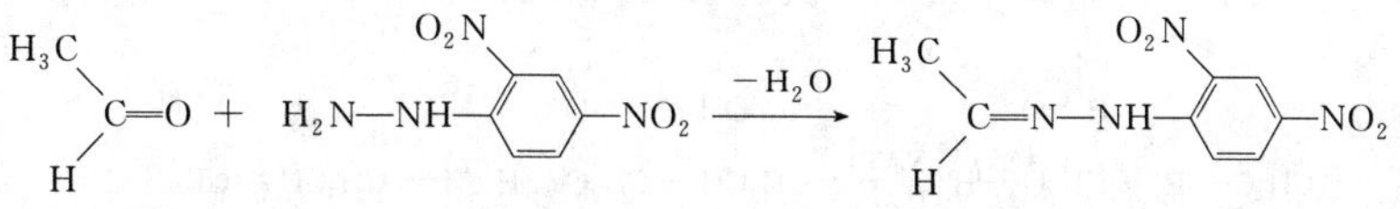

乙醛　　2,4-二硝基苯肼　　乙醛-2,4-二硝基苯腙

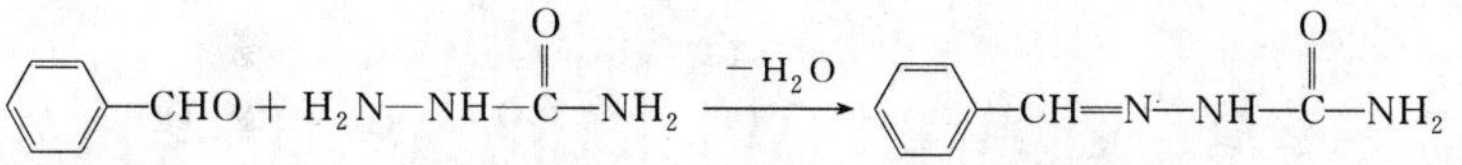

$$C_6H_5-CHO + H_2N-NH-\overset{O}{\overset{\Vert}{C}}-NH_2 \xrightarrow{-H_2O} C_6H_5-CH{=}N-NH-\overset{O}{\overset{\Vert}{C}}-NH_2$$

苯甲醛　　氨基脲　　苯甲醛缩氨脲

醛、酮与氨的衍生物反应的产物均为具有一定熔点的固体结晶，易于分离，分离后可采用重结晶的方法提纯，同时，这些产物在酸性水溶液中加热可以分解生成原来的醛或酮，因此可利用此类反应鉴别醛、酮的结构或进行分离提纯，所使用的氨的衍生物（NH_2-Y）统称“羰基试剂”。在定性分析上常用2,4-二硝基苯肼或氨基脲，在分离提纯上常用苯肼。

10.1.5.2　α-氢原子的活泼性

(1) 酸性及酮-烯醇互变异构

醛、酮的α-H在羰基的吸电子诱导效应和共轭效应的共同作用下具有较强的活泼性，比较容易在碱性条件下作为质子离去，也就是说醛、酮具有较大的酸性，一般简单醛、酮的酸性比乙炔强。含有α-H的醛、酮失去一个α-H原子后，形成α-C负离子，但其负电荷不完全在α-C原子上，而是形成如图10-6中Ⅰ和Ⅱ式所示的共振体。由于氧原子的电负性较大，能够容纳更多的负电荷，所以Ⅱ更稳定一些。

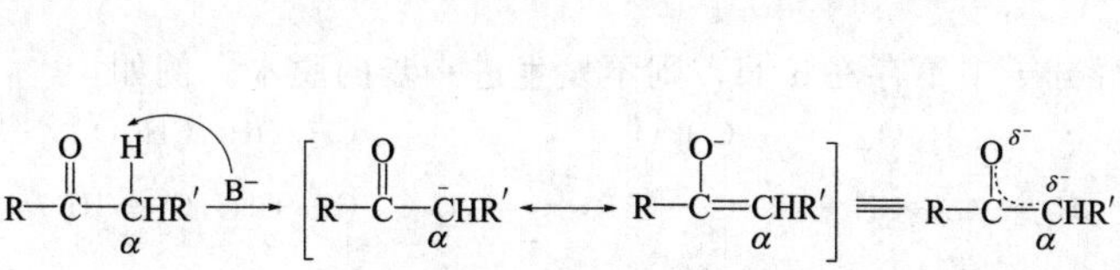

$$R-\overset{O}{\overset{\Vert}{C}}-\overset{H}{\underset{\alpha}{C}}HR' \xrightarrow{B^-} \left[\underset{\text{I}}{R-\overset{O}{\overset{\Vert}{C}}-\underset{\alpha}{\overset{-}{C}}HR'} \longleftrightarrow \underset{\text{II}}{R-\overset{O^-}{\overset{|}{C}}=\underset{\alpha}{C}HR'} \right] \equiv R-\overset{O^{\delta-}}{C}\cdots\underset{\alpha}{\overset{\delta-}{C}}HR'$$

图10-6　共振体示意图

由于α-C和氧原子都带有负电荷，如果H^+进攻α-C则形成醛或酮，如果进攻氧原子则形成烯醇。

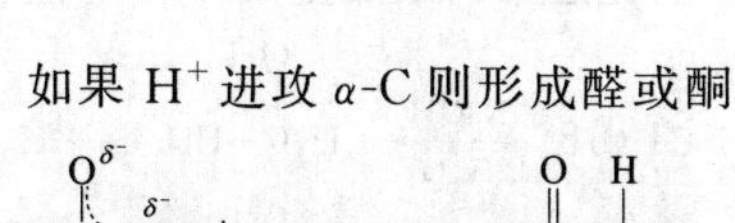

$$R-\overset{O^{\delta-}}{C}\cdots\underset{\alpha}{\overset{\delta-}{C}}HR' + H^+ \longrightarrow \underset{\text{酮}}{R-\overset{O}{\overset{\Vert}{C}}-\underset{\alpha}{\overset{H}{C}}HR'}$$

$$R-\overset{\overset{\delta^-}{O}}{C}\overset{\delta^-}{=}CHR' + H^+ \longrightarrow R-\overset{OH}{C}=CHR'$$

烯醇

这就意味着醛或酮通过共振体可以相互转换，表示为：

$$R-\overset{O}{\overset{\|}{C}}-\overset{H}{\overset{|}{C}}HR' \underset{+H^+}{\overset{-H^+}{\rightleftharpoons}} R-\overset{\delta^-O}{C}\overset{\delta^-}{=}CHR' \underset{-H^+}{\overset{+H^+}{\rightleftharpoons}} R-\overset{OH}{\overset{|}{C}}=CHR'$$

酮　　　　烯醇

在微量酸或碱的作用下，酮和烯醇互相转变很快能达到动态平衡。这种能够互相转变且同时存在的异构体叫作互变异构体。一般来说，烯醇式是比较不稳定的，在互变平衡混合物中含量很少。但对于β-二羰基化合物而言，在两个羰基的共同影响下，两个羰基之间的甲叉基的氢原子显得非常活泼，由于共轭效应，烯醇式的能量降低，因而稳定性增强。(具体参阅 12.4.1 酮-烯醇互变异构和烯醇负离子的稳定性)

(2) 羟醛缩合反应

在稀碱存在下，两分子含有α-H 的醛互相结合生成β-羟基醛的反应称为羟醛缩合反应。含有α-H 的β-羟基醛受热后会生成α,β-不饱和醛。两分子醛通过羟醛缩合反应，在一分子醛的羰基与另一分子醛的α-C 间形成了新的碳碳单键，使碳链增长。例如：

$$CH_3\overset{O}{\overset{\|}{C}}-H + \overset{H}{\overset{|}{C}}H_2\overset{O}{\overset{\|}{C}}-H \xrightarrow[H_2O]{NaOH} CH_3\overset{OH}{\overset{|}{C}}H-CH_2\overset{O}{\overset{\|}{C}}-H \xrightarrow{\triangle} CH_3CH=CH\overset{O}{\overset{\|}{C}}-H$$

巴豆醛

该反应机理是：

$$HO^- \; H-CH_2-\overset{O}{\overset{\|}{C}}-H \rightleftharpoons H_2O + \left[\overset{-}{C}H_2-\overset{O}{\overset{\|}{C}}-H \longleftrightarrow CH_2=\overset{O^-}{\overset{|}{C}}-H\right]$$

$$CH_3\overset{O}{\overset{\|}{C}}-H \quad \overset{\delta^-}{C}H_2\overset{\delta^-}{=}\overset{O}{C}-H \rightleftharpoons CH_3\overset{O^-}{\overset{|}{C}}H-CH_2\overset{O}{\overset{\|}{C}}-H \xrightarrow{HOH}$$

$$CH_3\overset{OH}{\overset{|}{C}}H-CH_2\overset{O}{\overset{\|}{C}}-H \xrightarrow{\triangle} CH_3CH=CH\overset{O}{\overset{\|}{C}}-H$$

由上述反应机理可知，羟醛缩合是由羰基的带负电性的活泼α-C(非β-C)进攻另一分子的带有正电性的羰基碳原子而进行的。例如正丁醛在碱性下发生羟醛缩合：

$$CH_3CH_2CH_2\overset{O}{\overset{\|}{C}}H + H-\underset{\alpha}{\overset{C_2H_5}{\overset{|}{C}}}HCHO \xrightarrow{OH^-} CH_3CH_2CH_2\overset{OH}{\overset{|}{C}}H-\underset{\alpha}{\overset{C_2H_5}{\overset{|}{C}}}HCHO \xrightarrow[\triangle]{-H_2O} CH_3CH_2CH_2CH=\underset{\alpha}{\overset{C_2H_5}{\overset{|}{C}}}CHO$$

如果反应产物β-羟基醛分子中不存在α-H，则不发生进一步的脱水。例如：

$$H_3C-\underset{H}{\overset{CH_3}{\overset{|}{C}}}-\overset{O}{\overset{\|}{C}}H + H-\underset{CH_3}{\overset{CH_3}{\overset{|}{C}}}-\overset{O}{\overset{\|}{C}}H \underset{\triangle}{\overset{OH^-}{\rightleftharpoons}} H_3C-\underset{H}{\overset{CH_3}{\overset{|}{C}}}-\underset{\beta}{\overset{OH}{\overset{|}{C}}}H-\underset{CH_3}{\overset{CH_3}{\overset{|}{C}}}-\overset{O}{\overset{\|}{C}}H$$

β-羟基醛

含α-H 的酮也能发生类似的反应，但比醛难，最后生成α,β-不饱和酮。例如：

$$CH_3\overset{O}{\overset{\|}{C}}-CH_3 + CH_3\overset{O}{\overset{\|}{C}}-CH_3 \xrightarrow[H_2O]{NaOH} CH_3\underset{CH_3}{\overset{OH}{\overset{|}{C}}}-CH_2\overset{O}{\overset{\|}{C}}-CH_3 \xrightarrow{蒸馏} CH_3\underset{CH_3}{\overset{|}{C}}=CH\overset{O}{\overset{\|}{C}}-CH_3$$

$$CH_3\overset{O}{\overset{\|}{C}}CH_2CH_2CH_2CH_2\overset{O}{\overset{\|}{C}}CH_3 \xrightarrow{KOH/H_2O} \text{1-乙酰基-2-甲基环戊烯 (}COCH_3, CH_3\text{)} \quad (85\%)$$

$$2\ \text{环己酮} \xrightarrow{Al[OC(CH_3)_3]_3} \text{2-亚环己基环己酮} \quad (78\%)$$

采用两种不同的羰基化合物（都含 α-H）进行羟醛缩合，可以预料能够得到四种不同结构化合物的混合物，一般实用意义不大。若选用的羰基化合物中，一种含有 α-H，另一种不含 α-H（如甲醛等），则可得到有合成价值的产物，这一类型的反应称为交叉羟醛缩合。例如：

$$C_6H_5CHO + CH_3CHO \xrightarrow[10℃]{OH^-} C_6H_5CH{=\!=}CHCHO$$

肉桂醛

(3) 卤化和卤仿反应

醛、酮分子中的 α-氢原子容易被卤素取代，生成 α-卤代醛、酮。

$$\text{环己酮} \xrightarrow[\triangle]{Cl_2} \text{2-氯环己酮}$$

$$(CH_3)_2CH-\overset{O}{\overset{\|}{C}}-CH_3 \xrightarrow[CH_3OH]{Br_2} (CH_3)_2CH-\overset{O}{\overset{\|}{C}}-CH_2Br$$

醛、酮在酸催化下，往往只能得到一取代产物；而在碱催化下，卤原子的吸电子作用，使 α-H 更容易被碱夺取（剩余 α-H 的酸性增强），从而使一卤代醛、酮可以继续卤化为二卤代醛、酮，直至三卤代醛、酮。因此，含有 CH_3CO—结构的醛、酮（如乙醛和甲基酮类化合物）与卤素的碱溶液（次卤酸盐溶液）作用时，反应总是能顺利地进行到生成醛酮的 α-碳三卤代物，这类化合物在碱溶液中不稳定，容易发生三卤甲基与羰基碳之间的碳碳键的裂解，例如：

$$CH_3-\overset{O}{\overset{\|}{C}}-CH_3 \xrightarrow[(NaOX)]{Br_2/NaOH} CH_3-\overset{O}{\overset{\|}{C}}-CX_3 \xrightarrow{OH^-} CH_3COO^- + CHX_3$$

这种含有 CH_3CO—结构的醛、酮与卤素的碱溶液作用，最后生成三卤甲烷（卤仿）的反应叫卤仿反应。

因为 $CH_3CH(OH)$—结构能被次卤酸盐氧化成 CH_3CO—结构，因而具有 $CH_3CH(OH)$—结构的化合物也能发生卤仿反应。例如：

$$CH_3CH_2OH \xrightarrow{NaOH} CH_3CHO \xrightarrow{NaOX} HCOONa + CHX_3$$

碘仿是不溶于水的亮黄色固体，且具有特殊气味，很容易识别。因此常用碘仿反应鉴别具有 CH_3CO—结构的醛、酮以及具有 $CH_3CH(OH)$—结构的化合物。例如鉴别苯乙醛和苯乙酮。

$$\left.\begin{array}{l} C_6H_5CH_2CHO \\ C_6H_5-\overset{O}{\overset{\|}{C}}-CH_3 \end{array}\right\} \xrightarrow{NaOI} \left\{\begin{array}{l} \text{无黄色沉淀} \\ \text{黄色}\downarrow\ (CHI_3) \end{array}\right.$$

合成上也常用碘仿反应使碳链缩短一个碳原子，例如制备不易得到的羧酸类化合物。

$$C_{10}H_7-\overset{O}{\overset{\|}{C}}-CH_3 \xrightarrow{NaOCl} C_{10}H_7-\overset{O}{\overset{\|}{C}}-ONa \xrightarrow{H^+} C_{10}H_7-\overset{O}{\overset{\|}{C}}-OH$$

10.1.5.3 氧化和还原反应

(1) 氧化反应

醛可被多种氧化剂氧化成羧酸，如氧化剂 $KMnO_4$、$Na_2Cr_2O_7$、CrO_3、HNO_3、H_2O_2、

CH_3CO_3H、Br_2 等。

$$RCHO \xrightarrow{[O]} RCOOH$$

即使使用弱的氧化剂如托伦（Tollens）试剂（$AgNO_3$ 的氨溶液）或费林（Fehling）试剂［$CuSO_4$（Fehling Ⅰ）与 NaOH＋酒石酸钾钠（Fehling Ⅱ）的混合液］也能氧化醛。Tollens 试剂既可氧化脂肪醛又可氧化芳香醛，析出的还原银可附着在器壁上呈现光亮的银镜，常称"银镜反应"，常用于鉴别醛。

$$RCHO + 2\,Ag(NH_3)_2OH \longrightarrow RCOONH_4 + 2\,Ag\downarrow + H_2O + 3NH_3$$

Fehling 试剂的氧化能力比 Tollens 试剂弱，只能氧化脂肪醛，因此可以使用 Fehling 试剂鉴别芳香醛和脂肪醛。

$$RCHO + 2\,Cu(OH)_2 \xrightarrow{\triangle} RCOOH + Cu_2O\downarrow + 2H_2O$$

Tollens 试剂和 Fehling 试剂对分子中的碳碳不饱和键都不起氧化作用。

$$R\text{—}CH\text{═}CHCHO \xrightarrow{Ag(NH_3)_2OH} R\text{—}CH\text{═}CHCOOH$$

空气中的氧也可将醛氧化成羧酸，例如苯甲醛暴露于空气中可被氧化为苯甲酸，因此，醛类化合物应避光隔氧保存，久置的醛使用前应重新纯化。

酮不易氧化，与 Tollens 试剂和 Fehling 试剂都不发生反应，所以可以使用 Tollens 试剂和 Fehling 试剂来鉴别醛、酮。不过一般的酮在强氧化剂（如 $K_2CrO_7 + H_2SO_4$）作用下，也会发生羰基与 α-C 之间的碳碳单键断裂，生成混合羧酸，因此没有制备价值。但环酮被强氧化试剂氧化后可生成单一产物二元羧酸，具有合成价值，如环己酮被硝酸氧化生成己二酸，己二酸是合成纤维尼龙-66 的原料。

$$\text{环己酮} \xrightarrow[\text{铜钒催化剂}]{60\%\ HNO_3} HOOC(CH_2)_4COOH$$

（2）还原反应

醛、酮都可被还原，使用不同的还原试剂、在不同的反应条件下，生成的产物不同。

① 还原为醇　催化加氢或使用金属还原剂如硼氢化钠（$NaBH_4$）、氢化锂铝（$LiAlH_4$）等可把醛、酮还原成醇。

$$\rangle C\text{═}O \xrightarrow{[H]} \rangle CH\text{—}OH$$

醛、酮在金属催化剂（如 Ni、Cu、Pt、Pd 等）存在下与氢气作用，可以在羰基上加一分子氢，生成醇，产率较高。醛加氢生成伯醇，酮加氢生成仲醇。例如：

$$CH_3(CH_2)_4CHO \xrightarrow[Ni]{H_2} CH_3(CH_2)_4CH_2OH$$

$$CH_3CH_2\overset{O}{\overset{\|}{C}}CH_3 \xrightarrow[Ni]{H_2} CH_3CH_2\overset{OH}{\overset{|}{C}}HCH_3$$

如果醛、酮分子中含有其他不饱和键（如碳碳双键、碳碳三键、硝基、氰基等），在催化加氢反应过程中，这些不饱和键将同时被还原。例如：

$$\text{环己烯基}\text{—}\overset{O}{\overset{\|}{C}}\text{—}CH_3 \xrightarrow[Ni]{H_2} \text{环己基}\text{—}\overset{OH}{\overset{|}{C}}H\text{—}CH_3$$

如果只希望还原羰基，可以选用 $NaBH_4$，该还原剂选择性高、还原效果好，只还原醛、酮的羰基，不影响分子中其他不饱和键。例如：

$$C_6H_5\text{—}CH\text{═}CHCHO \xrightarrow{NaBH_4} \xrightarrow{H^+} C_6H_5\text{—}CH\text{═}CHCH_2OH$$

$LiAlH_4$ 与 $NaBH_4$ 类似，也能还原醛、酮的羰基，且不会影响醛、酮分子中的碳碳双键和三键。但 $LiAlH_4$ 的还原能力较 $NaBH_4$ 强，可以还原除碳碳双键和三键外的不饱和键（如硝基、氰基等），还可以还原羧酸、酯、酰胺、酰氯等。

② 羰基还原为甲叉基　醛、酮的羰基在一定条件下可以被还原为甲叉基。

$$\gt C{=}O \xrightarrow{[H]} \gt CH_2$$

还原方法主要有克莱门森（Clemmensen）还原法和沃尔夫-吉斯尼尔-黄鸣龙（Wolff-Kishner-Huangminlon）还原法等。

a. 克莱门森还原法　醛、酮与锌汞齐及盐酸在苯或乙醇溶液中加热，羰基被还原为甲叉基：

$$R-\overset{O}{\overset{\|}{C}}-R'(H) \xrightarrow[\text{苯，}\triangle]{Zn\text{-}Hg/HCl} R-CH_2-R'(H)$$

该方法首先由英国化学家克莱门森（Clemmensen E）于 1913 年提出，故称为克莱门森还原法。克莱门森还原法对羰基具有很好的选择性，除了 α,β-不饱和醛、酮中的碳碳双键外，一般不影响其他类型的碳碳双键。由于该方法采用酸性条件，所以适用于对酸不敏感的醛、酮的还原，主要用于制备烷烃、烷基芳烃和烷基酚类化合物。例如：

$$C_6H_5-\overset{O}{\overset{\|}{C}}CH_2CH_2CH_3 \xrightarrow[HCl]{Zn/Hg} C_6H_5-CH_2CH_2CH_2CH_3$$

$$C_6H_5-COCH_2CH_2COOH \xrightarrow[\text{苯，}\triangle]{Zn\text{-}Hg/HCl} C_6H_5-CH_2CH_2CH_2COOH$$

$$C_6H_5CH_2CH_2\overset{O}{\overset{\|}{C}}-Cl \xrightarrow{AlCl_3} \text{1-四氢萘酮} \xrightarrow[\text{苯，}\triangle]{Zn\text{-}Hg/HCl} \text{四氢萘}$$

b. 沃尔夫-吉斯尼尔-黄鸣龙还原法　醛、酮与肼反应生成腙，腙在碱性条件下受热分解生成烃，同时释放出氮气。

$$\gt C{=}O + NH_2NH_2 \longrightarrow \gt C{=}NNH_2 \xrightarrow[(HOCH_2CH_2)_2O,\ \triangle]{NaOH} \gt CH_2 + N_2$$

该反应由俄国化学家吉斯尼尔（Kishner N）于 1911 年首先发现，1912 年德国化学家沃尔夫（Wolff L）对反应条件进行了改进，降低了腙的分解温度。我国有机化学家黄鸣龙在 1946 年对该反应的条件进行了进一步改进：使用 50%～85%的水合肼和 KOH 共混，在水溶性高沸点溶剂（如一缩乙二醇、二甘醇、三甘醇等）中加热，使腙分解得到烃。该改进措施可以避免使用昂贵的无水肼和高压设备，因而更适用于实际生产。此后这种还原醛、酮的方法被称为沃尔夫-吉斯尼尔-黄鸣龙还原法。

该方法也是将羰基还原为甲叉基的有效方法。由于该方法采用的是碱性条件，所以适用于对酸敏感的醛、酮的还原。虽然此类反应分多步进行，但书写时，一般可用一步来表示。例如：

$$C_6H_5-\overset{O}{\overset{\|}{C}}CH_2CH_2CH_3 \xrightarrow[(HOCH_2CH_2)_2O,\ \triangle]{NH_2NH_2,\ NaOH} C_6H_5-CH_2CH_2CH_2CH_3$$

(3) 坎尼扎罗（Cannizzaro）反应

不含 α-H 的醛在浓碱（KOH、NaOH）的作用下会发生自身氧化还原反应，一分子醛被氧化成酸，另一分子醛被还原成醇。例如：

$$2\ HCHO \xrightarrow[\triangle]{\text{浓 }NaOH} HCOONa + HCH_2OH$$

$$2\ C_6H_5CHO \xrightarrow[\triangle]{\text{浓 }NaOH} C_6H_5COONa + C_6H_5CH_2OH$$

该反应称为坎尼扎罗（Cannizzaro）反应，也称歧化反应。

两种不含α-H的醛，在浓碱作用下会发生交叉歧化反应，产物可能会比较复杂，一般会生成两种酸和两种醇。但如果其中之一为甲醛，因其还原性强，反应结果总是甲醛被氧化为甲酸，另一种醛被还原为醇。例如：

$$\text{3-}CH_3O\text{-}C_6H_4\text{-}CHO + HCHO \xrightarrow[\text{② } H_3^+O]{\text{① 浓 NaOH, }\triangle} \text{3-}CH_3O\text{-}C_6H_4\text{-}CH_2OH + HCOOH$$

醛基直接连在芳环上的芳醛不含α-H，所以常用芳醛的坎尼扎罗反应制备某些芳香族醇。

10.1.6 重要的醛和酮

10.1.6.1 甲醛

甲醛在常温下是有特殊气味的无色气体，有一定毒性和腐蚀性，对人的眼鼻等有刺激作用，沸点−19.5℃，易溶于水和乙醇。甲醛容易被氧化，极易聚合，浓度约60%的甲醛水溶液室温下长期放置可聚合成环状三聚甲醛。所以甲醛应低温避光保存，同时加入8%～12%的甲醇防止聚合。使用甲醛时，应做好防护措施。

$$3HCHO \underset{}{\overset{H^+}{\rightleftharpoons}} \text{(环状 } (CH_2O)_3\text{)}$$

三聚甲醛

甲醛水溶液久置会有白色固体产生，这是由于甲醛与水发生作用生成甲二醇，然后甲二醇发生分子间脱水生成白色固体多聚甲醛。多聚甲醛是链状聚合物，在加热时，会解聚成甲醛。

$$HCHO + H_2O \rightleftharpoons HOCH_2OH$$

甲二醇

$$n\ HOCH_2OH \longrightarrow HO\text{+}CH_2O\text{+}_nH + (n-1)H_2O$$

多聚甲醛

甲醛主要由甲醇氧化脱氢制备。

甲醛化学性质活泼，可与水、氨等亲核试剂发生反应。甲醛与氨作用可制备橡胶促进剂六亚甲基四胺（俗称乌洛托品）。

$$6\ HCHO + 4\ NH_3 \longrightarrow (CH_2)_6N_4 + 6\ H_2O$$

乌洛托品

甲醛是重要的化工原料，大量用于制造酚醛树脂、合成纤维等。含甲醛37%～40%、甲醇8%的水溶液俗称“福尔马林”，常用作防腐剂和杀菌剂。

10.1.6.2 乙醛

乙醛在室温下是具有辛辣刺激性气味的无色液体，沸点20.8℃，能与水、乙醇、乙醚、氯仿等混溶。易燃易挥发，蒸气能与空气形成爆炸性混合物，爆炸极限为4.0%～57.0%（体积）。

乙醛的化学性质活泼，易被氧化，在浓硫酸或盐酸存在下可聚合成三聚乙醛。三聚乙醛在硫酸存在下加热，也可解聚。

$$3CH_3CHO \overset{\text{浓 } H_2SO_4}{\rightleftharpoons} \text{(环状 } (CH_3CHO)_3\text{)}$$

三聚乙醛

乙醛主要由乙烯在催化剂存在下通过空气氧化获得，也可用乙炔水合或乙醇氧化制备。

$$H_2C{=}CH_2 + \frac{1}{2}O_2 \xrightarrow{PdCl_2\text{-}CuCl_2} CH_3CHO$$

乙醛也是重要的有机合成原料，可用于制备乙酸、乙酸酐、乙酸乙酯、正丁醇、季戊四醇、3-羟基丁醛及合成树脂等。

10.1.6.3　丙酮

丙酮室温下是无色有微香气味的液体，易挥发和易燃，沸点 56.5℃。丙酮能与水、甲醇、乙醇、乙醚、氯仿、吡啶等混溶，能溶解油脂、树脂和橡胶。

丙酮可通过淀粉发酵、异丙苯氧化水解和丙烯催化氧化等方法制备。实验室中常用乙酸钙干馏制备丙酮。

$$C_6H_5CH(CH_3)_2 \xrightarrow[\text{过氧化物}]{O_2,\ 110\sim120℃} C_6H_5C(CH_3)_2\text{—O—O—H} \xrightarrow[74\sim85℃]{\text{稀 } H_2SO_4} C_6H_5OH + H_3C\text{—}\overset{\overset{\displaystyle O}{\|}}{C}\text{—}CH_3$$

$$H_3C\text{—}CH{=}CH_2 + \frac{1}{2}O_2 \xrightarrow{PdCl_2\text{-}CuCl_2} H_3C\text{—}\overset{\overset{\displaystyle O}{\|}}{C}\text{—}CH_3$$

丙酮是重要的有机溶剂和有机合成原料，可用于合成乙酸酐、双丙酮醇、氯仿、碘仿、环氧树脂、聚异戊二烯橡胶、甲基丙烯酸甲酯等。

10.2　醌

醌是一类具有共轭环己二烯二酮结构的特殊环状不饱和二酮，主要分为苯醌、萘醌、蒽醌和菲醌四大类。醌为结晶固体，具有颜色，如对位醌多呈黄色，邻位醌则常为红色或橙色。对位醌具有刺激性气味，可随水蒸气汽化，邻位醌没有气味，不随水蒸气汽化。醌广泛存在于自然界中，多种动植物的色素就是醌类化合物，如红色染料茜素是一种蒽醌的衍生物，存在于茜草中。

10.2.1　醌的结构和命名

醌分子同时含有羰基和碳碳双键，且是一个 π-π 共轭体系，但该共轭体系并不闭合，不同于芳环的环状闭合共轭体系，所以醌没有芳香性，不属于芳香族化合物。

醌一般由芳香烃转化而来，命名时在“醌”字前加上芳基的名称，并标出羰基的位置。例如：

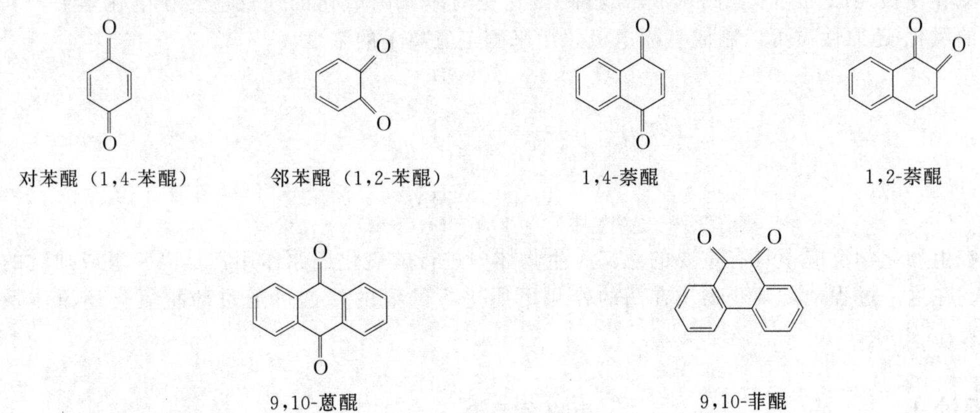

10.2.2　醌的化学性质

醌分子中含有碳碳双键和羰基，因此醌具有烯烃和羰基化合物的典型反应，能发生多种形式的加成反应。

10.2.2.1 加成反应

(1) 羰基的加成

醌分子中的羰基能与一些亲核试剂发生加成反应。如对苯醌与格氏试剂发生亲核加成反应，进一步水解可获得含羟基的酮。

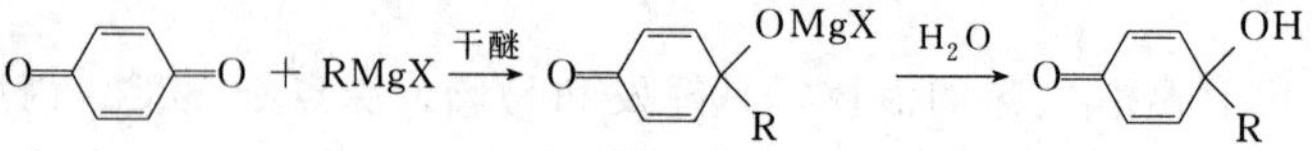

$$O{=}C_6H_4{=}O + RMgX \xrightarrow{\text{干醚}} O{=}C_6H_4(R)(OMgX) \xrightarrow{H_2O} O{=}C_6H_4(R)(OH)$$

与羟胺作用生成单肟和二肟。

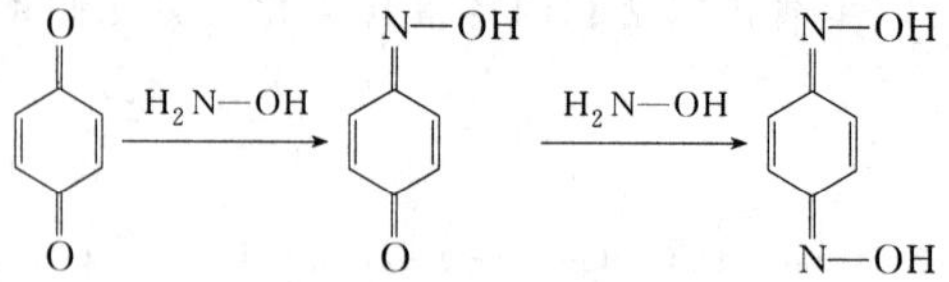

$$O{=}C_6H_4{=}O \xrightarrow{H_2N{-}OH} O{=}C_6H_4{=}N{-}OH \xrightarrow{H_2N{-}OH} HO{-}N{=}C_6H_4{=}N{-}OH$$

对苯醌单肟　　对苯醌双肟

(2) 双键的加成

醌分子中的碳碳双键能与卤素、卤化氢等发生亲电试剂加成。如对苯醌与氯气加成得到二氯或四氯化物。

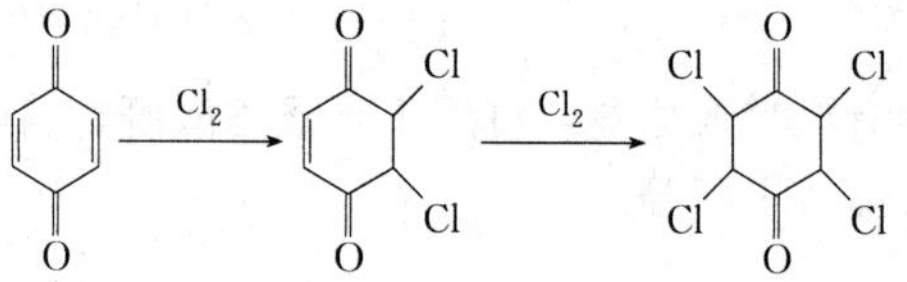

$$O{=}C_6H_4{=}O \xrightarrow{Cl_2} \text{二氯化物} \xrightarrow{Cl_2} \text{四氯化物}$$

2,3,5,6-四氯-1,4-环己二酮

(3) 1,4-加成

由于分子中的碳碳双键与羰基共轭，所以醌可以发生1,4-加成反应。如对苯醌与氯化氢加成后，生成2-氯对苯二酚。

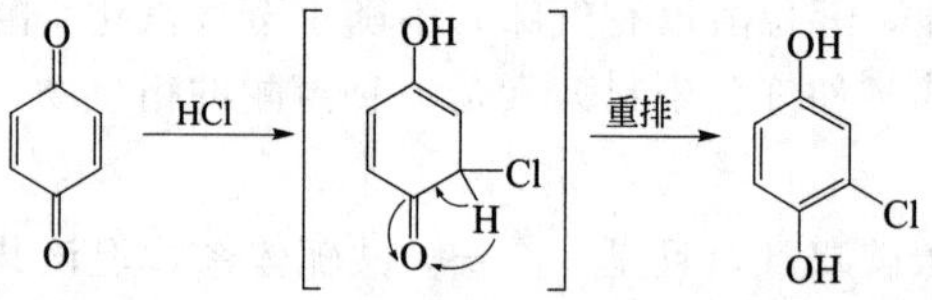

$$O{=}C_6H_4{=}O \xrightarrow{HCl} [\text{中间体}] \xrightarrow{\text{重排}} \text{2-氯对苯二酚}$$

10.2.2.2 还原反应

对苯醌容易被还原为对苯二酚（或称氢醌），这是对苯二酚氧化的逆反应。在电化学上，利用二者之间的氧化-还原性质可以制成氢醌电极，用来测定氢离子的浓度。

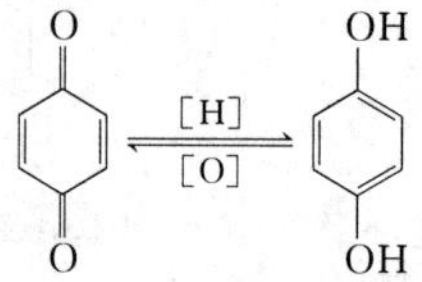

$$O{=}C_6H_4{=}O \underset{[O]}{\overset{[H]}{\rightleftharpoons}} HO{-}C_6H_4{-}OH$$

对苯醌　　对苯二酚（氢醌）

这一反应在生物化学反应中具有重要的意义。生物体内进行的氧化还原作用常是以脱氢或加氢的方式进行的，在这一过程中，某些物质在酶的作用下所进行的氢的传递可通过酚醌氧化还原体系来实现。

【扩展阅读】

黄鸣龙简介

黄鸣龙（1898—1979），江苏扬州人，是国际著名的有机化学家，曾先后在瑞士、德国、美国等国家学习和工作。1924年获德国柏林大学哲学博士学位。1952年毅然放弃美国的优厚待遇，冲破重重险阻，辗转回国。历任中国人民解放军医学科学院化学系主任，中国科学院上海有机化学研究所研究员、学术委员会主任，中国科学院学部委员（院士）。他毕生在有机化学领域辛勤忘我耕耘，造诣精深，成就卓著。他关于变性山道年相对构型成圈互变的发现，是近代有机化合物立体化学中的经典工作。他是我国甾体激素药物工业的奠基人，其团队成功研究的七步合成可的松方法属于世界先进水平。他基于一次意外进行改良的 Wolff-Kishner 还原法（改良后使原料成本和设备要求大大降低，反应时间大大缩短，反应产率显著提高），为世界各国广泛应用，现被称为“Wolff-Kishner-Huang（黄鸣龙）还原法”，是首例以中国科学家名字命名的重要有机合成反应，写入多国有机化学教科书。黄鸣龙先生的爱国情怀和科学精神，是中国知识分子永远的榜样。

【例题解析】

醛、酮的亲核加成反应是本章的重点也是难点，对醛、酮的亲核加成反应历程的理解有利于掌握醛、酮的主要化学性质。

例题 1. 实验中发现，在丙酮与氢氰酸的亲核加成反应中，加入微量的碱可使反应迅速进行；而在酸性条件下进行此反应，反应速率比中性条件下还要慢。如何解释这一现象？

解析： 醛、酮与 HCN 的反应在 OH^- 存在时，反应可迅速进行，说明 CN^- 是对羰基加成的活泼质点，碱的存在有利于 CN^- 的生成，并按下式完成反应：

$$HCN + OH^- \rightleftharpoons H_2O + CN^-$$

$$(H_3C)_2C{=}O + CN^- \underset{}{\overset{\text{慢}}{\rightleftharpoons}} (H_3C)_2C(CN){-}O^- \xrightarrow[-CN^-]{HCN} (H_3C)_2C(CN){-}OH$$

而酸性条件不利于 HCN 的解离平衡向生成 CN^- 的方向进行，所以加成反应速率下降。

例题 2. 醛、酮与醇的亲核加成反应需要在酸催化下才能生成缩合产物半缩醛或缩醛，且缩合产物在碱溶液中很稳定，但在酸溶液中却易水解。如何解释这一现象？

解析： 醇与醛、酮的亲核加成反应中，醇羟基的氧原子是亲核中心，由于醇的亲核性较弱，故用酸催化，达到活化羰基的目的，使反应顺利进行。即：

$$\underset{\delta^+\ \ \delta^-}{R(H)C{=}O} \underset{\text{快}}{\overset{H^+}{\rightleftharpoons}} R(H)C{=}\overset{+}{O}H \underset{\text{慢}}{\overset{R'\ddot{O}H}{\rightleftharpoons}} R{-}C(OH)(H){-}\overset{+}{O}(H)R' \overset{-H^+}{\rightleftharpoons} \underset{\text{半缩醛}}{R{-}C(OH)(H){-}OR'}$$

$$R{-}C(OH)(H){-}OR' \underset{\text{快}}{\overset{H^+}{\rightleftharpoons}} R{-}C(\overset{+}{O}H_2)(H){-}OR' \underset{+H_2O}{\overset{-H_2O}{\rightleftharpoons}} R{-}\overset{+}{C}(H){-}OR' \overset{R'\ddot{O}H}{\rightleftharpoons} R{-}C(\overset{H^+}{O}R')(H){-}OR' \overset{-H^+}{\rightleftharpoons} \underset{\text{缩醛}}{R{-}C(OR')(H){-}OR'}$$

从半缩醛到缩醛是醇的分子间脱水过程，故需要用酸进行催化，同时反应涉及一系列平衡过程，所以缩合产物在酸溶液中可以水解成羰基化合物。由于缩合产物属于醚类化合物，所以在碱性条件下是稳定的。

习　题

1. 命名下列化合物。

(1) $CH_2{=}C(CH_3)CH_2CH_2CHO$　　(2) $CH_2{=}C(CH_3)CH_2CH_2C(=O)CH_3$　　(3) $(H)(H_3C)C{=}C(H)C(=O){-}CH_3$

(4) 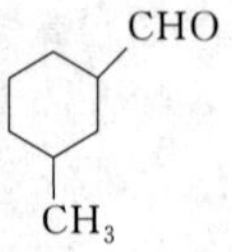 CHO, CH_3　　(5) 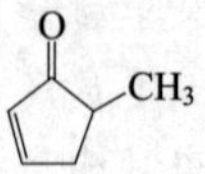 O, CH_3　　(6) 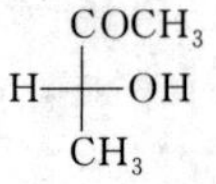 $COCH_3$, H—OH, CH_3

(7) 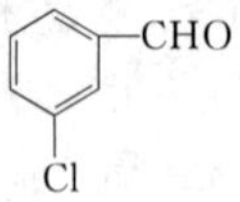 CHO, Cl　　(8) 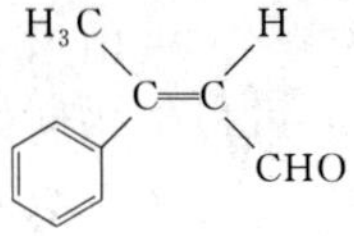 H_3C, H, C=C, CHO　　(9) $CH_3\overset{O}{\overset{\|}{C}}CH_2\overset{O}{\overset{\|}{C}}CH(CH_3)_2$

(10) $CH_3\overset{O}{\overset{\|}{C}}CH_2\overset{O}{\overset{\|}{C}}H$　　(11) 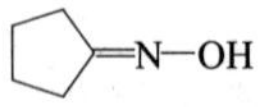 =N—OH　　(12) 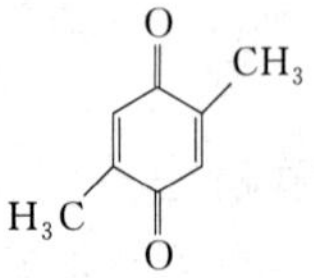 O, CH_3, H_3C, O

2. 写出下列化合物的结构式。

(1) (*R*)-2-羟基丙醛　　(2) 3-氯丁醛　　(3) 2,2-二甲基环己酮

(4) 5-溴-2-甲基庚-6-烯-3-酮　　(5) 丙酮缩氨脲　　(6) 对羟基苯甲醛

(7) 2-甲基戊-3-酮醛　　(8) 2,6-萘醌

3. 写出戊醛与下列试剂反应的产物。

(1) HCN，然后加 H_3^+O　　(2) C_6H_5MgBr，然后加 H_3^+O　　(3) $HOCH_2CH_2OH$，干 HCl

(4) $NaHSO_3$　　(5) NH_2NH_2　　(6) $Ag(NH_3)_2OH$

(7) $NaBH_4$，然后加 H_3^+O　　(8) 5% NaOH 溶液，然后加热

4. 写出下列反应的主要产物。

(1) 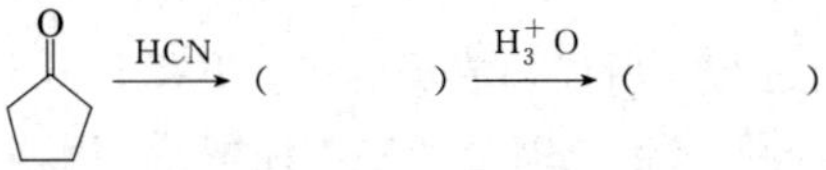 环戊酮 $\xrightarrow{HCN}$ (　　) $\xrightarrow{H_3^+O}$ (　　)

(2) $CH_3\overset{O}{\overset{\|}{C}}CH_3 \xrightarrow{CH_3MgBr}$ (　　) $\xrightarrow{H_3^+O}$ (　　)

(3) 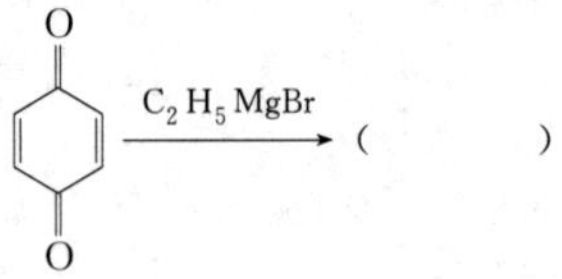 对苯醌 $\xrightarrow{C_2H_5MgBr}$ (　　)

(4) 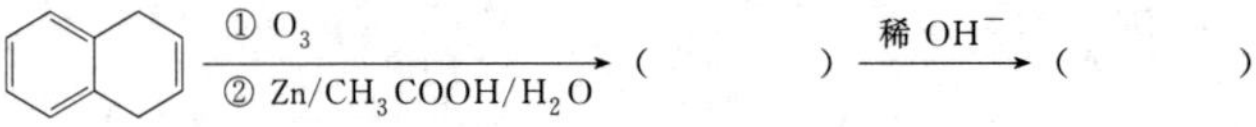 1,2-二氢萘 $\xrightarrow[\text{② Zn/CH}_3\text{COOH/H}_2\text{O}]{\text{① O}_3}$ (　　) $\xrightarrow{\text{稀 OH}^-}$ (　　)

(5) 环戊烯酮 $\xrightarrow[\text{② H}_3^+\text{O}]{\text{① NaBH}_4}$ (　　)

(6) $(CH_3)_3CCHO + HCHO \xrightarrow[\triangle]{\text{浓 NaOH}}$ (　　)

(7) 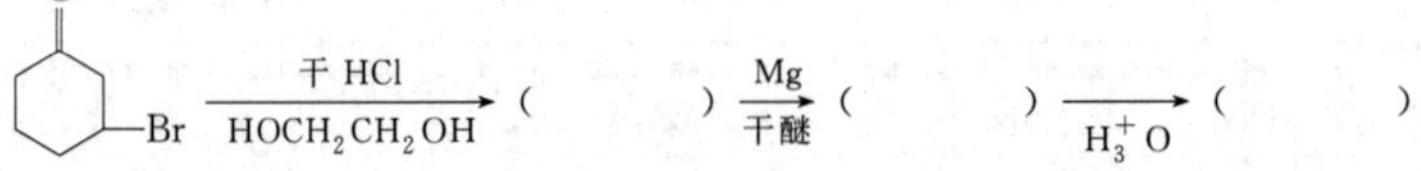 3-溴环己酮 $\xrightarrow[\text{HOCH}_2\text{CH}_2\text{OH}]{\text{干 HCl}}$ (　　) $\xrightarrow[\text{干醚}]{\text{Mg}}$ (　　) $\xrightarrow[\text{H}_3^+\text{O}]{}$ (　　)

(8) 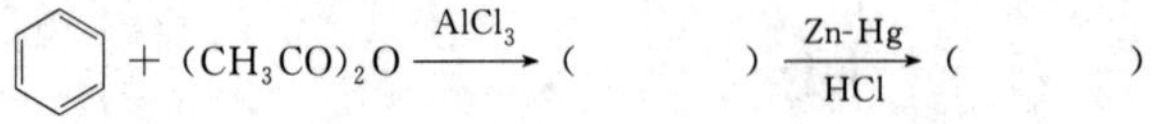 苯 $+ (CH_3CO)_2O \xrightarrow{AlCl_3}$ (　　) $\xrightarrow[\text{HCl}]{\text{Zn-Hg}}$ (　　)

(9) 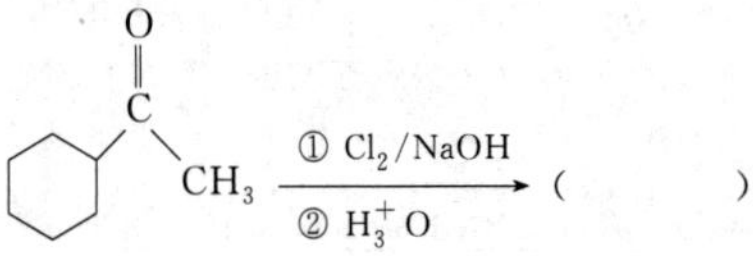 环己基—$\overset{O}{\overset{\|}{C}}$—$CH_3$ $\xrightarrow[\text{② H}_3^+\text{O}]{\text{① Cl}_2\text{/NaOH}}$ (　　)

(10) 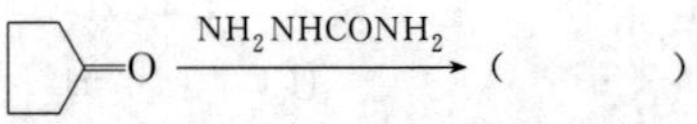 环戊酮(=O) $\xrightarrow{NH_2NHCONH_2}$ (　　)

5. 用简单的化学方法鉴别下列各组化合物。

(1) 苯甲醛、乙醛、丙酮、环己酮

(2) 正丙醇、异丙醇、丙酮、丙醛

(3) 正戊醛、戊-2-酮、戊-3-酮、环戊酮

6. 将下列各组羰基化合物按其亲核加成的活性次序排列。

(1) $CH_3COCH=CH_2$　　CH_3COCH_3　　CF_3CHO　　CH_3CHO

(2) CH_3COCH_3　　CH_3CHO　　$C_6H_5COCH_3$　　$H_3C-C_6H_4-COCH_3$

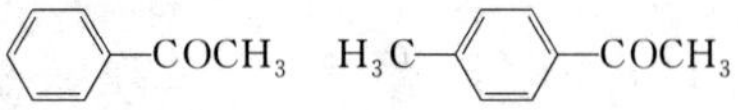

7. 由指定原料合成指定化合物（无机试剂可任选）。

(1) 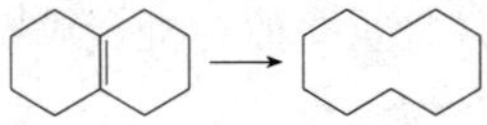 八氢萘（双环，中间双键） ⟶ 环癸烷

(2) 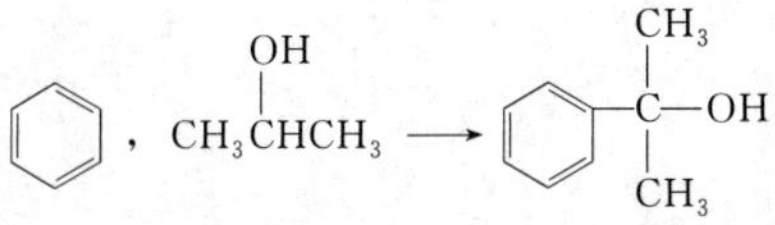 苯，$CH_3CH(OH)CH_3$ ⟶ $C_6H_5C(CH_3)_2OH$

(3) $HC\equiv CH$，$CH_3CH=CH$ ⟶ $CH_3CH_2CH_2C(=O)CH_2CH_2CH_2CH_3$

(4) 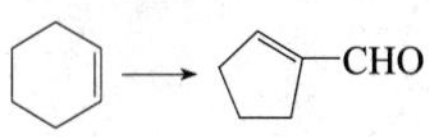 环己烯 ⟶ 环戊烯-1-甲醛（CHO）

(5) CH_3CHO，CH_3OH，4-乙烯基环己酮 ⟶ 4-(3-羟基丁基)环己酮（OH）

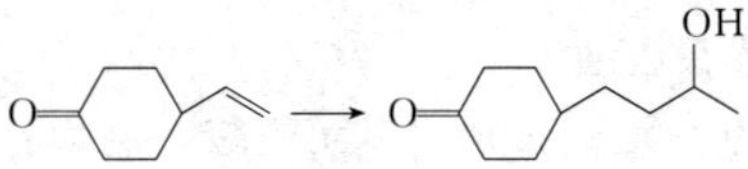

8. 推测以下反应的可能机理。

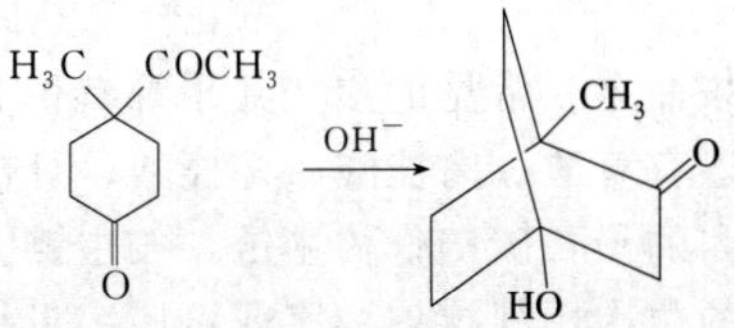

4-甲基-4-乙酰基环己酮（H_3C，$COCH_3$，O） $\xrightarrow{OH^-}$ 双环产物（CH_3，O，HO）

9. 以下三个二氧六环异构体：1,2-二氧六环、1,3-二氧六环和 1,4-二氧六环。请指出哪个可以像乙醚一样，用作制备格氏试剂的溶剂？哪个在加热时容易爆炸，为什么？哪个在稀酸中容易水解？并推测其水解机理。

(1) 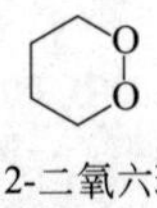 1,2-二氧六环　　(2) 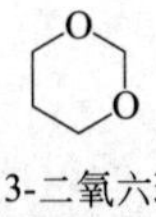 1,3-二氧六环　　(3) 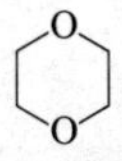 1,4-二氧六环

10. 根据给出的条件推断化合物的结构。

(1) 化合物 A 的分子式为 $C_8H_{14}O$，A 与 2,4-二硝基苯肼反应产生沉淀，A 用酸性高锰酸钾处理后生成一分子丙酮和一分子 B，B 具有酸性，与碘在碱性条件下反应生成碘仿沉淀和结构为 $HOOCCH_2CH_2COOH$ 的羧酸。试写出化合物 A、B 的构造式。

(2) 化合物 A 的分子式为 $C_6H_{12}O$，能与苯肼反应，但不能与银氨溶液反应，A 经催化加氢后得到化合物 B，B 用浓硫酸处理后生成化合物 C，C 经臭氧氧化、水解后生成两种化合物 D 和 E，D 能发生银镜反应，但不发生碘仿反应；E 能发生碘仿反应，而不能发生银镜反应。试写出化合物 A、B、C、D、E 的构造式。

第 11 章　羧酸

羧酸是分子中含有羧基（$-\overset{\overset{\displaystyle O}{\|}}{C}-OH$）官能团的一类化合物的总称，其通式为 RCOOH。羧酸这类化合物在自然界广泛存在，与人们的日常生活有较密切的关系，而且是重要的有机合成原料。

11.1　羧酸的分类、命名和结构

11.1.1　羧酸的分类

根据与羧基相连的基团不同，羧酸可分为脂肪族羧酸和芳香族羧酸，脂肪族羧酸可再分为饱和脂肪酸和不饱和脂肪酸，例如：

CH_3COOH（乙酸）　　饱和脂肪酸

$CH_2=CHCOOH$（丙烯酸）　　不饱和脂肪酸

C_6H_5COOH（苯甲酸）　　芳香族酸

根据分子中羧基的数目不同，可分为一元、二元、多元羧酸，例如：

HOOCCOOH（乙二酸）　　二元羧酸

11.1.2　羧酸的命名

羧酸常用俗名和系统命名法来命名。常见的羧酸几乎都有俗名，甲酸俗名为蚁酸，乙酸俗名为醋酸，苯甲酸俗名为安息香酸，还有草酸、肉桂酸、柠檬酸、月桂酸等等常见羧酸俗名。系统命名法的命名原则是选取包含羧基在内的最长碳链作为主链，按主链上碳原子数目多少称为某酸，主链编号从羧基的碳原子开始，支链的位次用阿拉伯数字或希腊字母编号表明，例如：

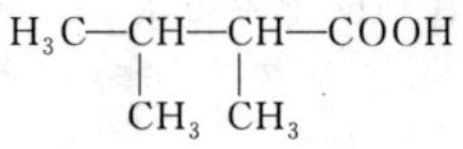

$H_3C-CH(CH_3)-CH(CH_3)-COOH$
2,3-二甲基丁酸
（α,β-二甲基丁酸）

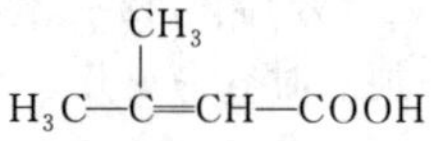

$H_3C-C(CH_3)=CH-COOH$
3-甲基丁-2-烯酸

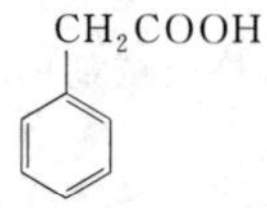

$C_6H_5CH_2COOH$
2-苯乙酸

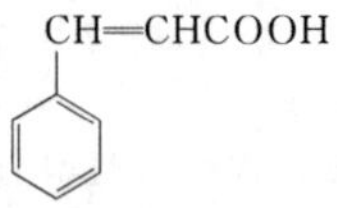

$C_6H_5CH=CHCOOH$
3-苯基丙烯酸

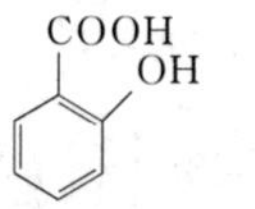

COOH, OH（邻位取代苯环）
2-羟基苯甲酸

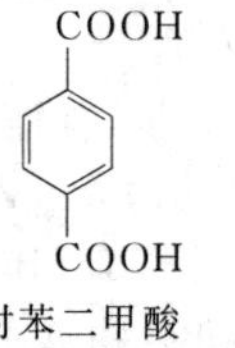

COOH, COOH（对位取代苯环）
对苯二甲酸

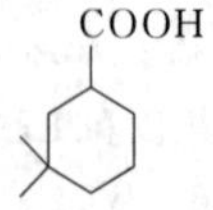

COOH（环己烷，3,3-二甲基）
3,3-二甲基环己烷甲酸

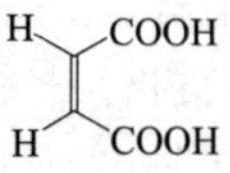

H, COOH / H, COOH（顺式）
顺丁烯二酸（马来酸）

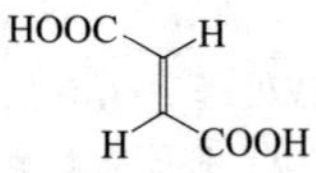

HOOC, H / H, COOH（反式）
反丁烯二酸（富马酸）

11.1.3　羧酸的结构

在羧酸分子中，羰基的 C 原子为 sp^2 杂化，其中羰基与羟基之间存在着 p-π 共轭效应，羧基是一个平面构型。

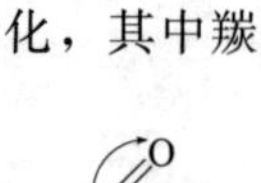

R—C(=O)—O—H

p-π 共轭体系

在甲酸分子中，各共价键的键长如下：

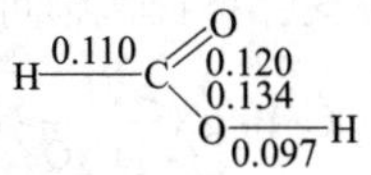

$$H\overset{0.110}{—}C(\overset{0.120}{=}O)\overset{0.134}{—}O\overset{0.097}{—}H \quad \text{(键长单位为nm)}$$

从上面的键长数据看出，羧基中的 C═O 和 C—O 的键长是不等的。

p-π 共轭效应造成的电子云密度平均化，使羰基碳的正电性下降，亲核加成反应活性小于醛、酮，而羟基被取代的反应活性也不如醇；p-π 共轭效应也使得 O—H 键极性增大，从而使羧基易离解为羧酸根和质子，故羧酸具有明显的酸性。

11.2 羧酸的来源和制备

羧酸于自然界中广泛存在，尤其是一些特殊的酸，多以酯的形式存在于油、脂、蜡中，油、脂、蜡水解后可以得到多种羧酸的混合物。羧酸也可从植物或动物中提取，以及通过发酵来制取。

工业上或实验室中羧酸的制备常通过下列方法完成。

11.2.1 用氧化法制备

（1）伯醇、醛的氧化

伯醇或醛氧化可生成相应的羧酸，这是制备羧酸的普遍方法。

$$RCH_2OH \xrightarrow{[O]} RCHO \xrightarrow{[O]} RCOOH$$

常用 $KMnO_4/H^+$、K_2CrO_7/H_2SO_4 作氧化剂。

如要将不饱和醛氧化制备不饱和羧酸，则可采用氧化能力较弱的银氨溶液：

$$H_3C—CH═CH—CHO \xrightarrow{Ag(NH_3)_2^+} H_3C—CH═CH—COOH$$

这种氧化方式在有机合成中又称为选择性氧化。

（2）烯烃的氧化

烯烃可被氧化制备羧酸。

$$R—CH═CH—R' \xrightarrow[H^+]{KMnO_4} RCOOH + R'COOH$$

对称烯烃和末端烯烃氧化可得较纯的羧酸，不对称烯烃氧化得到的是不同羧酸的混合物，需分离提纯，故制备意义不大。

（3）芳烃的氧化

凡含有 α-H 的芳烃可被氧化为苯甲酸，这是制备芳香族甲酸的常用方法。

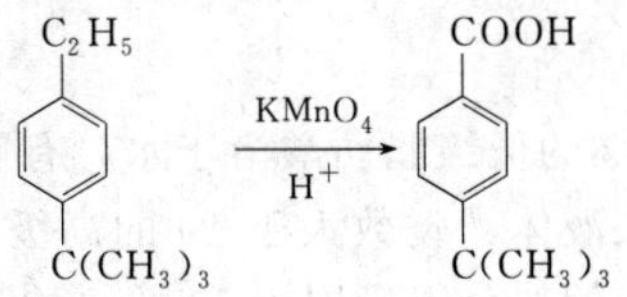

$$p\text{-}C_2H_5—C_6H_4—C(CH_3)_3 \xrightarrow[H^+]{KMnO_4} p\text{-}HOOC—C_6H_4—C(CH_3)_3$$

11.2.2 用卤仿反应制备

卤仿反应用于制备减少一个碳原子的羧酸。

$$R—\overset{O}{\overset{\|}{C}}—CH_3 \xrightarrow[OH^-]{X_2} RCOO^- + CHX_3$$

$$RCOO^- \xrightarrow{H^+} RCOOH$$

11.2.3 用格氏试剂制备

格氏试剂与 CO_2 作用后，再酸化、水解得羧酸。格氏试剂可由卤代烃制得。

$$R{-}MgX + CO_2 \longrightarrow RCOOMgX \xrightarrow[H_2O]{H^+} RCOOH$$

此法用于制备比原料多一个碳的羧酸，可使用 1°RX、2°RX、3°RX，乙烯式卤代烃则很难反应。

11.2.4 用水解法制备

(1) 腈的水解

腈水解可得羧酸：

$$RCN \xrightarrow[H^+]{H_2O} RCOOH$$

此法用于制备比原料多一个碳的羧酸，但仅适用于 1°RX。

由于 2°RX、3°RX 与 NaCN 作用易发生消除反应，故它们不适用于制备羧酸。

$$(CH_3)_3CBr \xrightarrow{NaCN} H_2C{=}C(CH_3)_2$$

(2) 油脂和羧酸衍生物的水解

油脂的主要成分是偶数碳原子的高级脂肪酸的甘油酯，由其水解可制得高级脂肪酸。水解反应可被酸或碱催化，酸催化条件下油脂水解产物为羧酸和甘油。

$$\begin{array}{l} H_2C{-}O{-}OR \\ HC{-}O{-}OR' \\ H_2C{-}O{-}OR'' \end{array} \xrightarrow{H^+} \begin{array}{l} H_2C{-}OH \\ HC{-}OH \\ H_2C{-}OH \end{array} + \begin{array}{l} RCOOH \\ R'COOH \\ R''COOH \end{array}$$

碱催化油脂水解所得产物高级脂肪酸盐就是肥皂。

其他羧酸衍生物如酰氯、酸酐和酰胺水解也可制得羧酸。

(3) 苯三氯甲烷水解

工业上苯甲酸可由苯三氯甲烷水解制备。

$$C_6H_5{-}CCl_3 \xrightarrow[100\sim115℃]{H_2O/ZnCl_2} C_6H_5{-}COOH$$

而苯三氯甲烷可由甲苯氯化制得。

$$C_6H_5{-}CH_3 \xrightarrow[\text{光},100\sim150℃]{Cl_2(\text{过量})} C_6H_5{-}CCl_3$$

11.3 羧酸的物理性质

在饱和一元羧酸中，碳数为 1～3 的低级脂肪酸溶于水，有刺激性气味，碳数为 4～9 的中级脂肪酸难溶于水，为有腐败气味的油状液体，碳数大于 10 的高级脂肪酸为无气味的蜡状固体，不溶于水。液体羧酸沸点比相应的醇高，例如分子量同为 60 的乙酸和丙醇，二者的沸点分别是 117.9℃ 和 97.4℃，乙酸的沸点较高，主要是因为羧酸分子间由两个氢键结合形成双分子缔合体，分子间的作用力得到加强。

$$R{-}C(=O\cdots H{-}O)(-O{-}H\cdots O=)C{-}R$$

羧酸熔点随着分子中碳原子数目的增加呈锯齿状变化。乙酸熔点 16.6℃，当室温低于此温度时，立即凝成冰状结晶，故纯乙酸又称为冰醋酸。二元羧酸的溶解度随着分子中碳原子数目增加而减小，芳香羧酸在水中的溶解度较小，但在热水中有一定的溶解度。一些羧酸的物理常数见表 11-1。

表 11-1　一些羧酸的俗名和物理常数

名称	结构式	俗名	熔点/℃	沸点/℃	溶解度/(g/100g 水)	pK_{a1}	pK_{a2}
甲酸	HCOOH	蚁酸	8.4	100.7	∞	3.77	
乙酸	CH_3COOH	醋酸	16.6	118	∞	4.76	
丙酸	CH_3CH_2COOH	初油酸	−21	141	∞	4.88	
丁酸	$CH_3(CH_2)_2COOH$	酪酸	−5	164	∞	4.82	
戊酸	$CH_3(CH_2)_3COOH$	缬草酸	−34	186	3.7	4.86	
己酸	$CH_3(CH_2)_4COOH$	羊油酸	−3	205	1.0	4.85	
十二酸	$CH_3(CH_2)_{10}COOH$	月桂酸	44	225	不溶		
十四酸	$CH_3(CH_2)_{12}COOH$	肉豆蔻酸	54	251	不溶		
十六酸	$CH_3(CH_2)_{14}COOH$	软脂酸（棕榈酸）	63	390	不溶		
十八酸	$CH_3(CH_2)_{16}COOH$	硬脂酸	71.5～72	360(分解)	不溶		
乙二酸	HOOCCOOH	草酸	189.5	157(分解)	(溶)10	1.23	4.19
丙二酸	$HOOCCH_2COOH$	缩苹果酸（胡萝卜酸）	135.6	140(分解)	(易溶)140	2.83	5.69
丁二酸	$HOOCCH_2CH_2COOH$	琥珀酸	188(185)	235（失水分解）	(微溶)6.8	4.16	5.61
己二酸	$HOOC(CH_2)_4COOH$	肥酸	153	330.5(分解)	(微溶)2	4.43	5.41
苯甲酸	C_6H_5—COOH	安息香酸	122.4	100(升华) 249	0.34	4.19	
邻苯二甲酸	邻-$C_6H_4(COOH)_2$	酞酸	231(速热)		0.70	2.89	5.51
对苯二甲酸	HOOC—C_6H_4—COOH	对酞酸	300(升华)		0.002	3.51	4.82
间苯二甲酸	间-$C_6H_4(COOH)_2$		349		0.01	3.54	4.62
丙烯酸	H_2C═CH—COOH	败脂酸	13	141.6	溶	4.26	
顺丁烯二酸	(H)(COOH)C═C(H)(COOH)（顺式）	马来酸	130.5	135(分解)	易溶 78.8	1.83	6.07
反丁烯二酸	(H)(COOH)C═C(HOOC)(H)（反式）	富马酸	286～287	200(升华)	溶于热水 0.70	3.03	4.44
3-苯基丙烯酸（反式）	C_6H_5—CH═CH—COOH	肉桂酸	133	300	溶于热水	4.43	

11.4 羧酸的化学性质

羧酸的官能团是羧基，羧基由羟基和羰基组成，共轭作用使得羧基不是羰基和羟基的简单加合，羧基中既不存在典型的羰基，也不存在典型的羟基，而是两者相互影响的统一体。羧酸的许多化学性质表现为羧基的性质，根据其发生反应位置的不同，可分为如下所示的几类典型反应：

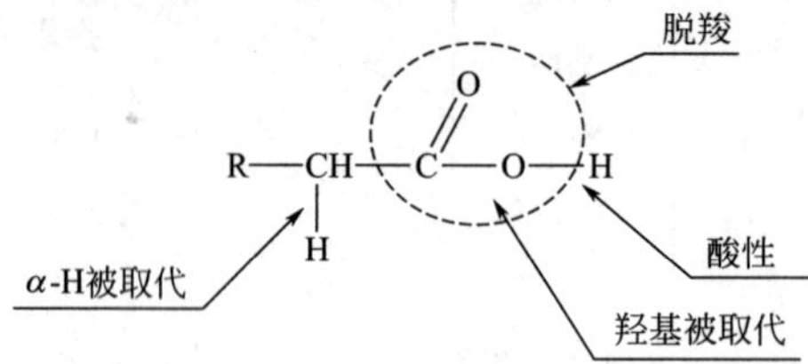

11.4.1 酸性

羧酸在水溶液中能发生如下的离解反应：

$$RCOOH + H_2O \rightleftharpoons RCOO^- + H_3O^+$$

羧酸根负离子可用共振结构式表示：

$$\left[R-C(=O)-O^- \longleftrightarrow R-C(-O^-)=O \right] \equiv R-C(\overset{\frac{1}{2}-}{O})(\overset{\frac{1}{2}-}{O})$$

羧酸根负离子中 O—C—O 之间形成了一个三原子四电子的共轭体系，负电荷可以平均分布在两个氧原子上，故羧酸根负离子是稳定的，使羧酸显示明显的弱酸性。同时电子的离域，造成了羧酸根中的 C═O 和 C—O 键长是等长的，例如，甲酸根负离子中，C═O 和 C—O 键长均为 0.127nm。

羧酸的酸性小于无机酸，但大于碳酸、苯酚和醇。酸性强弱次序：无机酸>羧酸>碳酸>酚>醇。

	CH_3COOH	HCl	C_6H_5OH	H_2CO_3	C_2H_5OH
pK_a	4.75	−7	9.8	6.5	16

可见，一些不溶于水的羧酸既溶于 NaOH 溶液也溶于 $NaHCO_3$ 溶液，而不溶于水的酚能溶于 NaOH 溶液但不溶于 $NaHCO_3$ 溶液。

$$RCOOH + NaOH \longrightarrow RCOONa + H_2O$$

$$RCOOH + NaHCO_3 \longrightarrow RCOONa + CO_2 + H_2O$$

$$RCOONa \xrightarrow{H^+} RCOOH$$

此性质可用于酚、酸的鉴别和分离。

脂肪族羧酸的酸性受电子效应影响较大。吸电子诱导效应会削弱羧基中的氢氧键，有利于 H^+ 的离解，从而使酸性增强，例如：

	FCH_2COOH	$ClCH_2COOH$	$BrCH_2COOH$	ICH_2COOH	CH_3COOH
pK_a	2.66	2.86	2.90	3.18	4.75

随着吸电子基增多，羧酸酸性相应增强。

	$ClCH_2COOH$	$Cl_2CHCOOH$	Cl_3CCOOH
pK_a	2.86	1.26	0.64

取代基的位置距羧基越远，吸电子的诱导效应减弱，羧酸酸性减小。

	$CH_3CH_2CH(Cl)COOH$	$CH_3CH(Cl)CH_2COOH$	$CH_2(Cl)CH_2CH_2COOH$	$CH_3CH_2CH_2COOH$
pK_a	2.84	4.06	4.52	4.81

苯甲酸的酸性稍大于乙酸而小于甲酸。

	CH_3COOH	C_6H_5COOH	HCOOH
pK_a	4.75	4.19	3.77

苯甲酸酸性稍大于乙酸是由于苯甲酸离解成苯甲酸根负离子后，苯环和羧基产生共轭效应，羧基负电荷可分散到苯环上，致使苯甲酸根负离子得到稳定。而苯甲酸酸性小于甲酸，是由苯甲酸中的苯基有推电子共轭效应所致。

取代基对芳香酸酸性的影响也有一定的规律。

当羧基的对位连有硝基、卤素原子等吸电子基时，酸性增强；而对位连有甲基、甲氧基等斥电子基时，则酸性减弱。

	对硝基苯甲酸 ($p-NO_2C_6H_4COOH$)	对氯苯甲酸 ($p-ClC_6H_4COOH$)	苯甲酸 (C_6H_5COOH)	对甲氧基苯甲酸 ($p-CH_3OC_6H_4COOH$)	对甲基苯甲酸 ($p-CH_3C_6H_4COOH$)
pK_a	3.42	3.97	4.19	4.47	4.38

当羧基的间位有取代基时，共轭效应不能在体系内传递，影响酸性大小的主要因素为取代基的电子效应。

	间硝基苯甲酸 ($m-NO_2C_6H_4COOH$)	对硝基苯甲酸 ($p-NO_2C_6H_4COOH$)	苯甲酸 (C_6H_5COOH)
	$(-I)$	$(-I, -C)$	
pK_a	3.49	3.42	4.19

硝基在羧基的间位时，硝基对羧基只产生吸电子诱导效应而无共轭效应，硝基在羧基的对位时，硝基对羧基既有吸电子诱导效应又有吸电子共轭效应，故对硝基苯甲酸的酸性大于间硝基苯甲酸，但二者的酸性均大于苯甲酸，因为无论硝基在羧基的间位还是对位，都有吸电子效应。

至于邻位取代基，除氨基外，都使苯甲酸的酸性增强，主要原因是位阻作用使羧基与苯环不能共平面，苯环对羧基的给电子共轭效应减弱或消失，故邻位取代基苯甲酸酸性增强。实际上邻位取代基对苯甲酸酸性的影响还应考虑场效应、氢键等因素，如邻羟基苯甲酸的酸性就是由于氢键因素而变得很强，其 $pK_a=2.98$（参见 11.6.3）。

二元羧酸有两个羧基，会产生二级电离，例如：

$$HOOCCOOH \qquad pK_{a1}=1.23 \qquad pK_{a2}=4.19$$

但 $pK_{a1}<pK_{a2}$，这是由于当第一个羧基电离时，另一个羧基对它产生吸电子诱导效应，而第二个羧基电离时，旁边的羧酸根（$—COO^-$）是推电子的，它对羧基产生推电子诱导效应。

11.4.2 羧基上羟基的反应

羧基上的羟基可被卤素（—X）、酰氧基（RCOO—）、烷氧基（—OR）及氨基（包括取代氨基）取代而生成酰卤、酸酐、酯和酰胺等羧酸的衍生物。

$R—\overset{O}{\overset{\parallel}{C}}—X$	$R—\overset{O}{\overset{\parallel}{C}}—O—\overset{O}{\overset{\parallel}{C}}—R'$	$R—\overset{O}{\overset{\parallel}{C}}—OR'$	$R—\overset{O}{\overset{\parallel}{C}}—NH_2$ 或 $R—\overset{O}{\overset{\parallel}{C}}—NHR'$
酰卤	酸酐	酯	酰胺

其中 $R—\overset{O}{\overset{\parallel}{C}}—$ 部分称为酰基。

(1) 酰卤的生成

羧酸与 PX_3、PX_5、$SOCl_2$ 作用，羧酸中的羟基被取代生成酰卤。

例如酰氯可用下列三种方法制备：

$$RCOOH \xrightarrow{PCl_3} RCOCl + H_3PO_3$$

$$RCOOH \xrightarrow{PCl_5} RCOCl + POCl_3 + HCl$$

$$RCOOH \xrightarrow{SOCl_2} RCOCl + SO_2\uparrow + HCl\uparrow$$

PCl_3 通常用来制备低沸点的酰氯，而 PCl_5 则用来制备高沸点的酰氯，例如：

$$CH_3COOH \xrightarrow{PCl_3} CH_3COCl + H_3PO_3$$

沸点/℃　　118　　75　　52

采用 $SOCl_2$（亚硫酰氯或称氯化亚砜）是实验室合成酰卤的一种好方法，因为生成的二氧化硫和氯化氢是气体，易分离，因而酰氯的产率高，如用此方法制备乙酰氯，产率能达到100%。

$$CH_3COOH + SOCl_2 \longrightarrow CH_3COCl + SO_2\uparrow + HCl\uparrow$$

（2）酸酐的生成

羧酸在脱水剂五氧化二磷或醋酐作用下可发生分子间或分子内脱水生成酸酐。

$$2\,R-\overset{O}{\overset{\|}{C}}-OH \xrightarrow[\triangle]{P_2O_5} R-\overset{O}{\overset{\|}{C}}-O-\overset{O}{\overset{\|}{C}}-R + H_2O$$

$$2\,C_6H_5-COOH \xrightarrow[\triangle]{(CH_3CO)_2O} C_6H_5-\overset{O}{\overset{\|}{C}}-O-\overset{O}{\overset{\|}{C}}-C_6H_5 + 2\,CH_3COOH$$

常用乙酸酐作为制备酸酐的脱水剂是因为乙酸酐具有价格便宜、生成的乙酸容易除去和与水反应迅速的特点。一些二元酸，只需加热就能发生分子内脱水，生成环状酸酐（为稳定的五元或六元环结构），例如：

$$\text{顺丁烯二酸} \xrightarrow{150℃} \text{顺丁烯二酸酐} + H_2O$$

顺丁烯二酸酐

$$\text{邻苯二甲酸} \xrightarrow{230℃} \text{邻苯二甲酸酐} + H_2O$$

邻苯二甲酸酐

（3）酯的生成

羧酸与醇在酸催化下反应生成酯，这是制备酯最重要的方法。

$$RCOOH + R'OH \overset{H^+}{\rightleftharpoons} RCOOR' + H_2O$$

酯化反应是可逆平衡反应，常采用增加反应物的浓度和边反应边蒸去低沸点的酯和水的方法来提高酯的得率。实验室制备乙酸乙酯时，通常使乙醇过量，主要是由于乙醇比乙酸便宜。

酯化反应历程因羧酸与不同类型的醇反应而不同。

羧酸与伯醇或仲醇反应，按酰氧键断裂的方式：

$$R-\overset{O}{\overset{\|}{C}}\,\vdots\,-OH + H-\,\vdots\,-O-R' \longrightarrow R-\overset{O}{\overset{\|}{C}}-O-R' + H_2O$$

酰氧键断裂

具体过程如下：

$$R-\overset{O}{\overset{\|}{C}}-OH \overset{H^+}{\rightleftharpoons} R-\overset{OH^+}{\overset{\|}{C}}-OH \overset{R'OH}{\rightleftharpoons} R-\underset{H-O^+-R'}{\overset{OH}{C}}-OH \rightleftharpoons R-\underset{O-R'}{\overset{OH}{C}}-OH_2^+ \overset{-H_2O}{\rightleftharpoons}$$

$$R-\overset{\overset{\displaystyle OH}{|}}{\underset{\underset{\displaystyle O-R'}{|}}{C^+}} \rightleftharpoons R-\overset{\overset{\displaystyle OH^+}{\|}}{\underset{\underset{\displaystyle O-R'}{|}}{C}} \xrightleftharpoons{-H^+} R-\overset{\overset{\displaystyle O}{\|}}{C}-O-R'$$

羧酸与叔醇反应，则按烷氧键断裂的方式：

$$R-\overset{\overset{\displaystyle O}{\|}}{C}-O\,\vdots\,H + H-O\,\vdots\,R' \xrightleftharpoons{H^+} R-\overset{\overset{\displaystyle O}{\|}}{C}-O-R' + H_2O$$

烷氧键断裂

具体过程如下：

$$R'-O-H \xrightleftharpoons{H^+} R'-OH_2^+ \xrightleftharpoons{-H_2O} R'^+ \xrightleftharpoons{R-\overset{O}{\overset{\|}{C}}-O-H} R-\overset{\overset{\displaystyle O}{\|}}{C}-\underset{\underset{\displaystyle H}{|}}{O^+}-R' \xrightleftharpoons{-H^+} R-\overset{\overset{\displaystyle O}{\|}}{C}-O-R'$$

反应到底是按何种方式进行，可用 O^{18} 同位素跟踪方法验证：

$$R-\overset{\overset{\displaystyle O}{\|}}{C}-O-H + H-\overset{18}{O}-R' \xrightleftharpoons{H^+} R-\overset{\overset{\displaystyle O}{\|}}{C}-\overset{18}{O}-R' + H_2O$$

如反应后所得 H_2O 中经检测无 O^{18}，可证实反应为酰氧键断裂。

(4) 酰胺的生成

酰胺的制备是先由羧酸与氨气反应得到羧酸铵，羧酸铵再加热脱水而生成酰胺。

例如：

$$CH_3COOH + NH_3 \longrightarrow CH_3CO\overset{-}{O}\overset{+}{N}H_4 \xrightarrow{\triangle} CH_3CONH_2 + H_2O$$

$$H_2N(CH_2)_5COOH \xrightarrow{\triangle} \text{(ε-己内酰胺，环状，含 C=O 与 NH)} + H_2O$$

ε-己内酰胺

工业上聚酰胺纤维（又称尼龙-66）就是用己二酸和己二胺缩聚而得。

$$nH_2N(CH_2)_6NH_2 + nHOOC(CH_2)_4COOH \xrightarrow{250℃} \left[NH-(CH_2)_6-NH-\overset{\overset{\displaystyle O}{\|}}{C}-(CH_2)_4-\overset{\overset{\displaystyle O}{\|}}{C} \right]_n + nH_2O$$

尼龙-66

11.4.3 脱羧反应

(1) 碱石灰共熔脱羧

羧酸较稳定，在一般条件下不易脱羧，将其无水碱金属盐与碱石灰（NaOH-CaO）共熔，才能发生脱羧反应，脱去羧基生成烃。

$$CH_3COONa \xrightarrow[\text{共熔}]{NaOH\text{-}CaO} CH_4\uparrow + Na_2CO_3$$

该反应是实验室制取纯度较高甲烷的一种方法。

其他直链羧酸盐与碱石灰热熔的副产物复杂，不易分离，无制备意义。

$$CH_3CH_2COONa \xrightarrow[\text{共熔}]{NaOH\text{-}CaO} \underset{(20\%)}{CH_4} + \underset{(44\%)}{CH_3CH_2CH_3} + \underset{(33\%)}{H_2} + \text{不饱和化合物}$$

(2) 加热脱羧

某些特定结构的羧酸，其脱羧反应较为容易，只需加热就能脱羧。

① 酸的 α-碳原子上连有强吸电子基团时，加热就能发生脱羧。

例如：

$$CCl_3COOH \xrightarrow{\triangle} CHCl_3 + CO_2\uparrow$$

② 酸的 α-碳和 β-碳原子是羰基碳时，加热就能脱羧。

例如：

$$\text{C}_6\text{H}_5-\overset{\displaystyle O}{\overset{\|}{C}}-CH_2-COOH \xrightarrow{\triangle} \text{C}_6\text{H}_5-\overset{\displaystyle O}{\overset{\|}{C}}-CH_3 + CO_2\uparrow$$

$$HO-\overset{\displaystyle O}{\overset{\|}{C}}-CH_2-\overset{\displaystyle O}{\overset{\|}{C}}-OH \xrightarrow{\triangle} CH_3COOH + CO_2\uparrow$$

$$HO-\overset{\displaystyle O}{\overset{\|}{C}}-\overset{\displaystyle O}{\overset{\|}{C}}-OH \xrightarrow{\triangle} HCOOH + CO_2\uparrow$$

其中丙二酸的加热脱羧反应在有机合成中经常被应用，如第 12 章有关丙二酸二乙酯在有机合成中的应用就应用到丙二酸的加热脱羧反应。

(3) 电解脱羧

羧酸的碱金属盐在两个铂电极进行电解，也能脱去羧基生成烃。

例如：

$$2\,CH_3COONa \xrightarrow{\text{电解}} CH_3CH_3$$

这种电解脱羧反应称为科尔伯（H. Kolb）反应。

(4) 卤化脱羧

羧酸的银盐在溴或氯存在下也能脱羧生成卤代烷。

$$RCOOAg + Br_2 \xrightarrow[\triangle]{CCl_4} R-Br + CO_2 + AgBr$$

$$CH_3CH_2CH_2COOAg + Br_2 \xrightarrow[\triangle]{CCl_4} CH_3CH_2CH_2-Br + CO_2 + AgBr$$

这种卤化脱羧反应称为亨斯狄克（Hunsdiecker）反应，该反应可用于合成比羧酸少一个碳的卤代烃。

11.4.4 α-H 的卤代反应

羧酸 α-碳上的 H 受羧基的影响而表现出一定的活性，可被卤素取代生成卤代酸，但反应活性不如醛酮上的 α-H，需用红磷催化。

$$RCH_2COOH \xrightarrow[\triangle]{Br_2,\ P} \underset{\displaystyle Br}{\underset{|}{RCHCOOH}} \xrightarrow[\triangle]{Br_2,\ P} R\overset{\displaystyle Br}{\overset{|}{\underset{\displaystyle Br}{\underset{|}{C}}}}COOH$$

通过控制反应条件，如控制较低的反应温度和较短的反应时间，可使反应停留在一取代阶段。这种制备 α-卤代酸的方法常称为 Hell-Volhard-Zelinsky（赫尔-乌泽哈-泽林斯基）反应。

所制的 α-卤代酸与原来的羧酸相比，酸性变强（参见 11.4.1）。受羧基影响，卤代酸中卤原子活性较大，容易被氰基、羟基、氨基取代，制备相应的取代羧酸，也可发生消除反应生成 α、β 不饱和酸，因而在有机合成中有广泛应用。例如，可用 α-卤代酸制备 α-羟基酸：

$$CH_3CH_2CH_2\underset{\displaystyle Br}{\underset{|}{C}}HCOOH \xrightarrow[H_2O]{NaOH} CH_3CH_2CH_2\underset{\displaystyle OH}{\underset{|}{C}}HCOOH$$

11.4.5 还原反应

羧酸一般很难被还原，只能用强还原剂 $LiAlH_4$ 才能将其还原为相应的伯醇。H_2/Ni、$NaBH_4$ 等试剂都不能使羧酸还原。

$$(CH_3)_3CCOOH \xrightarrow{LiAlH_4,\ Et_2O \quad H_2O} (CH_3)_3CCH_2OH$$

使用 $LiAlH_4$ 还原羧酸时，如羧酸分子中含有不饱和双键，则不饱和双键不会被还原，这种还原方式在有机合成中称为选择性还原，如可用 $LiAlH_4$ 将肉桂酸还原为肉桂醇：

$$\text{C}_6\text{H}_5\text{—CH=CH—COOH} \xrightarrow[Et_2O]{LiAlH_4} \xrightarrow{H_2O} \text{C}_6\text{H}_5\text{—CH=CH—CH}_2\text{OH}$$

肉桂酸　　　　　　　　　　　　肉桂醇

除了直接将酸还原为醇外，由于酯较羧酸易还原，合成上常将羧酸转化为酯，然后再还原为醇。

11.5　一些重要的羧酸

① 甲酸　甲酸俗称蚁酸，蚂蚁分泌物和蜜蜂的分泌液中含有蚁酸，故有此名。甲酸是具有刺激性气味的无色液体，熔点8.4℃，沸点100.7℃，相对密度1.23，有腐蚀性，可溶于水、乙醇和甘油。甲酸的分子结构比较特殊，它既有羧基结构，又具有醛基结构，因此，它既有羧酸的性质，又具有醛类的性质，其能被高锰酸钾氧化，是一元羧酸中唯一能与托伦试剂、费林试剂发生反应的羧酸。在饱和一元羧酸中，甲酸的酸性最强，其 $pK_a=3.75$。甲酸是重要的有机化工基础原料之一，不但在有机合成化学工业被广泛使用，也广泛用于医药、农药、皮革、橡胶、印染及化工原料等行业。

② 乙酸　乙酸是无色液体，有刺激性气味，熔点16.6℃，沸点118℃，相对密度1.0492。乙酸俗称醋酸，是食醋的主要成分，一般食醋中含乙酸6%～8%。乙酸能与水按任何比例混溶，也可溶于乙醇、乙醚和其他有机溶剂。乙酸广泛存在于自然界，例如在水果或植物油中主要以其化合物酯的形式存在；在动物的组织内、排泄物和血液中以游离酸的形式存在。乙酸是一种简单的羧酸，是一种重要的化学试剂。乙酸也被用来制造电影胶片所需要的醋酸纤维素和木材用胶黏剂中的聚乙酸乙烯酯，以及很多合成纤维和织物。在家庭中，乙酸稀溶液常被用作除垢剂。食品工业方面，乙酸是规定的一种酸度调节剂。

③ 苯甲酸　苯甲酸为无色、无味片状晶体。熔点122.4℃，沸点249℃，相对密度1.2659。在100℃时迅速升华。苯甲酸又称安息香酸。以游离酸、酯或其衍生物的形式广泛存在于自然界中，例如，在安息香胶内以游离酸和苄酯的形式存在；在一些植物的叶和茎皮中以游离的形式存在；在香精油中以甲酯或苄酯的形式存在；在马尿中以其衍生物马尿酸的形式存在。最初苯甲酸由安息香胶干馏或碱水水解制得，也可由马尿酸水解制得。工业上苯甲酸是在钴、锰等催化剂存在下用空气氧化甲苯制得；或由邻苯二甲酸酐水解脱羧制得。苯甲酸及其钠盐可用作乳胶、牙膏、果酱或其他食品的抑菌剂，也可作染色和印色的媒染剂。

④ 乙二酸　乙二酸又称草酸，是无色透明结晶或粉末，易溶于水和乙醇，微溶于乙醚，不溶于苯和氯仿。常见的草酸晶体含有二分子结晶水，熔点101.5℃。加热到100～105℃，草酸失去结晶水，得无水草酸，其熔点为189.5℃。

草酸加热到157℃，则会分解脱羧，生成二氧化碳和甲酸。

$$\text{HOOC—COOH} \xrightarrow{\triangle} CO_2\uparrow + HCOOH$$

草酸具有还原性，容易被高锰酸钾溶液氧化。

$$\text{HOOC—COOH} + KMnO_4 + H_2SO_4 \longrightarrow K_2SO_4 + MnSO_4 + CO_2\uparrow + H_2O$$

因草酸具有还原性，在定量分析中被用于测定高锰酸钾浓度，还可将其用作漂白剂。

草酸是植物特别是草本植物中常具有的成分，多以钾盐或钙盐的形式存在，几乎所有的植物都含有草酸钙。但是在秋海棠、芭蕉中草酸以游离酸的形式存在。

11.6　羟基酸

11.6.1　羟基酸的定义、分类和命名

羟基酸是羧酸分子中的H原子被羟基取代的化合物。羟基连接在饱和碳链上的称为醇酸；羟基连接在芳酸芳环上的称为酚酸。醇酸可根据羟基连接在饱和碳链上不同位置又分为 α、β、γ、…

等羟基酸，当羟基连接在饱和碳链上末端位置时，则通称为ω-羟基酸。很多羟基酸可从自然界中获得，故许多羟基酸有俗名。

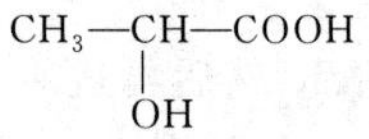

$$\underset{\text{OH}}{CH_3-\underset{|}{CH}-COOH}$$
2-羟基丙酸，α-羟基丙酸（乳酸）

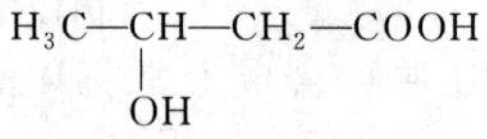

$$H_3C-\underset{\underset{OH}{|}}{CH}-CH_2-COOH$$
3-羟基丁酸，β-羟基丁酸

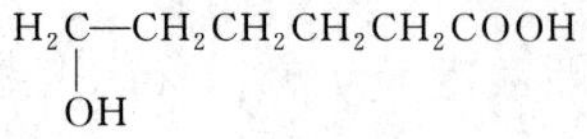

$$\underset{\underset{OH}{|}}{H_2C}-CH_2CH_2CH_2CH_2COOH$$
6-羟基己酸，ε-羟基己酸，ω-羟基己酸

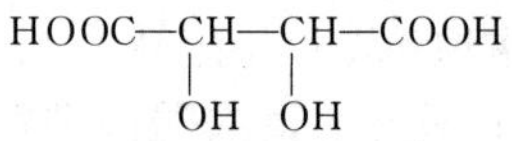

$$HOOC-\underset{\underset{OH}{|}}{CH}-\underset{\underset{OH}{|}}{CH}-COOH$$
2,3-二羟基丁二酸（酒石酸）

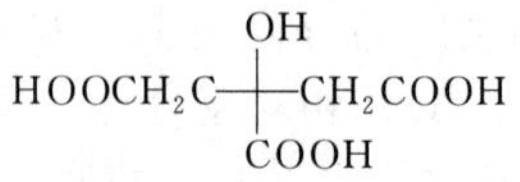

$$HOOCH_2C-\overset{\overset{OH}{|}}{\underset{\underset{COOH}{|}}{C}}-CH_2COOH$$
2-羟基丙烷-1,2,3-三羧酸（柠檬酸）

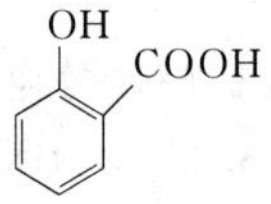

$$o\text{-}HO-C_6H_4-COOH$$
2-羟基苯甲酸（水杨酸）

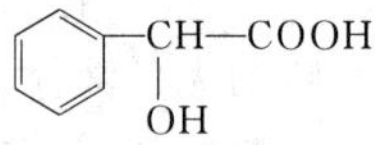

$$C_6H_5-\underset{\underset{OH}{|}}{CH}-COOH$$
2-羟基苯乙酸，α-羟基苯乙酸（扁桃酸）

11.6.2 羟基酸的制法

（1）制备α-羟基酸的方法

α-卤代酸水解可制备α-羟基酸，例如：

$$R-\underset{\underset{Cl}{|}}{C}HCOOH+OH^- \longrightarrow R-\underset{\underset{OH}{|}}{C}HCOOH+Cl^-$$

α-羟基腈水解可制备α-羟基酸：

$$\underset{R'}{\overset{R}{>}}C=O \xrightarrow{HCN} \underset{R'}{\overset{R}{>}}C\underset{CN}{\overset{OH}{<}} \xrightarrow{\text{水解}} \underset{R'}{\overset{R}{>}}C\underset{COOH}{\overset{OH}{<}}$$

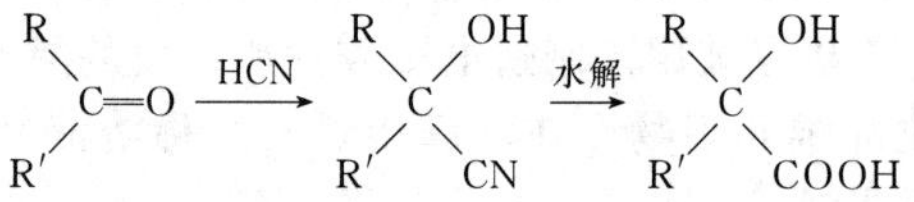

α-羟基腈

（2）制备β-羟基酸的方法

β-羟基腈水解可制备β-羟基酸。例如可先用烯烃和次卤酸加成，再将其卤素氰解制得β-羟基腈，β-羟基腈水解可制备β-羟基酸。

$$R-CH=CH_2 \xrightarrow{HOCl} R-\underset{\underset{OH}{|}}{CH}-\underset{\underset{Cl}{|}}{CH_2} \xrightarrow{NaCN} R-\underset{\underset{OH}{|}}{CH}-CH_2-CN \xrightarrow{H_3O^+} R-\underset{\underset{OH}{|}}{CH}-CH_2-COOH$$

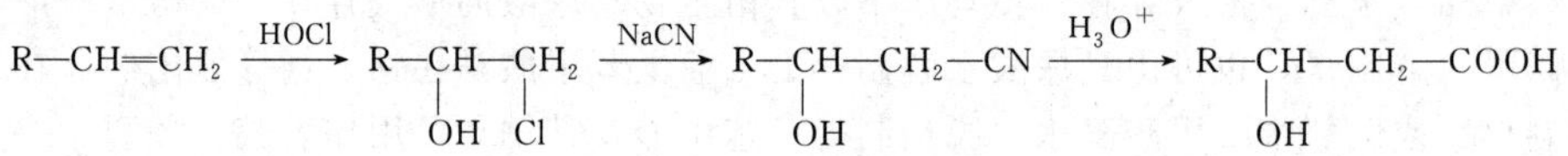

β-羟基腈

β-羟基酸可通过雷福尔马茨基（Reformatsky）反应制备。α-卤代酸酯在锌粉作用下先生成有机锌化合物，所得到的有机锌化合物与醛或酮的羰基发生亲核加成反应后再水解，生成β-羟基酸酯，β-羟基酸酯水解生成β-羟基酸，这个反应称为 Reformatsky 反应。

$$\underset{\underset{X}{|}}{CH_2}COOC_2H_5+Zn \xrightarrow{Et_2O} \underset{\underset{ZnX}{|}}{CH_2}COOC_2H_5 \xrightarrow{R_2C=O} R-\overset{\overset{R}{|}}{\underset{\underset{OZnX}{|}}{C}}-CH_2COOC_2H_5 \xrightarrow{H_2O/H^+}$$

$$R-\overset{\overset{R}{|}}{\underset{\underset{OH}{|}}{C}}-CH_2COOC_2H_5 \xrightarrow{H_2O/H^+} R-\overset{\overset{R}{|}}{\underset{\underset{OH}{|}}{C}}-CH_2COOH$$

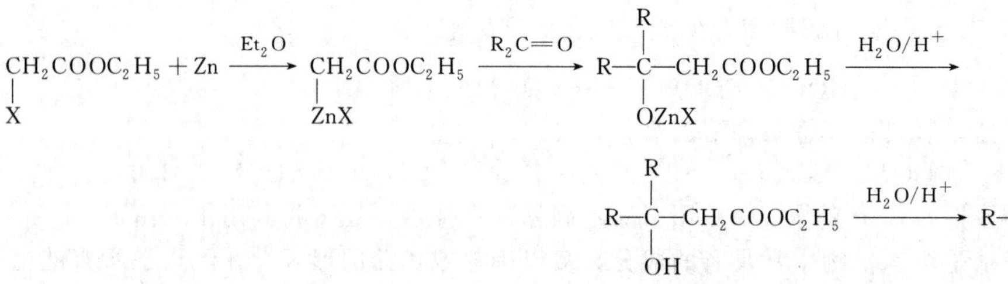

β-羟基酸酯

在这里用有机锌化合物而不用 Grignard 这样的有机镁化合物，是因为 Grignard 试剂会和酯反应，因而得不到羟基酸酯，也就无法得到羟基酸。

11.6.3 羟基酸的性质

（1）物理性质

羟基酸一般为结晶固体或黏稠液体，分子中的羧基和羟基都能和水形成氢键，故羟基酸在水中的溶解度比相应的醇和羧酸都大。羟基酸的熔点比相应的羧酸高。

(2) 化学性质

羟基酸具有醇和酸的共性，化学性质主要表现在酸性的变化、羟基受热脱水和羧基的脱羧反应上。

① 羟基酸的酸性　羟基连在脂肪族羧酸上时，羟基酸的酸性比相应的羧酸强，这是由羟基酸分子中的羟基吸电子诱导引起的，例如：

	CH_3CH_2COOH	$CH_3CH(OH)COOH$	$CH_2(OH)CH_2COOH$
pK_a	4.87	3.86	4.51

上面 pK_a 值的大小也表明，羟基距羧基愈远，其对羧酸酸性的影响愈小。

但羟基在芳香族的苯甲酸上时，其酸性因羟基位置不同而不同，例如：

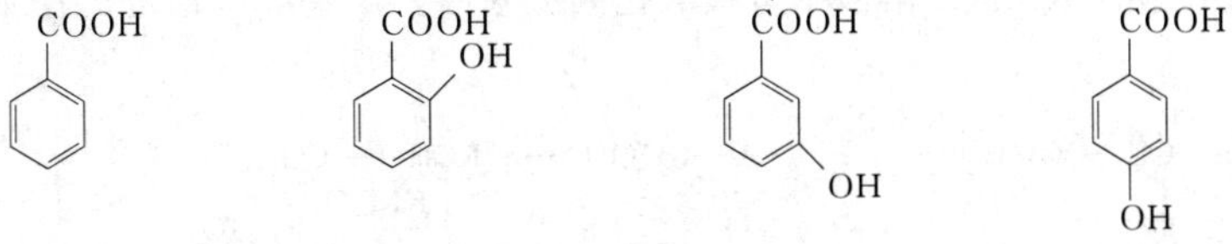

	苯甲酸	邻羟基苯甲酸	间羟基苯甲酸	对羟基苯甲酸
pK_a	4.19	2.98	4.09	4.57

邻羟基苯甲酸的酸性强于苯甲酸、间位羟基苯甲酸和对位羟基苯甲酸，是由于羧酸根负离子和邻位上的羟基形成氢键，稳定性得以提高。

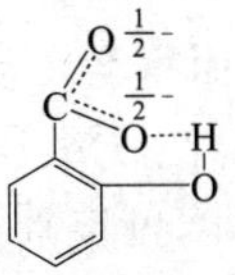

邻羟基苯甲酸负离子

间位羟基苯甲酸酸性比苯甲酸强，主要是羟基在苯甲酸的间位时对羧基只有吸电子诱导效应（$-I$）而无推电子共轭效应（$+C$）；对位羟基苯甲酸比苯甲酸弱，主要是羟基在苯甲酸的对位时对羧基既有吸电子诱导效应（$-I$），也有推电子共轭效应（$+C$），但$+C>-I$。

② 脱水反应　α-羟基酸受热时，两分子间相互酯化，生成交酯。

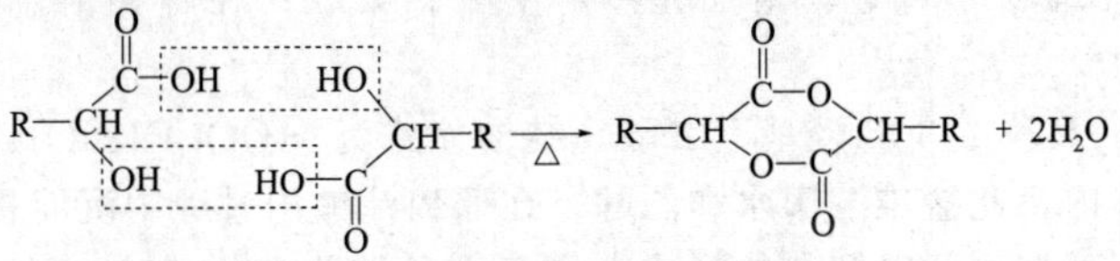

$$2\,R-CH(OH)-COOH \xrightarrow{\triangle} \text{交酯} + 2H_2O$$

交酯

β-羟基酸受热发生分子内脱水，主要生成α,β-不饱和羧酸，α,β-不饱和羧酸中的碳碳双键和羧基中的羰基共轭，故稳定性较好。

$$R-CH(OH)-CH_2COOH \xrightarrow[\triangle]{H^+} R-CH=CHCOOH + H_2O$$

γ-和δ-羟基酸受热，生成五元和六元环内酯，五元环和六元环是环状化合物中较稳定的体系。例如：

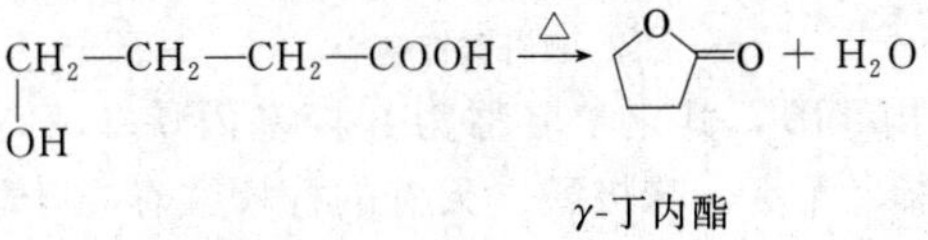

$$CH_2(OH)-CH_2-CH_2-COOH \xrightarrow{\triangle} \gamma\text{-丁内酯} + H_2O$$

γ-丁内酯

羟基与羧基间的距离大于四个碳原子时，受热则生成长链的高分子聚酯。

$$m\,HO\!\left(CH_2\right)_n COOH \xrightarrow{\triangle} H\!\left[O-(CH_2)_n-\overset{O}{\overset{\|}{C}}\right]_m\!OH + (m-1)H_2O \qquad n\geqslant 5$$

③ 脱羧反应　α-羟基酸与稀 H_2SO_4 共热时发生分解脱羧反应，生成醛或酮。

$$\underset{\displaystyle\mathrm{OH}}{\mathrm{R{-}\overset{}{C}H{-}COOH}} \xrightarrow{\text{稀 }H_2SO_4} \mathrm{RCHO} + \mathrm{HCOOH} \longrightarrow \mathrm{CO}\uparrow + H_2O$$

$$\mathrm{R{-}\overset{\displaystyle R'}{\underset{\displaystyle OH}{C}}{-}COOH} \xrightarrow{\text{稀 }H_2SO_4} \mathrm{RCOR'} + \mathrm{HCOOH}$$

反应所得醛、酮比原来的 α-羟基酸少了一个碳，故在有机合成中常用于缩短碳链，例如：

$$CH_3CH_2CH_2COOH \xrightarrow{Br_2/P} CH_3CH_2\underset{\displaystyle Br}{CH}COOH \xrightarrow{OH^-} CH_3CH_2\underset{\displaystyle OH}{CH}COOH \xrightarrow[\triangle]{\text{稀 }H_2SO_4} CH_3CH_2CHO + HCOOH$$

α-和 β-羟基酸在酸性 $KMnO_4$ 溶液中可被氧化成羰基酸，羰基酸不稳定，容易发生脱羧反应生成羧酸或酮：

$$\mathrm{R{-}\underset{\displaystyle OH}{C}H{-}COOH} \xrightarrow{KMnO_4} \mathrm{R{-}\underset{\displaystyle \|\atop O}{C}{-}COOH} \xrightarrow{\triangle} \mathrm{RCHO} + CO_2\uparrow + H_2O$$

$$\mathrm{RCHO} \xrightarrow{KMnO_4} \mathrm{RCOOH}$$

$$\mathrm{R{-}\underset{\displaystyle OH}{C}H{-}CH_2{-}COOH} \xrightarrow{KMnO_4} \mathrm{R{-}\underset{\displaystyle \|\atop O}{C}{-}CH_2{-}COOH} \xrightarrow{\triangle} \mathrm{R{-}\underset{\displaystyle \|\atop O}{C}{-}CH_3} + CO_2\uparrow + H_2O$$

11.6.4　一些重要的羟基酸

① 乳酸　乳酸（α-羟基丙酸）因存在于酸牛乳中而得名，动物肌肉剧烈运动后也会产生乳酸。乳酸为无色黏稠液体，沸点 122℃（2kPa），熔点 18℃，易溶于水、乙醇、乙醚等溶剂。乳酸分子中有一个不对称碳原子，有两种旋光异构体。左旋乳酸可由葡萄糖通过乳酸菌发酵而得，其熔点 53℃，比旋光度＝－3.82°（10％水溶液）；右旋乳酸可由剧烈运动后肌肉中分解出，其熔点 53℃，比旋光度＝＋3.82°（10％水溶液）；从酸奶中分离的或人工合成的外消旋乳酸，其熔点 18℃，比旋光度＝0，即无旋光性。乳酸在食品、医药、化妆品及农产品方面均有广泛的用途，如可用于食品的防腐保鲜；在医药方面用作防腐剂、载体剂、助溶剂、药物制剂、pH 调节剂等；在纺织行业中用来处理纤维，可使纤维易于着色，增加光泽，使触感柔软；在各种浴洗用品中乳酸可作为保湿剂。

② 酒石酸　酒石酸又称 2,3-二羟基丁二酸，结构简式为 HOOCCH(OH)CH(OH)COOH。酒石酸氢钾存在于葡萄汁内，此盐难溶于水和乙醇，在葡萄汁酿酒过程中沉淀析出，称为酒石，酒石酸的名称由此而来。酒石酸主要以钾盐的形式存在于多种植物和果实中，也有少量以游离态存在。酒石酸分子中含有两个手性碳原子，存在三种立体异构体：右旋酒石酸、左旋酒石酸和内消旋酒石酸。酒石酸与柠檬酸类似，可用于食品工业，如制造饮料。酒石酸和鞣质合用，可作为酸性染料的媒染剂。酒石酸能与多种金属离子络合，可作金属表面的清洗剂和抛光剂。酒石酸钾钠可配制费林试剂，还可作医药上的缓泻剂和利尿剂。酒石酸钾钠晶体具有压电性质，可用于电子工业。酒石酸锑钾为呕吐剂，又称吐酒石，并可治疗日本血吸虫病。

$$\begin{array}{ccc} \mathrm{HO{-}CH{-}COOH} & \mathrm{HO{-}CH{-}COOK} & \mathrm{HO{-}CH{-}COOK} \\ | & | & | \\ \mathrm{HO{-}CH{-}COOK} & \mathrm{HO{-}CH{-}COONa} & \mathrm{HO{-}CH{-}COOSb} \\ \text{酒石酸氢钾} & \text{酒石酸钾钠} & \text{酒石酸锑钾} \end{array}$$

③ 柠檬酸　柠檬酸又名枸橼酸，其化学名称为 2-羟基丙烷-1,2,3-三羧酸，为无色半透明晶体或白色颗粒或白色结晶性粉末，无臭，味极酸。天然的柠檬酸存在于植物如柠檬、柑橘、菠萝等果实中。人工合成的柠檬酸是用砂糖、糖蜜、淀粉、葡萄等含糖物质发酵而制得的，可分为无水和水合物两种。柠檬酸在工业、食品业、化妆业等具有极多的用途，并对人体健康有较好的影响，常在食品业用作清凉饮料、果汁、果酱、水果糖和罐头等的酸性调味剂。

④ 水杨酸　水杨酸又称邻羟基苯甲酸，分子式 $C_6H_4(OH)(COOH)$，分子量 138.05，白色结

晶，针状或粉状，相对密度 1.443，熔点 156～159℃。溶于乙醇、乙醚、丙酮、松节油。水杨酸从水杨柳中提取得到，因而得名，它是重要的精细化工原料。在医药工业中，水杨酸本身就是一种用途极广的消毒防腐剂。作为医药中间体，水杨酸广泛用于药物合成，其衍生物（如退热解痛药阿司匹林和抗结核药对氨基水杨酸）早已在临床医学上得到应用。在皮肤美容上，水杨酸具有优秀的去角质、清理毛孔能力，安全性高，且对皮肤的刺激较果酸更弱，因而成为皮肤保养品新宠儿。

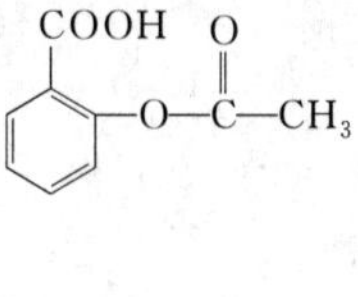

乙酰水杨酸（阿司匹林）：邻位 COOH 与 $-O-\overset{O}{\overset{\|}{C}}-CH_3$ 取代的苯环

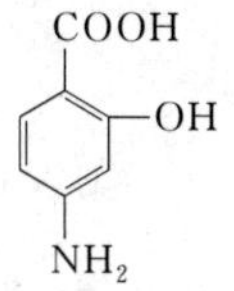

对氨基水杨酸：COOH、OH（邻位）、NH_2（对位）取代的苯环

11.7 羰基酸

11.7.1 羰基酸的分类和命名

羰基酸又称氧代酸，其分子结构中既有羰基又有羧基，有醛酸和酮酸之分。根据羰基与羧基的位置不同，羰基酸有 α-、β-、γ-、δ-、…等羰基酸之分。采用系统命名法命名时的原则为选择含羰基和羧基最长的碳链为主链，称为“某醛酸”或“某酮酸”。

$$H-\overset{O}{\overset{\|}{C}}-\overset{O}{\overset{\|}{C}}-OH$$
乙醛酸

$$H-\overset{O}{\overset{\|}{C}}-CH_2-\overset{O}{\overset{\|}{C}}-OH$$
丙醛酸

$$CH_3-\overset{O}{\overset{\|}{C}}-\overset{O}{\overset{\|}{C}}-OH$$
丙酮酸

$$CH_3-\overset{O}{\overset{\|}{C}}-CH_2-\overset{O}{\overset{\|}{C}}-OH$$
3-丁酮酸，3-氧代丁酸，β-丁酮酸

$$HO-\overset{O}{\overset{\|}{C}}-CH_2-CH_2-\overset{O}{\overset{\|}{C}}-\overset{O}{\overset{\|}{C}}-OH$$
2-戊酮二酸

11.7.2 羰基酸的化学性质

（1）酸性

由于羰基酸中羰基的强吸电子效应，其酸性大于相应的羟基酸，也大于同碳数的羧酸。

	$CH_3-\overset{O}{\overset{\|}{C}}-\overset{O}{\overset{\|}{C}}-OH$	$CH_3-\overset{OH}{\overset{\|}{CH}}-\overset{O}{\overset{\|}{C}}-OH$	$CH_3-CH_2-\overset{O}{\overset{\|}{C}}-OH$
pK_a	2.49	3.86	4.87

在羰基酸中，羰基与羧基的距离不同，酸性大小也不同。

	$CH_3-\overset{O}{\overset{\|}{C}}-\overset{O}{\overset{\|}{C}}-OH$	$CH_3-\overset{O}{\overset{\|}{C}}-CH_2-\overset{O}{\overset{\|}{C}}-OH$	$CH_3-\overset{O}{\overset{\|}{C}}-CH_2-CH_2-\overset{O}{\overset{\|}{C}}-OH$	$CH_3-\overset{O}{\overset{\|}{C}}-CH_2-CH_2-CH_2-\overset{O}{\overset{\|}{C}}-OH$
pK_a	2.49	3.51	4.63	4.66

上面的 pK_a 大小表明，羰基酸中的羰基距离羧基愈远，酸性愈小。这是由羰基距离羧基愈远，羰基的吸电子效应愈小引起的。

（2）分解反应

α-酮酸易发生下面的分解反应：

$$CH_3-\overset{O}{\overset{\|}{C}}-COOH \xrightarrow{\text{稀 } H_2SO_4} CH_3CHO+CO_2\uparrow$$

$$CH_3-\overset{O}{\overset{\|}{C}}-COOH \xrightarrow{\text{浓 } H_2SO_4} CH_3COOH+CO\uparrow$$

这是 α-酮酸的特性反应。

(3) 氧化反应

α-酮酸易被氧化，弱的氧化剂如 Tollens 试剂、Feiling 试剂也能氧化 α-酮酸。如丙酮酸可被 Tollens 试剂氧化成乙酸，若用硝酸作氧化剂，则得到草酸。

$$CH_3-\overset{\overset{\displaystyle O}{\|}}{C}-COOH \xrightarrow{Ag(NH_3)_2^+} \underset{\text{乙酸}}{CH_3COOH} + CO_2\uparrow$$

$$CH_3-\overset{\overset{\displaystyle O}{\|}}{C}-COOH \xrightarrow{HNO_3} \underset{\text{草酸}}{HOOCCOOH} + CO_2\uparrow$$

11.7.3 一些重要的羰基酸

① 乙醛酸 乙醛酸是最简单的 α-醛酸，为白色晶体，熔点为 98℃，可溶于水，难溶于乙醚、乙醇和苯等有机溶剂。乙醛酸存在于未成熟的水果中，随着果实的成熟和糖分的增加，乙醛酸会消失。由乙醛酸制成的乙基香兰素，广泛用于食品及日用化妆品中，起增香和定香作用。在医药方面，乙醛酸可用来制备对羟基苯甘氨酸、对羟基苯乙酰胺以及对羟基苯乙酸等医药中间体，用于药物产品的合成。

② 丙酮酸 丙酮酸是最简单的 α-酮酸，为无色液体，沸点为 165℃，有刺激性气味，可与水、乙醇、乙醚等溶剂混溶。丙酮酸在人体内主要参与糖、脂肪等的代谢，是参与整个生物体基本代谢的中间产物之一。人体尿液中的丙酮、乙酰乙酸和 β-羟基丁酸总称为尿酮体，医学上尿酮体检查主要用于糖代谢障碍和脂肪不完全氧化等疾病的诊断，可以反映糖尿病患者的病变情况。丙酮酸及它生成的盐，在制药领域也有广泛应用，可用于生产镇静剂、抗病毒剂和合成治疗高血压的药物。

【拓展阅读】 **食醋在中国的历史**

食醋的发明，可以追溯到中国夏朝时期的杜康酿酒。相传杜康发明了酒，他的儿子黑塔也跟着学会了酿酒技术。有一次，黑塔酿酒后将酒糟用水浸泡在缸中存放，一直到了第二十一天的酉时，他才想起此事。一开缸，一股从来没有闻过的香气扑鼻而来。黑塔尝了一口，酸甜兼备，味道很美，便贮藏着作为“调味浆”。黑塔把“二十一日加酉”字来命名这种调味浆叫“醋”。这就是醋和“醋”字的来历，也有了杜康造酒，儿子造醋的说法。

食醋的主要成分是醋酸，其化学名称为乙酸，化学式为 CH_3COOH，食醋中一般含有 3%～5%（质量分数）的醋酸。食醋制作的一般程序是先制成乙醇，酒糟中的醋酸菌将乙醇氧化成乙醛，乙醛再进一步氧化生成醋酸。制醋先制酒，这也是醋被称作“苦酒”的原因。如今，醋在我们生活中扮演着重要的角色，除了可用作日常调味品之外，醋还用作饮品、美容保健品、杀菌杀虫剂等商品。古人对未知事物的探索与研究，促使了早期醋的发现，丰富了我们的日常生活。

【例题解析】

羧酸化合物的酸性比较、羧酸的制备与转化是本章的重点、难点。

例题 1. 比较以下二元酸的 pK_a 值大小。

(A) $\begin{array}{l}COOH\\|\\COOH\end{array}$ (B) $H_2C(COOH)_2$ (C) $\begin{array}{l}CH_2CH_2COOH\\|\\CH_2CH_2COOH\end{array}$

解析： A<B<C

—COOH 具有较强的 $-I$ 诱导效应，二元酸 $HOOC-(CH_2)_n-COOH$ 中，n 越小，酸性越强，pK_a 值越小。

例题 2. 根据原料和反应条件写出反应的产物

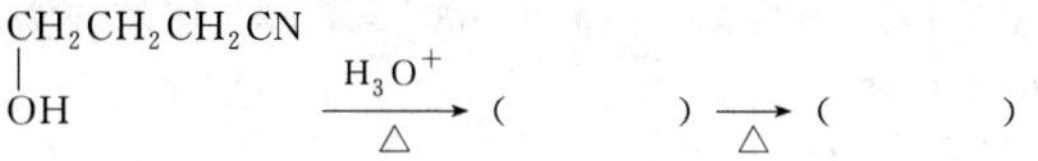

$$\underset{\text{OH}}{\underset{|}{\text{CH}_2}}\text{CH}_2\text{CH}_2\text{CN} \xrightarrow[\triangle]{\text{H}_3\text{O}^+} (\qquad) \xrightarrow[\triangle]{} (\qquad)$$

解析： $\underset{\text{OH}}{\underset{|}{\text{CH}_2}}\text{CH}_2\text{CH}_2\text{COOH}$　（γ-丁内酯：五元环内酯，环上 O 与 C=O）

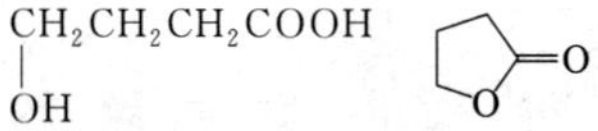

反应物酸性水解成γ-羟基羧酸。γ-羟基羧酸受热脱去一分子水，生成五元环内酯。γ-羟基酸和δ-羟基酸受热，脱去一分子水后生成较稳定的五元和六元环内酯。若是β-羟基酸受热发生分子内脱水，生成较稳定的α,β-不饱和羧酸。

习　题

1. 用系统命名法命名下列化合物。

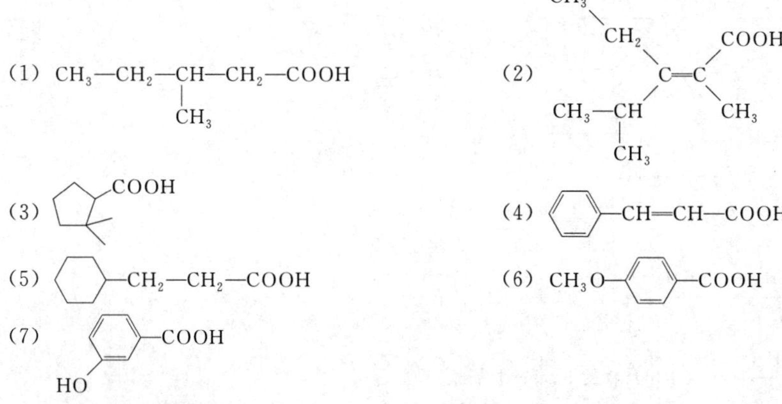

2. 写出下列化合物的结构式。

(1) 3-氧代环己基甲酸　(2) 4-甲基戊酸　(3) 3-丁酮酸　(4) 2-氯-3-环戊基丙酸

(5) (*R*)-2-羟基丁酸　(6) 马来酸　(7) 肉桂酸　(8) 丁炔二酸

(9) 安息香酸　(10) 水杨酸

3. 比较下列各组化合物酸性大小。

(1) 乙醇、乙酸、苯酚、碳酸、水

(2) 乙酸、草酸、丙二酸、丁二酸

(3) $CH_3—CH_2—COOH$、$CH_2═CH—COOH$、$CH≡C—COOH$、$N≡C—COOH$

(4) 对甲氧基苯甲酸、间甲氧基苯甲酸、苯甲酸

(5) 对硝基苯甲酸、间硝基苯甲酸、苯甲酸

(6) 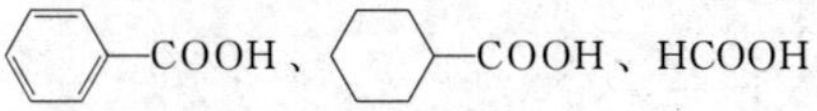 $C_6H_5—COOH$、$C_6H_{11}—COOH$（环己基甲酸）、HCOOH

4. 比较下列各组化合物碱性大小。

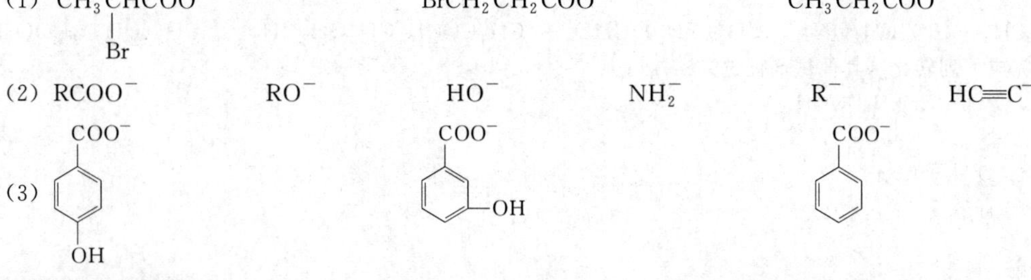

(2) $RCOO^-$　RO^-　HO^-　NH_2^-　R^-　$HC≡C^-$

5. 解释下列现象。

(1) 顺丁烯二酸的 $pK_{a1}=1.83$，$pK_{a2}=6.07$，反丁烯二酸的 $pK_{a1}=3.03$，$pK_{a1}=4.44$。试解释为什么

顺式的 pK_{a1} 较反式小，pK_{a2} 则较反式的大？

（2）丙二酸的 $pK_{a1}=2.83$，$pK_{a2}=5.69$，丙酸的 $pK_a=4.88$，试解释为什么丙二酸的 pK_{a1} 较丙酸的 pK_a 小，pK_{a2} 则较丙酸的 pK_a 的大？

（3）为什么乙酸分子中含有 $CH_3-\overset{O}{\overset{\|}{C}}-$ 但不能发生碘仿反应？

6. 写出 2-甲基丁酸与下列试剂反应的主要产物。

（1）C_2H_5OH/H^+　（2）$NH_3/\triangle$　（3）PCl_3 或 $SOCl_2$　（4）Br_2/P　（5）$LiAlH_4$

（6）$(CH_3CO)_2O/\triangle$

7. 完成下列反应式。

（1）甲苯（$C_6H_5CH_3$）$\xrightarrow{?}$ $C_6H_5CH_2Cl$ $\xrightarrow[\text{干醚}]{Mg}$? $\xrightarrow[\text{② } H_3O^+]{\text{① } CO_2}$? $\xrightarrow{SOCl_2}$?

（2）$BrCH_2-\overset{}{C}(=O)-CH_2Br$ $\xrightarrow{HCN}$? $\xrightarrow{H_3O^+}$? $\xrightarrow{NaCN}$? $\xrightarrow{H_3O^+}$?

（3）$C_6H_5-CH(OH)-CH_2-COOH$ $\xrightarrow[\triangle]{H^+}$? ——① $\xrightarrow[\triangle]{KMnO_4}$?　② $\xrightarrow{LiAlH_4}$

（4）$C_6H_5C(CH_3)_3$ $\xrightarrow[AlCl_3]{CH_3CH_2CH_2Cl}$? $\xrightarrow[\triangle]{KMnO_4}$?

（5）（Fischer 投影式：上 CHO，H—C—OH，下 COOH）$\xrightarrow{HCN}$? $\xrightarrow{H_3O^+}$?（给出产物的 Fischer 投影式）

8. 用简单的化学方法区别下列各组化合物。

（1）C_6H_5OH　$C_6H_5OCH_3$　C_6H_5COOH　$C_6H_5CH_2OH$

（2）HCOOH　CH_3COOH　$HOOCCH_2COOH$

（3）$HOOC-COOH$　顺丁烯二酸（$HOOC-CH=CH-COOH$）　$HOOC-CH_2CH_2-COOH$

（4）1,1-环己烷二甲酸（1-COOH，1-COOH）　1-乙酰基环己烷甲酸（1-COOH，1-$COCH_3$）　2-乙酰基环己烷甲酸（1-COOH，2-$COCH_3$）

9. 用化学方法分离下列各组混合物。

（1）C_6H_5-COOH　C_6H_5-OH　$H_3C-C_6H_4-CH_2OH$（对位）

（2）$CH_3(CH_2)_3CH_2OH$　$CH_3(CH_2)_3CHO$　$CH_3COCH_2CH_2CH_2CH_3$　$CH_3(CH_2)_3COOH$

10. 完成下列转化（其他试剂任选）。

（1）苯 $\longrightarrow$ $C_6H_5CH_2COOH$

（2）间二甲苯 $\longrightarrow$ 2,4-二甲基苯甲酸（COOH 与一个 CH_3 邻位，另一个 CH_3 在对位）

(3) $CH_3-\overset{\overset{O}{\|}}{C}-CH_3 \longrightarrow CH_3-\overset{\overset{CH_3}{|}}{C}=CH-CH_2-COOH$

(4) 亚甲基环戊烷（$=CH_2$） ⟶ 环戊基乙酸（CH_2COOH）

11. 写出下列反应的主要产物。

(1) $HO(CH_2)_6COOH \xrightarrow{\triangle}$ (2) $CH_3CH_2\underset{\underset{OH}{|}}{C}HCOOH \xrightarrow{\triangle}$

(3) $HO(CH_2)_3COOH \xrightarrow{\triangle}$ (4) $CH_3\underset{\underset{OH}{|}}{C}HCH_2COOH \xrightarrow{\triangle}$

12. 用指定的原料合成（其他试剂任选）。

(1) $C_2H_5OH \longrightarrow CH_2(COOC_2H_5)_2$

(2) 环戊酮，$C_2H_5OH \longrightarrow$ 1-乙基环戊烷甲酸（H_5C_2，COOH）

(3) $H_3C-CH=CH_2$，环氧乙烷 $\longrightarrow (CH_3)_2CHCH_2CH_2COOH$

(4) 甲苯（CH_3） ⟶ 对氯苯乙酸（CH_2COOH，Cl）

(5) 苯，顺丁烯二酸酐，$CH_3OH \longrightarrow$ 4-甲基-1,2-二氢萘（CH_3）

(6) 苯甲醛（CHO），$CH_3CHO \longrightarrow$ 1-茚醇（OH）

13. α-甲基丙烯酸甲酯在引发剂偶氮二异丁腈作用下，发生自由基聚合反应，可制备无色透明聚合物——聚-α-甲基丙烯酸甲酯，俗称有机玻璃。它具有机械强度高、质量轻、易于加工等优点，是平常使用的玻璃替代材料。其聚合反应式如下：

$$n\ H_2C=\underset{\underset{CH_3}{|}}{C}-COOCH_3 \xrightarrow{\text{偶氮二异丁腈}} \left[CH_2-\underset{\underset{COOCH_3}{|}}{\overset{\overset{CH_3}{|}}{C}}\right]_n$$

α-甲基丙烯酸甲酯　　　　聚-α-甲基丙烯酸甲酯（有机玻璃）

试以丙酮、氢氰酸和甲醇为原料，合成α-甲基丙烯酸甲酯。

14. 写出下列反应的机理。

(1) $HOCH_2CH_2CH_2CH_2COOH \xrightarrow[\triangle]{H^+}$ δ-戊内酯

(2) $H_2C=CH-CH_2-CH_2-COOH \xrightarrow{Cl_2,\ H_2O}$ 5-氯甲基-γ-丁内酯（CH_2Cl）

15. 请对下列转变提出合理解释。

2-羟基-4-（$HOOCH_2C$）四氢呋喃（H，OH） $\xrightarrow{H_3O^+}$ （$H-\overset{\overset{O}{\|}}{C}-CH_2$）取代的γ-丁内酯 $+H_2O$

16. 某化合物 A 的分子式为 $C_5H_8O_2$，它能与 Tollens 试剂发生银镜反应并生成分子式为 $C_5H_8O_3$ 的化合物 B，B 能发生碘仿反应并生成分子式为 $C_4H_6O_4$ 的化合物 C。加热 C，可得化合物 D，而 D 水解又得回 C。将 A 在稀的 NaOH 溶液中加热得到分子式为 C_5H_6O 的化合物 E，E 既能与羟胺反应产生肟，又能使溴水褪色。试推出化合物 A、B、C、D、E 的结构式，并写出各步反应式。

17. 化合物 A（C_8H_8O）既能使三氯化铁溶液显色，又能使溴的四氯化碳溶液褪色，A 在酸性 $KMnO_4$ 溶液中加热得 B（$C_7H_6O_3$），并放出二氧化碳。B 既能溶于碳酸氢钠溶液也能溶于氢氧化钠溶液，B 在稀硝酸中硝化，其主要一元硝化产物只有一种，试推出化合物 A 和 B 的结构式。

18. 某卤代酸 A 和 B 的分子式均为 $C_4H_7O_2Cl$，它们都有旋光性，A 和 B 分别在 $NaHCO_3$ 溶液中加热，生成分子式同为 $C_4H_8O_3$ 的羟基酸 C 和 D。C 在 $KMnO_4$ 溶液中加热，生成能发生碘仿反应的化合物 E。D 在 $KMnO_4$ 溶液中加热，生成能与 Fehling 试剂反应的产物 E。试推出化合物 A、B、C、D、E 的结构式，并写出各步反应式。

第 12 章　羧酸衍生物

羧酸衍生物是羧酸分子中的羟基被其他原子或基团取代后所生成的化合物，重要的羧酸衍生物有酰卤、酸酐、酯和酰胺。

12.1　羧酸衍生物的结构和命名

12.1.1　羧酸衍生物的结构

羧酸衍生物结构上均含有酰基（$R-\overset{O}{\overset{\|}{C}}-$），羧酸衍生物的结构可用下列共振结构式表达：

$$\left[R-\overset{\ddot{O}:}{\overset{\|}{C}}-\ddot{L} \longleftrightarrow R-\overset{\ddot{O}:^{-}}{\overset{|}{C^{+}}}-\ddot{L} \longleftrightarrow R-\overset{\ddot{O}:^{-}}{\overset{|}{C}}=L^{+} \right]$$

式中，L 为—X、—OCOR、—OR 和—NH_2，与羰基碳原子直接相连的原子（X、O、N）上都有孤对电子对，故能与羰基形成 p-π 共轭体系。

12.1.2　羧酸衍生物的命名

① 酰卤　酰卤的命名是酰基加卤素，例如：

$CH_3-\overset{O}{\overset{\|}{C}}-Cl$　乙酰氯

$H_2C=CH-\overset{O}{\overset{\|}{C}}-Br$　烯丙酰溴

$CH_3O-C_6H_4-\overset{O}{\overset{\|}{C}}-Cl$　对甲氧基苯甲酰氯

② 酸酐　在相应羧酸的名称之后加一“酐”字，例如：

$CH_3-\overset{O}{\overset{\|}{C}}-O-\overset{O}{\overset{\|}{C}}-CH_3$

乙酸酐
（又称乙酐，醋酐）

$CH_3-\overset{O}{\overset{\|}{C}}-O-\overset{O}{\overset{\|}{C}}-CH_2-CH_3$

乙丙酸酐
（又称乙丙酐）

顺丁烯二酸酐
（又称马来酸酐）

邻苯二甲酸酐

③ 酯　酯的命名是根据形成它的酸和醇称为某酸某酯，例如：

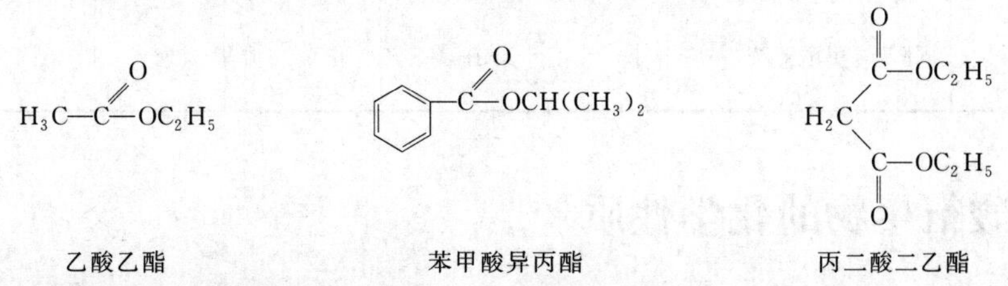

乙酸乙酯　　苯甲酸异丙酯　　丙二酸二乙酯

④ 酰胺　酰胺的命名是酰基加胺，例如：

$H-C(=O)-NH_2$	$H-C(=O)-N(CH_3)_2$	$C_6H_5-C(=O)-N(CH_3)(C_2H_5)$	[δ-戊内酰胺环状结构，含 NH 与 C=O]
甲酰胺	*N*,*N*-二甲基甲酰胺	*N*-乙基-*N*-甲基苯甲酰胺	δ-戊内酰胺

12.2 羧酸衍生物的物理性质

大多数酰氯是具有强烈刺激性气味的无色液体或低熔点固体。低级酰氯遇水激烈分解放出氯化氢，酰氯的沸点比相应的羧酸低。酸酐是具有刺激性气味的无色液体，高级酸酐为无色无味的固体。酸酐难溶于水而溶于有机溶剂。低级酯是具有水果香味的无色液体，酯的相对密度比水小，难溶于水而易溶于乙醇和乙醚等有机溶剂。酰胺分子间可通过氮原子缔合形成双氢键，酰胺的沸点比相应的羧酸高，低级酰胺溶于水，酰胺氮原子上的氢被取代后，酰胺分子间缔合程度降低，其沸点也相应降低，一些羧酸衍生物的物理常数见表 12-1。

表 12-1　一些羧酸衍生物的物理常数

类别	名称	结构式	沸点/℃	熔点/℃
酰卤	乙酰氯	CH_3COCl	51	−112
	丙酰氯	CH_3CH_2COCl	80	−94
	丁酰氯	$CH_3CH_2CH_2COCl$	102	−89
	苯甲酰氯	C_6H_5COCl	197	−1
酸酐	乙酸酐	$(CH_3CO)_2O$	139.6	−73
	顺丁烯二酸酐	$HC=CH$ 环状酸酐（HC—CO, HC—CO, >O）	200	60
	苯甲酸酐	$(C_6H_5CO)_2O$	360	42
	邻苯二甲酸酐	[苯环]—CO, —CO >O	284	131
酯	乙酸乙酯	$CH_3COOC_2H_5$	77	−84
	丙二酸二乙酯	$H_2C(COOC_2H_5)_2$	199	−50
	甲基丙烯酸甲酯	$H_2C=C(CH_3)-COOCH_3$	100	
	苯甲酸乙酯	$C_6H_5COOC_2H_5$	213	−32.7
酰胺	乙酰胺	CH_3CONH_2	221	82
	N,*N*-二甲基甲酰胺	$HCON(CH_3)_2$	153	−61
	苯甲酰胺	$C_6H_5CONH_2$	290	130
	乙酰苯胺	$CH_3CONHC_6H_5$	305	114
	邻苯二甲酰亚胺	[苯环]—CO, —CO >NH	升华	238

12.3 羧酸衍生物的化学性质

羧酸衍生物都能发生酰基碳上的亲核取代反应和还原反应，这是它们共有的化学性质，但不同的羧酸衍生物还能发生一些不同的反应，体现其特有的化学性质。

12.3.1 羧酸衍生物的水解、醇解和氨解

羧酸衍生物可进行水解、醇解和氨解等化学反应，从形式上看是一种取代反应，但实质上反应是按加成-消除两步进行的，其反应具体过程如下：

$$\mathrm{R{-}\overset{O}{\overset{\|}{C}}{-}L} \xrightarrow[\text{(亲核加成)}]{:\mathrm{Nu^-}} \mathrm{R{-}\overset{O^-}{\overset{|}{\underset{Nu}{\underset{|}{C}}}}{-}L} \xrightarrow[\text{(消除)}]{-\mathrm{L^-}} \mathrm{R{-}\overset{O}{\overset{\|}{C}}{-}Nu}$$

L：X,OCOR,OR,NH_2　　　Nu⁻：OH^-,RO^-,NH_3

羧酸衍生物亲核取代（加成-消除）反应速率受加成和消除两步影响。

对于加成一步，影响因素主要是电子效应和空间位阻，酰基中羰基碳的正电性升高，有利于亲核试剂的进攻，反应速率加快，而空间位阻增大，亲核试剂的进攻受阻，反应速率减小。

对于消除一步，影响因素主要是离去基团L的稳定性。离去基团L的稳定性与其碱性有关，碱性越弱者越稳定，从而越容易离去。在酰氯、酸酐、酯、酰胺中，L的碱性和稳定性情况如下：

L的碱性　$Cl^- < R{-}COO^- < R'O^- < NH_2^-$

L的稳定性　$Cl^- > R{-}COO^- > R'O^- > NH_2^-$

所以羧酸衍生物的亲核取代（加成-消除）活性为：

$$\mathrm{R{-}\overset{O}{\overset{\|}{C}}{-}X} > \mathrm{R{-}\overset{O}{\overset{\|}{C}}{-}O{-}\overset{O}{\overset{\|}{C}}{-}R} > \mathrm{R{-}\overset{O}{\overset{\|}{C}}{-}OR'} > \mathrm{R{-}\overset{O}{\overset{\|}{C}}{-}NH_2}$$

下面具体给出酰卤、酸酐、酯和酰胺等羧酸衍生物的水解、醇解、氨解等亲核取代（加成-消除）反应。

（1）水解

$$\mathrm{R{-}\overset{O}{\overset{\|}{C}}{-}Cl} \xrightarrow{H_2O} \mathrm{R{-}\overset{O}{\overset{\|}{C}}{-}OH} + \mathrm{HCl}$$

$$\mathrm{(R{-}\overset{O}{\overset{\|}{C}})_2O} \xrightarrow{H_2O} \mathrm{2R{-}\overset{O}{\overset{\|}{C}}{-}OH}$$

$$\mathrm{R{-}\overset{O}{\overset{\|}{C}}{-}O{-}R} \xrightarrow{H_2O} \mathrm{R{-}\overset{O}{\overset{\|}{C}}{-}OH} + \mathrm{ROH}$$

$$\mathrm{R{-}\overset{O}{\overset{\|}{C}}{-}NH_2} \xrightarrow{H_2O} \mathrm{R{-}\overset{O}{\overset{\|}{C}}{-}OH} + \mathrm{NH_3}$$

（反应活性增加：由下至上）

酸或碱对羧酸衍生物的水解均有催化作用，酸的催化作用是使酰基氧原子质子化，C═O键进一步极化，使羰基碳的正电性增大，有利于亲核试剂的进攻，即使弱的亲核试剂（如水）也能反应。

$$\mathrm{R{-}\overset{O}{\overset{\|}{C}}{-}L} \xrightleftharpoons{H^+} \mathrm{R{-}\overset{OH^+}{\overset{\|}{C}}{-}L} \xrightarrow{H\ddot{O}H} \mathrm{R{-}\overset{OH}{\overset{|}{\underset{L}{\underset{|}{C}}}}{-}OH_2^+} \xrightarrow{-HL} \mathrm{R{-}\overset{OH^+}{\overset{\|}{C}}{-}OH} \xrightarrow{-H^+} \mathrm{R{-}\overset{O}{\overset{\|}{C}}{-}OH}$$

L = X, OCOR, OR, NH_2

碱催化时，OH^-是比水更强的亲核试剂，它直接进攻羰基碳原子，打开C═O键中的π键：

$$\mathrm{R{-}\overset{O}{\overset{\|}{C}}{-}L} \xrightarrow{:OH^-} \mathrm{R{-}\overset{:\ddot{O}:^-}{\overset{|}{\underset{L}{\underset{|}{C}}}}{-}OH} \longrightarrow \mathrm{R{-}\overset{O}{\overset{\|}{C}}{-}OH} + \mathrm{L^-}$$

$$\xrightarrow{OH^-} \mathrm{R{-}\overset{O}{\overset{\|}{C}}{-}O^-} + \mathrm{H_2O}$$

酯在酸性和碱性条件下均可水解，但在酸性条件下水解是可逆的，水解作用不完全，在碱性条件下水解则是不可逆的，原因是在碱性条件下水解，生成的羧酸转变为羧酸盐，促使平衡向右移

动，水解反应进行到底，故通常让酯在碱性条件下水解。

将含同位素^{18}O的酯水解，检测所得的醇含有^{18}O，可证明酯水解是按酰氧断裂方式进行的。

$$CH_3-\overset{O}{\overset{\|}{C}}-\overset{18}{O}-C_2H_5 \xrightarrow{OH^-} CH_3-\overset{O}{\overset{\|}{C}}-O^- + C_2H_5-\overset{18}{O}H$$

（2）醇解

反应活性增加（自下而上）

$$R-\overset{O}{\overset{\|}{C}}-Cl \xrightarrow{R'OH} RCOOR' + HCl$$

$$(RCO)_2O \xrightarrow{R'OH} RCOOR' + RCOOH$$

$$R-\overset{O}{\overset{\|}{C}}-O-R \xrightarrow{R'OH} RCOOR' + ROH$$

$$R-\overset{O}{\overset{\|}{C}}-NH_2 \xrightarrow{R'OH} RCOOR' + NH_3$$

其中酯的醇解生成另一种酯和醇，这种反应称为酯交换反应。此反应在有机合成中可用于从低级醇酯制取高级醇酯（反应后蒸出低级醇）。

（3）氨解

羧酸衍生物氨解的产物为酰胺。

反应活性增加（自下而上）

$$R-\overset{O}{\overset{\|}{C}}-Cl \xrightarrow{NH_3} R-\overset{O}{\overset{\|}{C}}-NH_2 + NH_4Cl$$

$$(RCO)_2O \xrightarrow{NH_3} R-\overset{O}{\overset{\|}{C}}-NH_2 + RCOONH_4$$

$$R-\overset{O}{\overset{\|}{C}}-O-R \xrightarrow{NH_3} R-\overset{O}{\overset{\|}{C}}-NH_2 + ROH$$

$$R-\overset{O}{\overset{\|}{C}}-NH_2 \xrightarrow{R'NH_2} R-\overset{O}{\overset{\|}{C}}-NHR' + NH_3$$

在羧酸衍生物中，酰氯和酸酐的活性较大，常用它们与氨、伯胺和仲胺酰化来制备酰胺、*N*-烷基酰胺和*N*,*N*-二烷基酰胺，例如：

$$C_6H_5-\overset{O}{\overset{\|}{C}}-Cl + CH_3NHC_2H_5 \longrightarrow C_6H_5-\overset{O}{\overset{\|}{C}}-N(CH_3)(C_2H_5)$$

N-乙基-*N*-甲基苯甲酰胺

$$H_3C-\overset{O}{\overset{\|}{C}}-O-\overset{O}{\overset{\|}{C}}-CH_3 + (CH_3)_2NH \longrightarrow H_3C-\overset{O}{\overset{\|}{C}}-N(CH_3)_2 + CH_3COONH_4$$

N,*N*-二甲基乙酰胺

12.3.2 羧酸衍生物的还原反应

羧酸衍生物都能被还原，其中酰氯最容易被还原，酰胺最难。羧酸衍生物（除酰胺外）用氢化铝锂作催化剂都能被还原成醇。

用钯催化加氢或用氢化铝锂作催化剂均可将酰氯还原为醇：

$$R-\overset{O}{\overset{\|}{C}}-Cl \xrightarrow[\text{或 } LiAlH_4]{H_2/Pd} R_3CH_2OH$$

但若将钯分散在 $BaSO_4$ 上，并加入少量喹啉-硫，可降低 Pd 的催化活性（又称催化剂毒化），则酰氯可被还原为醛：

$$R-C(=O)Cl \xrightarrow[\text{喹啉-硫}]{H_2/Pd\text{-}BaSO_4} RCHO$$

这种把酰氯还原为醛的还原方法又称罗森孟德（Rosenmund）还原法。

酸酐可被氢化铝锂还原为醇：

$$\text{(丁二酸酐)} \xrightarrow{LiAlH_4} \begin{matrix} H_2C-CH_2-OH \\ | \\ H_2C-CH_2-OH \end{matrix}$$

酯用氢化铝锂还原或与金属钠在乙醇溶液中回流，可被还原为醇：

$$H_2C=CH-CH_2-COOEt \xrightarrow{LiAlH_4} H_2C=CH-CH_2-CH_2OH + EtOH$$

$$CH_3(CH_2)_7CH=CH(CH_2)_7COOEt \xrightarrow[EtOH]{Na} CH_3(CH_2)_7CH=CH(CH_2)_7CH_2OH + EtOH$$

值得注意的是，这两个还原反应中的双键没发生变化。

非取代酰胺可被氢化铝锂还原为伯胺，酰胺分子中 N 上的一个氢或两个氢被取代时，用氢化铝锂还原则分别生成仲胺和叔胺。

$$R-C(=O)-NH_2 \xrightarrow{LiAlH_4} RCH_2NH_2 \quad \text{伯胺}$$

$$R-C(=O)-NHR' \xrightarrow{LiAlH_4} RCH_2NHR' \quad \text{仲胺}$$

$$R-C(=O)-NR'_2 \xrightarrow{LiAlH_4} RCH_2NR'_2 \quad \text{叔胺}$$

12.3.3 羧酸衍生物与格氏试剂的反应

羧酸衍生物都能与格氏试剂反应生成叔醇，所得的叔醇含有两个相同的烷基，故在有机合成上常用羧酸衍生物与格氏试剂反应制备含有两个相同烷基的叔醇。

酰氯与格氏试剂作用分两步进行，首先酰氯与格氏试剂发生亲核加成反应得到酮，然后格氏试剂再与酮发生亲核加成反应得到叔醇。低温条件下反应可停留在酮的一步，但即使在室温条件下，所生成的酮也会与格氏试剂反应，最终得到叔醇。

$$R-C(=O)-Cl + R'MgX \xrightarrow{\text{无水乙醚}} R-C(OMgX)(R')-Cl \xrightarrow{H_2O/H^+} \underset{\text{酮}}{R-C(=O)-R'} \xrightarrow{R'MgX} R-C(R')_2-OMgX \xrightarrow{H_2O} \underset{\text{叔醇}}{R-C(R')_2-OH}$$

酯的反应情况与酰氯类似，一般的酯与格氏试剂反应的最终产物也是叔醇，反应也是分两步进行：

$$R-C(=O)-OC_2H_5 \xrightarrow{R'MgX} R-C(OMgX)(R')-OC_2H_5 \xrightarrow{H_2O/H^+} RR'C=O \xrightarrow{R'MgX} \xrightarrow{H_2O} \underset{\text{叔醇}}{R-C(R')_2-OH}$$

但甲酸酯与格氏试剂反应的最终产物是仲醇：

$$H-C(=O)-OC_2H_5 \xrightarrow{RMgX} H-C(OMgX)(R)-OC_2H_5 \xrightarrow{H_2O/H^+} HRC=O \xrightarrow{R'MgX} \xrightarrow{H_2O} \underset{\text{仲醇}}{H-C(R')(R)-OH}$$

一些位阻较大的酯与格氏试剂反应可以停留在酮的阶段。例如：

$$(CH_3)_3CCOOCH_3 + C_3H_7MgCl \xrightarrow{干醚} \xrightarrow{H_2O/H^+} (CH_3)_3C-\overset{\overset{\large O}{\|}}{C}-C_3H_7$$

12.3.4 酰胺脱水、脱氨反应和邻苯二甲酰亚胺的酸性

（1）酰胺脱水反应

酰胺和强脱水剂（如 P_2O_5）等一起加热，发生分子内脱水生成腈，例如：

$$CH_3CH_2-\overset{\overset{\large O}{\|}}{C}-NH_2 \xrightarrow[\triangle]{P_2O_5} \underset{丙腈}{CH_3CH_2C{\equiv}N} + H_2O$$

这是制备腈的方法之一。

非取代酰胺与卤素的氢氧化钠溶液作用，酰胺分子脱去羰基，生成比原酰胺少一个碳原子的伯胺，此反应称霍夫曼（Hofmann）降级反应。

$$R-\overset{\overset{\large O}{\|}}{C}-NH_2 \xrightarrow[NaOH]{X_2} R-NH_2 + NaX + Na_2CO_3 + H_2O$$

此反应常用来制备高纯度的伯胺，而且收率也较高。

（2）酰胺脱氨基反应

非取代酰胺与 HNO_2（$NaNO_2+HCl$）作用生成羧酸，同时定量放出 N_2。这个反应可用于氨基型酰胺的鉴别和定量分析。

$$CH_3CH_2-\overset{\overset{\large O}{\|}}{C}-NH_2 + HO-NO \longrightarrow CH_3CH_2-\overset{\overset{\large O}{\|}}{C}-OH + N_2\uparrow + H_2O$$

$$C_6H_5-\overset{\overset{\large O}{\|}}{C}-NH_2 + HO-NO \longrightarrow C_6H_5-\overset{\overset{\large O}{\|}}{C}-OH + N_2\uparrow + H_2O$$

值得注意的是，脂肪族或芳香族伯胺和 α-氨基酸与 HNO_2 作用也会放出 N_2。

（3）邻苯二甲酰亚胺的酸性

酰胺可由羧酸的铵盐加热脱水而得，一般认为酰胺是中性化合物。但邻苯二甲酰亚胺却表现出明显的酸性，能与氢氧化钾-乙醇溶液成盐，得到的邻苯二甲酰亚胺负离子在 Gabriel 伯胺合成法中使用。

$$\underset{邻苯二甲酰亚胺}{C_6H_4(CO)_2NH} \xrightarrow[EtOH]{KOH} C_6H_4(CO)_2N-K$$

邻苯二甲酰亚胺之所以有酸性，是由于酰亚胺分子中，氮原子上的未共用电子对同时与羰基发生供电子共轭，结果使氮原子电子云密度显著降低，氮氢键极性明显增强，氢易解离成质子而显酸性。

12.3.5 酯缩合反应

两分子乙酸乙酯在醇钠存在下缩合，生成乙酰乙酸乙酯，这类反应称为 Claisen 酯缩合反应，一般用乙醇钠作缩合剂。

$$CH_3COOC_2H_5 + CH_3COOC_2H_5 \xrightarrow[② H_3O^+]{① C_2H_5ONa} CH_3COCH_2COOC_2H_5$$

反应历程如下：

乙氧负离子夺取乙酸乙酯分子中的 α-H，得到一个碳负离子：

$$CH_3-\overset{\overset{\large O}{\|}}{C}-OC_2H_5 \xrightarrow{C_2H_5O^-} H_2C^--\overset{\overset{\large O}{\|}}{C}-OC_2H_5 + C_2H_5OH$$

碳负离子对另一个酯的羰基发生亲核加成反应：

$$CH_3-\overset{O}{\overset{\|}{C}}-OC_2H_5 + H_2C^- -\overset{O}{\overset{\|}{C}}-OC_2H_5 \longrightarrow CH_3-\overset{O^-}{\overset{|}{\underset{CH_2COOC_2H_5}{\underset{|}{C}}}}-OC_2H_5$$

所得加成产物消除一个乙氧负离子得乙酰乙酸乙酯：

$$CH_3-\overset{O^-}{\overset{|}{\underset{CH_2COOC_2H_5}{\underset{|}{C}}}}-OC_2H_5 \rightleftharpoons CH_3COCH_2COOC_2H_5 + C_2H_5O^-$$

由于有乙醇钠存在，实际上得到的是乙酰乙酸乙酯的碳负离子，需酸化才得到乙酰乙酸乙酯。

$$CH_3COCH_2COOC_2H_5 \xrightarrow{C_2H_5O^-} CH_3CO\bar{C}HCOOC_2H_5 \xrightarrow{H_3O^+} CH_3COCH_2COOC_2H_5$$

其他酯类，只要分子中含有 α-H，都能发生 Claisen 酯缩合反应，例如：

$$CH_3CH_2COOC_2H_5 + CH_3CH_2COOC_2H_5 \xrightarrow[\text{② } H_3O^+]{\text{① } C_2H_5ONa} CH_3CH_2CO\underset{CH_3}{\underset{|}{C}H}COOC_2H_5$$

两个均含有 α-H 的不同的酯，会发生交叉 Claisen 酯缩合而得到四种产物的混合物，在有机合成上意义不大，如乙酸乙酯和丙酸乙酯会发生交叉 Claisen 酯缩合。

酯缩合反应在分子内进行，形成环状产物，这种环化酯缩合反应又称为 Dieckmann 反应。例如：

$$\text{(己二酸二乙酯)}\ \begin{matrix}COOC_2H_5\\COOC_2H_5\end{matrix} \xrightarrow{NaOC_2H_5} \xrightarrow{H^+} \text{2-乙氧羰基环戊酮 }(-COOC_2H_5)$$

82%

Dieckmann 反应是合成五元碳环、六元碳环的一个方法。

12.3.6 酮与酯的缩合反应

含有 α-H 的酮在碱的催化作用下和酯可发生缩合反应。在有机合成中，常用丙酮或其他甲基酮和酯在醇钠的作用下合成 β-二酮。

$$CH_3-\overset{O}{\overset{\|}{C}}-CH_3 + CH_3-\overset{O}{\overset{\|}{C}}-OC_2H_5 \xrightarrow[\text{②}H_3O^+]{\text{①EtONa, EtOH}} CH_3-\overset{O}{\overset{\|}{C}}-CH_2-\overset{O}{\overset{\|}{C}}-CH_3$$

2,4-戊二酮(乙酰丙酮)

$$C_6H_5-\overset{O}{\overset{\|}{C}}-CH_3 + C_6H_5-\overset{O}{\overset{\|}{C}}-OC_2H_5 \xrightarrow[\text{②}H_3O^+]{\text{①EtONa, EtOH}} C_6H_5-\overset{O}{\overset{\|}{C}}-CH_2-\overset{O}{\overset{\|}{C}}-C_6H_5$$

60%～70%

1,3-二苯基-1,3-丙二酮

在酮和酯共同存在时，酮的 α-H 酸性比酯的 α-H 酸性更大，在乙醇钠的作用下，酮更容易失去 α-H 而得到碳负离子，所得的碳负离子对酯分子中的羰基发生亲核加成-消除后得到 β-二酮，反应历程如下：

$$CH_3-\overset{O}{\overset{\|}{C}}-CH_3 + Et-O^- \rightleftharpoons CH_3-\overset{O}{\overset{\|}{C}}-\bar{C}H_2 + Et-OH$$

$$CH_3-\overset{O}{\overset{\|}{C}}-\bar{C}H_2 + CH_3-\overset{O}{\overset{\|}{C}}-OC_2H_5 \rightleftharpoons CH_3-\overset{O}{\overset{\|}{C}}-CH_2-\overset{O^-}{\overset{|}{\underset{CH_3}{\underset{|}{C}}}}-OC_2H_5$$

$$CH_3-\overset{O}{\overset{\|}{C}}-CH_2-\overset{O^-}{\overset{|}{\underset{CH_3}{\underset{|}{C}}}}-OC_2H_5 \rightleftharpoons CH_3-\overset{O}{\overset{\|}{C}}-CH_2-\overset{O}{\overset{\|}{C}}-CH_3$$

12.4 β-二羰基化合物

分子中含有两个羰基官能团的化合物，统称为二羰基化合物；其中两个羰基被一个甲叉基相间隔的化合物，叫作β-二羰基化合物，例如：

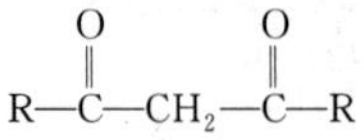

$$\underset{\beta\text{-二酮}}{R-\overset{O}{\overset{\|}{C}}-CH_2-\overset{O}{\overset{\|}{C}}-R} \qquad \underset{\beta\text{-酮酸酯}}{R-\overset{O}{\overset{\|}{C}}-CH_2-\overset{O}{\overset{\|}{C}}-OR} \qquad \underset{\text{丙二酸酯}}{RO-\overset{O}{\overset{\|}{C}}-CH_2-\overset{O}{\overset{\|}{C}}-OR}$$

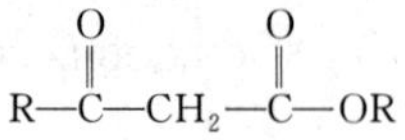

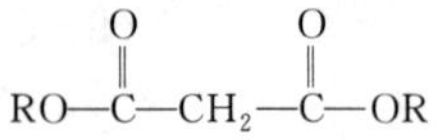

β-二羰基化合物中的甲叉基同时受到两个羰基的影响，使这个碳上的α-氢原子显得特别活跃，具有较强的酸性。这类化合物的 pK_a 在9～13之间，远比醇和水的酸性强，使得β-二羰基化合物具有自己独特的反应，在有机合成上得到广泛应用。

12.4.1 酮-烯醇互变异构和烯醇负离子的稳定性

β-丁酮酸乙酯，又叫乙酰乙酸乙酯，在室温下为无色有水果香味的液体，沸点180.4℃，微溶于水，易溶于乙醚、乙醇等有机溶剂。乙酰乙酸乙酯有羰基化合物的典型性质，如能和羟胺、苯肼等胺的衍生物发生亲核加成反应，但它又能和金属钠作用放出氢气，并能使溴的四氯化碳溶液褪色，遇三氯化铁溶液显紫红色，这些反应说明乙酰乙酸乙酯有烯醇的性质。这些现象产生的原因是乙酸乙酯是酮式和烯醇式两种结构以动态平衡而同时存在的互变异构体，是酮式和烯醇式互变异构的一个最典型的例子。

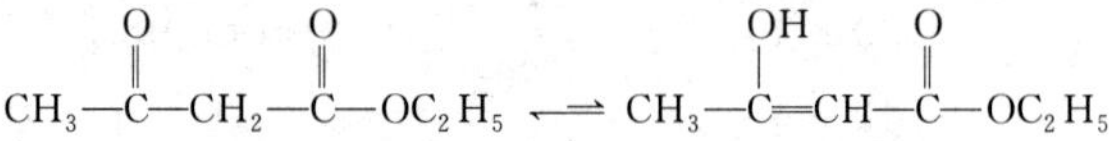

$$\underset{92.5\%}{CH_3-\overset{O}{\overset{\|}{C}}-CH_2-\overset{O}{\overset{\|}{C}}-OC_2H_5} \rightleftharpoons \underset{7.5\%}{CH_3-\overset{OH}{\overset{|}{C}}=CH-\overset{O}{\overset{\|}{C}}-OC_2H_5}$$

生成的烯醇式较稳定是因为烯醇式存在共轭体系，降低了体系的内能，另一方面，烯醇结构可通过分子内氢键形成一个稳定的六元环体系。

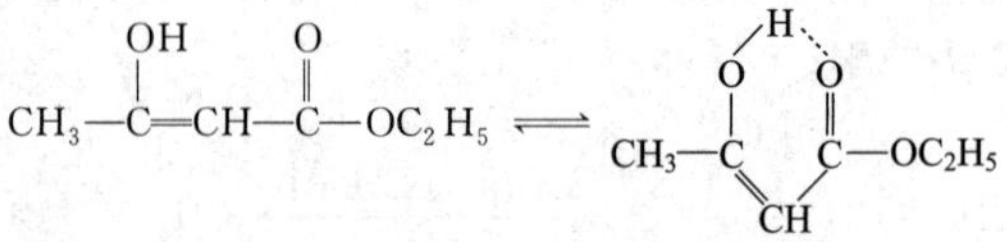

$$CH_3-\overset{OH}{\overset{|}{C}}=CH-\overset{O}{\overset{\|}{C}}-OC_2H_5 \rightleftharpoons \text{（六元环：}CH_3-C(-O-H\cdots O=)C-OC_2H_5\text{，两C经}=CH\text{相连）}$$

其他一些含活泼甲叉基化合物的互变异构平衡中烯醇式的含量如表12-2所示。

表12-2 β-二羰基化合物与烯醇式的互变异构平衡及烯醇含量

β-二羰基化合物与烯醇式的互变异构平衡	烯醇含量/%
$H_5C_2O-\overset{O}{\overset{\|}{C}}-CH_2-\overset{O}{\overset{\|}{C}}-OC_2H_5 \rightleftharpoons H_5C_2O-\overset{O}{\overset{\|}{C}}-CH=\underset{OC_2H_5}{\underset{\|}{C}}-OH$	0.1
$H_3C-\overset{O}{\overset{\|}{C}}-CH_2-\overset{O}{\overset{\|}{C}}-OC_2H_5 \rightleftharpoons H_3C-\overset{O}{\overset{\|}{C}}-CH=\underset{OC_2H_5}{\underset{\|}{C}}-OH$	7.5
$H_3C-\overset{O}{\overset{\|}{C}}-CH_2-\overset{O}{\overset{\|}{C}}-CH_3 \rightleftharpoons H_3C-\overset{O}{\overset{\|}{C}}-CH=\underset{CH_3}{\underset{\|}{C}}-OH$	76.0
$H_3C-\overset{O}{\overset{\|}{C}}-CH_2-\overset{O}{\overset{\|}{C}}-C_6H_5 \rightleftharpoons H_3C-\overset{O}{\overset{\|}{C}}-CH=\underset{C_6H_5}{\underset{\|}{C}}-OH$	90.0

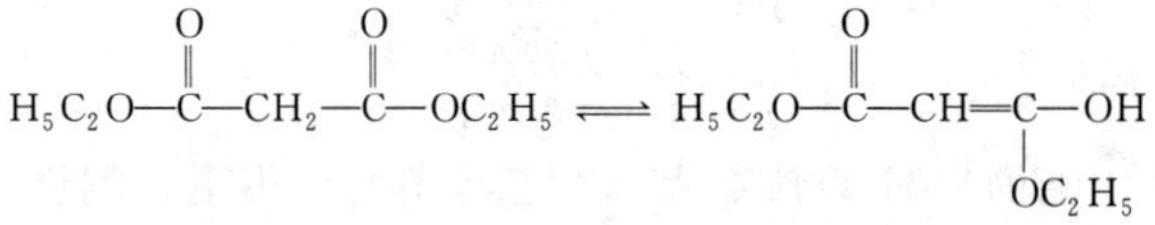

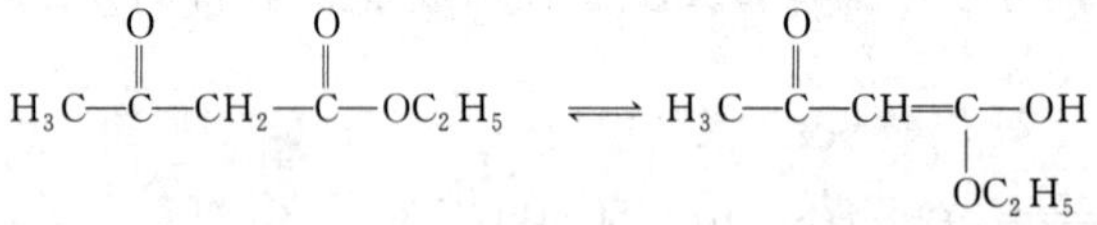

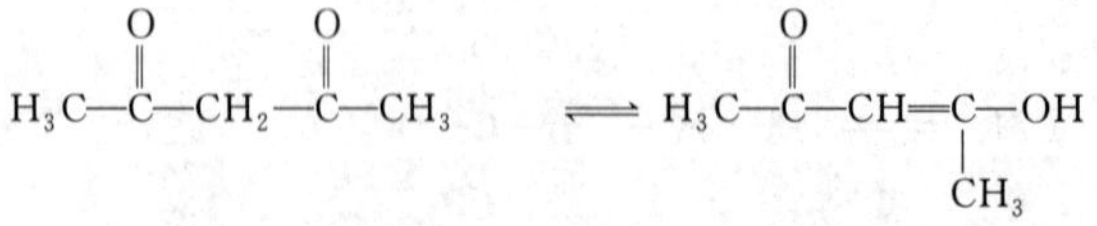

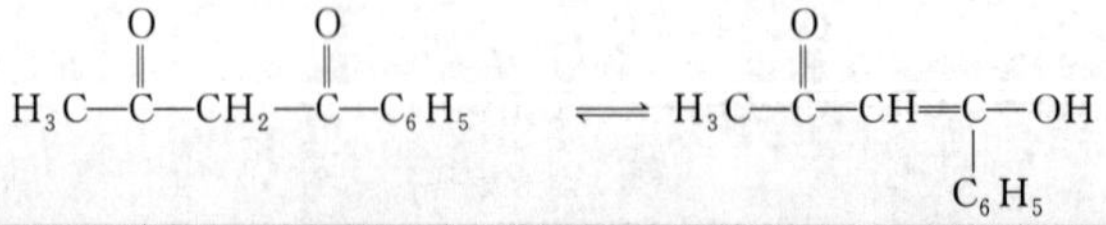

从表上结果看出，烯醇含量的高低与其结构的稳定性大体相符。

一般的醛酮-烯醇互变异构平衡中，烯醇式的含量很低，如：

	烯醇含量/%
$H_3C-\overset{O}{\overset{\|}{C}}-H \rightleftharpoons H_2C=CH-OH$	0
$H_3C-\overset{O}{\overset{\|}{C}}-CH_3 \rightleftharpoons H_2C=\underset{CH_3}{\underset{\|}{C}}-OH$	0.00015

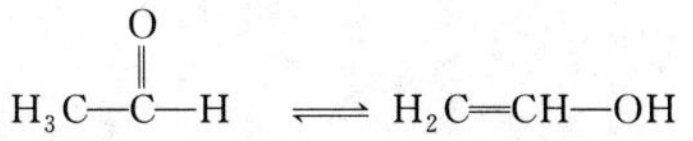

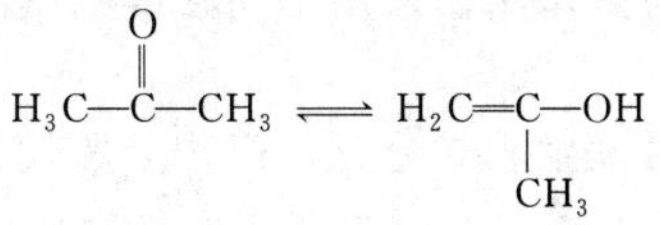

β-二羰基化合物在碱的作用下生成烯醇负离子，它有较强的亲核性，可用作有机合成中的亲核试剂。

以 2,4-戊二酮为例，转变为烯醇负离子的过程如下：

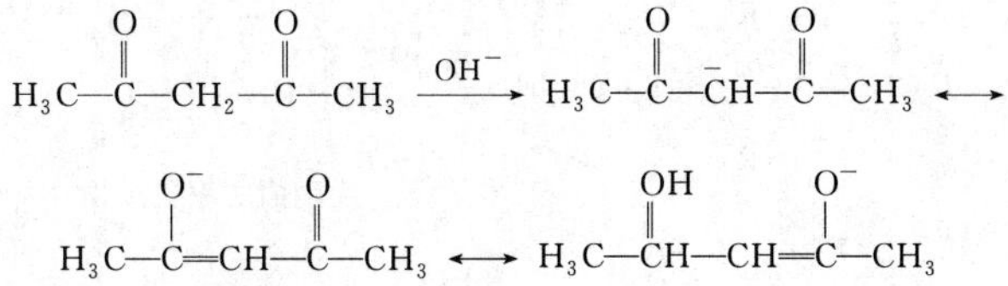

$$H_3C-\overset{O}{\overset{\|}{C}}-CH_2-\overset{O}{\overset{\|}{C}}-CH_3 \xrightarrow{OH^-} H_3C-\overset{O}{\overset{\|}{C}}-\overset{-}{C}H-\overset{O}{\overset{\|}{C}}-CH_3 \longleftrightarrow$$

$$H_3C-\overset{O^-}{\overset{|}{C}}=CH-\overset{O}{\overset{\|}{C}}-CH_3 \longleftrightarrow H_3C-\overset{OH}{\overset{\|}{C}H}-CH=\overset{O^-}{\overset{|}{C}}-CH_3$$

12.4.2 乙酰乙酸乙酯在有机合成中的应用

乙酰乙酸乙酯在有机合成中的应用主要体现在取代甲基酮和取代乙酸的制备。

乙酰乙酸乙酯分子中的甲叉基受到旁边羰基和酯基吸电子作用的影响，α-H 很活泼，具有一定的酸性，与乙醇钠作用形成钠盐。

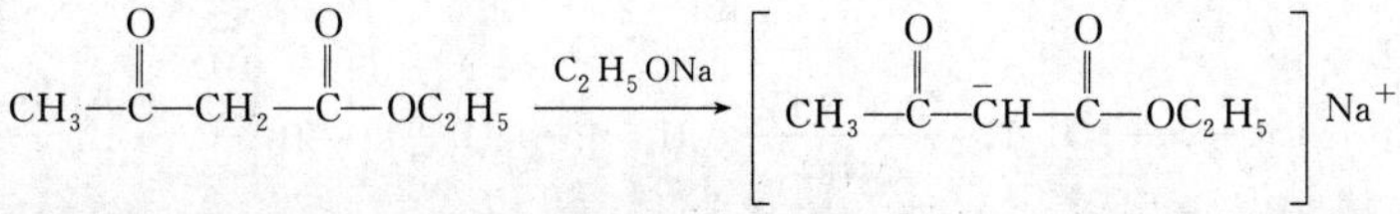

$$CH_3-\overset{O}{\overset{\|}{C}}-CH_2-\overset{O}{\overset{\|}{C}}-OC_2H_5 \xrightarrow{C_2H_5ONa} \left[CH_3-\overset{O}{\overset{\|}{C}}-\overset{-}{C}H-\overset{O}{\overset{\|}{C}}-OC_2H_5\right]Na^+$$

乙酰乙酸乙酯的钠盐中的碳负离子具有较强的亲核性，可与卤代烃、酰卤发生亲核取代反应，生成烃基和酰基取代的乙酰乙酸乙酯。

（1）碳负离子的烃基化

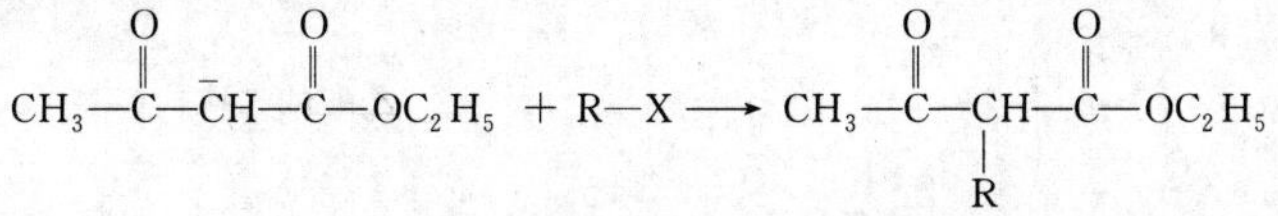

$$CH_3-\overset{O}{\overset{\|}{C}}-\overset{-}{C}H-\overset{O}{\overset{\|}{C}}-OC_2H_5 + R-X \longrightarrow \underset{\text{一取代产物}}{CH_3-\overset{O}{\overset{\|}{C}}-\underset{R}{\underset{|}{C}H}-\overset{O}{\overset{\|}{C}}-OC_2H_5}$$

一取代产物继续与乙醇钠作用形成钠盐，再与卤代烃反应生成二取代产物：

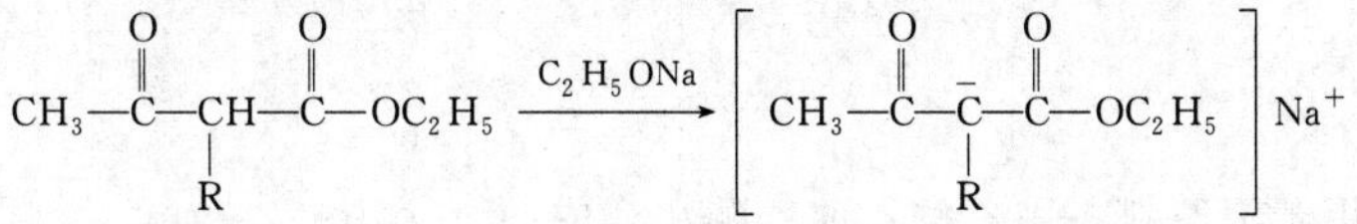

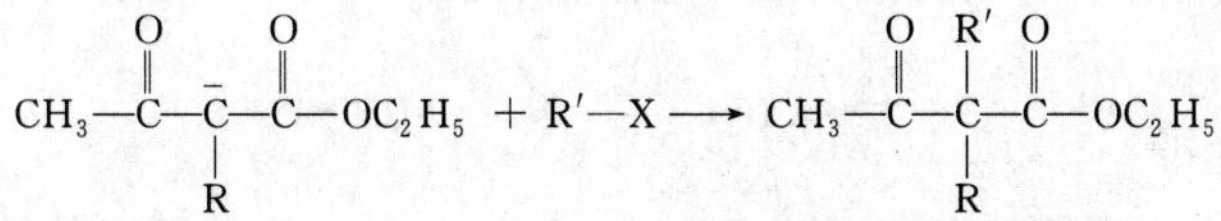

$$CH_3-\overset{O}{\overset{\|}{C}}-\underset{R}{\underset{|}{C}H}-\overset{O}{\overset{\|}{C}}-OC_2H_5 \xrightarrow{C_2H_5ONa} \left[CH_3-\overset{O}{\overset{\|}{C}}-\underset{R}{\underset{|}{\overset{-}{C}}}-\overset{O}{\overset{\|}{C}}-OC_2H_5\right]Na^+$$

$$CH_3-\overset{O}{\overset{\|}{C}}-\underset{R}{\underset{|}{\overset{-}{C}}}-\overset{O}{\overset{\|}{C}}-OC_2H_5 + R'-X \longrightarrow \underset{\text{二取代产物}}{CH_3-\overset{O}{\overset{\|}{C}}-\underset{R}{\underset{|}{\overset{R'}{\overset{|}{C}}}}-\overset{O}{\overset{\|}{C}}-OC_2H_5}$$

反应按 S_N2 历程，卤代烃最好使用伯卤代烷（包括烯丙基和苄基型卤代烃），仲卤代烷也可以，但用叔卤代烷则主要得到消除产物，用乙烯式卤代烃则不能反应，因为乙烯式卤代烃中的卤原子很稳定，不能被取代。

（2）碳负离子的酰基化

乙酰乙酸乙酯的钠盐中的碳负离子可与酰卤发生亲核取代反应，得到酰基取代的乙酰乙酸乙酯。

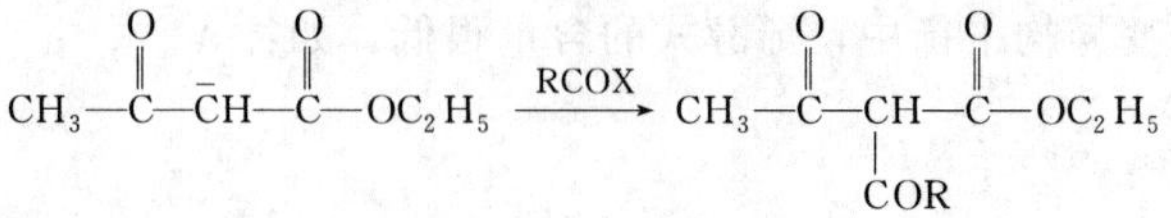

$$CH_3-\overset{O}{\overset{\|}{C}}-\bar{C}H-\overset{O}{\overset{\|}{C}}-OC_2H_5 \xrightarrow{RCOX} CH_3-\overset{O}{\overset{\|}{C}}-\underset{COR}{\underset{|}{CH}}-\overset{O}{\overset{\|}{C}}-OC_2H_5$$

(3) 酮式分解和酸式分解

乙酰乙酸乙酯及其烷基或酰基取代衍生物与碱作用，采用不同浓度的碱溶液，可发生酮式分解和酸式分解。

使用稀碱（一般使用5%～10%NaOH），可发生酮式分解，产物为取代甲基酮，例如：

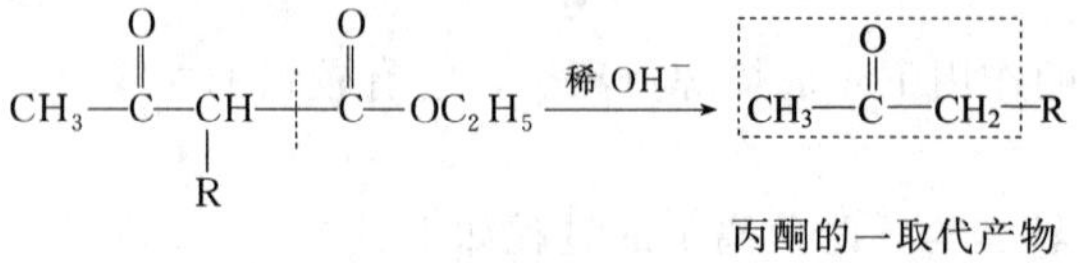

$$CH_3-\overset{O}{\overset{\|}{C}}-\underset{R}{\underset{|}{CH}}-\overset{O}{\overset{\|}{C}}-OC_2H_5 \xrightarrow{稀\ OH^-} CH_3-\overset{O}{\overset{\|}{C}}-CH_2-R$$

丙酮的一取代产物

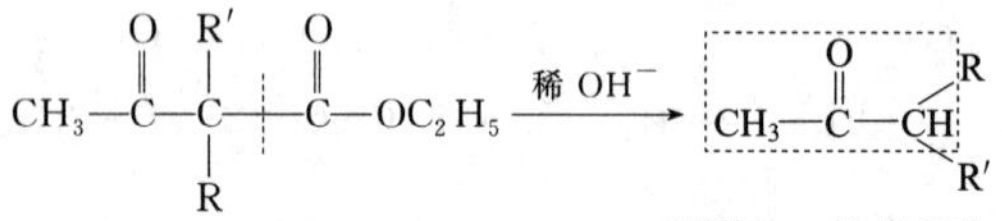

$$CH_3-\overset{O}{\overset{\|}{C}}-\underset{R}{\underset{|}{\overset{R'}{\overset{|}{C}}}}-\overset{O}{\overset{\|}{C}}-OC_2H_5 \xrightarrow{稀\ OH^-} CH_3-\overset{O}{\overset{\|}{C}}-CH\begin{matrix}R\\R'\end{matrix}$$

丙酮的二取代产物

$$CH_3-\overset{O}{\overset{\|}{C}}-\underset{COR}{\underset{|}{CH}}-\overset{O}{\overset{\|}{C}}-OC_2H_5 \xrightarrow{稀\ OH^-} CH_3-\overset{O}{\overset{\|}{C}}-CH_2-COR$$

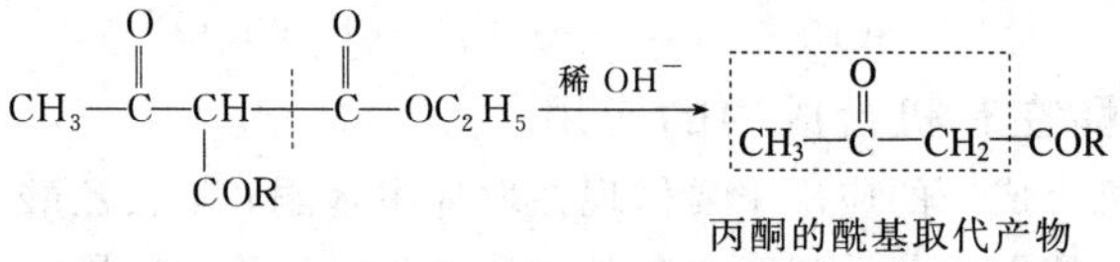

丙酮的酰基取代产物

使用浓碱（一般使用40%NaOH），则发生酸式分解，产物为取代乙酸。

例如：

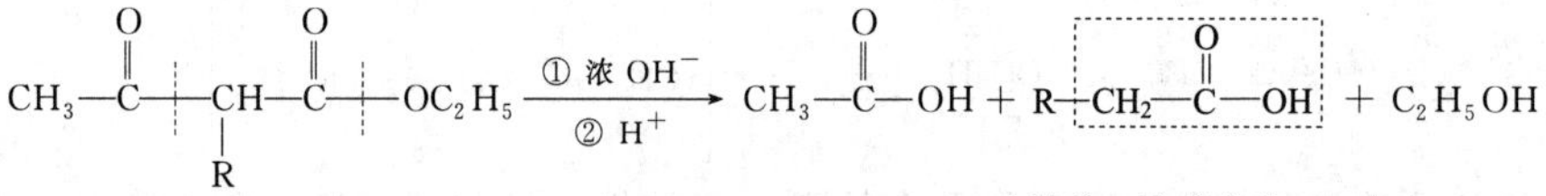

$$CH_3-\overset{O}{\overset{\|}{C}}-\underset{R}{\underset{|}{CH}}-\overset{O}{\overset{\|}{C}}-OC_2H_5 \xrightarrow[②\ H^+]{①\ 浓\ OH^-} CH_3-\overset{O}{\overset{\|}{C}}-OH+R-CH_2-\overset{O}{\overset{\|}{C}}-OH+C_2H_5OH$$

乙酸的一取代产物

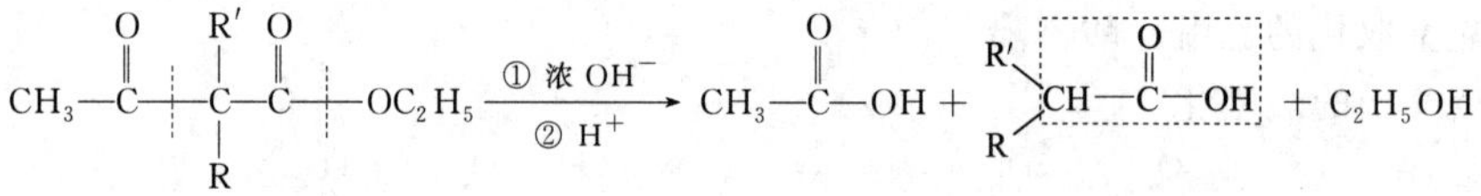

$$CH_3-\overset{O}{\overset{\|}{C}}-\underset{R}{\underset{|}{\overset{R'}{\overset{|}{C}}}}-\overset{O}{\overset{\|}{C}}-OC_2H_5 \xrightarrow[②\ H^+]{①\ 浓\ OH^-} CH_3-\overset{O}{\overset{\|}{C}}-OH+\begin{matrix}R'\\R\end{matrix}CH-\overset{O}{\overset{\|}{C}}-OH+C_2H_5OH$$

乙酸的二取代产物

$$CH_3-\overset{O}{\overset{\|}{C}}-\underset{COR}{\underset{|}{CH}}-\overset{O}{\overset{\|}{C}}-OC_2H_5 \xrightarrow[②\ H^+]{①\ 浓\ OH^-} CH_3-\overset{O}{\overset{\|}{C}}-OH+R-\overset{O}{\overset{\|}{C}}-CH_2-\overset{O}{\overset{\|}{C}}-OH+C_2H_5OH$$

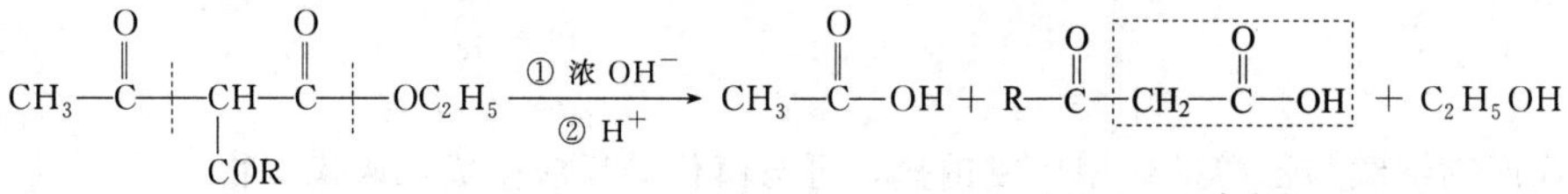

乙酸的酰基取代产物

合成举例：

【例 12-1】 以甲苯为原料，用乙酰乙酸乙酯法合成$CH_3-\overset{O}{\overset{\|}{C}}-CH_2-CH_2-C_6H_5$。

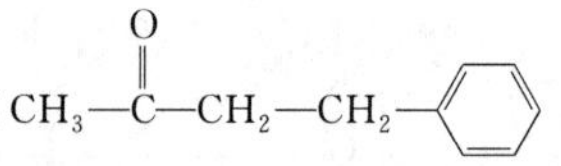

解：

$$C_6H_5-CH_3 \xrightarrow[500℃]{Cl_2} C_6H_5-CH_2Cl$$

$$CH_3COCH_2COOC_2H_5 \xrightarrow{C_2H_5ONa} CH_3CO\bar{C}HCOOC_2H_5 \xrightarrow{C_6H_5-CH_2Cl}$$

$$\underset{\underset{C_6H_5}{|}}{CH_3COCHCOOC_2H_5 \atop \quad\ |\ CH_2} \xrightarrow{稀\ OH^-} \xrightarrow{H^+} \underset{\underset{C_6H_5}{|}}{CH_3COCHCOOH \atop \quad\ |\ CH_2} \xrightarrow{\triangle} CH_3-\overset{O}{\overset{\|}{C}}-CH_2-CH_2-C_6H_5$$

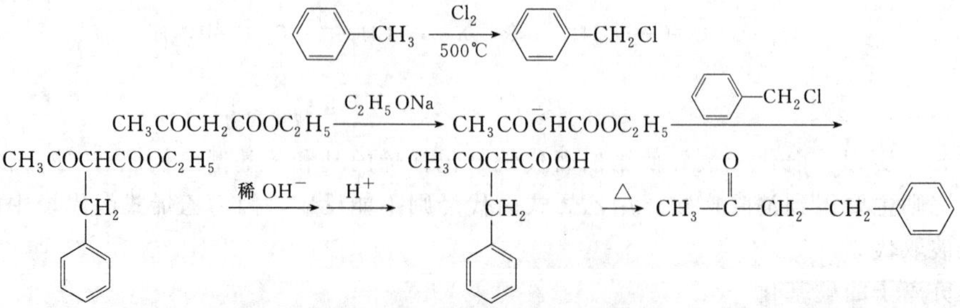

【例 12-2】 以乙烯为原料，用乙酰乙酸乙酯法合成 $HOOC(CH_2)_4COOH$。

解：

$$H_2C{=}CH_2 \xrightarrow{Br_2} BrCH_2CH_2Br$$

$$2CH_3COCH_2COOC_2H_5 \xrightarrow{C_2H_5ONa} \begin{matrix} CH_3CO\overset{-}{C}HCOOC_2H_5 \\ CH_3CO\overset{-}{C}HCOOC_2H_5 \end{matrix} \xrightarrow{BrCH_2CH_2Br}$$

$$\begin{matrix} CH_3COCHCOOC_2H_5 \\ | \\ CH_2 \\ | \\ CH_2 \\ | \\ CH_3COCHCOOC_2H_5 \end{matrix} \xrightarrow{浓\ OH^-} \xrightarrow{H^+} HOOC(CH_2)_4COOH$$

12.4.3 丙二酸二乙酯在有机合成中的应用

丙二酸二乙酯 $CH_2(COOC_2H_5)_2$ 为无色液体，有芳香气味，沸点 199℃，不溶于水，易溶于乙醇、乙醚等有机溶剂。丙二酸二乙酯在有机合成中的应用主要体现在取代乙酸的制备。

丙二酸二乙酯中的甲叉基受到两个酯基的影响，其 α-H 显示较强的活性，与醇钠反应产生强亲核性碳负离子，后者与卤代烃反应，可制得烃基取代的丙二酸二乙酯。

具体反应过程如下：

$$H_2C\begin{matrix} \diagup COOC_2H_5 \\ \diagdown COOC_2H_5 \end{matrix} \xrightarrow{C_2H_5ONa} H\overset{-}{C}\begin{matrix} \diagup COOC_2H_5 \\ \diagdown COOC_2H_5 \end{matrix}$$

$$H\overset{-}{C}\begin{matrix} \diagup COOC_2H_5 \\ \diagdown COOC_2H_5 \end{matrix} \xrightarrow{RX} R{-}CH\begin{matrix} \diagup COOC_2H_5 \\ \diagdown COOC_2H_5 \end{matrix}$$

$$R{-}CH\begin{matrix} \diagup COOC_2H_5 \\ \diagdown COOC_2H_5 \end{matrix} \xrightarrow{C_2H_5ONa} R{-}\overset{-}{C}\begin{matrix} \diagup COOC_2H_5 \\ \diagdown COOC_2H_5 \end{matrix} \xrightarrow{R'X} \begin{matrix} R \\ R' \end{matrix}C\begin{matrix} COOC_2H_5 \\ COOC_2H_5 \end{matrix}$$

取代丙二酸二乙酯水解生成取代丙二酸，取代丙二酸不稳定，加热脱羧成为羧酸。

$$R{-}CH\begin{matrix} \diagup COOC_2H_5 \\ \diagdown COOC_2H_5 \end{matrix} \xrightarrow{OH^-} R{-}CH\begin{matrix} \diagup COO^- \\ \diagdown COO^- \end{matrix} \xrightarrow{H^+} \xrightarrow{\triangle} \underset{一取代乙酸}{R{-}CH_2{-}COOH}$$

$$\begin{matrix} R \\ R' \end{matrix}C\begin{matrix} COOC_2H_5 \\ COOC_2H_5 \end{matrix} \xrightarrow{OH^-} \begin{matrix} R \\ R' \end{matrix}C\begin{matrix} COO^- \\ COO^- \end{matrix} \xrightarrow{H^+} \xrightarrow{\triangle} \underset{二取代乙酸}{\begin{matrix} R \\ R' \end{matrix}CH{-}COOH}$$

合成举例：

【例 12-3】 以丙烯为原料，用丙二酸二乙酯法合成 $\underset{\underset{CH_3}{|}}{CH_3CH}CH_2COOH$ 。

解：

$$H_2C{=}CH{-}CH_3 \xrightarrow{HBr} CH_3{-}\underset{\underset{Br}{|}}{CH}{-}CH_3$$

$$CH_2(COOC_2H_5)_2 \xrightarrow{NaOC_2H_5} CH^-(COOC_2H_5)_2\ Na^+ \xrightarrow{(CH_3)_2CHBr} \begin{matrix} CH(COOC_2H_5)_2 \\ | \\ CH(CH_3)_2 \end{matrix}$$

$$\xrightarrow[H_2O]{NaOH} \xrightarrow{H^+} CH_3\underset{\underset{CH_3}{|}}{CH}{-}CH\begin{matrix} \diagup COOH \\ \diagdown COOH \end{matrix} \xrightarrow{\triangle} CH_3\underset{\underset{CH_3}{|}}{CH}CH_2COOH$$

【例 12-4】 以乙烯为原料，用丙二酸二乙酯法合成 ▷—COOH。

解：

$$H_2C{=}CH_2 \xrightarrow{Br_2} BrCH_2CH_2Br$$

$$CH_2(COOC_2H_5)_2 \xrightarrow{NaOC_2H_5} CH^-(COOC_2H_5)_2\ Na^+ \xrightarrow{BrCH_2CH_2Br} \underset{|\atop CH_2CH_2Br}{CH(COOC_2H_5)_2} \xrightarrow{NaOC_2H_5}$$

$$\underset{|\atop CH_2CH_2Br}{C^-(COOC_2H_5)_2Na^+} \xrightarrow{分子内\ S_N} \text{(环丙烷-1,1-二甲酸二乙酯)} \xrightarrow[H_2O]{NaOH} \xrightarrow{H^+} \text{(环丙烷-1,1-二甲酸)} \xrightarrow{\triangle} \text{(环丙烷甲酸)}$$

【例 12-5】 以不超过 3 个碳的简单有机物为原料合成（乙酸 2-乙基-4-戊烯酯）。

解：

$$\text{丙二酸} \xrightarrow[H^+]{EtOH} \text{丙二酸二乙酯} \xrightarrow{NaOEt} HC^-(COOEt)_2 \xrightarrow{CH_3CH_2Br} CH_3CH_2—CH(COOEt)_2$$

$$\xrightarrow{NaOEt} CH_3CH_2—C^-(COOEt)_2 \xrightarrow{H_2C{=}CH—CH_2Br} (CH_2{=}CHCH_2)(CH_3CH_2)C(COOEt)_2 \xrightarrow[\triangle]{H_3O^+} (CH_2{=}CHCH_2)(CH_3CH_2)CH—COOH$$

$$\xrightarrow{LiAlH_4} (CH_2{=}CHCH_2)(CH_3CH_2)CH—CH_2OH \xrightarrow{CH_3COCl} CH_3COOCH_2CH(CH_2CH_3)CH_2CH{=}CH_2$$

12.4.4 迈克尔（Michael）反应

含有活泼甲叉基的β-二羰基化合物与α,β-不饱和醛酮、羧酸、酯、硝基化合物等的加成反应称为迈克尔（Michael）反应，例如乙酰乙酸乙酯与丙烯醛在乙醇钠存在下可发生迈克尔反应：

$$H_3C—\overset{O}{\overset{\|}{C}}—CH_2—\overset{O}{\overset{\|}{C}}—OC_2H_5 + H_2C{=}CH—\overset{O}{\overset{\|}{C}}—H \xrightarrow[②\ H_3O^+]{①\ C_2H_5ONa} H_3C—\overset{O}{\overset{\|}{C}}—\underset{\underset{OC_2H_5}{|}}{\underset{C=O}{\underset{|}{CH}}}—CH_2—CH_2—\overset{O}{\overset{\|}{C}}—H$$

反应过程是乙酰乙酸乙酯在乙醇钠作用下形成的碳负离子对丙烯醛的 1,4-共轭加成（丙烯醛的β位记为 1 位，丙烯醛的氧原子记为 4 位）。

迈克尔反应的机理如下：

$$H_3C—\overset{O}{\overset{\|}{C}}—\bar{C}H—\overset{O}{\overset{\|}{C}}—OC_2H_5 + \underset{1}{H_2C}{=}\underset{2}{CH}—\underset{3}{\overset{^4O}{\overset{\|}{C}}}—H \xrightarrow{} H_3C—\overset{O}{\overset{\|}{C}}—\underset{\underset{OC_2H_5}{|}}{\underset{C=O}{\underset{|}{CH}}}—CH_2—\bar{C}H—\overset{O}{\overset{\|}{C}}—H$$

亲核加成

$$H_3C—\overset{O}{\overset{\|}{C}}—\underset{\underset{OC_2H_5}{|}}{\underset{C=O}{\underset{|}{CH}}}—CH_2—\bar{C}H—\overset{O}{\overset{\|}{C}}—H \rightleftharpoons H_3C—\overset{O}{\overset{\|}{C}}—\underset{\underset{OC_2H_5}{|}}{\underset{C=O}{\underset{|}{CH}}}—CH_2—CH{=}\overset{O^-}{\overset{|}{C}}—H$$

$$H_3C—\overset{O}{\overset{\|}{C}}—\underset{\underset{OC_2H_5}{|}}{\underset{C=O}{\underset{|}{CH}}}—CH_2—CH{=}\overset{O^-}{\overset{|}{C}}—H \xrightarrow{H^+} H_3C—\overset{O}{\overset{\|}{C}}—\underset{\underset{OC_2H_5}{|}}{\underset{C=O}{\underset{|}{CH}}}—CH_2—CH{=}\overset{OH}{\overset{|}{C}}—H$$

$$\Big\Updownarrow \text{烯醇-醛互变异构}$$

$$H_3C—\overset{O}{\overset{\|}{C}}—\underset{\underset{OC_2H_5}{|}}{\underset{C=O}{\underset{|}{CH}}}—CH_2—CH_2—\overset{O}{\overset{\|}{C}}—H$$

所得的共轭加成产物先进行水解反应，再加热发生脱羧反应，最后的产物为1,5-二羰基化合物。

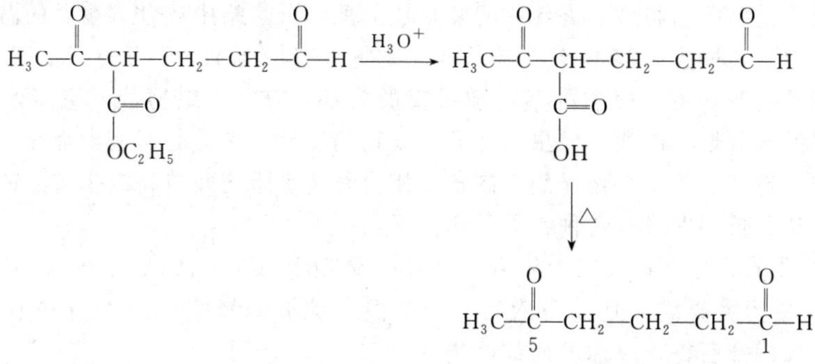

$$H_3C-\overset{O}{\overset{\|}{C}}-\underset{\underset{\underset{OC_2H_5}{|}}{C=O}}{\underset{|}{CH}}-CH_2-CH_2-\overset{O}{\overset{\|}{C}}-H \xrightarrow{H_3O^+} H_3C-\overset{O}{\overset{\|}{C}}-\underset{\underset{\underset{OH}{|}}{C=O}}{\underset{|}{CH}}-CH_2-CH_2-\overset{O}{\overset{\|}{C}}-H$$

$$\xrightarrow{\triangle} H_3C-\underset{5}{\overset{O}{\overset{\|}{C}}}-CH_2-CH_2-CH_2-\underset{1}{\overset{O}{\overset{\|}{C}}}-H$$

1,5-二羰基化合物

迈克尔反应在有机合成上有应用价值，是合成1,5-二羰基化合物或酮类桥环化合物的重要途径。例如：

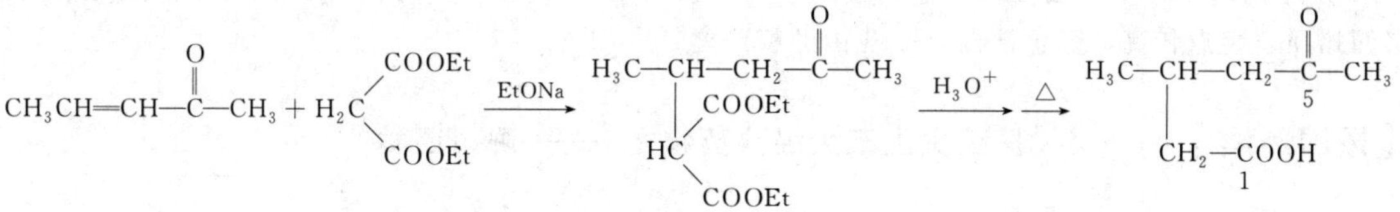

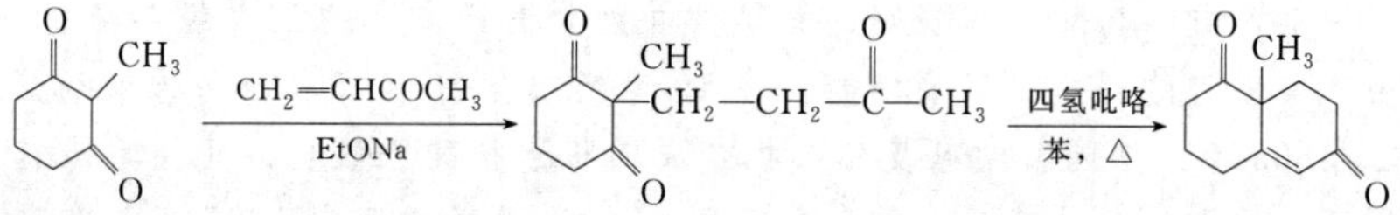

$$CH_3CH=CH-\overset{O}{\overset{\|}{C}}-CH_3 + H_2C(COOEt)_2 \xrightarrow{EtONa} H_3C-\underset{\underset{HC(COOEt)_2}{|}}{CH}-CH_2-\overset{O}{\overset{\|}{C}}-CH_3 \xrightarrow{H_3O^+} \xrightarrow{\triangle} H_3C-\underset{\underset{\underset{1}{CH_2-COOH}}{|}}{CH}-CH_2-\underset{5}{\overset{O}{\overset{\|}{C}}}-CH_3$$

2-甲基-1,3-环己二酮 $\xrightarrow[EtONa]{CH_2=CHCOCH_3}$ 2-甲基-2-(3-氧代丁基)-1,3-环己二酮 $\xrightarrow[苯，\triangle]{四氢吡咯}$ 双环烯酮（CH_3）

12.4.5 油脂和蜡

(1) 油脂

油脂来源于动植物，按在常温下的状态把油脂分为油和脂肪。在常温下为液态的油脂称为油，如豆油、花生油、菜籽油、棉籽油等。在常温下为固态和半固态的油脂称为脂肪，如猪油、牛油、羊油。油脂的主要成分是含有偶数碳原子的直链高级脂肪酸的甘油酯，结构式如下：

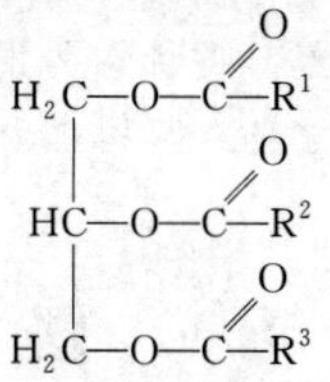

$$\begin{array}{l} H_2C-O-\overset{O}{\overset{\|}{C}}-R^1 \\ \quad | \\ HC-O-\overset{O}{\overset{\|}{C}}-R^2 \\ \quad | \\ H_2C-O-\overset{O}{\overset{\|}{C}}-R^3 \end{array}$$

式中，R^1、R^2、R^3 一般不同，因为油脂中大多数是混合甘油酯。烃基 R^1、R^2、R^3 可以是饱和的，也可以是不饱和的。有不饱和烃基时，在常温下是液态，属油。如果是饱和的，在常温下是固态或半固态，是脂肪。油脂是人生存不可缺少的食物和营养品，特别是植物油脂是人类生活必需获取的营养品。

油脂在碱性条件下水解，生成甘油和高级脂肪酸盐的反应称为皂化反应。所得的高级脂肪酸盐是肥皂的主要成分。猪油的皂化反应如下：

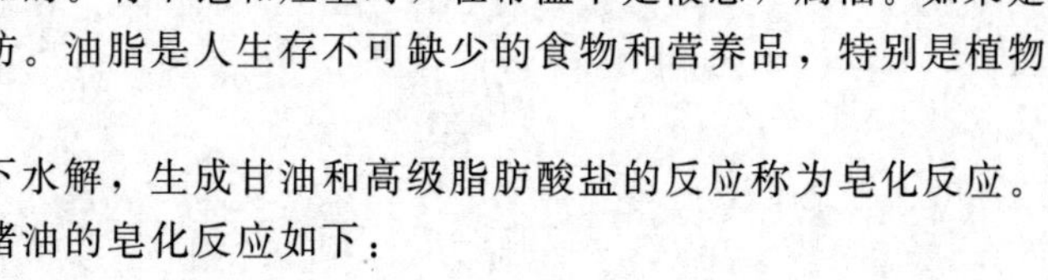

$$\begin{array}{l} H_2C-O-\overset{O}{\overset{\|}{C}}-C_{17}H_{33} \\ \quad | \\ HC-O-\overset{O}{\overset{\|}{C}}-C_{15}H_{31} \\ \quad | \\ H_2C-O-\overset{O}{\overset{\|}{C}}-C_{17}H_{35} \end{array} \xrightarrow[\triangle]{NaOH} \begin{array}{l} CH_2-OH \\ | \\ CH-OH \\ | \\ CH_2-OH \end{array} + \begin{array}{l} C_{17}H_{33}COONa \\ C_{15}H_{31}COONa \\ C_{17}H_{35}COONa \end{array}$$

猪油（油脂） 甘油 油酸钠 软脂酸钠 硬脂酸钠

(2) 蜡

蜡的主要成分是高级脂肪酸与高级一元醇形成的酯。天然蜡中还含有少量的游离高级脂肪酸和脂肪醇。蜡在常温下是固态，能溶于乙醚、苯、氯仿等有机溶剂，不溶于水。蜡不易发生皂化反应，也不能被脂肪酶所水解。植物的茎叶和果实的外部，有一层蜡薄膜，它能保持植物体内的水分，也防止外界的水分聚集侵蚀。昆虫的外壳、动物的皮毛、鸟类的羽毛中都存在着蜡。蜡可以作为化工原料，用于造纸、防水、光泽剂的制备，蜡也是高级脂肪酸与高级脂肪醇的来源。蜡也可以用于水果涂层，达到长期保鲜。几种常见的蜡如下：

① 蜂蜡　主要成分是十六酸三十醇酯（软脂酸蜂花酯）$C_{15}H_{31}CO_2C_{30}H_{61}$，熔点 62～65℃。

② 巴西棕榈蜡　主要成分是二十六酸三十醇酯（棕榈酸蜂酯）$C_{25}H_{51}CO_2C_{30}H_{61}$，熔点 83～90℃，因由巴西棕榈叶所得，故称巴西棕榈蜡。

③ 鲸蜡　主要成分为十六酸十六醇酯（棕榈酸鲸蜡酯）$C_{15}H_{31}CO_2C_{16}H_{33}$，熔点 41～46℃，由抹香鲸头部提取出来的油腻物经冷却和压榨而得。

④ 中国白蜡　主要成分为二十六酸二十六醇酯（蜡酸蜡酯）$C_{25}H_{51}CO_2C_{26}H_{53}$，它是白蜡虫分泌的蜡质，熔点较高，颜色洁白，是我国的特产之一。

【拓展阅读】　医药史上三大经典药物之一——阿司匹林

阿司匹林，又名乙酰水杨酸，与安定、青霉素并列为医药史上的三大经典药物。1898 年，阿司匹林上市，由于其出色的解热、镇痛功能，在 19 世纪末至 20 世纪初，为饱受病痛折磨的众多患者带来了解脱。1853 年，法国科学家夏尔热拉尔成功将水杨酸乙酰化，可惜后来这位化学家没有开展进一步的研究，后面也并没有更多的科学家开展此项研究。直到 1897 年，在拜耳公司工作的德国化学家费利克斯·霍夫曼对夏尔的合成路线开展了进一步的研究，用水杨酸与醋酐反应合成了乙酰水杨酸，使得乙酰水杨酸的合成变得更为简单，纯度更高。1899 年，拜耳公司用“Aspirin”（阿司匹林）注册了此药，随即阿司匹林在全世界广泛销售并大受欢迎。一百多年的临床应用证明阿司匹林对解热、镇痛和抗炎的效果较好，阿司匹林对血小板聚集也有抑制作用，可预防和治疗心脑血管疾病。时至今日，对阿司匹林新的药用功效研究还在不断深入，如在癌症的预防和治疗、糖尿病的治疗等方面也取得了一定的进展，这表明科学的发展是不断探索的过程，在消化、吸收前人的研究成果的基础上，结合新的现代科技方法，阿司匹林新的药用功效将会不断被发现，阿司匹林也必将为人类的健康作出新的更大贡献。

习　题

1. 命名下列化合物。

(1) $H_2C{=}CH{-}\overset{\overset{O}{\|}}{C}{-}Cl$

(2) $H_3C{-}\overset{\overset{O}{\|}}{C}{-}N(CH_3)_2$

(3)

(4) $H_3C{-}\overset{\overset{O}{\|}}{C}{-}O{-}\overset{\overset{O}{\|}}{C}{-}CH_2{-}CH_3$

(5) $-O{-}\overset{\overset{O}{\|}}{C}{-}CH_3$

(6) $\overset{\overset{O}{\|}}{C}{-}Cl$　O_2N　NO_2

(7) $\overset{\overset{O}{\|}}{C}{-}NHCH_3$

(8) $HCOCH_2COOC_2H_5$

2. 写出下列化合物的结构式。

(1) 马来酸酐　　(2) 醋酸苄酯　　(3) 邻苯二甲酰亚胺

(4) 邻苯二甲酸酐　　(5) α-甲基丙烯酸甲酯　　(6) ε-己内酰胺

(7) 环己-2-烯-1-甲酰氯　　(8) 4-环己基-3-丁酮酸乙酯　　(9) 烯丙基丙二酸二乙酯

3. 将下列各组化合物按水解反应的速率从大到小排列。

(1) 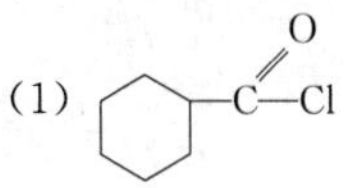　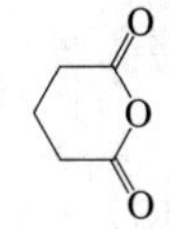　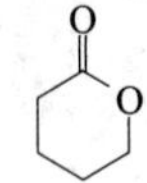　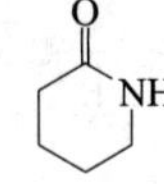

(2) CH_3COOCH_3　　$CH_3COOC_2H_5$　　$CH_3COOCH(CH_3)_2$　　$CH_3COOC(CH_3)_3$　　$HCOOCH_3$

(3) $O_2N-C_6H_4-COOMe$　　$Cl-C_6H_4-COOMe$　　$C_6H_5-COOMe$　　$CH_3O-C_6H_4-COOMe$

4. 写出异丁酰氯与下列试剂反应的产物。

(1) H_2O/H^+，△　　(2) H_2O/OH^-，△　　(3) C_2H_5OH　　(4) CH_3MgBr/Et_2O，H_3O^+

(5) $LiAlH_4$，稀酸　　(6) $H_2/Pd\text{-}BaSO_4$，喹啉-硫　　(7) $C_6H_6/AlCl_3$

5. 完成下列反应式。

(1) $CH_3CH_2COOH \xrightarrow[\triangle]{NH_3}$? $\begin{cases} \xrightarrow[\triangle]{P_2O_5} ? \\ \xrightarrow[\triangle]{LiAlH_4} ? \\ \xrightarrow{NaBrO} ? \end{cases}$

(2) （2-哌啶酮，NH）$\xrightarrow[\triangle]{H_2O/OH^-}$?

(3) （γ-丁内酯）$\xrightarrow[\triangle]{H_2O/OH^-}$?

(4) $2CH_3CH_2COOC_2H_5 \xrightarrow[② H^+]{① C_2H_5ONa}$? + ?

(5) $CH_3CH_2COOC_2H_5 + \begin{array}{c} COOC_2H_5 \\ | \\ COOC_2H_5 \end{array} \xrightarrow[② H^+]{① C_2H_5ONa}$?

(6) （环己烷-1,2-二甲酸二乙酯，$COOC_2H_5$，$COOC_2H_5$）$\xrightarrow[② H^+]{① C_2H_5ONa}$?

(7) $CH_3-CH(COOC_2H_5)_2 \xrightarrow[\triangle]{H_2O/OH^-}$? $\xrightarrow{H^+}$? $\xrightarrow{\triangle}$?

(8) $CH_3CH_2COOC_2H_5 \xrightarrow[② C_6H_5COCl]{① C_2H_5ONa}$? $\xrightarrow[② H^+,\ \triangle]{① H_2O/OH^-}$?

6. 下列化合物中不能使 $FeCl_3$ 溶液显色的是：

$CH_3COCH_2COOC_2H_5$　　$CH_3COCH(CH_3)COOC_2H_5$　　$CH_3COC(CH_3)_2COOC_2H_5$

7. (1) 给出下列化合物的酸性由大到小的次序，并说明理由。

(a) $CH_3COCH_2COCH_3$　(b) $CH_3COCH_2COOC_2H_5$　(c) $C_2H_5OOCCH_2COOC_2H_5$

(2) 写出 $CH_3COCH_2COOC_2H_5$ 的烯醇式结构，并比较酮式和烯醇式结构的稳定性（说明原因），如何用简单的化学方法检验烯醇式结构的存在。

(3) 将下列化合物按生成烯醇式结构的难易排列：

A. (2-乙基-1,3-环己二酮，结构式) B. (双环二酮，结构式) C. (2-乙烯基-1,3-环己二酮，结构式)

8. 写出下列反应的反应机理。

(1) (己二酸二乙酯，$COOC_2H_5$，$COOC_2H_5$) $\xrightarrow[\text{② } H^+]{\text{① EtONa}}$ (2-氧代环己烷甲酸乙酯，$COOC_2H_5$)

(2) $CH_3COCH_2COOC_2H_5 + ClCH_2CH_2CH_2Cl \xrightarrow{EtONa}$ (6-甲基-3,4-二氢-2H-吡喃-5-甲酸乙酯，H_3C，$COOC_2H_5$)

(3) $CH_2(COOC_2H_5)_2 \xrightarrow{EtONa} \xrightarrow{\text{环氧乙烷}}$ (γ-丁内酯-α-甲酸乙酯，$COOC_2H_5$)

(4) (2-甲基-2-乙氧羰基环戊酮，$COOC_2H_5$，CH_3) $\xrightarrow[\text{② } H_2O]{\text{① EtONa}}$ H_3C-(环戊酮)-$COOC_2H_5$

9. 根据所给的有机原料，用乙酰乙酸乙酯法合成化合物。

(1) $H_2C{=}CH{-}CH_3$，$CH_3COCH_2COOC_2H_5 \longrightarrow H_3C{-}CH(CH_3){-}CH_2COOH$

(2) $H_2C{=}CH{-}CH_3$，$CH_3COCH_2COOC_2H_5 \longrightarrow CH_3CH_2CH_2CH_2COOH$

(3) $H_2C{=}CH_2$，$H_2C{=}CH{-}CH_3$，$CH_3COCH_2COOC_2H_5 \longrightarrow H_2C{=}CH{-}CH_2{-}CH(C_2H_5){-}CH_2OH$

(4) $H_2C{=}CH{-}CH_3$，$CH_3COCH_2COOC_2H_5 \longrightarrow$ (环丁基)$-C(=O){-}CH_3$

(5) $H_2C{=}CH_2$，$CH_3COCH_2COOC_2H_5 \longrightarrow H_3C{-}C(=O){-}CH_2CH_2CH_2CH_2{-}C(=O){-}CH_3$

(6) CH_3COCH_3，$CH_3COCH_2COOC_2H_5 \longrightarrow H_3C{-}C(=O){-}CH_2CH_2{-}C(=O){-}CH_3$

10. 根据所给的有机原料，用丙二酸二乙酯法合成化合物。

(1) CH_3OH，CH_3CH_2OH，丙二酸二乙酯 $\longrightarrow H_3C{-}CH(C_2H_5){-}COOH$

(2) CH_3CH_2OH，丙二酸二乙酯 $\longrightarrow$ (环戊基)$-COOH$

(3) CH_3CH_2OH，丙二酸二乙酯 $\longrightarrow$ (1,4-环己烷二甲酸，$COOH$，$COOH$)

(4) CH_3COCH_3，丙二酸二乙酯 $\longrightarrow H_3C{-}C(=O){-}CH_2CH(CH_3)COOH$

11. 有酯类香味的化合物 A 和 B 的分子式均为 $C_4H_6O_2$，二者都不溶于 $NaHCO_3$ 溶液和 NaOH 溶液，但都能使溴水褪色。在 NaOH 溶液中加热，A 反应得到 CH_3COONa 和 CH_3CHO，而 B 反应得到 CH_3OH 和一个羧酸钠盐，该羧酸钠盐用盐酸酸化后再分离，所得的有机物能使溴水褪色。请推出化合物 A 和 B 的结构式，并写出各步反应式。

12. 由 C、H、O、N 四种元素组成的化合物 A 溶于水，但不溶于乙醚。A 受热后转化成化合物 B，B 在 NaOH 溶液中加热，有刺激性气味的气体产生，残余物用盐酸酸化后得化合物C，化合物C不含有N元素。C

与 $LiAlH_4$ 作用得化合物 D，D 在浓 H_2SO_4 中加热，得一分子量为 56 的烯烃 E，E 经臭氧化并在锌粉存在下水解得一个醛和酮。写出化合物 A、B、C、D、E 的结构式。

13. 化合物 A（$C_5H_6O_3$）和乙醇反应生成化合物 B 和 C，B 和 C 互为同分异构体。B 和 C 先分别和 $SOCl_2$ 反应，然后再加入乙醇溶液，则得到相同的化合物 D。请推出化合物 A 和 B 的结构式。

第 13 章　硝基化合物和胺

13.1　硝基化合物

13.1.1　硝基化合物的定义、分类和命名

烃分子中的氢原子被硝基（$—NO_2$）取代后的生成物，称为硝基化合物。

硝基化合物包括脂肪族、芳香族和脂环族硝基化合物；根据与硝基相连接的碳原子的不同，可分为伯、仲、叔（或称 1°、2°、3°）硝基化合物；根据硝基的数目又可分为一硝基和多硝基化合物。

和卤代烃相似，硝基化合物命名时也是以烃为母体，硝基作为取代基来命名的。例如：

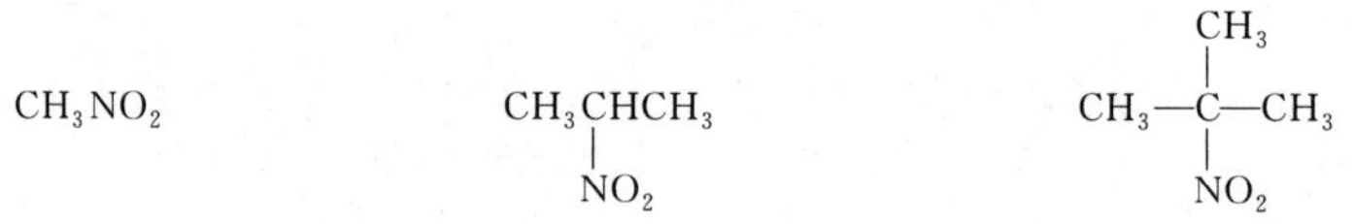

CH_3NO_2　硝基甲烷

$CH_3CH(NO_2)CH_3$　2-硝基丙烷

$(CH_3)_3C—NO_2$　2-甲基-2-硝基丙烷

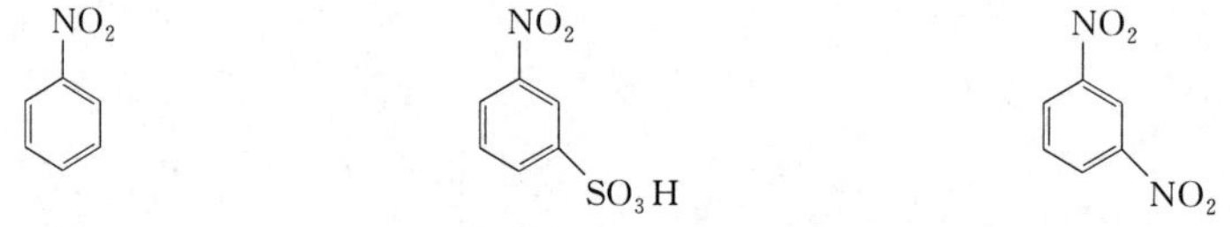

硝基苯　　间硝基苯磺酸　　间二硝基苯

13.1.2　硝基化合物的结构

氮原子的电子层结构为 $1s^22s^22p^3$，其价电子层具有五个电子，而这一价电子层最多可容纳八个电子，因此硝基化合物的结构可以表示如下：

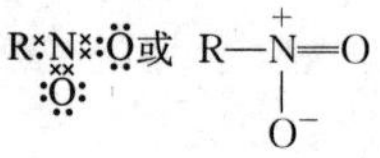

$$R:\overset{+}{N}::O \text{ 或 } R—\overset{+}{N}{=}O,\ \ |\ O^-$$

在上式结构式中，氮原子与一个氧原子以共价双键相结合，而与另一个氧原子以配位键相结合。按此看来，这两种不同氮氧键的键长应该是不同的。但是电子衍射法的实验证明，硝基具有对称结构，两个氮氧键的键长都是 0.121nm。由此可见硝基中的两个氮氧键既不是一般的氮氧单键，也不是一般的氮氧双键，而是等同的。在硝基中，氮原子的 p 轨道和两个氧原子的 p 轨道平行且相互重叠，由此形成包括三个原子在内的分子轨道并发生了 π 电子的离域，使得氮氧键趋于平均化，硝基的负电荷平均分配在两个氧原子上。

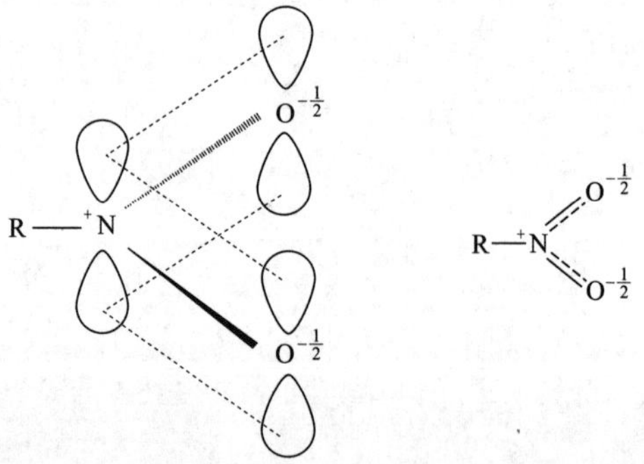

$R—\overset{+}{N}$（$O^{-\frac{1}{2}}$，$O^{-\frac{1}{2}}$）

为方便起见，一般仍用 $-\overset{+}{N}\begin{smallmatrix}\nearrow O \\ \searrow O^-\end{smallmatrix}$ 来表示硝基的结构。

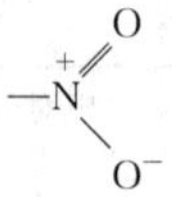

由于键的平均化，硝基中的氧原子是等同的，因此可以写成共振式：

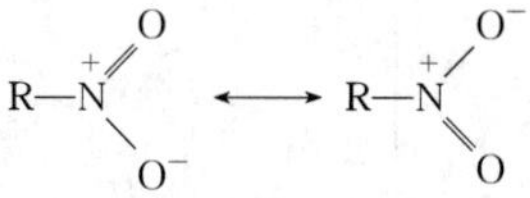

$$R-\overset{+}{N}\begin{smallmatrix}\nearrow O \\ \searrow O^-\end{smallmatrix} \longleftrightarrow R-\overset{+}{N}\begin{smallmatrix}\nearrow O^- \\ \searrow O\end{smallmatrix}$$

13.1.3 硝基化合物的制法

脂肪族硝基化合物在工业上由烷烃在高温下用浓硝酸、N_2O_4 或 NO_2 直接硝化制备，如：

$$CH_4 + HNO_3 \xrightarrow{400℃} CH_3NO_2 + H_2O$$

$$CH_3CH_2CH_3 + NO_2 \xrightarrow{200℃} CH_3CH_2CH_2NO_2 + (CH_3)_2CHNO_2$$

烷烃的硝化反应与烷烃卤化反应相似，也是自由基取代反应。实验室中可通过卤代烷与亚硝酸盐（如 $NaNO_2$、$AgNO_2$ 等）的取代反应来制备一些硝基烷。如

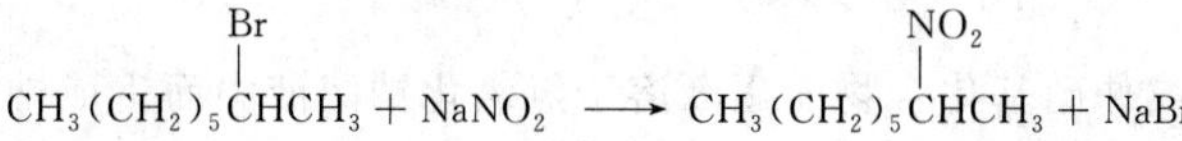

$$CH_3(CH_2)_5\underset{}{\overset{Br}{\overset{|}{C}}}HCH_3 + NaNO_2 \longrightarrow CH_3(CH_2)_5\overset{NO_2}{\overset{|}{C}}HCH_3 + NaBr$$

在工业应用上，芳香族硝基化合物的重要性远远大于脂肪族硝基化合物。芳香族硝基化合物一般采用直接硝化法制备。硝化时所用的试剂和反应条件因反应物不同而异，常用的硝化剂是浓硝酸和浓硫酸的混合液（或称混酸）。如

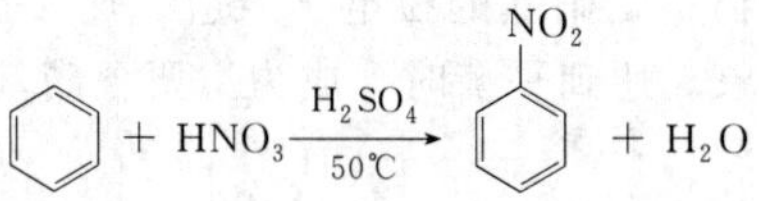

$$C_6H_6 + HNO_3 \xrightarrow[50℃]{H_2SO_4} C_6H_5NO_2 + H_2O$$

13.1.4 硝基化合物的物理性质

脂肪族硝基化合物是无色、具有香味的高沸点液体，难溶于醇和醚等有机溶剂，通常作为有机溶剂使用。

芳香族一元硝基化合物是无色或淡黄色的液体或固体，具有苦杏仁味；多硝基化合物多数是黄色晶体。不溶于水，溶于有机溶剂。多硝基化合物通常具有爆炸性，可用作炸药，如 2,4,6-三硝基甲苯（TNT）和 1,3,5-三硝基苯（TNB）都是军用的猛烈炸药。还有的多硝基化合物具有类似于天然麝香的香味，可用作香料，统称为硝基麝香。例如：

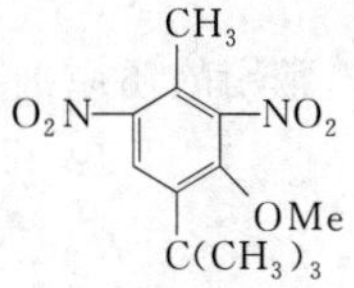

葵子麝香（苯环上取代基：CH_3、NO_2、OMe、$C(CH_3)_3$、O_2N）

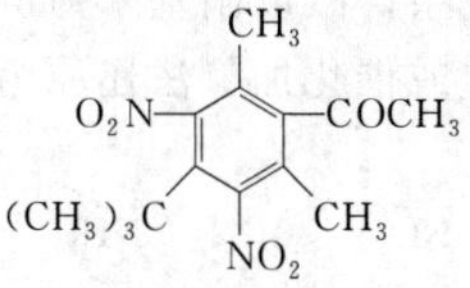

酮麝香（苯环上取代基：CH_3、$COCH_3$、CH_3、NO_2、$(CH_3)_3C$、O_2N）

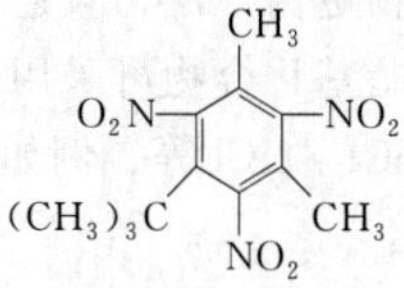

二甲苯麝香（苯环上取代基：CH_3、NO_2、CH_3、NO_2、$(CH_3)_3C$、O_2N）

硝基化合物多数都具有毒性，能作用于肝、肾、中枢神经和血液，因此在使用时要倍加小心。

硝基化合物的物理常数见表 13-1。

表 13-1 硝基化合物的物理常数

名　称	熔点/℃	沸点/℃	相对密度 d_4^{20}	折射率 n_D^{20}
硝基甲烷	−28.5	101.5^{765mm}	1.1381	1.3811
硝基乙烷	−90	114.8^{761mm}	1.0448	$1.3901^{24.3}$
1-硝基丙烷	−108	132	$1.0221^{25℃/4℃}$	1.4016
2-硝基丙烷	−93	120.3	1.024	$1.4003^{24.8}$

续表

名　称	熔点/℃	沸点/℃	相对密度 d_4^{20}	折射率 n_D^{20}
硝基苯	5.6	210.9	$1.205^{18℃/4℃}$	1.5499
间硝基苯	90	302.8	$1.575^{18℃/4℃}$	
1,3,5-三硝基苯	122	>122 分解	1.688	
邻硝基甲苯	−9.5	222	1.1629	1.5474
对硝基甲苯	51.4	237.7	1.286	1.5346
2,4-二硝基甲苯	70	300,微分解	1.321	
2,4,6-三硝基甲苯	81	280,爆炸	1.654	

注：表中上角如 765mm 指 765mmHg 压力下的沸点。

13.1.5 硝基化合物的化学性质

13.1.5.1 与碱作用

含 α-氢的脂肪族伯或仲硝基化合物能逐渐溶于氢氧化钠溶液中而生成钠盐

$$H_3C-\overset{+}{N}(=O)-O^- + NaOH \longrightarrow \left[H_2C=\overset{+}{N}(O^-)-O^-\right]Na^+ + H_2O$$

这是因为在伯或仲硝基化合物中，硝基的拉电子效应，使 α-碳上的 H 具有酸性，因此存在着硝基式和酸式之间的互变异构现象。达到平衡时，成为主要含硝基式的硝基化合物。

$$\underset{\text{硝基式}}{R-CH_2-\overset{+}{N}(=O)-O^-} \rightleftharpoons \underset{\text{酸式}}{R-CH=\overset{+}{N}(OH)-O^-} \underset{H^+}{\overset{NaOH}{\rightleftharpoons}} \left[R-CH=\overset{+}{N}(O^-)-O^-\right]Na^+$$

当与碱溶液作用时，碱与酸式作用生成盐，从而破坏了酸式和硝基式之间的平衡，于是硝基式不断转变为酸式，直至全部与碱作用生成酸式的盐。

13.1.5.2 还原

硝基化合物容易被还原，其还原产物因还原条件不同而异。因芳香族硝基化合物的应用比脂肪族硝基化合物更为广泛，且还原也较为复杂，故以硝基苯为例进行讨论。

芳香族硝基化合物可采用化学还原法或催化加氢法还原为相应的胺。常用的还原剂有 Fe/HCl、Zn/HCl、$SnCl_2$/HCl 等。例如：

$$C_6H_5NO_2 \xrightarrow{Fe/HCl} C_6H_5NH_2$$

当芳环上还连有可被还原的羰基时，则用氯化亚锡和盐酸作还原剂，因为它只还原硝基成为氨基，可以避免分子中的醛基被还原。

$$m\text{-}O_2N-C_6H_4-CHO \xrightarrow[HCl]{SnCl_2} m\text{-}H_2N-C_6H_4-CHO$$

催化加氢法在产品质量和收率等方面都优于化学还原法，对环境污染少，故在工业上被越来越多地采用。常用的催化剂有 Ni、Pd、Pt 等，工业上常用 Raney-Ni 或铜在加压下氢化。反应是在中性条件下进行的，因此对于带有对酸或碱敏感基团的化合物，可用此法还原。例如：

$$\text{邻硝基乙酰苯胺}\ (o\text{-}O_2N\text{-}C_6H_4\text{-}NHCOCH_3) \xrightarrow[C_2H_5OH]{H_2/Pt} o\text{-}H_2N\text{-}C_6H_4\text{-}NHCOCH_3$$

采用硫化钠（铵）、硫氢化钠（铵）、多硫化铵等比较温和的还原剂，在适当条件下，可以选择性地将多硝基化合物分子中的一个硝基还原成氨基。例如：

$$m\text{-}C_6H_4(NO_2)_2 \xrightarrow[\text{或}(NH_4)_2S]{Na_2S} m\text{-}O_2N\text{-}C_6H_4\text{-}NH_2$$

13.1.5.3　苯环上的取代反应

硝基是很强的第二类定位基，能使苯环钝化，因此硝基所在的苯环上，只能与强的亲电试剂发生亲电取代反应。

$$C_6H_5NO_2 \xrightarrow[140℃]{Br_2,Fe} m\text{-}O_2N\text{-}C_6H_4\text{-}Br$$

$$C_6H_5NO_2 \xrightarrow[95℃]{\text{发烟}HNO_3,\text{浓}H_2SO_4} m\text{-}C_6H_4(NO_2)_2$$

$$C_6H_5NO_2 \xrightarrow[110℃]{\text{发烟}H_2SO_4} m\text{-}O_2N\text{-}C_6H_4\text{-}SO_3H$$

由于硝基使苯环电子云密度降低得较多（尤其是它的邻位和对位），以致硝基苯不能发生傅列德尔-克拉夫茨（Friedel-Crafts）反应，但可作为这类反应的溶剂。

13.1.5.4　硝基对邻、对位上取代基的影响

硝基对处在其邻、对位上的基团的化学性质有较大的影响。

(1) 对卤原子活泼性的影响

在一般情况下氯苯中的氯原子不活泼，难发生亲核取代反应。例如将氯苯和氢氧化钠溶液共热到200℃，也不能水解生成苯酚。但是，若在氯苯的邻位或对位连有硝基时，氯原子就比较活泼，容易被羟基取代。而且邻、对位上的硝基数目越多，氯原子越活泼，反应就越容易进行，如：

$$o\text{-}O_2N\text{-}C_6H_4\text{-}Cl \xrightarrow[130℃]{Na_2CO_3\ \text{溶液}} o\text{-}O_2N\text{-}C_6H_4\text{-}OH$$

$$p\text{-}O_2N\text{-}C_6H_4\text{-}Cl \xrightarrow[130℃]{Na_2CO_3\ \text{溶液}} p\text{-}O_2N\text{-}C_6H_4\text{-}OH$$

$$2,4\text{-}(O_2N)_2C_6H_3Cl \xrightarrow[\text{回流,约}100℃]{Na_2CO_3\ \text{溶液}} 2,4\text{-}(O_2N)_2C_6H_3OH$$

$$2,4,6\text{-}(O_2N)_3C_6H_2Cl \xrightarrow[\text{温热}]{Na_2CO_3\ \text{溶液}} 2,4,6\text{-}(O_2N)_3C_6H_2OH$$

这是因为硝基氯苯的水解反应属于亲核取代反应，分两步进行。首先是亲核试剂进攻氯原子连接的碳原子，形成碳负离子中间体（又称迈森海默配合物），然后碳负离子失去氯离子生成产物，属于加成-消除反应历程。

$$p\text{-}O_2N\text{-}C_6H_4\text{-}Cl + OH^- \longrightarrow [\text{C(Cl)(OH)}\ \text{碳负离子中间体}] \xrightarrow{-Cl^-} p\text{-}O_2N\text{-}C_6H_4\text{-}OH$$

硝基强的吸电子诱导和共轭效应的影响，使碳负离子中间体的负电荷得到分散，稳定性增加，因此有利于水解反应的进行。显然，处于邻、对位上的硝基数目越多，碳负离子中间体的负电荷越分散，其稳定性也越好，反应也就更容易进行。但是，当硝基处于氯原子的间位时，仅能通过吸电子诱导效应对中间体负电荷起到分散的作用，故对氯原子的活泼性影响不大。

（2）对酚类酸性的影响

苯酚是一种弱酸，其酸性比碳酸还弱。当在苯环上引入硝基时，能增强酚的酸性。例如，2,4-二硝基苯酚的酸性与甲酸相近，2,4,6-三硝基苯酚的酸性几乎与强无机酸接近。苯酚和硝基酚类的 pK_a 值见表 13-2。

表 13-2　苯酚和硝基酚类的 pK_a 值

物质	苯酚	邻硝基苯酚	间硝基苯酚	对硝基苯酚	2,4-二硝基苯酚	2,4,6-三硝基苯酚
pK_a(25℃)	10	7.22	8.39	7.15	4.09	0.25

硝基对酚羟基的影响和硝基与羟基在环上的相对位置有关。当硝基处在羟基的邻、对位时，由于产物邻或对硝基苯氧负离子上的负电荷可以通过吸电子的诱导效应和共轭效应分散到硝基上去而得以稳定，故邻、对位硝基苯酚的酸性较强。

13.2　胺

13.2.1　胺的定义、分类和命名

胺（amines）是最重要的含氮化合物，它可看作氨（NH_3）的衍生物，即氨分子中的氢原子被烃基取代的产物。

根据氮上烃基取代的数目，可将胺分为伯（一级或 1°）胺、仲（二级或 2°）胺、叔（三级或 3°）胺。

NH_3	RNH_2	R_2NH	R_3N
氨	伯胺	仲胺	叔胺

要注意的是，伯、仲、叔胺与前面讲过的伯、仲、叔醇（或卤代烃）的含义是不同的。前者按氮原子所连的烃基数目而定，后两者则是对官能团羟基（或卤素）所连的碳原子的类型而言。例如，叔丁醇和叔丁胺，在它们的分子中虽然都具有叔丁基，但前者是叔醇，而后者却是伯胺。

$$\mathrm{H_3C{-}C(CH_3)_2{-}OH}$$

叔醇（羟基与叔碳相连）

$$\mathrm{H_3C{-}C(CH_3)_2{-}NH_2}$$

伯胺（氮原子只连接一个烷基）

胺类根据烃基的不同可分为脂肪族胺和芳香族胺；根据分子中氨基的数目又可以分为一元胺、二元胺等。

四价氮的盐和氢氧化物称为季（四级）铵化合物。其中相当于氢氧化铵的化合物称为季铵碱，相当于铵盐的化合物称为季铵盐。季铵化合物与简单的无机铵盐类似，其氮原子上连接 4 个烃基，这 4 个烃基可以是相同的，也可以是不同的。

$(CH_3)_4N^+OH^-$	$CH_3CH_2N(CH_3)_3^+X^-$
季铵碱	季铵盐

简单的胺用普通命名法命名，可将所含烃基的名称写在前面（若含不止 1 个烃基，则根据其英文名字的首个字母按前后次序依次书写），后面加上“胺”字，称为“某（基）某（基）胺”。相同的烃基用中文数字二、三表示，这一点与醚相似。

用 IUPAC 命名法时，选择含氮的最长碳链为主链，根据该主链的碳原子数称为“某胺”，氮上

的其他烃基则作为取代基，在其前面加上“N-”为其定位。例如：

	CH_3NH_2	$CH_3NHCH_2CH_3$	$(CH_3CH_2)_2NH$
普通命名法：	甲胺	乙(基)甲(基)胺	二乙胺
系统命名法：	甲胺	N-甲基乙胺	N-乙基乙胺
	$CH_3CH(CH_3)CH_2NH_2$	$CH_3N(CH_2CH_3)CH_2CH_2CH_3$	环己基—NH_2
普通命名法：	异丁胺	乙(基)甲(基)丙胺	环己胺
系统命名法：	2-甲基丙-1-胺	N-乙基-N-甲基丙-1-胺	环己胺
	$C_6H_5NH_2$	$C_6H_5NHCH_3$	$Cl-C_6H_4-N(CH_3)CH_2CH_3$
普通命名法：	苯胺		
系统命名法：	苯胺	N-甲基苯胺	N-乙基-N-甲基对氯苯胺

含有多个氨基的化合物，在氨基的前面加上二、三、…表示氨基的数目，例如：

$H_2NCH_2CH_2NH_2$	$H_2NCH_2(CH_2)_4CH_2NH_2$	$H_2N-C_6H_4-NH_2$
乙二胺	己-1,6-二胺	对苯二胺

结构比较复杂的胺，或当分子中同时存在羟基、羰基、羧基等官能团时，可以把烃或其他官能团作为母体，氨基或取代氨基作为取代基来命名。例如：

$$CH_3CH(CH_3)CH_2CH(NH_2)CH_2CH_3$$

4-氨基-2-甲基己烷

$$CH_3-CH(CH_3)-CH_2-CH(CH_3)-N(CH_2-CH_3)-CH_2-CH_3$$

2-(二乙氨基)-4-甲基戊烷

$H_2NCH_2CH_2OH$	$CH_3CH_2CH(NH_2)COOH$	$H_2NCH_2CH_2COCH_3$
2-氨基乙醇	2-氨基丁酸	4-氨基丁-2-酮

季铵化合物的命名类似无机盐命名，将阴离子和取代基的名称放在“铵”字之前，如：

$[(C_2H_5)_4\overset{+}{N}]OH^-$	$[CH_3(CH_2)_{11}\overset{+}{N}(CH_3)_3]Br^-$
氢氧化四乙铵	溴化十二烷基三甲基铵

值得注意的是，当氨基作为取代基时，不管是—NH_2 基，还是—NHR 或—NR_2 基，都只能称为“氨基或某氨基”，而不能写成“胺基或某胺基”，只有以氨基作为母体官能团时，化合物才能称为“某某胺”。而“铵”则表示胺类化合物形成的阳离子。

13.2.2 胺的制法

13.2.2.1 硝基化合物还原

硝基化合物还原可得到伯胺。这是制备芳香族伯胺的重要方法，但此方法较少用于脂肪胺的制备，原因是脂肪族硝基化合物不易制备。将硝基还原为氨基可以用催化氢化法，可以用化学还原法。化学法常用的还原剂为金属锡、铁和锌，以及氯化亚锡，反应一般在酸性溶液中进行（盐酸、硫酸或乙酸等），其中以 Fe/HCl 体系最廉价，是最常用的还原剂，在工业上广泛使用，但此法产生大量的含酸废液、废渣。用铁和盐酸作还原剂，也是实验室常用的方法。例如：

$$C_6H_5NO_2 \xrightarrow{Fe/HCl} C_6H_5NH_2$$

氯化亚锡比较温和，用它作还原剂可以避免分子中的醛基被还原。若用锌还原，醛基可以被还原为甲基。

$$\text{3-甲基苯胺} \xleftarrow[\text{HCl}]{\text{Zn}} \text{3-硝基苯甲醛 }(NO_2, CHO) \xrightarrow[\text{HCl}]{SnCl_2} \text{3-氨基苯甲醛 }(NH_2, CHO)$$

相较于其他化学还原法，催化氢化法是一种将硝基化合物转化为伯胺更便利且环保的方法。常用 Ni、Pd、Pt 等作催化剂，在中性条件加压下进行。例如：

$$\text{邻硝基甲苯 }(NO_2, CH_3) \xrightarrow{H_2,Ni,MeOH} \text{邻甲苯胺 }(NH_2, CH_3)$$

在适当条件下，硫化钠（铵）、硫氢化钠（铵）或多硫化钠（铵）等可以选择性地还原二硝基化合物分子中的一个硝基。例如：

$$\text{3,5-二硝基甲苯 }(NO_2, NO_2, H_3C) \xrightarrow{NaSH,MeOH} \text{3-甲基-5-硝基苯胺 }(NH_2, NO_2, H_3C)$$

13.2.2.2　氨的烷基化

氨作为亲核试剂可与卤代烃进行 S_N2 反应，生成 *N*-烷基化产物。反应先生成伯胺盐，生成的伯胺盐立即与未反应的氨发生质子转移而释放出游离的伯胺，由于伯胺的亲核性比氨更强，因此可继续与卤代烃反应生成仲铵盐、叔铵盐和季铵盐。

$$NH_3 + CH_3Br \longrightarrow CH_3\overset{+}{N}H_3Br^-$$

$$CH_3\overset{+}{N}H_3Br^- + NH_3 \rightleftharpoons CH_3NH_2 + \overset{+}{N}H_4Br^-$$

$$CH_3NH_2 + CH_3Br \longrightarrow (CH_3)_2\overset{+}{N}H_2Br^-$$

$$(CH_3)_2\overset{+}{N}H_2Br^- + NH_3 \rightleftharpoons (CH_3)_2NH + \overset{+}{N}H_4Br^-$$

$$(CH_3)_2NH + CH_3Br \longrightarrow (CH_3)_3\overset{+}{N}HBr^-$$

$$(CH_3)_3\overset{+}{N}HBr^- + NH_3 \rightleftharpoons (CH_3)_3N + \overset{+}{N}H_4Br^-$$

$$(CH_3)_3N + CH_3Br \longrightarrow (CH_3)_4\overset{+}{N}Br^-$$

反应结束后加碱得到的是多种产物的混合物，进行分离纯化时比较困难，因此这个方法在应用上受到一定的限制。

芳香族卤化物中的卤原子不活泼，很难与氨或胺进行反应。只有在以下两种情况下反应才能进行：①卤素的邻、对位有强的吸电子基团（如-NO_2）存在时；②使用高温、高压及催化剂。

$$\text{邻硝基氯苯 }(Cl, NO_2) + CH_3NH_2 \xrightarrow[180℃]{C_2H_5OH} \text{N-甲基邻硝基苯胺 }(NHCH_3, NO_2)$$

$$\text{氯苯 }(Cl) + NH_3 \xrightarrow[6MPa]{Cu_2O_2,180℃} \text{苯胺 }(NH_2)$$

在工业生产中常用醇的氨解来制备脂肪族胺类，因为原料来源方便且生产中的腐蚀问题较小，所以较有利于生产。工业上，甲胺、二甲胺、三甲胺用此法生产：

$$CH_3OH + NH_3 \xrightarrow[380\sim450℃]{Al_2O_3,5MPa} CH_3NH_2 \xrightarrow{CH_3OH} (CH_3)_2NH \xrightarrow{CH_3OH} (CH_3)_3N$$

硫酸二甲酯、环氧乙烷与氨或胺反应，也可制得相应的胺类化合物。

13.2.2.3　腈和酰胺还原

腈容易被催化氢化或用氢化铝锂还原得到伯胺：

$$RX \xrightarrow{NaCN} R—CN \xrightarrow[②H_3O^+]{①LiAlH_4, Et_2O} R—CH_2NH_2$$

腈一般由伯或仲卤代烃通过亲核取代反应制得，此法可由卤代烃制备多一个碳原子的胺。

酰胺在醚中用氢化铝锂还原可获得较高产率的胺。氮上无取代基的酰胺可得到伯胺，*N*-取代酰胺得到仲、叔胺。例如：

$$R—\overset{O}{\overset{\|}{C}}—NH_2 \xrightarrow[②H_3O^+]{①LiAlH_4, Et_2O} R—CH_2NH_2$$

13.2.2.4　醛、酮的还原胺化（亚胺的还原）

醛、酮与氨或胺缩合生成亚胺，再通过催化加氢或化学还原剂，可容易还原为相应的胺。

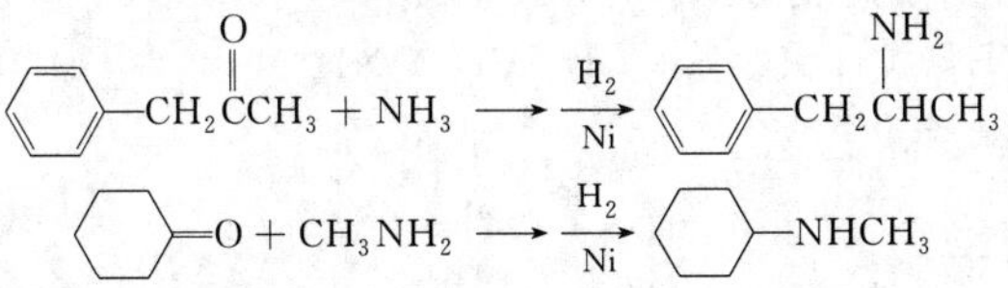

$$C_6H_5—CH_2\overset{O}{\overset{\|}{C}}CH_3 + NH_3 \xrightarrow[Ni]{H_2} C_6H_5—CH_2\overset{NH_2}{\overset{|}{C}}HCH_3$$

$$C_6H_{10}=O + CH_3NH_2 \xrightarrow[Ni]{H_2} C_6H_{11}—NHCH_3$$

13.2.2.5　霍夫曼酰胺降级反应

酰胺与次卤酸钠溶液共热，可得到少一个碳原子（羰基碳）的伯胺。

$$RCONH_2 + NaOX + 2NaOH \longrightarrow RNH_2 + Na_2CO_3 + NaX + H_2O$$

13.2.2.6　Gabriel 合成法

由卤代烃直接氨解制备伯胺常常会有仲、叔胺的生成，产物的分离纯化比较困难。以邻苯二甲酰亚胺的钾盐与卤代烃发生亲核取代反应，只能在氮原子上引入一个烷基，生成的 *N*-烷基邻苯二甲酰亚胺经水解或肼解得到伯胺。这个方法被称为 Gabriel 合成法，是制备纯伯胺的一个好方法，产率通常较高。

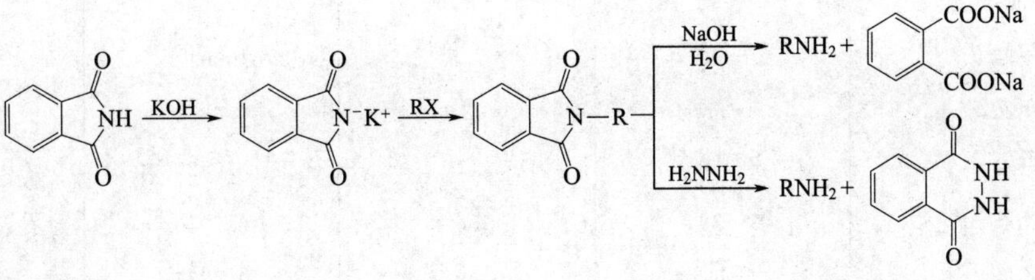

邻苯二甲酰亚胺（NH）$\xrightarrow{KOH}$ 邻苯二甲酰亚胺钾盐（N^-K^+）$\xrightarrow{RX}$ *N*-烷基邻苯二甲酰亚胺（N—R）

N—R $\xrightarrow[H_2O]{NaOH}$ RNH_2 + 邻苯二甲酸钠（COONa, COONa）

N—R $\xrightarrow{H_2NNH_2}$ RNH_2 + 邻苯二甲酰肼（NH—NH）

13.2.3　胺的结构

胺的结构与氨相似，其氮原子都是 sp^3 杂化，氮原子用三个 sp^3 杂化轨道与三个氢原子或碳原子形成三个 σ 键，剩下的一个杂化轨道则被氮原子上的未共用电子对占据，故胺和氨分子都具有棱锥形结构。见图 13-1。

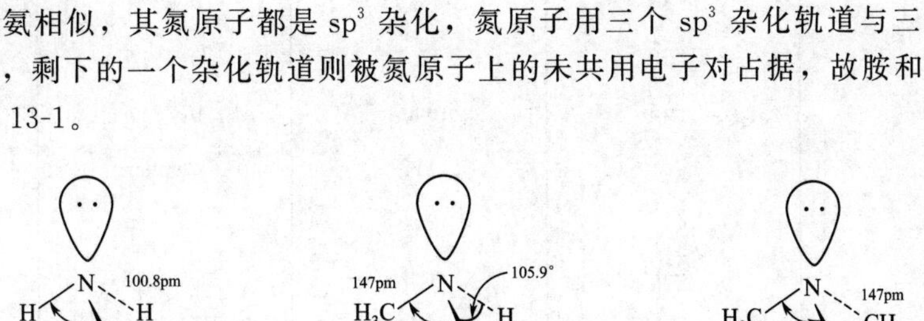

(a) 氨的结构　(b) 甲胺的结构　(c) 三甲胺的结构

图 13-1　氨和胺的结构

在芳香胺，如苯胺中，氮原子上的未共用电子对所在的 sp^3 杂化轨道，能和苯环中 π 电子的轨道重叠而形成共轭体系，可以说，氮原子的杂化状态处于 sp^3 和 sp^2 之间。在苯胺中，氮原子仍是棱锥形的结构，H—N—H 键角为 113.9°，H—N—H 平面与苯环平面交叉的角度为 142.5°，苯胺中 C—N 键的键长（140pm，$1pm=10^{-12}m$）比甲胺和三甲胺的 C—N 键长（147pm）短。如图 13-2 所示。

13.2.4 胺的物理性质

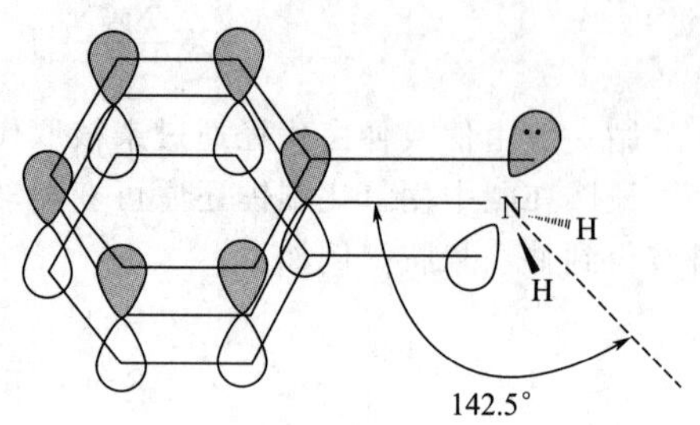

图 13-2 苯胺的结构

低级脂肪胺中的甲胺、二甲胺和三甲胺等是气体，其他的低级胺为液体，十二碳以上的胺为固体。低级胺的气味与氨相似，有些还有鱼腥味（如三甲胺），高级胺一般没有气味。

伯胺和仲胺由于能形成分子间的氢键，它们的沸点比分子量相近的烷烃高，但由于氮的电负性小于氧，其分子间的氢键比醇分子间的氢键弱，所以其沸点比分子量相近的醇低。叔胺由于氮原子上没有氢原子，不能形成分子间氢键，其沸点和分子量相近的烷烃相近似。

	$CH_3(CH_2)_4CH_3$ 正己烷	$CH_3(CH_2)_4NH_2$ 正戊胺	$CH_3(CH_2)_3CH_2OH$ 正戊醇
分子量	86	87	88
沸点/℃	69	104.4	138

与醇相似，低级胺也能与水分子间形成氢键，故易溶于水，其溶解度比相应的醇略大些。高级胺与烷烃相似，不能溶于水。

芳香胺一般都是高沸点的无色液体或固体，有特殊的臭味，在水中的溶解度很小。芳香胺的毒性很大，如苯胺可因吸入或皮肤接触而致人中毒，萘胺和联苯胺则是致癌物质。

一些常见胺的物理常数见表 13-3。

表 13-3 一些常见胺的物理常数

名　称	熔点/℃	沸点/℃	相对密度 d_4^{20}	折射率 n_D^{20}
甲胺	−92	−7.5	0.6628	$1.423^{17.5℃}$
二甲胺	−96	7.5	$0.6804^{0℃}$	$1.350^{17℃}$
三甲胺	−117	3	0.6356	$1.3631^{0℃}$
乙胺	−80	17	0.6829	1.3663
二乙胺	−39	55	0.7056	1.3864
三乙胺	−115	89	0.7275	1.4010
正丙胺	−83	48.7	0.7173	1.3870
正丁胺	−50	77.8	0.7414	1.4031
正戊胺	−55	104.4	0.7547	1.4118
乙二胺	8	117	0.8995	1.4565
1,6-己二胺	41	204		
苯胺	−6	184	1.02173	1.5863
N-甲基苯胺	−57	196	0.98912	1.5684
N,*N*-二甲基苯胺	3	194	0.9557	1.5582
二苯胺	53	302	$1.160^{25℃/20℃}$	$1.5882^{77℃}$
三苯胺	127	365	$0.774^{0℃}$	
联苯胺	125	400^{740mm}		
α-萘胺	50	300.8	$1.1229^{25℃}$	$1.67034^{51℃}$
β-萘胺	113	306.1	$1.0614^{25℃}$	$1.64927^{96℃}$

胺类能与氯化钙形成配合物，故不能用氯化钙来干燥胺，一般用固体 KOH、NaOH 等碱性物质作干燥剂。

13.2.5 胺的化学性质

13.2.5.1 碱性

胺与氨相似，由于氮原子上的未共用电子对能与质子结合，形成带正电荷的铵离子，因此他们都具有碱性，可使石蕊试纸变蓝，但仍属于弱碱，不能使酚酞变色。

胺溶于水时，发生下面解离反应：

$$RNH_2 + H_2O \rightleftharpoons RNH_3^+ + OH^-$$

胺的碱性强度可用解离常数 K_b 或 pK_b 表示。

$$K_b=\frac{[RNH_3^+][OH^-]}{[RNH_2]}$$

如果一个胺的 K_b 值越大或 pK_b 值越小，则该胺的碱性越强。

在有机化学中，胺的碱性强度通常还用它的共轭酸 RNH_3^+ 的解离常数 K_a 或 pK_a 表示。显然，如果一个胺的 K_a 值越大或 pK_a 值越小，则该胺的碱性越弱。部分胺的 pK_b 值列于表 13-4。

表 13-4 部分胺的 pK_b 值

名称	结构式	pK_b(25℃)	名称	结构式	pK_b(25℃)
氨	NH_3	4.76	三乙胺	$(CH_3CH_2)_3N$	3.25
甲胺	CH_3NH_2	3.38	苯胺	$C_6H_5NH_2$	9.40
二甲胺	$(CH_3)_2NH$	3.27	二苯胺	$(C_6H_5)_2NH$	13.8
三甲胺	$(CH_3)_3N$	4.21	*N*-甲基苯胺	$C_6H_5NHCH_3$	9.60
乙胺	$CH_3CH_2NH_2$	3.36	*N*,*N*-二甲基苯胺	$C_6H_5N(CH_3)_2$	9.62
二乙胺	$(CH_3CH_2)_2NH$	3.06			

胺类的碱性强弱取决于氮原子上未共用电子对与质子结合的能力，因此与其结构有关。其规律如下。

① 脂肪胺的碱性。由于烷基是给电子基团，能使氮原子上未共用电子对的电子云密度增加，增强与质子结合的能力，并能使其形成的共轭酸——铵离子的正电荷容易得到分散而稳定，因此脂肪胺的碱性比氨强。同理，若仅考虑电子效应，脂肪胺分子中氮上所连的烷基增多，其碱性也相应地增强。因此下面三种脂肪胺和氨的碱性强弱次序应该为：

$$(C_2H_5)_3N>(C_2H_5)_2NH>C_2H_5NH_2>NH_3$$

这个结论在气态时是正确的。但在水溶液中测定，结果表明四者的碱性强弱次序为：

$$(C_2H_5)_2NH>(C_2H_5)_3N>C_2H_5NH_2>NH_3$$

$$pK_a \quad 11.09 \qquad 10.85 \qquad 10.80 \qquad 9.25$$

这是因为在水溶液中，胺和质子结合后形成的共轭酸铵离子能与水分子形成氢键，发生溶剂化效应，氢键的生成使铵离子更加稳定，从而使碱性增强。N—H 键越多，则与溶剂水形成氢键的机会越大，因溶剂化而稳定的程度越高。

$$R-\overset{+}{N}H_3\cdots(OH_2)_3 \qquad R_2\overset{+}{N}H_2\cdots(OH_2)_2 \qquad R_3\overset{+}{N}-H\cdots OH_2$$

因此形成氢键使胺的碱性增强的次序是伯胺＞仲胺＞叔胺，正好与结构因素使碱性增强的次序伯胺<仲胺<叔胺相反。这两种因素共同作用，对于不同的烃基可以得出不同的次序。

② 芳香族胺的碱性。由于芳胺中氨基氮原子上的未共用电子对与苯环中 π 电子形成共轭体系，发生了电子的离域，氮原子上的电子云密度部分地移向苯环，相应地削弱了它与质子结合的能力，因此，其碱性一般比脂肪胺弱。如苯胺的碱性（$pK_b=9.40$）不仅比脂肪胺弱得多，而且比氨（$pK_b=4.76$）也弱得多。

如果氮原子上引入两个或三个芳基，氮原子上的电子云密度降低得更多，因而碱性更弱。例如，二苯胺的碱性很弱（$pK_b=13.8$），三苯胺则几乎不显碱性。

③ 苯环上存在取代基，尤其是处于氨基邻、对位时，主要体现了电子效应对碱性强度的影响。如硝基等吸电子基使芳胺的碱性减弱，甲基等给电子基则使碱性增强：

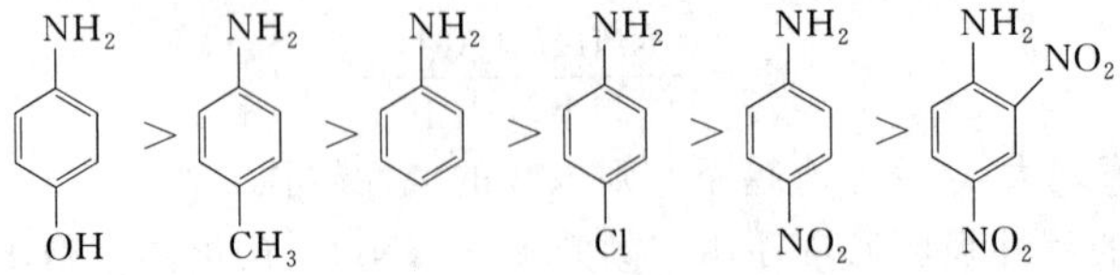

	NH_2 / OH	>	NH_2 / CH_3	>	NH_2	>	NH_2 / Cl	>	NH_2 / NO_2	>	NH_2, NO_2 / NO_2
pK_b	8.50		8.90		9.30		10.02		13.00		13.82

胺是一种弱碱，可以与强无机酸作用生成稳定的盐。铵盐易溶于水而不溶于醚、烃等有机溶剂。苯胺的碱性虽弱，但仍可与盐酸、硫酸等强酸形成盐，二苯胺虽可与强酸成盐，但遇水就分解。而三苯胺即使与强酸也不能成盐。

由于铵盐是强酸弱碱盐，遇强碱时，又生成原来的胺。利用这个性质可以分离、提纯胺，如用盐酸处理一些植物提取生物碱的过程就是利用这个性质。很多含胺的药物为便于保存和利于体内吸收，也常常制成水溶性的铵盐。

13.2.5.2 烷基化反应

胺与氨一样都是亲核试剂，可与卤代烃、醇等烷基化试剂作用，氨基上的氢原子被烃基取代。

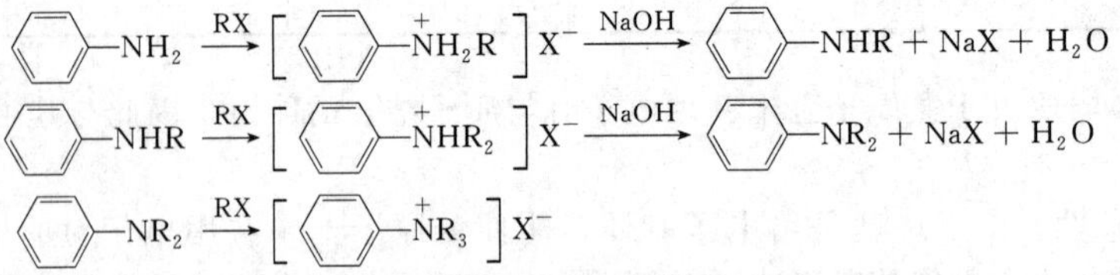

$$C_6H_5-NH_2 \xrightarrow{RX} [C_6H_5-\overset{+}{N}H_2R]X^- \xrightarrow{NaOH} C_6H_5-NHR + NaX + H_2O$$

$$C_6H_5-NHR \xrightarrow{RX} [C_6H_5-\overset{+}{N}HR_2]X^- \xrightarrow{NaOH} C_6H_5-NR_2 + NaX + H_2O$$

$$C_6H_5-NR_2 \xrightarrow{RX} [C_6H_5-\overset{+}{N}R_3]X^-$$

最后产物为季铵盐，如 R 为甲基，则常称此反应为“彻底甲基化作用”。

工业上，苯胺和过量的甲醇在硫酸存在时，在高温高压下则生成 N,N-二甲基苯胺。

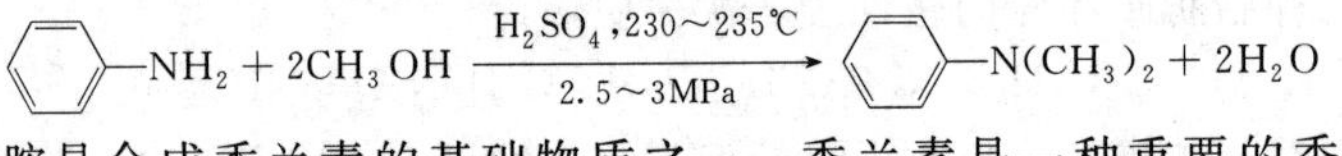

$$C_6H_5-NH_2 + 2CH_3OH \xrightarrow[2.5\sim3MPa]{H_2SO_4,230\sim235℃} C_6H_5-N(CH_3)_2 + 2H_2O$$

N,N-二甲基苯胺是合成香兰素的基础物质之一。香兰素是一种重要的香料，常用作日用香精，同时也是饮料和食品的重要增香剂。此外，N,N-二甲基苯胺还是重要的合成染料中间体，在有机合成工业中有重要的用途。

13.2.5.3 酰基化反应

伯胺和仲胺能与酰卤或酸酐等酰基化试剂反应，生成 N-取代或 N,N-二取代酰胺。叔胺氮上没有氢原子，故不发生此酰基化反应。例如：

$$CH_3CH_2NH_2 + CH_3COCl \longrightarrow CH_3CONHCH_2CH_3 + HCl$$

$$(CH_3CH_2)_2NH + CH_3COCl \longrightarrow CH_3CON(CH_2CH_3)_2 + HCl$$

有时也可用羧酸代替酰氯或酸酐作为酰化剂，但须在反应进行中逐渐除去反应中生成的水，以使反应顺利进行。例如，工业上制备乙酰苯胺即由苯胺与乙酸加热（160℃）制得。

生成的酰胺大多是具有一定熔点的结晶固体，通过测定酰胺的熔点可推断出原来的胺，因此可以用来鉴别伯胺和仲胺。N-取代酰胺是中性物质，不能与酸作用生成盐，因此，利用该性质可以把叔胺从伯、仲和叔胺的混合物中分离出来，而伯胺和仲胺的酰化产物在酸或碱的催化下，又可以水解得到原来的胺。

$$CH_3CONHR(\text{或 } CH_3CONR_2) + H_2O \xrightarrow{H^+ \text{或} OH^-} RNH_2(\text{或 } R_2NH) + CH_3COOH$$

在芳胺中的氮原子上引入酰基，在有机合成上具有重要作用。除用于合成重要的酰胺化合物外，常用于保护氨基或降低氨基对芳环的致活作用。例如，在苯胺的硝化反应中，先用乙酰基将氨基保护起来，既可避免氨基被硝化试剂氧化，又可降低苯环的反应活性，使反应主要生成一硝化产物。

$$C_6H_5NH_2 \xrightarrow{(CH_3CO)_2O} C_6H_5NHCOCH_3 \xrightarrow[H_2SO_4]{HNO_3} p\text{-}O_2NC_6H_4NHCOCH_3 \xrightarrow{OH^-} p\text{-}O_2NC_6H_4NH_2$$

另外，还可以利用该反应在药物合成中修饰胺类药物。例如，对氨基苯酚是一种解热镇痛药物，但其毒副作用大，经过乙酰基化反应制备得到对羟基乙酰苯胺（又名扑热息痛）后，其疗效增强且毒副作用降低。

13.2.5.4 磺酰化反应

与酰基化反应相似，伯胺和仲胺与磺酰化剂（如苯磺酰氯或对甲苯磺酰氯）反应，能生成相应的磺酰胺，称为磺酰化反应。

$$RNH_2 \xrightarrow{H_3C\text{—}C_6H_4\text{—}SO_2Cl} H_3C\text{—}C_6H_4\text{—}SO_2NHR$$

$$R_2NH \xrightarrow{H_3C\text{—}C_6H_4\text{—}SO_2Cl} H_3C\text{—}C_6H_4\text{—}SO_2NR_2$$

$$R_3N \xrightarrow{H_3C\text{—}C_6H_4\text{—}SO_2Cl} \text{不反应}$$

磺酰化反应需在碱性（如 NaOH、KOH）溶液中进行。磺酰胺是具有一定熔点的结晶固体，不溶于水，但伯胺反应后生成的苯磺酰胺分子的氮上还有一个氢，受到强的吸电子基团磺酰基的影响而具有较强的酸性，能与氢氧化钠水溶液作用生成溶于水的钠盐。

$$H_3C\text{—}C_6H_4\text{—}SO_2NHR \xrightarrow{NaOH} H_3C\text{—}C_6H_4\text{—}SO_2\bar{N}RNa^+ + H_2O$$

仲胺生成的苯磺酰胺的氮上已没有氢原子，不能与碱作用成盐，因而不能溶于氢氧化钠水溶液，而呈固体析出。叔胺的氮原子上没有氢原子，因此叔胺不能被磺酰化。利用这个性质可以鉴别和分离伯胺、仲胺、叔胺，称为 Hinsberg（兴斯堡）试验法。

磺胺类药物是一类具有对氨基苯磺酰胺结构药物的总称，有广谱抗菌性，是青霉素还未普及时用于治疗感染的药物，是第二次世界大战早期战场急救药物之一。由于磺胺类药物对某些感染性疾病具有疗效良好、使用方便、性质稳定、价格低廉等优点，故现今在抗感染的药物中仍占一定地位。如磺胺嘧啶（SD）在脑脊髓液中的浓度较高，对预防和治疗流行性脑炎有突出作用，故至今仍在使用。磺胺甲噁唑（SMZ）是 1962 年首次合成的，其抑菌作用较强，是目前常见的磺胺类药物。

13.2.5.5 与亚硝酸的反应

不同的胺与亚硝酸反应可生成不同的产物。由于亚硝酸不稳定，一般在反应过程中由 $NaNO_2$ 和 HCl 或 H_2SO_4 作用产生。

(1) 伯胺与亚硝酸的反应

伯胺与亚硝酸反应生成重氮盐，其中脂肪族重氮盐很不稳定，即使在低温下也会立即分解成氮气和一个碳正离子，然后此碳正离子继续反应，生成含醇、烯烃、卤烷等的复杂混合物。

$$RNH_2 + NaNO_2 + HCl \longrightarrow [\,R\text{—}N{\equiv}N^+Cl^-\,] \longrightarrow N_2\uparrow + R^+ + Cl^-$$

$$R^+ \xrightarrow{H_2O} ROH \qquad R^+ \xrightarrow{Cl^-} RCl \qquad R^+ \xrightarrow{-H^+} \text{烯烃}$$

由于产物是混合物，因此无合成价值。但放出的氮气是定量的，可用于伯胺的定性和定量分析。

芳香族伯胺与亚硝酸在低温（一般小于5℃）及强酸性条件下反应生成芳香族重氮盐。此反应称为重氮化反应。

$$C_6H_5-NH_2 + NaNO_2 + 2HCl \xrightarrow{0\sim5℃} C_6H_5-N_2^+Cl^- + NaCl + 2H_2O$$

芳香族重氮盐虽然也不稳定，但在低温下可保持不分解，被广泛用于芳香族化合物的合成中。

（2）仲胺与亚硝酸的反应

脂肪族和芳香族仲胺与亚硝酸作用均生成 N-亚硝基胺，如：

$$(CH_3CH_2)_2NH + NaNO_2 + HCl \longrightarrow (C_2H_5)_2N-N=O + NaCl + H_2O$$

N-亚硝基二乙胺

$$C_6H_5-NHCH_3 + NaNO_2 + HCl \longrightarrow C_6H_5-N(CH_3)-N=O + NaCl + H_2O$$

N-甲基-N-亚硝基苯胺

N-亚硝基胺是难溶于水的黄色中性油状物或固体，它与稀盐酸共热时，又可水解为原来的仲胺，因而可利用此反应来鉴定或分离和提纯仲胺。N-亚硝基胺有较强的致癌作用，已在多种熏肉中被检测到，如熏鱼和熏肠中检测到 N-亚硝基二甲胺，在熏猪肉中检测到 N-亚硝基吡咯烷。

（3）叔胺与亚硝酸反应

脂肪叔胺一般不与亚硝酸反应，虽然能与亚硝酸形成盐，但此盐并不稳定，加碱后可重新得到游离的叔胺。

芳香叔胺与亚硝酸反应时，则发生环上的亲电取代反应——亚硝化反应，生成对亚硝基化合物。例如：

$$(CH_3)_2N-C_6H_5 + NaNO_2 + HCl \longrightarrow (CH_3)_2N-C_6H_4-NO + NaCl + H_2O$$

对亚硝基-N,N-二甲基苯胺

对亚硝基-N,N-二甲基苯胺为绿色固体，难溶于水。亚硝基化合物毒性很强，是一种很强的致癌物质。

从以上讨论可以看出，由于伯胺、仲胺、叔胺与亚硝酸的反应现象明显不同，因此也常用此反应来鉴别伯胺、仲胺、叔胺。

13.2.5.6 氧化反应

胺很容易被氧化，尤其是芳伯胺，在贮藏中会逐渐被空气中的氧所氧化而导致颜色变深。例如，纯的苯胺是无色液体，但被空气氧化后很快就变成黄色、浅棕色以至红棕色。胺的氧化产物因所用氧化剂和反应条件不同而异。例如，苯胺用二氧化锰和硫酸或重铬酸钾和硫酸氧化，反应的主要产物是对苯醌。

$$C_6H_5-NH_2 \xrightarrow[\text{稀 } H_2SO_4]{MnO_2} O=C_6H_4=O$$

这是制备对苯醌的主要方法。对苯醌主要用于制备对苯二酚和染料等。

苯胺遇漂白粉溶液即得到紫色的、含醌式结构的化合物，故可用来检验苯胺。

$$C_6H_5NH_2 \xrightarrow{Ca(OCl)_2} H_2N-C_6H_4-OH \xrightarrow{Ca(OCl)_2} ClN=C_6H_4=O \xrightarrow{C_6H_5-NH_2} O=C_6H_4=N-C_6H_4-NH_2$$

芳胺的盐较难氧化，因此，有时将芳胺变成盐后储存。

13.2.5.7 伯胺的异腈反应

伯胺（包括芳胺）与氯仿和强碱的醇溶液加热，会生成具有恶臭味的异腈。此反应可作为鉴别伯胺的方法。

$$RNH_2 + CHCl_3 + 3\,KOH \xrightarrow{\triangle} RNC + 3\,KCl + 3\,H_2O$$

13.2.5.8 芳环上的取代反应

氨基是使苯环活化的强的邻、对位定位基，所以芳胺很容易进行亲电取代（如卤化、硝化、磺化等）反应。

（1）卤化

苯胺与氯和溴容易发生取代反应。例如，在苯胺的水溶液中加入少量溴水，则立即生成2,4,6-三溴苯胺。该产物的碱性很弱，在水溶液中不能与另一产物氢溴酸成盐，因而生成白色沉淀。该反应很灵敏，且是定量完成，故可用于苯胺的定性和定量分析。

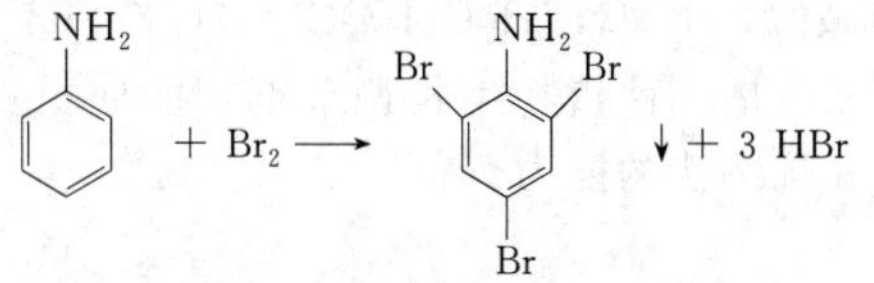

NH_2 $+ Br_2 \longrightarrow$ NH_2 Br Br Br $\downarrow + 3\,HBr$

如果要获得一卤代物，必须先使苯胺乙酰化，以降低氨基的致活性，然后再进行卤化，待引入卤原子后再水解去掉乙酰基。由于乙酰胺基体积较大，空间阻碍大，所以反应主要发生在对位。

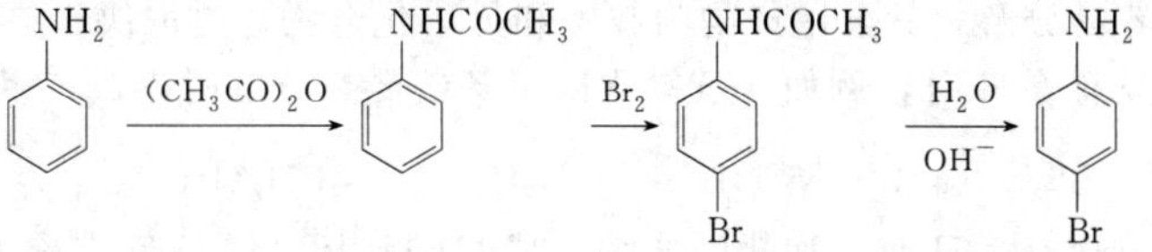

NH_2 $\xrightarrow{(CH_3CO)_2O}$ $NHCOCH_3$ $\xrightarrow{Br_2}$ $NHCOCH_3$ Br $\xrightarrow[OH^-]{H_2O}$ NH_2 Br

（2）硝化

芳胺硝化时，因硝酸有氧化作用，常有氧化反应发生。为避免芳胺被氧化，可将芳胺溶于浓硫酸，使之生成盐后再硝化。因为—NH_3^+是间位定位基，并能使苯环稳定而不被硝酸氧化，故硝化的主要产物是间位取代产物。

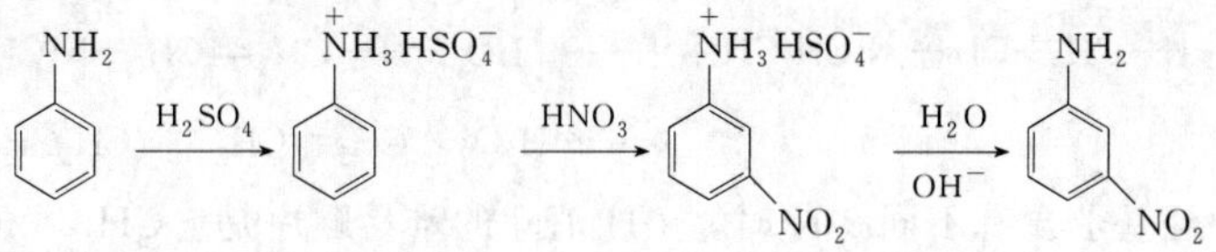

NH_2 $\xrightarrow{H_2SO_4}$ $\overset{+}{N}H_3HSO_4^-$ $\xrightarrow{HNO_3}$ $\overset{+}{N}H_3HSO_4^-$ NO_2 $\xrightarrow[OH^-]{H_2O}$ NH_2 NO_2

若制备邻、对位取代物，可采用乙酰化反应将氨基“保护”起来。

（3）磺化

苯胺与浓硫酸混合，首先生成硫酸盐，后者在180～190℃烘焙，即可得到对氨基苯磺酸。

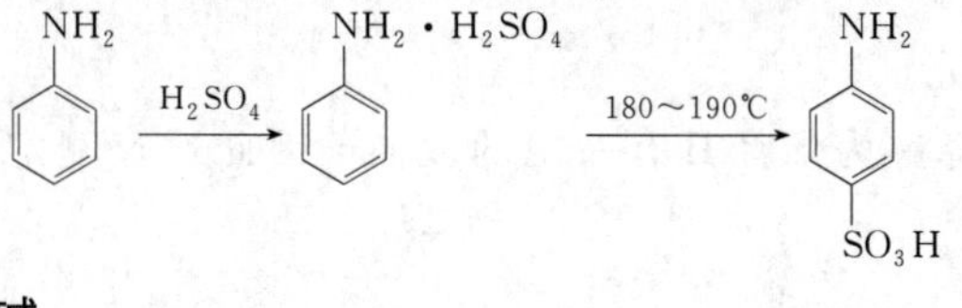

NH_2 $\xrightarrow{H_2SO_4}$ $NH_2 \cdot H_2SO_4$ $\xrightarrow{180\sim190℃}$ NH_2 SO_3H

13.2.6 季铵盐和季铵碱

（1）季铵盐

叔胺与卤代烃（脂肪族或活化的芳卤代烃）作用生成季铵盐。

$$R_3N + RX \longrightarrow R_4N^+X^-$$

季铵盐为白色结晶固体，离子型化合物，具有盐的特性，易溶于水而不溶于非极性的有机溶剂，熔点高，在加热时分解为叔胺和卤代烃。

季铵盐与强碱作用得到含季铵碱的平衡混合物。

$$R_4\overset{+}{N}X^- + KOH \longrightarrow R_4\overset{+}{N}OH^- + KX$$

该反应若在强碱的醇溶液中进行，则由于碱金属的卤化物不溶于醇，可使反应进行到底而制得季铵碱。如果用湿的 Ag_2O 代替氢氧化钾，反应也可顺利完成。

$$(CH_3)_4\overset{+}{N}I^- + AgOH \longrightarrow (CH_3)_4\overset{+}{N}OH^- + AgI\downarrow$$

具有一个 C_{12} 以上烷基的季铵盐是一类重要的阳离子表面活性剂，而且大多数还具有杀菌作用，例如，溴化苄基二甲基十二烷基铵（商品名“新洁尔灭”）是具有去污能力的表面活性剂，也是杀菌特别强的消毒剂。季铵盐的另一个应用是用作相转移催化剂，它能加速分别处于互不相溶的两相中的物质发生作用，其用量仅为作用物的 0.05%以下。常用的相转移催化剂有氯化四丁基铵、溴化苄基三乙基铵、溴化十六烷基三乙基铵等。例如，1-氯辛烷与氰化钠水溶液反应制备壬腈，由于两种反应物形成两相，是一种非均相反应，加热两周也不发生反应，若加入相转移催化剂溴化十六烷基三丁基铵，加热回流 1.5h，壬腈的产率达到 99%。另外，某些低碳链的季铵盐（或季铵碱）具有生理活性，例如，乙酰胆碱$[(CH_3)_3NCH_2CH_2OCOCH_3]^+OH^-$对动物神经有调节保护作用；矮壮素$[(CH_3)_3NCH_2CH_2Cl]^+Cl^-$是一种植物生长调节剂，能使植株变矮，秆茎变粗，叶色变绿，具有提高农作物耐旱、耐盐碱和抗倒伏的能力。

(2) 季铵碱

季铵碱也是离子化合物，是一种碱性与氢氧化钠、氢氧化钾相当的强碱。其性质也与无机强碱相似，例如它有吸湿性，能吸收 CO_2，受热时会分解，其溶液能腐蚀玻璃等。

季铵碱加热时很容易分解，其分解产物为叔胺和另一化合物，这取决于氮原子上所连烃基的结构。当季铵碱分子中没有 β-H 时，例如，氢氧化四甲基铵受热分解时生成三甲胺和甲醇。

$$(CH_3)_4N^+OH^- \xrightarrow{\triangle} (CH_3)_3N + CH_3OH$$

当季铵碱的烃基上含有 β-H 时，加热则分解生成叔胺和烯烃，该反应称为霍夫曼（Hofmann）消除反应，如

$$CH_3CH_2\overset{+}{N}(CH_2CH_3)_3OH^- \xrightarrow{\triangle} CH_2{=}CH_2 + (CH_3CH_2)_3N + H_2O$$

这是由于氢氧根离子进攻 β-H 发生了双分子消除反应：

$$HO^- \quad H{-}CH_2{-}CH_2{-}\overset{+}{N}(CH_2CH_3)_3 \longrightarrow \left[\overset{\delta^-}{HO}\cdots H\cdots CH_2{=}CH_2\cdots\overset{\delta^+}{N}(CH_2CH_3)_3\right]$$

$$\longrightarrow H_2O + CH_2{=}CH_2 + (CH_3CH_2)_3N$$

当季铵碱分子中烃基上含有不同 β-H 时，β-H 消除的难易顺序是$—CH_3 > RCH_2— > R_2CH—$，加热消除反应得到的主要产物是双键碳上烷基较少的烯烃，这是季铵碱特有的规律，称为霍夫曼规则，正好与札依采夫规则相反。

$$[CH_3CH_2\underset{\displaystyle N(CH_3)_3}{\underset{|}{C}}HCH_3]^+OH^- \xrightarrow{\triangle} (CH_3)_3N + \underset{95\%}{CH_3CH_2CH{=}CH_2} + \underset{5\%}{CH_3CH{=}CHCH_3}$$

由于季铵碱消除反应降解为烯烃具有一定的取向，因此通过测定烯烃结构可以推测出胺的结构。

【拓展阅读】 “百浪多息”的发现

20 世纪初，人类医学已有大幅进步，可面对细菌感染疾病，医师们仍束手无策，只能看着感染者痛苦死去。为了拯救苍生，不少科学家奋战于抗菌药物的研究领域。多马克博士便是其中一员。早在十九世纪中，就有科学家发现某些染料能突破细菌的外壳屏障进入细菌使之染色。多马克便对这些染料进行研究。他摈弃药物研发旧的顺序，而是将体外试验与动物体内试验同时进行。这个崭新的观点为寻找新药指明了正确的方向。经过几年的研究试验及数千种染料的尝试，多马克获得了突破性发现：染料“百浪多息”对感染链球菌的小动物有很高的疗效！此时，他的女儿得了链球菌败血病，生命垂危，绝望的多马克冒险使用“百浪多息”，结果女儿得救。不久第一种人工合

成抗菌药宣告诞生。之后百浪多息成功应用于临床治疗，挽救了无数感染者的生命，使得现代医学进入化学医疗新时代。后来的研究显示，百浪多息在体内被分解为磺胺，而磺胺才是抑菌的有效成分。此后，廉价的磺胺类药物取代了百浪多息，并沿用至今。

【例题解析】

例题 1. 用化学方法鉴别下列化合物：

解析：

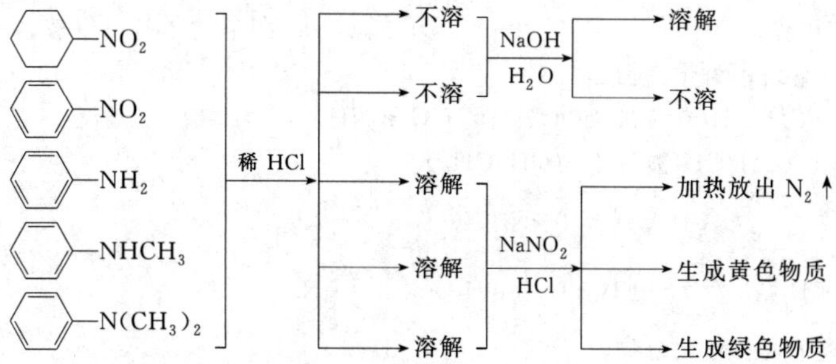

例题 2. 由乙炔、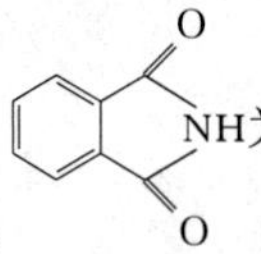为原料合成纯的。

解析： $HC{\equiv}CH + H_2O \xrightarrow[H_2SO_4]{HgSO_4} CH_3CHO \xrightarrow[\triangle]{稀碱} CH_3CH{=}CHCHO \xrightarrow[Ni]{H_2}$

$CH_3CH_2CH_2CH_2OH \xrightarrow{PBr_3} CH_3CH_2CH_2CH_2Br$

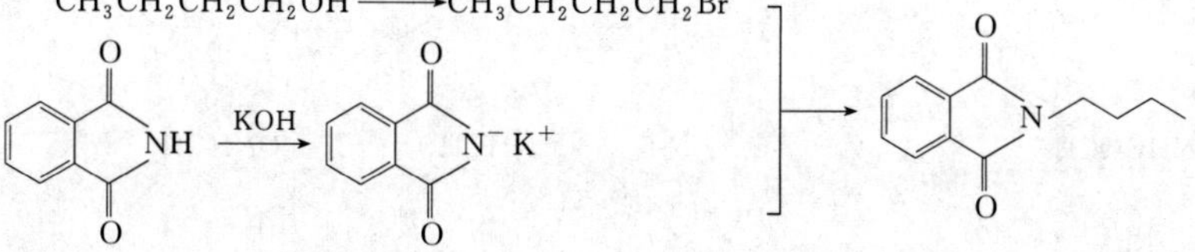

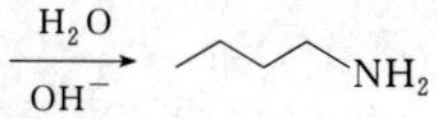

例题 3. 完成反应式：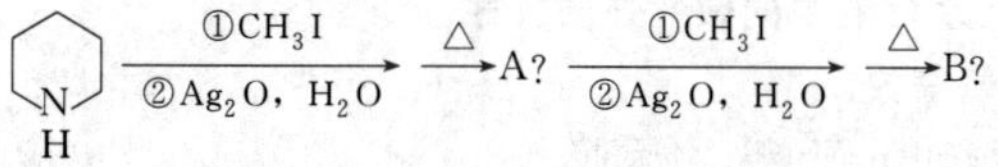

解析： A. 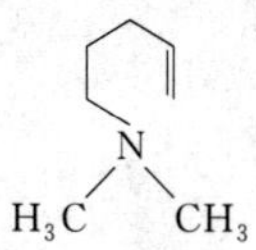　　B.  + $(CH_3)_3N$

习　题

1. 命名下列化合物。

(1) 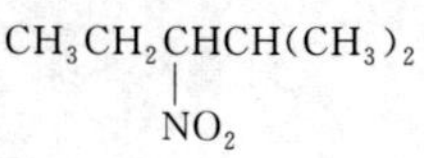　　(2) 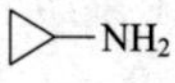

(3) 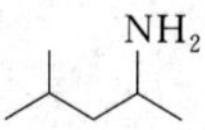　　(4) 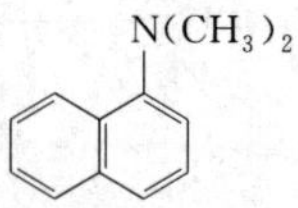

(5) 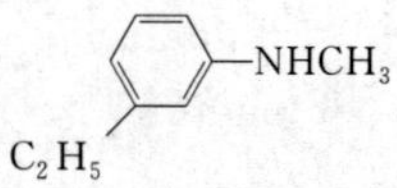　　(6) 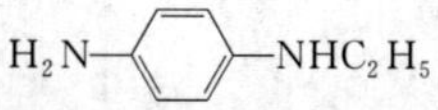

(7) $H_2N-C_6H_4-OH$ (8) $H_3C-C_6H_4-CH_2NH_2$

(9) $Br-C_6H_4-\overset{+}{N}(CH_3)_3Cl^-$ (10) $C_6H_5-CH_2\overset{+}{N}(CH_3)_3OH^-$

2. 写出下列化合物的结构式。

(1) 间硝基乙酰苯胺 (2) 3-氨基-4-甲氨基己烷

(3) N,N'-二甲基间苯二胺 (4) β-萘胺

(5) 3-氨基丙-1-醇 (6) 对甲氧基苯胺

(7) 三乙醇胺 (8) 苦味酸

(9) 碘化正丁基三甲铵 (10) 氢氧化苄基三甲铵

3. 用化学方法鉴别下列各组化合物。

(1) CH_3CH_2OH、CH_3CHO、CH_3COOH、$CH_3CH_2NH_2$

(2) $CH_3CH_2NH_2$、$(CH_3CH_2)_2NH$、$(CH_3CH_2)_3N$

(3) $C_6H_5-NH_2$、C_6H_5-OH、$C_6H_{11}-NH_2$、$C_6H_{11}-OH$

(4) $C_6H_5-NHCOCH_3$、$C_6H_5-CH_2NH_2$、$H_3C-C_6H_4-NH_2$

4. 用化学方法分离下列各组化合物。

(1) $CH_3CH_2CH_2NO_2$、$(CH_3)_3CNO_2$、$CH_3CH_2CH_2NH_2$

(2) 对甲苯酚、对甲苯胺、苯甲酸

(3) 正己胺、二乙胺、三乙胺

5. 比较下列各对化合物的碱性强弱。

(1) 间硝基苯胺（NH_2、NO_2） 对硝基苯胺（NH_2、NO_2）

(2) 对甲氧基苯胺（NH_2、OMe） 间甲氧基苯胺（NH_2、OMe）

(3) $C_6H_5NHCH_2CH_3$ $C_6H_5NHCOCH_3$

(4) $C_6H_5SO_2NHCH_3$ $C_6H_5CONHCH_3$

(5) $CH_3CH_2NH_2$ $CH_3CH_2NO_2$

(6) $(C_2H_5)_3N$ $(C_2H_5)_4\overset{+}{N}OH^-$

6. 将下列各组化合物按其在水溶液中的碱性强弱排序。

(1) 乙胺、2-氨基乙醇、2-氨基丙-1-醇

(2) 乙酰苯胺、苯胺、邻苯二甲酰亚胺、环己胺

(3) 苯胺、间甲苯胺、间硝基苯胺、间甲氧基苯胺

(4) 甲胺、苯胺、二甲胺、三苯胺、N-甲基苯胺

(5) 苄胺、苯胺、苯甲酰胺、苯磺酰胺、氢氧化四甲铵

(6) 对溴苯胺、对甲苯胺、苄胺、2,4-二硝基苯胺、对硝基苯胺

7. 写出苯胺与下列试剂反应的主要产物。

(1) 稀 H_2SO_4 (2) CH_3I（过量） (3) $(CH_3CO)_2O$ (4) Br_2/H_2O

(5) $NaNO_2/HCl$ (6) $C_6H_5SO_2Cl$ (7) $HNO_3/\triangle$

8. 完成下列各反应式。

(1) $O_2N-C_6H_3(Cl)-Cl + NaOCH_3 \xrightarrow[\triangle]{CH_3OH}$ ( )（3,4-二氯硝基苯）

(2) $C_6H_5-CH_3 \xrightarrow[h\nu]{Cl_2}$ ( ) $\xrightarrow{NaCN}$ ( ) $\xrightarrow[②H_2O]{①LiAlH_4}$ ( )

(3) $C_6H_5-CH_3 \xrightarrow[H^+]{KMnO_4}$ ( ) $\xrightarrow[②NH_3]{①SOCl_2}$ ( ) $\xrightarrow[NaOH]{Cl_2}$ ( )

(4) $CH_3CH_2CN \xrightarrow[H^+]{H_2O}$ (　　) $\xrightarrow{SOCl_2}$ (　　) $\xrightarrow{(CH_3)_2NH}$ (　　) $\xrightarrow[②H_3O^+]{①LiAlH_4}$ (　　)

(5) 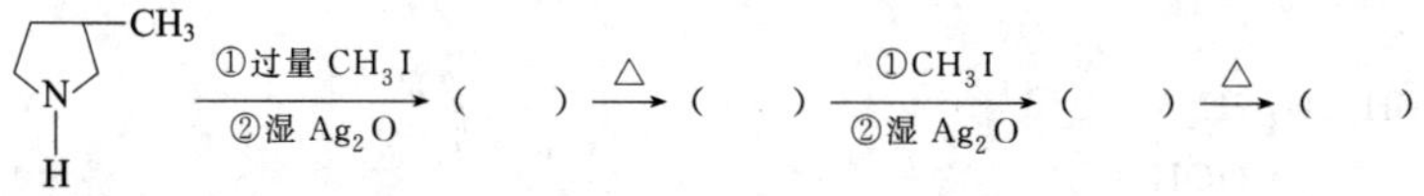 3-甲基吡咯烷(N-H) $\xrightarrow[②湿 Ag_2O]{①过量 CH_3I}$ (　　) $\xrightarrow{\triangle}$ (　　) $\xrightarrow[②湿 Ag_2O]{①CH_3I}$ (　　) $\xrightarrow{\triangle}$ (　　)

9. 指出下列反应中的错误。

(1) $(CH_3)_3CBr \xrightarrow{NH_3} (CH_3)_3CNH_2$

(2) 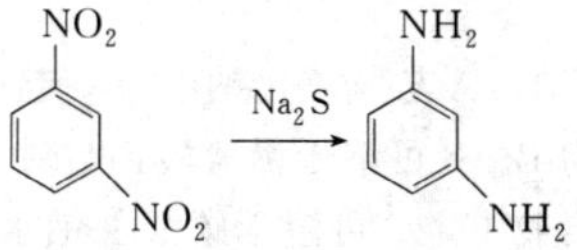 间二硝基苯 $\xrightarrow{Na_2S}$ 间苯二胺

(3) 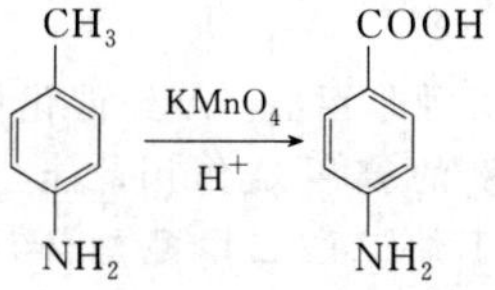 对甲基苯胺 $\xrightarrow[H^+]{KMnO_4}$ 对氨基苯甲酸

(4) $BrCH_2CH_2NH_2 \xrightarrow[Et_2O]{Mg} \xrightarrow{CO_2} \xrightarrow{H_3O^+} HOOC(CH_2)_2NH_2$

(5) $C_6H_5-\overset{O}{\overset{\|}{C}}-NH-C_6H_5 \xrightarrow[H_2SO_4]{HNO_3} O_2N-C_6H_4-\overset{O}{\overset{\|}{C}}-NH-C_6H_5$

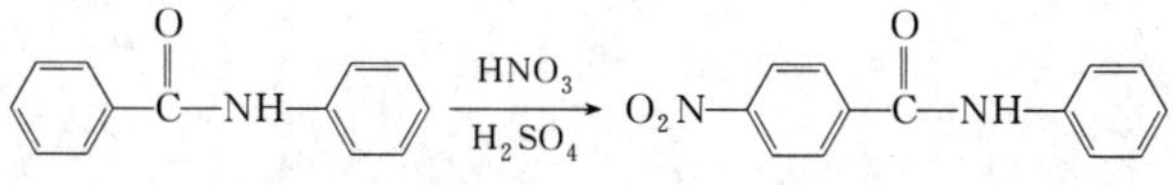

(6) $CH_3CH_2CH_2\overset{O}{\overset{\|}{C}}NH_2 \xrightarrow[NaOH]{H_2NNH_2} CH_3CH_2CH_2CH_2NH_2$

10. 完成下列转化。

(1) 丙烯⟶异丙胺　　(2) 正丁醇⟶正戊胺和正丙胺

(3) 乙烯⟶1,4-丁二胺　　(4) 硝基苯⟶对硝基苯胺

(5) $CH_3CHO \longrightarrow CH_3CH_2CH_2CH_2NH_2$

(6) $CH_3CH{=}CH_2 \longrightarrow CH_3-\underset{\displaystyle CH_2-COOH}{\underset{|}{CH}}-COOH$

11. 用指定的原料合成指定的化合物（其他无机试剂任选）。

(1) 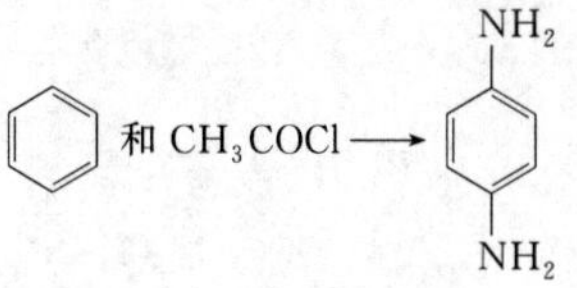 苯 和 $CH_3COCl \longrightarrow$ 对苯二胺

(2) 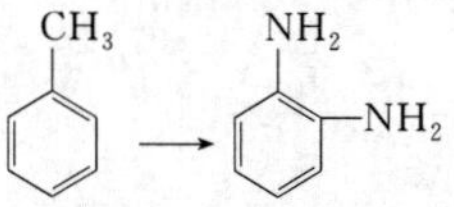 甲苯 $\longrightarrow$ 邻苯二胺

(3) 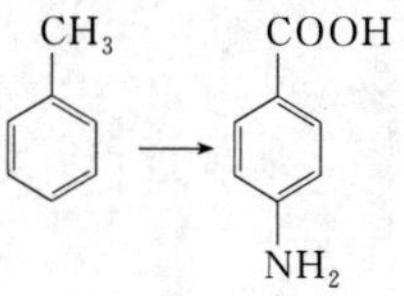 甲苯 $\longrightarrow$ 对氨基苯甲酸

(4) 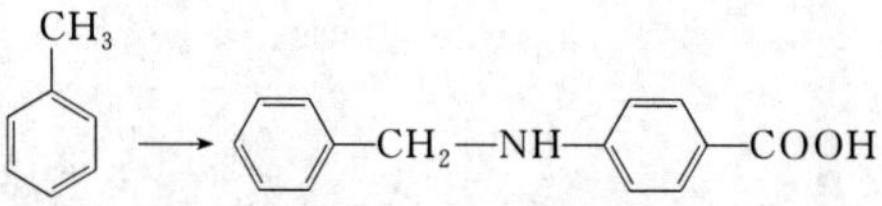 甲苯 $\longrightarrow C_6H_5-CH_2-NH-C_6H_4-COOH$

(5) 甲苯（$C_6H_5CH_3$）和 CH_3I ⟶ 对甲氧基苯乙胺（4-MeO-C_6H_4-$CH_2CH_2NH_2$）

(6) 甲苯（$C_6H_5CH_3$）和 $(CH_3CO)_2O$ ⟶ 4-氨基-3-溴苯甲酸（COOH、Br、NH_2 取代的苯环）

12. 化合物 A，分子式为 $C_{15}H_{15}NO$，不溶于水、稀盐酸和稀氢氧化钠，A 与氢氧化钠溶液一起回流时慢慢溶解并有油状物浮于表面上。用水蒸气蒸馏法将油状产物分出得化合物 B。B 可溶于稀盐酸，与对甲苯磺酰氯作用，得到一不溶于碱的沉淀。除去 B 之后的碱性溶液经酸化析出化合物 C，C 可溶于碳酸氢钠水溶液。C 的 ^1H NMR 谱和 IR 谱指出其是对二取代苯，试推测 A、B、C 的结构式。

13. 某碱性化合物 A（C_4H_9N）经臭氧氧化再水解，得到的产物中有一种是甲醛。A 经催化加氢得 B（$C_4H_{11}N$）。B 也可由戊酰胺和溴的氢氧化钠溶液反应得到。A 和过量的碘甲烷作用，能生成盐 C（$C_7H_{16}IN$）。该盐和湿的氧化银反应并加热分解得到 D（C_4H_6）。D 和丁炔二酸二甲酯加热反应得 E（$C_{10}H_{12}O_4$）。E 在钯催化剂作用下脱氢生成邻苯二甲酸二甲酯。试推测 A～E 的结构。

第 14 章　重氮、偶氮及腈类化合物

14.1　重氮化合物及偶氮化合物

重氮化合物和偶氮化合物是合成染料、颜料的重要中间体。它们的分子中均含有以重键相连的两个氮原子（$—N_2—$）结构片段，$—N_2—$基团仅一端直接与碳原子相连的为重氮化合物：$R—\overset{+}{N}≡NX^-$；$—N_2—$基团两端都和碳原子直接相连的为偶氮化合物：$R—N=N—R'$。例如：

$H_2\overset{-}{C}—\overset{+}{N}≡N$　重氮甲烷

$C_6H_5\overset{+}{N}≡N\overset{-}{O}H$　氢氧化重氮苯

$C_6H_5—N=N—CN$　氰化重氮苯

$CH_3OC(=O)—H\overset{-}{C}—\overset{+}{N}≡N$　重氮乙酸甲酯

$C_6H_5—N=N—NH—C_6H_5$　苯重氮氨基苯

$(H_3C)_2C(CN)—N=N—C(CN)(CH_3)_2$　偶氮二异丁腈

$H_3C—N=N—CH_3$　偶氮甲烷

$H_2N—C_6H_4—N=N—C_6H_4—NH_2$　4,4′-二氨基偶氮苯

14.1.1　重氮盐的结构及其制备

重氮正离子主要的共振结构为：

$$R—\overset{+}{N}≡N \longleftrightarrow R=\overset{+}{N}=\overset{-}{N}$$

由于氮气分子的高度稳定性，重氮基容易带着一对电子成为氮气分子离去，故一般的脂肪族重氮化合物很不稳定，容易分解，放出氮气。

$$R—CH_2—\overset{+}{N}≡NX^- \longrightarrow R\overset{+}{C}H_2 + N_2 + X^-$$

芳基重氮盐因存在苯环的 π 轨道和重氮基的 π 轨道离域形成的共轭体系，故稳定性增加，能在强酸性冰水溶液中存在且使用。

$$C_6H_5—\overset{+}{N}≡N: \longleftrightarrow C_6H_5—\ddot{N}=\overset{+}{N}:$$

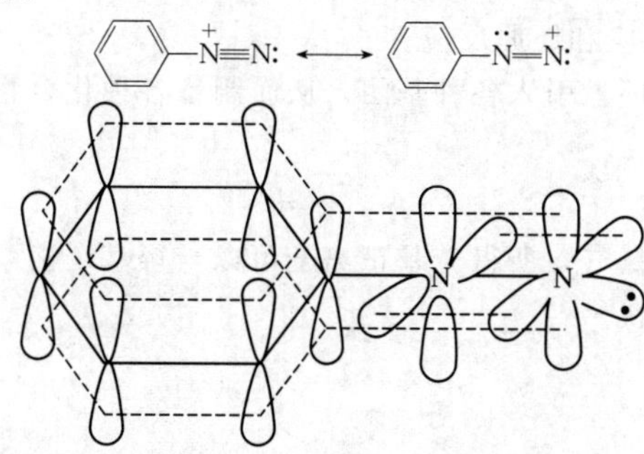

苯环上连有吸电子基的重氮盐比较稳定，这可能与重氮基上具有正电荷的空轨道不与苯环共轭有关。例如，对位有卤原子、硝基或磺酸基的芳基重氮盐就比较稳定。不同无机酸的重氮盐的稳定性也有差异，最稳定的是氟硼酸的芳基重氮盐，而重氮硫酸盐次之，重氮盐酸盐则较前两者不稳定。

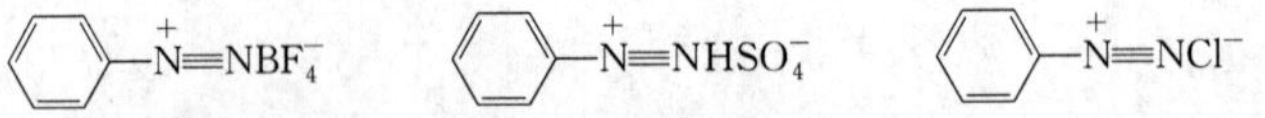

$$C_6H_5-\overset{+}{N}\equiv NBF_4^- \qquad C_6H_5-\overset{+}{N}\equiv NHSO_4^- \qquad C_6H_5-\overset{+}{N}\equiv NCl^-$$

芳基重氮盐的制备是通过重氮化反应进行的。伯芳胺与亚硝酸作用生成重氮盐的反应，称为重氮化反应。

$$ArNH_2 + HNO_2 + HX \longrightarrow Ar-\overset{+}{N}\equiv NX^- + 2H_2O$$

例如：

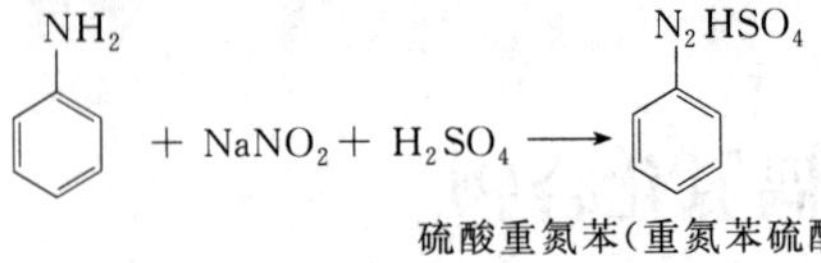

$$C_6H_5NH_2 + NaNO_2 + H_2SO_4 \longrightarrow C_6H_5N_2HSO_4$$

硫酸重氮苯(重氮苯硫酸盐)

重氮化反应的机理是：伯芳胺 N-亚硝化酸，然后在酸性介质中迅速转化为重氮盐。

$$ArNH_2 \xrightarrow{HNO_2} Ar-NH-NO \longrightarrow Ar-N=N-OH \xrightarrow{H_3O^+} Ar-\overset{+}{N}\equiv N$$

例如：

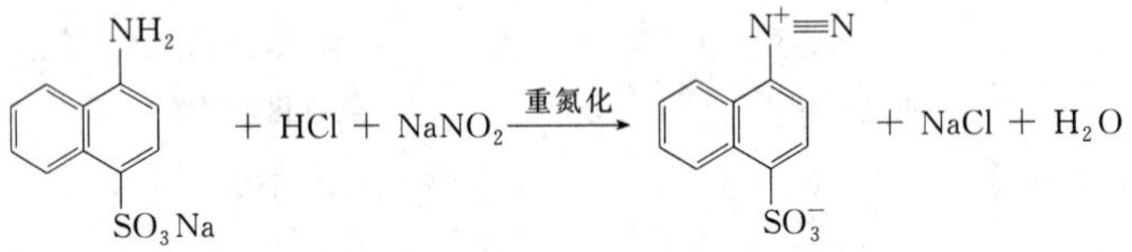

$$\text{4-氨基-1-萘磺酸钠}(NH_2, SO_3Na) + HCl + NaNO_2 \xrightarrow{\text{重氮化}} \text{(}N^+\equiv N, SO_3^-\text{)} + NaCl + H_2O$$

由于亚硝酸和重氮盐都不稳定，故实际使用的重氮化试剂是 $NaNO_2$ 和无机强酸（主要是盐酸或硫酸）。一般操作是：先将伯芳胺溶解在过量的强酸中，于低温下搅拌并滴加与伯芳胺等物质的量的 $NaNO_2$ 水溶液，反应几乎定量生成重氮盐。过量的无机酸（物质的量是芳胺的 2.5 倍以上）除了用于与产物结合之外，还起到保持溶液酸度的作用。若亚硝酸过量，则可加入尿素除去，以避免它的存在导致重氮盐的加速分解。

过量的酸保持介质的强酸性，以避免在弱酸性或中性时，生成的重氮盐与芳香伯胺发生偶联反应：

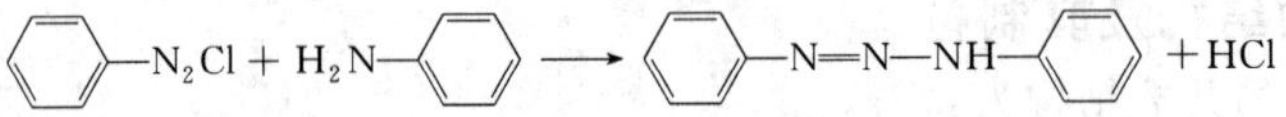

$$C_6H_5-N_2Cl + H_2N-C_6H_5 \longrightarrow C_6H_5-N=N-NH-C_6H_5 + HCl$$

苯重氮氨基苯

14.1.2 芳基重氮盐的性质及其在有机合成上的应用

芳基重氮盐为无色晶体，易溶于水，在水中离解为 RN_2^+ 及 X^-，不溶于有机溶剂。干燥的重氮盐晶体很不稳定，受热或震动易分解，放出氮气并发生爆炸。

在冰冷的水溶液中，芳基重氮盐有一定的稳定性，因此，其制备和使用一般均在冰水溶液中进行。

芳基重氮盐化学性质非常活泼，可发生下列两大类反应：

① 放氮反应，包括取代反应（重氮基被羟基、卤素、硝基、氰基等取代）和还原反应；

② 留氮反应，包括偶合反应和还原反应。

通过此两类反应，可在芳环上引入各种基团，从而制备各种化合物，因此，芳基重氮盐在有机合成中应用广泛。

14.1.2.1 放氮反应

芳基重氮盐易分解，放出氮气，所得芳基正离子可以与羟基、卤素、氰基等亲核试剂反应。升温或亚铜盐存在，分解速度加快。

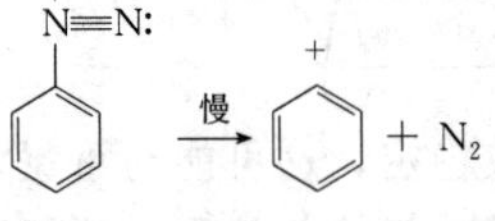

$$C_6H_5-\overset{+}{N}\equiv N: \xrightarrow{\text{慢}} C_6H_5^+ + N_2$$

(1) 取代反应

① 被羟基取代　芳基重氮盐在硫酸水溶液中受热，迅速水解，放出氮气，并生成酚。由此反应可将氨基转变为羟基，合成出不宜用苯磺酸-碱熔法等制备的酚类：

$$ArN_2HSO_4 + H_2O \xrightarrow[\triangle]{H^+} ArOH + N_2\uparrow + H_2SO_4$$

$$m\text{-}CH_3OC_6H_4\overset{+}{N}\equiv NHSO_4^- + H_2O \xrightarrow[\triangle]{H^+} m\text{-}CH_3OC_6H_4OH + N_2\uparrow + H_2SO_4$$

反应会受卤离子存在的影响，若水溶液中有卤离子，则会有少量卤苯生成，不过除了碘苯外，此法中其他卤苯产率很低。

又如，由对硝基苯胺制取对硝基苯酚。

$$p\text{-}O_2NC_6H_4NH_2 \xrightarrow[\text{低温}]{NaNO_2,H_2SO_4} p\text{-}O_2NC_6H_4\overset{+}{N}\equiv NHSO_4^- \xrightarrow[\triangle]{H_3O^+} p\text{-}O_2NC_6H_4OH$$

② 被卤原子、氰基及硝基等取代　在亚铜盐的催化作用下，芳基重氮盐与亲核试剂发生 S_N1 反应，重氮基被 Cl—、Br—和 CN—取代，此反应称为桑德迈尔（Sandmeyer）反应，这是制备特定的氯代、溴代、氰化芳香族化合物的好方法，产品收率及纯度都较高。

$$ArN_2HSO_4 \xrightarrow{CuCN} ArCN + CuHSO_4 + N_2\uparrow$$

$$ArN_2Cl \xrightarrow{CuCl + HCl} ArCl + N_2\uparrow$$

$$ArN_2Br \xrightarrow{CuBr + HBr} ArBr + N_2\uparrow$$

例如：

$$m\text{-}BrC_6H_4NH_2 \xrightarrow{NaNO_2,HCl} m\text{-}BrC_6H_4\overset{+}{N}\equiv NCl^- \xrightarrow{CuCl + HCl} m\text{-}BrC_6H_4Cl$$

$$m\text{-}O_2NC_6H_4NH_2 \xrightarrow{NaNO_2,H_2SO_4} m\text{-}O_2NC_6H_4\overset{+}{N_2}HSO_4^- \xrightarrow{CuBr+HBr} m\text{-}O_2NC_6H_4Br$$

$$p\text{-}O_2NC_6H_4NH_2 \xrightarrow{NaNO_2,H_2SO_4} p\text{-}O_2NC_6H_4\overset{+}{N_2}HSO_4^- \xrightarrow{CuCN} p\text{-}O_2NC_6H_4CN$$

氰基可以水解成羧酸，所以可以通过重氮盐在芳环特定位置上引入羧基。

也可以改用少量铜粉加浓盐酸或浓氢溴酸，与重氮盐在加热下反应，生成芳香氯化物或溴化物，此反应称为伽特曼（Gatterman）反应。伽特曼反应避免了桑德迈尔反应中 CuX 用量大（与重氮盐的量相当）及需新鲜制备的问题，但产率相对较低。

$$ArN_2X \xrightarrow[\triangle]{Cu + HX} ArX + N_2\uparrow (X=Cl,Br)$$

例如：

$$m\text{-}CH_3C_6H_4NH_2 \xrightarrow{NaNO_2,H_2SO_4} m\text{-}CH_3C_6H_4\overset{+}{N}\equiv NHSO_4^- \xrightarrow[\triangle]{Cu + \text{浓}HBr} m\text{-}CH_3C_6H_4Br$$

利用伽特曼反应，重氮基还可以被硝基、硫氰基取代：在催化剂铜粉存在下，重氮盐与亚硝酸钠、硫氰酸钾作用，得到芳香硝化物、硫氰化物。

$$p\text{-}O_2N\text{-}C_6H_4\text{-}\overset{+}{N}\equiv N\overset{-}{Cl} + NaNO_2 \xrightarrow{Cu} p\text{-}O_2N\text{-}C_6H_4\text{-}NO_2 + N_2\uparrow + NaCl$$

$$m\text{-}Br\text{-}C_6H_4\text{-}\overset{+}{N}\equiv N\overset{-}{Cl} + KSCN \xrightarrow{Cu} m\text{-}Br\text{-}C_6H_4\text{-}SCN + N_2\uparrow + KCl$$

重氮基被碘取代，因碘的亲核性比氯、溴都大，取代很容易进行，无需催化剂，将芳基重氮盐水溶液和 KI 一起加热，即可高产芳香碘化物。

$$ArN_2HSO_4 \xrightarrow{KI/\triangle} ArI + N_2\uparrow + KHSO_4$$

$$p\text{-}O_2N\text{-}C_6H_4\text{-}NH_2 \xrightarrow{NaNO_2,H_2SO_4} p\text{-}O_2N\text{-}C_6H_4\text{-}N_2HSO_4 \xrightarrow[\triangle]{KI} p\text{-}O_2N\text{-}C_6H_4\text{-}I$$

重氮基还可被氟取代，将氟硼酸（或氟磷酸）加到重氮盐水溶液中，使生成重氮盐氟硼酸沉淀，过滤、干燥后，缓和加热，即渐渐分解为芳香族氟化物，此反应称为希曼（G. Schiemann）反应，希曼反应为制备芳香族氟化物的常用反应。

$$ArN_2X \xrightarrow{HBF_4} Ar{-}N_2BF_4 \xrightarrow{\triangle} ArF + BF_3 + N_2\uparrow$$

例如：

$$m\text{-}(CH_3)_2CH\text{-}C_6H_4\text{-}NH_2 \xrightarrow{NaNO_2,HCl} m\text{-}(CH_3)_2CH\text{-}C_6H_4\text{-}N_2Cl \xrightarrow{HBF_4} m\text{-}(CH_3)_2CH\text{-}C_6H_4\text{-}N_2BF_4 \xrightarrow{\triangle} m\text{-}(CH_3)_2CH\text{-}C_6H_4\text{-}F$$

$$1\text{-}C_{10}H_7\text{-}NH_2 \xrightarrow{NaNO_2,HCl} \xrightarrow{NaBF_4} 1\text{-}C_{10}H_7\text{-}\overset{+}{N}\equiv NBF_4^- \xrightarrow{\triangle} 1\text{-}C_{10}H_7\text{-}F + N_2\uparrow + BF_3$$

因芳香族碘、氟及氰化物一般不能直接由芳环上亲电取代反应制备，故芳基重氮盐的取代反应有着独特的合成价值。

（2）被氢原子取代（即还原除氨基反应）

芳基重氮盐与次磷酸 H_3PO_2、甲醛-NaOH 或硼氢化钠等还原剂作用，则重氮基可被氢原子取代，称为还原除氨基反应。

$$ArN_2HSO_4 + H_3PO_2 + H_2O \longrightarrow ArH + N_2\uparrow + H_3PO_3 + H_2SO_4$$

$$ArN_2HSO_4 + HCHO + KOH \longrightarrow ArH + N_2\uparrow + HCOOK + K_2SO_4 + H_2O$$

也可以用乙醇作还原剂，但会有副产物醚的生成。若用甲醇代替乙醇，则有大量的醚生成。

$$Ar{-}N_2HSO_4 + C_2H_5OH \longrightarrow ArOC_2H_5 + N_2\uparrow + H_2SO_4$$

$$Ar{-}N_2HSO_4 + C_2H_5OH \longrightarrow ArH + N_2\uparrow + CH_3CHO + H_2SO_4$$

通过重氮化及还原除氨基反应可将芳环上的—NH_2 除去。在有机合成上，可以借助氨基的定位、占位作用，制备特定的芳香族衍生物。

【例 14-1】 1,3,5-三溴苯的合成。

$$2,4,6\text{-}Br_3C_6H_2\text{-}NH_2 \xrightarrow{NaNO_2,HCl} 2,4,6\text{-}Br_3C_6H_2\text{-}N_2Cl \xrightarrow{C_2H_5OH} 1,3,5\text{-}Br_3C_6H_3$$

【例 14-2】 间溴叔丁苯的合成。

$$p\text{-}(CH_3)_3C\text{-}C_6H_4\text{-}NH_2 \xrightarrow{(CH_3CO)_2O} p\text{-}(CH_3)_3C\text{-}C_6H_4\text{-}NHCOCH_3 \xrightarrow[OH^-,H_2O]{Br_2} \text{4-}C(CH_3)_3\text{-2-Br-}C_6H_3NH_2 \xrightarrow{NaNO_2,H_2SO_4} \text{4-}C(CH_3)_3\text{-2-Br-}C_6H_3N_2HSO_4 \xrightarrow[H_2O,\text{回流}]{H_3PO_2} m\text{-}(CH_3)_3C\text{-}C_6H_4\text{-}Br$$

14.1.2.2 留氮反应

(1) 还原反应

用硫代硫酸钠、亚硫酸钠、氯化亚锡/盐酸等还原芳基重氮盐，可制备芳基肼：

$$C_6H_5N_2Cl + 4[H] \xrightarrow{SnCl_2,HCl} C_6H_5NHNH_2HCl \xrightarrow{NaOH} C_6H_5NHNH_2$$

$$C_6H_5N_2Cl \xrightarrow{Na_2SO_3} C_6H_5N{=}N{-}SO_3Na \xrightarrow[H_2O]{Na_2SO_3} C_6H_5NH{-}NH{-}SO_3Na$$

$$\xrightarrow[100℃]{HCl,H_2O} C_6H_5NHNH_2HCl \xrightarrow{NaOH} C_6H_5NHNH_2$$

芳基肼是常用的有机分析试剂及重要的精细化工原料。

若用较强的还原剂（如锌和盐酸或四氯化锡和盐酸）则生成两种苯胺。

$$C_6H_5N{=}N{-}C_6H_4{-}N(CH_3)_2 \xrightarrow{Zn/HCl} C_6H_5NH_2 + H_2N{-}C_6H_4{-}N(CH_3)_2$$

(2) 偶合反应

因结构类似于硝酰正离子（:O＝N⁺:），芳基重氮离子可作为亲电试剂，与活泼芳香化合物（如酚、芳胺及含有活泼甲叉基的化合物等）发生亲电取代反应，生成有颜色的偶氮化合物，称为偶合反应。

重氮盐的偶合反应是合成偶氮染料的基础反应。

$$CH_3CONH{-}C_6H_4{-}N_2Cl + HO{-}C_6H_4{-}NH_2 \longrightarrow CH_3CONH{-}C_6H_4{-}N{=}N{-}C_6H_3(OH)(NH_2)$$

染料分散黄 G

在染料的工业制备中，参加偶合反应的重氮盐，称为重氮组分，与其偶合的酚和芳胺称为偶联组分。

重氮正离子一般首先在酚羟基或二甲氨基的对位进行偶合，若对位已有其他基团，则进攻邻位：

$$C_6H_5N_2Cl + p\text{-}HO{-}C_6H_4{-}C_2H_5 \longrightarrow C_6H_5{-}N{=}N{-}C_6H_3(OH)(C_2H_5)$$

反应液的 pH 值对芳基重氮盐的偶合影响很大。通常情况下，与酚的偶合需在弱碱性（pH＝8～10）溶液中进行，与胺的偶合则要求在中性或弱酸性（pH＝5～7）介质中反应。强碱介质会促使重氮盐与碱作用，生成不能进行偶合的重氮酸或重氮酸根负离子；而强酸介质中，氨基将变成吸电子基$-\overset{+}{N}H_3$，使苯环电子云密度降低，不利于偶合反应的发生。

$$\underset{\text{重氮盐}}{Ar{-}\overset{+}{N}{\equiv}NHSO_4^-} \xrightleftharpoons{OH^-} \underset{\text{重氮碱}}{[Ar{-}N{\equiv}N]^+\,OH^-} \rightleftharpoons \underset{\text{重氮酸}}{Ar{-}N{=}N{-}OH}$$

$$\underset{\text{重氮酸}}{Ar{-}N{=}N{-}OH} \xrightleftharpoons{OH^-} \underset{\text{重氮酸根负离子}}{Ar{-}N{=}N{-}O^-} \rightleftharpoons \underset{\text{异重氮酸根负离子}}{Ar{-}N{=}N{-}O^-}$$

反应介质的 pH 值对同时具有氨基及酚羟基的化合物进行偶合时位置的选择也十分重要：

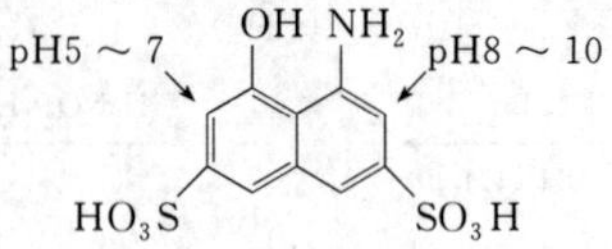

(结构式：pH5～7、pH8～10；OH、NH_2；HO_3S、SO_3H)

重氮盐与伯胺或仲胺发生偶合反应，除了可以发生苯环上的氢取代之外，还可以发生氨基上的氢取代：

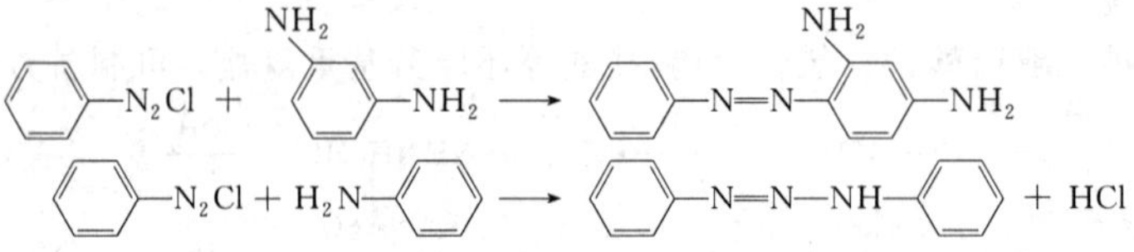

$$C_6H_5-N_2Cl + C_6H_4(NH_2)_2 \longrightarrow C_6H_5-N{=}N-C_6H_3(NH_2)_2$$

$$C_6H_5-N_2Cl + H_2N-C_6H_5 \longrightarrow C_6H_5-N{=}N-NH-C_6H_5 + HCl$$

苯重氮氨基苯

重氮盐与 α-萘酚或 α-萘胺偶合，反应在 4 位上进行，若 4 位上已被占据，则在 2 位上进行。重氮盐与 β-萘胺偶合时，反应在 1 位上进行，如 1 位被占据，则不发生反应。

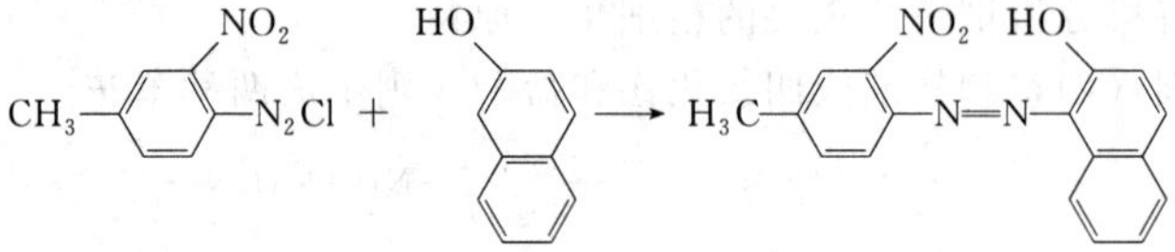

(反应式：CH_3、NO_2、N_2Cl ＋ HO（萘） ⟶ H_3C、NO_2、N═N、HO)

甲苯胺红(有机染料)

14.1.3 偶氮化合物和偶氮染料

许多芳香族偶氮化合物呈现不同的颜色，而且耐光、热及各种气候，可用作染料或指示剂。偶氮染料产量占合成染料的 60%以上。

例如，染料分散红玉 SE-GFL 的合成：

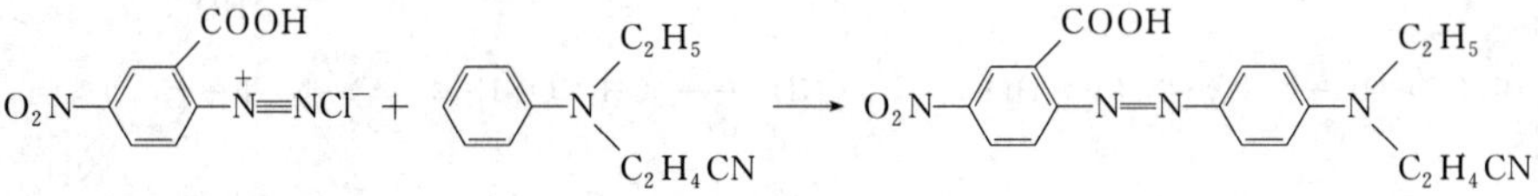

(反应式：COOH、O_2N、$\overset{+}{N}{\equiv}NCl^-$ ＋ $C_6H_5N(C_2H_5)(C_2H_4CN)$ ⟶ COOH、O_2N、N═N、N、C_2H_5、C_2H_4CN)

色淀立索尔宝红的合成：

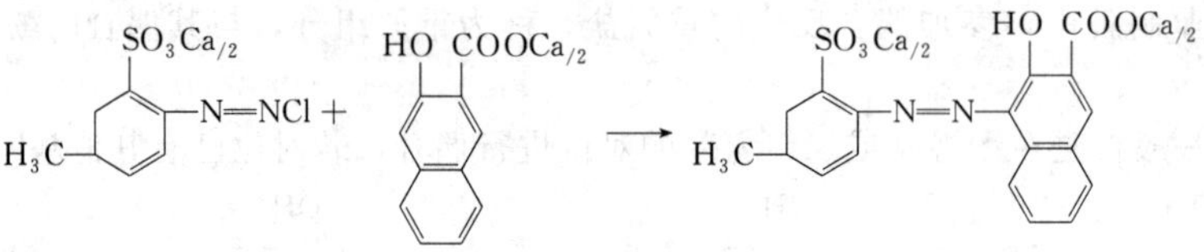

(反应式：$SO_3Ca_{/2}$、H_3C、N═NCl ＋ HO、$COOCa_{/2}$（萘） ⟶ $SO_3Ca_{/2}$、H_3C、N═N、HO、$COOCa_{/2}$)

还有其他很多偶氮染料，例如：

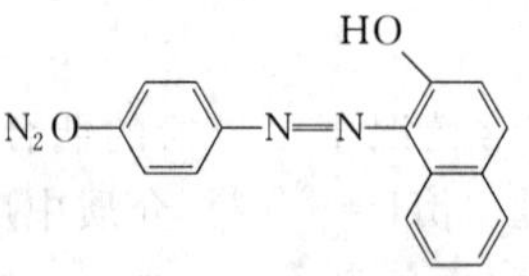

(结构式：N_2O、N═N、HO)

对位红(染料)

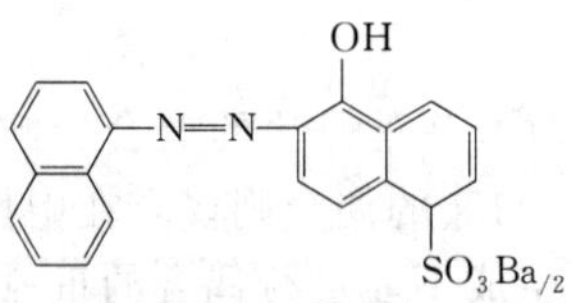

(结构式：N═N、OH、$SO_3Ba_{/2}$)

酱紫 BLC(色淀)

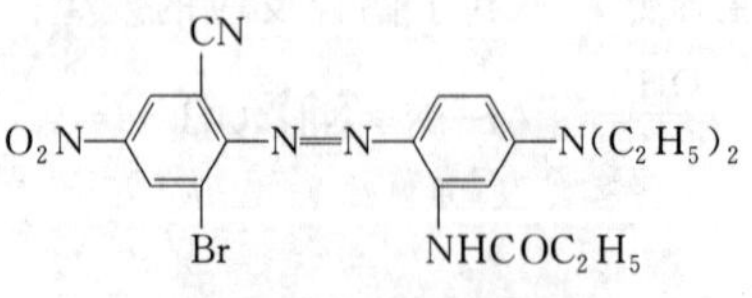

(结构式：CN、O_2N、N═N、$N(C_2H_5)_2$、Br、$NHCOC_2H_5$)

分散蓝 SE-2R(染料)

(结构式：N═N、N═N、OH)

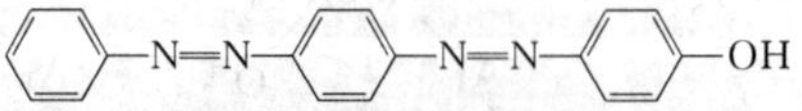

分散黄(涤纶染料)

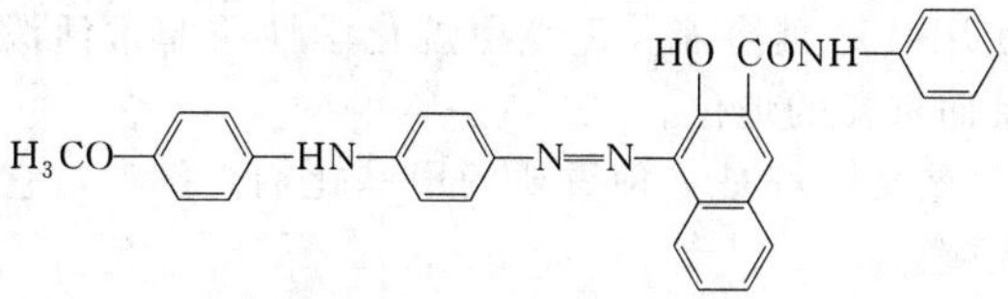

凡拉明蓝（染料）

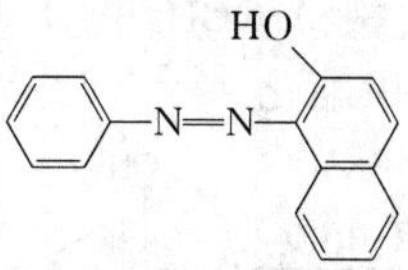

苏丹红 1（工业用染料）

有的偶氮化合物色泽不稳定，在不同条件下显示出不同的颜色，它们虽然不能用作染料或颜料，但可以用作指示剂，如甲基红、甲基橙及刚果红可用作酸碱指示剂。

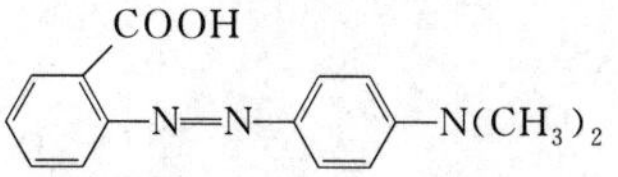

甲基红

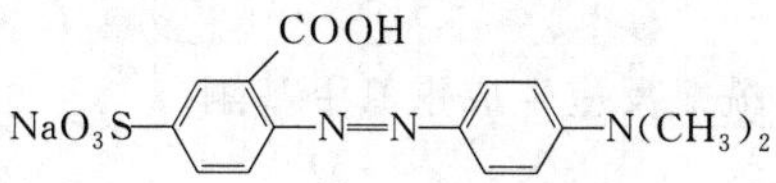

甲基橙

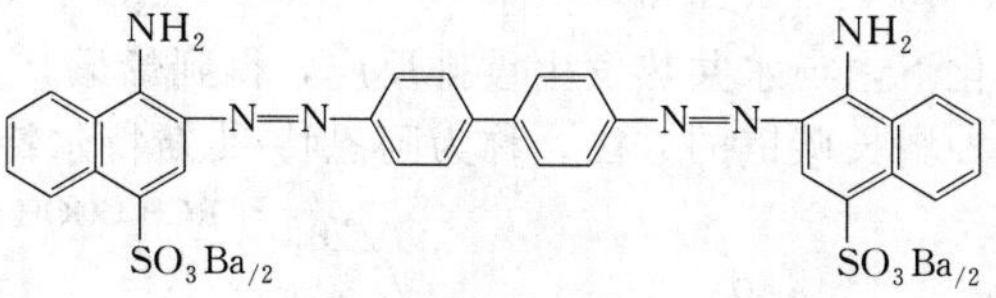

刚果红

14.1.4 重氮甲烷和碳烯

14.1.4.1 重氮甲烷

（1）重氮甲烷的结构

重氮甲烷的分子式是 CH_2N_2，是一个线形分子，其结构可用下列两个共振极限式表示：

$$:H_2\overset{-}{C}-\overset{+}{N}\equiv N: \longleftrightarrow H_2C=\overset{+}{N}=\overset{-}{\underset{\cdot\cdot}{N}}:$$

从结构式中可看出：重氮甲烷既有亲核性，又有亲电性，性质活泼。

重氮甲烷的轨道示意图为：

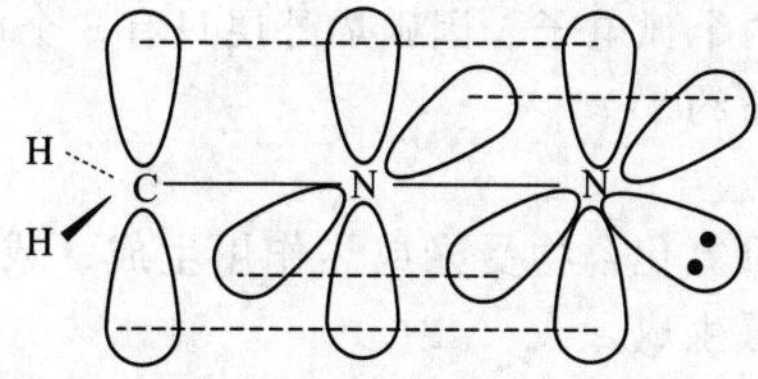

（2）重氮甲烷的制备

重氮甲烷可以由 R—N(NO)—CH_3 型的有机物与碱反应制备，R 可以是烃基、酰基、磺酰基等。

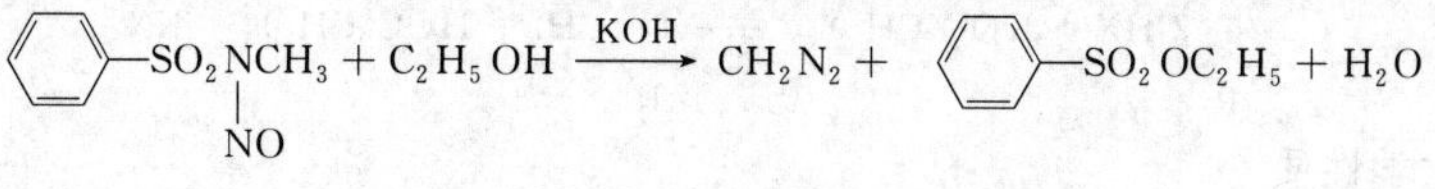

$$C_6H_5-SO_2N(NO)CH_3 + C_2H_5OH \xrightarrow{KOH} CH_2N_2 + C_6H_5-SO_2OC_2H_5 + H_2O$$

$$CH_3N(NO)COR \xrightarrow{KOH} CH_2N_2 + RCOOK + H_2O$$

（3）重氮甲烷的性质

重氮甲烷为黄色易爆剧毒气体，沸点−23℃，不能贮存，制备后马上使用。重氮甲烷能溶于乙醚呈较稳定状态，故一般使用其乙醚溶液。重氮甲烷化学性质非常活泼，能够发生多种类型的反应，在有机合成上占有独特而重要的地位。

① 与酸性化合物反应　重氮甲烷是一种重要的甲基化剂。例如，它能与羧酸作用生成羧酸甲酯，与酚、烯醇等反应生成醚。

$$RCOOH + CH_2N_2 \longrightarrow RCOOCH_3 + N_2$$
$$Ar{-}OH + CH_2N_2 \longrightarrow ArOCH_3 + N_2$$

例如：用 CH_2N_2 可以高效方便地将贵重羧酸甲酯化。

$$(\text{含 }CH_3\text{ 的双环羧酸, COOH}) + CH_2N_2 \xrightarrow{(C_2H_5)_2O} (\text{相应甲酯, COOCH}_3)$$

② 与醛、酮反应　重氮甲烷与醛、酮发生亲核加成反应，可得比原醛、酮多一个碳原子的醛、酮。

$$\text{环己酮} + CH_2N_2 \longrightarrow \text{环庚酮}$$

③ 与酰氯反应　重氮甲烷与酰氯反应生成重氮甲基酮。

$$R{-}\overset{O}{\overset{\|}{C}}{-}Cl + 2CH_2N_2 \longrightarrow R{-}\overset{O}{\overset{\|}{C}}{-}CHN_2 + CH_3Cl + N_2$$

重氮甲基酮在氧化银催化下，与水共热发生重排反应，得到烯酮，烯酮与水、醇、氨作用，转变为羧酸高一级同系物，此种增长碳链的方法，称为阿恩特-艾斯特尔特合成法。

$$R{-}\overset{O}{\overset{\|}{C}}{-}CHN_2 \xrightarrow[H_2O]{Ag_2O} R{-}CH{=}C{=}O \begin{cases} \xrightarrow{H_2O} RCH_2COOH + N_2 \\ \xrightarrow{R'OH} RCH_2COOR + N_2 \\ \xrightarrow{NH_3} RCH_2CONH_2 + N_2 \end{cases}$$

④ 分解为碳烯（卡宾）或类碳烯　重氮甲烷或其他重氮化合物受光或热作用，生成碳烯（卡宾）或类碳烯。

$$CH_2N_2 \xrightarrow{\text{光或热}} CH_2\!: + N_2$$
$$N_2{=}CHCOOEt \xrightarrow{\text{光或热}} :CHCOOEt + N_2$$

14.1.4.2　碳烯

碳烯又称卡宾，是一种反应活性中间体，呈中性，通式为 $R_2C\!:$。碳烯中碳原子与其他两个原子或基团以 σ 键相连，另外还有两个孤电子。因碳烯外层只有 6 个电子，故有较强的亲电性，很活泼，仅能在反应中短暂存在（寿命约 1s)。

(1) 碳烯的生成

碳烯（卡宾）或类碳烯可由重氮化合物受光或热作用生成；或由卤代烷在强碱（如叔丁醇钾）作用下，在同一个碳上失去卤化氢生成。

$$CH_2N_2 \xrightarrow{\text{光或热}} CH_2\!: + N_2$$
$$R_2CHX + KOC(CH_3)_3 \longrightarrow R_2CH\!: + HOC(CH_3)_3 + KX$$

(2) 碳烯的化学性质

① 加成反应　碳烯（缺电子）可与烯烃发生亲电加成。

$$>C{=}C< + :CH_2 \longrightarrow (\text{过渡态}) \longrightarrow \text{环丙烷}(-C-C-,\ CH_2)$$

又如，CH_2I_2 与锌-铜偶（将 2%的硫酸铜溶液，加入锌粉和 3%盐酸的混合物中，使得少量的铜沉积在锌粉表面，从而使锌粉活化）共同作用下，可将 H_2C∶加到烯键上。

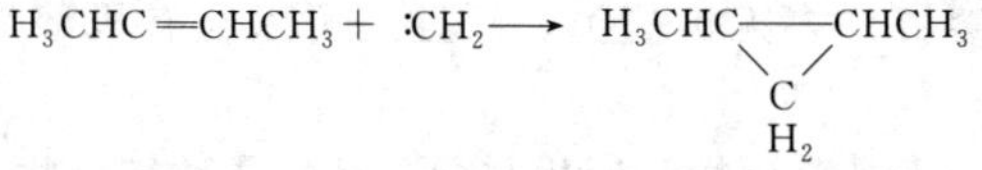

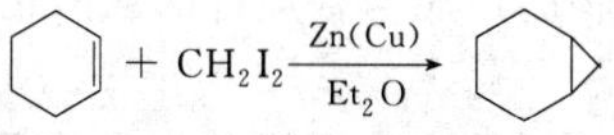

$$H_3CHC{=}CHCH_3 + :CH_2 \longrightarrow H_3CHC\overset{\quad}{-}CHCH_3 \text{（中间以 } CH_2 \text{ 桥连成三元环）}$$

$$\text{环己烯} + CH_2I_2 \xrightarrow[Et_2O]{Zn(Cu)} \text{二环[4.1.0]庚烷}$$

二环[4.1.0]庚烷

碳烯和类碳烯与炔烃或苯也能发生加成反应：

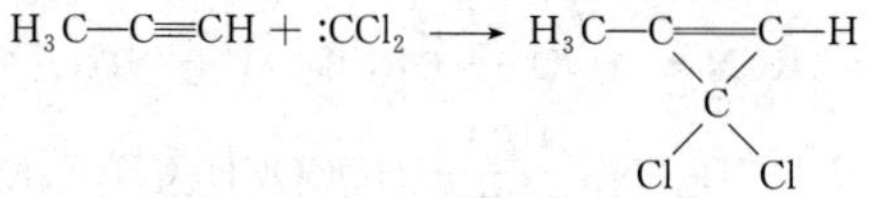

$$H_3C{-}C{\equiv}CH + :CCl_2 \longrightarrow H_3C{-}C{=}C{-}H \text{（两个双键碳与 } CCl_2 \text{ 成三元环）}$$

② 插入反应　碳烯可以插入 C—H 键之间，发生插入反应，得到增加一个碳原子的产物：

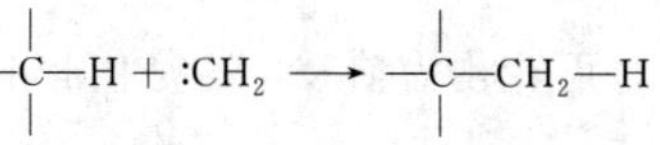

$$-\overset{|}{\underset{|}{C}}-H + :CH_2 \longrightarrow -\overset{|}{\underset{|}{C}}-CH_2-H$$

例如：碳烯与苯反应，除了可发生加成反应外，还能将∶CH_2 插入苯的碳和氢之间。

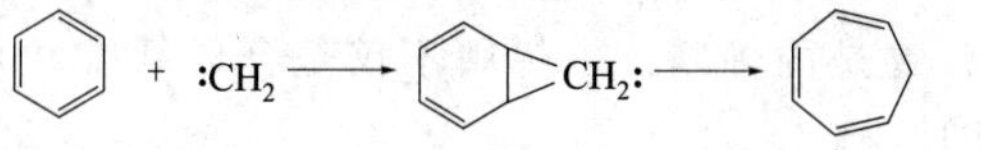

$$\text{苯} + :CH_2 \longrightarrow \text{（降蒈二烯）} \longrightarrow \text{1,3,5-环庚三烯}$$

1,3,5-环庚三烯

$$\text{苯(C—H)} + :CH_2 \xrightarrow{\text{光}} \text{甲苯}(C_6H_5CH_3)$$

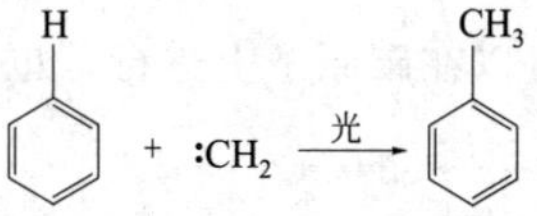

14.2　腈类化合物

腈类的通式为：

$$R{-}C{\equiv}N{:} \quad \text{或} \quad Ar{-}C{\equiv}N{:}$$

其中的碳和氮均为 sp 杂化。氰基是强极性基团，故而腈的分子极性较大，如乙腈的偶极矩为 4.0D。

腈类的命名，可按照腈分子中含碳原子数目称为某腈；或以氰基作为取代基，烷烃为母体，称为氰基某烷。

$NCCH_2CH_2CH_2CH_2CN$	CH_3CN	$C_6H_5CH_2CN$
1,6-己二腈	乙腈（或氰基甲烷）	苯乙腈（或苄腈）

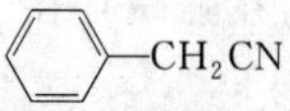

14.2.1　腈的制法

① 由烯烃催化氧化制备，烯烃催化氧化制备腈是最常用的反应，如用氨氧化法制备丙烯腈：

$$CH_2{=}CHCH_3 + NH_3 + \frac{2}{3}O_2 \xrightarrow[470℃]{\text{磷钼酸铋}} \underset{\text{丙烯腈}}{CH_2{=}CHCN} + 3H_2O$$

② 由卤烷与氰化钠（或氰化钾）作用制备。

$$BrCH_2CH_2CH_2CH_2Br + 2NaCN \longrightarrow \underset{\text{己二腈}}{NCCH_2CH_2CH_2CH_2CN} + 2NaBr$$

$$C_6H_5CH_2Cl + NaCN \xrightarrow{\text{乙醇}} \underset{\text{苯乙腈(苄腈)}}{C_6H_5CH_2CN} + NaCl$$

③ 由酰胺或羧酸的铵盐与五氧化二磷共热失水制备。

$$R\overset{O}{\overset{\|}{C}}{-}NH_2 \xrightarrow[\triangle]{P_2O_5} RCN + H_2O$$

14.2.2 腈的性质

由于腈分子有较大的极性，所以分子间引力较大，熔、沸点较高，与醇相近。低级腈为无色液体，不仅能与水混溶，可以溶解许多无机盐类，而且还可以与有机溶剂混溶，所以常作溶剂及萃取剂。

氰基的结构与羰基相似，所以氰化物的性质与含羰基的羧酸衍生物相似。

(1) 腈的水解

腈在酸性或碱性水溶液中受热回流，可发生水解，首先生成酰胺，酰胺继续水解，可得羧酸，这是羧酸的制备方法之一。

$$RCN + H_2O \xrightarrow{\triangle} RCOOH + NH_3$$

$$NCCH_2CH_2CH_2CH_2CN \xrightarrow[\text{酸或碱}]{H_2O} HOCOCH_2CH_2CH_2CH_2COOH$$

(2) 腈的催化氢化还原

腈经催化加氢或氢化铝锂还原，可转化为伯胺，这是伯胺的制备方法之一。

$$NCCH_2CH_2CH_2CH_2CN \xrightarrow[\text{或 } LiAlH_4]{H_2/Ni} H_2NCH_2CH_2CH_2CH_2CH_2CH_2NH_2$$

腈类最具有代表性的化合物是丙烯腈。丙烯腈不仅是合成纤维和合成橡胶的单体，而且是涂料、黏胶剂等重要化工产品的原料。

氰离子是一个两可离子，即其烷基化反应可以在碳原子上进行，也可以在氮原子上进行：

$$:N\equiv\bar{C}: \longleftrightarrow :\bar{N}=C:$$

烷基接在氮原子上时就得到了异腈。异腈又称胩，与腈为同分异构体，其结构式为：

$$R-\overset{+}{N}\equiv\bar{C}: \longleftrightarrow R-\ddot{N}=C:$$

14.2.3 异腈的制法

碘代烷与氰化银或氰化亚铜在乙醇溶液中加热，可以制备异腈：

$$RI + CuCN \longrightarrow RNC + CuI$$

用脱水剂将 N-烃基甲酰胺脱水，也可以制备异腈：

$$RNH-\overset{\overset{\displaystyle O}{\|}}{C}H + ArSO_2Cl \longrightarrow RNC + ArSO_3H + HCl$$

将伯胺与氯仿在强碱存在下加热，可得恶臭的异腈：

$$RNH_2 + CHCl_3 + KOH \xrightarrow{\triangle} RNC + 3KCl + 3H_2O$$

这是伯胺（包括芳伯胺）的特征反应，可用于伯胺的鉴别。

14.2.4 异腈的性质

异腈是恶臭的有毒液体，沸点比相应的腈低。异腈对碱稳定，而稀酸却可以使其水解成少一个碳原子的伯胺和甲酸：

$$RNC + 2H_2O \xrightarrow{H^+} RNH_2 + HCOOH$$

将异腈还原或催化加氢，则生成仲胺：

$$RNC \xrightarrow[\text{或 } LiAlH_4]{H_2/Ni \text{ 或 } Pt} RNHCH_3$$

异腈受热可以发生异构化反应，转变成相应的腈：

$$RNC \xrightarrow{250℃} RCN$$

异腈分别与氧化汞和硫黄反应，生成异氰酸酯和异硫氰酸酯：

$$RNC + HgO \longrightarrow RN=C=O$$

$$RNC + S \longrightarrow RN{=}C{=}S$$

异腈酸酯是制造医药、农药以及涂料、黏胶剂、橡胶、塑料等高分子材料的重要原料。

【拓展阅读】　苏丹红事件

我国是人口和消费大国，食品安全关乎民生大计，除了在法律和政府层面加强管理和约束，还需提高公民的社会责任感与社会食品安全意识。"苏丹红"是一种化学染色剂，并非食品添加剂。它的化学成分中包含一种具有萘环结构的复杂化合物，该化合物具有偶氮结构，具有致癌性。2005年3月，北京的某辣椒酱中首次被检出"苏丹红一号"，不到1个月内，多家餐饮、食品公司的产品中相继被检出含有"苏丹红一号"。随后，全国11个省市30家企业的88个样品被检出含有苏丹红，苏丹红事件席卷全国。经调查，广州某食品有限公司使用"苏丹红一号"含量高达98%的工业色素"油溶黄"生产的辣椒红一号食品添加剂正是此次事件的源头。随后，该公司主要涉案人员被公安部门刑拘。法律始终只是社会的补丁程序，自律才是第一防线。应该加大食品安全的宣传教育力度，提高公民的食品安全意识、卫生意识和法律意识。

【例题解析】

芳胺的重氮化及重氮盐的取代和偶合反应是该章的重要知识点。

例题 1. 完成下列反应

(1) $H_2N-C_6H_4-CH_3 \xrightarrow[HCl]{NaNO_2}$

(2) $C_6H_5-NH_2 \xrightarrow[2.\ KI,\ \triangle]{1.\ NaNO_2+HCl}$

(3) $C_6H_5-NH_2 \xrightarrow[2.\ HBF_4,\ \triangle]{1.\ NaNO_2+HCl}$

(4) $H_3C-C_6H_4-NH_2 \xrightarrow[HCl]{NaNO_2} (\quad) \xrightarrow[CuCN]{KCN} (\quad)$

(5) 3-甲基苯胺（NH_2，H_3C）$\xrightarrow[0\sim5℃]{HNO_2} \xrightarrow{H_3PO_2}$

解析： 芳香伯胺与亚硝酸在低温下能生成重氮化合物，受热后会失去 N_2，发生亲核取代反应，被卤素、氰基、羟基等取代，该类反应也称为放氮反应，总结如下：

ArN_2Cl（$Ar=$ 苯基）

- $\xrightarrow{H_2O/\triangle} Ar-OH$
- $\xrightarrow{H_3PO_2} Ar-H$
- $\xrightarrow{CuCl} Ar-Cl$
- $\xrightarrow{CuBr} Ar-Br$
- $\xrightarrow{KI} Ar-I$
- $\xrightarrow{HBF_4} ArN_2-BF_4 \xrightarrow{\triangle} Ar-F+BF_3+N_2$
- $\xrightarrow[KCN]{CuCN} ArCN \xrightarrow[H^+]{H_2O} ArCOOH$；$ArCN \xrightarrow{H_2/Pt} ArCH_2NH_2$

(1) $H_3C-C_6H_4-N_2^+Cl^-$　(2) C_6H_5-I　(3) C_6H_5-F

（4） $H_3C-C_6H_4-N_2^+Cl^-$　　$H_3C-C_6H_4-CN$　　（5） $H_3C-C_6H_5$

例题 2. 丙烯腈是重要的化学反应原料，请根据已学知识指出丙烯腈能够发生哪些化学反应？

解析：

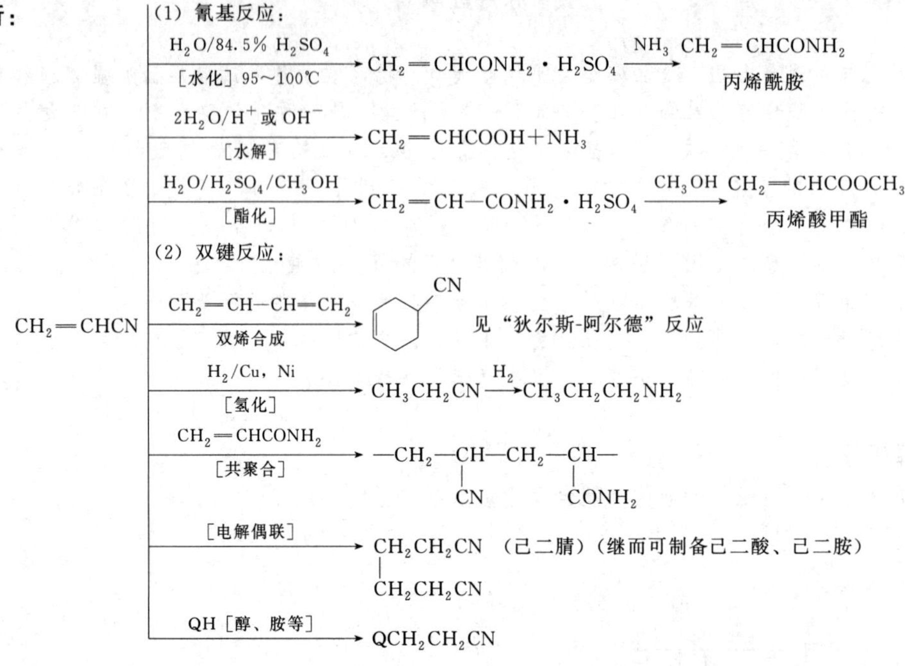

习　　题

1. 命名下列化合物。

（1） $N_2{=}CHCOOEt$　　（2） $NHCH_3$ 苯环 $-\overset{+}{N}{\equiv}NHSO_4^-$　　（3） $C_6H_5-N{=}N-C_6H_4-OH$

（4） $C_6H_5-CH_2NC$　　（5） $NCCH_2CH_2CH_2CH_2CN$　　（6） $CH_3-C_6H_3(NO_2)-N_2Cl$　　（7） $:CCl_2$

2. 写出下列化合物的结构式。

（1） 4-(*N*,*N*-二甲氨基）偶氮苯　　（2） 2,4-二羟基-4′-硝基偶氮苯

（3） 重氮甲烷　　（4） 卡宾

（5） 苯甲酰基重氮甲烷　　（6） 苯乙腈

3. 完成下列化学反应。

（1） NH_2、Cl、OCH_3 取代苯 $\xrightarrow{?}$ N_2Cl、Cl、OCH_3 取代苯 $\xrightarrow{C_2H_5OH}$?

（2） $HO_3S-C_6H_4-N_2Cl + C_6H_5-N(CH_3)_2 \xrightarrow{NaOH}$?

（3） $\overset{+}{N}{\equiv}NHSO_4^-$、$O_2N$、$C_2H_5$ 取代苯 $+ H_2O \xrightarrow[\text{加热}]{H^+}$?

(4) 1-萘酚 $+ CH_2N_2 \longrightarrow ?$

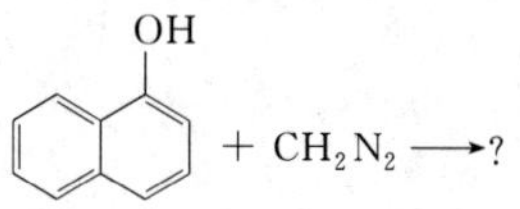

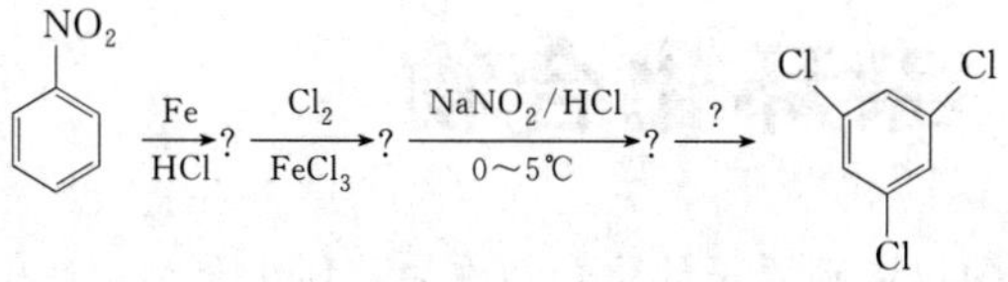

(5) 硝基苯 $\xrightarrow[HCl]{Fe} ? \xrightarrow[FeCl_3]{Cl_2} ? \xrightarrow[0\sim5℃]{NaNO_2/HCl} ? \xrightarrow{?}$ 1,3,5-三氯苯

(6) 甲苯 $\xrightarrow[H_2SO_4]{HNO_3}$ ⟨ ? ⟶ …?… ⟶ ? ; ? ⟶ …?… ⟶ ? ⟩ ⟶ 2-羟基-5-甲基-2′-甲基偶氮苯

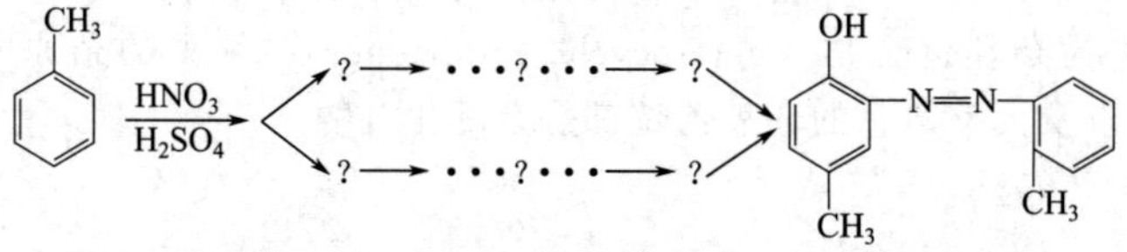

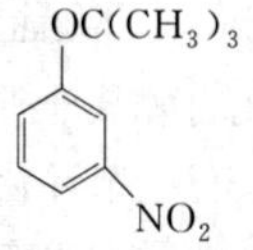

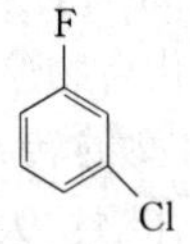

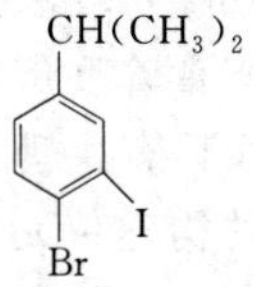

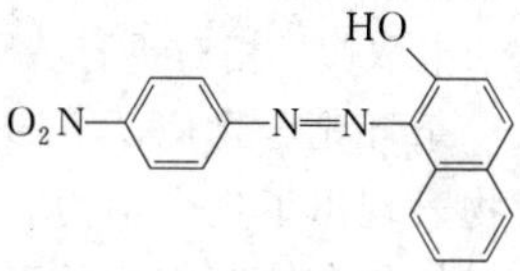

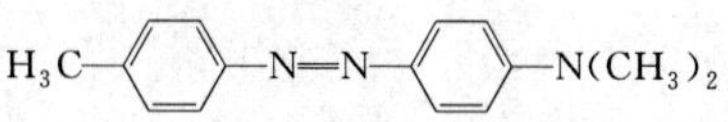

4. 由苯、甲苯及苯酚为主要原料合成下列化合物（其他无机物任选）。

(1) 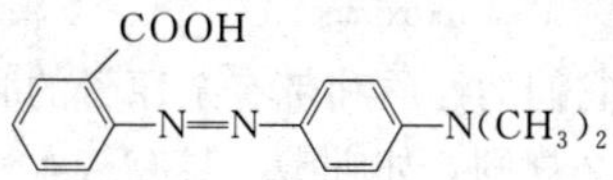 2-COOH-C₆H₄-N=N-C₆H₄-N(CH₃)₂

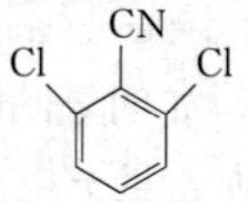

(2) 2,6-二氯苯甲腈（CN, Cl, Cl）

(3) 1-$OC(CH_3)_3$-3-NO_2-苯

(4) 1-F-3-Cl-苯

(5) 1-$CH(CH_3)_2$-3-I-4-Br-苯

(6) O_2N-C₆H₄-N=N-（2-HO-1-萘基）

(7) H_3C-C₆H₄-N=N-C₆H₄-$N(CH_3)_2$

(8) 3,5-二溴苯基-$CH_2CH_2NH_2$

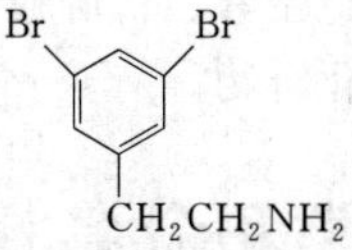

5. 请推测经过 $SnCl_2$-HCl 还原后能生成下列胺的偶氮染料，并指出它们的重氮组分和偶联组分：

(1) 对羟基苯胺和对氨基二甲苯胺。

(2) 1mol 的 4,4′-二氨基苯基甲烷和 2mol 的 5-氨基 2-羟基苯甲酸。

(3) 2-羟基-α-萘胺和对氨基苯磺酸钠。

(4) 苯胺、对羟基苯胺及对苯二胺。

6. 推测合成题。

(1) 某化合物以氯化亚锡盐酸还原可得对甲基苯胺和 N,N-二甲基对苯二胺，试推测原化合物的结构，并以苯、甲苯及甲醇为原料合成。

(2) 某化合物以氯化亚锡盐酸还原得到间甲基苯胺和 4-甲基-1,2-苯二胺，试推测原化合物的结构，并以甲苯为原料合成。

7. 生活常识题。

聚丙烯腈合成纤维（PAN），俗称腈纶，主要由丙烯腈聚合而成。腈纶的性能极似羊毛，弹性较好，伸长 20%时回弹率仍可保持 65%，蓬松卷曲而柔软，保暖性比羊毛高 15%，有合成羊毛之称。腈纶不耐酸碱，可发生水解。试写出腈纶的化学式以及其在酸、碱条件下水解的反应式。

第 15 章 杂环化合物

环状有机化合物按结构可分为两大类：环中仅含碳原子的化合物称为碳环化合物，环中除了碳原子还有别的元素原子的化合物称为杂环化合物（heterocyclic compounds）。常见的杂原子有氧、氮、硫等。例如：吡啶、四氢呋喃以及大家熟悉的环氧乙烷都是杂环化合物。

有些杂环化合物属于非芳香性化合物，如四氢呋喃、哌啶等，它们的性质和带有杂原子的脂肪族化合物基本相似。有些杂环化合物的环共平面，且 π 电子数符合 $4n+2$ 规则，如吡啶，具有芳香性。芳杂环化合物在化学性质上也有很大的差异，如噻吩较苯更容易发生亲电取代，而吡啶需要苛刻的条件才发生亲电取代，相对更容易发生亲核取代。本章着重介绍这些具有一定程度芳香性的杂环化合物。

杂环化合物广泛分布于自然界中，如具有生理活性的叶绿素和血红素，它们构型的转换使动、植物表现出了生命活力。DNA 和 RNA 的构建单元——嘌呤碱和嘧啶碱也是杂环化合物。大部分药物，如具有抗菌作用的青霉素和头孢菌素、抗肿瘤药紫杉醇、M 胆碱受体拮抗剂托品烷，以及不少维生素、生物碱、染料等都是杂环化合物。

15.1 杂环化合物的分类和命名

根据环的饱和度以及是否具有芳香性可将杂环化合物分为芳香和非芳香杂环化合物；根据环上杂原子的数目，可分为含一个、两个或多个杂原子的杂环化合物；而按环的大小，杂环化合物又可分为三元、四元、五元、六元和七元等类型，其中最重要的是五元杂环和六元杂环。此外，杂环化合物还有单杂环和稠杂环之分。

杂环化合物的命名多采用 IUPAC 规则，保留一些常见杂环化合物的俗名（音译），并以此为基础，对之外的杂环化合物进行命名。下面是一些常见杂环化合物的俗名。

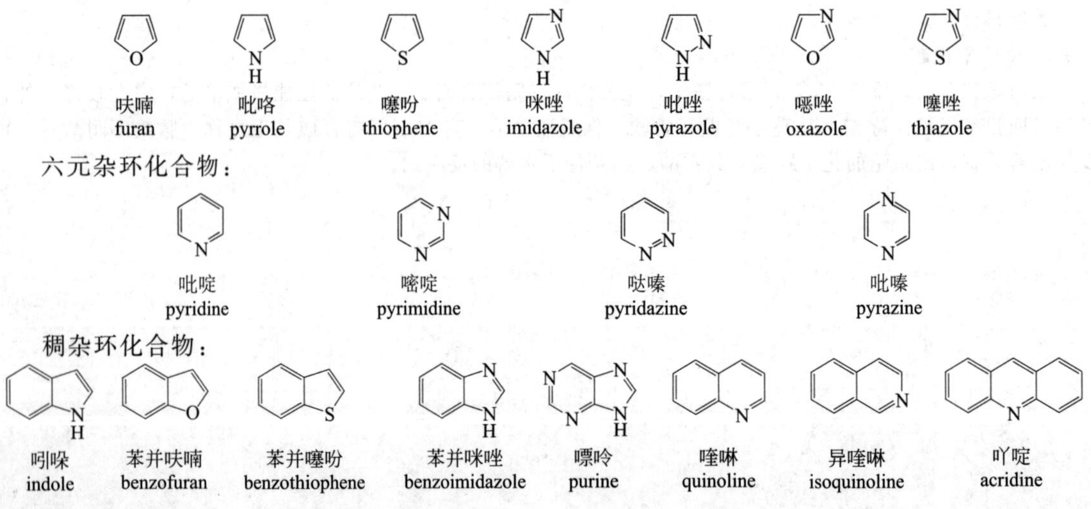

杂环上有取代基时，命名时以杂环为母体，将杂环进行编号。常用的编号原则如下：

① 对于单杂环，通常从杂原子开始按 1、2、3 阿拉伯数字顺序编号。对于环上只含一个杂原子时，有时也把杂原子旁的位置依次表示为 α 位、β 位、γ 位等。例如：

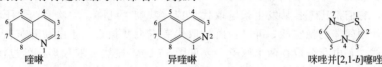

2-呋喃甲醛 (α-呋喃甲醛)　　3-甲基吡啶 (β-甲基吡啶)　　4-吡啶甲酸 (γ-吡啶甲酸)

② 当环上有多个杂原子时，要使杂原子所处位次的数字最小，并按 O、S、—NH—、—N＝的优先顺序编号杂原子。

4-甲基咪唑　　5-甲基咪唑

③ 常见的稠杂环有特定的编号和命名，例如：

喹啉　　异喹啉　　咪唑并[2,1-b]噻唑

15.2　杂环化合物的结构和芳香性

最常见的含有一个杂原子的五元杂环化合物是呋喃、噻吩和吡咯。它们具有共同的结构特征：杂环上四个碳原子和一个杂原子位于同一平面上，均为 sp^2 杂化，各原子以 sp^2 杂化的轨道两两重叠形成 σ 键，首尾相衔成环状。每一个碳原子未杂化的 p 轨道各被一个电子占据，杂原子未杂化的 p 轨道被两个电子占据，这 5 个 p 轨道相互平行，并垂直于环所在的平面，相互重叠成一个离域的大 π 键——封闭的共轭体系。杂原子未杂化的 p 轨道以供电子的形式参与了这个大 π 键。体系中大 π 键电子数为 6，符合休克尔（Hückel）的 $4n+2$ 规则，因而具有芳香性。如图 15-1。

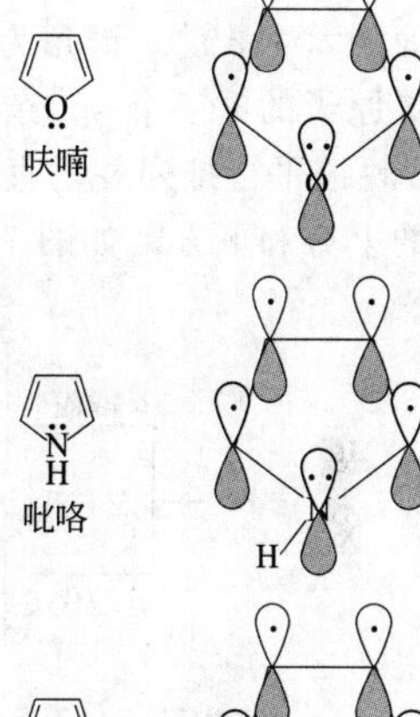

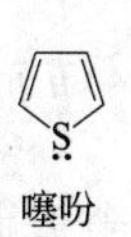

图 15-1　呋喃、吡咯和噻吩的分子轨道示意图

所有杂环化合物的芳香性（可用离域能表征）都低于苯环，而所有五元芳杂环都较环戊二烯稳定。呋喃、吡咯和噻吩分子中，由于杂原子不同，它们的芳香性在程度上也有区别，实验测得环戊二烯、呋喃、吡咯、噻吩和苯的离域能分别为 3kcal/mol、16kcal/mol、22kcal/mol、29kcal/mol、36kcal/mol（1cal＝4.1840J），显示芳香性按苯、噻吩、吡咯、呋喃、环戊二烯的次序递减。呋喃、吡咯、噻吩环上的氢受 π 电子环流的影响，它们的 ^1H NMR 信号都出现在低场 $\delta=7$ 左右（见表 15-1），位于芳香族化合物的区域内。这些都是它们具有芳香性的标志。

表 15-1　呋喃、吡咯、噻吩的 ^1H NMR 信号

化合物	^1H NMR(δ)	
	α-H	β-H
呋喃	7.42	6.37
吡咯	6.68	6.22
噻吩	7.30	7.10

呋喃、吡咯、噻吩分子中的化学键的键长与其他分子中相应的化学键的键长存在差别，且分子内的键长发生一定程度上的平均化。从表15-2可以看出，碳原子和杂原子（O，N，S）之间的键长均比饱和化合物中相应的键长（C—O：0.143nm；C—N：0.147nm；C—S：0.182nm）短，C3—C4的键长亦比乙烷中C—C的键长（0.154nm）短，而C2—C3或C4—C5的键长则比乙烯的C═C的键长（0.134nm）长。数据表明：一方面这些杂环化合物的键长在一定程度上已经发生了平均化；另一方面，它们在一定程度上仍具有不饱和化合物的性质。

表15-2　呋喃、吡咯、噻吩的键长数据

化合物	键长/nm		
	C—X(O,N,S)	C2—C3	C3—C4
呋喃	0.137	0.135	0.144
吡咯	0.138	0.137	0.143
噻吩	0.171	0.137	0.142

呋喃、吡咯、噻吩环中的杂原子以供电子的方式参与了环的共轭体系，致使环上π电子云的密度较苯大，因此，它们都比苯容易发生亲电取代反应。呋喃、吡咯、噻吩有两个不同的取代位置，比较两个位置取代中间体的稳定性，可以看出α取代有三个共振式，正电荷分布在三个原子上，β取代有两个共振式，正电荷分散在两个原子上（见图15-2），显然α取代形成的过渡态能量比β取代低，因此，呋喃、吡咯、噻吩的亲电取代通常都发生在α-位上。

最经典的六元杂环化合物是吡啶。吡啶环的氮原子和碳原子以sp^2杂化轨道两两重叠形成共平面的六个σ键，键角为120°。环上每个碳原子的第三个sp^2杂化轨道与氢原子的s轨道形成σ键，氮原子的第三个sp^2杂化轨道上被一对电子占据。环上各原子未杂化的p轨道各被一个电子占据，p轨道平行排列并垂直于环平面，相互交盖形成包括六个原子在内的封闭大π键，π电子分布在环的上方和下方，如图15-3。

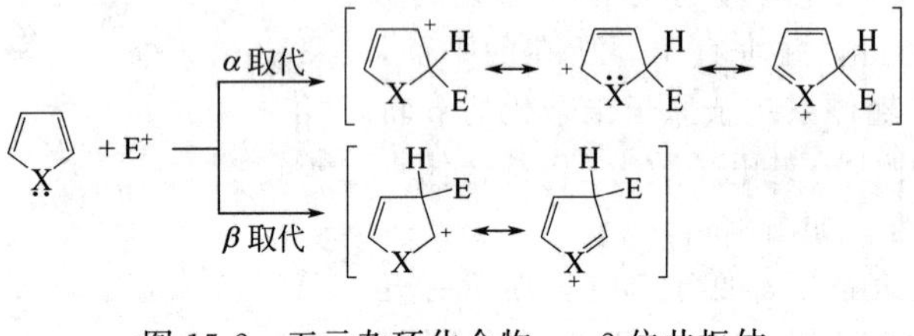

图15-2　五元杂环化合物α、β-位共振体

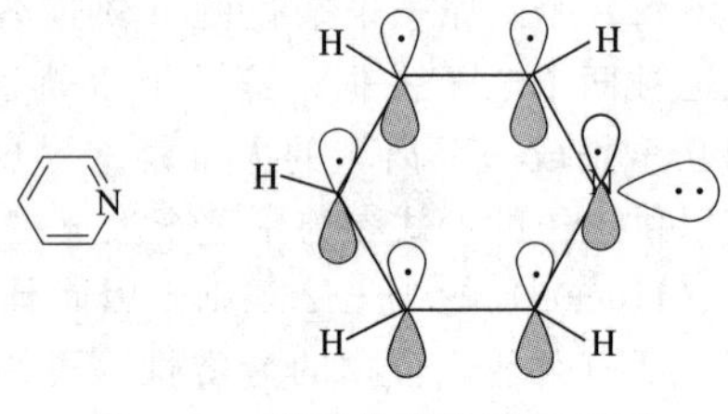

图15-3　吡啶分子轨道示意图

吡啶与苯环结构很相似，符合休克尔规则，因此具有芳香性。但与苯环相比，由于氮、碳原子电负性的不同，所以吡啶环上各个键的键长显示一定程度的差异。它的键长数据见图15-4。

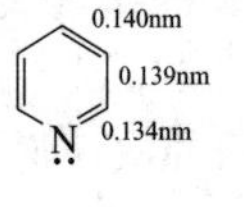

图15-4　吡啶各个键的键长

吡啶的碳碳键长与苯（0.140nm）近似，但C—N键长（0.134nm）比普通C—N单键（0.147nm）短，而比C═N键（0.128nm）长。说明吡啶环上电子云密度并非完全平均化。在吡啶的^{1}HNMR谱中，环上氢的化学位移出现在δ=7左右的低场，且由于氮原子的诱导效应，α-H的δ最大。这些也是吡啶具有芳香性的标志。

由于氮原子具有相对大的电负性，所以氮原子周围电子云的密度较高，环上碳原子的电子云密度有所降低。因此，吡啶在发生亲电取代时比苯困难，且取代反应主要发生在β-位上，相对，吡啶较容易发生亲核取代反应，取代基通常进入α-位。

由于吡啶环中氮原子的一对未共用电子不参与形成大π键，该孤对电子作为路易斯碱可与酸反应生成稳定的盐。这是吡啶碱性较吡咯和苯胺强的内在原因。

其他六元杂环化合物如嘧啶、吡嗪等的电子结构都与吡啶的相似，都具有闭合的六电子超共轭体系，具有芳香性。

15.3 五元杂环化合物

15.3.1 呋喃

(1) 呋喃的物理性质

呋喃为无色液体，具有类似氯仿的气味，沸点32℃，相对密度为0.9336，难溶于水，易溶于有机溶剂。其蒸气遇到被盐酸浸湿过的松木片时，呈绿色，叫作松木反应，可用于鉴定呋喃的存在。

呋喃的衍生物广泛存在于自然界中，并具有特殊的生理意义。DNA和RNA中的核糖和脱氧核糖都是四氢呋喃的衍生物。许多呋喃衍生物可以作为治疗药物，比如有抗菌作用的呋喃西林（furacilin)、呋喃唑酮（furazolidone，利特灵）和呋喃妥因（nitrofurantoin）等。

NO_2-(呋喃环)-CH=N-NH-C(=O)-NH_2

呋喃西林

NO_2-(呋喃环)-CH=N-N(噁唑烷酮环)

呋喃唑酮

NO_2-(呋喃环)-CH=N-N(乙内酰脲环)

呋喃妥因

(2) 呋喃的制备

在实验室，通常采用糠酸在铜催化剂和喹啉介质中加热脱羧制得呋喃。

$$\text{(呋喃)-COOH} \xrightarrow[\triangle]{\text{Cu,喹啉}} \text{(呋喃)} + CO_2$$

工业上，将α-呋喃甲醛（俗称糠醛）与水蒸气通过加热至400～415℃的催化剂（$ZnO\text{-}Cr_2O_3\text{-}MnO_2$），α-呋喃甲醛脱去羰基而得到呋喃。

$$\text{(呋喃)-CHO} \xrightarrow[400\sim415^\circ C]{ZnO\text{-}Cr_2O_3\text{-}MnO_2} \text{(呋喃)} + CO$$

(3) 化学性质

由于呋喃氧原子未共用电子的供电效应，呋喃相对于苯更容易发生亲电取代反应。它还具有不饱和化合物的性质，可发生加成反应。

① 取代反应　呋喃与溴水作用，生成2,5-二溴呋喃。

$$\text{(呋喃)} + 2Br_2 \longrightarrow \text{2,5-二溴呋喃 (Br-(呋喃)-Br)} + 2HBr$$

在酸的环境中，呋喃容易开环或形成聚合物，因此，不能直接使用HNO_3或H_2SO_4进行硝化或磺化，而需使用温和的试剂。例如：

$$\text{(呋喃)} + CH_3COONO_2 \xrightarrow{-30\sim-5^\circ C} \text{(呋喃)-}NO_2 + CH_3COOH$$

$$\text{(呋喃)} + C_5H_5N^+SO_3^- \xrightarrow{ClCH_2CH_2Cl} \text{(呋喃)-}SO_3^- \cdot \text{(吡啶}N^+H) \xrightarrow{HCl} \text{(呋喃)-}SO_3H$$

呋喃还可发生傅-克（Friedel-Crafts）反应，反应时一般用比较温和的路易斯酸催化，例如：

$$\text{(呋喃)} + (CH_3CO)_2O \xrightarrow[\text{或}(C_2H_5)_2O\cdot BF_3]{SnCl_4} \text{(呋喃)-}COCH_3 + CH_3COOH$$

② 加成反应　在催化剂作用下，呋喃加氢生成四氢呋喃。

$$\text{(呋喃)} + 2H_2 \xrightarrow[100^\circ C,5MPa]{Ni} \text{(四氢呋喃)}$$

四氢呋喃是无色液体，沸点65℃，是良好的有机溶剂和重要的有机合成原料，常用以制取乙二酸、己二胺等。

呋喃还具有共轭双键的性质，它能和亲双烯体顺丁烯二酸酐发生狄尔斯-阿尔德（Diels-Alder）

加成反应，产率很高。

$$\text{呋喃} + \text{顺丁烯二酸酐} \longrightarrow \text{加成产物}$$

15.3.2 糠醛

(1) 糠醛的物理性质

糠醛（furfural）是 α-呋喃甲醛的俗名，是无色液体，沸点 162℃，相对密度为 1.160，可溶于水，能与醇、醚混溶。糠醛是良好的溶剂，常用于精炼石油，可以溶解环烷烃等，也是重要的有机合成原料，和苯酚缩合成类似电木的酚糠醛树脂。糠醛在空气中容易被氧化，颜色逐渐从黄色变为棕色，最后变为黑褐色。糠醛在醋酸存在下与苯胺作用显红色，可用来检验糠醛。

糠醛的还原产物糠醇（呋喃甲醇）为无色液体，沸点 170～171℃，也是良好的溶剂，是生产糠醇树脂（制作防腐涂料及玻璃钢）的原料；氧化产物糠酸（呋喃甲酸）为白色晶体，熔点 133℃，可作为防腐剂及制造增塑剂等的原料；四氢糠醇是无色液体，沸点 177℃，也是优良的溶剂和重要的化工中间体。

(2) 糠醛的制备

米糠与稀酸共热可制得糠醛，是其得名的由来，其他农副产品如麦秆、玉米芯、棉籽壳、甘蔗渣、花生壳、高粱秆、大麦壳等都可以用来制取糠醛。这些农副产品都含有碳水化合物多缩戊糖，在稀酸（盐酸或硫酸）作用下，多缩戊糖水解成戊糖，戊糖再进一步脱水环化得糠醛。

$$\underset{\text{多缩戊糖}}{(C_5H_8O_4)n} + nH_2O \xrightarrow{H_2SO_4} \underset{\text{戊糖}}{nC_5H_{10}O_5}$$

$$\text{戊糖} \xrightarrow{-3H_2O} \text{糠醛（呋喃-2-CHO）}$$

戊糖　　　　糠醛

(3) 糠醛的化学性质

糠醛具有一般醛基的性质。例如：

$$\text{糠酸(90\%)（呋喃-COOH）} \underset{Cu_2O\text{-}HgO/55^\circ C}{\overset{O_2/NaOH}{\rightleftharpoons}} \text{呋喃-CHO} \xrightarrow[100\sim200^\circ C]{H_2/Cu,\text{铬铁矿}} \text{糠醇（呋喃-}CH_2OH\text{）}$$

$$\text{呋喃-CHO} \xrightarrow[V_2O_5\text{-}TiO_2\text{-}SiO_2]{2O_2,\ 320\sim350^\circ C} \text{顺丁烯二酸酐}$$

$$\text{呋喃-CHO} \xrightarrow[170\sim180^\circ C,7\sim10MPa]{+3H_2\text{骨架镍}} \text{四氢糠醇（四氢呋喃-}CH_2OH\text{）}$$

糠醛不含 α-H，性质类似于苯甲醛，可发生康尼扎罗、安息香缩合和普尔金等反应。例如：

$$\text{呋喃-CHO} + NaOH \longrightarrow \text{呋喃-}CH_2OH + \text{呋喃-COONa}$$

$$\text{呋喃-CHO} \xrightarrow[\text{醇溶液}]{KCN} \text{呋喃-}\underset{\displaystyle HO}{CH}-\overset{\displaystyle O}{\overset{\|}{C}}-\text{呋喃}$$

$$\text{呋喃-CHO} + (CH_3CO)_2O \xrightarrow{CH_3CONa} \text{呋喃-}CH{=}CH-COOH$$

15.3.3 噻吩

(1) 噻吩的物理性质

噻吩为无色液体，熔点－38℃，沸点 84℃。由于噻吩及其同系物的沸点与苯及其同系物的沸点非常接近，故难以用一般的分馏法将它们分开。但可在室温下，将从煤焦油中取得的粗苯反复用浓硫酸提取，噻吩被磺化而溶于浓硫酸中，再将噻吩磺酸去磺化得到噻吩。

（2）噻吩的制备

实验室常用丁二酸钠盐或者1,4-二羰基化合物与三硫化二磷作用制得：

$$\underset{\text{NaOOC}\qquad\text{COONa}}{CH_2-CH_2}\xrightarrow[180^\circ C]{P_2S_3}\text{噻吩}\xleftarrow[\triangle]{P_2S_3}\underset{\text{OHC}\qquad\text{CHO}}{CH_2-CH_2}$$

工业上，将丁烷、丁烯或丁二烯和硫快速通过600～650℃的反应器（接触时间仅为1s），然后冷却而制得噻吩：

$$\underset{H_3C\qquad CH_3}{CH_2-CH_2}+4S\xrightarrow{600\sim650^\circ C}\text{噻吩}+3H_2S$$

将乙炔通过加热至300℃的黄铁矿（分解出S），或者在Al_2O_3存在下乙炔与硫化氢共热至400℃也可以制取噻吩：

$$2\,HC\equiv CH+S\longrightarrow\text{噻吩}$$

$$2\,HC\equiv CH+H_2S\xrightarrow{Al_2O_3}\text{噻吩}+H_2$$

（3）噻吩的化学性质

噻吩是最稳定的含一个杂原子的五元杂环化合物，不易发生水解、聚合反应。噻吩不具备二烯的性质，不能被氧化成亚砜和砜，但比苯更容易发生亲电取代反应。噻吩在浓硫酸存在下，与靛红一起加热显示蓝色，反应灵敏，可用于检验噻吩的存在。和呋喃相似，噻吩的亲电取代也发生在α-位。例如：

$$\text{噻吩}\xrightarrow[CH_3COOH]{Br_2}\text{2-溴噻吩（}-Br\text{）}$$

$$\text{噻吩}\xrightarrow{HNO_3,(CH_3CO)_2O}\text{2-硝基噻吩（}-NO_2\text{）}$$

$$\text{噻吩}\xrightarrow{H_2SO_4}\text{噻吩-2-磺酸（}-SO_3H\text{）}$$

$$\text{噻吩}\xrightarrow[Cl-\overset{O}{\overset{\|}{C}}-CH_3]{SnCl_4}\text{2-乙酰基噻吩（}-\overset{O}{\overset{\|}{C}}-CH_3\text{）}$$

与苯类似，噻吩还可以发生加卤、加氢等反应。噻吩经氢化为四氢噻吩后，即显示出一般硫醚的性质，易于被氧化成砜。这意味着噻吩环被还原后，共轭体系被破坏，失去了芳香性。

$$\text{噻吩}+2H_2\xrightarrow{MoS_2}\text{四氢噻吩}\xrightarrow[\text{浓}HNO_3]{2[O]}\text{环丁砜（}S(=O)_2\text{）}$$

15.3.4 吡咯

（1）吡咯的物理性质

吡咯为无色油状液体，沸点131℃，有类似苯胺的气味，难溶于水，易溶于醇或醚中，在空气中颜色逐渐变深。吡咯的蒸气或醇溶液，能使浸过浓盐酸的松木片变成红色，可用来检验吡咯及其同系物的存在。吡咯的衍生物广泛分布于自然界中，比如，有重要生理活性的叶绿素、血红素、胆红素和维生素B_{12}等都是吡咯的衍生物。古豆碱（hygrine）、红古豆碱（cuscohygrine）和党参碱（codonopsine）等生物碱结构中也含有吡咯环。

（结构式：N-CH_3吡咯烷-2-基$-CH_2COCH_3$）

古豆碱

（结构式：两个N-CH_3吡咯烷-2-基以$-CH_2COCH_2-$相连）

红古豆碱

（结构式：含HO、OH、H_3C-、N-CH_3的吡咯烷环，连有带两个$-OCH_3$的苯环）

党参碱

（2）吡咯的制备

吡咯可从骨焦油分馏取得，或用稀碱处理，再酸化后分馏提纯。工业上以氧化铝为催化剂，由呋喃和氨气反应制得：

$$\text{呋喃} + NH_3 \xrightarrow[450℃]{Al_2O_3} \text{吡咯} + H_2O$$

也可让乙炔和氨气通过红热的管子合成：

$$2\,HC\equiv CH + NH_3 \longrightarrow \text{吡咯} + H_2$$

（3）吡咯的化学性质

① 弱酸性　虽然吡咯是环状亚胺，但由于氮原子上未共用的电子对参与了杂环的共轭体系，不易与质子结合，所以碱性比一般的仲胺弱得多。它遇浓酸也不能形成稳定的盐。相反，吡咯具有一定的弱酸性（pH＝5），与N相连的H可被碱金属取代形成盐。如：

$$\text{吡咯} + KOH(\text{固体}) \longrightarrow \text{吡咯钾}(N^-K^+) + H_2O$$

吡咯负离子比吡咯更稳定，也可以解释吡咯的弱酸性，见如下共振式：

$$\text{吡咯负离子共振式}$$

② 取代反应　由于吡咯氮原子一对电子以供电的方式参与共轭体系，吡咯相对于苯更容易发生亲电取代反应。鉴于吡咯遇酸易聚合成树脂，一般不使用酸性的卤化剂或磺化剂。例如，在碱性介质中，吡咯与碘作用生成四碘吡咯，常用来代替碘仿作伤口消毒剂。

$$\text{吡咯} + 4I_2 + 4NaOH \longrightarrow \text{2,3,4,5-四碘吡咯} + 4NaI + 4H_2O$$

吡咯的磺化反应需要用温和的磺化剂，通常采用吡啶和三氧化硫的加合物。

$$\text{吡咯} + C_5H_5N\cdot SO_3 \longrightarrow \text{2-吡咯}-SO_3H + C_5H_5N$$

吡咯的硝化反应常采用温和的硝酸乙酰酯 CH_3COONO_2 作为硝化剂，主产物为2-硝基吡咯。

$$\text{吡咯} + CH_3COONO_2 \xrightarrow{Ac_2O} \text{2-吡咯}-NO_2\ (83\%) + \text{3-硝基吡咯}\ (17\%)$$

吡咯容易发生傅-克反应，通常只需温和的催化剂 $SnCl_4$、BF_3 等。类似于苯酚，吡咯很容易与芳香族重氮盐偶合生成有色的偶氮化合物。例如：

$$\text{吡咯} + C_6H_5\overset{+}{N_2}\overset{-}{Cl} \xrightarrow[CH_3COONa]{C_2H_5OH\text{-}H_2O} \text{2-吡咯}-N{=}N-C_6H_5 + HCl$$

③ 加成反应　吡咯与还原剂作用或者催化加氢，可生成二氢吡咯或者四氢吡咯：

$$\text{吡咯} \xrightarrow{Zn+CH_3COOH} \text{二氢吡咯} \xrightarrow[200℃]{H_2/Ni} \text{四氢吡咯}$$

二氢吡咯或者四氢吡咯，失去了芳香性，具脂肪族仲胺的性质，是较强的碱。

15.3.5　吲哚

（1）吲哚的物理性质

吲哚是白色片状结晶，熔点52.5℃，沸点254℃，微溶于水而易溶于有机溶剂和热水中，具有粪臭味，但吲哚的稀溶液呈素馨花的香味，可作香料。吲哚及其衍生物广泛分布于自然界中，如植物的生长调节剂吲哚乙酸（indoleacetic acid）、蛋白质中的色氨酸（tryptophan）、影响大脑思维的重要物质5-羟色氨（5-hydroxytryptophan）、植物染料靛蓝（indigo）等。

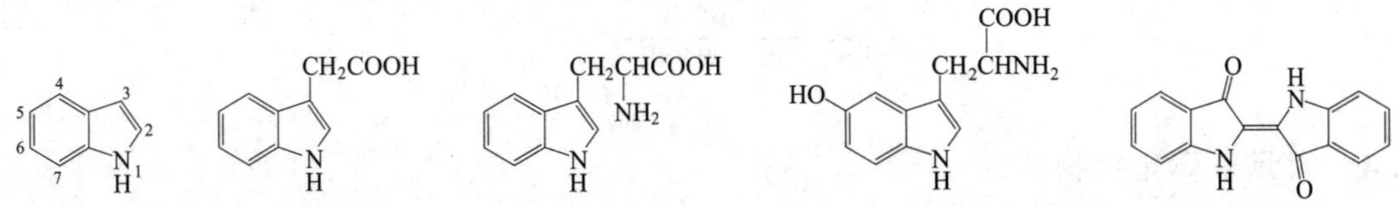

吲哚　吲哚-3乙酸　色氨酸　5-羟色胺　靛蓝

（2）吲哚的制备

在实验室中，吲哚可由邻甲苯胺制备。

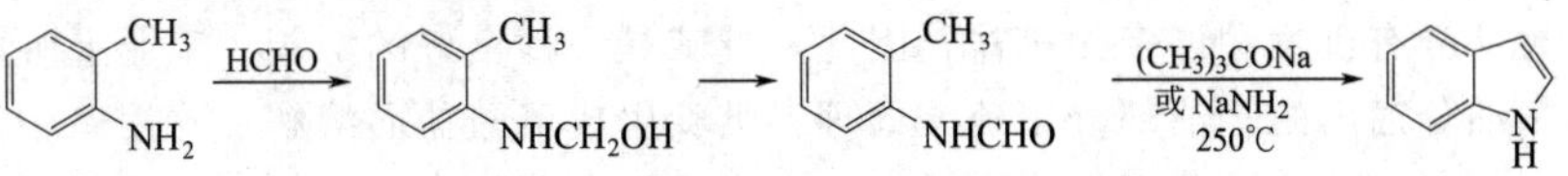

（3）吲哚的化学性质

吲哚为苯并吡咯，性质和吡咯相似，碱性极弱。可进行亲电取代反应，发生在较活泼的杂环的β-位。加成反应也在吡咯环上进行。吲哚也能使浸有盐酸的松木片显红色。例如：

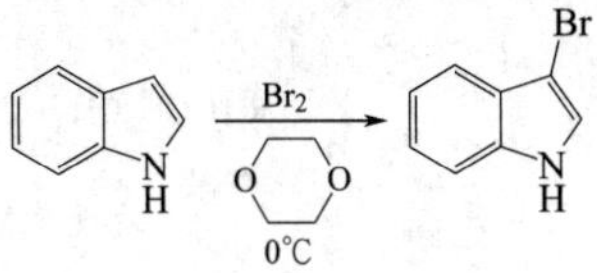

15.3.6 噻唑、吡唑及其衍生物

（1）噻唑、吡唑的物理性质

噻唑和吡唑是常见的含两个杂原子的五元杂环化合物。噻唑为无色液体，沸点117℃，相对密度1.2，与水互溶。一些重要的天然产物及合成药物含有噻唑环，如维生素B_1（thiamine）、青霉素（peniciline）、法莫替丁（famotidine）。

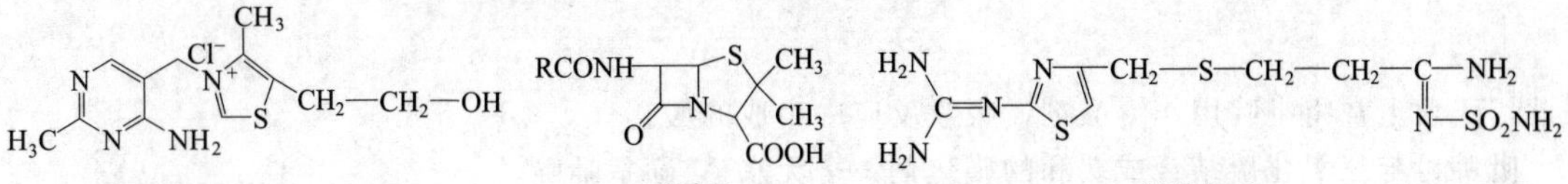

维生素B_1　青霉素　法莫替丁

吡唑为无色固体，熔点70℃，沸点188℃，能溶于水、醇、醚，吡唑常呈两分子缔合状态。吡唑（啉）酮衍生物是最重要的吡唑衍生物，诸如退热药安替比啉、安乃近等都含有吡唑酮的基本结构。

（2）噻唑、吡唑及其衍生物的化学性质

噻唑可看作噻吩3-位上的CH被N取代，而吡唑可看作吡咯2-位上的CH被N取代。因此，它们的基本结构和噻吩、吡咯一样符合休克尔的$4n+2$规则，具有一定程度的芳香性。此外，由于在骨架中插入—N═基，此氮原子上的孤对电子处于sp^2杂化轨道上，不参与离域的大π共轭体系，可与质子结合而显示一定程度的碱性。但这对电子s成分较多，靠近核，故碱性比一般的胺弱。噻唑可与卤代烷作用生成盐。例如：

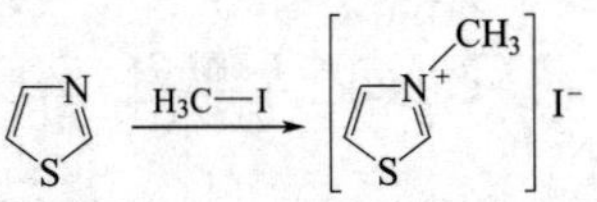

与噻吩比较，噻唑环上电子云密度有所降低，不易发生亲电取代反应。在一般情况下，不起卤代反应，不与硝酸作用，须在硫酸汞存在下才能发生磺化反应。如：

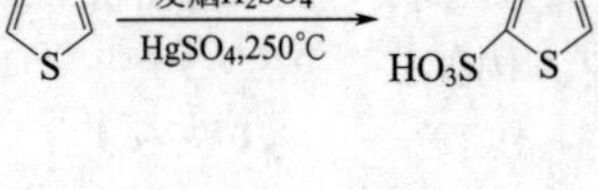

吡唑的芳香性比较明显，能发生硝化、磺化、卤化等取代反应，得到4-位取代的产物。如：

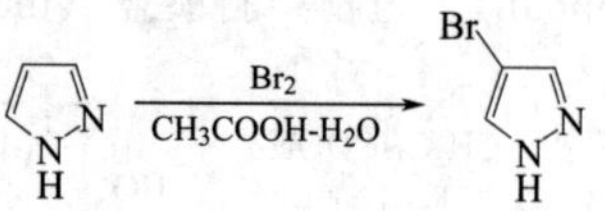

$$\text{吡唑} \xrightarrow[CH_3COOH\text{-}H_2O]{Br_2} \text{4-溴吡唑}$$

15.4 六元杂环化合物

15.4.1 吡啶

(1) 吡啶的物理性质

吡啶是无色而具有特殊臭味的液体，沸点115℃，相对密度0.982，可与水、乙醇、乙醚等混溶，还能溶解大部分有机物和许多无机盐，因此，吡啶是一种良好的溶剂。工业上吡啶多从煤焦油中提取，将煤焦油分馏出的轻油部分用硫酸处理，吡啶生成硫酸盐而溶解，再用碱中和，即游离出吡啶，然后蒸馏精制。吡啶及其衍生物广泛存在于自然界和药物中，例如，维持蛋白质正常代谢的维生素 B_6，抗痉挛作用的毒芹碱（coniine）和抗结核药异烟肼（rimifon，雷米封）等。

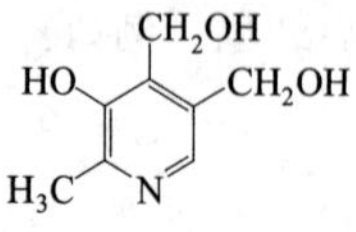

维生素B_6 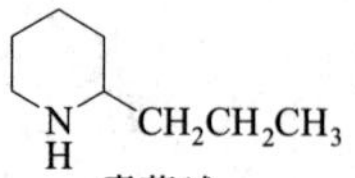 毒芹碱 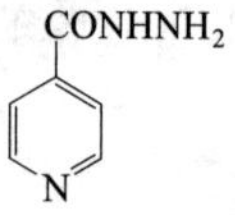 异烟肼

(2) 吡啶的化学性质

① 吡啶的碱性 吡啶的氮原子有一对电子不参与杂环的离域体系，因此，吡啶能与质子结合，呈弱碱性（$pK_a=5.2$）。其碱性较苯胺强（$pK_a=4.7$），但比脂肪胺弱得多。吡啶可与无机酸反应生成盐。如：

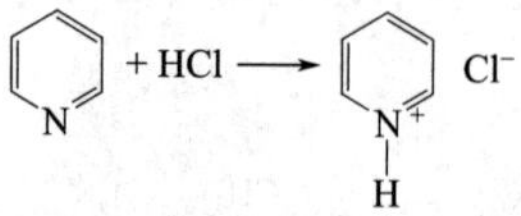

$$\text{吡啶} + HCl \longrightarrow \text{吡啶}H^+ \ Cl^-$$

因此，工业上常将吡啶用作缚酸剂，吸收反应中生成的酸。

吡啶可与三氧化硫结合成缓和的磺化剂——无水 *N*-磺基吡啶。

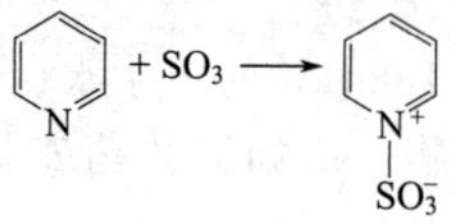

$$\text{吡啶} + SO_3 \longrightarrow \text{吡啶}N^+\text{-}SO_3^-$$

吡啶和卤烷反应生成季铵盐，这种盐受热后分子内重排为吡啶的同系物。

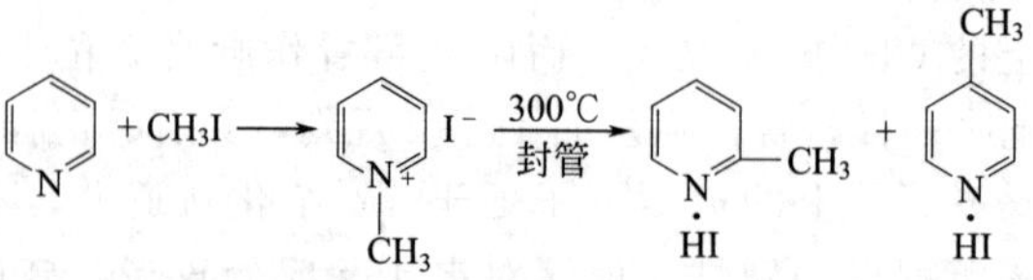

$$\text{吡啶} + CH_3I \longrightarrow \text{吡啶}N^+\text{-}CH_3 \ I^- \xrightarrow[\text{封管}]{300℃} \text{2-甲基吡啶}\cdot HI + \text{4-甲基吡啶}\cdot HI$$

吡啶和酰氯反应生成良好的酰化剂。

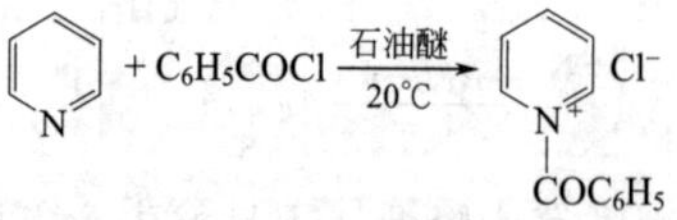

$$\text{吡啶} + C_6H_5COCl \xrightarrow[20℃]{\text{石油醚}} \text{吡啶}N^+\text{-}COC_6H_5 \ Cl^-$$

② 取代反应 吡啶氮原子具有吸电子的共轭效应，降低了环碳的电子云密度，相当于苯环上连了一个致钝的间位定位基。所以吡啶亲电取代不如苯活泼，而与硝基苯相似。吡啶较苯难发生磺化、硝化和卤化反应，不起傅-克反应。例如：

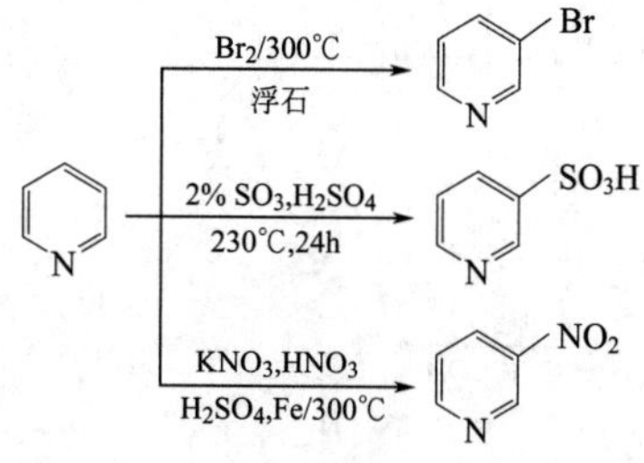

3-溴吡啶(39%)

吡啶-3-磺酸(71%)

3-硝基吡啶(22%)

吡啶进行亲电取代反应时，亲电试剂优先进入吡啶环的3-位和5-位。原因主要是亲电试剂进攻2,4-位形成的中间体正离子共振结构式Ⅰ和Ⅱ中，氮原子均带正电荷，能量较高，是不稳定的极限共振式；而在亲电试剂进攻吡啶的3-位或5-位的共振结构中，却不存在这种结构。各中间体共振式如下。

亲电试剂进攻2-位：

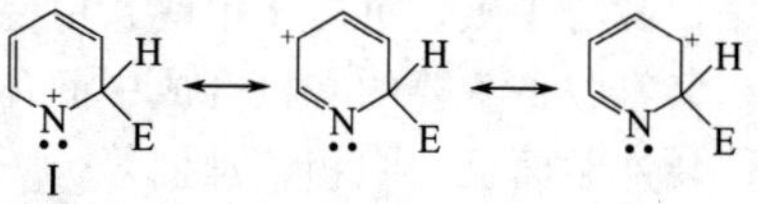

Ⅰ
不稳定

亲电试剂进攻4-位：

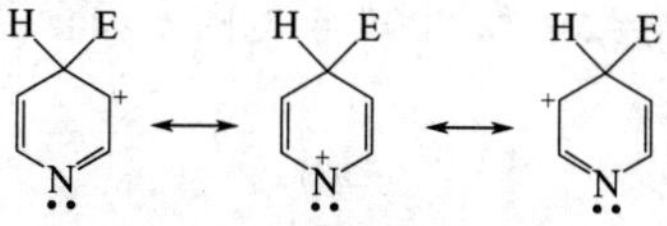

Ⅱ
不稳定

亲电试剂进攻3-位或5-位：

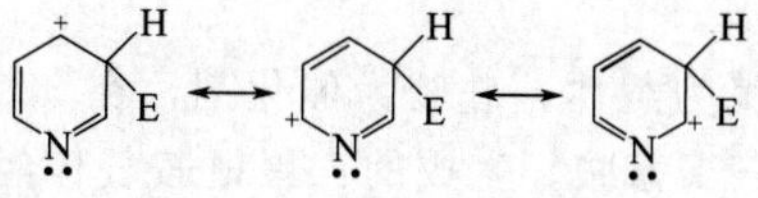

吡啶环上氮原子的吸电子效应致使环上电子云密度降低，不利于亲电取代，却利于亲核取代，主要生成α取代产物。例如：

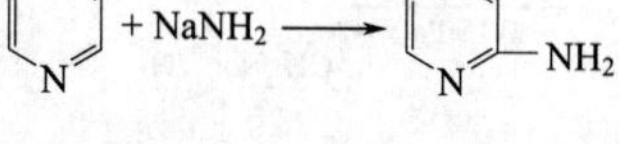

此为齐齐巴宾反应（Chichibabin）。

吡啶环上2-、4-、6-位的卤素容易被亲核试剂取代。如：

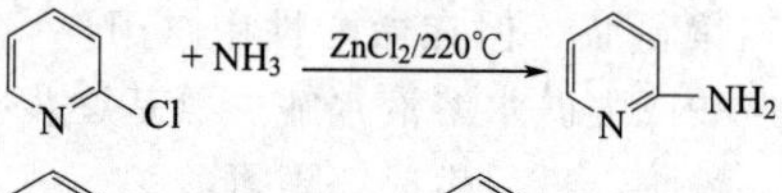

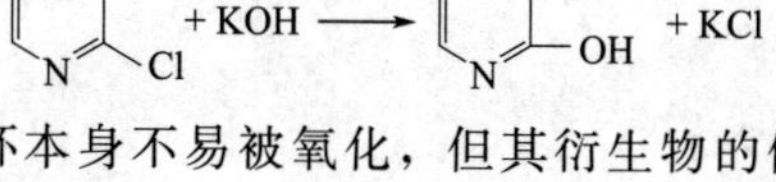

③ 氧化和还原反应　吡啶环本身不易被氧化，但其衍生物的侧链易被氧化，生成相应的吡啶甲酸。例如：

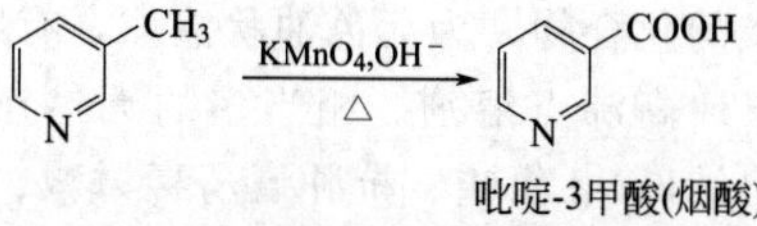

吡啶-3甲酸(烟酸)

用过氧酸（或30%的H_2O_2和CH_3COOH混合物）氧化吡啶时，可生成氧化吡啶。

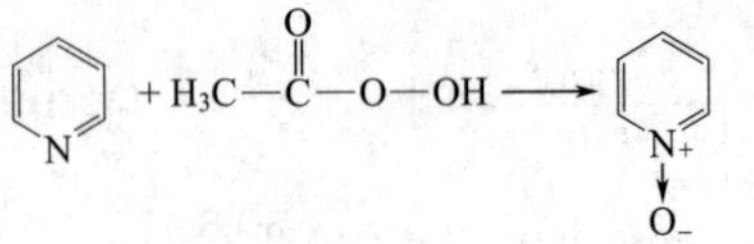

$$\text{Pyridine} + H_3C-\overset{O}{\overset{\|}{C}}-O-OH \longrightarrow \text{Pyridine-}N^+\text{-}O^-$$

吡啶经催化氢化得六氢吡啶。

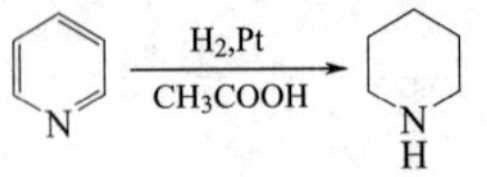

$$\text{Pyridine} \xrightarrow[CH_3COOH]{H_2,Pt} \text{Piperidine (N-H)}$$

六氢吡啶也叫哌啶（piperidine），是一般的二级胺，碱性较吡啶强，是常用的碱性溶剂和重要的有机合成原料。

15.4.2 三聚氰胺

(1) 三聚氰胺的物理性质、用途及危害

三聚氰胺（melamine）是氨基腈的三聚体，又称 2,4,6-三氨基-1,3,5-三嗪，俗称密胺，蛋白精。它是白色单斜晶体，几乎无味，微溶于水，可溶于甲醇、甲醛、乙酸、热乙二醇、甘油、吡啶等，不溶于醚、苯和四氯化碳。三聚氰胺是重要的有机合成中间体，主要用于生产三聚氰胺甲醛树脂。该树脂常用于制造日用器皿、装饰贴面板、织物整理剂等。三聚氰胺对人体有害，被摄入人体后，水解生成三聚氰酸，三聚氰酸和三聚氰胺形成大的网状结构，造成肾与膀胱结石。由于估测食品和饲料工业蛋白质含量方法的缺陷，三聚氰胺常被不法商人掺杂进食品或饲料中，以造成食品或饲料蛋白质含量较高的假象，最终导致诸如 2007 年美国宠物食品污染事件和 2008 年中国的“三鹿奶粉事件”等严重的食物安全事故。

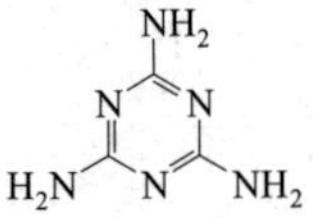

$$\text{2,4,6-}(NH_2)_3\text{-1,3,5-triazine}$$

三聚氰胺

(2) 三聚氰胺的制备

工业上常以尿素为原料，氨气为载体，硅胶为催化剂，在 380～400℃温度下沸腾反应，先分解生成氰酸，并进一步缩合生成三聚氰胺。生成的三聚氰胺气体经冷却捕集后得粗品，后经溶解，除去杂质，重结晶得成品。

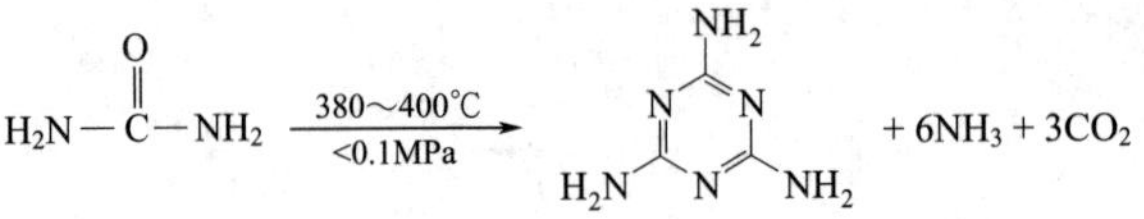

$$6\,H_2N-\overset{O}{\overset{\|}{C}}-NH_2 \xrightarrow[<0.1MPa]{380\sim400^\circ C} \text{2,4,6-}(NH_2)_3\text{-1,3,5-triazine} + 6NH_3 + 3CO_2$$

(3) 化学性质

三聚氰胺呈弱碱性，与盐酸、硫酸、硝酸、乙酸、草酸等都能形成盐。在中性或微碱性情况下，与甲醛缩合而成各种羟甲基三聚氰胺，但在微酸性中（pH＝5.5～6.5）与羟甲基的衍生物进行缩聚反应而生成树脂产物。遇强酸或强碱水溶液水解，氨基逐步被羟基取代，先生成三聚氰酸二酰胺，进一步水解生成三聚氰酸一酰胺，最后生成三聚氰酸。

15.4.3 喹啉和异喹啉

15.4.3.1 喹啉

(1) 喹啉的物理性质

喹啉是苯环与吡啶环稠合而成的化合物，为无色油状液体，有特殊臭味，难溶于水，和大多数有机溶剂混溶，沸点 238℃，是一种高沸点溶剂。相当多的天然产物和合成药物都是喹啉的衍生物，例如抗疟疾药奎宁（又名金鸡纳碱）、氯喹、抗肿瘤药喜树碱、抗风湿药辛可芬等。

(2) 喹啉的制备

喹啉及其衍生物一般通过合成的方式得到。最常用的方法是斯克劳普（Skraup）法。即用苯胺、甘油、浓硫酸和硝基苯（或缓和的氧化剂 As_2O_3 等），共热制取喹啉。

$$CH_2OH-CHOH-CH_2OH \xrightarrow{H_2SO_4} CH_2=CH-CHO \xrightarrow{C_6H_5NH_2} \beta\text{-苯氨基丙醛} \rightleftharpoons [\text{烯醇式}] \xrightarrow[-H_2O]{H_2SO_4} \text{二氢喹啉} \xrightarrow[{[O]}]{C_6H_5NO_2} \text{喹啉}$$

其反应历程：首先甘油在浓硫酸作用下脱水形成丙烯醛，接着丙烯醛和苯胺进行 Michael 加成得 β-苯氨基丙醛，再经环化、脱水为二氢喹啉，最后被硝基苯氧化生成喹啉。反应中硝基苯变成苯胺，可作原料循环使用。

喹啉的衍生物通常可用取代的芳胺为原料，与丙烯醛经类似的过程制取。例如，用邻氨基苯酚可以制得 8-羟基喹啉，苯胺环上间位有供电子基时，主要得到 7-位取代喹啉，有吸电子基时，则主要得到 5-位取代喹啉。

(3) 喹啉的化学性质

吡啶氮原子的强吸电性使吡啶环上的电子云密度较苯环低，因此，亲电取代主要发生在苯环的 5-位和 8-位上，亲核取代主要发生在吡啶环的 2-位。例如：

$$\text{喹啉} \xrightarrow[100℃]{NaNH_2,\text{二甲苯}} \text{2-氨基喹啉}$$

$$\text{喹啉} \xrightarrow[0℃]{\text{浓}H_2SO_4,\text{浓}HNO_3} \text{5-硝基喹啉} + \text{8-硝基喹啉}$$

$$\text{喹啉} \xrightarrow{\text{浓}H_2SO_4,200℃} \text{8-喹啉磺酸} + \text{5-喹啉磺酸(少量)}$$

$$\text{2-氯喹啉} \xrightarrow[\triangle]{CH_3ONa/CH_3OH} \text{2-甲氧基喹啉}$$

喹啉氧化时，苯环破裂而吡啶环保持不变；还原时吡啶环被氢化而苯环保持不变，生成 1,2,3,4-四氢喹啉，如果有更强的还原条件，可被还原为十氢喹啉。例如：

$$\text{喹啉} \xrightarrow[H_2O,100℃]{KMnO_4} \text{2,3-吡啶二甲酸}$$

$$\text{十氢喹啉} \xleftarrow[40℃]{H_2,Pt,CH_3COOH} \text{喹啉} \xrightarrow[\text{或}Sn+HCl]{Pt,H_2O,0.2MPa} \text{1,2,3,4-四氢喹啉}$$

15.4.3.2 异喹啉

异喹啉是喹啉的同分异构体，具有香味的晶体，熔点 24℃，沸点 243℃，微溶于水，易溶于有机溶剂，能随水蒸气挥发。异喹啉的碱性（$pK_a=5.4$）比喹啉（$pK_a=4.9$）强，这是由于喹啉类似于苯胺，而异喹啉是苄胺的衍生物。从煤焦油中得到的初喹啉粗品中，异喹啉约占 1%，可利用它们碱性的差别将两者分开。

喹啉　　苯胺衍生物　　异喹啉　　苄胺衍生物

工业上常利用喹啉的硫酸盐溶于乙醇，而异喹啉的硫酸盐不溶的性质将两者分开。异喹啉的化学性质和喹啉十分类似，亲电取代一般发生在苯环的 5-位上，而亲核取代主要发生在杂环的 1-位上。异喹啉的衍生物比较重要的有生物碱、罂粟碱和小檗碱等。

15.5 嘧啶、嘌呤及其衍生物

（1）嘧啶

嘧啶是含有两个氮原子的六元杂环化合物，也称间二嗪，为无色结晶，熔点 22℃，易溶于水。嘧啶本身并不存在于自然界中，但其衍生物广泛分布于生物体内，起着重要的生理和药理作用。例如，尿嘧啶（uracil）、胸腺嘧啶（thymine）、胞嘧啶（cytosine）是核酸的重要组元，维生素 B_1 和磺胺嘧啶结构中也包含嘧啶环。

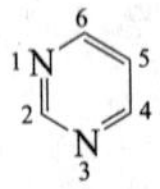

嘧啶 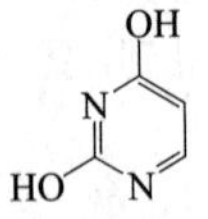　　尿嘧啶 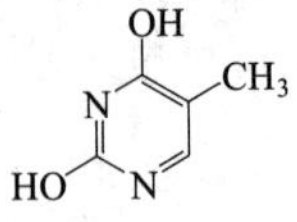　　胸腺嘧啶 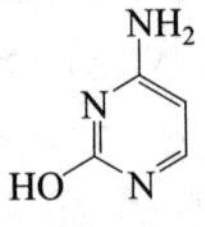　　胞嘧啶

嘧啶环上有两个类似于吡啶的氮原子，与吡啶相比，嘧啶氮原子的吸电作用，使得嘧啶环上碳原子的电子云密度更低。因此，嘧啶的碱性（$pK_a=1.3$）较吡啶（$pK_a=5.2$）弱。其亲电取代较吡啶困难，而亲核取代则比吡啶容易。反应主要发生在氮原子的邻对位，即 2-、4-、6-位，如：

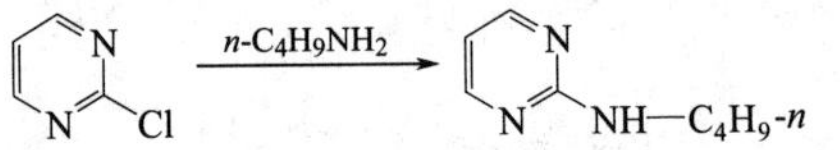

n-$C_4H_9NH_2$　　NH—C_4H_9-n

（2）嘌呤

嘌呤由嘧啶环与咪唑环稠合而成，为无色晶体，熔点 217℃，易溶于水，能和酸或者碱生成盐。

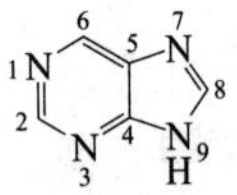

嘌呤 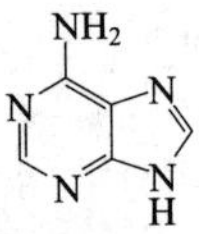　　腺嘌呤 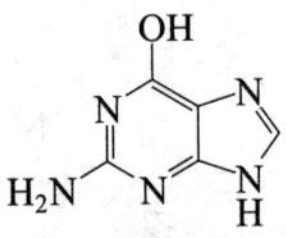　　鸟嘌呤

嘌呤本身不存在于自然界中，但其衍生物却在自然界广泛存在。如，腺嘌呤（adenine）和鸟嘌呤（guanine）是核酸组成部分，茶碱（theophylline）、咖啡碱（caffeine）、可可碱（theobromine）、尿酸（uricacid）等天然产物也含有嘌呤环。

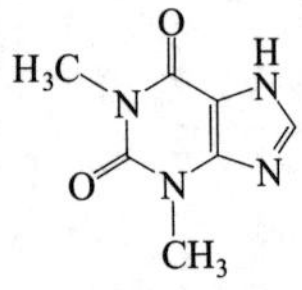

茶碱 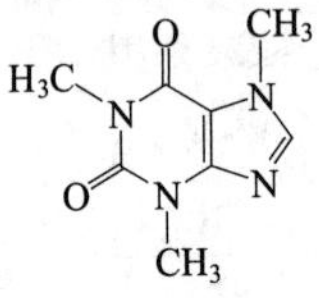　　咖啡碱 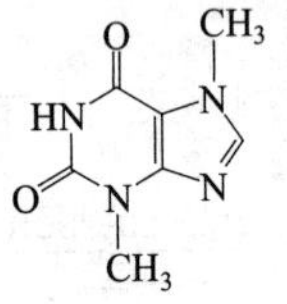　　可可碱 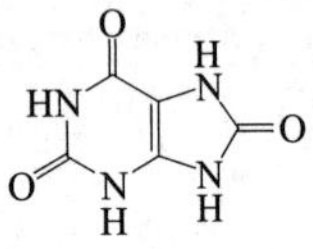　　尿酸

【拓展阅读】　　阿比朵尔在抗病毒中的应用

阿比朵尔（arbidol）又叫阿比多尔，是小分子吲哚衍生物，与奥司他韦和利巴韦林相比，具有相似或者更强的抑制病毒复制的作用，是一种具有免疫增强作用的非核苷类广谱抗病毒药物。但阿比朵尔的合成路线更加简便，且更加经济，首次合成时间和上市时间也远早于奥司他韦，最早由俄罗斯药物化学研究中心研发，目前已经在俄罗斯上市 20 多年。2006 年在中国批准上市，用于治疗甲、乙型流感病毒引起的上呼吸道感染。阿比朵尔的抗病毒作用强、临床副作用小、不易产生耐药性且性价比较高，是一种具有广泛应用前景的药物，临床上可以抗流感病毒、呼吸道合胞病毒、冠状病毒、丙型肝炎病毒等；另外它还具有免疫调节的作用。新型冠状病毒于 2019 年 12 月 8 日首次被发现并迅速席卷全球，截至 2023 年 5 月（世界卫生组织统计）全球累计死亡病例已超 2000 万人。医务工作者和研究人员夜以继日以求寻到合适的治疗药物。阿比多尔也在诸多报道中被提及使

用联合用药方案；中国工程院院士李兰娟团队也公布其研究成果，即在体外实验中，与药物未处理对照组相比，阿比多尔能有效抑制冠状病毒达到60倍。阿比朵尔在抗病毒的治疗和预防上具有很大的应用潜力和价值，随着科学技术的发展，其潜在价值将进一步被挖掘。一种优秀药物的研发需要广大科研工作者持之以恒地不断累积，前人栽树，后人乘凉，没有前人漫长而艰难的付出，就不会有像阿比朵尔这类优秀药物的出现。成功没有捷径，但是成功的道路上已经留下许多前人的脚印。

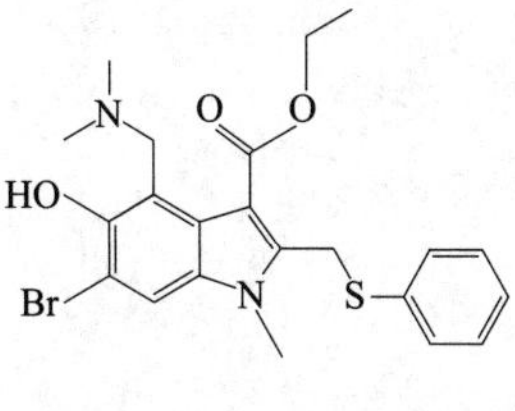

阿比朵尔(arbidol) 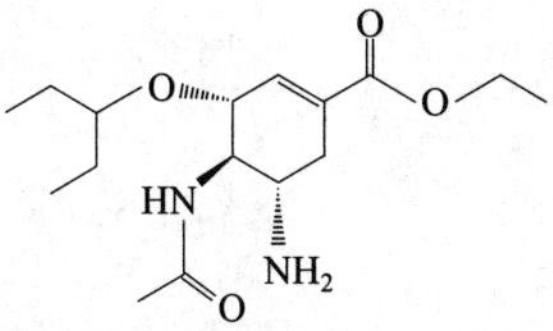　　奥司他韦 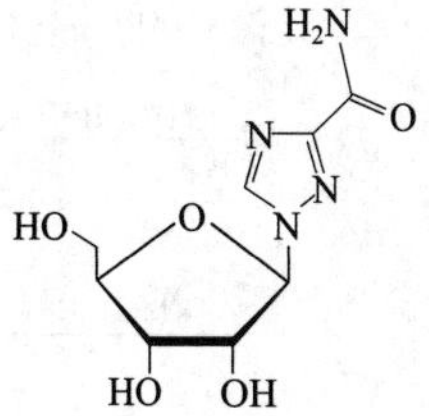　　利巴韦林

【例题解析】

杂环化合物的芳香性和亲电取代反应活性是本章的重点和难点内容。

例题．比较下列化合物的亲电取代反应活性：

（1）苯　　（2）吡咯　　（3）吡啶

解析： 芳香烃的亲电取代反应中，芳环的电子云密度越高，越利于亲电取代反应。吡咯是5原子6π电子结构，其电子云密度大于苯环，故吡咯的活性大于苯；对于吡啶，N的吸电子能力大于C，造成吡啶环的电子云密度比苯小，故吡啶的活性比苯差。上述化合物的亲电取代反应活性顺序为：吡咯＞苯＞吡啶。

习　题

1. 写出下列各化合物的结构式。

（1）糠醛、糠酸　　（2）2,5-二甲基喹啉

（3）烟碱　　（4）*β*-吲哚乙酸

（5）胞嘧啶　　（6）腺嘌呤

（7）噻吩磺酸　　（8）5-溴-1-甲基吡咯-2-甲酸

（9）5-乙烯基-2-甲基吡啶　　（10）4-硝基吡唑

2. 从分子结构的角度出发，解释为什么吡啶较苯难发生亲电取代反应，而吡咯较苯易发生亲电取代反应？

3. 用适当的方法将下列混合物中的少量杂质除去。

（1）苯中混有少量噻吩　　（2）甲苯中混有少量吡啶　　（3）吡啶中含有少量六氢吡啶

4. 写出下列反应的主产物结构及名称。

（1）吡啶＋$CH_3I \longrightarrow$

（2）吡啶＋KNO_3，$H_2SO_4 \xrightarrow{300℃}$

（3）吡啶＋$CH_3COOH \longrightarrow$

（4）吡啶＋$H_2 \xrightarrow{Pt}$

（5）吡啶＋$SO_3 \xrightarrow{加压}$

（6）吡啶＋发烟 $H_2SO_4 \xrightarrow{350℃}$

5. 完成下列反应。

（1）(呋喃) $+ (CH_3CO)_2O \longrightarrow \xrightarrow{HNO_3}$

(2) O + Br—$N_2^+Cl^-$ ⟶

(3) O + O O O ⟶

(4) N S Cl $\xrightarrow[CH_3OH]{PhSNa}$

(5) N H $+ Br_2 \xrightarrow{C_2H_5OH}$

(6) N $\xrightarrow[\triangle]{KMnO_4,H^+}$

6. 以苯胺和吡啶为原料，合成抗菌药磺胺吡啶（sulfapyridine）。

N NH—S(O)(O)—NH_2

磺胺吡啶

7. 以苯或者甲苯为起始原料，合成下列化合物。

(1) 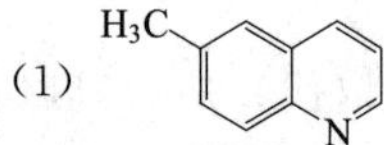

(2) 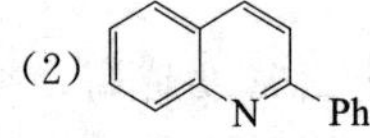

(3) 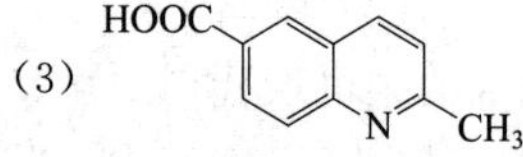

8. 某杂环化合物 C_6H_6OS 能生成肟，但不能发生银镜反应，它与次溴酸反应生成噻吩-2-甲酸。试推出其结构。

9. 请将下列化合物按碱性由强到弱的次序排列，并对排序作简单说明。

(1) 氨　(2) 吡啶　(3) 嘧啶　(4) 喹啉　(5) 咪唑　(6) 吡咯

10. 比较下列化合物的性质。

(1) 芳香性：

① 苯　② 呋喃　③ 吡咯　④ 噻吩

(2) 亲电取代反应活性：

① 苯　② 呋喃　③ 吡咯　④ 噻吩

11. 用斯克劳普法合成下列化合物：

(1) 6-甲氧基喹啉　　(2) 8-羟基喹啉

(3) 2-甲基喹啉　　(4) 2-乙基-3-甲基喹啉

第 16 章 碳水化合物

16.1 碳水化合物的定义与分类

(1) 碳水化合物的定义

碳水化合物又称为糖类，是植物的主要结构成分，占植物干重的80%左右，也是脂肪和核酸的组成单位。

碳水化合物分子结构中通常含有碳、氢、氧三种元素，如葡萄糖（$C_6H_{12}O_6$）、核糖（$C_5H_{10}O_5$）、蔗糖 $C_{12}H_{22}O_{11}$ 等。许多碳水化合物可以用通式 $C_x(H_2O)_y$ 来表示，例如核糖可以写成 $C_5(H_2O)_5$、葡萄糖可以写成 $C_6(H_2O)_6$、蔗糖可以写成 $C_{12}(H_2O)_{11}$ 等。由于当时人们不知道这些化合物的确切结构，所以把它们看成是碳的水合物，故称为碳水化合物（carbohydrates）。随着科学技术的发展，发现有些碳水化合物并不符合上述通式，例如鼠李糖 $C_6H_{12}O_5$，故碳水化合物不能简单地看成碳的水合物，但“碳水化合物”名称还一直使用至今。

到底什么是碳水化合物呢？从化学结构上来看，碳水化合物是多羟基醛或多羟基酮，或者是通过水解能生成多羟基醛（或酮）的化合物。

碳水化合物分子中都含有手性碳原子，自然界中存在的碳水化合物都具有旋光性，并且一对对映体中只有一种异构体天然存在。如在自然界中只有右旋的葡萄糖存在，左旋的葡萄糖是没有的。作为天然的多手性中心的化合物，糖类在手性合成中常作为手性起始原料。

从20世纪60年代起，人们发现糖类在生物体中不仅作为能源（如淀粉和糖原）或结构组分（如蛋白聚糖或纤维素），而且担负着极为重要的生物功能，如细胞间的通信、识别、相互作用，胚胎的发生、转移，信号的传递，细胞的运动与黏附，调节机体的免疫功能等。随着糖化学与生物化学的交叉研究，诞生了新学科糖生物学（glycobiology），它的研究领域是糖化学、糖链生物合成、糖链在生物体系中的功能、糖链操作技术等，在人们深入了解糖在生命过程中所扮演的角色起了很大作用。

(2) 碳水化合物的分类

根据碳水化合物的结构和性质，可以分为单糖、低聚糖和多糖三类。

① 单糖　单糖是不能进一步水解成更简单的多羟基醛或酮的碳水化合物。单糖在糖类结构中是最简单的一类，单糖一般含有3～7个碳原子，例如丙醛糖含有3个碳、赤藓糖含有4个碳、核糖含有5个碳、葡萄糖含有6个碳、庚醛糖含有7个碳等。自然界中分布最广的是含有5个碳和6个碳的单糖。

② 低聚糖　低聚糖也称为寡糖，由2～9个单糖分子聚合而成，水解后可生成单糖。二糖是由两分子单糖脱水而成的糖苷，二糖水解后生成两分子的单糖，如乳糖、蔗糖、麦芽糖。三糖水解后生成三分子的单糖，如棉子糖等。

③ 多聚糖　多聚糖简称多糖，由10个以上单糖分子聚合而成，经水解后可生成多个单糖或低聚糖。根据水解后生成的单糖是否相同，多糖可分为均多糖和杂多糖。均多糖由一种单糖组成，水解后生成同种单糖，如阿拉伯胶、淀粉、纤维素等。杂多糖由多种单糖组成，水解后生成不同种类的单糖，如黏多糖、半纤维素等。

16.2 单糖

自然界中常见的分布最广泛的单糖为葡萄糖和果糖。单糖都有甜味，但相对甜度不同，一般以蔗糖的甜度为100，葡萄糖的甜度为74，果糖的甜度为173。果糖是已知单糖和二糖中甜度最大的糖。

葡萄糖是自然界分布最广且最为重要的一种单糖，主要存在于葡萄汁和其他果汁中，以及植物的根、茎、叶等部位，动物血液中也含有葡萄糖。天然葡萄糖的旋光都是右旋的，故亦称“右旋糖”。葡萄糖是生物体内新陈代谢不可缺少的营养物质，它的氧化反应放出的热量是生命活动所需能量的重要来源。在食品、医药工业上可直接使用，在印染制革工业中作还原剂，在制镜工业和热水瓶胆镀银工艺中也常用作还原剂。工业上还大量以葡萄糖为原料合成维生素C（抗坏血酸）。

果糖天然存在于蜂蜜、水果及菊芋、菊苣等菊科植物中。天然果糖的水溶液旋光向左，故亦称“左旋糖”。果糖是常见糖中最甜的糖，有水果香味和蜂蜜味，常用作营养剂、防腐剂等。

葡萄糖是重要的具有代表性的单糖，下面关于单糖的结构和性质的讨论分析，多以葡萄糖为例。

16.2.1 单糖的开链结构及分类

（1）单糖的开链结构

单糖的结构是根据其化学性质推导出来的。现在已经知道单糖既有开链结构，也有环状结构。许多化学事实说明单糖是多羟基醛或者多羟基酮。例如葡萄糖就是多羟基醛，它的开链结构是通过以下事实来确定的。

① 分子式为$C_6H_{12}O_6$，用钠汞齐还原生成已六醇，用HI进一步还原可得正己烷，这说明葡萄糖具有开链结构。

② 葡萄糖可与羟胺、苯肼等羰基试剂作用，证明含有羰基；可用溴水氧化为六个碳的糖酸，证明碳碳键没有断裂，这些说明葡萄糖的羰基为醛基。

③ 葡萄糖与乙酸酐作用，可以生成五乙酰基衍生物说明含有5个羟基，由于两个羟基连在同一碳原子上的结构不稳定，所以这5个羟基分别连在5个碳原子上。

基于以上事实推知葡萄糖是开链的五羟基己醛，结构简式如下。

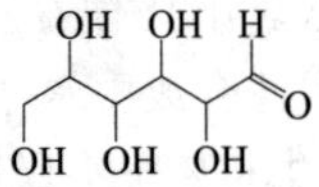

OH OH H
O
OH OH OH

相应地可以确定果糖的结构为开链的五羟基己-2-酮。

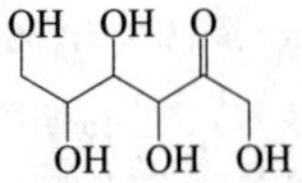

OH OH O
OH OH OH

（2）单糖的分类

根据单糖分子中碳原子的数目，可将单糖分为丙糖、丁糖、戊糖、己糖等，或称三碳糖、四碳糖、五碳糖、六碳糖等。又根据单糖分子中是否含有醛基或者酮基，将含有醛基的单糖，称为醛糖（aldoses），含有酮基的单糖，称为酮糖（ketoses）。这两种分类方法常常合并使用，例如：

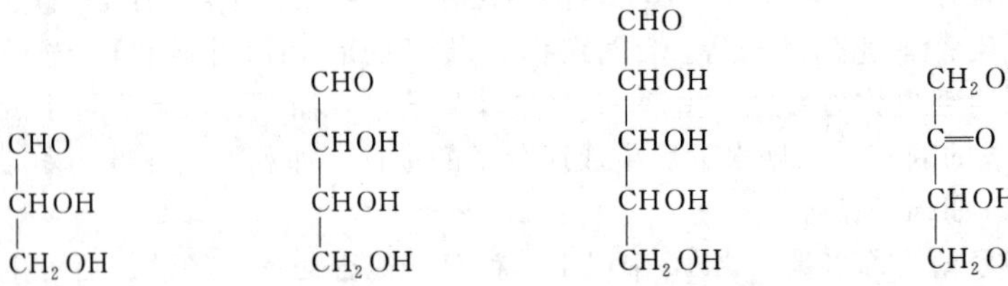

丙醛糖	丁醛糖	戊醛糖	丁酮糖
CHO | CHOH | CH_2OH	CHO | CHOH | CHOH | CH_2OH	CHO | CHOH | CHOH | CHOH | CH_2OH	CH_2OH | C=O | CHOH | CH_2OH

在书写单糖开链式时，常常将碳链竖写，羰基写上面，碳链的编号从靠近羰基的一端开始。

16.2.2 单糖的构型

最简单的单糖是丙酮糖和丙醛糖。丙醛糖俗称甘油醛，含有一个手性碳原子，有一对对映异构体。除丙酮糖外，所有的单糖分子中都含有一个或多个手性碳原子，因此都有旋光异构体。如己醛糖分子中有四个手性碳原子，有$2^4=16$个旋光异构体，葡萄糖是其中的一种；己酮糖分子中有三个手性碳原子，有$2^3=8$个旋光异构体，果糖是其中的一种。

单糖都是无色晶体，因分子中含有多个羟基，所以易溶于水，并能形成过饱和溶液——糖浆。单糖可溶于乙醇和吡啶，难溶于乙醚、丙酮、苯等有机溶剂。除丙酮糖外，所有单糖都具有旋光性，且存在变旋现象。

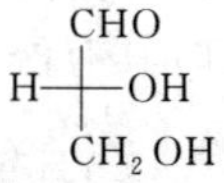

```
   CHO            CHO
H──┼──OH      HO──┼──H
   CH2OH          CH2OH
D-(+)-甘油醛    L-(−)-甘油醛
```

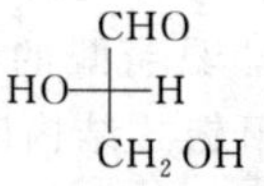

天然葡萄糖通过化学方法已经确定具有如下的构型：

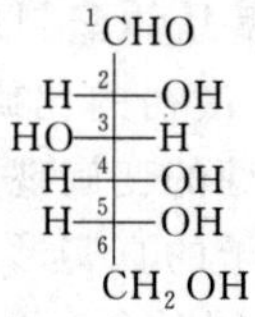

```
     1CHO
 H──2──OH
HO──3──H
 H──4──OH
 H──5──OH
    6
     CH2OH
```

葡萄糖的系统命名名称是（$2R,3S,4R,5R$）-2,3,4,5,6-五羟基己醛。糖分子构型常用 D，L 标记法表示。凡分子中离羰基最远的手性碳原子的构型，与 D-甘油醛的构型相同的碳水化合物，其构型属于 D 型。反之，则属于 L 型。

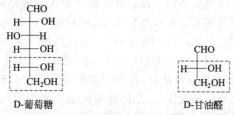

天然存在的单糖大多数是 D 型的。例如自然界中的葡萄糖和果糖都是 D 型糖。单糖的投影式也常用较简单的式子表示，例如 D-葡萄糖可以用以下简式表示：

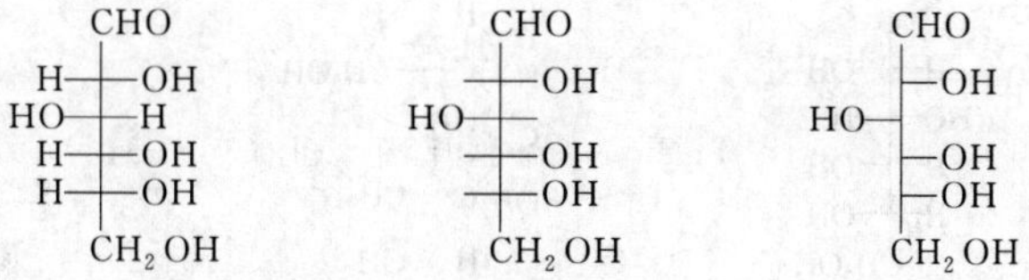

```
   CHO             CHO            CHO
 H──┼──OH          ┼──OH          ├─OH
HO──┼──H        HO─┼           HO─┤
 H──┼──OH          ┼──OH          ├─OH
 H──┼──OH          ┼──OH          ├─OH
   CH2OH           CH2OH          CH2OH
```

三个到六个碳原子的所有 D 型醛糖的投影式和名称如下：

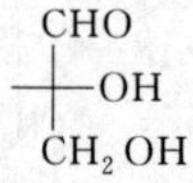

```
   CHO
   ┼──OH
   CH2OH
D-(+)-甘油醛

   CHO              CHO
   ┼──OH        HO──┼
   ┼──OH            ┼──OH
   CH2OH            CH2OH
D-(−)-赤藓糖    D-(−)-苏阿糖

   CHO            CHO            CHO            CHO
   ┼──OH      HO──┼              ┼──OH      HO──┼
   ┼──OH          ┼──OH      HO──┼          HO──┼
   ┼──OH          ┼──OH          ┼──OH          ┼──OH
   CH2OH          CH2OH          CH2OH          CH2OH
D-(−)-核糖   D-(−)-阿拉伯糖   D-(+)-木糖    D-(−)-来苏糖

   CHO           CHO           CHO           CHO           CHO           CHO           CHO           CHO
   ┼──OH     HO──┼             ┼──OH     HO──┼             ┼──OH     HO──┼             ┼──OH     HO──┼
   ┼──OH         ┼──OH     HO──┼         HO──┼             ┼──OH         ┼──OH     HO──┼         HO──┼
   ┼──OH         ┼──OH         ┼──OH         ┼──OH     HO──┼         HO──┼         HO──┼         HO──┼
   ┼──OH         ┼──OH         ┼──OH         ┼──OH         ┼──OH         ┼──OH         ┼──OH         ┼──OH
   CH2OH         CH2OH         CH2OH         CH2OH         CH2OH         CH2OH         CH2OH         CH2OH
D-(+)-阿洛糖 D-(+)-阿卓糖 D-(+)-葡萄糖 D-(+)-甘露糖 D-(−)-古罗糖 D-(−)-艾杜糖 D-(+)-半乳糖 D-(+)-塔罗糖
```

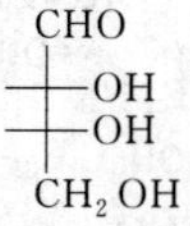

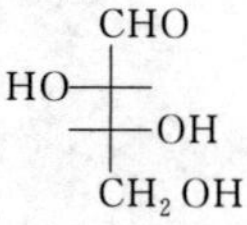

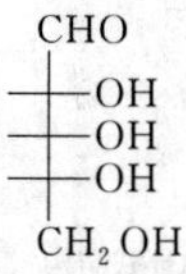

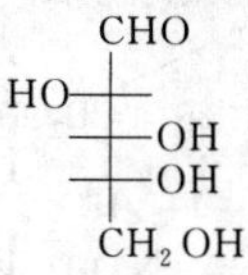

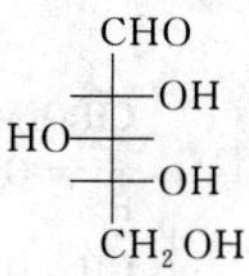

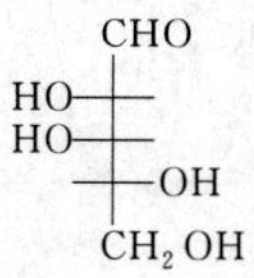

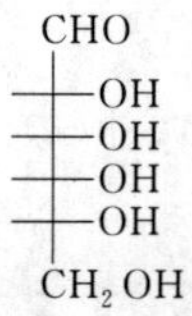

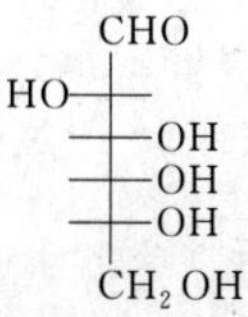

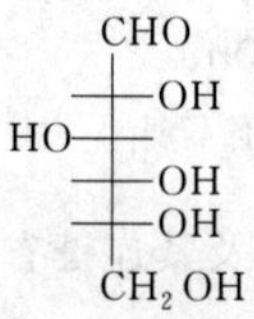

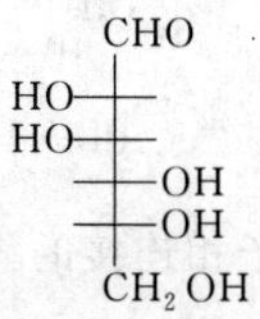

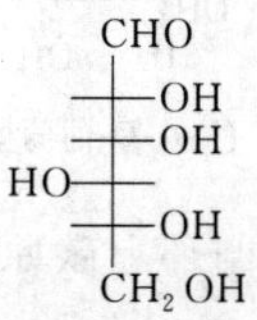

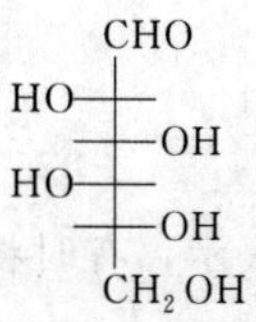

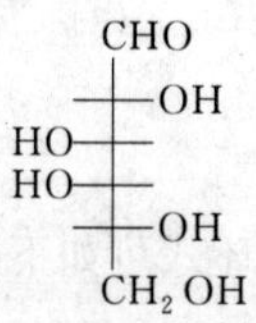

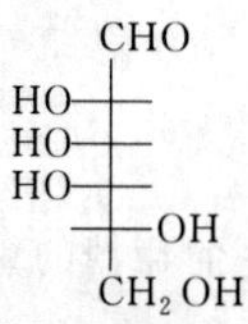

16.2.3 单糖的环状结构和变旋现象

单糖的开链结构式虽然说明了糖的许多化学性质，但有些性质与此结构不符。例如，葡萄糖在碱性条件下与硫酸二甲酯作用，即转化成五甲基葡萄糖，无醛的特性；将其水解，只有一个甲氧基容易水解，生成四甲基葡萄糖，具有醛的特性。葡萄糖有时具有醛基特性，有时又不具有醛基特性，这一现象无法用葡萄糖的开链式结构说明。

另外D-葡萄糖又分为α-D-葡萄糖和β-D-葡萄糖。当D-葡萄糖在50℃以下的水溶液中结晶时，得到熔点为146℃的α型晶体，比旋光度+112°；但在98℃以上的水溶液中结晶时，则得到熔点为150℃的β型晶体，比旋光度+18.7°。将α型晶体配制成水溶液，最初的比旋光度为+113°，放置后逐渐降至+52.7°；将β型晶体配成溶液，最初的比旋光度为+18.7°，放置后逐渐升至+52.7°。这种旋光度改变的现象称为变旋现象。葡萄糖的变旋现象也无法用开链式结构解释。

既然葡萄糖的开链式结构不能代表其分子的真实形状，又受到醛与醇能发生加成反应生成半缩醛的启示，Haworth指出D-葡萄糖分子中，同时含有醛基和羟基，因此能发生分子内的加成反应，生成环状半缩醛。实验证明，D-(+)-葡萄糖主要是C5上的羟基与醛基作用，生成六元环的半缩醛，称之为氧环式，也叫哈沃斯（Haworth）透视式。

开链结构式改写成哈沃斯透视式结构：首先将开链式结构碳链卷成环状；接着绕C4—C5键将C5旋转120°，使C5上的羟基与醛基靠近；然后C5上的羟基与醛基加成，形成一个新的手性碳原子（该手性碳原子有一个特别的名称，叫作异头碳），生成两种六元环状的半缩醛（Ⅰ）和（Ⅱ）。（Ⅰ）和（Ⅱ）是两种构型：在（Ⅰ）中，C1上的半缩醛羟基与C5上原来的羟基处于同侧，则称为α型；在（Ⅱ）中，C1上的半缩醛羟基与C5上原来的羟基处于异侧，称为β型。α型和β型是非对映异构体，有时也称为“差向异构体”。差向异构体是指两个手性分子中只有一个手性原子的构型不同而其他手性原子的构型相同的非对映异构体。

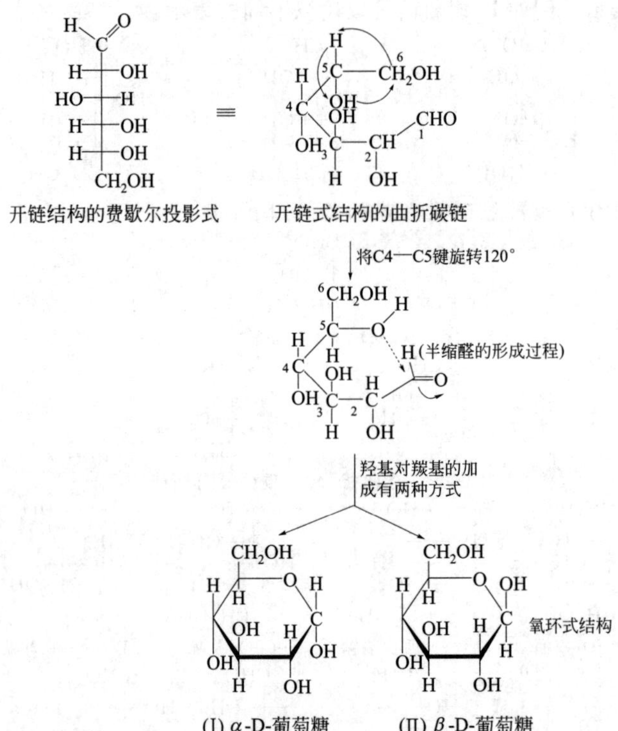

D-葡萄糖的氧环式可如下表示，有时将与环上碳原子相连接的氢及其连键省去。

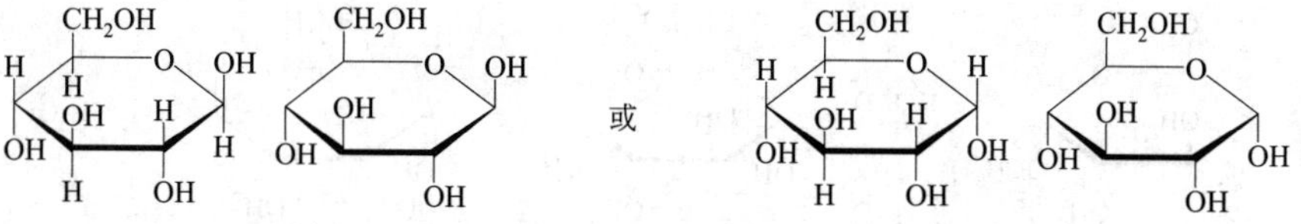

β-D-葡萄糖　　　　α-D-葡萄糖

水溶液中α-D-葡萄糖、β-D-葡萄糖和开链结构三者是并存的，这种互变异构可表示如下：

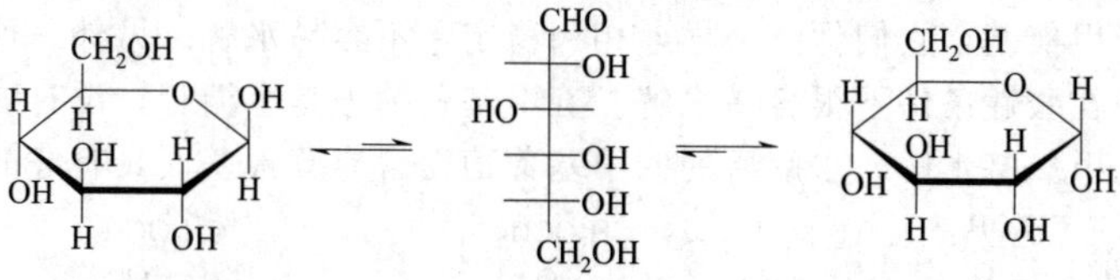

β-D-葡萄糖 $[\alpha]=+18.7°$　　开链结构式　　α-D-葡萄糖 $[\alpha]=+112°$

以上三者平衡以后的混合物 $[\alpha]=+52.7°$

以上互变异构的平衡及其比旋光度的变化，较好地解释了D-葡萄糖的变旋现象。

葡萄糖的环状结构没有游离羰基，不能发生羰基的典型反应。但当葡萄糖水溶液遇到羰基试剂时，少量的开链式结构能与试剂发生反应，并由此破坏平衡，使氧环式不断向开链式移动，所以葡萄糖的水溶液能显示羰基的特性。

单糖主要以五元、六元环存在。六元环的糖与杂环化合物中的吡喃相似，具有这种结构的糖称为吡喃糖；五元环的糖与杂环化合物中的呋喃相似，具有这种结构的糖称为呋喃糖。所以D-果糖在溶液中主要是以五元氧环结构存在的，并且也有α-和β-两种构型，α-D-果糖（五元环）可称为α-D-呋喃果糖。D-葡萄糖在溶液中主要是以六元氧环结构存在的，并且也有α-和β-两种构型，α-D-葡萄糖（六元环）可称为α-D-吡喃葡萄糖。

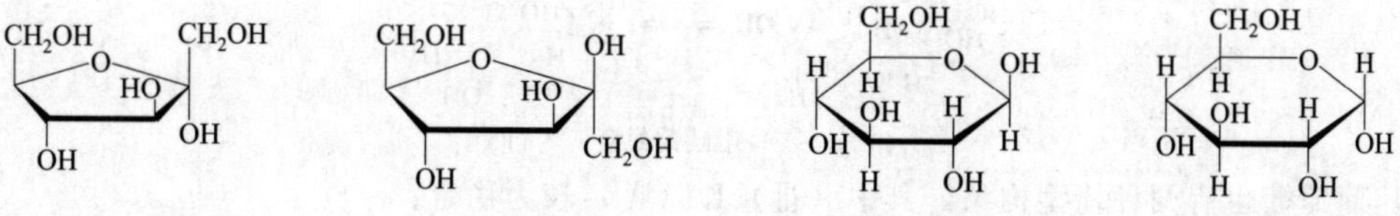

α-D-呋喃果糖　　β-D-呋喃果糖　　β-D-吡喃葡萄糖　　α-D-吡喃葡萄糖

醛与醇作用生成的半缩醛在酸的存在下，很容易再与一分子醇作用，生成缩醛。葡萄糖的环状半缩醛也有这种性质。

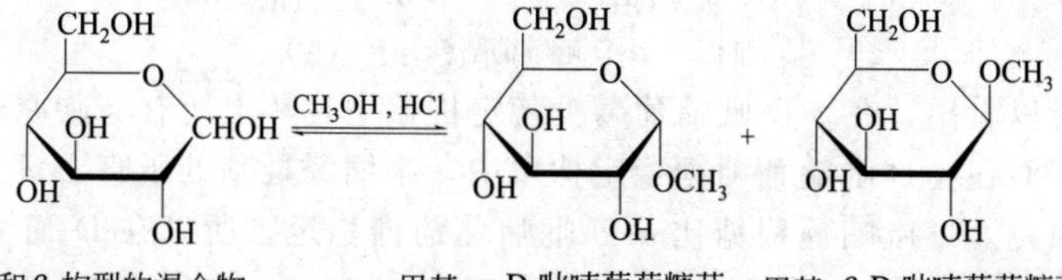

CH_3OH, HCl

α-和β-构型的混合物　　甲基-α-D-吡喃葡萄糖苷　　甲基-β-D-吡喃葡萄糖苷

糖的这种由半缩醛羟基转化而形成的衍生物，叫作糖苷。异头碳上的羟基就叫作苷羟基。与碳水化合物形成苷的非糖物质叫作苷元；糖和苷元之间的键叫作苷键。所以葡萄糖与甲醇生成的化合物就叫作甲基葡萄糖苷。葡萄糖在溶液中有α-和β-两种半缩醛结构。因此与甲醇作用所生成的苷也有α-和β-两种糖苷。在糖苷分子中没有苷羟基，这种环状结构没有变旋光现象，也不具有羰基的特性。

糖苷在碱性条件下是稳定的，而在酸性条件下很容易水解。例如由甲基-α-D-葡萄糖苷酸性条件下水解得到的不单是α-D-葡萄糖，而是α-和β-两种葡萄糖的混合物。为何是α-和β-葡萄糖的混合物？原来是苷水解后分子中有了苷羟基，于是异头碳就可以通过开链式结构相互转变的缘故。

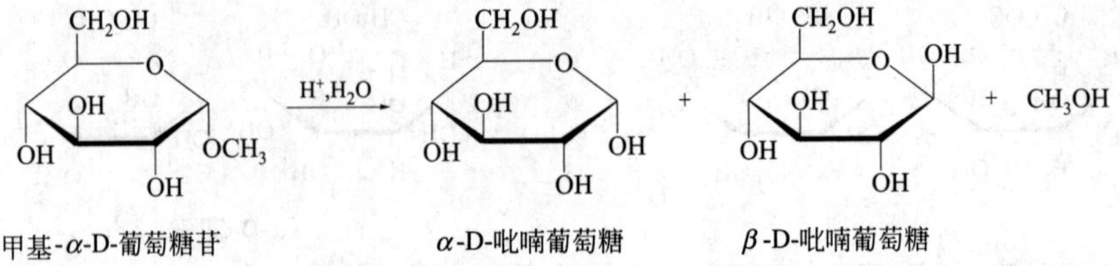

甲基-α-D-葡萄糖苷 $\xrightarrow{H^+,H_2O}$ α-D-吡喃葡萄糖 + β-D-吡喃葡萄糖 + CH_3OH

葡萄糖用硫酸二甲酯甲基化后，生成五甲基葡萄糖。五甲基葡萄糖中的甲氧基分为两种，一种由醇羟基形成的四个甲氧基，它们像醚一样，相当稳定，不容易水解。另外一种由苷羟基形成的甲氧基，像缩醛一样，在酸性条件下很容易水解。五甲基葡萄糖是个糖苷，没有醛的特性。在稀酸中水解时，只有苷键的甲氧基水解，水解后的四甲基葡萄糖含有苷羟基而具有醛的特性。

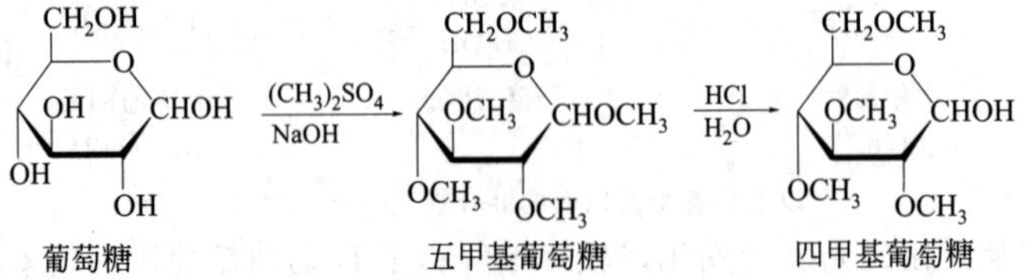

葡萄糖 $\xrightarrow[NaOH]{(CH_3)_2SO_4}$ 五甲基葡萄糖 $\xrightarrow[H_2O]{HCl}$ 四甲基葡萄糖

16.2.4 吡喃糖的构象

近代X射线分析等技术对单糖的研究证明，以五元环形式存在的单糖，如果糖、核糖等，分子中成环碳原子和氧原子基本共处于一个平面内。而以六元环形式存在的单糖，如葡萄糖、半乳糖和阿拉伯糖等，分子中成环的碳原子和氧原子不在同一个平面。上述吡喃糖的Haworth式不能真实地反映环状半缩醛的立体结构。吡喃糖中的六元环与环己烷相似，椅式构象占绝对优势。在D-葡萄糖水溶液中，β-D-吡喃葡萄糖含量比α-D-吡喃葡萄糖多（64∶36）。稳定性与它们的构象有关，例如β-D-吡喃葡萄糖的两种椅型构象如下，其中（Ⅰ）比（Ⅱ）较为稳定：

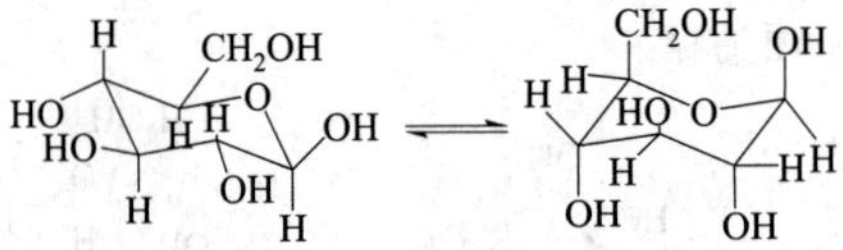

（Ⅰ） β-D-吡喃葡萄糖 （Ⅱ）

α-D-吡喃葡萄糖也有两种椅型构象，其中（Ⅲ）比（Ⅳ）较为稳定：

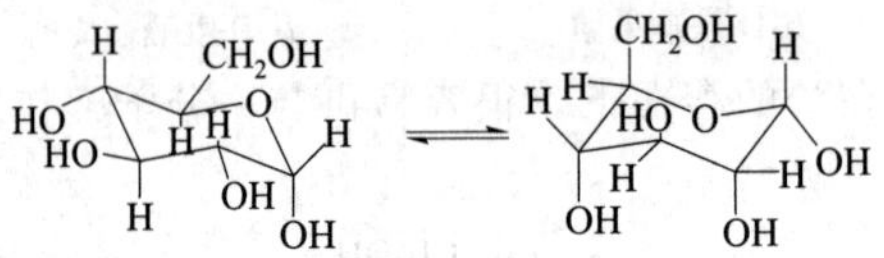

（Ⅲ） α-D-吡喃葡萄糖 （Ⅳ）

由上述构象式可以看出，在β-D-吡喃葡萄糖稳定构象中，环上所有与碳原子连接的羟基和羟甲基都处于平伏键上，而在α-D-吡喃葡萄糖稳定构象中，半缩醛羟基处于直立键上，其余羟基和羟甲基处于平伏键上。因此β-D-吡喃葡萄糖比α-D-吡喃葡萄糖稳定。所以在D-葡萄糖的变旋平衡混合物中，β-型异构体（63%）所占的比例大于α-型异构体（37%）。在所有D-型己醛糖中，只有葡萄糖能有五个取代基全在e键上，因而葡萄糖的构象是很稳定的构象。

16.3 单糖的化学性质

单糖是多羟基醛或多羟基酮，除具有醇和醛、酮的特征性质外，还具有因分子中各基团的相互影响而产生的一些特殊性质。此外，单糖在水溶液中是以链式和氧环式平衡混合物的形式存在的，因此单糖的反应有的以环状结构进行，有的则以开链结构进行。

16.3.1 氧化反应

单糖可被多种氧化剂氧化，所用氧化剂的种类及介质的酸碱性不同，氧化产物也不同。

① 硝酸氧化　硝酸的氧化作用比溴水强，在硝酸的氧化下可使醛糖氧化为糖二酸。例如，D-葡萄糖在稀硝酸中加热，即生成D-葡萄糖二酸。

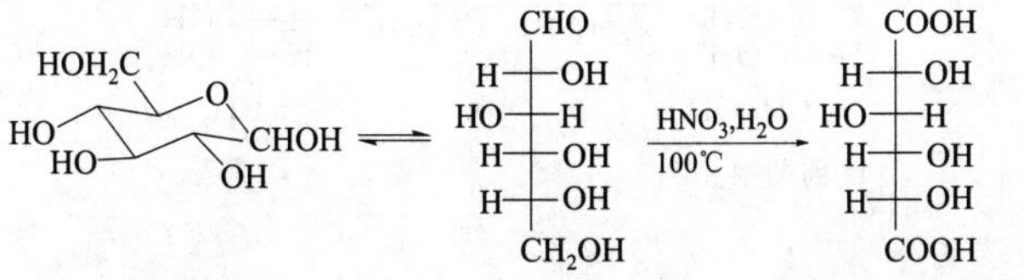

D-葡萄糖 ⇌ (Fischer投影式：CHO, H—OH, HO—H, H—OH, H—OH, CH_2OH) $\xrightarrow[100℃]{HNO_3,H_2O}$ (COOH, H—OH, HO—H, H—OH, H—OH, COOH) D-葡萄糖二酸

② 溴水氧化　溴水只能氧化醛糖，不能氧化酮糖。在pH＝5～6的缓冲溶液中用溴水氧化醛糖可生成糖酸，但在加热蒸除溶剂的过程中，糖酸脱水形成γ-内酯。例如：

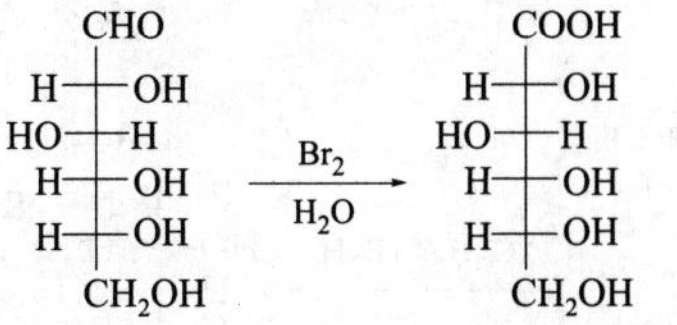

D-葡萄糖 (CHO, H—OH, HO—H, H—OH, H—OH, CH_2OH) $\xrightarrow[H_2O]{Br_2}$ (COOH, H—OH, HO—H, H—OH, H—OH, CH_2OH) D-葡萄糖酸

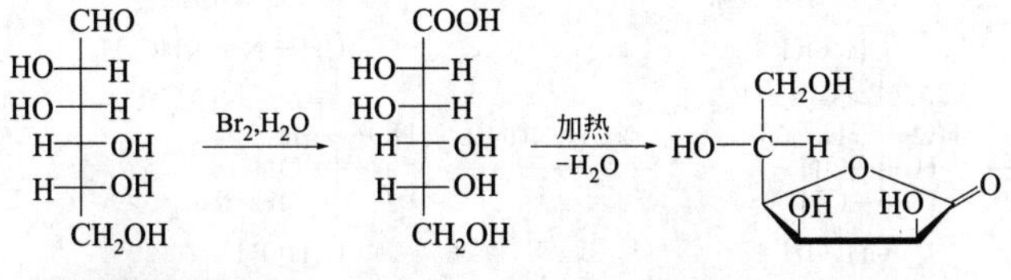

D-甘露糖 (CHO, HO—H, HO—H, H—OH, H—OH, CH_2OH) $\xrightarrow{Br_2,H_2O}$ (COOH, HO—H, HO—H, H—OH, H—OH, CH_2OH) $\xrightarrow[-H_2O]{加热}$ γ-内酯（CH_2OH, HO—C—H, OH, HO, O）

工业上常用电解氧化使醛糖转化为糖酸。例如，在碳酸钙和少量溴化钙存在下，电解D-葡萄糖，可生成D-葡萄糖酸钙即钙片，是重要的营养物质。

③ 高碘酸氧化——相邻的两个羟基所在的碳碳键断裂　糖类像其他含有两个或更多的在相邻碳原子上有羟基或羰基的化合物一样，也能被高碘酸所氧化，碳碳键发生断裂。用高碘酸作氧化剂，可使糖的所有邻二醇和α-羟基醛（或酮）结构的C—C键断裂，反应几乎是定量的，每断一个C—C键，需消耗一分子高碘酸。例如：

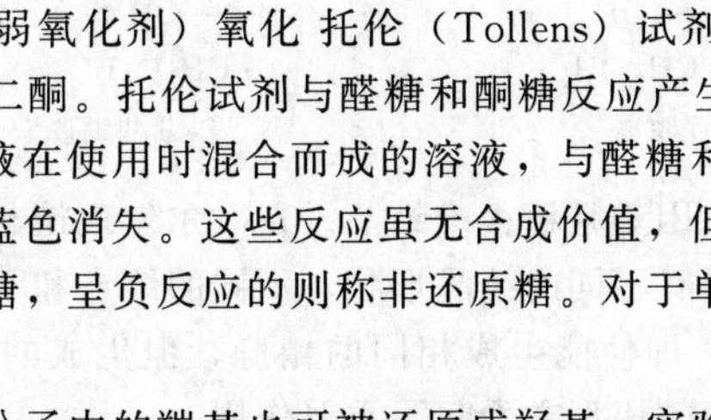

(CHO, H—OH, HO—H, H—OH, H—OH, CH_2OH) $\xrightarrow{5HIO_4}$ 5HC(=O)—OH ＋ HC(=O)—H

来自于C1～C5　来自于C6

④ 费林试剂和托伦试剂（弱氧化剂）氧化 托伦（Tollens）试剂和费林（Fehling）试剂可将醛糖和酮糖分别氧化为糖酸和α-二酮。托伦试剂与醛糖和酮糖反应产生银镜。费林试剂是由硫酸铜溶液与酒石酸钾和氢氧化钠的溶液在使用时混合而成的溶液，与醛糖和酮糖一起加热时，生成砖红色的氧化亚铜沉淀，同时溶液的蓝色消失。这些反应虽无合成价值，但可用于糖的鉴定。通常将与这些试剂呈正反应的糖称为还原糖，呈负反应的则称非还原糖。对于单糖来说，都是还原糖。

16.3.2 还原反应

与醛和酮的羰基相似，糖分子中的羰基也可被还原成羟基。实验室中常用的还原剂有硼氢化钠等，工业上则采用催化加氢，催化剂为镍、铂等。例如D-葡萄糖还原为山梨醇，D-甘露糖还原生成甘露醇，果糖在还原过程中由于C2转化为手性碳原子，故得到山梨醇和甘露醇的混合物。例如，工业上用镍催化氢化法还原D-葡萄糖，得D-葡萄糖醇（又名山梨醇），它无毒，有轻微的甜味和吸湿性，用于化妆品，也是合成维生素C的原料。

```
     CHO                                        CH2OH
  H──┼──OH                                   H──┼──OH
 HO──┼──H        H2, Raney-Ni               HO──┼──H
  H──┼──OH   ──────────────────────→         H──┼──OH
  H──┼──OH     或 NaBH4, CH3OH               H──┼──OH
     CH2OH                                      CH2OH
   D-葡萄糖                                    山梨醇
```

16.3.3 成脎反应

单糖具有羰基，与苯肼作用首先生成糖苯腙。当苯肼过量时，则继续反应生成难溶于水的黄色结晶，称为糖脎。一般认为成脎反应分三步完成：首先单糖和一分子苯肼生成糖苯腙；然后糖苯腙的 α-羟基被过量的苯肼氧化为羰基；最后与第三分子苯肼作用生成糖脎。除糖外 α-羟基醛或酮均可发生类似反应。

```
     CHO                          CH═N─NHC6H5                       CH═N─NHC6H5
  H──┼──OH                     H──┼──OH                               ═N─NHC6H5
 HO──┼──H     C6H5NHNH2       HO──┼──H        2C6H5NHNH2          HO──┼──H
  H──┼──OH   ──────────→       H──┼──OH      ──────────→           H──┼──OH      +C6H5NH2+NH3+H2O
  H──┼──OH                     H──┼──OH                            H──┼──OH
     CH2OH                        CH2OH                               CH2OH
   D-葡萄糖                     D-葡萄糖苯腙                         D-葡萄糖脎

     CH2OH                        CH2OH                          CH═N─NHC6H5
     ═O                           ═N─NHC6H5                        ═N─NHC6H5
 HO──┼──H     C6H5NHNH2       HO──┼──H        2C6H5NHNH2       HO──┼──H
  H──┼──OH   ──────────→       H──┼──OH      ──────────→        H──┼──OH        +C6H5NH2+NH3+H2O
  H──┼──OH                     H──┼──OH                         H──┼──OH
     CH2OH                        CH2OH                            CH2OH
   D-果糖                       D-果糖苯腙                   D-果糖脎（即 D-葡萄糖脎）
```

己糖与苯肼作用生成脎时，只是 C1 和 C2 的基团发生反应。因此，凡 C3、C4、C5 构型相同的己糖，所生成的脎都是相同的。例如 D-葡萄糖、D-甘露糖和 D-果糖与过量的苯肼反应生成相同的糖脎。

```
     CHO                          CH═N─NHC6H5                        CH2OH
  H──┼──OH                          ═N─NHC6H5                        ═O
 HO──┼──H     C6H5NHNH2         HO──┼──H        C6H5NHNH2       HO──┼──H
  H──┼──OH   ──────────→         H──┼──OH      ←──────────       H──┼──OH
  H──┼──OH                       H──┼──OH                        H──┼──OH
     CH2OH                          CH2OH                           CH2OH
   D-葡萄糖                       D-葡萄糖脎                       D-果糖

     CHO                          CH═N─NHC6H5
 HO──┼──H                           ═N─NHC6H5
 HO──┼──H     C6H5NHNH2         HO──┼──H
  H──┼──OH   ──────────→         H──┼──OH
  H──┼──OH                       H──┼──OH
     CH2OH                          CH2OH
   D-甘露糖                       D-葡萄糖脎
```

早期在研究糖时遇到的最大困难是糖很难结晶。费歇尔发现糖与苯肼反应生成的糖脎都是不溶于水的黄色结晶。不同的糖脎具有不同的结晶形状、不同的熔点和不同的生成时间。不同的糖（如 D-葡萄糖、D-甘露糖和 D-果糖）即使能生成相同的糖脎，但生成的时间不同，因此可以根据这些性质来鉴别糖，这在早期测定糖的构型方面起了重要作用。

16.3.4 成醚和成酯反应

通常的酯化方法也能够将单糖上的羟基全部或部分酯化。过量的试剂可将所有的羟基（包括半缩醛上的羟基）酯化。例如，在吡啶中用过量的乙酸酐可将 β-D-吡喃葡萄糖转化为五乙酰化 β-D-吡喃葡萄糖。同样，一些通常的醚化方法也适合于单糖的醚化。

(1) 成醚

由于单糖分子在碱性介质中直接甲基化会发生副反应，所以一般先将单糖分子中的半缩醛羟基通过成苷保护起来，然后再进行成醚反应。

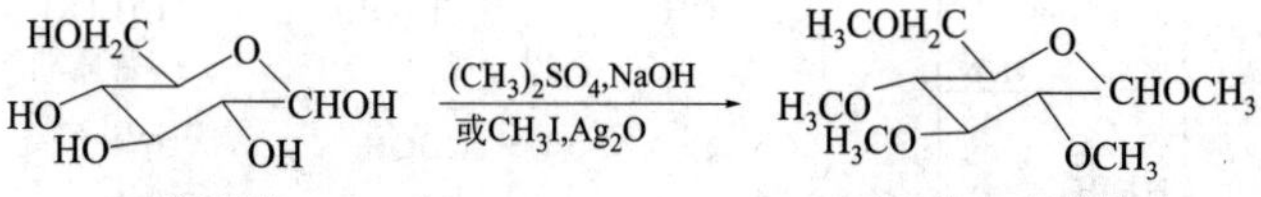

D-葡萄糖 $\xrightarrow[\text{或}CH_3I,Ag_2O]{(CH_3)_2SO_4,NaOH}$ 五甲基-D-葡萄糖

(2) 成酯

在实验室中，用乙酰氯或乙酸酐与葡萄糖作用，可以得到葡萄糖五乙酸酯。

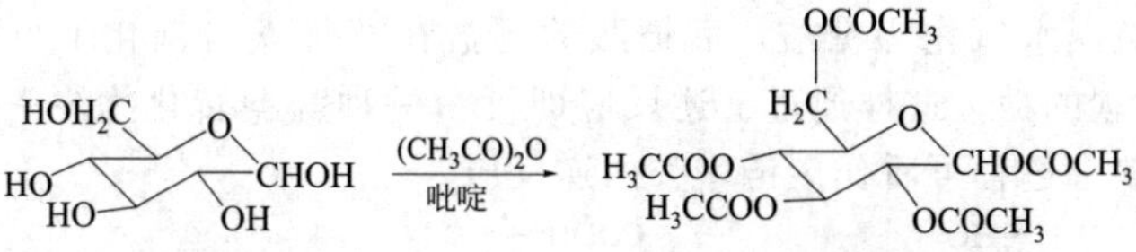

D-葡萄糖 $\xrightarrow[\text{吡啶}]{(CH_3CO)_2O}$ 五乙酸-D-葡萄糖酯(五乙酰基-D-葡萄糖，葡萄糖五乙酸酯)

碳水化合物的磷酸酯在生命活动中有特殊的重要性。它们是许多代谢过程的中间体，在肝糖的生物合成和降解过程中都含有 α-D-吡喃葡萄糖基磷酸酯和 6-磷酸-D-吡喃葡萄糖酯。

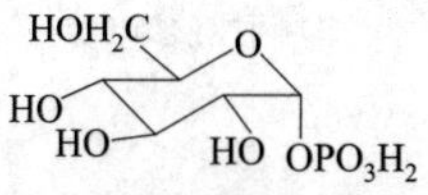

1-磷酸-D-吡喃葡萄糖酯
或 α-D-吡喃葡萄糖基磷酸酯

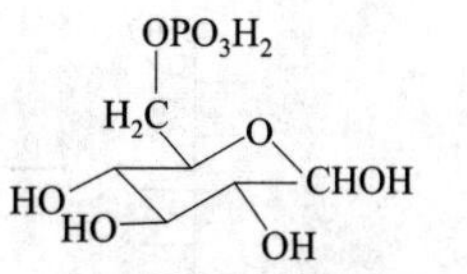

6-磷酸-D-吡喃葡萄糖酯

核糖和 2-脱氧核糖都是戊醛糖，它们的磷酸酯是核酸的组成部分。核酸中的核糖和 2-脱氧核糖都是 D 型的，它们的开链结构和氧环结构如下：

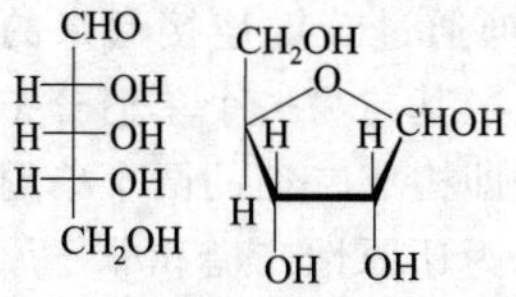

D-核糖

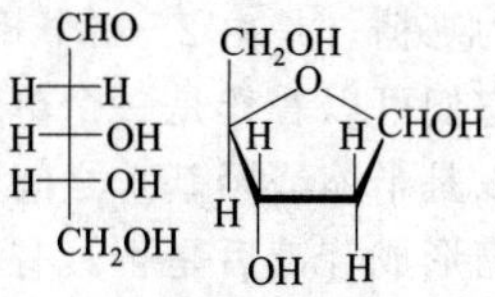

D-2-脱氧核糖

核糖和 2-脱氧核糖与某些碱性杂环化合物形成的 β-糖苷叫核苷。5-羟基与磷酸所形成的酯叫作核苷酸。核苷酸是组成核酸的单体。

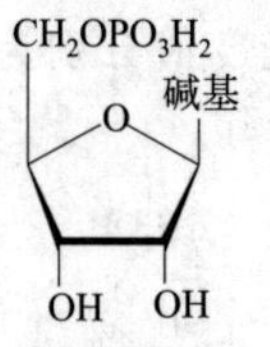

核糖核苷酸

2-脱氧核糖核苷酸

16.3.5 碳链的增长和缩短

碳链的增长是指醛糖与氢氰酸加成，然后把糖与氢氰酸的加成物水解成酸，并把它变成内酯，再用钠汞齐还原得到增一碳的糖。

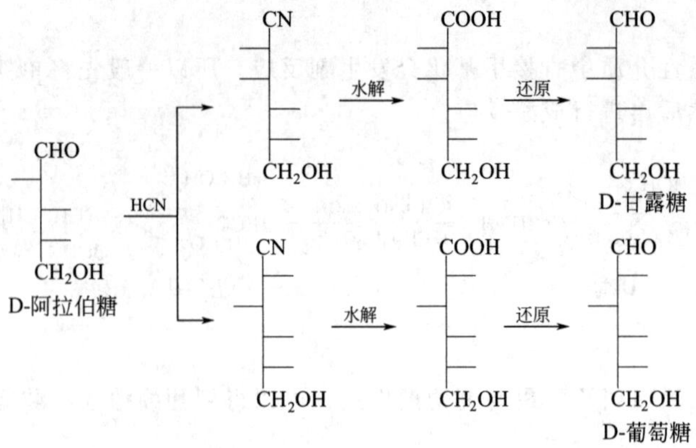

D-阿拉伯糖 $\xrightarrow{HCN}$ → $\xrightarrow{水解}$ → $\xrightarrow{还原}$ D-甘露糖

D-阿拉伯糖 $\xrightarrow{HCN}$ → $\xrightarrow{水解}$ → $\xrightarrow{还原}$ D-葡萄糖

由于醛糖很容易被溴水氧化为糖酸，而糖酸的钙盐在三价铁盐催化下可被过氧化氢氧化断裂C1—C2键生成少一个碳的糖，这样通过上述反应即可由一种醛糖转化为少一个碳的醛糖，这一过程叫作碳链的降解，整个过程可看作碳链增长的逆反应。

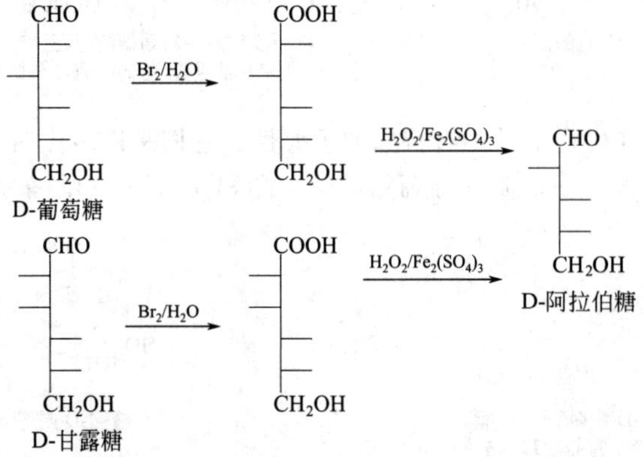

D-葡萄糖 $\xrightarrow{Br_2/H_2O}$ → $\xrightarrow{H_2O_2/Fe_2(SO_4)_3}$ D-阿拉伯糖

D-甘露糖 $\xrightarrow{Br_2/H_2O}$ → $\xrightarrow{H_2O_2/Fe_2(SO_4)_3}$ D-阿拉伯糖

16.4 二糖

低聚糖，又称为寡糖，是由2～9个相同或不同的单糖通过苷键连接起来的化合物。二糖是由两个单糖构成的，它们可以看作是一个单糖分子的半缩醛羟基与另一个单糖分子的某一个羟基（可以是醇羟基，也可以是半缩醛羟基）之间脱水缩合产物，即构成二糖的两个单糖是通过苷键互相连接的。根据两个单糖形成苷键后是否具有还原性，二糖分为还原性二糖和非还原性二糖。常见的还原性二糖有麦芽糖、纤维二糖、乳糖等，非还原性二糖有蔗糖。

16.4.1 还原性二糖

① 麦芽糖　麦芽糖（maltose）是淀粉在淀粉糖化酶作用下的部分水解产物。一分子麦芽糖水解后，生成两分子D-葡萄糖，其中一个分子中的半缩醛氧连接在另一分子的C4上形成α-1,4-苷键。此外，含有半缩醛羟基的葡萄糖有α和β两种构型，其比旋光度值分别为＋168°和＋112°，在溶液中有变旋现象。麦芽糖有变旋光现象，是还原糖，可以生成糖脎。

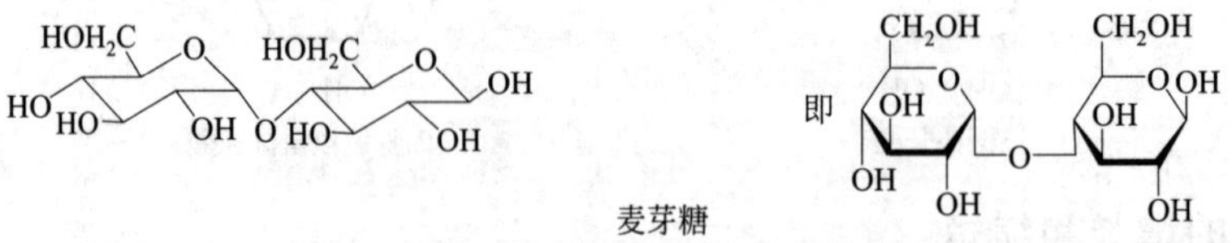

麦芽糖

4-*O*-(α-D-吡喃葡萄糖基)-β-D-吡喃葡萄糖苷

② 纤维二糖　纤维二糖是纤维素部分水解所生成的二糖。像麦芽糖一样，一分子纤维二糖水

解后也生成两分子 D-葡萄糖。与麦芽糖的不同点，纤维二糖为 β-糖苷，能被苦杏仁酶或纤维二糖酶水解，也可被酸水解成 D-葡萄糖。

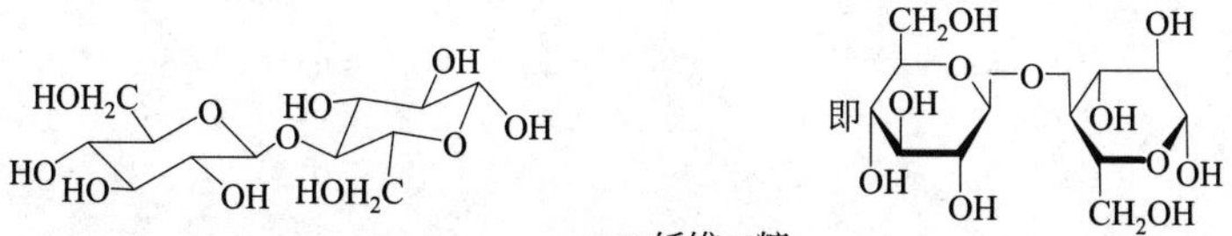

β-纤维二糖

4-O-(β-D-吡喃葡萄糖基)-β-D-吡喃葡萄糖苷

纤维二糖是纤维素的基本单位，自然界游离的纤维二糖并不存在，可由纤维素部分水解得到。纤维二糖含有苷羟基，与麦芽糖相似，是一个还原糖，具有一般单糖所具有的性质。

③ 乳糖　乳糖是二糖的一种，味微甜，主要存在于哺乳动物乳汁中，因此而得名。乳糖在牛奶中约含 4%，人奶中含 5%～7%。工业上从乳清中提取，用于制造婴儿食品、糖果、人造牛奶等。医学上常用作矫味剂。乳糖由一分子 D-葡萄糖和一分子 D-半乳糖形成，其中葡萄糖 C4 羟基与半乳糖的 C1 羟基形成 β-1,4-糖苷键。

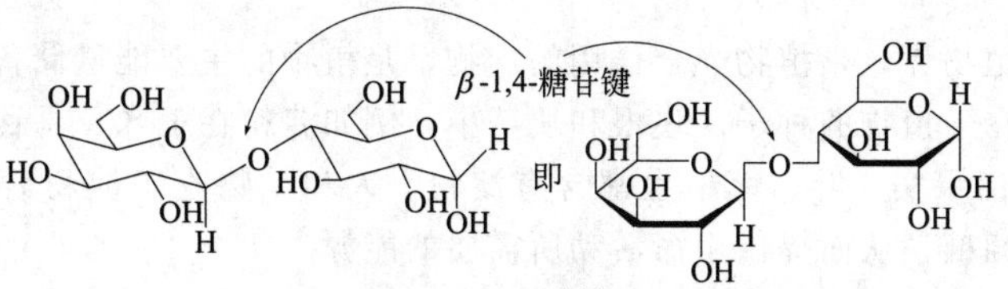

β-乳糖

4-O-(β-D-吡喃半乳糖基)-α-D-吡喃葡萄糖苷

含有半缩醛羟基的葡萄糖具有 α 和 β 两种构型，在溶液中有变旋现象，从水中结晶只得到 α-型异构体。由于葡萄糖部分有半缩醛结构，故乳糖也是一种还原性糖，与苯肼作用能形成糖脎，用溴水氧化则得到乳糖酸，后者水解生成半乳糖和葡萄糖酸。

在乳酸杆菌作用下，乳糖可以被氧化为乳酸，牛奶变酸就是由于其中所含乳糖变成了乳酸。部分乳糖酶缺乏的人，不能水解 β-1,4-糖苷键，在食入奶或奶制品后，奶中乳糖不能完全被消化吸收而滞留在肠腔内，使肠内容物渗透压增高、体积增加，肠排空加快，使乳糖很快排到大肠并在大肠吸收水分，受细菌的作用发酵产气，轻者症状不明显，较重者可出现腹胀、肠鸣、排气、腹痛、腹泻等症状，医学上称之为乳糖不耐受症。

16.4.2　非还原性二糖

蔗糖是自然界分布最广的、甜度仅次于果糖的重要的二糖。它存在于植物的根、茎、叶、种子及果实中，以甘蔗（19%～20%）和甜菜（12%～19%）中含量最多。蔗糖是由一分子 α-D-葡萄糖和一分子 β-D-果糖两者的半缩醛羟基脱水后，通过葡萄糖的 α-1-糖苷键、果糖的 β-2-糖苷键连接而成的二糖，它既是 α-糖苷，也是 β-糖苷。

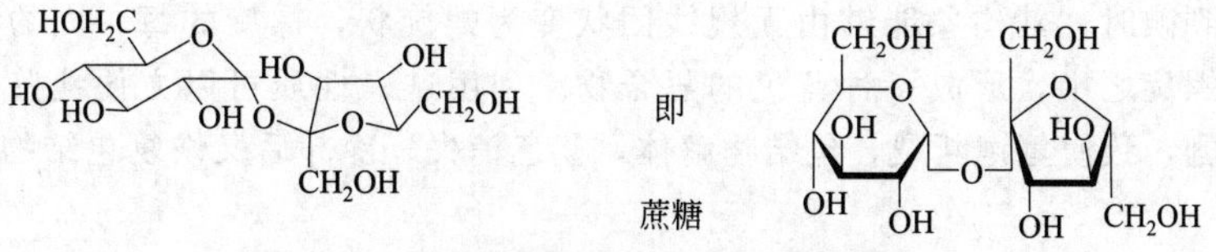

蔗糖

β-D-呋喃果糖基-α-D-吡喃葡萄糖苷
或α-D-吡喃葡萄糖基-β-D-呋喃果糖苷

由于蔗糖是由两个糖分子通过半缩醛羟基脱水而成，分子中就没有苷羟基，在水溶液中不能形成开链结构。因此蔗糖没有变旋光现象，没有成脎反应，蔗糖因而是一个非还原糖。

蔗糖是右旋糖，水解后生成等量的 D-葡萄糖和 D-果糖的左旋混合物。水解使旋光方向发生改变，故一般把蔗糖的水解产物称为转化糖（$[\alpha]_D^{20}=-19.8°$）。蜂蜜的主要成分就是转化糖。

$$\underset{\substack{\text{蔗糖} \\ [\alpha]_D^{20}=+66^\circ}}{C_{12}H_{22}O_{11}} + H_2O \xrightarrow{H^+} \underset{\substack{\text{D-葡萄糖} \\ [\alpha]_D^{20}=+52^\circ}}{C_6H_{12}O_6} + \underset{\substack{\text{D-果糖} \\ [\alpha]_D^{20}=-92^\circ}}{C_6H_{12}O_6}$$

16.5 多糖

多糖是由许多单糖分子通过苷键连接起来的聚合物，它们一般含 80～100 个单糖结构单位，但纤维素中平均含 3000 个单糖结构单位。几乎所有的生物体内都含有多糖，其中淀粉和纤维素在自然界中分布最广，是最重要的多糖。

多糖与单糖、双糖在性质上有较大的差异。多糖一般没有甜味，大多数多糖难溶于水。多糖没有变旋现象，没有还原性，也不能成脎。

16.5.1 均多糖

（1）淀粉

淀粉广泛存在于植物界，是植物光合作用的产物，是植物的主要能量储备，也是人类粮食的主要成分。淀粉主要存在于植物的种子、块根和块茎中，例如淀粉在玉米、马铃薯、小麦和大米中的含量超过 75%。植物的果实、叶、茎中也都含有淀粉。人和动物吃了淀粉后，体内的 α-葡萄糖苷酶可将淀粉水解为葡萄糖，从而提供生命活动所需要的能源。

淀粉（starch）是白色、无臭、无味的粉状物质，是一种多聚葡萄糖，但它的苷键都是 α-型，分为直链淀粉（amylose）和支链淀粉（amylopectin）两种类型。普通淀粉中，直链淀粉含量为 10%～20%，支链淀粉含量为 80%～90%。

直链淀粉由 200～300 个葡萄糖结构单位组成，分子量为 150000～600000，相邻的葡萄糖结构单位之间在 C4 位通过 α-糖苷键相连而成直链形。它们完全水解都生成 D-葡萄糖，部分水解都可生成麦芽糖。

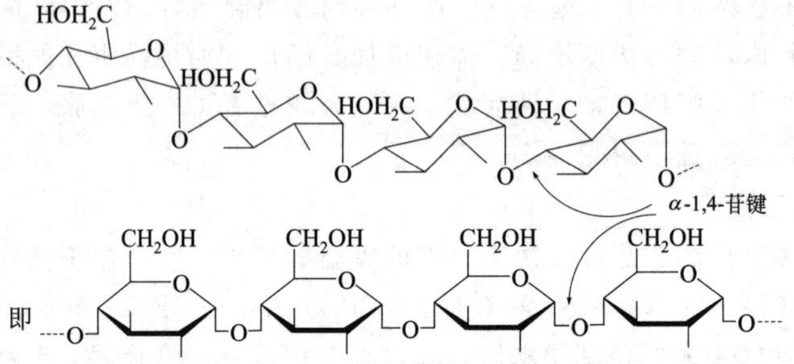

α-1,4-苷键

即

直链淀粉

直链淀粉能溶于热水，在淀粉酶作用下可水解得到麦芽糖。直链淀粉有一种特殊的性质，就是在中性溶液中遇到碘时，其构象能够由无规线团状变为螺旋状，螺旋的每一圈约有 6 个葡萄糖单位，碘则被包在螺旋之中，形成一种蓝色的复合物。利用这一性质可以方便地鉴别淀粉。当加热时，分子运动加剧，致使氢键断裂，包结物解体，蓝色消失；冷却后又恢复包结物结构，深蓝色重新出现。

支链淀粉含有 1000 个以上 α-D-葡萄糖单位，其结构特点与直链淀粉不同：葡萄糖分子之间除了以 α-1,4-苷键连接成直链外，还有每隔 20～25 个葡萄糖单位在 C6 位出现 α-1,6-糖苷键相连而引出的支链，每条链的长度约为 20～25 个葡萄糖单位，纵横关联，构成树枝状结构，分子量高达数百万。支链淀粉不溶于水，热水中则溶胀而成糊状。它在淀粉酶催化水解时，只有外围的支链可以水解为麦芽糖。由于分子中直链与支链间以 α-1,6-苷键相连，所以在它的部分水解产物中还有异麦芽糖。支链淀粉遇碘呈现紫色。

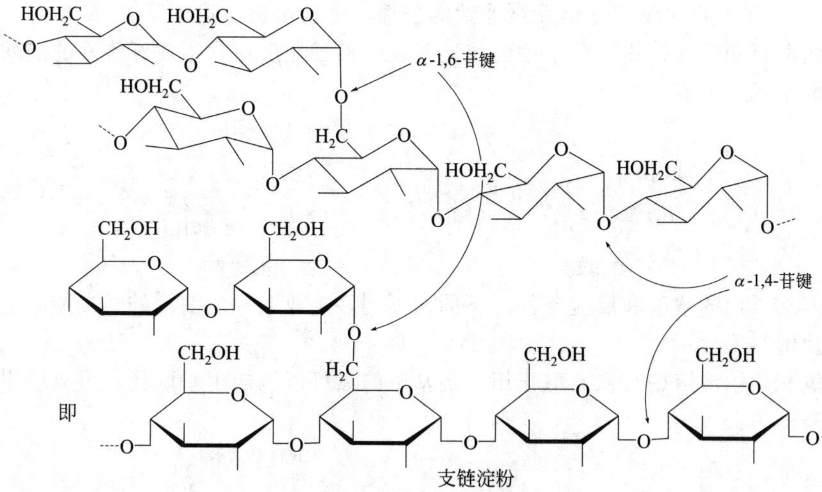

α-1,6-苷键

α-1,4-苷键

即

支链淀粉

（2）纤维素

纤维素是白色纤维状固体，不具有还原性，不溶于水和有机溶剂，但能吸水膨胀。这是由于在水中，水分子能进入胶束内的纤维素分子之间，并通过氢键将纤维素分子接连而不分散，仅是膨胀。纤维素除可直接用于纺织、造纸等工业外，也可把它变成某些衍生物加以利用。

纤维素完全水解也生成D-葡萄糖，但部分水解则生成纤维二糖（是β-D-葡萄糖的苷）。所以，纤维素的构成单元是β-D-葡萄糖，而淀粉的构成单元是α-D-葡萄糖。淀粉酶或人体内的酶（如唾液酶）只能水解α-1,4-苷键而不水解β-1,4-苷键。纤维素与淀粉一样由葡萄糖构成，但不能被唾液酶水解而作为人的营养物质。草食动物（如牛、马、羊等）的消化道中存在着可以水解β-1,4-苷键的酶或微生物，所以它们可以消化纤维素而取得营养。土壤中也存在能分解纤维素的微生物，能将一些枯枝败叶分解为腐殖质，从而增强土壤肥力。纤维素也能被酸水解，但水解比淀粉困难，一般要求在浓酸或稀酸加压下进行。水解过程中可得纤维二糖，最终水解产物是D-葡萄糖。

纤维素分子是D-葡萄糖通过β-1,4-苷键相连而成的直链分子，含有10000～15000个葡萄糖单元，分子量为1600000～2400000。部分结构如下：

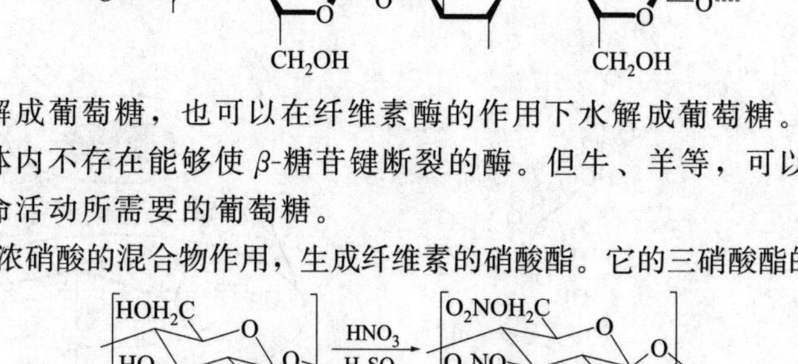

β-1,4-苷键

即

纤维素可用酸水解成葡萄糖，也可以在纤维素酶的作用下水解成葡萄糖。对于人类来说，它不是营养物质。因为人体内不存在能够使β-糖苷键断裂的酶。但牛、羊等，可以消化纤维素。纤维素在人体内不会变成生命活动所需要的葡萄糖。

纤维素与浓硫酸和浓硝酸的混合物作用，生成纤维素的硝酸酯。它的三硝酸酯的生成，可用下式表示：

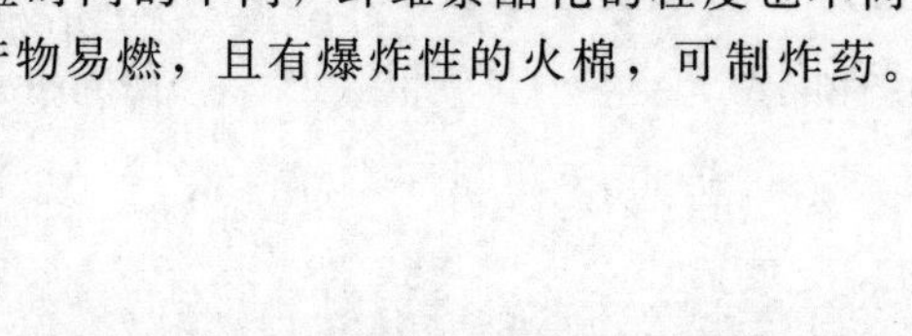

$\xrightarrow[H_2SO_4]{HNO_3}$

纤维素　　　　三硝酸纤维素

根据混合酸的组成和反应时间的不同，纤维素酯化的程度也不同。如平均每个葡萄糖单元有2.5～2.7个—ONO_2，所得产物易燃，且有爆炸性的火棉，可制炸药。若每个葡萄糖单元有2.1～

2.5 个—ONO_2，所得产物也易燃，但无爆炸性的胶棉，可制塑料、喷漆等。

纤维素与醋酸酐和硫酸作用，分子中的醇羟基发生乙酰化反应，生成纤维素的醋酸酯。

三醋酸酯的生成，可表示如下：

$$\left[\text{纤维素单元}(HOH_2C,\ HO,\ OH)\right]_n \xrightarrow[H_2SO_4]{(CH_3CO)_2O} \left[\text{三醋酸纤维素单元}(H_2C\text{—}OCOCH_3,\ H_3CCOO,\ OCOCH_3)\right]_n$$

纤维素　　　　三醋酸纤维素

酯化的程度随试剂的浓度和反应条件的不同而不同。工业上一般使用的是二醋酸酯，可用以制造人造丝、胶片塑料等。

纤维素在氢氧化钠溶液中与氯乙酸作用，羟基中的氢可以被羧甲基取代，生成羧甲基纤维素的钠盐，反应可表示为：

$$\left[\text{纤维素单元}(HOH_2C,\ HO,\ OH)\right]_n \xrightarrow[NaOH]{ClCH_2COOH} \left[(H_2C\text{—}OCH_2COONa,\ HO,\ OH)\right]_n$$

羧甲基纤维素钠盐是白色粉状物，俗称化学浆糊粉。在纺织、印染等工业中可代替淀粉用以上浆。还用于造纸、橡胶医药等工业。

纤维素能溶于氢氧化铜的氨溶液、氯化锌的盐酸溶液、氢氧化钠和二硫化碳等溶液中，形成黏稠状溶液。利用其溶解性，可以制造人造丝和人造棉等。此外，纤维素可用来制造各种纺织品、纸张、玻璃纸、无烟火药、火棉胶、赛璐珞（硝酸纤维素塑料）等，也可作为人类食品的添加剂。

（3）环糊精

环糊精（cyclodextrin，简称 CD）是由 6 个或更多的吡喃葡萄糖分子形成的环状低聚糖的总称，由淀粉在由芽孢杆菌产生的环糊精葡萄糖基转移酶作用下生成。常见的环糊精中具有重要实际意义的是含有 6、7、8 个葡萄糖单元的分子，分别称为 α-、β-和 γ-环糊精。

构成环糊精分子的各葡萄糖单元均以 1,4-糖苷键结合成环，各葡萄糖残基的 C2 和 C3 原子上的仲羟基位于环糊精圆环的分子一端，直径稍大，而 C6 上的伯羟基位于另一端，直径稍小。因此，环糊精不是圆筒状分子而是略呈锥形的圆环。环糊精外缘亲水，而分子内部为一个呈“V”字形的疏水性空穴，内径大小为 0.5～1.0nm，可对苯环等进行包接形成复合物。

环糊精广泛存在于自然界，也可以人工合成。不少具有医疗功效的药用植物都含有环糊精结构单元，例如芦荟的凝胶当中的环糊精复合物，可作治伤药用，有消炎、消肿、止痛、止痒及抑制细菌生长的效用。工业上，环糊精可用作不少染料的基体，也可用有机溶剂沉淀分离、模拟酶研究等。

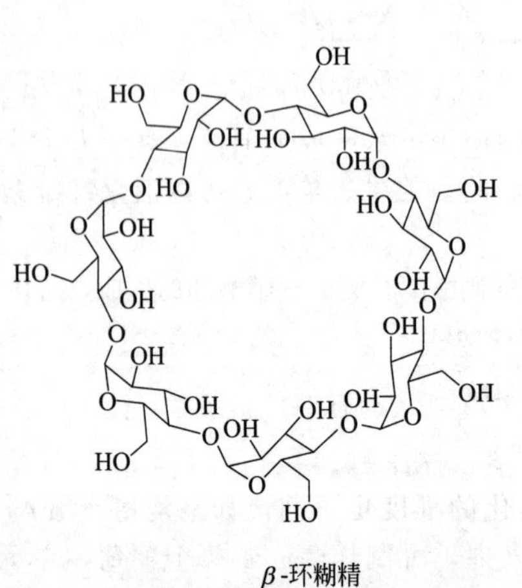

β-环糊精

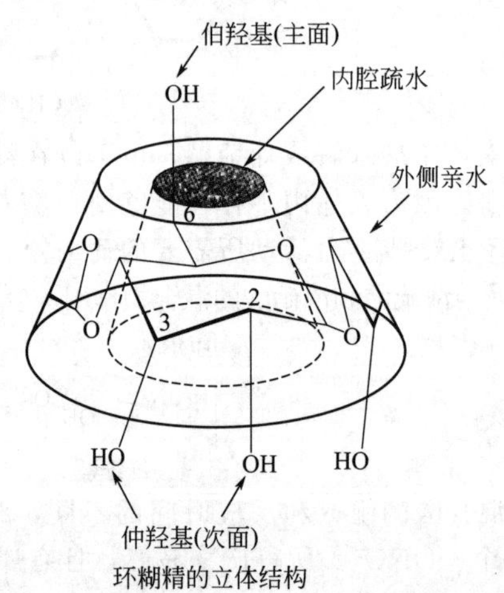

环糊精的立体结构

（4）肝糖

肝糖是动物储存碳水化合物的主要形式，当机体需要，肝糖即转化成葡萄糖，因此肝糖又叫糖原、动物淀粉、肝淀粉，主要存在于动物肝脏、肌肉内。肝糖水解也得到D-葡萄糖，其结构与支链淀粉相似，但分支更多、更短，分子量为1000000～4000000。

16.5.2 杂多糖

① 黏多糖 黏多糖是含氮的多糖，是构成细胞间结缔组织的主要成分，也广泛存在于哺乳动物各种细胞内。重要的黏多糖有：硫酸皮肤素、硫酸类肝素、硫酸角质素、硫酸软骨素和透明质酸等。这些多糖都是直链杂多糖，由不同的双糖单位重复连接而成；其中一个成分是*N*-乙酰氨基己糖，另一个则为糖醛酸或已糖。

② 半纤维素 半纤维素（hemicellulose）是指在植物细胞壁中与纤维素共生、可溶于碱溶液，遇酸后较纤维素易于水解的那部分植物多糖。一种植物往往含有几种由两或三种糖基构成的半纤维素，其化学结构各不相同。树茎、树枝、树根和树皮的半纤维素含量和组成也不同。因此，半纤维素是一类物质的名称。构成半纤维素的糖基主要有D-木糖、D-甘露糖、D-葡萄糖、D-半乳糖、L-阿拉伯糖、4-甲氧基-D-葡萄糖醛酸及少量L-鼠李糖、L-岩藻糖等。

【拓展阅读】 **张俐娜院士简介**

张俐娜院士（1940—2020）出生于福建光泽，祖籍江西萍乡。1963年7月毕业于武汉大学化学系，1963年至1973年在北京铁道科学研究院金属及化学研究所工作，1973年7月起在武汉大学化学系任教，2011年当选中国科学院院士。张俐娜院士针对农林废弃物中大量的纤维素以及海产品加工废弃物中的甲壳素、壳聚糖等天然高分子进行研究，经过多年的探索，终于突破了用有机溶剂加热溶解高分子的传统方法，成功开发了诸如NaOH/尿素低温水溶液体系的环境友好型新溶剂。这一崭新的无毒、低成本的“绿色”溶解技术，可以用于再生纤维素纤维和甲壳素纤维的生产过程并初步实现了工业化，被科学家们喻为“神话般的故事”。2011年，她因此获得国际可再生资源领域最高奖——安塞姆·佩恩奖。张俐娜院士把自己的一生无私奉献给了祖国的科研和教育事业，她始终相信，天才出于勤奋，真正意义的勤奋是既要动脑动手，又要用心做事；激情更是决定事业成败的关键，而激情来自爱，对祖国和人民的挚爱以及对科学的热爱。

【例题解析】

苷羟基的存在使糖类物质具有还原性，即对托伦（Tollens）试剂或者费林（Fehling）试剂等呈正反应的原因。

例题 用化学方法区别下列各组化合物。

（1）甲基-D-吡喃葡萄糖苷，纤维二糖

（2）D-葡萄糖，D-果糖

（3）蔗糖，麦芽糖

解析：（1）
$$\left.\begin{array}{l}\text{甲基-D-吡喃葡萄糖苷}\\ \text{纤维二糖}\end{array}\right\}\xrightarrow{\text{Tollens 试剂}}\left\{\begin{array}{l}(-)\\ (+)\ \text{银镜}\end{array}\right.$$

（2）
$$\left.\begin{array}{l}\text{D-葡萄糖}\\ \text{D-果糖}\end{array}\right\}\xrightarrow{Br_2/H_2O}\left\{\begin{array}{l}(+)\ \text{褪色}\\ (-)\end{array}\right.$$

（3）
$$\left.\begin{array}{l}\text{蔗糖}\\ \text{麦芽糖}\end{array}\right\}\xrightarrow{\text{费林试剂}}\left\{\begin{array}{l}(-)\\ (+)\ \text{红色沉淀}\end{array}\right.$$

上述各种糖类中，除蔗糖和甲基-D-吡喃葡萄糖苷外均为还原性糖，故而可以用Tollens试剂或者费林试剂鉴别。而（2）中，由于碱性条件下，葡萄糖和果糖可以发生互变，无法用上述两种试剂鉴别，而应使用溴水来鉴别醛基。

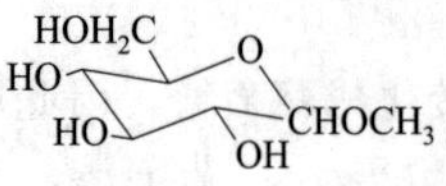

甲基-D-吡喃葡萄糖苷 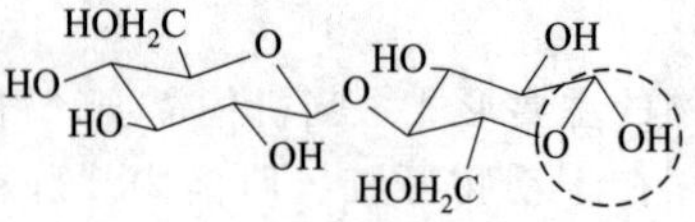　　纤维二糖 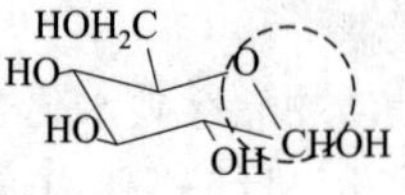　　葡萄糖

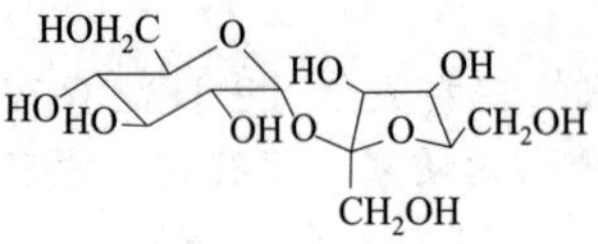

蔗糖 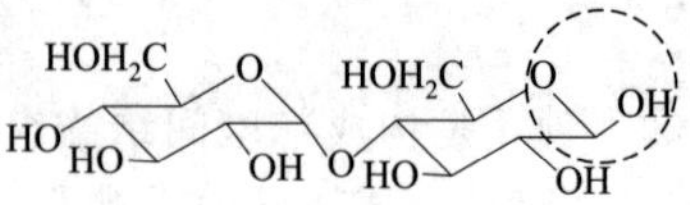　　麦芽糖 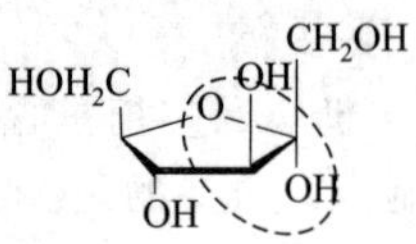　　果糖

提示：在淀粉等多糖分子中由于苷羟基被烷基化，从而不显示还原性反应。

习　　题

1. 糖类化合物按 IUPAC 命名，D-葡萄糖应称为（$2R,3S,4R,5R$）-2,3,4,5,6-五羟基己醛。据此，试命名 D-果糖和 D-甘露糖。

2. 试写出下列各对化合物的构型式，并判断它们是属于对映体、非对映体还是差向异构体？

（1）D-葡萄糖和 L-葡萄糖的开链式结构　　（2）α-D-吡喃葡萄糖和 β-D-吡喃葡萄糖

（3）α-麦芽糖和 β-麦芽糖　　（4）D-葡萄糖和 D-半乳糖的开链式结构

3. 已知 D-(＋)-葡萄糖的费歇尔（Fischer）投影结构式如下，请画出 β-L(－)-吡喃葡萄糖的优势构象式。

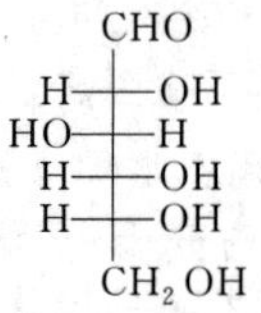

$$\begin{array}{c} CHO \\ H-\!\!\!-OH \\ HO-\!\!\!-H \\ H-\!\!\!-OH \\ H-\!\!\!-OH \\ CH_2OH \end{array}$$

4. 写出下列化合物的结构。

（1）β-D-呋喃半乳糖　　（2）β-L-吡喃阿拉伯糖

（3）甲基-β-D-脱氧核糖苷　　（4）2-乙酰氧基-β-D-葡萄糖

（5）α-异麦芽糖　　（6）β-纤维二糖

5. 用化学方法，鉴别下列各组化合物。

（1）纤维素与淀粉　　（2）甘油、麦芽糖与淀粉

（3）乳糖与纤维二糖　　（4）核糖、脱氧核糖、果糖及葡萄糖

6. 写出 β-D-核糖与下列试剂反应的反应式。

（1）异丙醇（干燥 HCl）　　（2）苯肼（过量）　　（3）稀硝酸

（4）溴水　　（5）H_2（Ni 为催化剂）

7. 在下列化合物中，哪些没有变旋现象？

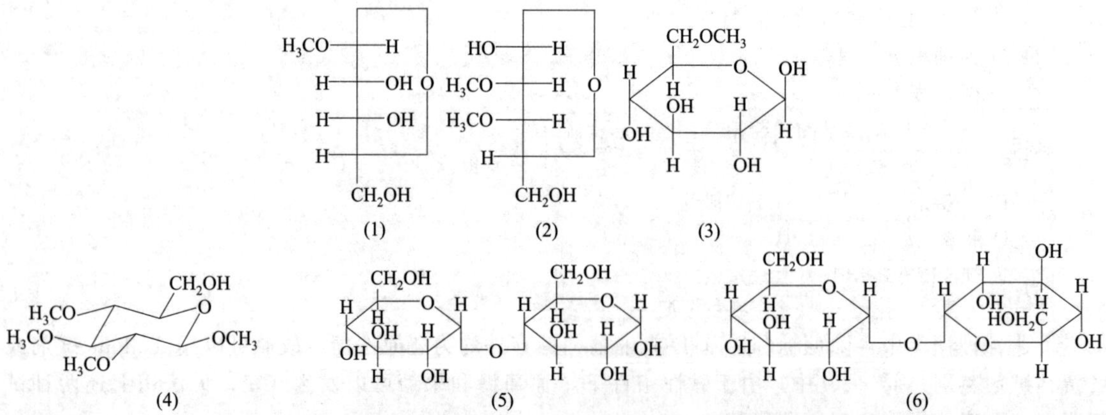

8. 某五碳醛糖 A 具有旋光性，将其氧化为糖二酸 B 无旋光性；五碳糖 A 降级后形成的四碳糖 C 具有旋光性，将 C 氧化为糖二酸 D 也有旋光性；四碳糖 C 降级后氧化，还原生成的 E 为 L-甘油醛。用 Fischer 投影式写出 A、B、C、D、E 的结构。

9. 某糖是一种非还原性二糖，没有变旋现象，不能用溴水氧化成糖酸，用酸水解只生成 D-葡萄糖。它可以被 α-葡萄糖苷酶水解但不能被 β-葡萄糖苷酶水解，试推导此二糖的结构。

10. D-(＋)-甘油醛经递升反应后得 D-(－)-赤藓糖 A 和 D-(－)-苏阿糖 B；A 氧化后得到的二酸无旋光性，而氧化 B 得到的二酸有旋光性；B 经递升反应后生成 D-(＋)-木糖 C 和 D-(－)-来苏糖 D，C 氧化后生成的二酸也无旋光性，而氧化 D 生成的二酸有旋光性。给出 A、B、C、D 的结构式和上述各反应过程。

11. 某 D-己醛糖 A，氧化后生成有旋光活性的二酸 B，A 递降为戊醛糖后再氧化生成无旋光活性的二酸 C，与 A 能生成同种糖脎的另一己醛糖 D 氧化后得到无旋光活性的二酸 E。给出上述反应过程和 A、B、C、D、E 的结构。

12. 苦杏仁苷是从杏属植物中分离得到的一个含氰葡萄糖苷，酸性水解后放出氰化氢、苯甲醛和 2 分子 D-葡萄糖，已知它是一个苯甲醛形成的氰醇和龙胆二糖之间的 β-葡萄糖苷键联而成，给出它的结构。

13. 海藻糖是一个非还原糖，酸性水解生成 2 分子 D-葡萄糖，甲基化反应后再水解生成 2 分子 2,3,4,6-四-O-甲基葡萄糖，它只能被 α-糖苷酶水解，给出它的结构并命名。异海藻糖和新海藻糖与海藻糖有相同的化学构造，但新海藻糖只能被 β-糖苷酶水解，而异海藻糖能被 α-或 β-糖苷酶水解。给出它们的结构。

第 17 章 氨基酸 蛋白质 核酸

生物体内一切组织的基本组成除水外，细胞内 80％都是蛋白质（protein）。蛋白质是构成动植物组织的基本材料，肌肉、毛发、皮肤、指甲、激素、血红蛋白、酶（enzyme）等都是由不同蛋白质组成的。蛋白质是氨基酸（amino acid）的高聚物，水解后都生成氨基酸。氨基酸是构成蛋白质的“基石”。氨基酸和蛋白质是人类的主要营养物质之一。蛋白质在生命现象中起重要的作用，如酶在机体内起催化作用；激素（蛋白质及其衍生物）能够调节代谢；血红蛋白运输 O_2 和 CO_2；抗体起到免疫作用，保护身体的健康。

17.1 氨基酸

17.1.1 氨基酸的结构、分类和命名

（1）结构

分子中既含有氨基又含有羧基的化合物叫氨基酸。绝大多数天然氨基酸为 α-氨基酸（或 2-氨基酸），其通式为 $RCH(NH_2)COOH$。它们是构成蛋白质分子的基础。天然存在的氨基酸至少有 500 种，但从细菌到人，构成生物蛋白质的氨基酸仅有 20 种。除甘氨酸外，其他 19 种氨基酸的 α-碳均为手性碳，因此它们都是旋光活性化合物。

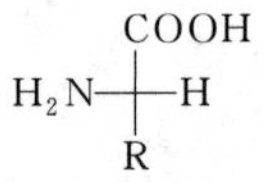

$$\begin{array}{c} COOH \\ H_2N-\!\!\!\!\!\!+\!\!\!-H \\ R \end{array}$$

L-氨基酸

（2）分类、命名

氨基酸可分为 α-氨基酸、β-氨基酸、γ-氨基酸。可以按照系统命名法，以羧酸为母体，氨基为取代基来命名。但 α-氨基酸通常按其来源或性质所得的俗名来称呼，例如甘氨酸是因为具有甜味而得名；谷氨酸来源于谷类蛋白质而得名；天冬氨酸最初是在天冬的幼苗中发现的；丝氨酸最早来源于蚕丝而得名。在使用中为了方便起见，常用英文缩写（通常为氨基酸的英文名前三个字母）或用中文代号表示其名称。例如甘氨酸可用 Gly 或 G 或“甘”字来表示。

NH_2CH_2COOH	$HOOCCH_2CH_2CHCOOH$ (CH 上连 NH_2)	$NH_2\overset{\varepsilon}{C}H_2CH_2CH_2CH_2\overset{\alpha}{C}HCOOH$ (CH 上连 NH_2)	$HOOCCH_2CHCOOH$ (CH 上连 NH_2)
α-氨基乙酸（甘氨酸）	α-氨基戊二酸（谷氨酸）	α,ε-二氨基己酸（赖氨酸）	α-氨基丁二酸（天门冬氨酸）

蛋白质水解可以得到各种氨基酸的混合物，这些氨基酸都是 α-氨基酸。天然产的氨基酸（除甘氨酸）都有旋光性，且绝大多数为 L 构型，少数微生物代谢产物是 D 构型。用 R/S 标记法标记氨基酸时，L 构型的氨基酸多为 S 型，只有 L-半胱氨酸为 R 型。

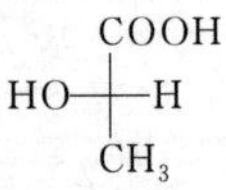

$$\begin{array}{c} COOH \\ HO-\!\!\!\!\!\!+\!\!\!-H \\ CH_3 \end{array} \qquad \begin{array}{c} COOH \\ H_2N-\!\!\!\!\!\!+\!\!\!-H \\ R \end{array} \qquad \begin{array}{c} COOH \\ H_2N-\!\!\!\!\!\!+\!\!\!-H \\ CH_2SH \end{array}$$

L-乳酸 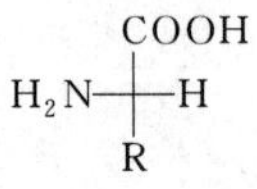　　L-氨基酸 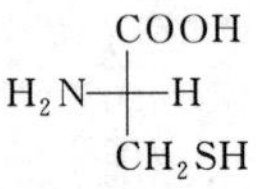　　L-半胱氨酸

下列氨基酸可组成无数蛋白质，按照其酸碱性分为中性、酸性和碱性氨基酸，分别见表 17-1～表 17-3。

表 17-1　中性氨基酸

结　构	名称	英文名	缩写	等电点(p*I*)
NH_2CH_2COOH	甘氨酸	glycine	Gly	5.97
$CH_3CH(NH_2)COOH$	丙氨酸	alaning	Ala	6.00
$(CH_3)_2CHCH(NH_2)COOH$	*缬氨酸	valine	Val	5.96
$C_2H_5CH(CH_3)CH(NH_2)COOH$	*异亮氨酸	isoleucine	Ile	5.98
$(CH_3)_2CHCH_2CH(NH_2)COOH$	*亮氨酸	leucine	Leu	6.02
$C_6H_5CH_2CH(NH_2)COOH$	*苯丙氨酸	phenylalanine	Phe	5.48
$HSCH_2CH(NH_2)COOH$	半胱氨酸	cysteine	Cys	5.07
$CH_3CH(OH)CH(NH_2)COOH$	*苏氨酸	threonine	Thr	5.6
$H_2NC(=O)(CH_2)_2CH(NH_2)COOH$	谷氨酰胺	glutamine	Gln	5.56
$H_2NC(=O)CH_2CH(NH_2)COOH$	天冬酰胺	asparagine	Asn	5.07
$CH_3S(CH_2)_2CH(NH_2)COOH$	*甲硫氨酸	methionine	Met	5.47
$HOCH_2CH(NH_2)COOH$	丝氨酸	serine	Ser	5.68
吡咯烷-2-COOH (环中 NH)	脯氨酸	proline	Pro	6.30
$HO-C_6H_4-CH_2CH(NH_2)COOH$	酪氨酸	tyrosine	Tyr	5.66
吲哚-3-$CH_2CH(NH_2)COOH$ (环中 NH)	*色氨酸	tryptophan	Try	5.89

注：*必需氨基酸。

表 17-2　酸性氨基酸

结　构	名称	英文名	缩写	等电点(p*I*)
$HOOCCH_2CH(NH_2)COOH$	天冬氨酸	aspartic acid	Asp	2.77
$HOOC(CH_2)_2CH(NH_2)COOH$	谷氨酸	glutamic acid	Glu	3.22

表 17-3 碱性氨基酸

结　构	名称	英文名	缩写	等电点(pI)
$H_2N(CH_2)_4CH(NH_2)COOH$	*赖氨酸	lysine	Lys	9.74
$H_2NC(=NH)NHCH_2CH_2CH_2CH(NH_2)COOH$	精氨酸	arginine	Arg	10.76
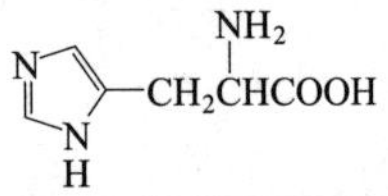 4-咪唑基-$CH_2CH(NH_2)COOH$	组氨酸	histidine	His	7.59

注：*必需氨基酸。

17.1.2 氨基酸的性质

α-氨基酸都是无色晶体，易溶于水而难溶于无水乙醇、乙醚。由蛋白质水解所得的氨基酸，除甘氨酸外，都具有旋光性。它们的 α-碳原子的结构类型与 L-甘油醛相同，故属于 L 型。

$$\begin{array}{c} COOH \\ H_2N-\!\!\!+\!\!\!-H \\ CH_2OH \end{array} \qquad \begin{array}{c} COOH \\ HO-\!\!\!+\!\!\!-H \\ CH_2OH \end{array}$$

L-丝氨酸　　L-甘油醛

氨基酸分子中含有氨基和羧基，因此具有氨基和羧基的典型性质。例如，羧基可以发生酯化反应，氨基可以发生酰基化反应；氨基与亚硝酸作用可转变为羟基，同时放出氮气，根据放出氮气的体积，可计算出样品中伯氨基的含量。

$$CH_3CONHCH(R)COOH \xleftarrow[\text{酰基化}]{CH_3COCl} H_2NCH(R)COOH \xrightarrow[\text{酯化}]{R'OH} H_2NCH(R)COOR'$$

$$H_2NCH(R)COOH \xrightarrow{HNO_2} RCH(OH)COOH + N_2\uparrow + H_2O$$

氨基酸还有一些特殊的性质。

(1) 酸碱性——两性和等电点

氨基酸是两性化合物，既能与碱作用，又能与酸作用生成盐。在中性条件下，氨基酸可形成内盐，因此氨基酸不溶于有机溶剂，且在加热时分解而不是熔融。

α-氨基酸通常可以用通式 $RCH(NH_2)COOH$ 表示，但实际上他们以偶极离子的形式存在。

$$H_2N-CH(R)-COO^- \underset{OH^-}{\overset{H^+}{\rightleftharpoons}} H_3N^+-CH(R)-COO^- \underset{OH^-}{\overset{H^+}{\rightleftharpoons}} H_3^+N-CH(R)-COOH$$

负离子　　偶极离子　　正离子

在酸性溶液中，主要以正离子的形式存在；在碱性溶液中，主要以负离子的形式存在。如果溶液中正离子和负离子数量相等，且浓度都很低，而偶极离子浓度最高，此时电解，以偶极离子形式存在的氨基酸不移动，这时溶液的 pH 值就叫作氨基酸的等电点。需要指出的是，等电点不是中性点，且氨基酸在等电点时的溶解度最小。

(2) 与水合茚三酮的显色反应

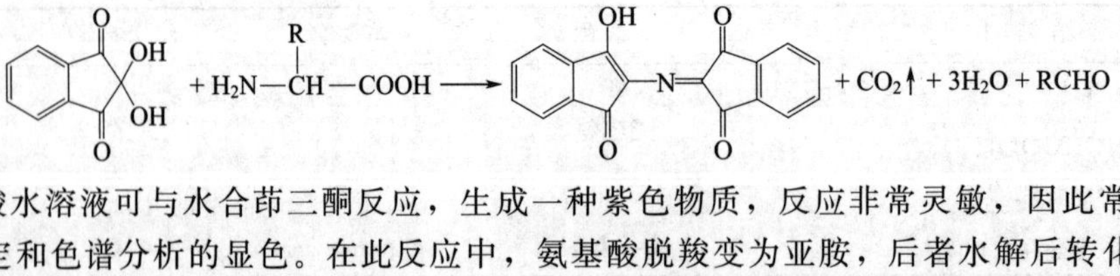

$$\text{水合茚三酮} + H_2N-CH(R)-COOH \longrightarrow \text{(紫色缩合产物)} + CO_2\uparrow + 3H_2O + RCHO$$

α-氨基酸水溶液可与水合茚三酮反应，生成一种紫色物质，反应非常灵敏，因此常用于 α-氨基酸的比色测定和色谱分析的显色。在此反应中，氨基酸脱羧变为亚胺，后者水解后转化为醛。反应历程如下：

$$\text{茚三酮(水合)} + H_2N-\underset{R}{CH}-COOH \xrightarrow{-2H_2O} \text{(茚二酮)}=N-\underset{R}{CH}COOH \xrightarrow{-CO_2} \text{(茚二酮)}=N-\underset{R}{CH_2} \rightleftharpoons$$

$$\text{(茚二酮)}\underset{N=CH-R}{\overset{H}{<}} \xrightarrow{H_2O} \text{(茚二酮)}\underset{NH_2}{\overset{H}{<}} + RCHO \xrightarrow{\text{茚三酮}} \underset{\text{紫色物质}}{\text{(茚酮)}=N-\text{(茚二酮)}}$$

(3) 受热后的反应

α-氨基酸受热后，能在两分子之间发生脱水反应，生成环状的交酰胺，也称为环肽。

$$H_2N-CH_2-COOH + HOOC-CH_2-NH_2 \xrightarrow{\triangle} \underset{\text{交酰胺}}{\text{环(-NH-CO-CH}_2\text{-NH-CO-CH}_2\text{-)}} + 2H_2O$$

β-氨基酸受热后，容易脱去一分子氨，生成 α,β-不饱和羧酸。

$$CH_3\underset{H}{C}H\overset{NH_2}{C}HCOOH \xrightarrow{\triangle} \underset{\alpha,\beta\text{-不饱和羧酸}}{CH_3-CH=CH-COOH} + NH_3$$

γ-或 δ-氨基酸受热后，容易分子内脱去一分子水，生成 γ-或 δ-内酰胺。例如：

$$HOOC-CH_2-CH_2-CH_2-NH_2 \xrightarrow{\triangle} \underset{\gamma\text{-内酰胺}}{\text{环}(H_2C-C(=O)-NH-CH_2-CH_2)} + H_2O$$

当分子中氨基和羧基相隔更远时，受热后可以多分子脱水，生成聚酰胺。

$$nH_2N(CH_2)_xCOOH \xrightarrow{\triangle} \underset{\text{聚酰胺类}}{H_2N(CH_2)_xCO[NH(CH_2)_xCO]_{n-2}NH(CH_2)_xCOOH} + (n-1)H_2O$$

17.1.3 氨基酸的制备

氨基酸的制备主要有蛋白质的水解、发酵法和有机合成三条途径。氨基酸的化学合成在 1850 年就已实现，但用发酵法生产氨基酸在 1957 年才得以实现——用糖类（淀粉）发酵生产谷氨酸。

氨基酸的合成方法主要有三种。

① 由卤代酸氨解 羧酸在三溴化磷作用下与溴作用，生成 α-溴代酸，再与过量氨作用，生成氨基酸。例如：

$$BrCH_2COOH \xrightarrow[25℃,\ 48h]{NH_3,H_2O} H_2NCH_2COOH \quad 65\%$$

利用卤代烷的氨解制备胺通常很难控制在生成伯胺一步，而得到伯、仲、叔胺和季铵盐的混合物。但 α-卤代酸氨解生成的伯胺则由于其羧酸根负离子强的吸电子诱导效应，降低了氨基的碱性和亲核性，氨基进一步烷基化的倾向较小，故反应可顺利得到 α-氨基酸。

② 由醛（或酮）制备

$$RCHO \xrightarrow{KCN+NH_4Cl} R-\overset{OH}{CH}-CN \xrightarrow{NH_3} R-\overset{NH_2}{CH}-CN \xrightarrow{H_2O} R-\overset{NH_2}{CH}-COOH$$

此法有副产物仲胺和叔胺生成，不易纯化。因此，常用盖伯瑞尔（Gabriel）法代替上法，可得较纯的产品。

③ 由丙二酸酯制备　α-氨基酸可以用丙二酸酯为原料来制备。先将丙二酸酯转化为 N-邻苯二甲酰亚氨基丙二酸酯，然后烷基化、水解，最后脱羧，即可制得 α-氨基酸。N-邻苯二甲酰亚氨基丙二酸酯可用下法制得。

$$CH_2(COOC_2H_5)_2 \xrightarrow[CCl_4]{Br_2} BrCH(COOC_2H_5)_2 \xrightarrow{\text{邻苯二甲酰亚胺钾 } (C_6H_4(CO)_2N^-K^+)} C_6H_4(CO)_2N—CH(COOC_2H_5)_2$$

例如，通过丙二酸酯制备甲硫氨酸：

$$C_6H_4(CO)_2N—CH(COOC_2H_5)_2 \xrightarrow{C_2H_5ONa} \xrightarrow{CH_3SCH_2CH_2Cl} C_6H_4(CO)_2N—\underset{\substack{|\\CH_2CH_2SCH_3}}{C}(COOC_2H_5)_2$$

$$\xrightarrow{H_2O} CH_3SCH_2CH_2\underset{\substack{|\\NH_2}}{C}(COOH)_2 \xrightarrow[\triangle]{-CO_2} CH_3SCH_2CH_2\underset{\substack{|\\NH_2}}{CH}COOH$$

甲硫氨酸

该合成方法得到的氨基酸通常是外消旋体混合物，可用多种方法拆分。其中用酶拆分是重要的方法之一。

$$\text{DL-}(CH_3)_2CHCH_2\overset{\substack{NH_2\\|}}{CH}COOH \xrightarrow{(CH_3\overset{\substack{O\\\|}}{C})_2O} \text{DL-}(CH_3)_2CHCH_2\overset{\substack{NHCOCH_3\\|}}{CH}COOH \xrightarrow{\text{水解酶}} \begin{matrix}\text{L-亮氨酸}\\ \text{D-亮氨酸乙酰胺}\end{matrix}$$

17.2　多肽

多肽（polypeptides）是含有多个氨基酸单元的聚合物。由两个氨基酸单元构成的是二肽，由三个氨基酸单元构成的是三肽，其余类推。它们统称多肽，或简称肽。通过氨基和羧基之间脱水缩合而形成连接氨基酸单元的酰胺键（—CO—NH—）又叫作肽键。

$$H_2N—\overset{\substack{R\\|}}{CH}—\overset{\substack{O\\\|}}{C}—OH + H_2N—\overset{\substack{R'\\|}}{CH}—COOH \xrightarrow{-H_2O} H_2N—\overset{\substack{R\\|}}{CH}—\boxed{\overset{\substack{O\\\|}}{C}—NH}—\overset{\substack{R'\\|}}{CH}—COOH$$

肽键

许多多肽本身有重要的生理作用，如胰岛素是五十一肽。多肽链可用如下通式代表：

$$H_2N—\overset{\substack{R\\|}}{CH}—\overset{\substack{O\\\|}}{C}\left[—\overset{\substack{H\\|}}{N}—\underset{\substack{|\\R}}{CH}—\overset{\substack{O\\\|}}{C}—\right]_n\underset{\substack{|\\H}}{N}—\overset{\substack{R\\|}}{CH}—COOH$$

在肽链中，有氨基的一端叫作 N 端，有羧基的一端叫作 C 端。在写多肽结构时，通常把 N 端写在左边，C 端写在右边，命名时由 N 端叫起，称为某氨酰（基）某氨酸，常用简写来表示。例如：

$$H_2NCH_2CONHCH_2COOH$$

甘氨酰甘氨酸 或 甘・甘

（Gly・Gly）

$$H_2NCH_2CONH\underset{\substack{|\\CH_3}}{CH}COOH$$

甘氨酰丙氨酸 或 甘・丙

（Gly・Ala）

$$H_2N\overset{\substack{CH_3\\|}}{CH}CONH\overset{\substack{CH_2C_6H_5\\|}}{CH}CONHCH_2CONH\overset{\substack{CH_2OH\\|}}{CH}COOH$$

丙氨酰苯丙氨酰甘氨酰丝氨酸 或 丙・苯丙・甘・丝

（Ala・Phe・Gly・Ser）

天然多肽都是由不同的氨基酸组成的。例如能增强子宫收缩的垂体后叶催产素是九肽，分子中各氨基酸除了以肽键相连以外，还有一个二硫键（—S—S—）。

$$\overbrace{\text{半胱}\cdot\text{酪}\cdot\text{异亮}\cdot\text{谷}\cdot\text{天冬-酰胺}\cdot\text{半胱}}^{\text{S——S}}\cdot\text{脯}\cdot\text{亮}\cdot\text{甘}\cdot NH_2$$

蛋白质也是由许多氨基酸单元通过肽键组成的，蛋白质部分水解可以得到多肽。研究多肽的结构是了解蛋白质结构的一个重要手段。

17.2.1 多肽的测定

一般将多肽在酸性溶液中水解，再用色谱分离法把各种氨基酸分开，然后进行分析。氨基酸的排列顺序，则是通过末端分析的方法，配合部分水解，加以确定。用适当的化学方法，可以使多肽末端的氨基酸断裂，经过分析，就可以知道多肽链的两端是哪两个氨基酸，这就叫末端分析。降解了的肽链还可以再反复进行末端分析，就可以确定多肽链中氨基酸的连接次序。例如：设某三肽完全水解后得到谷氨酸、半胱氨酸和甘氨酸，但这三种氨基酸有六种排列顺序：

谷・半胱・甘　　　　半胱・甘・谷　　　　甘・谷・半胱

谷・甘・半胱　　　　半胱・谷・甘　　　　甘・半胱・谷

要推知该三肽是哪一种组合方式，可以把它部分水解。知道它们是谷・半胱和半胱・甘。由此可见，半胱氨酸在三肽链的中间，谷氨酸在N端，甘氨酸在C端，即该三肽的结构是：谷・半胱・甘。

$$\underset{\substack{|\\CH_2CH_2COOH}}{}H_2N\overset{CH_2CH_2COOH}{\overset{|}{C}}HCONH\underset{\underset{CH_2SH}{|}}{C}HCONHCH_2COOH$$

N端氨基酸的分析可用2,4-二硝基氟苯（Sanger试剂）与多肽作用，氨基酸都水解，形成混合物，只能测N端的一个氨基酸。

$$O_2N-C_6H_3(NO_2)-F+H_2N-\underset{R}{\underset{|}{CH}}-\overset{O}{\overset{\|}{C}}-NH-\underset{R'}{\underset{|}{CH}}-\overset{O}{\overset{\|}{C}}\cdots\longrightarrow O_2N-C_6H_3(NO_2)-HN-\underset{R}{\underset{|}{CH}}-\overset{O}{\overset{\|}{C}}-NH-\underset{R'}{\underset{|}{CH}}-\overset{O}{\overset{\|}{C}}\cdots$$

$$\xrightarrow[H^+]{H_2O}O_2N-C_6H_3(NO_2)-NH-\underset{R}{\underset{|}{CH}}-\overset{O}{\overset{\|}{C}}OOH+H_2N-\underset{R'}{\underset{|}{CH}}-\overset{O}{\overset{\|}{C}}OOH+\cdots$$

N端氨基酸的分析还可以用异硫氰酸苯酯与多肽作用：

$$C_6H_5-N=C=S+H_2N-\underset{R}{\underset{|}{CH}}-\overset{O}{\overset{\|}{C}}-NH-\underset{R'}{\underset{|}{CH}}-\overset{O}{\overset{\|}{C}}\cdots\longrightarrow C_6H_5-NH-\overset{S}{\overset{\|}{C}}-HN-\underset{R}{\underset{|}{CH}}-\overset{O}{\overset{\|}{C}}-NH-\underset{R'}{\underset{|}{CH}}-\overset{O}{\overset{\|}{C}}\cdots$$

$$\xrightarrow{HCl}\text{(}C_6H_5\text{-N, C=S, NH, CH-R, C=O 五元环)}+NH_2-\underset{R'}{\underset{|}{CH}}-\overset{O}{\overset{\|}{C}}\cdots$$

C端氨基酸的分析一般采用在羧肽酶作用下水解的方法：羧肽酶可以有选择地只把C端氨基酸水解下来，对这个氨基酸进行鉴定，就可以知道原来C端是什么氨基酸。

17.2.2 多肽的合成

推测出来的结构是否完全正确，需要通过多肽的合成加以证实。最终要求：氨基酸按一定的次序连接起来；达到一定分子量；不外消旋化（缓和的条件）。

另外，由于多肽与蛋白质有着密切的关系，在需要使一种氨基酸的羧基和另一种氨基酸的氨基相结合时，要防止同一种氨基酸分子之间相互结合。因此，在合成时，必须把某些氨基或羧基保护起来，以便反应能按所要求的方式进行。而所选用的保护基团，必须符合以下条件：在以后脱除该保护的条件下，肽键不会发生断裂。

羧基常通过生成酯加以保护，因为酯比酰胺容易水解，用碱性水解的方法，就可以把保护的基团除去。

$$\cdots CONHCHCOOCH_3 \xrightarrow[OH^-]{H_2O} \xrightarrow{H^+} \cdots CONHCHCOOH$$
（R 连于 CH 上）

氨基可以通过与氯甲酸苄酯（$C_6H_5CH_2OCOCl$）作用加以保护，因为氨基上的苄氧基很容易用催化氢解的方法除去。

$$HO_2CCHNH_2 \xrightarrow{PhCH_2OCOCl} PhCH_2OC(=O)NHCHCO_2H \xrightarrow{H_2/Pd} \left[HO_2CN(H)CHCO_2H\right] + PhCH_3 \longrightarrow H_2NCHCO_2H + CO_2$$
（各式中 R 连于 CH 上）

例如：设要合成甘氨酰丙氨酸（甘・丙），若直接用甘氨酸和丙氨酸脱水缩合，将得到四种二肽的混合物：

甘氨酸+丙氨酸 ⟶ 甘・甘+丙・丙+甘・丙+丙・甘

如果采用下列反应，则可以得到所要求的二肽：

$$C_6H_5CH_2OCOCl + H_2NCH_2COOH \longrightarrow C_6H_5CH_2OCONHCH_2COOH \xrightarrow{SOCl_2} C_6H_5CH_2OCONHCH_2COCl$$

$$\xrightarrow{H_2NCH(CH_3)COOH} C_6H_5CH_2OCONHCH_2CONHCH(CH_3)COOH \xrightarrow{H_2/Pd} H_2NCH_2CONHCH(CH_3)COOH$$

反复使用这样的方法，每次构成一个肽键，就可以把各种氨基酸按一定的次序一个个地连接起来。多肽的合成是一项十分复杂的工作。例如，牛胰腺核糖核酸酶的多肽链已可合成出来，它是由 124 个氨基酸单元所构成的。

17.3 蛋白质

蛋白质是一类很重要的天然有机物，是生物体内一切组织的基础物质，并在生命现象和生命过程中起着决定性作用。蛋白质主要由 C、H、O、N、S 等元素组成，有些还含有 P、Fe、I 等元素。

蛋白质基本上由数百个甚至数千个氨基酸所构成。水解后只生成多种 α-氨基酸的，叫单纯蛋白质（如卵白蛋白、血清球蛋白、米精蛋白等）。水解后除生成 α-氨基酸外，还有非蛋白质物质（如糖、脂肪、含磷化合物、含铁化合物等）生成的，叫结合蛋白质（如核蛋白、黏蛋白、肌肉中的脂蛋白、血红蛋白等）。结合蛋白中的非蛋白质部分，叫作辅基。

17.3.1 蛋白质的分类和功能

按溶解度将蛋白质分为不溶于水的纤维状蛋白质和能溶于水、酸、碱或盐溶液的球状蛋白质两大类。纤维状蛋白质的分子形状是一条条线状的，分子中的多肽链扭在一起或平行并列，且以氢键互相连接着。这类蛋白质在水中不能溶解。纤维状蛋白质是动物组织的主要结构材料，角蛋白、骨胶蛋白和肌球蛋白等都是纤维状蛋白质。球状蛋白质的分子形状是一团团球状的，它们的多肽链自身扭曲折叠成特有的球形。在折叠时，分子内某些基团之间通过氢键、二硫键或范德瓦耳斯力相互作用着。分子中的疏水基团（如烃基等）分布在球形内部，而亲水基团（如—OH、—NH_2、—SH、—COOH 等）分布在球形表面。因此，球状蛋白质的水溶性比较大。例如酶、血红蛋白等都是球状蛋白。

蛋白质的功能，一方面起组织结构的作用。例如，角蛋白组成皮肤、毛发、指甲、头角；骨胶蛋白组成腱、骨；肌球蛋白组成肌肉等。另一方面起生物调节作用。例如，各种酶对生物化学反应起催化作用；血红蛋白在血液中输送氧气；胰岛素调节葡萄糖的代谢等。在生物体内起重要调节作用的各种酶，大多是蛋白质。常把酶叫作生物催化剂。酶的催化效率很高，并且有高度选择性。有的酶还具有立体专一性。

17.3.2 蛋白质的性质

蛋白质的性质与蛋白质的基本组成和结构特点密切相关。蛋白质的基本组成单位是氨基酸。氨基酸都有手性（除甘氨酸外），所以蛋白质都具有旋光性。蛋白质的许多物理化学性质与氨基酸的性质相似，也是两性物质，与酸或碱都能生成盐，不同的蛋白质有不同等电点。例如，卵清蛋白的等电点为4.9，酪蛋白的等电点为4.6，胰岛素的等电点为5.3，血红蛋白的等电点为6.8。蛋白质是高分子化合物，由于分子量大，它在水溶液中形成胶体溶液，所以蛋白质溶液具有胶体溶液的许多特征，不能透过半透膜，能够发生电泳。

中性盐溶液在较低离子强度下，由于蛋白质胶体可以吸附某些盐类离子而带电，蛋白质分子之间彼此相互斥力增大，而蛋白质与水的相互作用却加强，促进了蛋白质的溶解与水化，这就是蛋白质的盐溶。在肉制品加工中，为了提高制品的嫩度和成品率，往往需要肌肉蛋白质发生盐溶，所以，肉制品加工前常用盐进行腌渍处理。

当加入的电解质的离子强度足够高时，由于盐类离子的水化能力高于蛋白质的水化能力，因而会夺取蛋白质表面的水分，同时，加入的盐离子还可以大量中和蛋白质颗粒上的电荷，使蛋白质成为既不带电荷也不含水化膜的不稳定颗粒而沉淀析出，这就是蛋白质的盐析。经常使用的盐析剂是硫酸铵，利用盐析法，我们可以分离和提纯蛋白质。

由于维持蛋白质空间结构（二级、三级、四级结构）的作用力主要是一些弱相互作用，所以蛋白质的空间结构容易受到各种物理、化学因素的影响而改变，但这种变化往往不涉及蛋白质一级结构的变化，我们把蛋白质的这种变化称为蛋白质的变性。

蛋白质发生变性后，其生物活性发生改变，如丧失原有的生物功能、抗原性发生变化等。蛋白质的空间结构被破坏，尤其是蛋白质的三级、四级结构被破坏，导致原来埋藏在蛋白质分子内部的化学基团暴露出来，使蛋白质的化学反应活性增强，比如，更容易被水解和消化。同时，蛋白质的许多物理性质发生改变，如蛋白质的特性黏度增加、溶解度下降，甚至发生凝聚和沉淀等。

导致蛋白质变性的因素主要有物理因素和化学因素，能够导致蛋白质变性的物理因素有温度、紫外线照射、超声波处理、高压处理、剧烈的振荡和搅拌、研磨、微波处理等。能导致蛋白质变性的化学因素有酸、碱、有机溶剂、重金属盐、脲、胍、表面活性剂（如十二烷基磺酸钠）等。

蛋白质在pH 4～10之间是较稳定的，在较强的酸、碱性条件下不稳定，将发生蛋白质变性。所以，在提取蛋白质时，为了保证蛋白质不被破坏，应尽量采用稀酸和稀碱。

在蛋白质溶液中，加入与水互溶的有机溶剂，由于有机溶剂与水的亲和力大于蛋白质与水的亲和力，有机溶剂能够夺取蛋白质颗粒上的水膜；同时，由于在水中加入有机溶剂后，溶液的介电常数降低，就加强了同一个或相邻蛋白质分子中相反电荷之间的吸引力，使蛋白质分子趋于凝聚、沉淀。在低温条件下这种沉淀并不导致蛋白质变性，但在温度较高时，蛋白质就会发生变性。利用这个特点，我们可以用有机溶剂在低温条件下提取蛋白质。常用的有机溶剂有乙醇、丙酮等。

尿素、胍等有机物除了可以改变介质的介电常数外，还是强的氢键断裂剂，并能通过提高疏水性氨基酸残基在水相中的溶解度的方法，降低蛋白质分子的疏水相互作用，导致蛋白质变性。

重金属盐也能导致蛋白质变性，这主要是因为重金属离子能与蛋白质的羧基相互作用，生成不溶性沉淀物。这个反应在偏碱性条件下更容易进行。在抢救重金属中毒的病人时，为了减少重金属对机体组织器官的破坏，往往需要病人喝下大量的牛乳、豆奶和生鸡蛋，目的就是利用这些食物蛋白结合重金属盐，达到解毒的目的。

蛋白质虽然分子很大，但性质活泼，能发生多种颜色反应。可以利用这些颜色反应来鉴别蛋白质。常见的颜色反应有：

① 缩二脲反应 蛋白质分子中都有—CO—NH—CHR—CO—NH—基团，在蛋白质水溶液中加碱和硫酸铜溶液，即产生红紫色。

② 黄色反应 分子中含有苯环的蛋白质，遇浓硝酸即显黄色，这是苯环发生硝化的缘故。黄色

溶液再用碱处理，就会转为橙色。

③ 水合茚三酮反应 蛋白质溶液与水合茚三酮溶液作用，也有颜色反应。但颜色与氨基酸的不太一样。

此外，蛋白质容易水解，酸、碱、酶能促进蛋白质的水解，可得到多种 α-氨基酸的混合物，如果部分水解则得到较小分子的多肽。

$$\text{蛋白质} \longrightarrow \text{多肽} \longrightarrow \text{二肽} \longrightarrow \alpha\text{-氨基酸}$$

17.3.3 蛋白质的结构

蛋白质的基本组成单位是氨基酸。氨基酸的结构、性质对蛋白质的结构、性质影响很大。可以说，正是由于蛋白质的基本组成单位相同，所以，自然界生物体中存在的蛋白质有相似的结合方式时表现出相似的基本性质。各种蛋白质中氨基酸的组成、排列顺序不同，导致了蛋白质具有不同的空间结构和功能，形成了自然界五彩缤纷的生命现象。另外，由于蛋白质是生物大分子物质，因而，与无机物、有机物及小分子物质相比，又有许多大分子物质具有的特性。

实验已经证明蛋白质是由各种氨基酸通过肽键连接而成的多肽链，再由一条或多条多肽链按各自特殊方式组合成具有完整生物活性的大分子。经长期研究确认了蛋白质的结构有不同的层次。蛋白质的结构有很多，这里我们主要介绍蛋白质的一级、二级、三级、四级结构。

（1）一级结构

蛋白质的一级结构，即蛋白质的基本结构，是指蛋白质中各种氨基酸按一定顺序排列构成的蛋白质肽链骨架。蛋白质的一级结构包含以下内容：多肽链的数目，每一条多肽链中末端氨基酸的种类，每一条多肽链中氨基酸的数目、种类和排列顺序，链内及链间二硫键的位置和数目。

维持蛋白质一级结构的作用力是肽键和二硫键，属强相互作用，所以蛋白质的一级结构非常稳定，不易被破坏。

一个氨基酸的 α-氨基与另一个氨基酸的 α-羧基缩合失去一分子水，形成肽键 $-\overset{\displaystyle O}{\overset{\|}{C}}-NH-$ 。蛋白质的一级结构正是由许多氨基酸通过肽键相互连接而成的线状大分子，像链一样，所以被称为肽链。

肽键是蛋白质分子中氨基酸连接的最基本方式，与一般的—C—N—单键不同，肽键中的—C—N—单键具有40%双键性质，所以肽键的亚氨基（—NH—）在pH＝0～14的范围内没有明显解离和质子化的倾向，同时肽链中的肽键不能自由旋转，这一点在肽链折叠形成蛋白质空间结构时是很重要的。同样，我们把蛋白质的一级结构的多肽链表示如下：

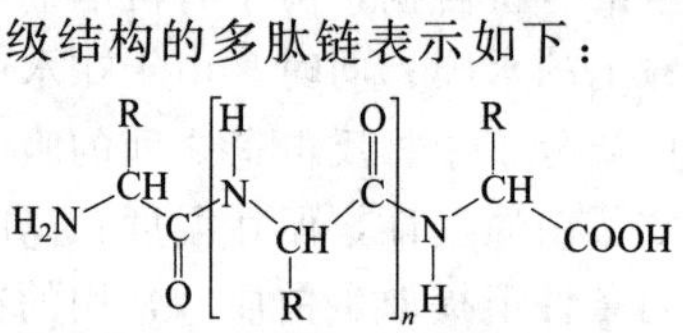

$$H_2N-\overset{R}{\overset{|}{CH}}-\overset{O}{\overset{\|}{C}}-\left[\overset{H}{\overset{|}{N}}-\underset{R}{\underset{|}{CH}}-\overset{O}{\overset{\|}{C}}\right]_n-\underset{H}{\underset{|}{N}}-\overset{R}{\overset{|}{CH}}-COOH$$

两个半胱氨酸的侧链上的巯基脱氢就形成二硫键。除肽键外，二硫键是维持蛋白质的一级结构唯一的键，起着稳定蛋白质之间结构的作用，且往往与蛋白质的生物活性有关。

如将牛胰岛素中的二硫键切断，牛胰岛素的生物活性丧失；而将胰岛素的两条多肽链放在一起，它们会自动聚合并恢复生物活性，经测定，发现多肽链间二硫键重新生成，所以二硫键对稳定蛋白质的一级结构及空间结构有极重要的作用。一般蛋白质中二硫键数目越多，蛋白质的结构就越稳定。

蛋白质中的二硫键既可以存在于同一条多肽链内，也可以发生在两条不同的多肽链之间，前者为分子内二硫键，后者为分子间二硫键。二硫键稳定蛋白质结构，与生物活性有关。

（2）空间结构

只具有一级结构的蛋白质不具有生物活性，但它却携带着蛋白质生物活性的全部信息。天然的具有生物活性的蛋白质都具有空间结构，即蛋白质的多肽链按一定的方式折叠盘绕成特有的空间三维构象，它包含了蛋白质中的原子和基团在三维空间的排列、分布及肽链的走向。

蛋白质在形成空间结构时，遵循 Pauling 等提出的蛋白质的立体化学基本原则。它的主要内容是：肽键（—CO—NH—）中的四个原子和它相邻的两个 C_α 原子共面，构成所谓肽平面；肽键中的 C—N 键不可自由旋转，为了使整个体系的能量最低与 C—N 键相连的 H 和 O 原子反向。依据上述原则，就可以把多肽链的主链看成由一系列坚硬的平面组成；平面之间被 C_α 原子隔开。由于主链上有 1/3 的 C—N 键，它们不能自由转动，所以一条多肽链在空间可能的排布数目受到很大限制。主链上的 C_α—N 和 C_α—C 可以转动，但也不是完全自由的，因为它要受到与 C_α 相连的侧链基团（R 基团）及相邻的两个肽键上的羰基 O 和亚氨基 H 的影响和限制。因此，蛋白质的空间结构既是复杂的，也是有一定规律的。

蛋白质的空间结构是分层次的，主要包括二级结构、三级结构和四级结构。其中，二级结构是较低层次的蛋白质的空间结构，以二级结构为其立体结构的蛋白质主要是一些纤维状蛋白质，如角蛋白、胶原蛋白、丝心蛋白等，存在于毛发、指甲、皮肤、筋腱中。三、四级结构属于较高层次的蛋白质空间结构，一些有重要生理功能的蛋白质都具有三级或三级以上的结构。

① 二级结构 蛋白质的二级结构是指蛋白质具有一定规则程度氢键结构的多肽链空间排列。蛋白质的二级结构只涉及蛋白质分子主链的构象及其链内的氢键排布，而不涉及侧链在空间的排布以及与其他多肽链的关系。

现在已经发现多种蛋白质的二级结构，其中，较重要的有 α-螺旋（α-helix）、β-折叠（β-sheet）等几种形式。

α-螺旋为蛋白质多肽链的主链盘绕成的有周期性的规则螺旋结构，主要是右手螺旋。在该结构中，每 3.6 个氨基酸残基构成螺旋的一圈，沿螺旋轴方向上升 0.54nm；C_α 上的侧链 R 基伸向外侧；主链上相邻的螺旋间形成与轴基本平行的链内氢键（—N—H···O═C—），氢键的连接次序是，每一个氨基酸肽键上的羰基氧原子与其相邻的第五个氨基酸上肽键的亚氨基的氢原子形成链内氢键，α-螺旋中大量主链上的氢键是其结构稳定的主要力量。

多肽链侧链—R 基的大小和电荷性质，直接影响其能否形成稳定的 α-螺旋结构。侧链—R 基小且不带电荷的多肽链，由于空间位阻小且无静电相互排斥的影响，所以更容易形成 α-螺旋。

α-螺旋是蛋白质中最常见、含量最丰富的二级结构。如纤维状蛋白中的 α-角蛋白就完全是由 α-螺旋构成的，在肌红蛋白（myoglobin，Mb）和血红蛋白（hemoglobin，Hb）中也存在大量的 α-螺旋。

稳定 α-螺旋的作用力是链内氢键，形成 α-螺旋的条件是侧链—R 基小且不带电荷的多肽链。实例：α-角蛋白有 100% α-螺旋；肌红蛋白有 70% α-螺旋；牛乳的乳球蛋白没有 α-螺旋。

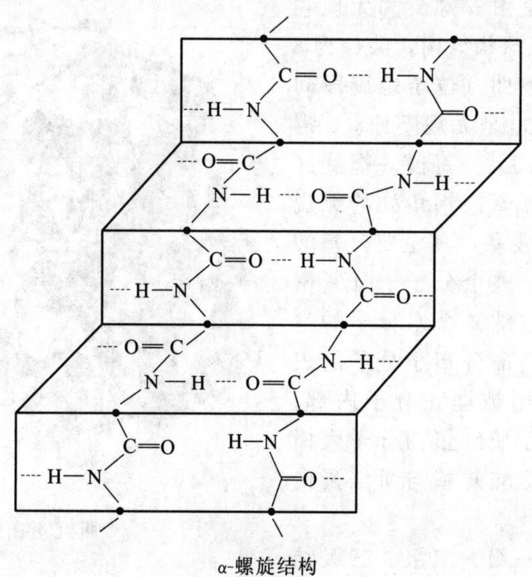

α-螺旋结构

β-折叠是稍有折叠的多肽链片层结构。在β-折叠结构中，多肽链呈锯齿状，多肽链的长轴相互平行，$C_α—C_β$ 键几乎垂直于折叠片的表面，使相邻的侧链交替地分布在片的两侧而远离折叠片。相邻肽链之间借助主链上的氢键彼此连成片层结构，且所有的肽键都参与形成链间氢键，氢键与多肽链的长轴接近垂直，这是维持β-折叠片结构稳定的主要力量。

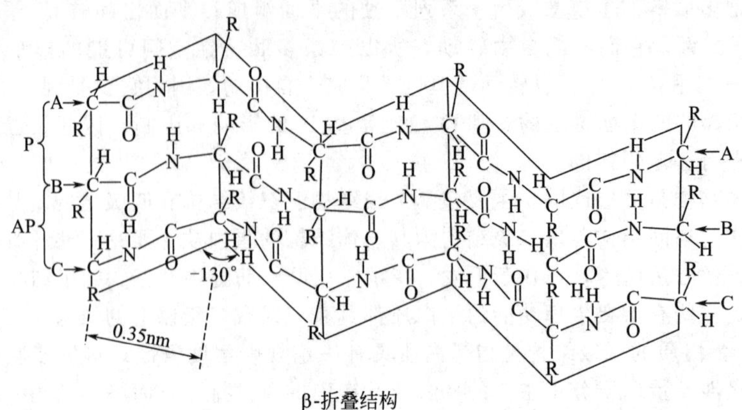

β-折叠结构

相邻的肽链可以是平行的，也可以是不平行的。β-折叠结构广泛存在于蛋白质中，如纤维状蛋白中的丝心蛋白就是以β-折叠结构形式存在的。在纤维状蛋白中，氢键主要在肽链之间形成；而在球蛋白中，β-折叠既可在不同肽链或不同分子间形成，也可在同一肽链的不同部分之间形成。稳定β-折叠的作用力是链间氢键。形成β-折叠的条件是当侧链—R基带同种电荷或—R基过大时，不能形成β-折叠结构。

从上述的两种蛋白质的二级结构可以看出其特点：蛋白质的二级结构具有明显的方向性，有明显的轴，有规律地重复；维持蛋白质的主要力量是多肽链主链上的氢键；蛋白质中氨基酸侧链-R基的组成、带电状况及大小对蛋白质的二级结构的形成和稳定性有非常大的影响。

② 三级、四级结构 蛋白质的三级结构是指二级结构和非二级结构在空间进一步盘曲、折叠，形成包括全部主侧链在内的专一性三维排布。

对单纯蛋白质来说，三级结构就是蛋白质分子的特征空间结构；对由多条多肽链组成的蛋白质来说，是指各组成链的主链和侧链各自的三维折叠。所以蛋白质的三级结构是蛋白质分子或亚基的所有原子在空间的排布，它不涉及相邻分子和亚基间的相互关系。

肌红蛋白的三级结构是由α-螺旋和无规卷曲共同构成的，整个分子呈球状结构，共分为8段α-螺旋，螺旋间是无规卷曲（位于螺旋段间拐角处），肽链的羧基末端也是无规卷曲。α-螺旋构象大约占整个分子的75%，每段α-螺旋区段长度为7～24个氨基酸残基。拐角处的无规卷曲长度为1～8个氨基酸残基，其主要氨基酸残基为脯氨酸和羟脯氨酸。整个分子十分紧密结实，分子内部有一个可容纳4个水分子的空间。极性氨基酸残基几乎全部分布于分子的表面，而非极性氨基酸残基则被埋在分子内部。辅基血红素（heme）就处于肌红蛋白分子表面的一个洞穴内，并通过组氨酸残基与肌红蛋白分子内部相连。

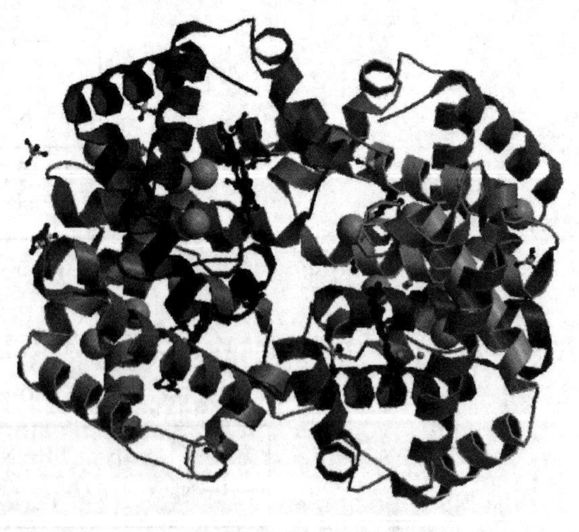

肌红蛋白的三级结构

由几个各具有特定的一级、二级、三级结

构的多肽链，或者有时还和辅基在一起，再以一定的关系相结合而成特定构象的蛋白质分子，被称为蛋白质的四级结构。

蛋白质中的每一条多肽链称为亚基。亚基单独存在无生物活性，只有聚合成四级结构才具有完整的生物活性。如血红蛋白就由四条亚基组成。

具备三级结构的蛋白质分子，都有近似球状或椭球状的外形，所以，我们常把具有三级、四级结构的蛋白质称为球蛋白，与生命活动相关的重要蛋白质都是球蛋白，如酶、蛋白激素、运载和贮存蛋白、抗体蛋白等。

在球蛋白中，疏水基或非极性残基明显地埋藏在分子的内部，极性残基趋向分布在分子的表面或外面。所有的球蛋白结构都有一个疏水的内核，且紧密堆积，形成极其致密的球状结构。球蛋白的这种结构特性，是影响其物理、化学及功能特性的重要原因。

维持蛋白质三级、四级结构的主要作用是一些弱相互作用，主要包括：疏水相互作用、氢键、范德瓦耳斯力和盐键。除此之外，共价二硫键在维持蛋白质三级、四级结构中也发挥重要作用。维持蛋白质三级、四级结构的氢键主要是侧链与侧链、侧链与主链间的氢键。由于球蛋白在折叠中总是趋向于把疏水残基埋藏在分子的内部，这个现象我们称之为疏水相互作用。由于蛋白质的氨基酸中存在大量的疏水基团，所以，当它们自动避开水相相互聚集时，对球蛋白的密集堆积起重要的作用。

各种蛋白质的特定结构，决定了各种蛋白质特定的生理功能。蛋白质的特定形态和它们的生理活性与动物、植物、微生物等生物体的生命现象有着非常密切的关系。随着人类进入后基因组时代，对蛋白质的研究掀起新的高潮。人类基因组的破译完成，随之产生了新问题：大量涌出的新基因数据迫使我们不得不考虑这些基因编码的蛋白质有什么功能？不仅如此，在细胞合成蛋白质之后，这些蛋白质往往还要经历翻译后的加工修饰。也就是说，一个基因对应的不是一种蛋白质而可能是几种甚至是数十种。包容了数千甚至数万种蛋白质的细胞是如何运转的？或者说这些蛋白质在细胞内是怎样工作，如何相互作用、相互协调的？这些问题远不是基因组研究所能回答得了的。正是在此背景下，蛋白质组学（proteomics）应运而生。蛋白质组学是我们探索生命过程中一个非常重要的学科，将有助于人们最终破解生命的奥秘。

17.4 核酸

核酸（nucleic acids）存在于一切生物体中，像蛋白质一样，也是生命最基本的物质，与一切生命活动及各种代谢有着密切的关系，最早是从细胞核中分离出来的酸性物质，故称为核酸。根据核酸所含有的戊糖种类分为核糖核酸（ribonucleic acids，RNA）和脱氧核糖核酸（deoxyribonucleic acids，DNA）。所有生物的细胞都含有这两类核酸，它们占干细胞重的5%～15%。DNA 主要存在于细胞核中，线粒体、叶绿体也含 DNA；RNA 则主要分布于细胞质中。对于病毒来说，要么只含 RNA（称为 RNA 病毒），要么只含 DNA（称为 DNA 病毒），还没有发现同时含 DNA 和 RNA 的病毒。

核酸是链状高分子化合物，组成核酸的单元是核苷酸（nucleotide）。在生物体内，核酸主要以核蛋白的形式存在。核蛋白是结合蛋白，核酸作为辅基与蛋白质结合在一起。在生物体内，核酸对遗传信息的储存、蛋白质的生物合成都起着决定性的作用。

17.4.1 核苷酸和核苷

核酸在酶的催化下，或在弱碱作用下可以水解成核苷酸；如果温度升高，则进一步水解成核苷（nucleoside）和磷酸。在无机酸作用下则完全水解为磷酸、戊糖和杂环碱：

核酸→核苷酸→磷酸

核苷酸→核苷→戊糖

核苷→杂环碱

由核酸水解所得到的戊糖有两种，即D-核糖和D-2-脱氧核糖，它们的氧环式结构如下：

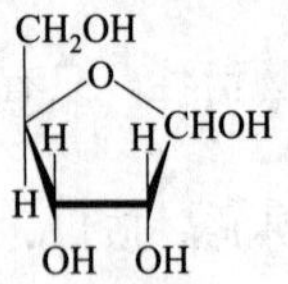

D-核糖 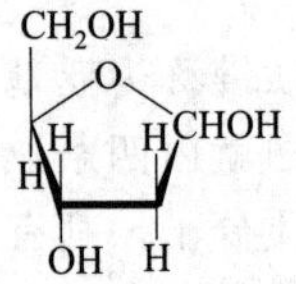　　D-2-脱氧核糖

按水解后得到戊糖的不同，核酸可分为两类。水解后得到核糖的叫作核糖核酸（简称RNA）。水解后得到2-脱氧核糖的叫作脱氧核糖核酸（简称DNA）。由核酸水解所得到的杂环碱都是嘌呤碱或嘧啶碱。RNA和DNA所含的嘌呤碱是相同的，即都含有腺嘌呤和鸟嘌呤。但RNA和DNA所含的嘧啶碱不完全一样，RNA含有胞嘧啶和尿嘧啶，而DNA含有胞嘧啶和胸腺嘧啶。

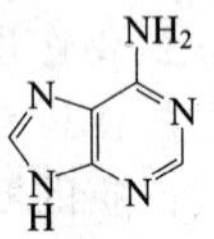

腺嘌呤 adenine简写：A　　鸟嘌呤 guanine简写：G　　胸腺嘧啶 thymine简写：T　　尿嘧啶 uracil简写：U　　胞嘧啶 cytosine简写：C

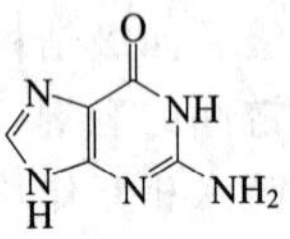

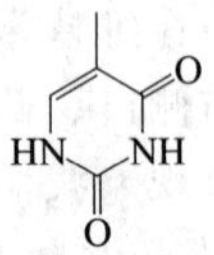

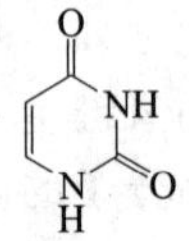

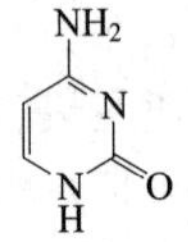

戊糖与杂环碱形成的苷叫作核苷。RNA的四种核苷分别是：

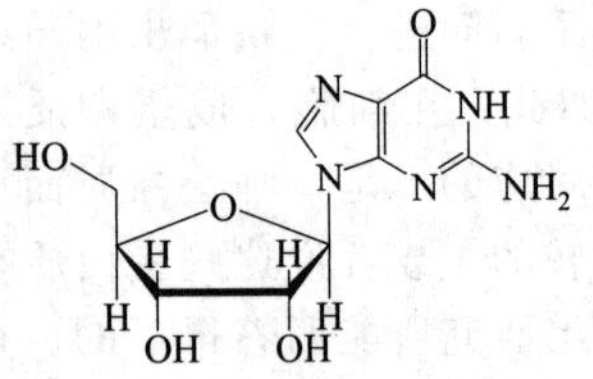

鸟嘌呤核苷 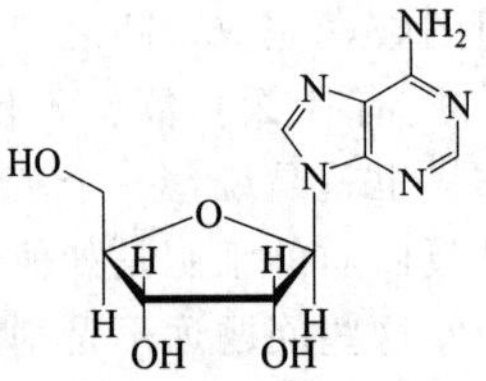　　腺嘌呤核苷 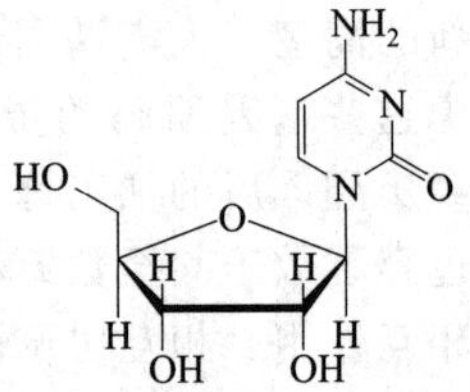　　胞嘧啶核苷 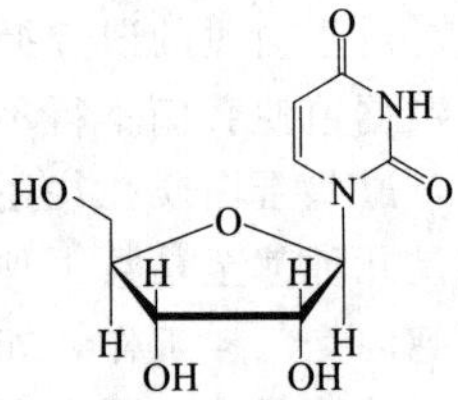　　尿嘧啶核苷

DNA的四种核苷分别是：

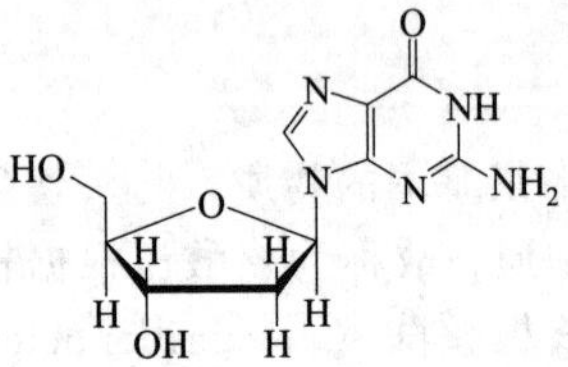

鸟嘌呤脱氧核苷 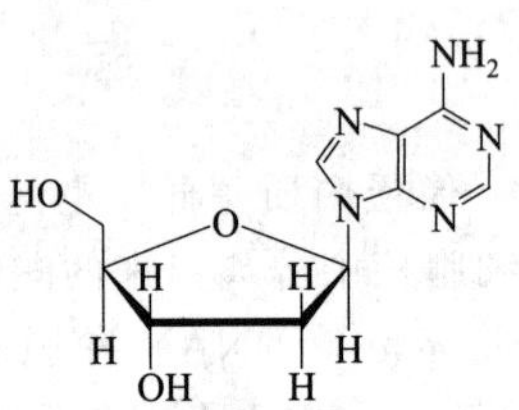　　腺嘌呤脱氧核苷 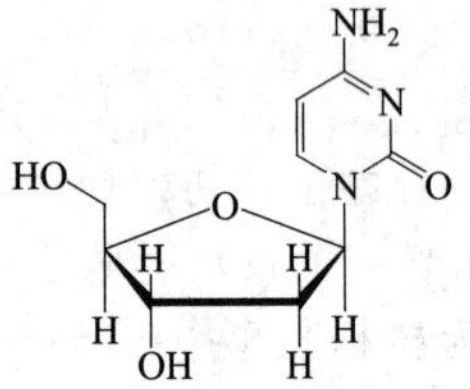　　胞嘧啶脱氧核苷 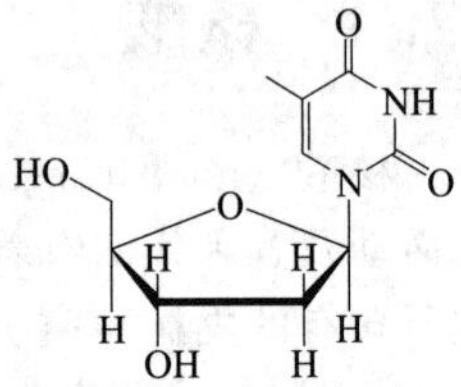　　胸腺嘧啶脱氧核苷

核苷中糖的5位（核酸中糖的碳原子的位次以1、2、3表示）羟基，与磷酸所形成的酯叫作核苷酸。例如：

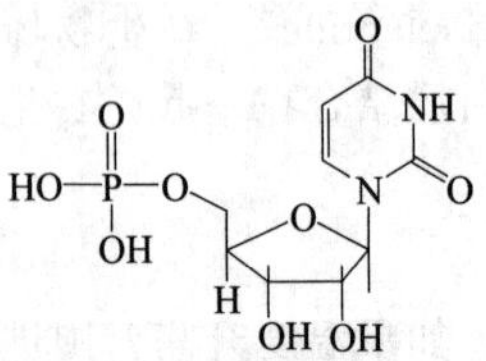

尿嘧啶核苷酸 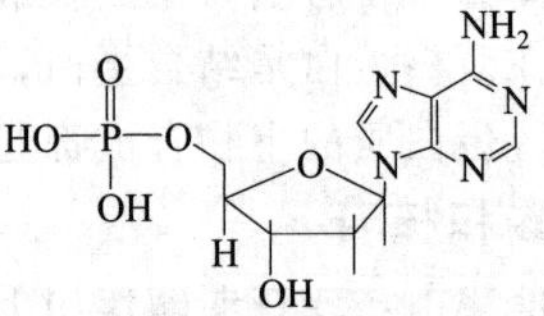　　腺嘌呤脱氧核苷酸

核苷酸在碱溶液中水解，即失去磷酸生成核苷。核酸是由许多核苷酸单元所构成的高分子化合物。在核酸分子中，核苷酸单元是通过磷酸酯键，在戊糖的3位上联结起来，例如RNA结构：

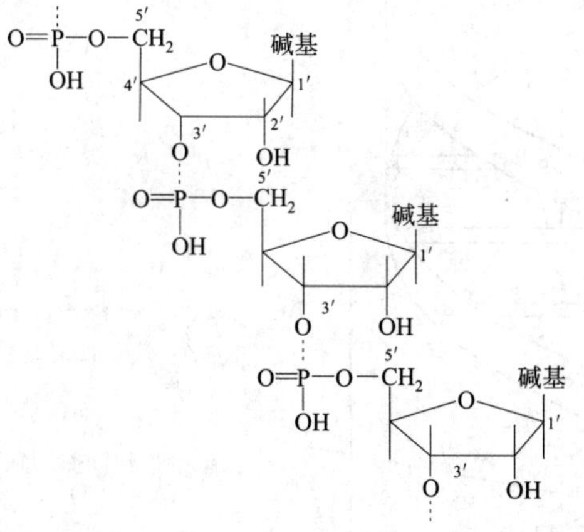

17.4.2 核酸的结构及理化性质

DNA 和 RNA 的一级结构指的是其分子中核苷酸的连接顺序。由于在 DNA 或 RNA 链中，每个核苷酸残基的戊糖部分都是相同的，不同的只在于碱基部分，因此核苷酸的连接顺序也可以说成是碱基的顺序。一种核酸含有多种碱基。核酸链中，含不同碱基的各种核苷酸是按一定的排列次序互相连接的，这就形成了核酸的一级结构。核酸的一级结构可用碱基的缩写字母加连字符表示，如-A-A-T-C-G-T-G-G-G-(片段)，也可以不用连字符，如 AATCGTGGG (片段)。

DNA 中的核糖和磷酸构成的分子骨架是没有差别的，不同区段的 DNA 分子只是碱基的排列顺序不同。DNA 具有双螺旋的二级结构，两条反向平行的 DNA 链，沿着一个轴，向右盘旋成双螺旋体，如下所示。

DNA 的三级结构是在双螺旋基础上进一步扭曲形成超螺旋，使体积压缩。在真核生物细胞核内，DNA 三级结构与一组组蛋白共同组成核小体。在核小体的基础上，DNA 链经反复折叠形成染色体。

在某些理化因素作用下，如加热，DNA 分子互补碱基对之间的氢键断裂，使 DNA 双螺旋结构松散，变成单链，即为变性。监测是否发生变性的一个最常用的指标是 DNA 在紫外区 260nm 波长处的吸光值变化。解链过程中，吸光值增加，并与解链程度有一定的比例关系，称为 DNA 的增色效应。紫外光吸收值达到最大值的 50%时的温度称为 DNA 的解链温度 (T_m)。一种 DNA 分子的 T_m 值大小与其所含碱基中的 G+C 比例相关，G+C 比例越高，T_m 值越高。

变性 DNA 在适当条件下，两条互补链可重新恢复天然的双螺旋构象，这一现象称为复性，其过程为退火，产生减色效应。不同来源的核酸变性后，合并一起复性，只要这些核苷酸序列可以形成碱基互补配对，就会形成杂化双链，这一过程为杂交。杂交可发生于 DNA-DNA 之间，RNA-RNA 之间以及 RNA-DNA 之间。

双螺旋体一般不单独存在，而是与蛋白质以更复杂的形式相结合，形成具有各种生理活性的核蛋白。DNA 双螺旋结构的发现是生命科学发展的一个里程碑，它揭开了分子生物学研究的序幕，奠定了分子遗传学的基础。DNA 双螺旋的解聚、复制、再聚合，是基因重组技术的基础。在双螺旋结构基础上发现的由三个核苷酸的序列决定一个氨基酸的编码，又使基因复制和蛋白质的生物合成联系起来。这些生命科学研究领域的重大突破，从分子水平上揭示了生命现象的部分奥秘。

17.4.3 核酸的功能

核酸在生物体内主要与蛋白质结合成核酸蛋白存在。核酸具有极其重要的生理功能，是生物遗传的物质基础。

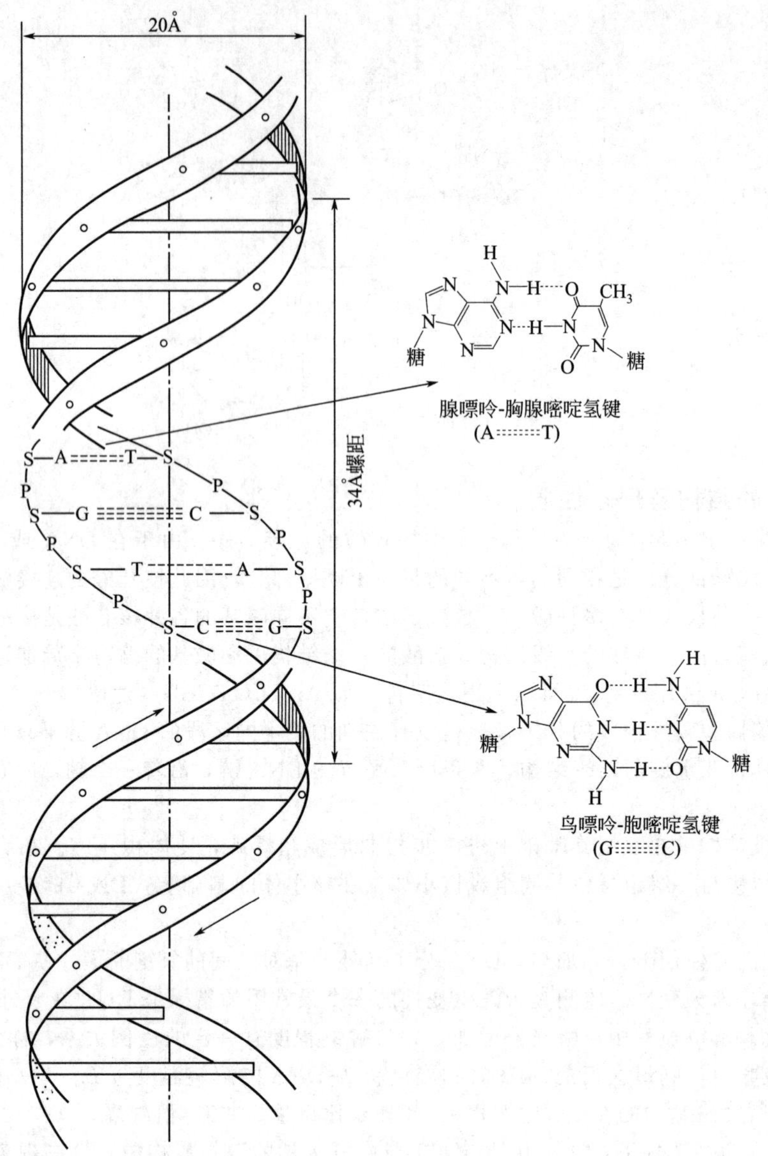

DNA 的双螺旋结构（$1Å=10^{-10}m$）

DNA 的基本功能就是作为生物遗传信息复制的模板和基因转录的模板，它是生命遗传繁殖的物质基础，也是个体生命活动的基础。DNA 主要存在于细胞核中，它们是遗传信息的携带者，DNA 的结构决定生物合成蛋白质的特定结构，并保证把这种特性遗传给下一代。RNA 主要存在于细胞质中，它们是以 DNA 为模板而形成的，并且直接参加蛋白质的生物合成过程。因此，DNA 是 RNA 的模板，而 RNA 又是蛋白质的模板。存在于 DNA 分子上的遗传信息就这样由 DNA 传递给 RNA，再传递给蛋白质。通过 DNA 的复制，遗传信息一代代传下去。

始于 1990 年的人类基因组计划，于 2003 年完成，人类从此进入后基因组时代。随着人类基因组的破译，大熊猫、马、水稻、黄瓜、大肠杆菌、球形芽孢杆菌等动物、植物、微生物的基因组也被破译，许多生命的奥秘将会被科学家一一解密，所得到的成果将对医学、药学等学科以及人类健康产生深远的影响。

【拓展阅读】 **弗雷德里克·桑格简介**

弗雷德里克·桑格（Frederick Sanger， 1918—2013)是英国生物化学家。曾经两度获得诺贝尔化学奖。桑格的父亲是一名医生，因此他原先打算从事医学研究。但是由于对生物化学的浓厚兴趣，桑格选择去剑桥大学攻读生物化学并获得了博士学位。桑格从 1943 年开始研究胰岛素，到 1955 年解析胰岛素的精确结构，桑格的实验前后跨越了 12 年，但桑格凭借不懈的努力与艰苦的奋斗，最终成功地完成了这一任务。 1958 年，桑格凭借这一研究获得了当年的诺贝尔化学奖， 20 世纪 60 年代后致力于核糖核酸（RNA）和脱氧核糖核酸（DNA）的结构研究，用化学方法来解决生物问题的思路一直陪伴着桑格，因开发出了一套高效的 DNA 测序方法——「双脱氧链终止法」于 1980 年再次荣获诺贝尔化学奖。蛋白质和 DNA，一个是生命活动的组织者和参与者，一个是生命活动的施工蓝图，桑格通过持之以恒地研究，揭开了这两个最重要的生命分子的面纱，因此，科学界将桑格称为“生命天书的解密者”。桑格留给后人的，除了不朽的成果，最可贵的还有那份要耐得住冷板凳的科研精神。

【例题解析】

例题 1. 完成下列反应式：

（1） $CH_3CH_2CHO + HCN + NH_3 \longrightarrow \xrightarrow[\text{②}H^+]{\text{①}NaOH/H_2O}$

（2） $PhCH_2COOH + Br_2 \xrightarrow{P} \xrightarrow{NH_3}$

解析：（1） $CH_3CH_2CH(CN)NH_2$， $CH_3CH_2CH(COO^-)\overset{+}{N}H_3$

（2） $PhCH(Br)COOH$， $PhCH(\overset{+}{N}H_3)COO^-$

例题 2. 如何分离赖氨酸和丙氨酸的混合物?

解析： 赖氨酸的等电点 pI=9.74，丙氨酸的等电点 pI=6.0，根据两者的等电点不同，将混合物溶液调节至 pH 为 6.0 或 9.74。当 pH 为 6.0 时，丙氨酸的溶解度最小，呈结晶析出；当 pH 为 9.74 时，赖氨酸的溶解度最小而结晶析出。所以通过调节等电点的方法，可以达到分离的目的。(等电点的重要意义在于，此时溶液中以两性离子形式存在的氨基酸浓度最大，而它的溶解度最小，可以结晶析出。大于或小于等电点的 pH 环境中，由于氨基酸具有两性离子性质，溶解度增大，不易结晶。)

例题 3. 解释下列名词。

（1）等电点　（2）C 端　（3）蛋白质的一级结构

解析：（1）等电点是指氨基酸溶液净电荷为零，呈电中性时的 pH 值。

（2）多肽链游离羧基一端称为羧基末端或 C 端。

（3）蛋白质的一级结构是指蛋白质肽链中氨基酸的排列顺序。

习　题

1. 写出缬氨酸在 pH=3.0、6.0 和 9.0 的水溶液中呈现的荷电状态。

2. 写出丙氨酸与下列试剂反应的产物。

（1） $NaNO_2+HCl$　（2） NaOH　（3） HCl

（4） CH_3CH_2OH/H^+　（5） $(CH_3CO)_2O$　（6） HCHO

3. 何谓蛋白质的变性？能导致蛋白质变性的因素有哪些？

4. 一个含有丙、精、半胱、缬和亮的五肽，部分水解得丙-半胱、半胱-精、精-缬，亮-丙四种二肽，试写出五肽的氨基酸排列顺序。

5. 一个八肽化合物由天冬氨酸、亮氨酸、缬氨酸、苯丙氨酸和两个甘氨酸及两个脯氨酸所组成，终端分析法表明 N-端是甘氨酸，C-端是亮氨酸，酸性水解给出缬-脯-亮，甘-天冬-苯丙-脯、甘和苯丙-脯-缬碎片，给出这个八肽的结构。

6. 催产素是一个九肽化合物。顺序测定发现它在两个半胱氨酸间有二硫桥存在，当二硫桥被还原后发现其除了两个半胱氨酸外还有谷氨酸、甘氨酸、天冬氨酸、异亮氨酸、亮氨酸、脯氨酸和酪氨酸。N-端是甘氨酸，部分水解给出天冬-半胱、异亮-谷、半胱-谷、半胱-酪、亮-甘、酪-亮-谷、谷-天冬-半胱、半胱-脯-亮等碎片，谷氨酸和天冬氨酸均以酰胺形式存在。给出它的结构式及还原后的结构式。

7. 简述核酸的概念、分类及特点。

8. 简述 DNA 碱基组成特点。

9. 将 RNA 和 DNA 彻底水解后，各得哪几种产物？

10. 写出下列化合物的结构式。

(1) 胞嘧啶脱氧核苷；(2) 鸟嘌呤核苷

11. 测得某段 DNA 链的碱基顺序为 TACTGGTA，请写出该段互补 DNA 链的碱基顺序。

第 18 章　有机化合物结构分析简介

有机化合物的化学结构总的来说是比较复杂的。所以，在现代仪器应用到有机化合物的结构分析之前，确定有机物的结构是非常费时的工作，有时甚至数十年才确定一个复杂化合物的结构。利用化学反应进行结构分析，这是经典分析法。主要是利用化学反应将有机分子降解为一些稳定的碎片分子，一些容易通过合成来证明结构的化合物，然后根据降解原理推断出原来化合物的结构。这样的结构鉴定方法曾经是复杂有机化合物结构解析的重要途径。随着物理科学的发展和技术的应用，出现了紫外光谱、红外光谱、质谱、核磁共振谱以及 X 射线单晶衍射技术，为复杂结构天然有机化合物的结构解析提供了强有力的手段。这使得通过化学方法鉴定一个复杂有机物结构需要花费数年甚至几十年的时间可以缩短到一个月甚至几天，同时结构分析的准确性有了很大的提高。

要分析一个有机化合物的结构，有时远比合成化合物要复杂。有机物的结构包括分子组成、分子中原子的连接顺序、分子骨架、官能团的类型和位置，以及分子中原子的空间排列（即分子的立体结构）。

可利用化学试剂对化合物进行官能团的特性反应，鉴别官能团的存在与否。对于存在同系物、同分异构体和立体异构体的有机物而言，化学方法远远不能满足需要。目前有机物的结构鉴定主要是利用波谱等现代方法（紫外吸收光谱、红外光谱、质谱、核磁共振谱、单晶 X-射线衍射等），其特点是只需少量试剂（毫克级）即可对化合物进行结构分析。

18.1　波谱法概述

应用于有机分析的波谱方法有紫外光谱法（ultraviolet spectroscopy，UV），红外光谱法（infrared spectroscopy，IR），核磁共振谱法（nuclear magnetic resonance，NMR），质谱法（mass spectrometry，MS）除了质谱外，核磁共振谱、红外光谱以及紫外吸收光谱，它们的原理有相似之处，均为样品分子中某个运动状态获得相应能量后，从低能级跃迁到高能级，其所获得的能量来源于所施加的不同波长的电磁波。当某种运动状态的运动频率等于照射分子的电磁波的频率 ν 时，即 $h\nu=E_1-E_0$，发生电磁波的吸收，产生一个电磁波吸收信号。不同波长的电磁波，能量不同，导致分子运动状态的跃迁形式也不同，因此出现不同的光谱分析法。运动状态的能级跃迁与分子的结构有关，从而得到分子的结构信息。综合各种结构信息，推断出化合物的结构。

电磁辐射具有以下特性。光的本质是电磁辐射，光的基本特性是波粒二象性。光的波动性是指光可以用互相垂直的、以正弦波振荡的电场和磁场表示。电磁波具有速度、方向、波长、振幅和偏振面等。光可分为自然光、偏振光（线偏振或圆偏振）、连续波、调制波、脉冲波等。

光的粒子性是指光可以看成是由一系列量子化的能量子（即光子）组成的。电磁波的速度（c）、频率（ν）和波长（λ）的关系为：

$$\nu=c/\lambda$$

电磁波的能量为：

$$E=h\nu=hc/\lambda$$

式中，h 为 Plank 常数，$h=6.626\times10^{-34}\,\mathrm{J\cdot s}$。

电磁波按照频率高低可分为高频、中频及低频区。高频对应放射线（α 射线、γ 射线），涉及原子核、内层电子；中频指紫外-可见光，近红外、中红外和远红外光，涉及外层电子能级的跃迁，分子的振动及转动；而低频指电波（微波、无线电波），涉及分子的转动、电子的自旋、核的自旋等。射频频率与跃迁类型见表 18-1。

表 18-1　射频频率与跃迁类型

分析法	波长范围	跃迁类型
射线发射	0.005～1.4Å	原子核
X 射线吸收、发射、荧光、衍射	0.1～100Å	内层电子
真空紫外吸收	10～180nm	价电子
紫外-可见吸收、发射，荧光	180～780nm	价电子
红外吸收，拉曼散射	0.78～300nm	分子振动/转动
电子自旋共振	3cm	电子在磁场中的自旋
核磁共振	0.6～10m	核在磁场中的自旋

18.2　紫外吸收光谱法

18.2.1　电子跃迁和紫外吸收光谱的产生

紫外光谱检测分子中电子运动状态的跃迁产生的能量吸收。分子中某些价电子可吸收一定波长的光，并由低能级（基态）跃迁至高能级（激发态），此时产生的吸收光谱称之为 UV-VIS。从化学键性质考虑，与有机物分子紫外-可见吸收光谱有关的电子是：形成 σ 键的电子，形成 π 键的电子以及未共用的或称为非键的 n 电子。有机物分子内各种电子的能级高低次序为 $\sigma^* > \pi^* > n > \pi > \sigma$。标有 * 者为反键电子。

分子轨道上电子跃迁的类型如图 18-1 所示。

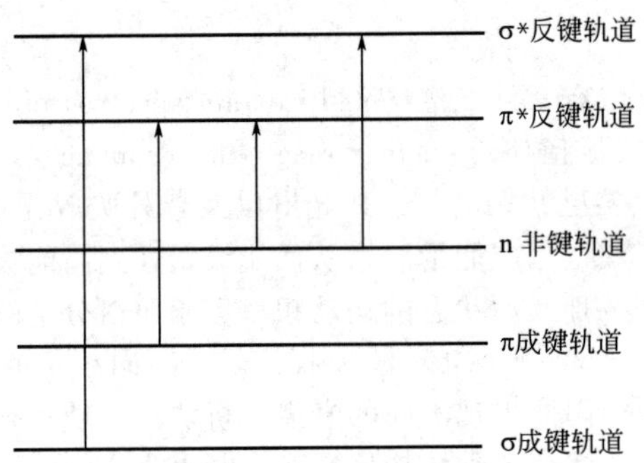

图 18-1　电子跃迁类型

这四种跃迁中，它们跃迁所需要吸收的电磁波的波长以及吸光系数见表 18-2。

表 18-2　跃迁类型与吸收波长

跃迁类型	吸收波长 λ/nm	吸光系数 ε
$\sigma \to \sigma^*$	～150	约 10^4
$n \to \sigma^*$	～190	约 10^2
$\pi \to \pi^*$（孤立双键）	<200	约 10^4
$n \to \pi^*$	200～400	约 10^2

小于 200nm 为远紫外区，200～400nm 为近紫外谱区，400～700nm 为可见谱区。远紫外区的紫外光被空气中的二氧化碳、氧气、氮气和水吸收，操作必须在真空条件下进行，也称为真空紫

外区。

实际上，吸收波长处于近紫外区主要是$n\to\pi^*$跃迁和共轭的$\pi\to\pi^*$跃迁。含有未共用电子对的取代基都可能发生$n\to\sigma^*$跃迁。因此，含有S、N、O、Cl、Br、I等杂原子的饱和烃衍生物都出现一个$n\to\sigma^*$跃迁产生的吸收谱带。$n\to\sigma^*$跃迁也是高能量跃迁，一般$\lambda_{max}<200nm$，落在远紫外区。但跃迁所需能量与n电子所属原子的性质关系很大。杂原子的电负性越小，电子越易被激发，激发波长越长。有时也落在近紫外区，如甲胺，$\lambda_{max}=213nm$。$n\to\pi^*$所需能量最低，吸收波长在200～400nm，甚至在可见光区。而$n\to\pi^*$跃迁概率小，是弱吸收带，一般$\varepsilon_{max}<500$。许多化合物中的杂原子形成的单化学键既有π电子又有n电子，在电磁波作用下，既有$\pi\to\pi^*$跃迁又有$n\to\pi^*$跃迁。如—COOR基团，$\pi\to\pi^*$跃迁$\lambda_{max}=165nm$，$\varepsilon_{max}=4000$；而$n\to\pi^*$跃迁$\lambda_{max}=205nm$，$\varepsilon_{max}=50$。$\pi\to\pi^*$和$n\to\pi^*$跃迁都要求有机化合物分子中含有不饱和基团，以提供π轨道。$n\to\pi^*$跃迁的吸光系数很小，在近紫外区只有共轭体系$\pi\to\pi^*$跃迁具有强烈的吸收。$\pi\to\pi^*$所需能量较少，并且随双键共轭程度增加，所需能量降低。若两个以上的双键被多个单键隔开，则所呈现的吸收强度是所有双键吸收的叠加；若双键共轭，则吸收大大增强，λ_{max}和ε_{max}均增加。如单个双键，乙烯的$\lambda_{max}=185nm$，而共轭双键如丁二烯$\lambda_{max}=217nm$。因此，在近紫外区通过对化合物扫描，可以得到的结构信息是，化合物中是否存在强的吸收基团，即共轭体系。或者从吸收峰的位置判断可能的吸收体系。

化合物溶液吸收紫外光时，遵循比耳-朗伯（Beer-Lambert）定律，故紫外光谱可以应用于一些化合物的定量分析。

$$A=\lg I_0/I=abc=-\lg T$$

式中，A为吸光度；$T=I/I_0$称为透过率；I_0为入射光强度；I为透过光强度；b为光程，即样品池溶液厚度；c为样品浓度；a为吸光系数，溶液浓度为mol/L时，为摩尔吸光系数ε。

紫外光谱的一些术语：

发色基团——能引起光谱特征吸收的不饱和基团，一般为带π电子的基团；

助色基团——饱和原子基团，本身吸收小于200nm。当与发色基团连接时，可使发色基团的最大吸收波长向长波长方向移动，并且使其吸收强度增大，一般助色基团的原子上有p电子；

红移——由于取代基或溶剂的影响，发色基团的吸收波长向长波长方向移动的现象；

蓝移——由于取代基或溶剂的影响，发色基团的吸收波长向短波长方向移动的现象；

增色效应（助色效应）——使吸收强度增加的效应；

减色效应——使吸收强度减弱的效应。

18.2.2 紫外吸收与分子结构

紫外吸收与其分子结构的关系，可以通过归纳的经验规则来推断，当然，单一的紫外光谱数据不能对化合物的结构进行完全解析，还必须有其他充分的条件。通过经验规则，估计发色基团或共轭体系的最大吸收波长λ_{max}值，以此判断共轭体系的结构。

（1）λ_{max}值与结构关系

① 如果一个化合物的光谱显示在270～350nm有弱的吸收（ε=10～100），同时在200nm以上的其他区域没有吸收，则该化合物不存在共轭的发色基团。

② 若化合物的紫外吸收出现多个吸收带，并且在可见光区有吸收，则该化合物可能含有长链共轭或多环芳核发色基团。有色化合物中至少含有4个相互共轭的发色基团（双键）（例外情况为，分子中有硝基、偶氮基、重氮基以及亚硝基的含氮化合物，以及α-二酮、乙二醛等]。

（2）摩尔吸光系数ε值

摩尔吸光系数ε值在1×10^4～2×10^4的化合物，发色基团一般为共轭烯烃或α,β-共轭烯酮；ε值在10^3～10^4之间的化合物，发色基团一般为芳香环；当ε值小于10^2时，发色基团为杂原子重键结构。

(3) 共轭烯烃和共轭烯酮（羰基化合物）

共轭烯烃和共轭烯酮（羰基化合物）的紫外吸收与其共轭长度有关，同时还跟共轭体系上的取代基的取代位置、取代基的性质有关。不同取代基取代共轭体系中不同位置的氢原子，导致共轭体系的紫外吸收发生显著变化。一些此类化合物可以按照 Woodward 经验规则计算 λ_{max} 值。

$$\lambda_{max}=\text{基本值}+\text{共轭体系中基团的贡献值}$$

对于共轭多烯体系由 π-π^* 的电子跃迁引起的吸收，基本值和基团贡献值如下：

体系	非环体系	异环体系	同环体系
基本值/nm	217	214	253
基团	增加值/nm		
每增加一个共轭 C═C	+30		
环外双键	+5		
烷基	+5		
酰氧基（—OCOR）	+0		
烷氧基（—OR）	+6		
含硫基团（—SR）	+30		
二烷氨基（—NR_2）	+60		
卤素（—Cl，—Br）	+5		

(溶剂校正：否)

例如：

结构			
基本值/nm	217（非环）	214（异环）	217（非环）
烷基取代基/nm	2×5=10	3×5=15	2×5=10
环外双键/nm	5	5	无
总值/nm	232	234	227
实测值/nm	237	235	

对于共轭烯酮体系由 π-π^* 的电子跃迁引起的吸收，基本值和基团贡献值如下：

体系和结构	β, α, β, X, O				
基本值/nm	X=H，207；X=R，215；X=OH，193；X=OR，193	215	202	227	239

基团贡献增加值：

基团位置	α位	β位	γ位	δ及更高级
每增加一共轭 C═C	+30			
每一环外 C═C	+5			
同环二烯	+39			
烷基（—R）	+10	+12	+18	+18
—OH	+35	+30	+50	+50
—OAc（酰氧基）	+6	+6	+6	+6
—OR（烷氧基）	+35	+30	+17	+31
—SR（含硫基团）		+85		
—NR_2（二烷氨基）		+95		
—Cl	+15	+12		
—Br	+25	+30		

例如：

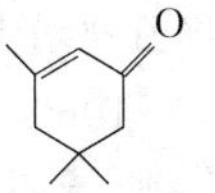

基本值 215
β 位烷基取代基
$2\times12=24$

计算值 239nm
实测值 238nm

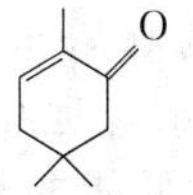

基本值 215
α 位取代 10，
β 位取代 12

计算值 237
实测值 235

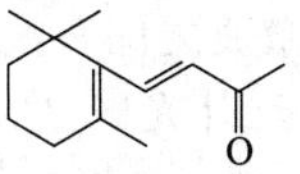

基本值 215
增加一个共轭 C＝C＋30；
γ 位烷基取代＋10；
δ 位取代 $2\times18=36$
计算值 291
实测值 281

因此，对于部分共轭体系，可根据其吸收峰的位置，初步判断共轭体系的长度和取代状态。

18.2.3 影响 UV 吸收光谱的主要因素

（1）溶剂的影响

一般溶剂极性增大，$\pi\rightarrow\pi^*$ 跃迁吸收带红移，$n\rightarrow\pi^*$ 跃迁吸收带蓝移。分子吸收电磁波后，成键轨道上的电子会跃迁至反键轨道形成激发态。一般情况下分子的激发态极性大于基态。溶剂极性越大，分子与溶剂的静电作用越强，使激发态稳定，能量降低。即 π^* 轨道能量降低大于 π 轨道能量降低，因此波长红移。而产生 $n\rightarrow\pi^*$ 跃迁的 n 电子由于与极性溶剂形成氢键，基态 n 轨道能量降低多，$n\rightarrow\pi^*$ 跃迁能量增大，吸收带蓝移。故在给出 UV 数据时必须标明所用溶剂。

（2）分子结构的影响

结构改变，使共轭生成或消失，或共轭体系长度改变：由于共轭效应，电子离域到多个原子之间，导致 $\pi\rightarrow\pi^*$ 能量降低。同时跃迁概率增大，ε_{max} 增大。当分子中的空间阻碍使共轭体系破坏，λ_{max} 蓝移，ε_{max} 减小。共轭体系中的取代基越大，分子共平面性越差，因此最大吸收波长蓝移，摩尔吸光系数降低。

供电子基团与共轭体系连接，将使共轭体系的吸收波长红移。吸电子基团与共轭体系连接，使共轭体系的吸收波长蓝移。烷基的超共轭效应使共轭体系吸收带红移。发色基团的离子化将导致吸收波长移动，形成阳离子如铵盐，导致蓝移；发色基团形成阴离子共轭体系吸收发生红移。

当共轭体系中有供电子基团如—NH_2，—OH 等时，杂原子中未共用电子对（处于 p 轨道上）与共轭体系中的 π 轨道相互作用，形成 p-π 共轭，降低了能量，λ_{max} 红移，吸收强度增大。当共轭体系中引入吸电子基团，产生 p-π 共轭，λ_{max} 蓝移，吸收强度增加。供电子基与吸电子基同时存在时，产生分子内电荷转移吸收，λ_{max} 红移，ε_{max} 增加。

18.2.4 紫外吸收光谱的应用

紫外吸收光谱可用于定性和定量分析。利用紫外吸收光谱中吸收带的位置和最大吸收波长处的吸收强度，判断化合物中是否存在共轭体系。在大于 200nm 的近紫外-可见光区范围内，如果存在强力吸收（吸光度约 10^4），则该化合物存在共轭体系，否则不存在共轭体系。

18.3 红外光谱

在应用核磁共振谱对有机物的结构进行解析之前，红外光谱是最重要的解析手段之一。今天，随着更为有效的解析手段的不断出现，红外光谱主要用于判断化合物中的官能团。

当化合物被红外光照射时，化学键振动的变化（振动能级的跃迁，导致键的偶极矩发生变化）导致能量吸收。由于不同化学键的键长、极性和键的强度不同，因此其振动频率不同。当红外光照射化合物时，分子中的不同化学键键长和键强度不同，导致不同的化学键吸收不同波长的红外光而引起键的振动。键振动导致某一波长的红外光的吸收，使得该波长的红外光的入射光和透过光的强度发生变化，经检测器检测后输出信号，从而判断化学键的类型。

18.3.1 红外光区的划分

红外光处在可见光区和微波之间，波长范围为 0.75～1000μm，将红外光区分为三个区：近红外光区（0.75～2.5μm）；中红外光区（2.5～25μm）；远红外光区（25～1000μm）。

近红外光区的吸收带（0.75～2.5μm）主要由低能电子跃迁、含氢原子团（如 O—H、N—H、C—H）伸缩振动的倍频吸收产生。该区的光谱可用来研究稀土和其他过渡金属离子的化合物，并适用于水、醇、某些高分子化合物以及含氢原子团化合物的定量分析。

中红外光区吸收带（2.5～25μm）是绝大多数有机化合物和无机离子的基频吸收带［由基态振动能级（$\nu=0$）跃迁至第一振动激发态（$\nu=1$）时，所产生的吸收峰称为基频峰］。由于基频振动是红外光谱中吸收最强的振动，所以该区最适于用红外光谱进行定性和定量分析。同时，由于中红外光谱仪最为成熟、简单，而且目前已积累了该区大量的数据资料，因此它是应用极为广泛的光谱区。通常，中红外光谱法又简称为红外光谱法。

远红外光区吸收带（25～1000μm）是由气体分子中的纯转动跃迁、振动-转动跃迁、液体和固体中重原子的伸缩振动、某些变角振动、骨架振动以及晶体中的晶格振动所引起的。由于低频骨架振动能灵敏地反映出结构变化，所以对异构体的研究特别方便。此外，还能用于金属有机化合物（包括络合物）、氢键、吸附现象的研究。但由于该光区能量弱，除非其他波长区间内没有合适的分析谱带，一般不在此范围内进行分析。

红外吸收光谱一般用 $T\sim\lambda$ 曲线或 $T\sim\bar{\nu}$（波数）曲线表示。苯的红外光谱图见图 18-2。

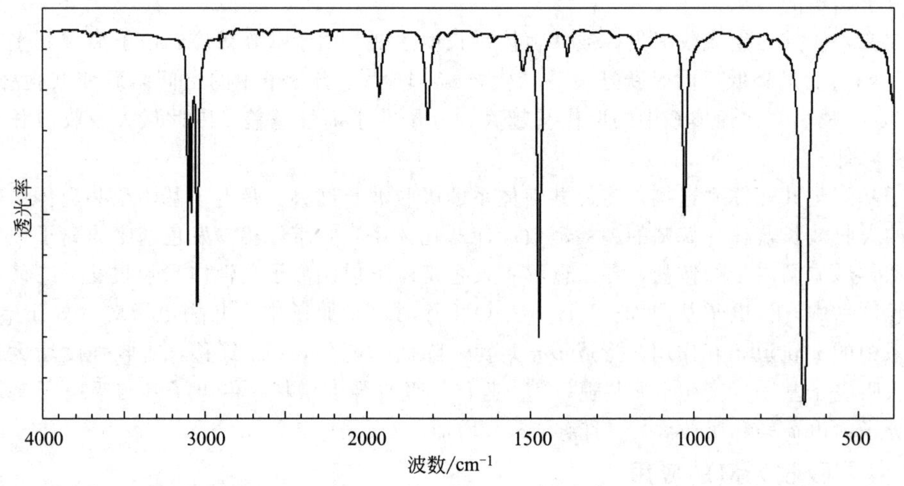

图 18-2 苯的红外光谱图

波长 λ 与波数 $\bar{\nu}$ 之间的关系为：波数 $\bar{\nu}$（cm^{-1}）$=10^4$/波长（cm）

中红外区的波数范围是 4000～400cm^{-1}，是红外光谱研究的主要区域。

18.3.2 红外光谱法的特点

紫外-可见吸收光谱常用于研究不饱和有机物，特别是具有共轭体系的有机化合物；而红外光谱法主要研究在振动中伴随有偶极矩变化的化合物（没有偶极矩变化的振动在红外光谱中不出现而在拉曼光谱中出现）。因此，除了单原子和同核分子如 Ne、He、O_2、H_2 等之外，几乎所有的有机化合物在红外光谱区均有吸收。除旋光异构体、某些高分子量的聚合物以及在分子上只有微小差异的同系物外，凡是结构不同的两个化合物，一定不会有相同的红外光谱。

红外吸收带的波数位置、波峰的数目以及吸收谱带的强度反映了分子结构上的特点，可以用来鉴定未知物的结构组成或确定其化学基团；而吸收谱带的吸收强度与分子组成或化学基团的含量有关，可用以进行定量分析和纯度鉴定。

由于红外光谱分析特征性强，气体、液体、固体样品都可测定，并具有用量少、分析速度快、不破坏样品的特点。因此，红外光谱法不仅与其他许多分析方法一样，能进行定性和定量分析，而且是鉴定化合物和测定分子结构的有效方法之一。

18.3.3 IR 的形成及产生红外吸收的条件

18.3.3.1 IR 形成

当样品受到频率连续变化的红外光照射时，分子吸收某些频率的红外光（辐射），产生分子振动和转动能级从基态到激发态的跃迁，使相应于这些吸收区域的透射光强度减弱。记录红外光的百分透射比与波数或波长关系曲线，就得到红外光谱。

当有红外辐射照射到分子时，若红外辐射的光子（L）所具有的能量（E_L）恰好等于分子振动能级的能量差（ΔE_v）时，则分子将吸收红外辐射而跃迁至激发态，导致振幅增大。分子振动能级的能量差为：

$$\Delta E_v = \Delta v h\ \nu_v$$

又光子能量为：

$$E_L = h\nu_L$$

于是可得产生红外吸收光谱的第一条件为：

$$E_L = \Delta E_v$$

即

$$\nu_L = \Delta v \nu_v$$

分子吸收光的能量等于分子振动能级的能级差（或跃迁能）。因此，只有当红外辐射频率等于振动量子数的差值 Δv 与分子振动频率的乘积时，分子才能吸收红外辐射，产生红外吸收光谱。当振动从基态跃迁到第一激发态时，$\Delta v = 1$，即振动频率等于红外辐射频率时即发生吸收。

红外跃迁是偶极矩诱导的，即能量转移的机制是通过振动过程所导致的偶极矩的变化和交变的电磁场（红外线）相互作用发生的。

分子由于构成它的各原子的电负性不同，也显示不同的极性，称为偶极子。通常用分子的偶极矩（μ）来描述分子极性的大小。

当偶极子处在电磁辐射电场时，该电场做周期性反转，偶极子将经受交替的作用力而使偶极矩增加或减少。由于偶极子具有一定的原有振动频率，显然，并非所有的振动都会产生红外吸收，只有发生偶极矩（大小或方向）变化（$\Delta\mu \neq 0$）的振动才能引起可观测的红外吸收光谱，该分子称之为红外活性的；$\Delta\mu = 0$ 的分子振动不能产生红外振动吸收，称为非红外活性的。

光的频率与偶极子振动频率相匹时，分子才与辐射相互作用（振动耦合）而增加它的振动能，使振幅增大，即分子由原来的基态振动跃迁到较高振动能级。

当一定频率的红外光照射分子时，如果分子中某个基团的振动频率和光的频率一致，二者就会产生共振，此时光的能量通过分子偶极矩的变化而传递给分子，这个基团就吸收一定频率的红外光，产生振动跃迁。如果用连续改变频率的红外光照射某样品，由于试样对不同频率的红外光吸收程度不同，通过试样后的红外光在一些波数范围减弱，在另一些波数范围内仍然较强，用仪器记录该试样的红外吸收光谱，从而进行样品的定性和定量分析。

18.3.3.2 分子振动频率计算

（1）双原子分子的振动

分子中的原子以平衡点为中心，以非常小的振幅（与原子核之间的距离相比）做周期性的振动，可近似看作简谐振动。这种分子振动的模型，以经典力学的方法可把两个质量为 m_1 和 m_2 的原子看成钢体小球，连接两原子的化学键设想成无质量的弹簧，弹簧的长度 r 就是分子化学键的长度。如图 18-3。

由经典力学可导出该体系的基本振动频率计算公式：

$$\nu = \frac{1}{2\pi}\sqrt{\frac{k}{\mu}} \quad 或 \quad \bar{\nu} = \frac{1}{2\pi c}\sqrt{\frac{k}{\mu}}$$

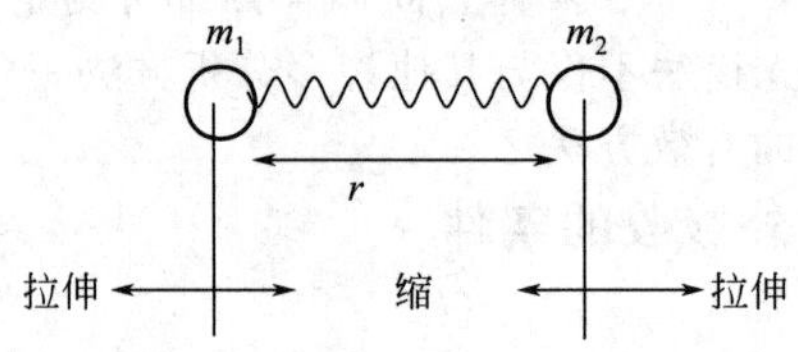

图 18-3　双原子分子振动示意图

式中，k 为化学键的力常数，定义为将两原子由平衡位置伸长单位长度时的恢复力，N/cm；μ 为折合质量，g；c 为光速，2.998×10^{10} cm/s。

$$\mu=\frac{m_1m_2}{m_1+m_2}$$

根据两成键原子的原子量 m_1 和 m_2 之间的关系，上式可写成：

$$\bar{\nu}=1307\sqrt{k\frac{1}{m_1}+\frac{1}{m_2}}$$

一般地，各种各类型的共价键的力常数 k 分别为：

共价键类型	单键	双键	三键
k/(N/cm)	5	10	15

从振动频率公式可知，影响基本振动频率的直接原因是原子量和化学键的力常数。

化学键的力常数 k 越大，折合质量越小，则化学键的振动频率越高，吸收峰将出现在高波数区；反之，则出现在低波数区。

例如 C—C，C═C，C≡C 三种碳碳键的折合质量相同，键力常数的顺序是三键＞双键＞单键。因此在红外光谱中，C≡C 的吸收峰出现在约 2220cm^{-1}，而 C═C 约在 1660cm^{-1}，C—C 在约 1430cm^{-1} 处。

对于同类化学键的基团，波数与原子量平方根成反比。例如 C—C、C—O、C—N 键的力常数相近，但相对折合质量不同，其大小顺序为 C—C＜C—N＜C—O，因而这三种键的基频振动峰分别出现在 1430cm^{-1}、1330cm^{-1}、1280cm^{-1} 附近。一些化合物中化学键的力常数见表 18-3。

表 18-3　一些化合物中化学键的力常数

键	分子	k	键	分子	k
H—F	HF	9.7	H—C	CH_2═CH_2	5.1
H—Cl	HCl	4.8	H—C	CH≡CH	5.9
H—Br	HBr	4.1	C—Cl	CH_3Cl	3.4
H—I	HI	3.2	C—C	—	4.5～5.6
H—O	H_2O 缔合态	7.8	C═C	—	9.5～9.9
H—O	H_2O 游离态	7.12	—	—	15～17
H—S	H_2S	4.3	C—O	—	5.0～5.8
H—N	NH_3	6.5	C═O	—	12～13
C—H	CH_3X	4.7-5.0	—	—	16～18

上述用经典方法来处理分子的振动属于宏观处理方法，或是近似处理的方法。但一个真实分子的振动能量变化是量子化的；另外，分子中基团与基团之间，基团中的化学键之间都相互有影响，除了化学键两端的原子质量、化学键的力常数影响基本振动频率外，其与内部因素和外部因素也

有关。

(2) 多原子分子的振动和振动类型

多原子分子由于原子数目增多，组成分子的键或基团和空间结构不同，其振动光谱比双原子分子要复杂。但是可以把它们的振动分解成许多简单的基本振动（又称简正振动），理论上，每个振动出现一个吸收峰。基本振动的数量称为分子的振动自由度，简称为分子自由度。

简正振动的振动状态是分子质心保持不变，整体不转动，每个原子都在其平衡位置附近做简谐振动，其振动频率和相位都相同，即每个原子都在同一瞬间通过其平衡位置，而且同时达到其最大位移值。分子中任何一个复杂振动都可以看成这些简正振动的线性组合。

一般将振动形式分成两类：伸缩振动和变形振动（见图 18-4）。

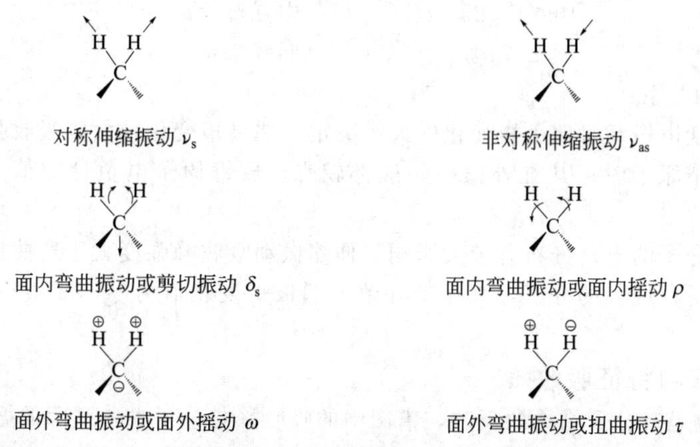

图 18-4　振动的类型

① 伸缩振动　原子沿键轴方向伸缩，键长发生变化而键角不变的振动称为伸缩振动，用符号 ν 表示。它又可以分为对称伸缩振动（ν_s）和不对称伸缩振动（ν_{as}）。对同一基团，不对称伸缩振动的频率要稍高于对称伸缩振动。

② 变形振动（又称弯曲振动或变角振动）　基团键角发生周期变化而键长不变的振动称为变形振动，用符号 δ 表示。变形振动又分为面内变形和面外变形振动。面内变形振动又分为剪切（以 δ 表示）和面内摇动（以 ρ 表示），面外变形振动又分为非平面摇摆（以 ω 表示）和扭曲振动（以 τ 表示）。

18.3.4　红外光谱图的峰数、峰位置与峰强度

(1) 振动自由度与峰数

简正振动的数目为分子的振动自由度，每个振动自由度相当于红外光谱图上一个吸收峰。设分子由 n 个原子组成，每个原子在空间都有 3 个自由度，原子在空间的位置可以用直角坐标中的 3 个坐标 x、y、z 表示，因此，n 个原子组成的分子总共应有 $3n$ 个自由度，即 $3n$ 种运动状态。

但经典振动理论表明，含有 n 个原子的线型分子其分子的振动自由度为（$3n-5$）种。如 CO_2 为线型分子，其振动自由度为 $3n-5=9-5=4$。而含有 n 个原子的非线性分子（环状结构），其振动自由度为（$3n-6$）。例如：苯（C_6H_6）为非线性分子，其振动自由度为 $3n-6=30$。

每种简正振动都有其特定的振动频率，应有相应的红外吸收带。实际上，绝大多数化合物在红外光谱图上出现的峰数远小于理论上计算的振动数，这是由如下原因引起的。

① 没有偶极矩变化的振动，不产生红外吸收；

② 相同频率的振动吸收重叠，即简并；

③ 仪器不能区别频率十分接近的振动，或吸收带很弱，以致仪器无法检测；

④ 有些吸收带落在仪器检测范围之外。

(2) 吸收光谱的强度以及影响因素

红外吸收谱带的强度取决于分子振动时偶极矩的变化，而偶极矩与分子结构的对称性有关。振动的对称性越高，振动中分子偶极矩变化越小，谱带强度也就越弱。

一般地，极性较强的基团（如 C ═O，C—X 等）振动，吸收强度较大；极性较弱的基团（如 C ═C、C—C、N ═N 等）振动，吸收较弱。红外光谱的吸收强度一般定性地用非常强（vs）、强（s）、中强（m）、弱（w）和很弱（vw）等表示。按摩尔吸光系数的大小划分吸收峰的强弱等级，具体如下：

$\varepsilon > 100$	非常强峰（vs）
$20 < \varepsilon < 100$	强峰（s）
$10 < \varepsilon < 20$	中强峰（m）
$1 < \varepsilon < 10$	弱峰（w）

红外吸收强度与结构关系：

① 红外吸收强度由振动时偶极矩变化的大小决定，偶极矩变化越大则吸收强度越大。

② 分子中含有杂原子时，其红外谱峰一般都较强。成键原子电负性差值大，偶极矩变化大，则峰强度大。

③ 振动形式对分子的电荷分布有较大影响，伸缩振动吸收峰强度大于弯曲振动吸收峰。

④ 对称分子或对称性大的分子，其振动导致的偶极矩变化值为零，或很小，则峰的强度为零或很小。

18.3.5 基团频率和特征吸收峰

物质的红外光谱是其分子结构的反映，谱图中的吸收峰与分子中各基团的振动形式相对应。多原子分子的红外光谱与其结构的关系，一般通过实验手段获得。即通过比较大量已知化合物的红外光谱，从中总结出各种基团的吸收规律。实验表明，组成分子的各种基团，如 O—H、N—H、C—H、C ═C、C ═O 和 C≡C 等，都有自己的特定的红外吸收区域，分子的其他部分对其吸收位置影响较小。通常把这种能代表基团存在并有较高强度的吸收谱带称为基团频率，其所在的位置一般又称为特征吸收峰。

特征峰　能用于鉴定原子基团存在并强度较高的吸收峰。

相关峰　基团除了特征峰外，还出现其他相互依存而又互为佐证的吸收峰。

(1) 基团频率区

中红外光谱区可分成 $4000\sim1300\text{cm}^{-1}$ 和 $1300\sim600\text{cm}^{-1}$ 两个区域。

最有分析价值的基团频率在 $4000\sim1300\text{cm}^{-1}$ 之间，这一区域称为基团吸收频率区、官能团区或特征区。区内的峰是由伸缩振动产生的吸收带，比较稀疏，容易辨认，常用于鉴定官能团。

在 $1300\sim600\text{cm}^{-1}$ 区域内，除单键的伸缩振动外，还有因变形振动产生的谱带。这种振动与整个分子的结构有关。当分子结构稍有不同时，该区的吸收就有细微的差异，并显示出分子特征。这种情况就像人的指纹一样，因此又称为指纹区。指纹区对于指认结构类似的化合物很有帮助，而且可以作为化合物存在某种基团的旁证。

基团吸收频率区可分为三个区域：

① $4000\sim2500\text{cm}^{-1}$ 为 X-H 伸缩振动区，X 可以是 O、N、C 或 S 等原子。

O—H 基的伸缩振动出现在 $3650\sim3200\text{cm}^{-1}$ 范围内，它可以作为判断有无醇类、酚类和有机酸类的重要依据。当醇和酚溶于非极性溶剂（如 CCl_4），浓度为 0.01mol/dm^3 时，在 $3650\sim3580\text{cm}^{-1}$ 处出现游离 O—H 基的伸缩振动吸收，峰形尖锐，且没有其他吸收峰干扰，易于识别。当试样浓度增加时，羟基化合物产生缔合现象，O—H 基的伸缩振动吸收峰向低波数方向位移，在 $3400\sim3200\text{cm}^{-1}$ 出现一个宽而强的吸收峰。

胺和酰胺的 N—H 伸缩振动也出现在 $3500\sim3100\text{cm}^{-1}$，因此，可能会对 O—H 伸缩振动有干扰。

C—H 的伸缩振动可分为饱和和不饱和两种。饱和 C—H 伸缩振动出现在 $3000cm^{-1}$ 以下（$3000\sim2800cm^{-1}$），取代基对它们影响很小。如—CH_3 基的伸缩吸收峰出现在 $2960cm^{-1}$ 和 $2876cm^{-1}$ 附近；R_2CH_2 基的吸收峰在 $2930cm^{-1}$ 和 $2850cm^{-1}$ 附近；R_3CH 基的吸收峰出现在 $2890cm^{-1}$ 附近，但强度很弱。正己烷的 IR 谱图见图 18-5。

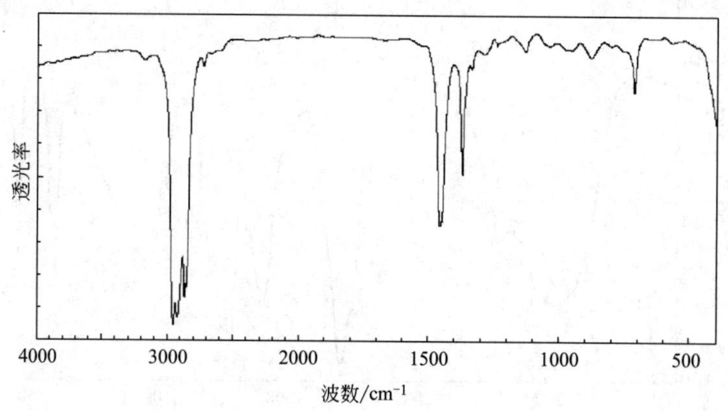

图 18-5　正己烷 IR 图

不饱和 C—H 伸缩振动出现在 $3000cm^{-1}$ 以上，以此来判别化合物中是否含有不饱和的 C—H 键。含不饱和双键的═C—H 的吸收峰出现在 $3010\sim3040cm^{-1}$ 范围内，末端═CH_2 的吸收峰出现在 $3085cm^{-1}$ 附近。苯环的 C—H 键伸缩振动出现在 $3030cm^{-1}$ 附近，它的特征是强度比饱和的 C—H 键稍弱，但谱带比较尖锐，见图 18-6。

三键≡CH 上的 C—H 伸缩振动出现在更高的区域（$3300cm^{-1}$）附近。

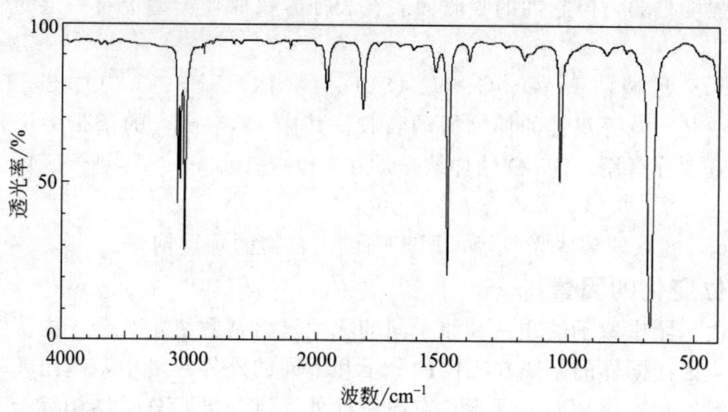

图 18-6　苯的红外光谱图

醛基上的 C—H 键的吸收频率小于 $3000cm^{-1}$，约为 $2820cm^{-1}$ 和 $2720cm^{-1}$。

② $2500\sim1900cm^{-1}$ 为三键和累积双键的伸缩振动吸收区。主要包括—C≡C—、—C≡N 等三键的伸缩振动，以及 >C═C═C< 、 >C═C═O 等累积双键的不对称性伸缩振动。

对于炔烃类化合物，可以分成 R—C≡CH 和 R—C≡C—R′ 两种类型。R—C≡CH 的伸缩振动出现在 $2100\sim2140cm^{-1}$ 附近；R—C≡C—R′ 出现在 $2190\sim2260cm^{-1}$ 附近；R—C≡C—R 分子是对称的，则为非红外活性。—C≡N 基的伸缩振动在非共轭的情况下出现 $2240\sim2260cm^{-1}$ 附近。当与不饱和键或芳香核共轭时，该峰位移到 $2220\sim2230cm^{-1}$ 附近。若分子中含有 C、H、N

原子，—C≡N 基吸收比较强而尖锐。若分子中含有 O 原子，且 O 原子离 —C≡N 基越近，—C≡N 基的吸收越弱，甚至观察不到。

③ 1900～1600cm^{-1} 为双键伸缩振动区，该区域主要包括三种伸缩振动：

a. C═O 伸缩振动出现在 1900～1650cm^{-1}，是红外光谱中的特征峰且往往吸收最强，以此很容易判断酮类、醛类、酸类、酯类以及酸酐等有机化合物。见图 18-7。此外，酸酐的羰基吸收带由于振动耦合而呈现双峰。

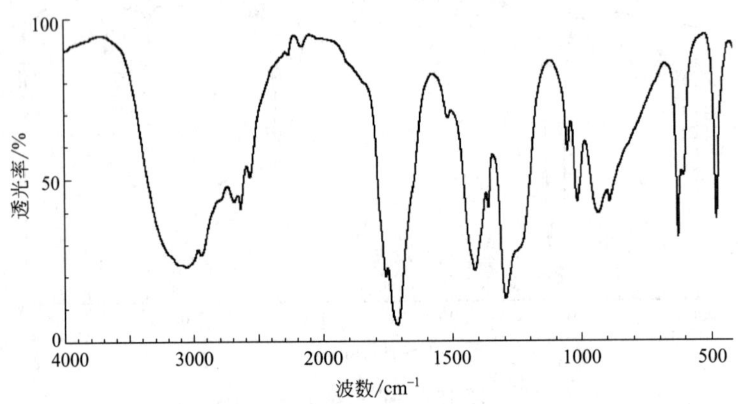

图 18-7　乙酸的红外光谱图

b. C═C 伸缩振动。烯烃的 C═C 伸缩振动出现在 1680～1620cm^{-1}，一般很弱。单核芳烃的 C═C 伸缩振动出现在 1600cm^{-1} 和 1500cm^{-1} 附近，有两个峰，这是芳环的骨架结构，用于确认有无芳核的存在。

c. 苯的衍生物的泛频谱带出现在 2000～1650cm^{-1} 范围，是 C—H 面外和 C═C 面内变形振动的泛频吸收，虽然强度很弱，但它们的吸收面貌在表征芳核取代类型上有一定的作用。

（2）指纹区

① 1300～900cm^{-1} 区域是 C—O、C—N、C—F、C—P、C—S、P—O、Si—O 等单键的伸缩振动和 C═S、S═O、P═O 等双键的伸缩振动吸收。其中 1375cm^{-1} 的谱带为甲基的 C—H 对称弯曲振动，对识别甲基十分有用，C—O 的伸缩振动在 1300～1000cm^{-1}，是该区域最强的峰，也较易识别。

② 900～650cm^{-1} 区域的某些吸收峰可用来确认化合物的顺反构型。

18.3.6　影响峰位变化的因素

基团频率主要由基团中原子的质量和原子间的化学键力常数决定。分子内部结构和外部环境的改变对它也有影响，因而同样的基团在不同的分子和不同的外界环境中，基团频率可能会有一个较大的范围。因此了解影响基团频率的因素，对解析红外光谱和推断分子结构都十分有用。

影响基团频率位移的因素大致可分为内部因素和外部因素。

内部因素包括诱导效应、共轭效应和氢键效应，它们都是由化学键的电子分布不均匀导致键长变化引起的。

$$\rangle C{=}O \rightleftharpoons \rangle C^{+}{-}O^{-}$$

较高振动频率　　较低振动频率

① 诱导效应（I 效应）　由于取代基具有不同的电负性，通过静电诱导作用，引起分子中电子分布的变化。从而改变键的力常数，使基团的特征频率发生位移。例如，一般电负性大的基团或原子吸电子能力较强，与烷基酮羰基上的碳原子相连时，由于诱导效应电子云由氧原子转向双键的中间，增加了 C═O 键的力常数，使 C═O 的振动频率升高，吸收峰向高波数移动。随着取代原子电

负性的增大或取代数目的增加，诱导效应越强，吸收峰向高波数移动的程度越显著。

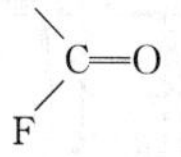

$\nu_{C=O}\approx 1869cm^{-1}$（FC=O）　$\nu_{C=O}=1785\sim1815cm^{-1}$（ClC=O）　$\nu_{C=O}\approx 1812cm^{-1}$（BrC=O）

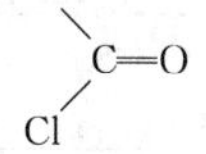

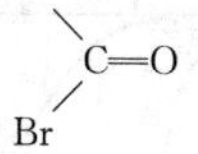

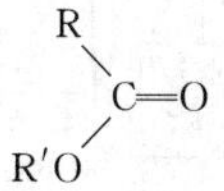

$\nu_{C=O}=1735\sim1750cm^{-1}$（RC(=O)OR′）　$\nu_{C=O}\approx 1760cm^{-1}$（RC(=O)OH）　$\nu_{C=O}\approx 1715cm^{-1}$（RC(=O)R′）

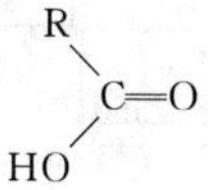

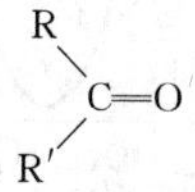

② 共轭效应（*C* 效应）　共轭效应使共轭体系中的电子云密度平均化，结果使原来的双键略有伸长（即电子云密度降低）、力常数减小，使其吸收频率向低波数方向移动。例如酮的 C═O，若与苯环共轭而使 C═O 的力常数减小，振动频率降低。

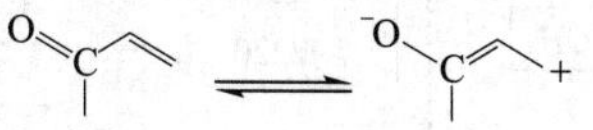

α、β-不饱和酮羰基：　约 $1675cm^{-1}$

芳酮羰基：　约 $1690cm^{-1}$

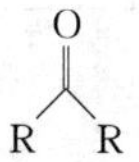

$\bar{\nu}_{C=O}=1715cm^{-1}$ 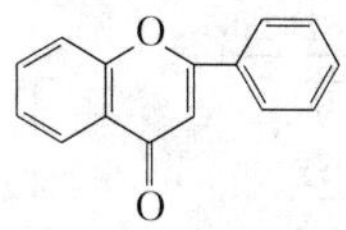　　$\bar{\nu}_{C=O}=1650cm^{-1}$

③ 分子内氢键　氢键的形成，对谱带的位置和强度都有极明显的影响，通常是伸缩频率降低，吸收峰向低波数区位移并使谱带变宽。这是由形成氢键使偶极矩和键长短都发生变化所致。

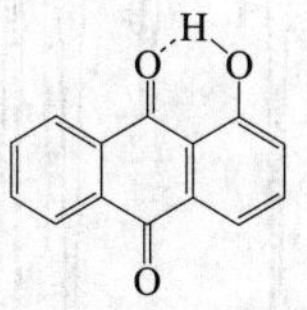

$\bar{\nu}_{C=O}$ 缔合$=1622cm^{-1}$，$\bar{\nu}_{OH}$ 缔合$=2843cm^{-1}$

$\bar{\nu}_{C=O}$ 游离$=1675cm^{-1}$，$\bar{\nu}_{OH}$ 游离$=3500cm^{-1}$

外部因素为分子间的缔合，主要发生在含有活泼氢的基团的化合物中，如—OH、—COOH、—NH 等。缔合导致 O—H、N—H 键长度增大，力常数减小，吸收峰向长波长方向移动。同时存在多种缔合类型，导致吸收峰变得较宽。

根据化合物在红外光谱的特征吸收区出现的吸收峰，可以找出化合物的一些特征官能团。比如对化合物中羟基、羧基的鉴别，是行之有效的手段，有时候在核磁共振谱上找不到活泼氢的信号，但红外光谱很容易鉴别出来。

18.3.7　红外光谱的应用

红外光谱给出化合物中各种化学键的振动吸收频率，不同化学键的性质不同，因此它们的振动频率也不同。与此相对应，不同化学键发生振动所吸收的红外光的频率不同。因此，通过红外光谱的测试，可以给出化合物的官能团的信号。根据红外光谱图中特征区吸收峰的存在与否，判断各类官能团的存在与否。因此，要解析红外光谱图，必须熟悉各类化合物的红外吸收特点。

在进行 IR 谱图解析时，必须注意三个关键点：峰的位置、峰的强度和峰形。可用肯定-否定法进行：根据谱图中各个吸收区内各种官能团吸收峰的存在与否，确定官能团是否存在。先解析特征峰后解析指纹峰，先解析强峰后解析弱峰。

各种官能团的红外吸收峰位置大致如图 18-8 所示。

问题：图 18-9 是化合物环己醇和间甲基苯甲醛的红外光谱图。确定 A、B 的结构。

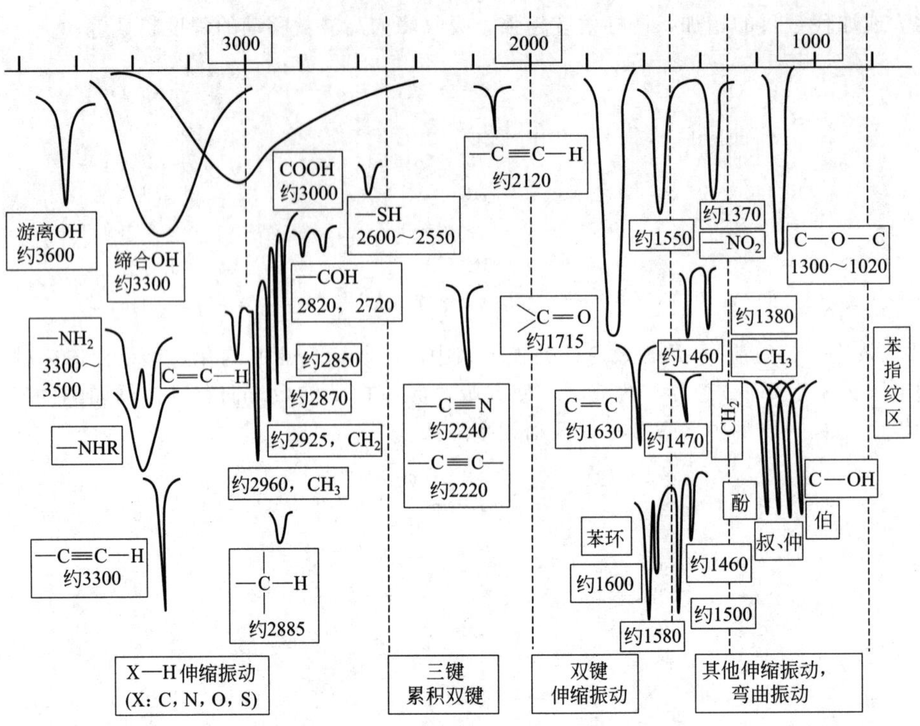

图 18-8 各种官能团的 IR 吸收峰位置

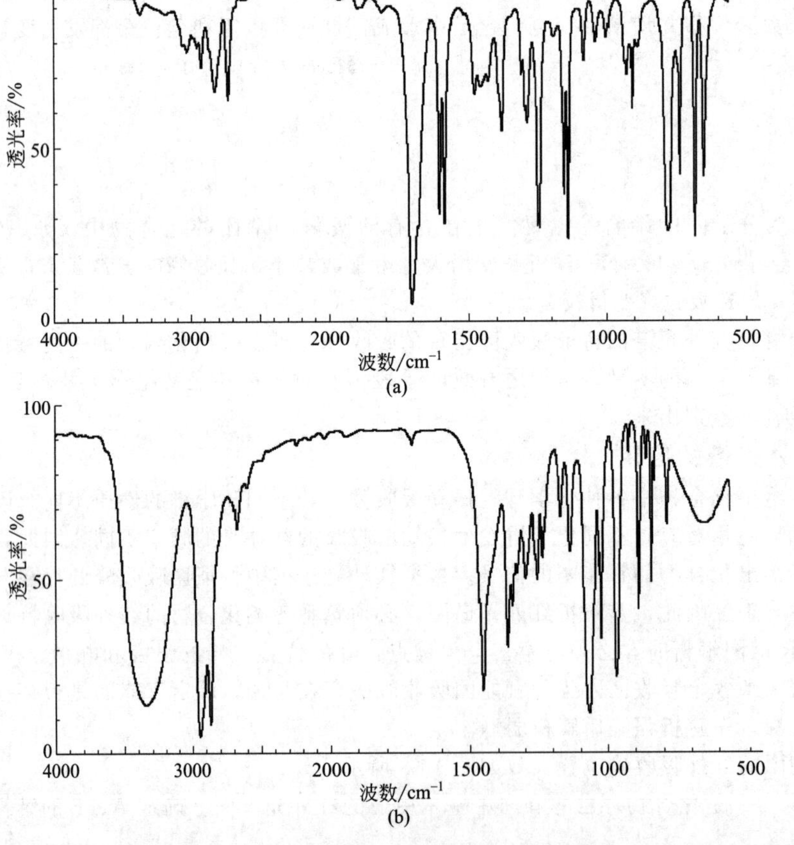

图 18-9 化合物 A（a）和 B（b）的 IR 图

18.4 核磁共振谱

核磁共振是有机物结构解析最为强有力的方法之一。通过^{1}H NMR、^{13}C NMR，以及其他一维和二维 NMR，辅以质谱及其他波谱，可以确定大部分化合物的结构。对于化合物的结构，从 NMR 中得到的化学位移、耦合常数，是化合物的结构特征。

18.4.1 核自旋运动与 NMR 现象

(1) 原子核的自旋

自旋角动量是量子化的，可用自旋量子数 I 表示，I 为整数、半整数或零。

自旋角动量描述为：

$$P=I(I+1)h/(2\pi)$$

式中，I 为自旋量子数，$I=0$，1/2，1，…；h 为 Planck 常数。

原子核组成（质子数 p 与中子数 n）与自旋量子数 I 的经验规则：

p 与 n 同为偶数，$I=0$，如^{12}C、^{16}O、^{32}S 等。

$p+n=$奇数，$I=$半整数（1/2、3/2 等），如^{1}H、^{13}C、^{15}N、^{17}O、^{31}P 等。

p 与 n 同为奇数，$I=$整数，如^{2}H、^{6}Li 等。

目前的 NMR 主要讨论 I 为半整数的原子核（主要是 $I=1/2$）。

(2) 原子核的磁矩

自旋量子数 $I\neq0$ 的原子核具有自旋角动量 P，其数值为：$P=I(I+1)h/(2\pi)$。

磁矩 μ 的大小与磁场方向的角动量 P 有关：

$$\mu=\gamma P=\gamma h(I+1)I/(2\pi)$$

其中，γ 为磁旋比，每种自旋核有其固定值。核磁矩由自旋量子数决定。

(3) 原子核的自旋取向和能量

在外加磁场中，原子核的磁矩与磁场相互作用，使原子核的自旋具有（$2I+1$）个取向，自旋磁量子数 $m=I$，$I-1$，$I-2$，…，$-I$。

具有磁矩的原子核（磁偶极）在磁场中的能量为：

$E=-\mu H_0$

对于氢核，$I=1/2$，则 $m=1/2$、$-1/2$ 两种取向。

$m=1/2$，自旋取向与外磁场方向同，能量低；

$m=-1/2$，自旋取向与外磁场方向反，能量高。

(4) 核磁共振基本原理

两个不同取向的同种自旋核，其自旋状态能量的差别为：

$$\Delta E=2\mu H_0=\gamma h H_0/(2\pi)$$

当自旋核吸收的能量恰好等于两个自旋状态的能量差时，自旋核将从低能级跃迁到高能级。

自旋核在外加磁场中产生相应的感应磁场，感应磁场方向与外磁场方向不平行而是呈一定的角度，使自旋核产生一个与外磁场方向平行的力矩。力矩的产生导致自旋核在自旋运动的同时，以自旋轴绕一定的角度围绕外磁场做回旋运动——Lamor 进动。回旋运动的频率与自旋核性质 γ 有关，同时与外加磁场强度有关：

$$\nu_{\text{Lamor}}=\gamma H_0/(2\pi)$$

(5) 核磁共振产生的条件

自旋核在外加磁场中受到电磁波（射频）照射，当射频的频率与自旋核的 Lamor 进动频率相同时，自旋核将会吸收射频提供的能量，使其运动状态从低能态跃迁至高能态，产生吸收信号，从而产生 NMR。

$$\nu_{射频}\equiv\nu_{Lamor}\equiv\gamma H_0/(2\pi)$$

产生 NMR 的射频频率与外加磁场强度有关。质子 H，在磁场为 14092Gs 时，发生 NMR 所需的射频频率为：

$$\nu_{射频}=\gamma H_0/(2\pi)=60\text{MHz}$$

无外加磁场时，自旋核的能量相等，样品中的自旋核任意取向。放入磁场中，核的磁角动量取向统一，分为与磁场平行（低能量）和反平行（高能量）两种，出现能量差为 $\Delta E=h\nu$。

处于磁场中的自旋核，进行回旋运动（Lamor 进动）。进动频率与转动物体的质量、转动频率和外加磁场强度有关。

核磁共振的产生：当电磁波发生器的发射频率与自旋核的进动频率完全一致时，进动核会吸收电磁波能量，即两者共振时产生吸收。

(6) 饱和与弛豫

H_0 为零时，氢的两种自旋状态的分布相等。在外磁场中，处于低能态的自旋核与高能态自旋核的分布不相等。热平衡时各能级上核的数目服从 Boltzmann 分布：

$$N_\beta/N_\alpha=\exp[-\Delta E/(kT)],\Delta E=h\nu=\gamma h B_0/(2\pi),N_\beta/N_\alpha=\exp[-\gamma h B_0/(2\pi kT)]$$

式中，N_β 为高能级的原子核数；N_α 为低能级的原子核数；k 为 Boltzmann 常数，1.38×10^{-23} J/K。

若 ^{1}**H** 核，$B_0=4.39T$，20℃时，则：

$$N_\beta/N_\alpha=\exp[-(2.68\times108\times6.63\times10^{-34}\times4.39)/(2\times\pi\times1.38\times10^{-23}\times293)]=0.999967$$

对于 10^6 个高能级的核，低能级核的数目：$N_\alpha=10^6/0.999967=1000033$ 低能态自旋核不断跃迁，使得处于高能态和低能态的自旋核的分布完全相同时，吸收信号消失——饱和。

为能连续存在核磁共振信号，必须有从高能级返回低能级的过程，这个过程即称为弛豫过程。

18.4.2 化学位移

(1) 化学位移的产生与表示方法

核磁共振条件：$\nu=\gamma H_0/(2\pi)$。依此公式，在外加磁场 H_0 中，同种自旋核的磁旋比 γ 相同，似乎 NMR 对于分子中不同环境的同种自旋核无法区别。而不同种的原子核因有不同的磁旋比 γ，因而也就有不同的共振频率而得到识别。但实际上，分子中环境不同的同种自旋核在 NMR 中也产生不同信号，从而给出分子结构的信息。

在给定频率的射频照射下分子中自旋核由于其在分子中的环境不同，发生核磁共振所需的磁场强度不同现象，称为自旋核的化学位移，用 δ 表示。简而言之，分子中的各自旋核吸收位置与标准物的自旋核的吸收位置之差，标准物为四甲基硅烷 TMS。

$$\delta=\frac{H_{0(样)}-H_{0(标)}}{H_{0(标)}}=\frac{\nu_{样}-\nu_{标}}{\nu_{标}}\times10^6$$

化学位移是分子结构研究的重要依据。化学位移是一个相对值，无量纲。

(2) 影响化学位移的因素

① 屏蔽效应　根据发生核磁共振的条件：

$$v=\gamma H/(2\pi)$$

相同的自旋核发生核磁共振所需要的磁场强度 H 相同。但分子中原子核外电子云在磁场内的运动产生感应磁场，磁场方向与外加磁场方向相反，即屏蔽效应。此时，自旋核感受到的实际磁场强度应该是外加磁场强度减去感应磁场强度，使得自旋核感受到的磁场强度小于外加磁场的强度 H_0，不能满足发生 NMR 对磁场强度的要求 H。要发生 NMR，要补充屏蔽消耗的部分外加磁场强度，即必须增大 H_0。因此，不同环境的自旋核，由于其核外电子云的分布和密度不同，他们发生 NMR 所需的外加磁场强度不同，因此，化学位移不同。

屏蔽效应与 H_0成正比：

屏蔽效应$=\sigma H_0$

自旋核感受到的实际磁场强度为：

$$H=H_0-\sigma H_0$$

σ 为屏蔽系数，与自旋核外电子云密度呈正比。

此时发生 NMR 所需的射频频率：

$$\nu=\gamma H_0(1-\sigma)/(2\pi)$$

② 诱导效应　电子云密度与屏蔽效应成正比，影响屏蔽的因素是自旋核周围原子或原子团的电负性。电负性大，则导致临近自旋核的电子云密度减小，屏蔽效应下降，在较低的磁场强度条件下发生 NMR，即化学位移较大。见表 18-4。

表 18-4　与 CH_3 连接基团的电负性对其质子化学位移的影响

化合物	δ
$(CH_3)_4$-Si，TMS	0.0(定义)
$(CH_3)_3$-Si$(CD_2)_2CO_2$-Na+，TSP-d_4	0
CH_3I	2.2
CH_3Br	2.6
CH_3Cl	3.1
CH_3F	4.3
CH_3NO_2	4.3
CH_2Cl_2	5.5
$CHCl_3$	7.3

X 的吸电子诱导效应，使得距离电负性大的原子的距离越小，屏蔽效应越小，质子化学位移越大。在以上结构中，质子化学位移大小顺序为 $\delta_a>\delta_b>\delta_c>\delta_d$。

③ 各向异性效应　分子中的质子（自旋核）与某一功能团的空间关系导致质子化学位移变化的效应称为各向异性效应。各向异性效应主要通过空间起作用，在含有 π 键的分子中尤为重要（见图 18-10）。

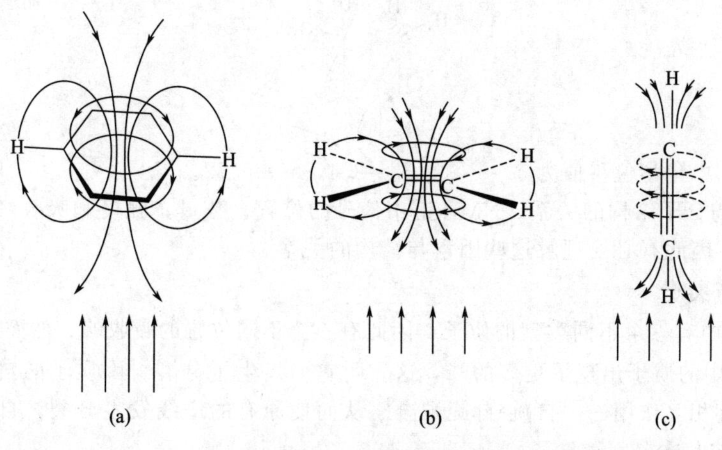

图 18-10　各向异性效应

a. 芳环的各向异性效应。苯环的 π 电子环流与苯环平行，在外磁场作用下，苯环的 π 电子环流产生感应磁场，其磁场磁力线方向在苯环的正上下方与外磁场方向相反，处于屏蔽区［图 18-10(a)］。与苯环直接连接的自旋核处于感应磁场方向和外磁场方向相同的位置，处于去屏蔽区。

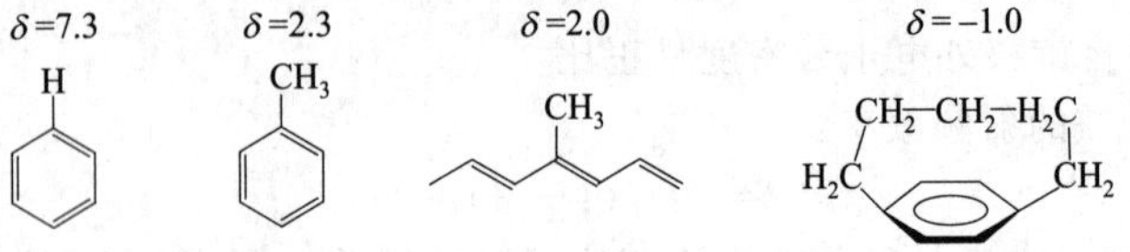

δ=7.3 δ=2.3 δ=2.0 δ=−1.0

b. 双键的各向异性效应。双键产生的各向异性效应，在双键的平面上下方，感应磁场方向与外磁场方向相反为屏蔽区。双键平面内的周围环境，感应磁场方向与外磁场方向相同，因此直接连接在双键上的质子处于去屏蔽区［图 18-10(b)］。

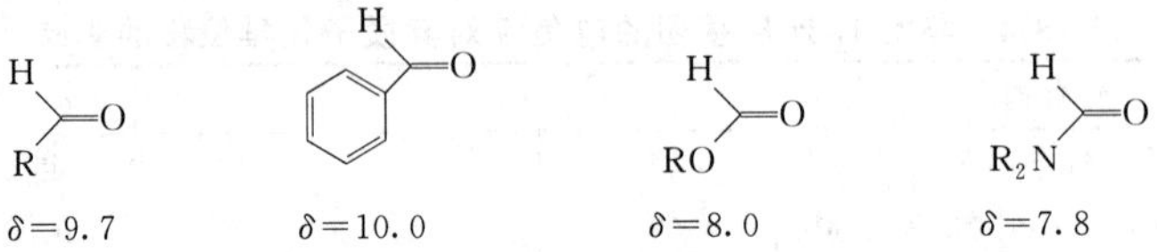

δ=9.7 δ=10.0 δ=8.0 δ=7.8

从上例可见醛基的氢化学位移较大，其重要原因是醛氢处于去屏蔽区。

c. 炔分子的各向异性效应。C_2H_2 中三键 π 电子云围绕 C—C 键呈对称圆筒状分布，炔的环电流在外磁场作用下产生感应磁场，其方向在三键的键轴方向上与外磁场方向相反［图 18-10(c)］。因此，键轴方向为屏蔽区，末端炔烃中炔氢的化学位移移向高场。

d. 氢键效应与溶剂效应。活泼氢与杂原子形成氢键，使化学键的电子云密度平均化，使 OH 或 SH 中质子移向低场。如分子间形成氢键，其化学位移与溶剂特性及其浓度有关；如分子内形成氢键则与溶剂浓度无关，只与分子本身结构有关。样品中的杂原子与溶剂形成氢键，会影响到分子中与杂原子连接的碳的化学位移。同时样品分子中的氢与溶剂形成氢键，也会使分子中的活泼氢的化学位移增大。

e. 质子交换。活泼氢原子可与氘代水（重水）进行质子交换，在氕产生 NMR 的条件下而氘不产生 NMR 吸收信号，因此重水交换的结果是分子中的活泼氢基团的氢信号消失。产生质子交换的基团有—OH、—NH_2、—NHR 以及—SH 等，交换的速度与基团离解出氢的速度呈正比：—OH＞—NHR＞—SH。

f. 空间效应。当两个原子（自旋核）在空间上非常靠近时，两原子的电子云的相互排斥，导致自旋核的核外电子云密度下降，从而减少了屏蔽效应，使得这些自旋核的化学位移向低场移动，化学位移变大。

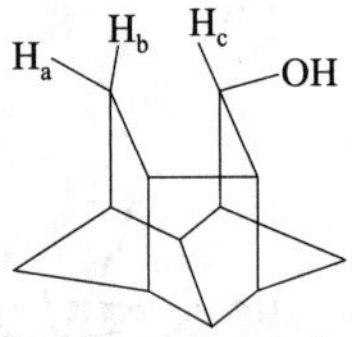

在此笼式结构中化学位移值为 δ_a＝1.1，δ_b＝2.4，δ_c＝5.52。

g. 化学位移与分子结构的关系。NMR 谱中信号的位置、数量、强度和吸收峰的峰形与化合物的结构密切相关。因此有必要理解这些因素与结构的关系。

18.4.3 耦合与裂分

CH_3CH_2OH 中有三个不同类型的质子，因此有三个不同位置的吸收峰；然而，在高分辨 NMR 中，CH_2 和 CH_3 中的质子出现了更多的峰，这表明它们发生了分裂。因质子的自旋取向不同，与相邻质子之间自旋相互作用——自旋-自旋耦合。从而使原有的谱线发生分裂，自旋耦合所产生的分裂称之为自旋-自旋分裂。

(1) 化学等价核（NMR 谱中信号数量）

分子中化学位移相同的自旋核为化学等价核。化学等价核在分子中所处的化学环境相同，出现同一信号。化学环境不同的核，其化学位移不同，出现不同信号。因此，根据谱图中峰的数量，可以判断分子中化学等价核的数量。对于氢，即为分子中化学环境不同的氢的数量。

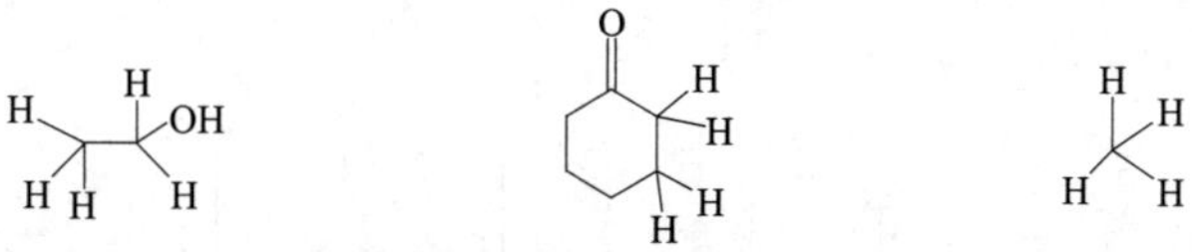

如甲烷中的四个氢原子为化学等价核，只出现一个峰。乙醇中甲基的氢为化学等价核出现一组峰，其甲叉基的两个氢亦为化学等价核而出现一组峰，羟基的氢出现另一组峰。

（2）磁等价核

如果有一组化学等价核，当它与组外的任一自旋核耦合时，均以相同的大小耦合，即其耦合常数相等，该组质子称为磁等价质子，如 CH_3CH_2X。二氟乙烯中 H_a 和 H_b 是化学等价的，但 H_a 与 H_b 分别对 F_a 和 F_b 的耦合常数不同，所以 H_a 和 H_b 不是磁等价质子；同样，在对硝基氟苯中也可看到类似情况。

化学等价核和磁等价核的关系：化学等价核不一定是磁等价核，但磁等价核一定是化学等价核。

产生磁不等价的主要原因是化合物结构中环、重键或邻近手性中心的影响，导致化学键不能自由旋转，使得化学等价核的周围环境不同。

（3）自旋耦合

一个自旋核在外磁场 H_0 中有两个取向，并且自旋产生感应磁场 H，感应磁场对邻近自旋核有影响。当 H 与 H_0 方向相同或相反时，邻近自旋核感受到两种取向产生的感应磁场的影响，自旋核出现两个信号，即自旋核在两种不同的外磁场强度下发生 NMR，信号发生裂分。

一个自旋核对临近自旋核的耦合使临近自旋核吸收峰裂分呈二重峰。

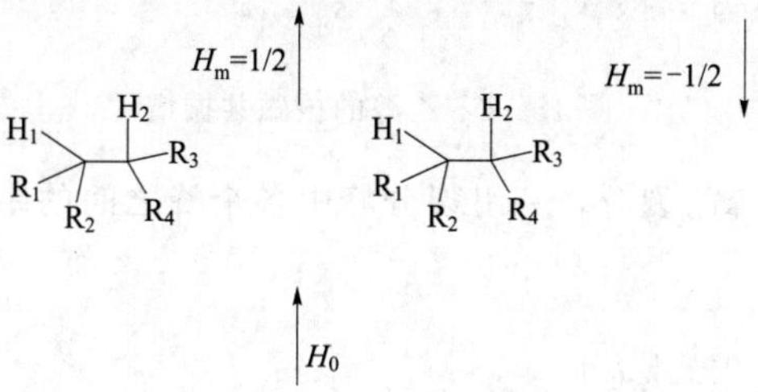

裂分峰的强度比为 1∶1。

两个磁等价核对邻近的自旋核产生影响，每个核产生两个取向，各取向产生的组合，使邻近自旋核 NMR 产生裂分，两个 H_2 对 H_1 的耦合，导致 H_1 峰裂分，成为三重峰。

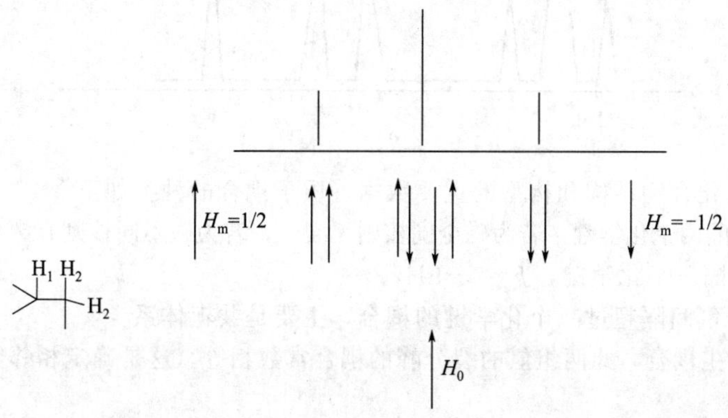

裂分峰的强度比为 1∶2∶1。

三个磁等价核对邻近核的影响如下：

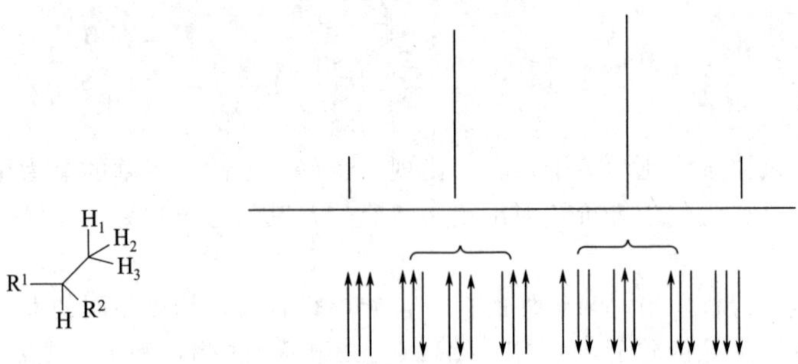

H 的吸收峰受临近三个氢的耦合而裂分成四重峰。裂分峰的强度比为 1∶3∶3∶1。

综上所列，NMR 的耦合裂分在一定条件下遵循 $n+1$ 规律，即考察碳原子上自旋核（H_1）裂分峰数与邻近自旋核（H_2）数量 n 有关。H_1 裂分峰数量与其数量无关，而是由 H_2 决定。

当邻近自旋核为不等价核时，裂分变得较为复杂，很多情况下不一定遵循 $n+1$ 的裂分规律。

图 18-11 中乙醇中的甲基 CH_3 对邻位的 H 产生耦合，导致邻位 H 的峰形发生裂分成为四重峰（$n+1$ 规则，即 3+1 重峰）。而 CH_2 对邻位甲基的 H 的耦合，使得甲基峰裂分为三重峰。

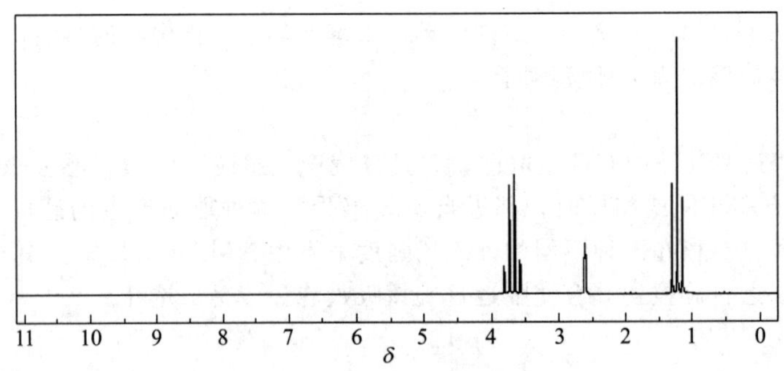

图 18-11　乙醇的核磁共振谱

① 耦合常数　耦合导致峰的裂分，一组裂分峰中各个峰之间的距离，即为耦合常数，常用 J 表示，单位为 Hz。

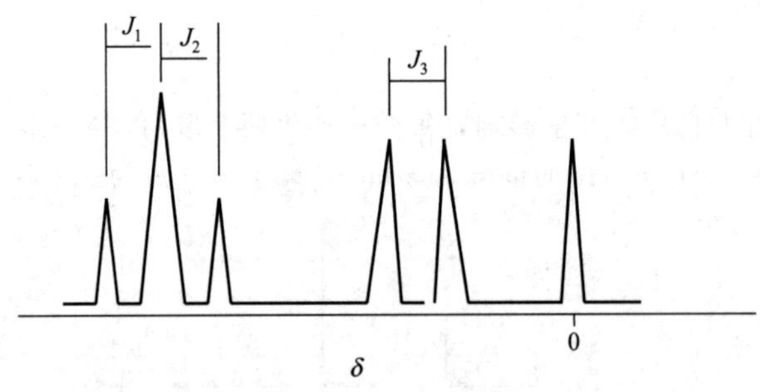

耦合常数是表征化合物结构和构型的重要数据。质子耦合的种类如下。

同碳耦合 ^2J：间隔两个化学键，若为磁全同核则无裂分，若为磁不同核则有裂分，$J=10-16$Hz。

邻碳耦合 ^3J：间隔三个化学键，$J=5-9$Hz。

远程耦合：两个氢间隔超过三个化学键的耦合，主要是共轭体系。

两组相邻的氢发生耦合，此两组氢的裂分峰的耦合常数相等，这是确定相邻氢的一个重要依据。

耦合常数的计算。若化学位移用赫兹表示，则两个峰的化学位移的差值即为耦合常数。若化学位移用 δ 表示，两个峰的耦合常数为：

$J=(\delta_2-\delta_1)\times F(\mathrm{Hz})$

F 为仪器射频频率，MHz，如 500MHz 的核磁共振仪，$F=500$。

相邻两个质子的耦合常数值在一定程度上可以用于解析质子的空间位置。2013 年度的诺贝尔化学奖得主 Martin Karplus 曾经归纳提出以下方程：

$^3J_{ab}=J^0\cos^2\phi+0.28\ (0°\leqslant\phi\leqslant90°)$

$^3J_{ab}=J^{180}\cos^2\phi-0.28\ (90°\leqslant\phi\leqslant180°)$

通过 Karplus 方程得到的耦合常数可以用来判断邻位质子所处的二面角的夹角，可用于立体结构的推导。

② 核 Overhauser 效应（NOE） 当分子内有空间位置靠近的两个质子 H_1 和 H_2，如果用双共振法照射 H_1，且使干扰场 B_2 的强度正好达到使被干扰的 H_2 谱线饱和，这时 H_1 的共振信号就会增加。这种现象称为核 Overhauser 效应（nuclear Overhauser effect，NOE）。两个核之间的空间距离相近是发生 NOE 效应的充分条件，与两核之间相隔的化学键数目无关。其大小与两核间距离的六次方成反比，当核间距离超过 0.3nm 时，NOE 效应就观察不到了。因此，NOE 对于确定研究峰组的空间结构十分有用，是立体化学研究的重要手段。

18.4.4 ^{13}C 核磁共振谱

^{13}C NMR 在结构解析中具有重要地位。其特点为：由于 ^{13}C 的丰度低（1.1%），信号弱，灵敏度低，因此在进行测试时需要比氢核磁共振测试多得多的样品量。

化学位移范围大（δ 在 0～300，而氢化学位移范围为 0～15），对分子内电子状态的细微变化反映灵敏。峰的分辨率高，几乎可以把极为相似的碳分开，在碳谱上，经过全去偶，每条线代表一个碳原子。碳谱远比氢谱容易解析，更容易得到分子骨架结构的信息。

分子中碳原子的杂化形式对碳的化学位移影响极为突出：

sp^3	$-CH_3$ $-CH_2-$ $>CH-$ $>C<$	0～50
sp	$-C\equiv CH$	50～80
sp^2	烯基，芳环碳	100～150
	C=O	150～220

影响化学位移的原因归根到底是碳原子的电子云密度。电负性大的基团的取代使碳原子的电子云密度下降，化学位移增大；由于炔碳处于炔环流感应磁场的屏蔽区，故其化学位移小。

碳原子上有孤对电子使碳化学位移向低场移动：

$$O=C=O\ (\delta=132.0) \longrightarrow :C\equiv O:\ (\delta=181.3)$$

$$CH_3-C\equiv N\ (\delta=117.7) \longrightarrow :C\equiv N:\ (\delta=163.8) \qquad (CH_3)_3C^+\quad \delta=330$$

碳原子为缺电子结构将导致强烈去屏蔽，使化学位移向极低场移动，用于测定反应过渡态或中间体存在。

碳谱的测试方法对碳谱的结构解析有重要作用，不同的测试方法，得到不同的结构信号。

① 宽带去耦 完全消除质子对碳的耦合，使得碳信号不裂分，不同环境的碳原子信号为单峰。宽带去耦得到碳谱中每一个峰代表每一种环境不同的碳。但得不到每一种不同碳原子上氢的信号。

② 偏共振去耦 保留氢对与其连接碳原子的耦合，去掉邻位碳上的氢对碳的耦合，得到保留氢信号的碳谱。在偏共振去耦碳谱中，甲基为四重峰，甲叉基为三重峰，次甲基为二重峰，而季碳则为单峰。

此外，还有选择性去耦、门控去耦和反转门控去耦等方法。

例：图 18-12 是 A 和 B 两化合物的核磁共振谱。利用核磁共振氢谱和碳谱确定何者为苯乙酮和邻甲基苯甲醛。

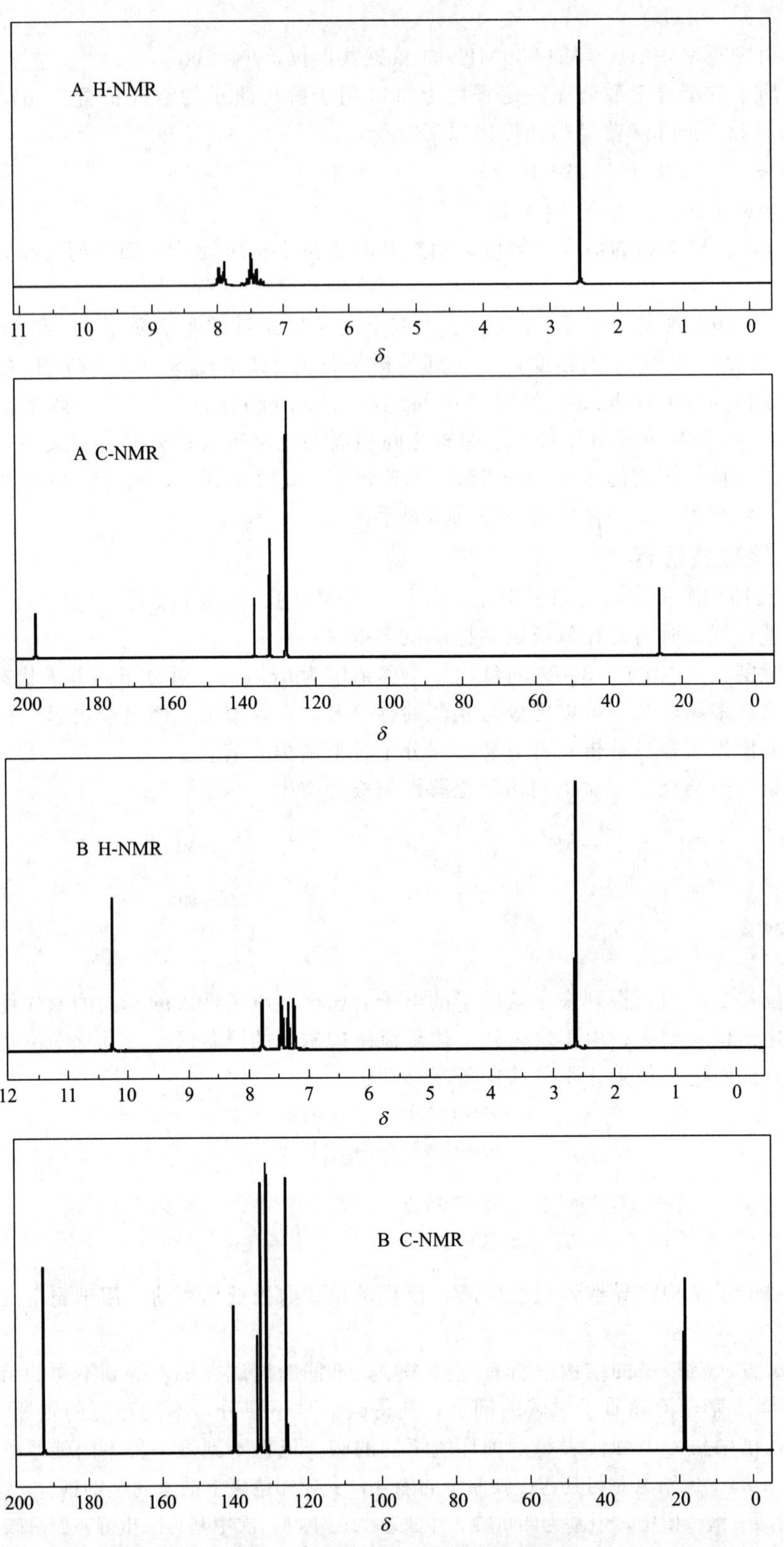

图 18-12　化合物的核磁共振谱图

18.4.5 二维核磁共振

前面介绍的是一维核磁共振谱法（1D-NMR），其在有机化合物结构解析中起着重要作用。其对于一些结构简单化合物的结构解析，可以满足要求。但是对于结构复杂的有机物，一维核磁共振谱无能为力。二十世纪八十年代经 Ernst 和 Freeman 等发展起来的 NMR 新技术——二维核磁共振法（2D-NMR），是 NMR 软件开发和应用最新技术的结果。二维核磁共振谱的出现对复杂化合物结构解析起着举足轻重的作用。

^{1}H NMR 给出化合物中氢的化学位移、峰的裂分（峰型）和耦合常数。根据各种氢的峰型和耦合常数值，推断连接有氢原子的碳的连接方式，但无法推断出季碳的位置和连接方式。而 2D-NMR 除了可以进行^{1}H NMR 的功能外，还可以推断出分子中结构骨架、官能团的位置和化合物的立体结构。

应用于分子结构研究的二维核磁共振技术较为常用的主要有以下几种。

^{1}H-^{1}H COSY（H-H 相关谱）：一种同核相关谱，给出分子中相互耦合质子的信号。COSY 谱本身为正方形。正方形中有一条对角线，对角线上的峰称为对角峰（diagonal peak），对角线外的峰称为交叉峰（cross peaks）或相关峰（correlated peaks）。每个相关峰（或交叉峰）反映两个峰组间的耦合关系。COSY 主要反映^3J 耦合关系。

NOESY 谱：二维 NOE 谱简称为 NOESY，一种同核相关谱，它反映了有机化合物结构中核与核之间空间距离的关系，而与二者间相距化学键数量无关。因此对确定有机化合物结构、构型和构象以及生物大分子（如蛋白质分子在溶液中的二级结构等）有着重要意义。

^{13}C-^{1}H COSY：一种异核相关谱，碳氢位移相关谱，常用的有 HMQC（异核多量子相关谱，heteronuclear muliple quantum coherence）、HSQC（异核单量子相关谱，heteronuclear single quantum coherence）和 HMBC（异核多键相关谱，heteronuclear muliple bond correlation 或远程相关谱 Long Range Heteronuclear Multiple Quantum Coherence）。HMQC 和 HSQC 常用于确定碳原子和氢原子的直接相关，即碳氢的直接连接。而 HMBC 常用于确定碳氢远程相关，从而推断分子中碳原子的连接顺序。

二维碳碳相关谱-INADEQUATE，类似于^{1}H-^{1}H COSY，两相邻碳原子在矩形谱图的对角线上有交叉峰。可直接判定碳原子的连接方式。

18.5 质谱

18.5.1 质谱原理

质谱分析法是通过对被测样品离子的质荷比的测定来进行分析的一种分析方法。被分析的样品首先要离子化，然后利用不同离子在电场或磁场的运动行为的不同，把离子按质荷比（m/z）分开而得到质谱，通过样品的质谱和相关信息，可以得到样品的定性、定量结果。

质谱是现代有机化合物研究中最有效的分子量测定方法。通过质谱测试，可以得到化合物的分子量。如果进行高分辨质谱测试，还可以得到化合物的分子式。

质谱的原理如下：

分子失去电子成为分子离子。带正电荷的分子离子被高压电场加速，进入磁场，在磁场中运动轨迹偏转，其运动半径与离子的质量和电荷数有关，检测结果得到离子的质量和电荷的参数 m/z。一般来说，小分子化合物的分子失去一个电子，变成带一个单位正电荷，故分子离子的质荷比 m/z 值即为化合物的分子量。

寿命大于 10^{-6} s 的离子被电压为 V 的电场加速至速度为 v，此时离子在电场获得的能量等于其动能：

$$E=\frac{1}{2}mv^2=eV$$

被加速的离子进入磁场，沿着半径为 R 的轨道偏转，其离心力为：

$$F = Hev$$

向心力为：

$$F = \frac{mv^2}{R}$$

在轨道上运动的离子，其离心力等于向心力，即：

$$Hev = \frac{mv^2}{R}$$

得

$$v = \frac{HeR}{m}$$

代入 $\frac{1}{2}mv^2 = eV$，得：

$$m/e = \frac{H^2R^2}{2V}$$

即离子的质荷比与其被加速的电压成反比，与磁场强度的平方成正比。当加速电场电压和磁场强度不变时，不同质荷比的离子其偏转半径不同，从而使不同离子得到分离。用一种合适检测器进行检测和记录，得到离子质荷比 m/z。这就是磁偏转质量分析器的原理。目前的质谱仪还有其他非磁偏转的质量分析器。质谱仪原理如图 18-13 所示。

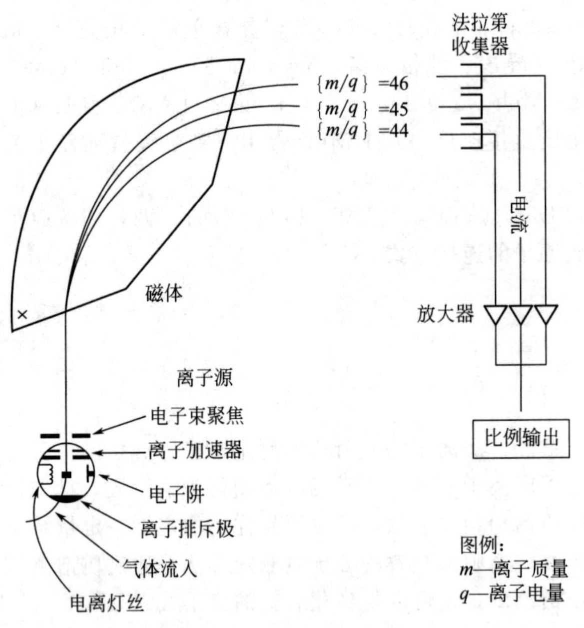

图 18-13　质谱仪原理图

以横坐标为离子的质荷比值、纵坐标为离子相对强度或相对丰度得到的即为质谱图。乙苯的质谱图见图 18-14。

分子失去电子，生成带正电荷的分子离子。分子离子可进一步裂解，生成质量更小的碎片离子。

样品进行离子化的方法有：电子轰击电离（electron impact ionization，EI）；化学离子化（chemical ionization，CI）；场电离，场解吸（field desorption FD）；快原子轰击（fast atom bombardment，FAB）；基质辅助激光解析电离（matrix-assisted laser desorption ionization，MALDI）；

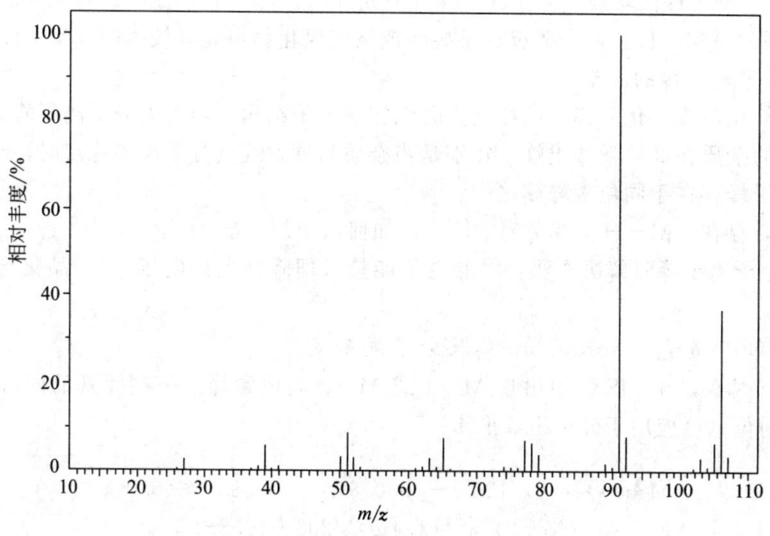

图 18-14　乙苯的质谱图

电喷雾电离（electrospray ionization，ESI）；大气压化学电离（atmospheric pressure chemical ionization，APCI）等。

选择的电离方式对测试结果很重要。在进行 MS 测试时，应该根据样品的挥发性、稳定性选择适当的电离方式。

18.5.2　质谱中的离子类型

18.5.2.1　分子离子及识别方法

质谱中分子离子的表示法为：

$$M \longrightarrow M^{\stackrel{+}{\cdot}} + e^{-1} \qquad \stackrel{+}{\cdot}\text{表示自由基正离子}$$

得到质谱图后，首先要确定的是分子离子峰。中性分子受到高能电子轰击失去电子成为分子离子。通常，分子离子峰处于最高质荷比处。

（1）分子离子峰 M^+ 的判别

① 最大质量数的峰可能是分子离子峰。当最大质量端存在同位素峰簇时，应按有关原则寻找。

② 最大质荷比的离子与低质量离子关系的合理性。

a. 合理的中性碎片（小分子或自由基）的丢失。不会丢失 M－3 到 M－13、M－20 到 M－25 的碎片。即丢失的碎片的质量数不可能是 3、4、5、6、7、8、9、10、11、12、13、20、21、22、23、24、25。若最大质荷比值的离子与低质荷比值的离子质量差值不合理，可判断最大质荷比值的离子不是分子离子峰。

b. 分子离子应具有最完全的元素组成。

c. 多电荷离子按电荷修正后所得到的质量数应小于或等于分子离子质量数。

③ 应用氮规则：当化合物不含氮或含偶数个氮时，其分子量为偶数；当化合物含奇数个氮时，其分子量为奇数。

④ 分子离子峰的强度和化合物的结构类型密切相关。

a. 芳香化合物>共轭多烯>脂环化合物>短直链烷烃>某些含硫化合物。通常给出较强的分子离子峰。

b. 直链的酮、酯、醛、酰胺、醚、卤化物等通常显示分子离子峰。

c. 脂肪族且分子量较大的醇、胺、亚硝酸酯、硝酸酯等化合物及高分支链的化合物通常没有分子离子峰。

⑤ M^+峰和 $[M+H]^+$峰或 $[M-H]^+$峰的判别。醚、酯、胺、酰胺、氰化物、氨基酸酯、胺醇等可能有较强的 $[M+H]^+$峰，芳醛、某些醇或某些氮化物可能有较强的 $[M-H]^+$峰。

（2）判别分子离子峰的困难

① 样品不气化，或气化分解，或在电离时无完整分子结构，因而无分子离子峰。

② 样品中的杂质在高质量端出峰，特别是当杂质易挥发或其分子离子稳定时，干扰很大。

③ 分子离子峰存在于同位素峰簇之中。

④ 往往同时存在 $[M+H]^+$或 $[M-H]^+$，如何从中辨别出 M^+。

当未出现分子离子峰时解决方法：降低电子能量（即降低电离电压）；样品化合物衍生化；采用软电离技术。

18.5.2.2 同位素离子（isotope ion）及分子式确定

由于同位素因素，在 MS 谱中出现 M+1 或 M+2 同位素峰。一些元素的同位素天然丰度见表 18-5。有时同位素峰应用于分子组成推测：

$C_wH_xN_yO_z$

$$(M+1)\%=(1.12w)+(0.016x)+(0.38y)+(0.04z)$$

$$(M+2)\%=(1.1w)^2/200+(0.2z)$$

表 18-5 一些元素的同位素天然丰度

元素	同位素	原子量	天然丰度/%	同位素	原子量	天然丰度/%	同位素	原子量	天然丰度/%
氢	^1H	1.00782	99.9855	^2H	2.01410	0.0145			
碳	^{12}C	12.0000	98.982	^{13}C	13.00335	1.1080			
氮	^{14}N	14.0031	99.635	^{15}N	15.00011	0.365			
氧	^{16}O	15.9949	99.759	^{17}O	16.99914	0.037	^{18}O	17.99916	0.204
氟	^{19}F	18.9984	100.000	—			—		
硅	^{28}Si	27.9769	92.200	^{29}Si	28.97649	4.70	^{30}Si	29.97376	3.10
磷	^{31}P	30.9737	100.000	—			—		
硫	^{32}S	31.9720	95.018	^{33}S	32.97146	0.750	^{34}S	33.96786	4.215
氯	^{35}Cl	34.9688	75.557	^{37}Cl	36.96500	24.463			
溴	^{79}Br	78.9183	50.520	^{81}Br	80.9163	49.480			
碘	^{127}I	126.9044	100.000	^{127}I			—		

由于存在同位素，故一个离子除了存在 M^+峰外，还存在 M+1 峰或 M+2 峰。当 M+1 或 M+2 峰由于同位素的含量较高时，其丰度相当大。如离子为一个氯离子时，其 M+2 峰是 M 峰丰度的 32.37%。离子为溴离子时，M+2 峰是 M 峰丰度的 98.93%。所以，可以利用 M+1、M+2 峰与 M 峰的丰度判断某些元素的存在与否。

18.5.3 分子离子开裂及其原理

（1）开裂方式

分子离子如果具有较高的能量，会进一步裂分为更小的碎片。其开裂的方式有：

均裂 $X\text{—}Y \longrightarrow X\cdot + Y\cdot$

异裂 $X\text{—}Y \longrightarrow X^+ + Y^-$

半异裂 $\overset{+}{X}Y \longrightarrow X^+ + Y\cdot$

如：

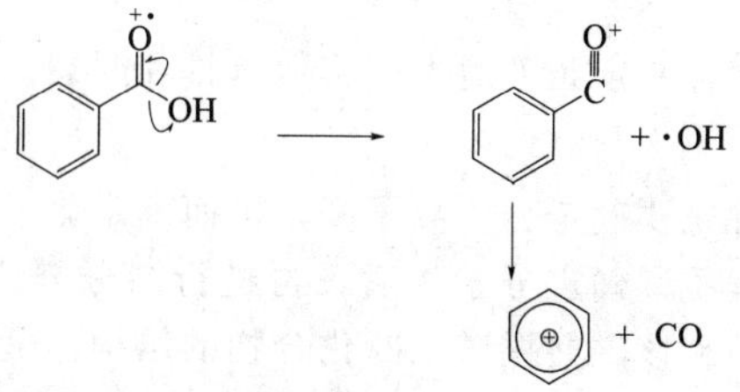

$$\text{C}_6\text{H}_5\text{COOH}^{+\cdot} \longrightarrow \text{C}_6\text{H}_5\text{CO}^+ + \cdot\text{OH}$$

$$\text{C}_6\text{H}_5\text{CO}^+ \longrightarrow \text{C}_6\text{H}_5^+ + \text{CO}$$

开裂过程中，始终遵循质量守恒和电荷守恒规则。

（2）分子离子开裂的基本原理

分子离子是否裂解取决于轰击电子的能量。轰击电子的能量与电离电压成正比。容易形成的以及稳定性好的离子丰度较大。键的键能越大，越难断裂。

形成离子的稳定性对离子的形成以及离子的丰度具有显著影响。影响离子稳定性的因素为诱导效应，吸电子的诱导效应使正离子稳定性降低，供电子的诱导效应使得正离子稳定性增大。共轭效应使得 p-π 共轭如 $CH_2=CH-CH_2^+$ 稳定了正离子。

正离子开裂类型主要有以下几种。

单纯开裂：开裂形成新离子和自由基，开裂方式一般为均裂。

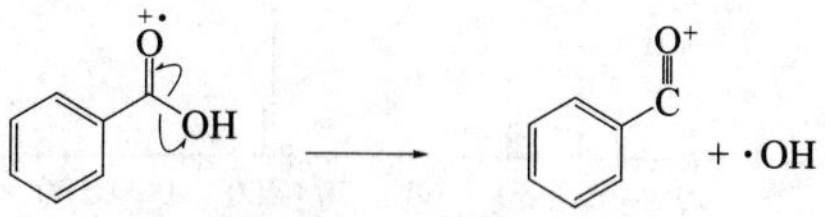

$$\text{C}_6\text{H}_5\text{COOH}^{+\cdot} \longrightarrow \text{C}_6\text{H}_5\text{CO}^+ + \cdot\text{OH}$$

发生单纯开裂时，优先开裂生成较为稳定离子或自由基。

重排开裂：发生两条化学键断裂，伴随氢原子转移，生成新化学键并生成新的离子，同时去掉一个中性小分子；由于小分子为偶电子数的中性分子，故开裂前后离子电荷的奇偶性不变；由于中性小分子的质量数为偶数，故开裂前后质量数的奇偶性不变；脱离掉的中性小分子及所产生的重排离子均符合氮规则。从离子的质量数的奇、偶性可区分经简单断裂所产生的碎片离子和脱离中性小分子所产生的重排离子。

麦克拉弗梯重排（Mclafferty rearrangement）（简称麦式重排）：特定结构化合物，经过六元环空间排列过渡态，γ-氢原子转移至带正电荷杂原子上，接着发生烯丙基型 β-开裂，并生成一个中性分子。

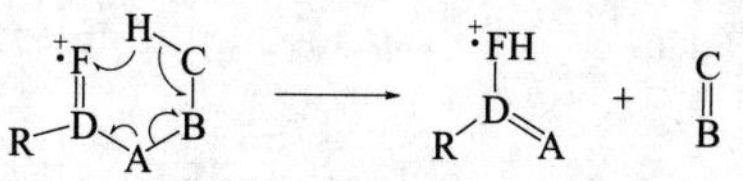

$$\text{R}-\text{D}(=\overset{+\cdot}{\text{F}})-\text{A}-\text{B}-\text{C}-\text{H} \longrightarrow \text{R}-\text{D}(-\overset{+\cdot}{\text{F}}\text{H})=\text{A} + \text{C}=\text{B}$$

D=C、S、N、P 等，F=C、O、N、S 等，环丙基、芳香环起到重键的作用发生重排。

只要满足条件（不饱和基团及其 γ-氢的存在），发生麦式重排的概率较大。重排离子如仍满足条件，可再次发生该重排。麦式重排有生成两种离子的可能性，但含 π 键的一侧带正电荷的可能性大些。

逆 Diels-Alder 反应（Retro-Diels-Alder，RDA）：当分子中存在含一个 π 键的六元环时，可发生 RAD 反应。这种重排反应为：

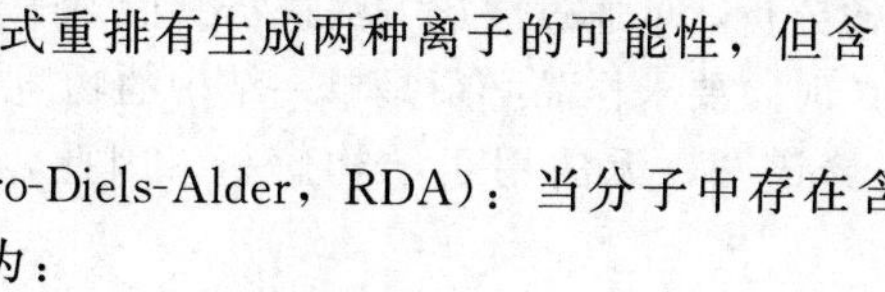

（柠檬烯分子离子经逆 Diels-Alder 反应开裂为异戊二烯正离子自由基]$^{+\cdot}$ 与异戊二烯）

该重排正好是 Diels-Alder 反应的逆反应，开裂生成比较稳定的离子。

官能团与氢原子结合引起的重排（消除）：醇类通过形成 5 元或 6 元环过渡态，氧原子与氢原子结合，脱去 H_2O；卤代烃通过类似机理脱除卤化氢。符合一定条件的取代芳香系统，发生重排开裂丢失中性分子。

此外，开裂产生的碎片符合一定条件时发生其他重排和开裂。

18.5.4 质谱的应用

当得到一张质谱图时，首先要确定分子离子峰，进而确定分子量。然后通过其他途径确定化合物的分子式，或者利用低分辨质谱确定分子量后，再进行高分辨质谱测定，得到化合物的分子式。然后结合紫外光谱、红外光谱和核磁共振谱推断化合物的结构。最后利用质谱中的碎片离子的形成验证化合物推断的正确性。

例：根据苯乙酮的质谱图（图 18-15）推断其开裂方式。

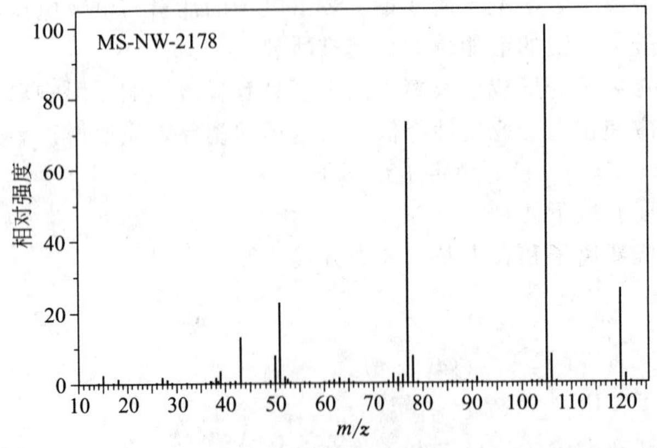

图 18-15 化合物质谱图

分子离子峰 M^+ 为 120，开裂的离子 m/z 主要有 105，77，43。

开裂方式推断如下：

m/z_{43}

m/z 120 $\xrightarrow{-CH_3}$ m/z 105 $\xrightarrow{-CO}$ m/z 77

18.6 波谱学应用——化合物结构解析步骤

得到一个样品，要进行结构分析，可通过波谱方法进行。而对于利用紫外吸收光谱法、红外光谱、核磁共振谱和质谱进行测试时，要求样品必须是单一结构的物质，即应为纯净物。否则，测试得到的是不同化合物信号的重叠谱图，无法用于结构解析。因此，一般按照以下程序进行结构分析。

① 首先确定产物的纯度　化合物的纯度可以用以下方法进行分析。

色谱方法。薄层色谱是常用的一种方法，在不同条件展开，均显示为单一组分，初步确定为纯净物。或者利用高效液相色谱或气相色谱法进行分析，在不同的分离条件下，样品只出现一个峰，基本可以判断为纯净物。

熔点法。晶体或固体纯净物的熔点在相同条件下相同。固体样品可以反复结晶，然后测定每次结晶产物的熔点，如果前后熔点不变，一般可以证明样品是纯净物。或者将样品与标准品混合测熔点，如果熔点不变，则样品与标准品相同，为纯净物。

② 物理常数测定　得到一个明确的纯净物后，首先要测定化合物的物理参数，如熔点、沸点、旋光度，以及样品在不同极性溶剂中的溶解情况，借此判断化合物的极性大小。

③ 结构分析　根据样品的来源、物理常数、是否有对照品进行对照分析。对照分析的方法主要为色谱法，在相同条件下若样品的色谱保留值与标准品相同，并且具有相同的物理常数，可以认为样品与对照品的结构相同。在对照分析不能确定化合物结构时，通过波谱分析确定化合物的结构。

一般来说，首先进行紫外吸收光谱扫描，通过是否有强烈的紫外吸收以及吸收的位置，确定共轭体系存在与否以及共轭体系的类型。再进行红外光谱测试，分析确定分子中存在的官能团的类型，通过指纹图谱与已知物对照，进行定性分析。进行质谱分析时，首先根据样品的极性、挥发性和热稳定性选择不同的电离方式进行分析。对于热稳定、易挥发的样品，可用电子轰击电离质谱测试。对于极性大、热稳定性小、难挥发的样品，可用化学离子化、场电离和场解吸、快原子轰击、基质辅助激光解析电离、电喷雾电离、大气压化学电离等进行测试。通过初步 MS 分析确定分子离子峰，确定分子量。进一步通过高分辨质谱实验，确定化合物的分子式。通过分析从分子离子开裂形成的碎片离子，推断和佐证化合物的结构。进行核磁共振谱测试时，首先进行核磁共振氢谱测试，判断样品的纯度，分子中各种环境不同的氢的数量、耦合常数和峰型，推断相互耦合的相邻碳氢结构；再进行碳谱测试，确定分子中各种碳的数量。结合碳的 DEPT 测试，确定分子中伯、仲、叔、季碳的数量，确定与碳连接氢的数量，结合化学位移、质谱和红外光谱，也可确定化合物的分子式。确定化合物分子式后，计算其不饱和度。

不饱和度表示有机分子中碳原子的不饱和程度。计算不饱和度的经验公式为：

$$U=1+n_4+\frac{n_3-n_1}{2}$$

式中，U 为不饱和度；n_4、n_3、n_1 分别为分子中所含的四价（如碳、硅等）、三价（如氮、磷等）和一价（如氢、卤素等）元素原子的数目。二价原子如 S、O 等不参加计算。

一个不饱和度相当于一个 π 键，或一个环。所以一个双键的不饱和度为 1，一个三键的不饱和度为 2，苯环的不饱和度为 4。

确定不饱和度后，对照红外光谱、紫外光谱和核磁共振碳谱，一般可以确定化合物的结构类型。如饱和的链状化合物 $U=0$。

此时，通过与具有相同分子式的已知化合物的物理常数、紫外吸收、红外和核磁数据对照，判断化合物是否与已知物相同。若化合物与所有的已知物的波谱和物理常数完全不同，且在已进行的上述测试数据不能确定结构情况下，需要进一步对化合物进行测试。所要进行的测试主要是二维核磁共振。

常用的二维核磁共振有 H-H COSY、碳氢相关谱（HMQC，HSQC）、远程相关谱（HMBC）和 NOESY 谱，推断分子中氢的耦合关系、碳原子连接顺序和空间结构、官能团的位置等，确定化合物的结构及其立体构型。如果样品为单晶，可做单晶 X-衍射分析确定其结构。

得到化合物的结构后，可以通过质谱数据进行佐证。

由于篇幅限制，本节只简要介绍有机物结构解析的基本原理和方法。要进行复杂化合物的结构解析，还需要阅读各种波谱的专著，进行大量解谱实践。

【拓展阅读】　高精尖科学仪器和战略资源不能受制于人

现代波谱分析技术是有机化合物结构分析鉴定的关键手段，但目前这些技术的设备均被国外大型仪器设备公司垄断。虽然有些设备我们国家也在寻求突破，比如 2013 年武汉中科与核磁共振磁体制造商英国牛津公司在中国注册成立中科牛津合资公司，国产超导核磁开始出现在市场上。但核磁共振仪的核心之一——磁体，国内仍然无法自主生产。同时，核磁共振仪、 MRI、高端质谱、航空航天和国际工业中需要用到的氦，也完全被美国控制。氦气是一种稀缺的战略资源。美国的氦资源非常丰富，地球上80%以上的氦资源分布于美国。由于氦气在飞船发射、导弹武器工业、低温超导研究、半导体生产等方面具有重要用途，因此2007年美国将其确定为战略资源。同年，中美因台海问题关系紧张，美国开始收紧出口到我国的液氦。这使得当时国内许多使用氦气和液氦的科研项目和医疗项目受到影响。国内很多科研核磁共振仪因液氦供应问题失超，医院的MRI也因为同样的原因无法工作，涉及军工的研究也受到影响。通过这次事件，我们要逐步解决科技发展中这些卡脖子问题，让高精尖科学仪器不再受制于人，让涉及国家安全的战略资源掌握在自己手里。

【例题解析】

化合物的波谱图如下所示，推导其结构。

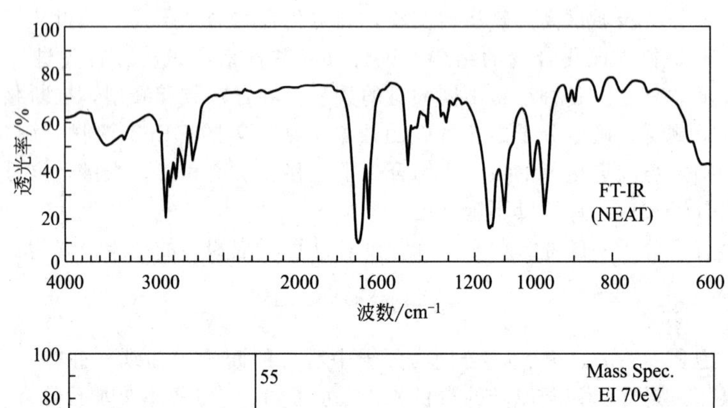

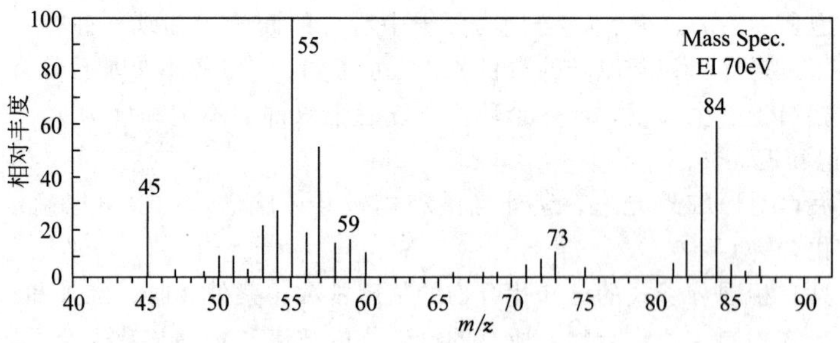

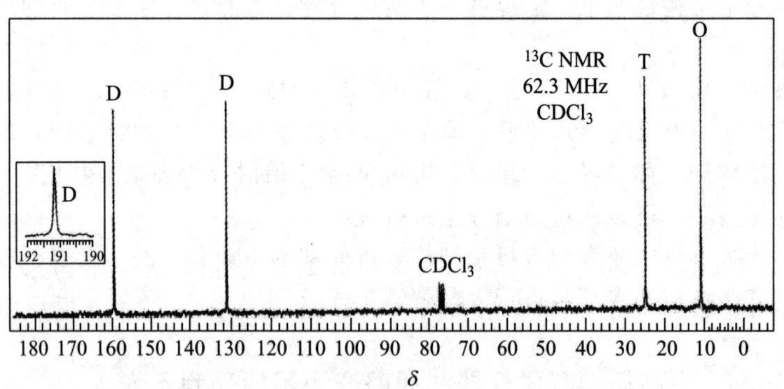

Exact M. S. (EI) =84.0575

UVλ_{max}=209 (ε=16.000)

328 (ε=50)

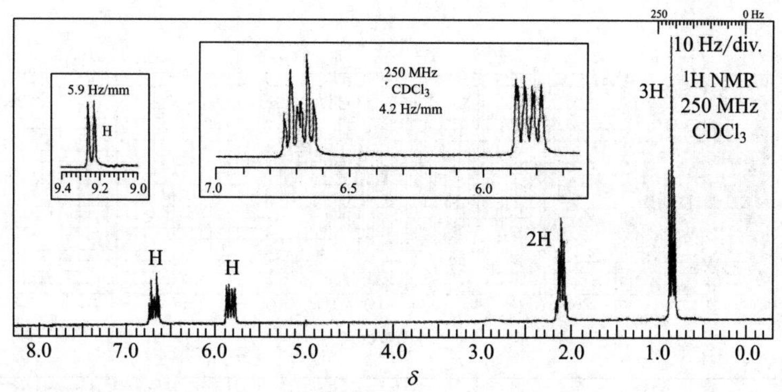

解析： 化合物的分子量为 $M=84$。

具有强的紫外吸收 $\lambda_{max}=209$nm，显示化合物有共轭体系存在。

碳谱显示有 3 个不饱和碳存在。即组成共轭体系的是三个碳原子，化学位移 191.3 的碳为醛基碳，化学位移为 160 和 130 的碳各连接一个氢原子（碳谱中的碳连接 1 个氢导致的碳峰裂分为二重峰 D，碳连接 2 个氢的三重峰为 T，连接 3 个氢的四重峰为 Q，无氢单峰则为 S)。可知共轭体系为—CH═CH—CHO。

红外光谱显示了 C═O 吸收峰（$1690cm^{-1}$），醛基中 C—H 吸收峰（$2820cm^{-1}$，$2720cm^{-1}$）。

氢谱中化学位移 5.9 处的二重峰也证明了共轭体系结构的正确性。

^{1}H-NMR 中的 $\delta=2.1$（四重峰）和 0.85（三重峰）显示了一个乙基的存在。

推导出化合物分子式为 C_5H_8O。

不饱和度为：

$U=1+5+(0-8)/2=2$

初步确定化合物的结构为：

$CH_3CH_2CH═CHCHO$

其质谱中主要离子开裂推断如下：

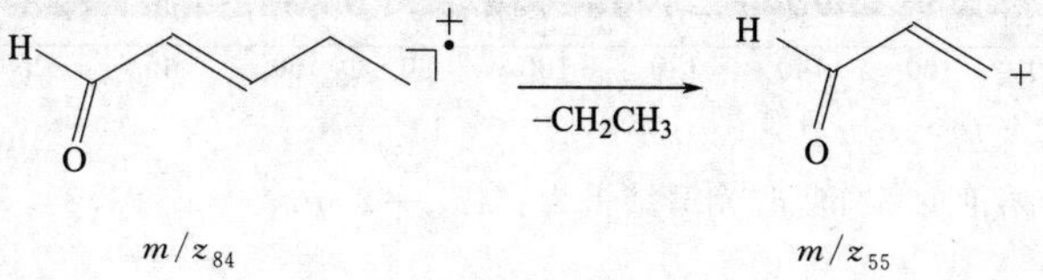

$\xrightarrow{-CH_2CH_3}$

m/z_{84} m/z_{55}

确定了化合物结构。

习 题

1. 某化合物的紫外吸收光谱只有末端吸收，根据以下波谱数据，推导出该化合物的结构。

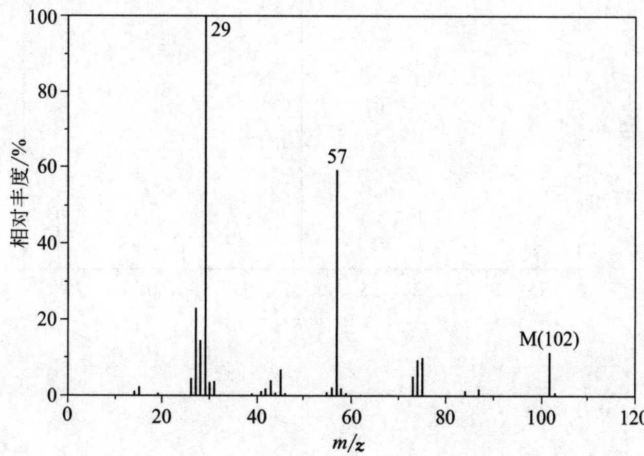

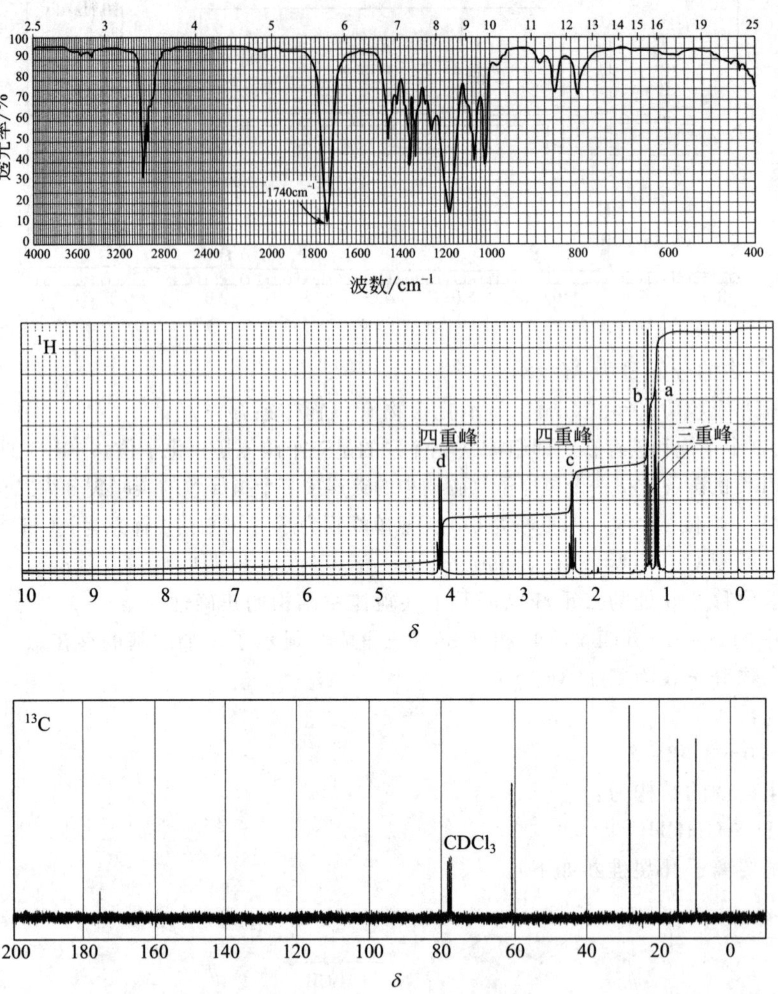

2. 某化合物95%乙醇溶液的紫外吸收光谱结果为：$\lambda_{max}=290nm$（$lg\varepsilon=1.3$）。根据以下波谱数据，推导出该化合物的结构。

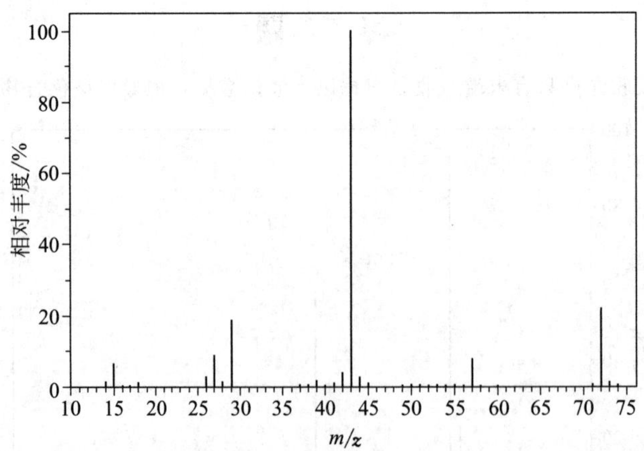

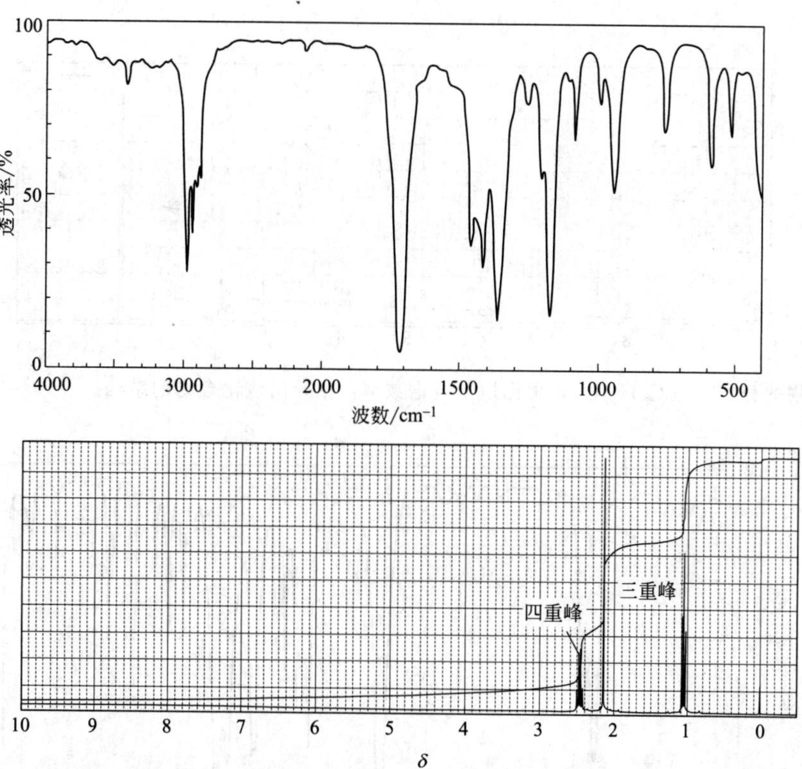

3. 某化合物 95%乙醇溶液的紫外吸收光谱结果为：$\lambda_{max}=280nm$（$\lg\varepsilon=1.3$）。根据以下波谱数据，推导出该化合物的结构。

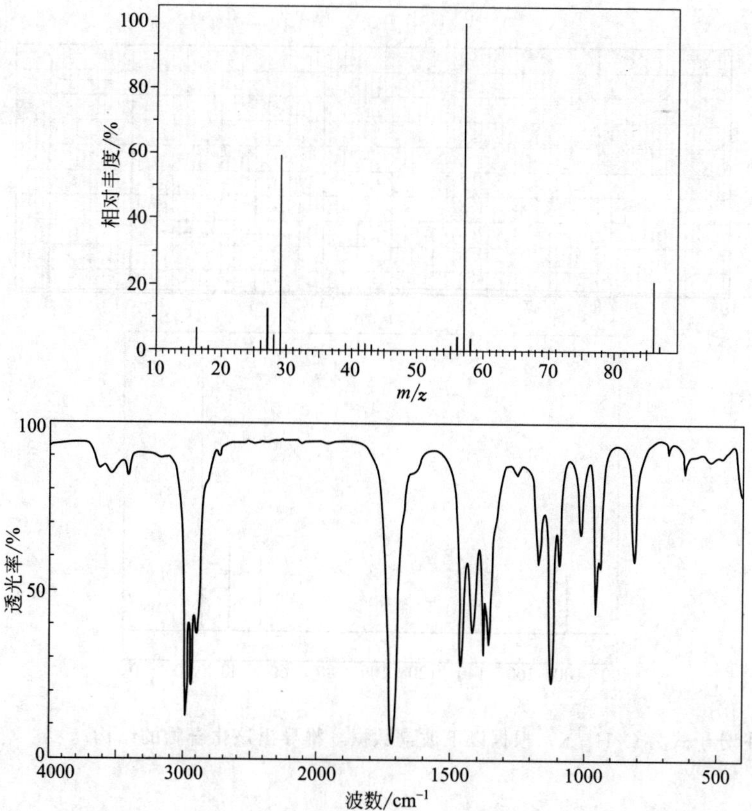

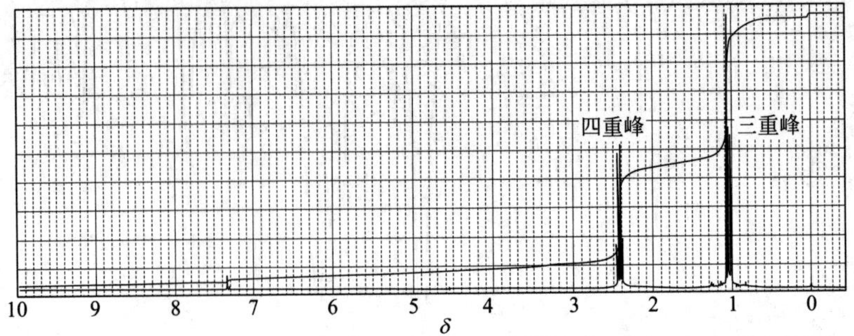

4. 某化合物的分子式为 $C_6H_{12}O_2$，根据以下波谱数据，推导出该化合物的结构。

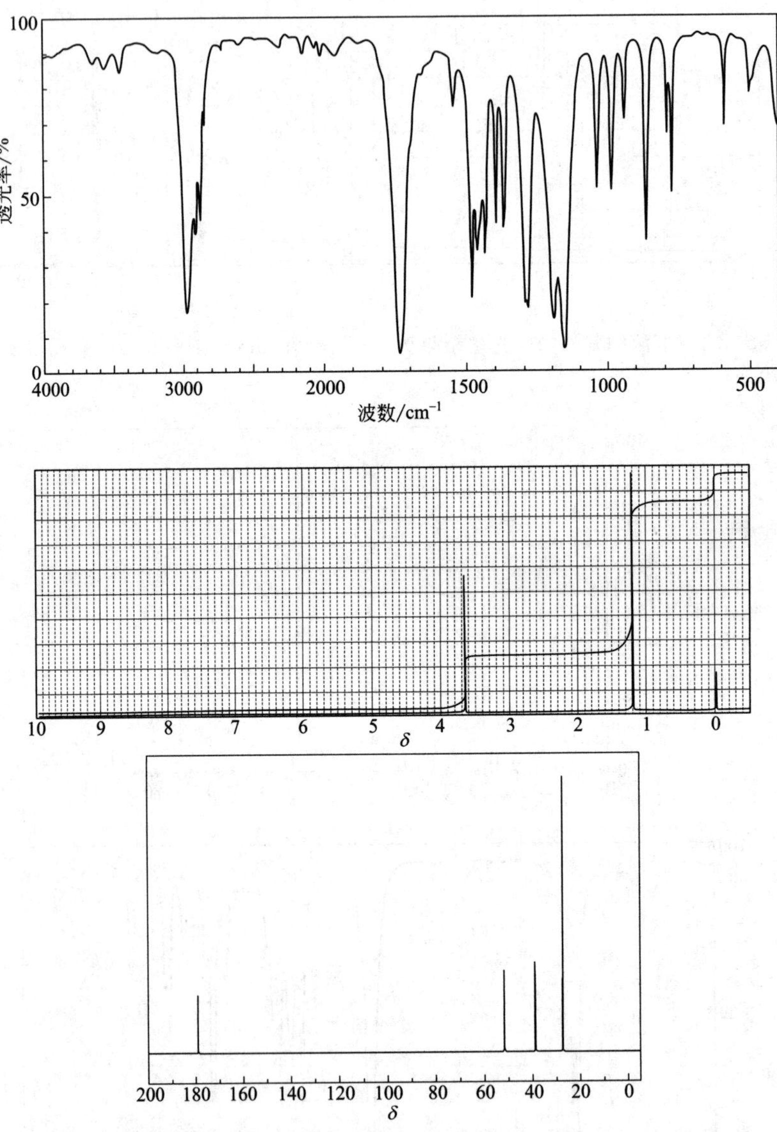

5. 某化合物的分子式为 $C_4H_{11}N$，根据以下波谱数据，推导出该化合物的结构。

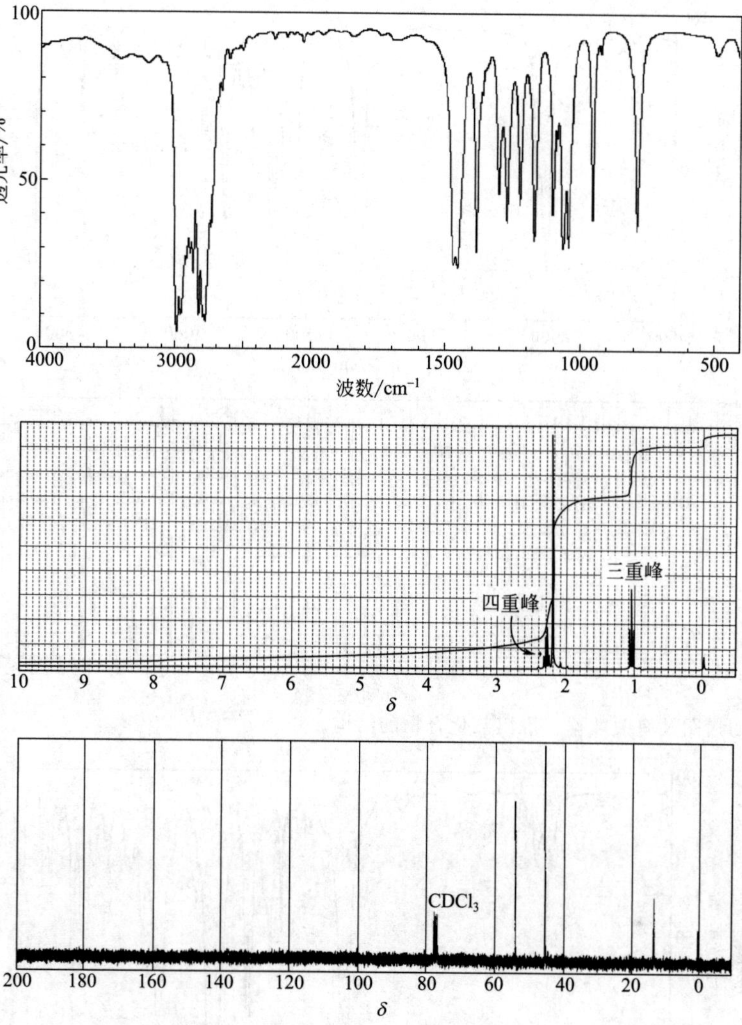

6. 某化合物95%乙醇溶液的紫外吸收光谱结果为：$\lambda_{max}=280nm$（$lg\varepsilon=1.3$）。其分子式为$C_5H_{10}O$，请根据以下波谱数据，推导出该化合物的结构。

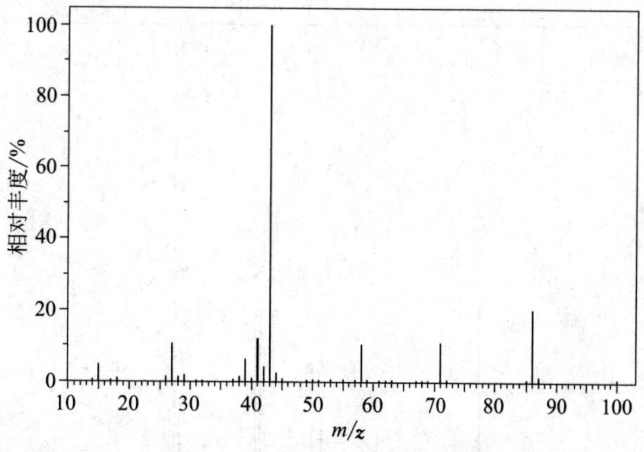

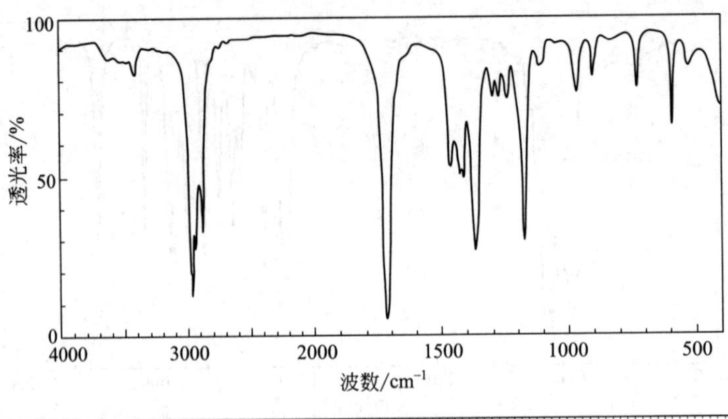

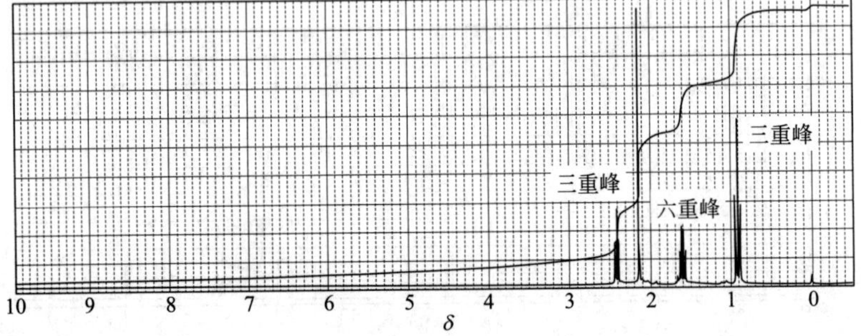

7. 根据测得的谱图及有关数据，推出某化合物的结构。

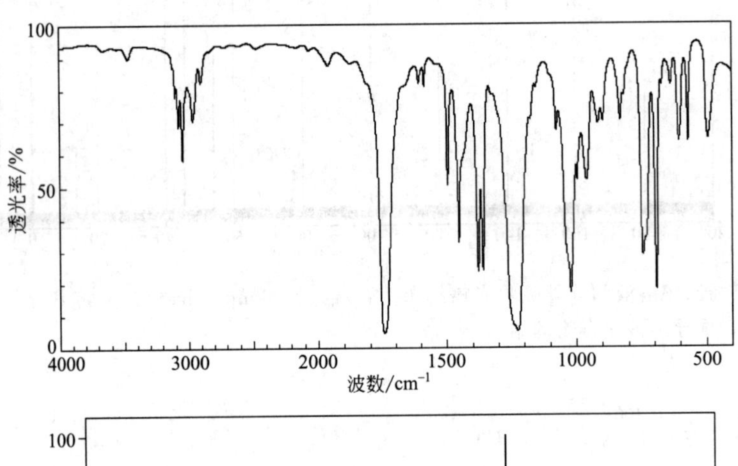

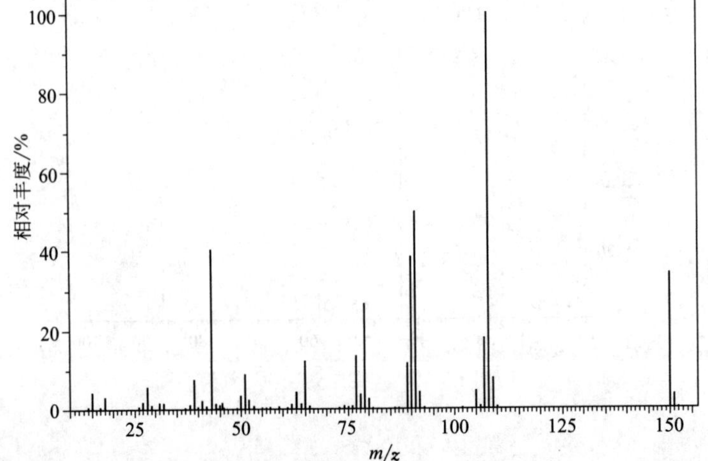

M(150)	=28.7
M+1(151)	=2.80
M+2(152)	=0.26

同位素丰度

m/z	M/%
150(M)	100
151(M+1)	9.9
152(M+2)	0.9

紫外光谱数据

λ_{max}	ε_{max}	λ_{max}	ε_{max}
268	101	252	153
264	158	248(s)	109
262	147	243(s)	78
257	194		

注：括号中 s，表示强峰。

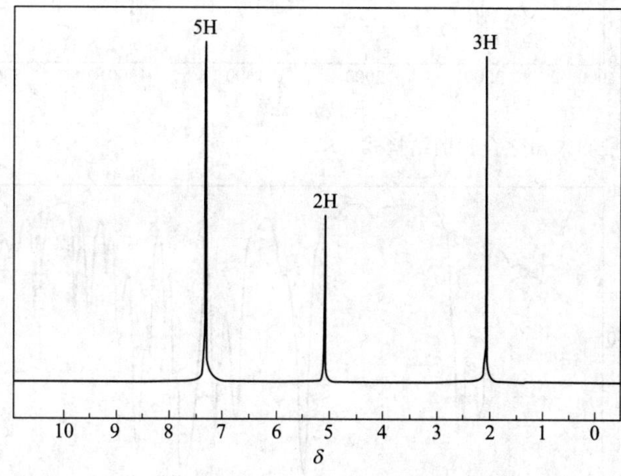

8. 一未知物的分子式为 $C_5H_{12}O$，其 MS、IR 和 NMR 谱图如下，UV 在>200nm 处没有吸收，推测某化合物结构。

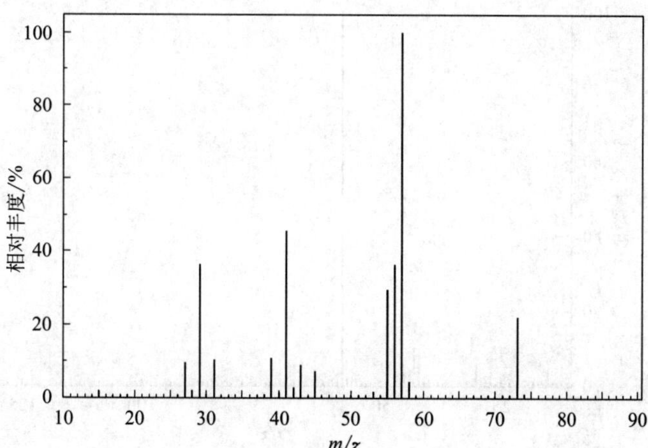

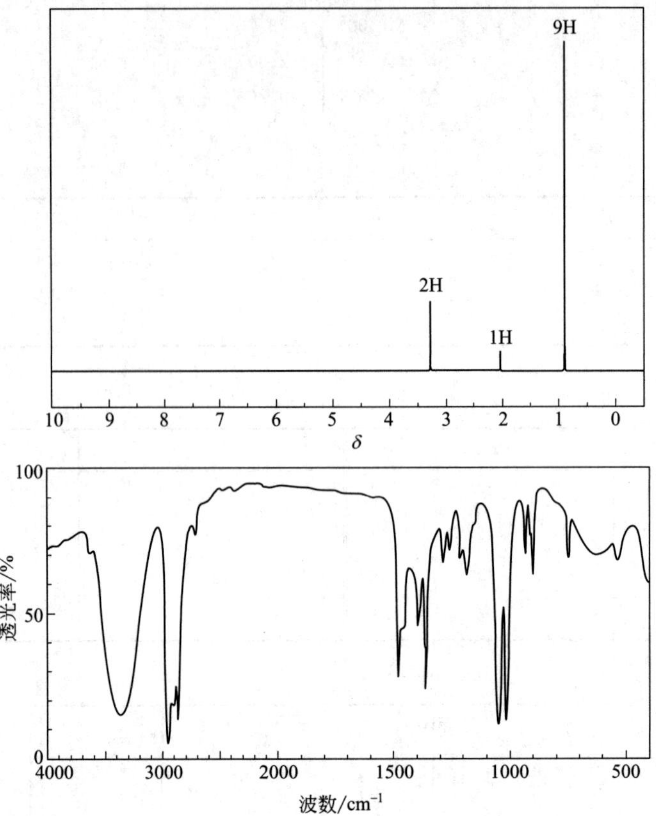

9．试根据给出的谱图推测未知化合物的结构式。

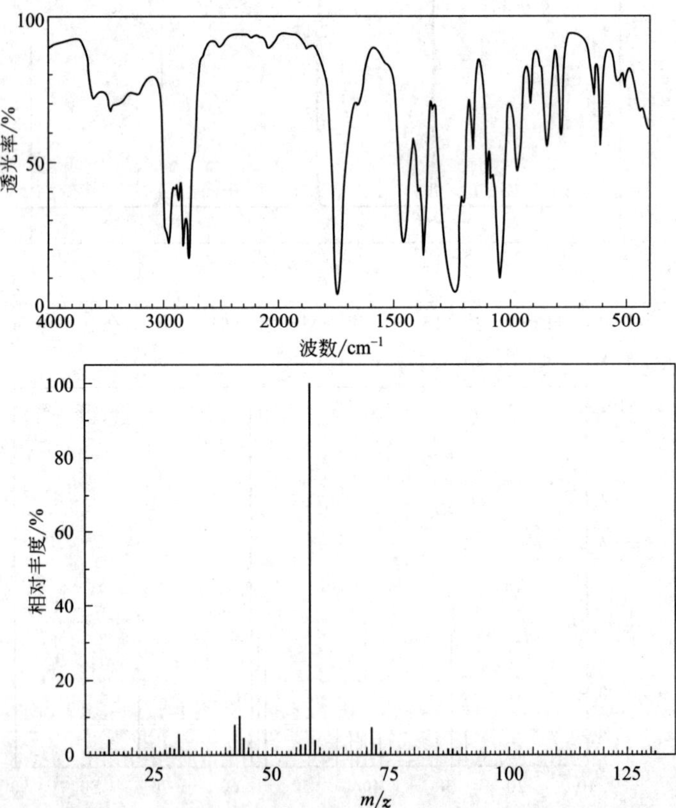

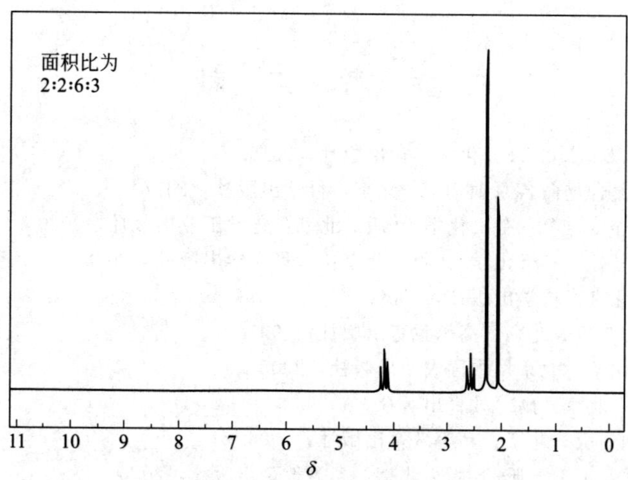
面积比为
2:2:6:3
11 10 9 8 7 6 5 4 3 2 1 0
δ

参 考 文 献

[1] 段文贵．有机化学．2版．北京：化学工业出版社，2016.
[2] 中国化学会．有机化合物命名原则2017. 北京：科学出版社，2017.
[3] 王彦广，吕萍，傅春玲，等．有机化学．4版．北京：化学工业出版社，2020.
[4] 李毅群，王涛，郭书好．有机化学．2版．北京：清华大学出版社，2013.
[5] 周乐．有机化学．北京：科学出版社，2009.
[6] 徐寿昌．有机化学．2版．北京：高等教育出版社，1993.
[7] 宋光泉．新编有机化学．北京：中国农业出版社，2005.
[8] 袁履冰．有机化学．北京：高等教育出版社，1999.
[9] 高鸿宾．有机化学．4版．北京：高等教育出版社，2005.
[10] 胡宏纹．有机化学：上、下册．5版．北京：高等教育出版社，2020.
[11] 曾昭琼．有机化学：上、下册．4版．北京：高等教育出版社，2004.
[12] 裴伟伟．有机化学．北京：科学出版社，2008.
[13] 邢其毅，裴伟伟，徐瑞秋，等．基础有机化学：上、下册．3版．北京：高等教育出版社，2005.
[14] 朱红军，王兴涌．有机化学（中文版）．北京：化学工业出版社，2008.
[15] 邢存章，赵超．有机化学．北京：科学出版社，2008.
[16] 高占先．有机化学．2版．北京：高等教育出版社，2007.
[17] 古练权，汪波，黄志纾，等．有机化学．北京：高等教育出版社，2008.
[18] 汪小兰．有机化学．4版．北京：高等教育出版社，2005.
[19] 王积涛，王永梅，张宝申，等．有机化学．3版．天津：南开大学出版社，2009.
[20] 程涛生．精细化学品化学．修订版．上海：华东理工大学出版社，1996.
[21] 陈耀祖，涂亚平．有机质谱原理及应用．北京：科学出版社，2004.
[22] 宁永成．有机化合物结构鉴定与有机波谱学．北京：科学出版社，2001.
[23] 于世林，李寅蔚．波谱分析法．2版．重庆：重庆大学出版社，1994.
[24] Wade L G，Jr. Organic Chemistry. 4th ed. New York：John Wiley & Sons Inc，2011.
[25] Carey F A. Organic Chemistry. 5th ed. New York：W W Norton & Company Inc，1997.
[26] Crews P，Rodriguez J，Jaspars M. Organic Structure Analysis. Oxford：Oxford University Press，1998.
[27] Gauglitz G，Vo-Dinh T. Handbook of Spectroscopy. Weinheim：WILEY-VCH Verlag GmbH & Co KGaA，2003.